磁性と超伝導の物理

Heavy Fermion Physics: Magnetism and Superconductivity

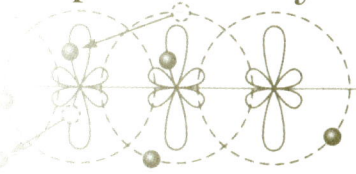

重い電子系の理解のために

佐藤憲昭
Noriaki Sato
　　　　　　　著
三宅和正
Kazumasa Miyake

名古屋大学出版会

はじめに

　ビッグバンにより宇宙が誕生して140億年近くが経過する．この間に宇宙の温度は下がり続け，いくつかの"相転移"を経て現在の宇宙が形成されたと考えられている．宇宙の誕生以降もっとも不思議な出来事は，地球上における生命の誕生かもしれない．たった4種の塩基の配列を変えるだけで無数ともいえる多種多様な生命体が生み出されるのは，真に驚くべきことである．

　多様性においては物質も引けをとらない．銅のように独特の金属光沢を放ち電気を良く通すものもあれば，ガラスのように透明で電流を流さない絶縁体もある．ある温度で電気抵抗が突然消失する超伝導は劇的である．超伝導線でできたループに一旦電流が流れると，超伝導電流は減衰することなく流れ続けるであろう．磁石に対する応答もさまざまである．鉄釘のように磁石に強く引きつけられるものもあれば，水のようにわずかではあるが磁石に反発するものもある．日常的な物質ではないが，大気圧下ではどんなに冷却しても固体にならないヘリウムは，極低温で超流動という不思議な現象を示す．最近では，準結晶と呼ばれる周期性を持たない系が示す絶対零度近傍における奇妙な振舞いも，物性研究の俎上に載せられてきている．このように地球上には多種多様な物質が存在するが，それを構成している（天然に存在する）元素の数は100種にも満たない（最も重い元素が本書の主役の一翼を担うウランである）．この限られた数の元素を組み合わせることにより，私たち自身を含めた全ての物質が出来上がっているのは驚きである．この多様性とそこに通底する普遍性を理解することが物性物理学の目的である．

　本書の主要な内容は f 電子系における磁性と超伝導である．従来，磁性体を扱う磁性物理学と超伝導・超流動を対象とする低温物理学は，物性物理学を支える大きな柱を形成しつつも，互いに独立に発展してきた．というのは，磁性は電子間に働く Coulomb 斥力を起源とする一方で，超伝導は電子間に働く引力を起源としていたからである．1979年の F. Steglich らによる $CeCu_2Si_2$ の超伝導の発見は，このような状況を大きく変える契機となった．何故なら，電子間斥力に起因する"重い電子状態"と呼ばれる"有効質量の大きな状態"にある $CeCu_2Si_2$ において，電子間に引力を必要とする超伝導が出現したからである．しかし，彼らの発見はすんなりとは

受け入れられなかった．その理由は，それまでの超伝導物質では微量の磁性不純物によって超伝導状態が破壊されることがよく知られていたからである（$CeCu_2Si_2$ の構成元素の1つであるセリウム（Ce）は磁性不純物と同じような役割を果たす）．実際，重い電子系での超伝導について爆発的な研究の流れができるまでには，UPt_3 や UBe_{13} という他の物質が発見されるまでのほぼ5年の年月を要した．これはある意味，超伝導発現機構に関するパラダイム転換にともなう生みの苦しみであったと言えるかもしれない．$CeCu_2Si_2$ は今でも興味ある研究対象であり，その超伝導が磁性と深く関係していること（磁気的秩序状態の近傍にあること）が明らかになってきている．

これらの一見相容れない性質，即ち，(斥力起源の) 重い電子状態や磁気的秩序状態と（引力起源の）超伝導の双方を示すことが $CeCu_2Si_2$ はじめある種の f 電子系物質の特徴である．これら重い電子系物質は，1980年代以降，セリウム（$4f$ 電子系）やウラン（$5f$ 電子系）を含む物質を中心に数多く発見されてきた．典型例は，磁石であるにも関わらず超伝導を示す UGe_2 であろう．図1から分かるように，磁力線を内部に抱え込もうとする磁石の性質と，磁力線を外に排除しようとする超伝導の性質は，互いに相容れないように見える．この問題を解決することは，既成の物理学の枠組みを新しく組み替えることを意味する．

重い電子系研究の波及効果は実に大きい．例えば，富士山ほどの質量が角砂糖1個分の大きさ程度にまで凝縮された天体の内部では，巨大な圧力により原子核は壊れてしまい，その中に閉じ込められていた中性子が溶け出て，中性子の液体状態が実現していると考えられる．この"中性子星"と呼ばれる天体内部では，Fermi 粒子である中性子の超流動状態が実現しているのではないかと考えられている．もっと高密度の天体（クォーク星と呼ばれる）では，(素粒子を構成する基本粒子である）クォークの Cooper 対の形成も議論されている．これら超高密度の"コンパクト天体"の研究において，「重い電子系」の研究成果（"スピン3重項超伝導"のような"内部自由度をもった超伝導"や，"FFLO 超伝導"など）が活用されていることは興味深い．地上の物質と遥か彼方の天体との間の類似性は，物理の奥底に潜む普遍性を物語っている．

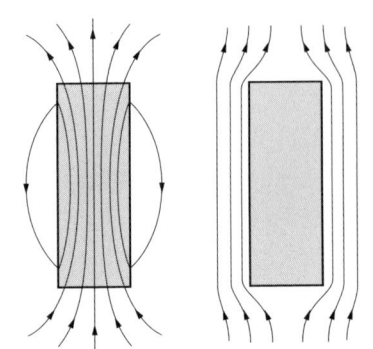

図1 強磁性体（左）および超伝導体（右）の磁場に対する応答の概念図．強磁性体（磁石）は磁力線を引き込むが，超伝導体は Meissner 効果により磁力線を押しだす．

本書は，こうした新しい物理概念を構築する格好の舞台となっている「重い電子系」について，基礎概念を理解することを目的としているが，そのためには，磁性と超伝導を統一的視点で学ぶ必要がある．磁性に関しては，わが国の磁性研究のレベルの高さを反映して，多くの優れた教科書が出版されている．一方，超伝導に関する書も数多い．しかし，「重い電子系」の初学者にとって，磁性ないし超伝導に関する個別の書物を全て読み通し，両者の統一像を頭に結ぶことは容易ではない．また，磁性と超伝導は似た側面を持つため，双方を学ぶことは，それぞれの理解を深めることに資するであろう．磁性と超伝導とを横断的につなぐ視点からまとめた本書が，初学者の勉学の助けとなれば幸いである．

　重い電子系を理解する上で鍵となる磁性の研究は，わが国の研究者によるところが大きいので，少し詳しく触れておこう．まず挙げられるべき成果は，糟谷忠雄（わが国における重い電子系研究の牽引者でもある）による希土類金属磁性に関する研究，そして近藤淳により発見され，その物理的意味が芳田奎らによって解明された「近藤効果」であろう．重い電子系研究は，これらの研究の発展形として位置づけられる．例えば，1970 年代，ある種の希土類化合物（CeB_6 など）において電気抵抗の対数的温度依存性が発見されていたが，これが近藤効果なのか "近藤効果に似て非なるもの" かについては意見が分かれていた．これが近藤効果であるとの共通認識が得られたのは 1980 年代に入ってからであり，これに伴い近藤格子という新しい概念が構築された．また，元々は d 電子系の磁性（"弱い遍歴電子磁性体" と呼ばれる物質における Curie-Weiss 則の存在）を理解するために創始された守谷亨らによる磁性理論（SCR 理論と呼ばれる）も，現在では「重い電子系」を理解する上で重要な概念となっている．読者らは本書の随所で上記の概念に出会うことであろう．

　本書の主たる読者対象としては，大学院生を想定しており，学部で学んだ量子力学，統計物理学，電磁気学の知識を基礎にして，磁性と超伝導およびその周辺分野を理解できるよう努めた．その一方で，重い電子系に関連した最先端の話題も取り入れ，研究者にとっても有益な情報が得られるように配慮した．完成してみると，（相転移や "自発的対称性の破れ" などを含む）物性物理のかなりの分野の解説にもなっている感がある．当初は 300 頁程度を想定していたが，大幅に増えてしまった．それだけ，この「重い電子系」の物理では様々な概念が精緻に組み合わされていると言えるのかもしれない．紙幅の都合でやむなく割愛した項目などについては，本書のサポートページ[1] に掲載する．

　本書の執筆分担は以下のとおりであるが，最終原稿をまとめるにあたっては，相

---

[1] 名古屋大学出版会（http://www.unp.or.jp）の本書紹介ページからリンクを貼る予定である．

互に内容を議論し，最終的に佐藤が全体にわたり調整をはかった．実験家（佐藤）と理論家（三宅）の共著であることもあり，文体について完全に統一をはかることは敢えてせず，お互いの持ち味を生かしたつもりである．

　　佐藤：第 1〜6 章，第 10 章，付録 A,B,C
　　三宅：第 6 章 6-6，第 7〜9 章，第 10 章 10-4，付録 D,E
　　共同執筆：第 6 章 6-3，第 7 章 7-1

　記述には誤りがないように注意は払ったが，なお見落としがあることを恐れる．そのような場合，読者諸姉兄におかれてはご指摘いただければ幸いである．本書が「重い電子系」を学び研究する人々のお役に立つことができれば，望外の幸せである．

　本書が出来上がるためには名古屋大学出版会の神舘健司氏の粘り強い叱咤激励が必要であった．また，九州工業大学の渡辺真仁氏には原稿を読んで頂き，多くの間違いや分かりにくい部分について貴重なコメントをいただいた．夫々，記して感謝する次第である．

　2013 年 2 月

佐藤　憲昭
三宅　和正

目 次

はじめに i

第 1 章 自由原子・イオン中の電子 　1
- 1-1 角運動量と磁気モーメント 1
- 1-2 Hund 則と原子内交換相互作用 6
- 1-3 J 多重項と磁気モーメント 13
- 1-4 自由イオンの磁性 19

第 2 章 結晶中の局在電子 　24
- 2-1 結晶場効果 24
- 2-2 結晶場と物性 32
- 2-3 局在スピン間の直接交換相互作用 37
- 2-4 局在スピン系の磁気秩序 43
- 2-5 相転移と自発的対称性の破れ 52
- 2-6 臨界現象 55

第 3 章 結晶中を遍歴する電子 　64
- 3-1 電子の非局在化とバンドの形成 64
- 3-2 相互作用の衣を着た電子 70
- 3-3 重い電子と価数揺動 75
- 3-4 de Haas-van Alphen 効果 83
- 3-5 遍歴電子系における強磁性 88
- 3-6 遍歴電子系における反強磁性 93
- 3-7 磁気秩序の崩壊と量子相転移 96

第 4 章 超伝導 　101
- 4-1 完全反磁性と Meissner 効果 101

4-2	超伝導の基底状態	106
4-3	超伝導引力の起源	117
4-4	超伝導励起状態	122
4-5	臨界磁場	129
4-6	超伝導における対称性の破れ	135
4-7	異方的超伝導	140
4-8	UPd_2Al_3 と UNi_2Al_3	150

第5章　伝導電子が媒介する局在スピン間相互作用　156

5-1	cf 相互作用	156
5-2	金属中の局在モーメント	162
5-3	伝導電子のスピン偏極	166
5-4	RKKY 相互作用	172
5-5	磁気励起子	176

第6章　近藤効果　179

6-1	近藤-芳田基底状態	179
6-2	位相シフトから見た近藤効果——重い電子の起源	187
6-3	電気抵抗極小の現象	192
6-4	スピンゆらぎの観測	205
6-5	近藤効果に対する結晶場効果	207
6-6	多チャンネル近藤効果	209

第7章　Fermi 液体としての重い電子系　216

7-1	希薄近藤効果から高濃度近藤効果へ	216
7-2	重い電子の起源——直観的説明	223
7-3	断熱接続と Fermi 液体	225
7-4	Green 関数による準粒子の表現	227
7-5	Fermi 液体としての重い電子系	229
7-6	門脇-Woods の関係	240
7-7	f^2 電子配置での重い電子系	243

第8章　量子臨界現象　250

8-1	量子臨界現象とは？	250
8-2	磁気臨界点にともなう量子臨界現象	252

8-3	遍歴磁性のモード結合理論	256
8-4	単サイト量子臨界現象	263
8-5	価数転移にともなう量子臨界現象	267

第9章　重い電子系超伝導　274

9-1	重い電子系超伝導体の概観	274
9-2	超伝導状態の記述	275
9-3	物理量の低温 ($T \ll T_c$) での温度依存性	279
9-4	ペア相互作用の起源	281
9-5	斥力起源超伝導の系譜	285
9-6	臨界価数ゆらぎによる「高温超伝導」	288
9-7	スピン軌道相互作用と超伝導ギャップの構造	291
9-8	異方的超伝導状態における不純物散乱の効果	293

第10章　磁性と超伝導の相関　302

10-1	磁気励起から見た遍歴性と局在性	302
10-2	磁気モーメントの超伝導に対する影響	306
10-3	反強磁性秩序と超伝導の共存・競合	309
10-4	遍歴・局在2重性モデル	314
10-5	UPd_2Al_3 における遍歴・局在2重性と超伝導	320
10-6	強磁性秩序と超伝導の共存と競合	330
10-7	超伝導転移温度	337

付録A　生成・消滅演算子　341

A-1	Fermi 粒子と Bose 粒子	341
A-2	Cooper 対の生成と消滅	343
A-3	計算例	344

付録B　結晶場と群論　346

B-1	結晶場と群論	346
B-2	Stevens の等価演算子法	357
B-3	時間反転と Kramers 2 重項	363

付録C　動的磁化率と中性子散乱　　367
　　C-1　一般化磁化率 …………………………………… 367
　　C-2　中性子散乱実験 ………………………………… 369

付録D　Green 関数と準粒子　　378
　　D-1　松原 Green 関数と遅延 Green 関数 …………… 378
　　D-2　Green 関数のスペクトル表示 ………………… 380

付録E　準粒子の「スピン」保存則の破れ　　383

索　引　　387

第1章

自由原子・イオン中の電子

本章では，物性物理の出発点である孤立原子・イオンの磁気モーメントや原子内交換相互作用について説明する．

1-1 角運動量と磁気モーメント

1-1-1 軌道角運動量による磁気モーメント

孤立した水素原子を考えよう．質量 m，電気素量 e の電子のエネルギー E は，運動エネルギーと原子核からの Coulomb ポテンシャルの和として次のように与えられる．[1]

$$E = \frac{p^2}{2m} - \frac{e^2}{r} \tag{1.1}$$

ここで，p および r は各々電子の運動量（の大きさ）および原子核からの距離である．これに不確定性原理を適用してみよう．半径 r 程度の軌道を回っている電子は，同程度の空間的拡がりを持つと考えることができるため，$\Delta p \sim \hbar/r$（$\hbar$ は Planck 定数 h を 2π で割った量）程度の運動量の不定性を持つことになる．$p \sim \Delta p$ とみなし，上式に代入すると，全エネルギーは次のように求まる．

$$E = \frac{1}{2m}\left(\frac{\hbar}{r}\right)^2 - \frac{e^2}{r} \tag{1.2}$$

E を最小にする半径は，$dE/dr = 0$ より，

$$r = \frac{\hbar^2}{me^2} \tag{1.3}$$

と求まる．これは，Schrödinger 方程式を解いて得られる Bohr 半径（$r_\mathrm{B} \simeq 0.53$ Å）の表式と同じである．

---

[1] 本書では，特に断りのない限り，CGS 単位系を用いる．

水素原子が有限の大きさに保たれるのは，核の近傍に閉じ込めようとする静電エネルギー（r を小さくしようとする効果）と，不確定性原理により拡がろうとする運動エネルギー（r を大きくしようとする効果）の2つの相反する寄与の競合の結果である．[2] 似たような状況は，後に見るように，固体中の磁性や超伝導にも現れる．

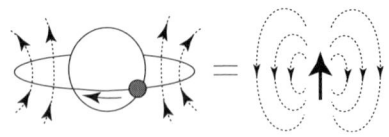

図 1.1 電子（小さな丸）の原子核（大きな丸）に対する周回運動は，磁気モーメント（右辺の大きな矢印）と同じように，周囲に磁場を作り出す．

ある原子に局在した電子は，次式で与えられる軌道角運動量 l をもつ（図 1.1）．

$$l = \int r \times p \, dV = \int r \times (\rho_m v) \, dV \tag{1.4}$$

ここで，ρ_m は質量密度，v は電子の速度，V は体積である．一方，電磁気学によれば，電荷を帯びた粒子の軌道運動は，磁気双極子モーメント m を生じる．

$$m = \frac{1}{2c} \int r \times i \, dV = \frac{1}{2c} \int r \times (\rho_e v) \, dV \tag{1.5}$$

ここで，c は光速，$i = \rho_e v$ は電流密度，ρ_e は電荷密度である．[3] $\rho_m = nm$, $\rho_e = -ne$（n は数密度）を用い次式を得る．

$$m = \frac{1}{2c} \int r \times \frac{\rho_e}{\rho_m}(\rho_m v) \, dV = -\frac{e}{2mc} \, l \equiv -\Gamma l \tag{1.6}$$

比例係数 $\Gamma \equiv e/2mc$ を gyromagnetic ratio と呼ぶ．軌道角運動量を $\hbar l$ と書き直すと（$\hbar$ を単位として測る），上式は次のように書かれる．

$$m = -\frac{e\hbar}{2mc} l \equiv -\mu_B l \tag{1.7}$$

ここで，$\mu_B \equiv e\hbar/2mc$ ($= 0.927 \times 10^{-20}$ emu) は Bohr 磁子と呼ばれ，磁気モーメントの単位となる．この式が軌道運動による磁気モーメントの発生を表す．

$l = 0$ の s 状態は，式 (1.7) の磁気モーメントを持たない．軌道角運動量の効果が効いてくるのは，l がゼロでない p, d, f などの状態である．

---

[2] 単純に考えると，広い空間を動きまわる方が運動エネルギーを損するようにも思える．しかし $p = -i\hbar \nabla$ であることを考えると，結晶全体に拡がった状態（波数 k の小さい，即ち波動関数の節（node）の数の少ない状態）の方が $\nabla \psi$（ψ は波動関数）の大きさが小さく，運動エネルギーは低くなる．

[3] 式 (1.5) は，$m = \frac{1}{c} IS$ と等価である．S は電流 I の作るループに垂直なベクトルで，その大きさはループの面積に等しい．

1-1-2 スピン角運動量による磁気モーメント

電子は電荷の他にスピンと呼ばれる自由度を持っている．これも磁気モーメントを形成する．スピンはしばしば地球の自転運動に結び付けて説明されるが，正しくは本項で示すように，相対論的電子論によって理解されるべきものである [1, 2, 3]．

ポテンシャル V が存在するときの Schrödinger 方程式は，次のように書かれる．

$$\left(-\frac{\hbar^2}{2m}\nabla^2 + V\right)\psi = i\hbar\frac{\partial}{\partial t}\psi \tag{1.8}$$

これは明らかに相対論的要請を満たしていない．なぜなら，空間に関しては 2 階の微分であるのに対し，時間に関しては 1 階の微分であるからである．Dirac はこの不完全性を取り除くため，相対論的電子論を構築した．[4] 詳細は量子力学の教科書に譲り [2]，ここではその奇妙な結果について簡単に紹介しよう．

Schrödinger 方程式の解とは異なり，Dirac 方程式の解である波動関数は 4 成分を持っている．そのうちの 2 成分はスピンの向きに相当するものであり，もう 2 成分は粒子・反粒子に対応する．まず後者について説明しよう．Dirac 方程式を解いて得られる固有エネルギーを運動量の関数として図示すると，図 1.2(a) のようになる．通常の Schrödinger 方程式の解とは異なり，2 本の曲線が存在し，それらは各々「正エネルギー解」および「負エネルギー解」と呼ばれる．[5] 負エネルギー状態が全て満

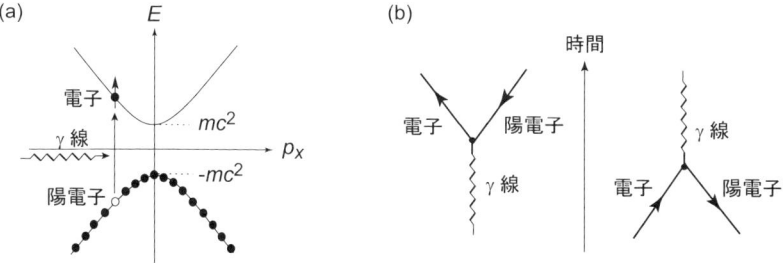

図 **1.2** (a) Dirac 方程式における正エネルギー解と負エネルギー解．それらのエネルギーは各々 $E = \pm\sqrt{m^2c^4 + c^2p_x^2}$ と書かれる．(b) 粒子（電子）と反粒子（陽電子）の対の生成と消滅に対応するダイアグラム．固体中では，反粒子を空孔（ホール）と読み替えればよい．

---

[4] Dirac は Schrödinger の波動関数と同じ確率振幅 ψ の従う方程式を導いたつもりであったが，現在では，Dirac 方程式は de Broglie が当初提案した電子の「物質場の方程式」に等価であることが知られている [4]．しかし，ここでは Dirac の最初の描像に基づいて議論する．

[5] この様相は，物性物理における伝導バンドと価電子バンドに似ている．静止質量エネルギーが無視できる場合（例えばニュートリノ）には"ギャップ"は生じず，エネルギー分散は直線的となる．同様の分散が固体中（グラフェンや有機導体）に見出され，Dirac 粒子の物理として研究が進められている．

たされた状態を真空と考えよう．この状態に外から $2mc^2$ より大きなエネルギーを持つ γ 線を当てたとすると，負エネルギー状態から正エネルギー状態に粒子が励起される．正エネルギー状態に励起された粒子は負の電荷を持つ電子であり，残された空孔は（真空を基準に考えれば正の電荷を持つ）陽電子（反粒子の一種）である．これは対生成と呼ばれ，固体中における電子とホール（空孔）の対の生成に類似している．これを視覚的にわかりやすくダイアグラムで表現すると図 1.2(b) のようになる．時間は下から上方へ進む．時間と同じ方向の向きを持つ線を粒子（電子）とみなし，時間と逆向きの矢印を持つものを反粒子（陽電子あるいはホール）とみなすと，黒丸で示したある時刻に γ 線は電子・陽電子の対を生成し，自身は消滅する．逆の過程も可能で，電子が陽電子を埋めるように落ち込めば，電子と陽電子は消滅し，対消滅が起こる．このとき，γ 線が放出される．

【補足 1】電子が生成消滅するという考え方は，量子力学に馴染みのない読者にとっては理解しがたいかもしれない．この不思議な世界を直観的にイメージするため，図 1.3 に示すような電光掲示板を思い浮かべよう [5]．時刻 t_1 では，掲示板左端の一番上と下のライトが点灯している．これは，それぞれの場所に粒子が生まれたことに対応する．次の時刻 t_2 では，これらのライト（粒子）は消え，代わりに右方のライトが点灯する（粒子が生成される）．このような生成と消滅を繰り返すことにより，右端の状態（時刻 t_6）に達する．量子力学の世界では，粒子の移動（運動）を，電光掲示板のように，電子の生成消滅の繰り返しと見なす．

量子力学的粒子の特徴である「非個別性」（個性を持たない，即ち粒子に名前や番号を付けて区別することができないこと）を考えるため，図 1.3(b) に着目する．もし仮に，電光掲示板の粒子が（色などを付けて区別することができる）古典的粒子であるとする場合は，(2 つの粒子が時刻 t_4 で交差する) プロセス A と，(交差せず互いに反発し飛

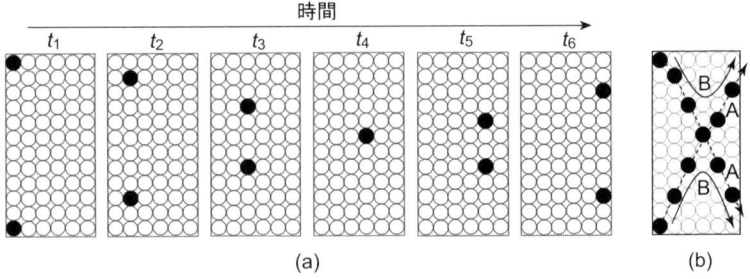

図 1.3 電光掲示板．(a) 黒い丸はライトが点灯している状態を表し，粒子が存在することに対応する．時間の経過とともに，2 つの粒子が右方向に移動している．(b) 時刻 t_1 から t_6 までの経過が 1 つにまとめられている．プロセス A（破線）では 2 粒子は交差するが，プロセス B（実線）では交差しない．

さる) プロセス B を区別できる．しかし，粒子が個性を持たない量子力学的粒子の場合には，これら 2 つのプロセスを区別することはできない．電光掲示板においても，量子力学的粒子と同じように，A と B を区別することは意味を持たない．

ライトの場所を番号で表すとき（例えば i, j など），電子の（i サイトから j サイトへの）移動は，生成・消滅演算子を用い，$c_j^\dagger c_i$ と記される．ここで，右肩に † のついた演算子は生成を表し，† のつかない演算子は消滅を表す．詳しくは，付録 A を参照されたい．

残りの 2 成分であるスピンは，電磁場中（ベクトルポテンシャル $\boldsymbol{A}$ およびスカラーポテンシャル ϕ で記述される）の Dirac 電子を考えることにより，自然に導出される．このためには，次の変換を行えばよい．

$$\boldsymbol{p} \longrightarrow \boldsymbol{p} + \frac{e}{c}\boldsymbol{A} \qquad (e > 0) \tag{1.9}$$

物性物理においては，エネルギーは mc^2 に比べて充分小さい（$p \ll mc$）．この場合，正エネルギー解と負エネルギー解を分離することができ，（エネルギーの原点を静止質量エネルギー mc^2 にとると）正エネルギー解に対するハミルトニアンとして次式が得られる [2]．

$$\mathcal{H} = \frac{1}{2m}\left(\boldsymbol{p} + \frac{e}{c}\boldsymbol{A}\right)^2 + \frac{e\hbar}{2mc}\boldsymbol{\sigma}\cdot\boldsymbol{B} + \frac{1}{2}\zeta \boldsymbol{l}\cdot\boldsymbol{\sigma} - e\phi \tag{1.10}$$

ここで，$\boldsymbol{\sigma}$ は Pauli 行列であり，ζ は原子核および他の電子からのポテンシャル $V(r)$（球対称ポテンシャルと近似）を用いて次のように書かれる [6]．

$$\zeta \equiv \frac{e\hbar^2}{2m^2c^2}\left\langle \frac{1}{r}\frac{\partial V}{\partial r}\right\rangle_{\mathrm{AV}} \tag{1.11}$$

ここで，$\langle\ \rangle_{\mathrm{AV}}$ は電子の波動関数に関する平均である．[6] $\boldsymbol{s} \equiv \frac{1}{2}\boldsymbol{\sigma}$ によって $\boldsymbol{s}$ を定義すると，これはスピンに他ならず，図 1.2(a) のように，（上あるいは下向きの）矢印で表される．このスピンを使ってハミルトニアンを書き直すと，次が得られる．

$$\mathcal{H} = \frac{1}{2m}\left(\boldsymbol{p} + \frac{e}{c}\boldsymbol{A}\right)^2 + 2\mu_{\mathrm{B}}\boldsymbol{s}\cdot\boldsymbol{B} + \zeta \boldsymbol{l}\cdot\boldsymbol{s} - e\phi \tag{1.12}$$

第 1 項は運動エネルギーである．第 2 項をスピンに起因する磁気モーメント $\boldsymbol{m}$ と外部磁場 $\boldsymbol{B}$ との Zeeman 相互作用（$\mathcal{H} = -\boldsymbol{m}\cdot\boldsymbol{B}$）と考えると，磁気モーメントとスピン角運動量との間に次の関係が成り立つ．[7]

$$\boldsymbol{m} = -2\mu_{\mathrm{B}}\boldsymbol{s} \tag{1.13}$$

---

[6] ζ は自由原子のスペクトルの実験から決定される．また，ある電子の軌道角運動量 $\boldsymbol{l}_i$ と他の電子のスピン $\boldsymbol{s}_j$ との間の相互作用 $\xi \boldsymbol{l}_i \cdot \boldsymbol{s}_j$ も考えられるが，ξ の大きさは ζ より 2 桁程度小さい [6]．
[7] $\boldsymbol{m} = -g\mu_{\mathrm{B}}\boldsymbol{s}$（ここで g は g 因子で，$g \simeq 2$）と書くべきであるが，本章では式 (1.13) のように書く．

前項の軌道角運動量の場合と比べて，比例因子が 2 だけ異なることに注意されたい．第 3 項はスピン軌道相互作用であり，その物理的意味は次のように理解される．電子が核の周りを回ると考える代わりに，電子を止めて核が回ると考える（図 1.4 参照）．原子核は正の電荷を持っているから，その

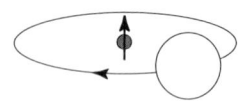

図 1.4 スピン軌道相互作用．電子の上に立った観測者から見ると，電子スピン（矢印）は，原子核の周回運動が作り出す磁場と Zeeman 相互作用する．

周回運動は周囲に磁場を作り出す（Biot-Savart の法則）．これを電子のスピンが感じるとしたのが，スピン軌道相互作用である．[8] 希土類やアクチノイド元素を含む物質中では，スピン軌道相互作用が重要な役割を果たす．

1-2　Hund 則と原子内交換相互作用

1-2-1　LS 多重項と Hund 則

電子の磁気モーメントは，軌道およびスピン角運動量を用いて次のように書かれる．

$$\bm{m} = -\mu_\text{B}\bm{l} - 2\mu_\text{B}\bm{s} = -\mu_\text{B}(\bm{l} + 2\bm{s}) \tag{1.14}$$

重い電子系を構成する希土類やアクチノイド元素の磁性を担う f 電子状態には複数個の電子が存在する．このとき，電子はどのように軌道に詰まり，エネルギー準位はどのようになっているであろうか？これを考えるために，簡単な例として，p^2 状態（p 軌道に 2 個の電子が詰まった状態）を考えよう．p 軌道は $l_z = 1, 0, -1$ の 3 つの磁気量子数を持つ．また，スピンには ↑, ↓ の 2 通りの状態がある．従って，合計 6 通りのスピン・軌道状態が可能である．これに 2 個の電子を詰めていく場合，電子間に静電的斥力が働かなければ，6 個のスピン・軌道状態のエネルギーはみな等しく，縮退している．しかし実際には，静電的相互作用が存在し，これらの縮退は解ける．これを理解するために，軌道およびスピン角運動量を用いて状態を指定しよう．[9] いま独

---

[8] 実際には原子核は静止していて，運動しているのは電子である．この効果を補正したもの（Thomas 因子と呼ばれ電子では 1/2）が式 (1.11) である．

[9] 原子核からの Coulomb ポテンシャルは球対称であるから，全軌道角運動量 L は保存する．また，スピンに依存するポテンシャルは含まれないから，全スピン角運動量 S も運動の保存量である．これにより，電子状態を L および S で分類することが可能となる．$L = 0, 1, 2, 3, 4, 5, \ldots$ に対応する定常状態を記号 $S, P, D, F, G, H, \ldots$ と表し，スピンに関する $(2S+1)$ 重の縮重度を，上の記号の左肩に付す．例えば，$L = 1, S = 0$ の状態は，${}^1P$ と記される．

表 1.1　LS 多重項. l_z および s_z は各々1電子の軌道角運動量およびスピン角運動量の z 成分を表し，L_z および S_z は各々合成軌道角運動量および合成スピン角運動量の z 成分を表す.

l_z^1	s_z^1	l_z^2	s_z^2	L_z	S_z
1	↑	1	↓	2	0
1	↑	0	↑	1	1
1	↑	0	↓	1	0
1	↑	-1	↑	0	1
1	↑	-1	↓	0	0
…		…		-	-

立なスピン・軌道関数は6個あるから，それに2個電子を入れる詰め方は，${}_6\mathrm{C}_2 = 15$ 通りある．これらのうちのいくつかを例示すると表 1.1 のようになる．この表を元に，L_z と S_z (L_z および S_z は各々合成軌道角運動量および合成スピン角運動量の z 成分) を座標軸にとり図に示すと，図 1.5 のようになる [7]．ここで丸の中に示した数字は，縦軸座標の L_z と横軸座標の S_z の数字の組が現れる回数である．例えば，表 1.1 の一番上の ($L_z = 2, S_z = 0$) という組み合わせは $(l_z^1 s_z^1, l_z^2 s_z^2) = (1\uparrow, 1\downarrow)$ 以外にはないことに対応し，① と記され，3番目の ($L_z = 1, S_z = 0$) という組み合わせは，(1↑,0↓) の他にもう1つのスピン軌道状態 (1↓,0↑) があることに対応し，② と書かれる (従って丸の中の数字を全部加え合わせると，上記の 15 通りになる)．これを，丸の中の数字が全て 1 になるように "分解" すると，図 1.5 の等号の右側の3つの多重項状態 ${}^1D$, ${}^3P$, ${}^1S$ になることがわかる．この各々を LS 多重項と呼ぶ.[10] それぞれの多重項の縮重度は 5, 9, 1 であり，この合計も 15 を与える．この分裂の様子を図示したものが図 1.6(a) である.

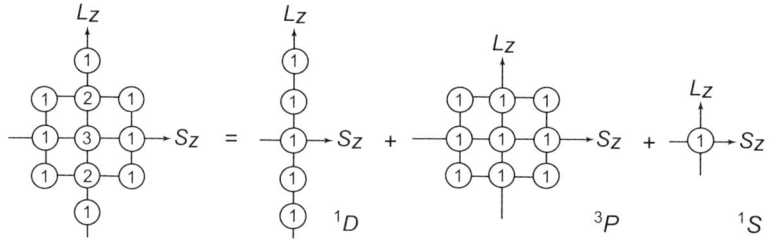

図 1.5　LS 多重項の分解. p^2 状態を角運動量の大きさで分類すると，等式の右側に書かれた3つの状態 (多重項) に分かれる．○に囲まれた数字については本文を参照されたい．

---

[10] p^2 以外の電子配置に対する LS 多重項は，例えば文献 [6] や [8] に与えられている.

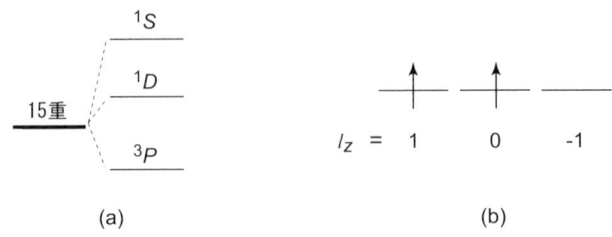

図 1.6 LS 多重項. (a) p^2 の電子配置は，スピン・軌道併せ 15 重に縮退している．この縮退は，電子間の相互作用により，3 つの多重項に解ける．(b) Hund 則による最低エネルギーの多重項を求めるには，S および L を最大にするように，3 個の p 軌道に 2 個の電子を配置すればよい．

これらを Slater 行列式（次項参照）で書くことも可能である．$L_z = 1$ をもつ ^1D 状態（合成スピンの大きさ $S = 0$）を例にして書き下すと，次のようになる．

$$|^1D, L_z = 1\rangle = \frac{1}{\sqrt{2}} \begin{vmatrix} \phi_1(\boldsymbol{r}_1)\uparrow & \phi_0(\boldsymbol{r}_1)\downarrow \\ \phi_1(\boldsymbol{r}_2)\uparrow & \phi_0(\boldsymbol{r}_2)\downarrow \end{vmatrix} - \frac{1}{\sqrt{2}} \begin{vmatrix} \phi_1(\boldsymbol{r}_1)\downarrow & \phi_0(\boldsymbol{r}_1)\uparrow \\ \phi_1(\boldsymbol{r}_2)\downarrow & \phi_0(\boldsymbol{r}_2)\uparrow \end{vmatrix} \quad (1.15)$$

ここで，ϕ_1 および ϕ_0 は，$l_z = 1$ および $l_z = 0$ の p 軌道関数である．

LS 多重項の中で，最もエネルギーの低いものはどれであろうか？ それは，Hund がスペクトル線の分光学的解析から得た経験則によって与えられる．Hund 則によれば，最低エネルギー状態は次のようにして求められる．

(1) まず，全スピン S を最大にする．
(2) さらに，全軌道角運動量 L を最大にする．

上の例の 3 つの状態（^1S, ^1D, ^3P）のうちで最も S の大きいものは ^3P であるから，これが最低エネルギーの LS 多重項である．

最低多重項のみを知りたいのであれば，図 1.6(b) のようにすればよい，即ち，S を最大にし，なおかつ L を最大にするように，(3 つの軌道に) 2 つの電子を詰めていけばよい．結果は $S = 1$, $L = 1$ の ^3P である．同様にして，電子配置 p^3 および p^4 の最低エネルギー多重項が各々 ^4S および ^3P になることも容易に確かめられるであろう．f 電子の場合については，1-3 節の J 多重項の項で説明する．

1-2-2 原子内 Coulomb 交換相互作用

Hund の第 1 ルールの起源を考えるため，同一原子に属する 2 電子（添え字の 1, 2 で区別する）のハミルトニアンを考える．[11]

$$\mathcal{H} = \mathcal{H}_0(\boldsymbol{r}_1) + \mathcal{H}_0(\boldsymbol{r}_2) + \frac{e^2}{|\boldsymbol{r}_1 - \boldsymbol{r}_2|} \tag{1.16}$$

第 1, 2 項は，それぞれの電子が原子核からの Coulomb 引力を感じながら運動する 1 電子ハミルトニアンであり，運動エネルギーと原子核からの Coulomb ポテンシャルエネルギーの和である．第 3 項は 2 電子間の Coulomb 斥力を表す．

Coulomb エネルギーの期待値を計算するためには，波動関数を知る必要がある．上向きスピンを持つ 2 個の電子が各々軌道 φ_a と φ_b に入っているとしよう．このとき，次の 2 つの状態を考えることができる．

$\phi_A = \varphi_a(1)\varphi_b(2)$ （電子 1 が軌道 φ_a に入り，電子 2 が φ_b に入っている状態）

$\phi_B = \varphi_a(2)\varphi_b(1)$ （電子 2 が軌道 φ_a に入り，電子 1 が φ_b に入っている状態）

これらの状態は本来区別できないので（観測によってわかることは φ_a および φ_b に 1 個ずつ電子が入っていることだけである），求める波動関数はこれらの線形結合 $\phi_A \pm \phi_B$ であると考えられる．一方，Fermi 粒子の波動関数は，粒子の入れ替えによって符号を反転しなければならない（これは「波動関数の反対称化」と呼ばれる）．従って，Fermi 粒子である電子の波動関数は，$\phi_A - \phi_B$ となる．[12] これは，次のような Slater 波動関数で表現される．

$$|\varphi_a \uparrow \varphi_b \uparrow\rangle \equiv \frac{1}{\sqrt{2}} \begin{vmatrix} \varphi_a(\boldsymbol{r}_1)\uparrow & \varphi_a(\boldsymbol{r}_2)\uparrow \\ \varphi_b(\boldsymbol{r}_1)\uparrow & \varphi_b(\boldsymbol{r}_2)\uparrow \end{vmatrix} \tag{1.17}$$

このとき，行列式の性質から，$\varphi_a = \varphi_b$ であれば，$|\varphi_a\uparrow \varphi_a\uparrow\rangle = 0$ となる．これは，同じスピンを持つ電子が同一軌道に入れないことを示す Pauli の排他原理である．また，$\varphi_a \neq \varphi_b$ であっても（即ち異なる軌道上であっても），$\boldsymbol{r}_1 = \boldsymbol{r}_2$（かつ平行スピン）であればやはり $|\varphi_a(\boldsymbol{r}_1)\uparrow \varphi_b(\boldsymbol{r}_1)\uparrow\rangle = 0$ となる．これも（広義の）Pauli の排他原理であり，同じスピンを持った 2 電子は，同一の場所に来ることができない．

軌道関数 φ_a および φ_b に 2 電子を入れるときの詰め方は，上記の波動関数のほか

---

[11] 先に説明したように，電子は区別できないが，ここでは便宜上番号を付けておく．そのうえで，非個別性を取り入れるため，波動関数の反対称化を行う．

[12] $P\psi(1,2) = \psi(2,1)$ で定義される置換演算子 P を，粒子 1, 2 からなる波動関数 $\psi(1,2)$ に 2 回作用させると，$P^2\psi(1,2) = P\psi(2,1) = \psi(1,2)$ となるから，P^2 の固有値は 1 である．従って P の固有値は ± 1 である．+ は Bose 粒子に対応し，− は Fermi 粒子に対応する．

に，$|\varphi_a\downarrow\varphi_b\uparrow\rangle$，$|\varphi_a\uparrow\varphi_b\downarrow\rangle$ および $|\varphi_a\downarrow\varphi_b\downarrow\rangle$ の 3 つが可能である．これら合計 4 つの関数を基底に取ることによりハミルトニアン (1.16) の行列要素を求めると，次式が得られる．

$$\begin{array}{c} & |\varphi_a\uparrow\varphi_b\uparrow\rangle \quad |\varphi_a\downarrow\varphi_b\uparrow\rangle \quad |\varphi_a\uparrow\varphi_b\downarrow\rangle \quad |\varphi_a\downarrow\varphi_b\downarrow\rangle \\ \begin{array}{c}\langle\varphi_a\uparrow\varphi_b\uparrow| \\ \langle\varphi_a\downarrow\varphi_b\uparrow| \\ \langle\varphi_a\uparrow\varphi_b\downarrow| \\ \langle\varphi_a\downarrow\varphi_b\downarrow|\end{array} \begin{pmatrix} E_a+E_b+K-J & 0 & 0 & 0 \\ 0 & E_a+E_b+K & -J & 0 \\ 0 & -J & E_a+E_b+K & 0 \\ 0 & 0 & 0 & E_a+E_b+K-J \end{pmatrix} \end{array}$$
(1.18)

ここで，2 電子間の距離を $r_{12}=|\bm{r}_1-\bm{r}_2|$ と書き，以下の定義を用いた．

$$E_\alpha \equiv \int d\bm{r}\varphi_\alpha^*(\bm{r})\mathcal{H}_0(\bm{r})\varphi_\alpha(\bm{r}) \quad (\alpha=\mathrm{a},\mathrm{b}) \tag{1.19}$$

$$K \equiv \iint d\bm{r}_1 d\bm{r}_2 \, \rho_a(\bm{r}_1)\frac{e^2}{r_{12}}\rho_b(\bm{r}_2) \tag{1.20}$$

$$J \equiv \iint d\bm{r}_1 d\bm{r}_2 \, \varphi_a^*(\bm{r}_1)\varphi_b^*(\bm{r}_2)\frac{e^2}{r_{12}}\varphi_b(\bm{r}_1)\varphi_a(\bm{r}_2) \tag{1.21}$$

$$= \iint d\bm{r}_1 d\bm{r}_2 \, \rho_{ab}(\bm{r}_1)\frac{e^2}{r_{12}}\rho_{ba}(\bm{r}_2) \tag{1.22}$$

$$\rho_a(\bm{r}_1) \equiv \varphi_a^*(\bm{r}_1)\varphi_a(\bm{r}_1) = |\varphi_a(\bm{r}_1)|^2 \quad :電荷密度 \tag{1.23}$$

$$\rho_{ab}(\bm{r}_1) \equiv \varphi_a^*(\bm{r}_1)\varphi_b(\bm{r}_1) \quad :重なり電荷密度 \tag{1.24}$$

E_α は 1 電子エネルギーであり，例えば $2p$ 軌道にある電子のエネルギーを表す．Coulomb 積分 K の意味は，式 (1.20) と図 1.7(a) から分かるように，電子 1 の軌道 φ_a

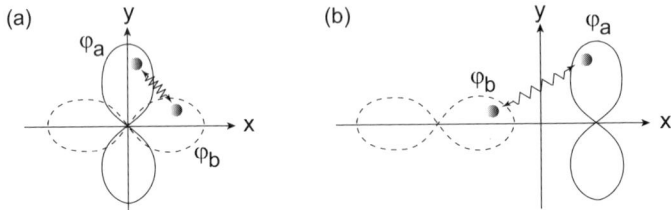

図 **1.7** (a) 軌道関数 φ_a および φ_b が互いに重なりを持つとき，Coulomb 相互作用（波線）に起因する交換相互作用が生じる．(b) 波動関数に重なりがない場合，Coulomb 相互作用は存在するが，交換相互作用は存在しない．

上の場所 r_1 における電荷密度 $\rho_a(r_1)$ と，電子 2 の軌道 φ_b 上の場所 r_2 における電荷密度 $\rho_b(r_2)$ との間の Coulomb 斥力による反発エネルギーであり，古典的に理解可能である．一方，交換積分 J は直感的に理解しにくいものである．式 (1.21) は，軌道 φ_b にいた電子 1 と軌道 φ_a にいた電子 2 の間に Coulomb 相互作用が働いた結果，電子 1 は軌道 φ_a に散乱され，電子 2 は軌道 φ_b に散乱されたとも解釈される．「電子座標の交換」に由来する交換積分の出現は，電子波動関数の反対称化（Slater 行列式を用いたこと）に起因する．[13] あるいは，交換積分は，式 (1.22) により，電子 1 の場所 r_1 における軌道 φ_a と軌道 φ_b の重なり電荷密度 $\rho_{ab}(r_1)$ と，電子 2 の場所 r_2 における軌道 φ_a と軌道 φ_b の重なり電荷密度 $\rho_{ba}(r_2)$ との相互作用ともみなされる．従って，2 つの軌道関数の間に重なりがなければ（例えば図 1.7(b) の場合），交換積分は生じない．結局，電子は，軌道関数の間に重なりがなければ古典的粒子として振舞い，波動関数に重なりがある場合には，非個別性を有する量子力学的粒子として振舞う．[14]

ハミルトニアン行列を対角化することにより，固有関数，固有値が求まる．スピンおよび軌道部分の波動関数は，次式で与えられる．

スピン固有関数　　　　　　　　　　　　　固有値

$|S=1, S_z=1\rangle = |\uparrow\rangle|\uparrow\rangle$ 　　　　　　　E_t（3 重縮退）

$|S=1, S_z=0\rangle = \frac{1}{\sqrt{2}}(|\uparrow\rangle|\downarrow\rangle + |\downarrow\rangle|\uparrow\rangle)$ 　　　E_t（3 重縮退）

$|S=1, S_z=-1\rangle = |\downarrow\rangle|\downarrow\rangle$ 　　　　　E_t（3 重縮退）

$|S=0, S_z=0\rangle = \frac{1}{\sqrt{2}}(|\uparrow\rangle|\downarrow\rangle - |\downarrow\rangle|\uparrow\rangle)$ 　　　E_s

軌道固有関数　　　　　　　　　　　　　　固有値

$\Psi_t = \frac{1}{\sqrt{2}}(\phi_a(1)\phi_b(2) - \phi_b(1)\phi_a(2))$ 　　E_t（3 重縮退）

$\Psi_s = \frac{1}{\sqrt{2}}(\phi_a(1)\phi_b(2) + \phi_b(1)\phi_a(2))$ 　　E_s

ここで，$r_1 \to 1, r_2 \to 2$ と置き換えた．また，各固有値は以下のように与えられる．

$$E_t = E_a + E_b + K - J \tag{1.25}$$

$$E_s = E_a + E_b + K + J \tag{1.26}$$

---

[13] 粒子が区別可能であれば，波動関数として ϕ_A を採用すればよく，Slater 行列式を用いる必要はない．このとき交換積分は生じない．

[14] φ_a と φ_b が同一原子内の波動関数である場合，それらは互いに直交し（水素原子の軌道を想起せよ），$\langle\varphi_a|\varphi_b\rangle = \int dr_1 \rho_{ab}(r_1) = 0$ が成り立っている．この直交性は，同じ場所で振幅を持たないことを意味しているわけではなく，符号の異なる部分を積分した結果が消えることを意味する．波動関数が直交していることと，重なりがないことを区別する必要がある．

スピン3重項状態 ($S=1$) では，スピン部分は電子の入れ替えに対して対称，軌道部分は反対称である．1重項状態 ($S=0$) では逆に，スピン部分は反対称，軌道部分が対称である．[15]

【補足2】ハミルトニアン行列の対角化は，角運動量の合成に伴う基底の変換に対応する．スピン固有関数の $|S=1, S_z=1\rangle$ などは2電子のスピン状態を $\bm{S}^2$ と S_z の固有ケットを用いて表したものであり，右辺の $|\uparrow\rangle$ や $|\downarrow\rangle$ から成る式はそれを s_1^z と s_2^z の固有ケットの積（例えば $|s_1^z=1/2\rangle|s_2^z=1/2\rangle$）を用いて展開したものである．一般に次式のように表したとき

$$|S,S_z\rangle = \sum_{s_1^z, s_2^z} C(s_1 s_2 S; s_1^z s_2^z S_z) |s_1, s_1^z\rangle |s_2, s_2^z\rangle \tag{1.27}$$

右辺の係数 $C(s_1 s_2 S; s_1^z s_2^z S_z)$ は Wigner 係数あるいは Clebsh-Gordan (CG) 係数と呼ばれる．本文中では，$|s_1, s_1^z\rangle$ を簡単のため $|\uparrow\rangle$ や $|\downarrow\rangle$ などで表してある．また，CG 係数の表記は複数あり，$\langle s_1 s_1^z s_2 s_2^z | S S_z\rangle$ のように書かれることもある．

3重項と1重項のうち，いずれのエネルギーが低いかを知るためには，交換積分 J の符号を知る必要がある．原子内電子の波動関数は直交しており，この場合，交換積分は正であることが証明される．[16] 従って，3重項（トリプレット）状態の方が常に1重項（シングレット）状態よりエネルギーが低い．

$$E_t - E_s = -2J < 0 \tag{1.28}$$

これはまさに，Hund の第1ルールである．

ハミルトニアンにスピンが含まれていないにも関わらずスピンによって多電子系のエネルギーに相違を生じる理由は，軌道波動関数の形がスピンの向きに依存するからである．例えば，平行スピンを持った2電子は，Pauli の排他原理により，同じ場所（そこでは Coulomb 斥力がもっとも強くなる）には来ない（これは，3重項の波動関数の軌道部分が $\bm{r}_1 = \bm{r}_2$ において節（ノード）を持つことに対応する）．これに対し，反平行スピンを持つ電子は，Pauli の排他原理が働かないため互いに近づくことが許され，その結果，平行スピンの電子対より高い Coulomb 相互作用エネルギーを持つ．このような物理的起源によって生じる相互作用を交換相互作用と呼ぶ．

交換相互作用をスピン間の相互作用の形に書き表そう．まず，次式に注意する．

$$2\bm{s}_1 \cdot \bm{s}_2 = (\bm{s}_1 + \bm{s}_2)^2 - \bm{s}_1^2 - \bm{s}_2^2 = S(S+1) - \frac{3}{2} \tag{1.29}$$

---

[15] 全体としては，3重項も1重項も電子の入れ替えに対して反対称である．
[16] J は電荷分布 $e\varphi_a^*(\bm{r})\varphi_b(\bm{r})$ の自己エネルギーであるので，有限の正値である．詳しくは，例えば文献 [9] を参照されたい．

ここで、S は合成スピン $\bm{S} = \bm{s}_1 + \bm{s}_2$ の大きさを表し、$\bm{S}^2$ を（期待値である）$S(S+1)$ で置き換えた。[17] これより、次式が導かれる。

$$\frac{1}{2}(1 + 4\bm{s}_1 \cdot \bm{s}_2) = \begin{cases} 1 & （スピン 3 重項の場合） \\ -1 & （スピン 1 重項の場合） \end{cases}$$

従って、式 (1.25) および (1.26) は、次のハミルトニアンの固有値と等しい。

$$\mathcal{H} = K - \frac{1}{2}(1 + 4\bm{s}_1 \cdot \bm{s}_2)J \tag{1.30}$$

ただし、E_a と E_b は省略してある。最終的にスピンの部分だけを抜き出せば、

$$\mathcal{H} = -2J\bm{s}_1 \cdot \bm{s}_2 \tag{1.31}$$

が得られる。これは、Heisenberg ハミルトニアンと呼ばれる。

後の議論のため、交換相互作用 (1.31) を生成消滅演算子を用いて表現すると、以下のようになる（詳しい計算は付録 A-3 節に与えられている）。

$$\mathcal{H} = -J \sum_{\sigma,\sigma'} c^\dagger_{1\sigma} c_{1\sigma'} c^\dagger_{2\sigma'} c_{2\sigma} \tag{1.32}$$

電子スピンの向きが入れ替わっている（電子 1 は σ' から σ へ変わり、電子 2 は逆に変わる）ことが見てとれる。

1-3　J 多重項と磁気モーメント

1-3-1　J 多重項

希土類やアクチノイドの f 電子系ではスピン軌道相互作用（LS 結合とも呼ばれる）が重要となり、それらの電子状態を指定するためには J 多重項が必要である。本項では、Pr^{3+} イオンおよび Dy^{3+} イオンを例として取り上げる。まず、全軌道角運動量 L および全スピン S を計算する。スピンを強磁性的に揃えようとする交換相互作用により（Hund の第 1 ルール）、$|S_z|$ が最大となる電子配置が実現する。Pr^{3+} イオンのような f^2 配位の場合は（図 1.8(a) 参照）、$|S_z|$ の最大値 = 1、即ち $S = 1$ である。次に、$S = 1$ を満たす状態の中で L が最大となるような配置は、$|L_z|$ の最大

---

[17] 式 (1.29) は、演算子 $\bm{s}_1 \cdot \bm{s}_2$ の固有値が 1 重項に対し $-\frac{3}{4}$、3 重項に対し $\frac{1}{4}$ であることを示す。これは、後の超伝導の議論の際に再び現れる。

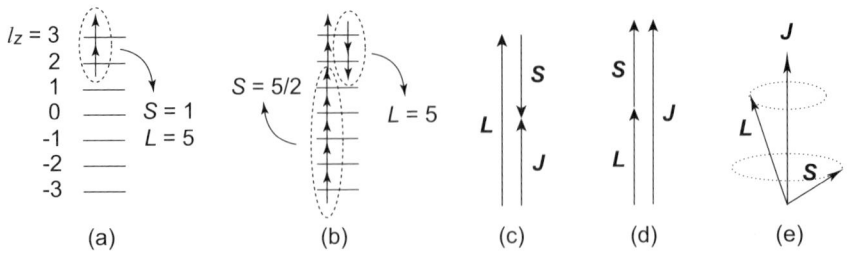

図 1.8 希土類元素における J 多重項. (a) Pr^{3+} イオン (f^2 配置) の場合. (b) Dy^{3+} イオン (f^9) の場合. (c)(d) 角運動量の結合の様子. (e) L および S は J の周りに歳差運動をしている.

値 = 5 ($l_z = 3$ および $l_z = 2$) より, $L = 5$ である.

f^9 配置を持つ Dy^{3+} についても同様である (図 1.8(b) 参照). まず S について考えると, 図から容易に分かるように, 合成スピンの大きさは $S = 5/2$ となる. 次に, L について考えよう. ↑スピンを持つ 7 個の電子の軌道角運動量は, $l_z = 3, 2, \cdots, -3$ を合成することによりゼロとなる. 従って↓スピンを持つ 2 個の電子について考えればよく, $L = 5$ が求まる.

Pr^{3+} および Dy^{3+} イオンの L と S は, 次式のスピン軌道相互作用のため, もはや互いに独立ではない.

$$\mathcal{H}_{LS} = \sum_i \xi l_i \cdot s_i = \lambda L \cdot S \quad (\xi は i に依らないと仮定) \tag{1.33}$$

何故なら, $(2L+1) \times (2S+1)$ 重に縮退した LS 多重項内の状態は同じ S と L の大きさを持つが, ベクトル L と S のなす角度が異なるため, スピン軌道相互作用のエネルギーも異なるからである.

λ を求めるために, 図 1.8(a) および (b) に示した状態に対し次式を適用する.

$$\xi \sum_i l_z^i s_z^i = \lambda L_z S_z \tag{1.34}$$

図 1.8(a) の場合 (4f 電子数 n が半分に満たない "less than half" の場合) に対し,

$$左辺 = \xi \left(\sum_i l_z^i\right) \frac{1}{2} = \frac{\xi}{2} L_z, \quad 右辺 = \lambda L_z \frac{n}{2} \tag{1.35}$$

従って, λ は次のように求まる.

$$\lambda = \frac{\xi}{n} \quad (> 0) \tag{1.36}$$

ここで, $\xi > 0$ であることを用いた. 次に, 図 1.8(b) の場合 (4f 電子数 n が半分を越

える "more than half" の場合）を考えよう．丁度半分詰まった場合は，$\sum_i \bm{l}_i \cdot \bm{s}_i = 0$ となるから，式 (1.34) の左辺に対しては 8 番目以降の電子を考えればよく，また $\sum_i l_z^i = 0$ であるから，右辺の L_z に対しても 8 番目以降の電子を考えればよい．これらより次式を得る．

$$\text{左辺} = \xi \left(\sum_{n \geq 8} l_z^i\right)\left(-\frac{1}{2}\right) = \left(-\frac{\xi}{2}\right) \cdot L_z, \quad \text{右辺} = \lambda \cdot L_z \cdot \frac{14-n}{2} \tag{1.37}$$

ここで，L_z は $n \geq 8$ に関する合成角運動量である．以上より，次を得る．

$$\lambda = -\frac{\xi}{14-n} \quad (<0) \tag{1.38}$$

電子数が半分より少ないか多いかによって λ の符号が異なり，$\bm{S}$ と $\bm{L}$ の結合の仕方が変わってくる．即ち，"less than half" では $\lambda > 0$ であり，$\bm{S}$ と $\bm{L}$ が反対向きに結合した方が式 (1.33) のエネルギーが低くなり（図 1.8(c)），"more than half" では同じ向きに結合した方がエネルギーが低くなる（図 1.8(d)）．

全角運動量 J を次式によって定義する．

$$\bm{L} + \bm{S} = \bm{J} \tag{1.39}$$

$\bm{L}$ と $\bm{S}$ のなす角度が異なれば，$\bm{J}$（の大きさ）が異なる（図 1.8(c)-(e) 参照）．J が取りうる値は，角運動量の合成則により，次のようになる．

$$J = |L-S|, |L-S|+1, \cdots\cdots, L+S \tag{1.40}$$

式 (1.33) の相互作用 $\mathcal{H}_{LS}$ が存在するとき，保存量となるのは $\bm{L}, \bm{S}$ ではなく全角運動量 $\bm{J}$ であることを示そう．Heisenberg の運動方程式は次のように書かれる．

$$i\hbar \frac{dL_x}{dt} = [L_x, H_{LS}] = \lambda([L_x, L_y]S_y + [L_x, L_z]S_z) = i\lambda[\bm{S} \times \bm{L}]_x \tag{1.41}$$

ここで，$[L_x, L_y] = iL_z$ 等を用いた．他の成分も同様であるから，

$$\frac{d\bm{L}}{dt} = \frac{\lambda}{\hbar} \bm{S} \times \bm{L} \neq 0 \tag{1.42}$$

を得る．従って，$\bm{L}$ は保存されない．同様にして，$\bm{S}$ も保存量でないことがわかる．

$$\frac{d\bm{S}}{dt} = \frac{\lambda}{\hbar} \bm{L} \times \bm{S} \neq 0 \tag{1.43}$$

一方，$\bm{J}$ は次のように保存量である．

$$\frac{d\bm{J}}{dt} = \frac{d(\bm{L}+\bm{S})}{dt} = \frac{\lambda}{\hbar}(\bm{S} \times \bm{L} + \bm{L} \times \bm{S}) = 0 \tag{1.44}$$

表 1.2 希土類イオンの電子配置，基底 J 多重項および Landé の g 因子．

イオン f^n	La^{3+} f^0	Ce^{3+} f^1	Pr^{3+} f^2	Nd^{3+} f^3	Sm^{3+} f^5	Eu^{3+}, Sm^{2+} f^6	Gd^{3+}, Eu^{2+} f^7
基底多重項	^1S	$^2F_{5/2}$	$^3H_4$	$^4I_{9/4}$	$^6H_{5/2}$	$^7F_0$	$^8S_{7/2}$
g_J		6/7	4/5	8/11	2/7		2
イオン f^n	Tb^{3+} f^8	Dy^{3+} f^9	Ho^{3+} f^{10}	Er^{3+} f^{11}	Tm^{3+} f^{12}	Yb^{3+}, Tm^{2+} f^{13}	Lu^{3+}, Yb^{2+} f^{14}
基底多重項	$^7F_6$	$^6H_{15/2}$	$^5I_8$	$^4I_{15/2}$	$^3H_6$	$^2F_{7/2}$	^1S
g_J	3/2	4/3	5/4	6/5	7/6	8/7	

この結果を古典的ベクトル模型に対応させよう．式 (1.42) および (1.43) より

$$\frac{d\boldsymbol{L}}{dt} \propto \boldsymbol{S} \times \boldsymbol{L} = (\boldsymbol{S} + \boldsymbol{L}) \times \boldsymbol{L} = \boldsymbol{J} \times \boldsymbol{L}, \quad \frac{d\boldsymbol{S}}{dt} \propto \boldsymbol{L} \times \boldsymbol{S} = \boldsymbol{J} \times \boldsymbol{S} \quad (1.45)$$

これは，「角運動量の時間変化はトルクに等しい」とする古典力学におけるコマの運動方程式と同じであるから，$\boldsymbol{L}$ あるいは $\boldsymbol{S}$ が $\boldsymbol{J}$ の周りに歳差運動することを表している（図 1.8(e)）．

$\mathcal{H}_{LS}$ まで考えると，L や S はもはや運動の保存量ではなく，よい量子数ではない．それらの代わりに状態を指定する量子数は J である．f 電子が主役となる希土類元素では，このように，L および S を求めた上で J を計算し状態を指定することになる．このような立場を LS 結合あるいは Russel-Saunders 結合と呼ぶ．例えば，Pr^{3+} イオンに対しては $J = |L - S| = 4$ となり，この J の値を LS 多重項の右下に記すことにより，J 多重項 $^3H_4$ が得られる．同様にして，Dy^{3+} イオンの J 多重項は $^6H_{15/2}$ となる．他の希土類イオンの場合を含めて表 1.2 にまとめる．

波動関数について直観的なイメージをつかむため，Ce^{3+} イオンの基底 J 多重項 $^2F_{5/2}$ を例にとって考えよう [10]．波動関数 $|J = 5/2, J_z\rangle$ は $J_z = \pm 1/2, \pm 3/2, \pm 5/2$ の 6 重に縮退しており，それらの角度依存性は図 1.9 に示されている（補足 3 参照）．(a) は $|J_z = \pm 5/2\rangle$ の電荷分布を表し，(a') は $\boldsymbol{J}$ を表す．矢印の向きが図のようであ

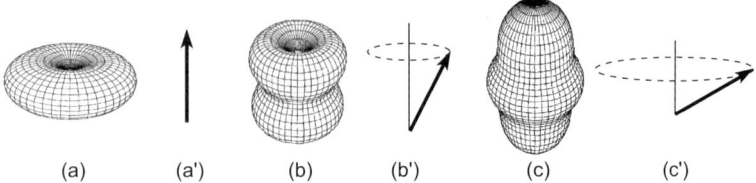

図 1.9 Ce^{3+} イオンの基底 J 多重項の波動関数 $|J = 5/2, J_z\rangle$ [10]．(a), (b), (c) は，$J_z = \pm 5/2$, $\pm 3/2$, $\pm 1/2$ の電荷分布を表し，(a'), (b'), (c') は $\boldsymbol{J}$ の z 軸周りの歳差運動を表す．

る場合は $|J_z = 5/2\rangle$ に対応し,逆方向である場合は $|J_z = -5/2\rangle$ に対応する.これら2つは,時間反転対称の関係にあり,Kramers 対と呼ばれる(付録 B-3 節参照).(b) は $|J_z = \pm 3/2\rangle$ の電荷分布を表し,(b') は J が z 軸の周りを歳差運動し,その z 成分が $J_z = 3/2$ であることを表す.(c) は $|J_z = \pm 1/2\rangle$ の電荷分布,(c') は $|J_z = 1/2\rangle$ に対応する J の歳差運動を表す.このように,$|J_z|$ が大きいほど波動関数は x-y 平面に拡がった形となる.

【補足 3】波動関数を Clebsch-Gordan 係数を用いて次のように書き換える(付録 B-3 節参照).

$$\left|J=\frac{5}{2}, J_z=\frac{5}{2}\right\rangle = \sqrt{\frac{6}{7}} Y_3^3(\theta,\phi)\chi_\downarrow - \frac{1}{\sqrt{7}} Y_3^2(\theta,\phi)\chi_\uparrow \tag{1.46}$$

ここで,$Y_3^3(\theta,\phi)$ などは球面調和関数 $Y_l^m(\theta,\phi)$ であり,$\chi_\downarrow$ は下向きスピンの状態を表す.このとき,電荷密度分布 $\rho(\theta,\phi)$ は,波動関数の上向きスピン成分の絶対値の 2 乗と下向きスピン成分の絶対値の 2 乗の和で与えられる.

$$\rho(\theta,\phi) = \left|\sqrt{\frac{6}{7}} Y_3^3(\theta,\phi)\right|^2 + \left|\frac{1}{\sqrt{7}} Y_3^2(\theta,\phi)\right|^2 \tag{1.47}$$

1-3-2 Landé の g 因子と磁気モーメント

スピン軌道相互作用 $\mathcal{H}_{LS}$ の存在下では,$\boldsymbol{L}+2\boldsymbol{S}$ は $\boldsymbol{J}$ の周りを歳差運動する(図 1.10 参照).磁気モーメント $\boldsymbol{m} = -\mu_B(\boldsymbol{L}+2\boldsymbol{S})$ または角運動量 $\boldsymbol{L}+2\boldsymbol{S}$ を互いに垂直な 2 つの成分 $\boldsymbol{m}_J (\parallel \boldsymbol{J})$ と $\boldsymbol{m}_\perp (\parallel \boldsymbol{J}_\perp)$ に分ける.

$$\boldsymbol{m} = \boldsymbol{m}_J + \boldsymbol{m}_\perp \tag{1.48}$$

$$\boldsymbol{L}+2\boldsymbol{S} = g_J \boldsymbol{J} + \boldsymbol{J}_\perp \tag{1.49}$$

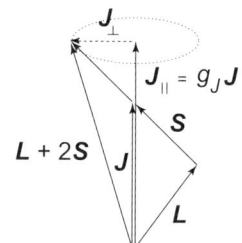

図 1.10 $\boldsymbol{L}+2\boldsymbol{S}$ の運動.$\boldsymbol{J}_\parallel$ および $\boldsymbol{J}_\perp$ は,運動の保存量 $\boldsymbol{J}$ に平行および垂直な成分である.

図 1.10 から明らかなように,$\boldsymbol{m}_J$ あるいは $g_J \boldsymbol{J}$ の項は時間的に不変であるが,$\boldsymbol{m}_\perp$ あるいは $\boldsymbol{J}_\perp$ の方は時間的に変動する.式 (1.49) の両辺と $\boldsymbol{J}$ とのスカラー積を作ると,次が得られる.

$$\text{左辺} = \boldsymbol{J}\cdot(\boldsymbol{L}+2\boldsymbol{S}) = (\boldsymbol{L}+\boldsymbol{S})\cdot(\boldsymbol{L}+2\boldsymbol{S}) = L(L+1) + 2S(S+1) + 3\boldsymbol{L}\cdot\boldsymbol{S}$$

$$\text{右辺} = g_J \boldsymbol{J}\cdot\boldsymbol{J} + \boldsymbol{J}\cdot\boldsymbol{J}_\perp = g_J J(J+1) \quad (\text{第 2 項はゼロ}) \tag{1.50}$$

さらに,角運動量に対し,次のように変形しよう.

$$\boldsymbol{J}^2 = J(J+1) = (\boldsymbol{L}+\boldsymbol{S})^2 = L(L+1) + S(S+1) + 2\boldsymbol{L}\cdot\boldsymbol{S} \tag{1.51}$$

これらを用い $\boldsymbol{L}\cdot\boldsymbol{S}$ の項を消去することにより，Landé の g 因子 g_J を得る．[18]

$$g_J = \frac{3}{2} + \frac{S(S+1) - L(L+1)}{2J(J+1)} \tag{1.52}$$

参考のため，各希土類イオンの g_J を表 1.2 に与えた．

後述のように，磁気モーメント $\boldsymbol{m}_J$ は永久磁気モーメントであり配向効果に寄与するのに対し，$\boldsymbol{m}_\perp$ は磁場によって誘起され分極効果に寄与する．

1-3-3　j-j 結合

LS 結合の考え方においては，$U \gg |\lambda|$ （U は電子間の Coulomb 斥力）と仮定し，はじめに各電子の $\boldsymbol{l}_i$ および $\boldsymbol{s}_i$ を各々合成することにより $\boldsymbol{L}$ および $\boldsymbol{S}$ を求め，次に $\boldsymbol{L}$ と $\boldsymbol{S}$ の合成により全角運動量 $\boldsymbol{J}$ を求めた．この記述法は，多くの元素（特に軽元素）において満たされている [8]．一方，$U \ll |\lambda|$ の場合は，個々の電子のスピン軌道相互作用が強いため，まずはじめに各電子に対し全角運動量 $\boldsymbol{j}_i = \boldsymbol{l}_i + \boldsymbol{s}_i$ が形成され，その次に $\boldsymbol{j}_i$ が（電子間で）弱く結合する．これは j-j 結合と呼ばれる．[19] 例として，Pr^{3+} イオンを考えよう（図 1.11(a) 参照）．1 個の f 電子は，$l = 3, s = 1/2$ であるから，$j = 5/2$ および $j = 7/2$ が得られる．基底状態は 6 重縮退した $j = 5/2$ であり，$j = 7/2$ はスピン軌道相互作用エネルギーの分だけエネルギーが高い．$j = 5/2$ の状態に，Coulomb 相互作用のエネルギーを下げるように，即ち J が最大になるよ

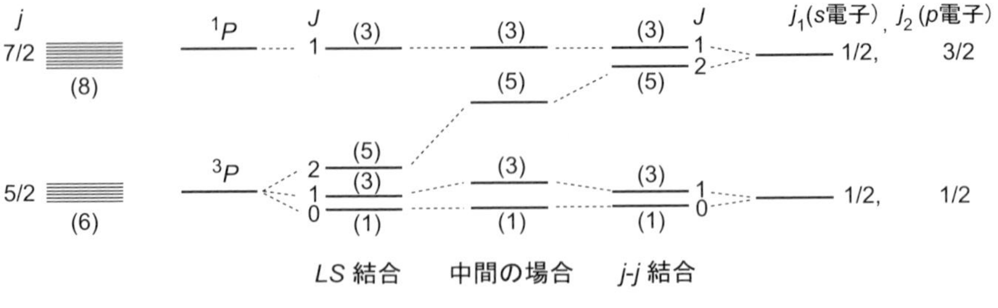

図 1.11　LS 結合と j-j 結合．(a) 1 電子の j-j 結合．(b) 炭素族原子の励起状態．左側の LS 結合は炭素，右側の j-j 結合は鉛に対応している [8]．左の軽い元素では LS 結合がよく，右の重い元素では j-j 結合がよい記述法となる．( ) 内の数字は縮退度を表す．

---
[18] 磁気モーメントと角運動量の関係 $\boldsymbol{m}_J = -g_J \mu_B \boldsymbol{J}$ における比例係数 g_J は，式 (1.52) から分かるように，J_z, L_z, S_z などに依存しない．これは，Wigner-Eckart の定理の 1 例である（付録 B-2 節参照）．
[19] j-j 結合はバンド計算と相性がよく，多電子状態は 1 体の基底関数 $|j, j_z\rangle$ を用いて記述される．

うに，2個の電子を詰めると，$J = 5/2 + 3/2 = 4$ が得られる．[20]

sp 電子配置（s および p 軌道に1個ずつ電子が入っている状態）を例に取り，LS 結合と j-j 結合の2つの描像を比べよう [8]．LS 結合の立場に立てば，基底 LS 多重項は ^3P ($L = 1, S = 1$) であり，それは弱いスピン軌道相互作用により，$J = 0, 1, 2$ の3つに分裂する（図1.11(b) 左）．それぞれの縮退度は，1, 3, 5 である．励起状態は ^1P ($L = 1, S = 0$) であり，J 多重項は $J = 1$（縮退度は3）のみである．一方，p 電子に対し j-j 結合の考え方を適用すると，(同一電子の) 強いスピン軌道結合により，$j_2 = 3/2$ と $1/2$ に分離する．このとき，p 電子1個を有する配位は "less than half case" に相当することから，$j_2 = 1/2$ が基底状態となる（図1.11(b) 右）．s 電子に対しては $l = 0$ であるから，$j_1 = 1/2$ となる．これら2つの j 間に弱い結合（j-j 結合）があるとすると，$j_1 = 1/2$ と $j_2 = 3/2$ から $J = 2, 1$（各々5および3重縮退）が導かれ，$j_1 = 1/2$ と $j_2 = 1/2$ から $J = 1, 0$（各々3および1重縮退）が導かれる．

図1.11(b) からわかるように，LS 結合でも j-j 結合でも項の数は同じであり，J の値も等しい．従って，両者を対応づけることができる．しかし，項の相対的位置は異なる．図1.11(b) の「中間の場合」のレベルスキームを見ると，$J = 2$ の状態（5重縮退）の位置が，LS 結合の場合と j-j 結合の場合の中間に来ている．この場合，LS 結合，j-j 結合いずれの記述も不十分である．現実の希土類やアクチノイド化合物でも，これと同様のことが生じているものと考えられるが，以下では特に断らない限り，LS 結合の立場に立つ．

1-4　自由イオンの磁性

N 個の独立な水素原子の集合を考える．この系の磁化率は，互いに相互作用を及ぼさないので，1個の水素原子の和として与えられる．各原子の電子スピンの向きは熱揺動のためゆらいでおり，上向きスピン↑と下向きスピン↓の状態は同じ確率で現れ，磁化は生じない．ここに微小な（下向きの）磁場 H を印加すると，図1.12(a) に示したように，準位は Zeeman 効果により分裂し，↑スピン電子の数が増える．磁気モーメント m とスピン s との間には $m = -2\mu_B s$ の関係があるから，磁化の磁場方向成分の熱平衡における平均値は次式で与えられる．

---

[20] 結晶場（第2章参照）の中の f^2 配置に関する j-j 結合については，7-7節や8-4節を参照されたい．

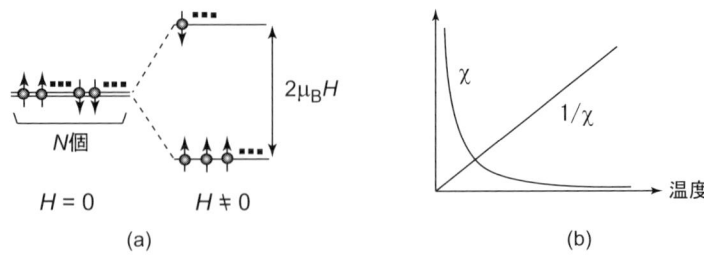

図 1.12 水素原子に磁場を印加すると，Zeeman 効果により，上向きスピンおよび下向きスピンのエネルギー準位の縮退は解ける (a)．これを反映し，磁化率には Curie 則が観測される (b)．

$$M = -2N\mu_B \frac{\sum_{-1/2}^{1/2} s_z \exp\left(\frac{-2\mu_B H s_z}{k_B T}\right)}{\sum_{-1/2}^{1/2} \exp\left(-\frac{2\mu_B H s_z}{k_B T}\right)} = N\mu_B \tanh\left(\frac{\mu_B H}{k_B T}\right) \simeq N\frac{\mu_B^2}{k_B T}H \quad (1.53)$$

ここで，k_B は Boltzmann 定数である．最後の等式では，磁場は十分に小さいと仮定した（$\mu_B H/k_B T \ll 1$）．図 1.12(b) に示されるように，磁化率 $\chi(T) = M/H \simeq N\mu_B^2/(k_B T)$ は降温とともに発散的に大きくなる（Curie の法則：$\chi = C/T$）[21]．即ち，十分低温では熱撹乱が小さいため，スピンは磁場方向に向きを揃えやすくなっている．これは，配向効果（固有の大きさを持つ磁気モーメントが磁場の方向に向きを揃える効果）と呼ばれる．

同様の議論を希土類原子に適用しよう．まず，次の関係に注意する．

$$\lambda \boldsymbol{L} \cdot \boldsymbol{S} = \frac{\lambda}{2}\{(\boldsymbol{L}+\boldsymbol{S})^2 - \boldsymbol{L}^2 - \boldsymbol{S}^2\} = \frac{\lambda}{2}\{J(J+1) - L(L+1) - S(S+1)\} \quad (1.54)$$

これより，多重項間のエネルギー差が次のように求まる．

$$E(J+1) - E(J) = \lambda(J+1) \quad (1.55)$$

これを図示すると，図 1.13 のようになる．即ち，"less than half" では J の小さい項が，"more than half" では J の大きい項がエネルギーが低くなり，その励起エネルギーは λ の大きさで決まる．第 1 励起状態までのエネルギー Δ_1 は，Ce^{3+} イオンでは 280 meV（〜3000 K）程度の大きさであるが，Sm^{2+} や Eu^{3+} イオンでは 46 meV（〜500 K）程度の小さな量である．

基底 J 多重項が 1 重項（$J=0$）でない限り，基底状態は縮退し，またその縮退

---

[21] 現実には，どんなに小さいにせよ磁気モーメント間には相互作用が働き，そのために系は磁気秩序状態に落ち込む．そうでないと，熱力学第 3 法則（$T \to 0$ の極限でエントロピーはゼロ）に反してしまう．

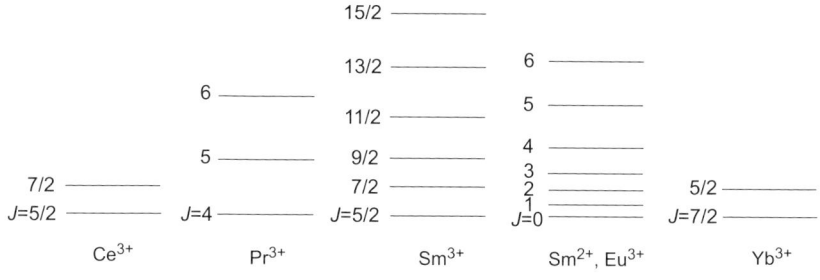

図 1.13 典型的希土類イオンにおける J 多重項の励起準位.

は磁場によって解かれる．このとき，励起 J 多重項の影響がないくらいに十分低温 ($T \ll \Delta_1$) で磁化率を測定すると，水素原子の系と同じように Curie 則

$$\chi(T) = \frac{Ng_J^2\mu_B^2 J(J+1)}{3k_B T} \tag{1.56}$$

が観測される．実験的には，磁化率の逆数をプロットしたときに得られる直線の傾きから（図 1.12(b) 参照），基底多重項の J の値を求めることができる．一方，基底 J 多重項が $J=0$ の場合には，Curie 定数はゼロとなるから，(十分低温で測定を行った場合) Curie 則は観測されず，次に示すような Van Vleck 常磁性（分極効果）が観測される．

分極効果の例として，電場を加えることにより誘起（分極）される電気双極子がよく知られる.[22] 同様のことは，磁場を印加した場合にも生じる．即ち，摂動項 $\mu_B \boldsymbol{J}_\perp \cdot \boldsymbol{H}$ によって，磁場のないときの基底状態の波動関数に，励起状態が混ざってくる．こうしてできた新しい波動関数は，摂動論によって次のように与えられる．

$$|\psi_{JJ_z}\rangle \simeq |JJ_z\rangle - \sum_{J'\neq J}\sum_{J_z'} \frac{\langle J'J_z'|\mu_B H J_\perp{}^z|JJ_z\rangle}{E_{J'}-E_J}|J'J_z'\rangle + \cdots \tag{1.57}$$

ここで，$|JJ_z\rangle$ および E_J は磁場がないときの固有関数および固有エネルギーである．磁気モーメント $\boldsymbol{m}_\perp$ の磁場方向成分（z 成分）の期待値 $\langle \psi_{JJ_z}^*|-\mu_B J_\perp^z|\psi_{JJ_z}\rangle$ は，1 イオン当たり

$$M_\perp(J,J_z) \simeq 2\mu_B^2 H \sum_{J'\neq J}\sum_{J_z'} \frac{|\langle J'J_z'|J_\perp{}^z|JJ_z\rangle|^2}{E_{J'}-E_J} \tag{1.58}$$

---

[22] 電場がゼロの場合に電気双極子モーメントがゼロであっても，電場をかけることによって電荷分布が変形し，電気双極子が誘起される．この変形は，量子力学では波動関数（励起状態）の混合として表現される．

となる．次に，右辺分子の行列要素を求めるため，次のように変形する．

$$\boldsymbol{J}_\perp = \boldsymbol{L} + 2\boldsymbol{S} - g_J \boldsymbol{J} = (1-g_J)\boldsymbol{L} + (2-g_J)\boldsymbol{S} \tag{1.59}$$

式 (1.58) の行列要素は，$J' = J \pm 1$, $J'_z = J_z$ のときのみゼロではない [6]．従って，

$$M_\perp(J, J_z) = 2\mu_B^2 H \sum_{J'=J\pm 1} \frac{|\langle J'J_z|J_\perp{}^z|JJ_z\rangle|^2}{E_{J'} - E_J} \tag{1.60}$$

となる．J を指定したときの磁化は，次のように計算される．

$$\alpha_J H \equiv \frac{\sum_{J_z} M_\perp(J, J_z)}{2J+1} = \frac{\mu_B^2 H}{6(2J+1)} \left[\frac{F(J+1)}{E_{J+1} - E_J} + \frac{F(J)}{E_{J-1} - E_J} \right] \tag{1.61}$$

$$F(J) \equiv \frac{1}{J}\{(S+L+1)^2 - J^2\}\{J^2 - (S-L)^2\} \tag{1.62}$$

α_J は Van Vleck 常磁性と呼ばれ，基底状態に縮退がない場合は，この温度に依存しない分極効果だけが（低温では）観測される．一方，縮退がある場合は，配向効果と併せて，N 個のイオンに対し，次式のように書き表される．

$$M = N \left[\frac{g_J^2 \mu_B^2 J(J+1)}{3k_B T} + \alpha_J \right] H \tag{1.63}$$

温度が励起エネルギーに比較できるくらい高くなると，励起状態への占有も考慮に入れなければならない．このときの磁化率は，次のようになる．

$$\chi = N \frac{\sum_J (2J+1) e^{-E_J/k_B T} \left\{ \frac{g_J^2 \mu_B^2 J(J+1)}{3k_B T} + \alpha_J \right\}}{\sum_J (2J+1) e^{-E_J/k_B T}} \tag{1.64}$$

例として，Sm^{2+} イオンを考えよう（図 1.14 参照）．基底状態は $J=0$ の 1 重項であ

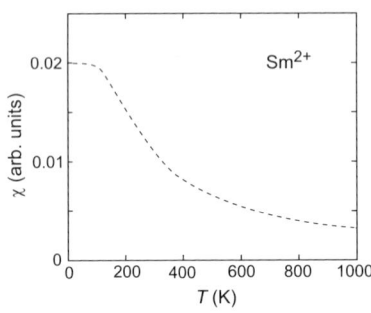

図 1.14 Sm^{2+} イオンの磁化率．低温では，温度に依存しない Van Vleck 常磁性が観測される．高温の温度依存性は，励起 J 多重項の存在による．

る．この非磁性基底状態を反映し，低温では温度に依存しない Van Vleck 常磁性が観測される．式 (1.61) より，その大きさは，$\alpha_{J=0} = 8\mu_B^2/\Delta_1$（$\Delta_1$ は第 1 励起状態までの励起エネルギーで約 500 K）である．温度が上昇すると，励起状態 $J=1$ や $J=2$ が占有されるようになる．これらは，磁場がない時は縮退しているので，Curie 則を与える．これにより，図 1.14 における磁化率は，高温で減少する．

参考文献

[1] 砂川一郎：『理論電磁気学』（紀伊国屋書店，2006）．
[2] 量子力学の入門書として，例えば，小出昭一郎：『量子力学 I, II』（裳華房，1978）．
[3] R. M. White: *Quantum Theory of Magnetism* (Springer-Verlag, 1983).
[4] 朝永振一郎：『スピンはめぐる』（みすず書房，2008）．
[5] 朝永振一郎：『鏡の中の物理学』（講談社，1976）．
[6] 金森順次郎：『磁性』（培風館，1969）．
[7] 松田博嗣：『現代物理学の基礎 6 物性 I』第 1 章（岩波書店，1978）．
[8] G. Herzberg 著，堀健夫訳：『原子スペクトルと原子構造』（丸善，1964）．
[9] 芳田奎：『磁性』（岩波書店，1991）．
[10] U. Walter: Z. Phys. B. **62** (1986) 299.

第2章

結晶中の局在電子

前章では孤立した原子・イオンの性質について説明した．本章では，これらが結晶の中に入ってもなお孤立原子・イオンと同じように局在的性質を保つ電子に対し，結晶場効果，交換相互作用，相転移，および臨界現象について説明する．

2-1 結晶場効果

2-1-1 エネルギー準位の分裂

結晶の中に置かれた電子は，それを取り囲む原子・イオンから何らかの影響を受ける．これを結晶場効果と呼ぶ．重い電子系に限らず f 電子系の物性を理解するうえで，結晶場効果は極めて重要である．

いま着目している電子の波動関数（例えば図 2.1(a) の p_z 波動関数）を中心として，その周囲に（点で示された）イオンが配置している状況を考えよう．このような（陽あるいは陰）イオンは配位子（ligand）と呼ばれ，配位子を（拡がりのない）点電荷とみなすことを点電荷モデルと呼ぶ．（原点にある原子中の）着目している電子は，これらの配位子と静電相互作用をもつ [1]．例えば，z 軸上にある配位子（座標 $(0,0,\pm c)$）が陰イオンであれば，p_z 電子のエネルギーは相互作用のない場合と比べ高くなる．このような静電相互作用に起因する結晶場効果の他に，波動関数の重なり（混成）による結晶場効果も存在する．図 2.1(b) のように，p_z 軌道上の電子は，リガンド原子の波動関数と重なり合うことによって運動エネルギーを減少させる．その結果，図 2.1(c) の（混成のない）p_y 軌道上の電子と比べ，p_z 軌道上の電子のエネルギーは低くなる．実際の物質における電子のエネルギーは，これら2つの効果（静電相互作用効果と混成効果）の兼ね合いで決まる．

点電荷モデルに基づいて具体的な計算を行うため，図 2.1(a) に示した "6 配位モデル"を考える．そこでは，6個のイオン（電荷 q は正または負）が $\boldsymbol{R}_j = (\pm a, 0, 0)$, $(0, \pm b, 0)$, $(0, 0, \pm c)$ に配置されている．これらのイオンが作る電場を結晶電場（あ

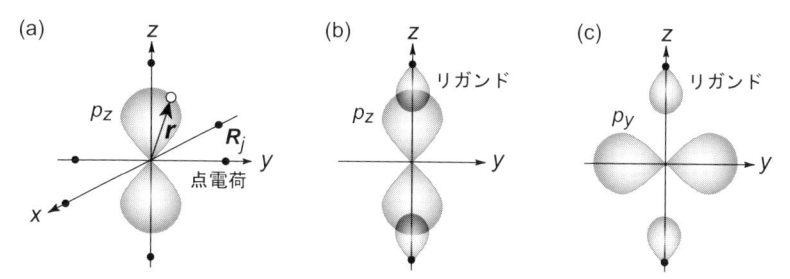

図 2.1 結晶場効果. (a) 原点に置かれた原子中の電子は，周囲のイオン（点電荷）と静電相互作用をもつ．(b) 原点に置かれた原子中の電子は，周囲の原子の波動関数と混成する．これにより，運動エネルギーが減少する．(c) p_y 軌道はリガンドイオンの波動関数と混成しないため，エネルギーの低下を引き起こさない．

るいは結晶場）と呼ぶ．$a \neq b \neq c$ の場合は斜方対称結晶場，$a = b \neq c$ の場合は正方対称結晶場，$a = b = c$ の場合は立方対称結晶場である．場所 r におけるポテンシャルエネルギー（$\sum_j \frac{q}{|r-R_j|}$）は次のように書かれる．

$$V_{\text{cry}}(\boldsymbol{r}) = q \left(\frac{1}{\sqrt{(x-a)^2 + y^2 + z^2}} + \frac{1}{\sqrt{(x+a)^2 + y^2 + z^2}} + \frac{1}{\sqrt{x^2 + (y-b)^2 + z^2}} \right.$$
$$\left. + \frac{1}{\sqrt{x^2 + (y+b)^2 + z^2}} + \frac{1}{\sqrt{x^2 + y^2 + (z-c)^2}} + \frac{1}{\sqrt{x^2 + y^2 + (z+c)^2}} \right)$$
$$\simeq q \left\{ \frac{2}{a} + \frac{2}{b} + \frac{2}{c} + \left(\frac{2}{a^3} - \frac{1}{b^3} - \frac{1}{c^3} \right) x^2 + \left(\frac{2}{b^3} - \frac{1}{c^3} - \frac{1}{a^3} \right) y^2 \right.$$
$$\left. + \left(\frac{2}{c^3} - \frac{1}{a^3} - \frac{1}{b^3} \right) z^2 + 高次項 \right\} \quad (2.1)$$

結晶場中に置かれた電子のエネルギー準位がどのように変化するかを計算しよう．場所 r に確率振幅をもつ電子の静電相互作用エネルギーは，次式で与えられる．

$$\mathcal{H}_{\text{cry}} = -|e| V_{\text{cry}}(\boldsymbol{r}) \quad (2.2)$$

式 (2.1) において定数項を落とし，2 次の項までを考えると次式が得られる．

$$\mathcal{H}_{\text{cry}} = -Ax^2 - By^2 + (A+B)z^2 \quad （斜方対称結晶場） \quad (2.3)$$

ここで，$A = |e|q(\frac{2}{a^3} - \frac{1}{b^3} - \frac{1}{c^3})$, $B = |e|q(\frac{2}{b^3} - \frac{1}{c^3} - \frac{1}{a^3})$ である．[1] 特に正方対称性

---

[1] 式 (2.3) は Laplace の方程式（$\triangle V_{\text{cry}} = 0$）を満たす．また，(暗に仮定した) 反転対称性 $V(-\boldsymbol{r}) = V(\boldsymbol{r})$ があることを反映し，奇数次の項を含まない．

$(a=b)$ をもつ場合には $A = B = |e|q(\frac{1}{a^3} - \frac{1}{c^3})$ となるから，次式が得られる．

$$\mathcal{H}_{\text{cry}} = A(3z^2 - r^2) \quad \text{（正方対称結晶場）} \tag{2.4}$$

立方対称の場合 $(a = b = c)$ は $A = B = 0$ となり，エネルギーの表式のなかに 2 次の項は現れない．このとき，(定数項を除く) 最低次の項は，次の 4 次の項である．

$$\mathcal{H}_{\text{cry}} = C\left(x^4 + y^4 + z^4 - \frac{3}{5}r^4\right) \quad \text{（立方対称結晶場）} \tag{2.5}$$

ここで，$C = \frac{-35q|e|}{4a^5}$ である．

例として，p 軌道に対する結晶場効果を考えよう．ハミルトニアンの行列要素を求めるための基底関数として，次の 3 つの関数を考える．

$$\begin{cases} |p_1\rangle = -\frac{1}{\sqrt{2}}(x+iy)f(r) \propto Y_1^1(\theta, \phi) \\ |p_2\rangle = \frac{1}{\sqrt{2}}(x-iy)f(r) \propto Y_1^{-1}(\theta, \phi) \\ |p_3\rangle = zf(r) \propto Y_1^0(\theta, \phi) \end{cases} \tag{2.6}$$

ここで，距離にのみ依存する部分を $f(r)$ と置いた．正方対称結晶場が働いた場合の p 軌道エネルギー準位の変化を，"縮退のある場合の摂動論" によって計算する．ハミルトニアンの行列要素 $\langle p_i | \mathcal{H}_{\text{cry}} | p_j \rangle$ は，次のように計算される．

$$\begin{pmatrix} -A(I_1 - I_2) & 0 & 0 \\ 0 & -A(I_1 - I_2) & 0 \\ 0 & 0 & 2A(I_1 - I_2) \end{pmatrix} \tag{2.7}$$

ここで，次のように定義した．

$$I_1 = \int d\mathbf{r}\, x^4 |f(r)|^2, \quad I_2 = \int d\mathbf{r}\, x^2 y^2 |f(r)|^2 \quad (I_1 \geq I_2) \tag{2.8}$$

既に対角化されていることから分かるように，波動関数 (2.6) は $\mathcal{H}_{\text{cry}}$ の固有関数であり，その固有エネルギーは $2A(I_1 - I_2)$ と $-A(I_1 - I_2)$ である．即ち，自由イオンの状態で 3 重に縮退していたエネルギー準位は，p_3 軌道の電子とリガンドイオンとの距離が他の 2 つの軌道とは異なるため，1 重と 2 重に分裂する (図 2.2 参照)．イオンが陰イオンで且つ $a > c$ であれば $A > 0$ となり，p_3 軌道の静電エネルギーは他の 2 つより高くなる (図 2.2(a))．陽イオンであれば $A < 0$ であり，逆に p_3 軌道のエネルギーは他より下がる (図 2.2(b))．

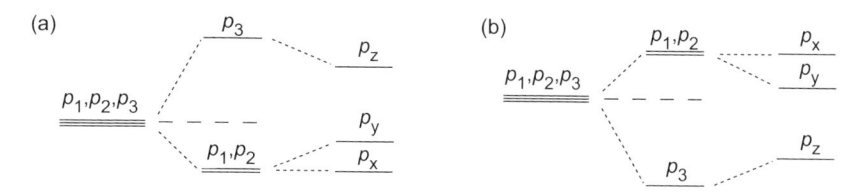

図 2.2 結晶場効果によるエネルギー準位の分裂．(a) と (b) とでは，周囲のイオンの電荷の符号が逆になっている．

斜方対称 ($A \neq B$) に対しては次式が得られる．

$$\begin{pmatrix} -\frac{1}{2}(A+B)(I_1-I_2) & \frac{1}{2}(A-B)(I_1-I_2) & 0 \\ \frac{1}{2}(A-B)(I_1-I_2) & -\frac{1}{2}(A+B)(I_1-I_2) & 0 \\ 0 & 0 & (A+B)(I_1-I_2) \end{pmatrix} \quad (2.9)$$

これを対角化することにより，固有エネルギーおよび固有関数が次のように得られる．

$$\begin{pmatrix} -A(I_1-I_2) & 0 & 0 \\ 0 & -B(I_1-I_2) & 0 \\ 0 & 0 & (A+B)(I_1-I_2) \end{pmatrix} \quad (2.10)$$

$$\begin{cases} |p_x\rangle = xf(r) \propto Y_1^{\,1}(\theta,\phi) - Y_1^{\,-1}(\theta,\phi) \\ |p_y\rangle = yf(r) \propto Y_1^{\,1}(\theta,\phi) + Y_1^{\,-1}(\theta,|\phi) \\ |p_z\rangle = zf(r) \propto Y_1^{\,0}(\theta,\phi) \end{cases} \quad (2.11)$$

このように，正方対称結晶場で縮退が残っていた準位も，斜方対称結晶場中では縮退が完全に解ける．この様子が図 2.2(a) および (b) に示されている．対角成分の和はゼロとなっているから，結晶場効果によって重心の位置は不変であることに注意したい．

2-1-2 等価演算子法

結晶場分裂（縮退の解き方）は，群論を用いれば簡単に計算される（付録 B-1 節を参照）．しかし，どの準位が基底状態となるかを知るには，点電荷モデルなどを用いて具体的に計算する必要がある．この計算を簡便に行うための手法が等価演算子法である（詳しくは付録 B-2 節を参照）．

前項と同じモデルを考える．正方対称の結晶場ハミルトニアン (2.4) に対し，次の

ような（空間座標から角運動量への）変換を施そう．

$$\mathcal{H}_{cry} = A(3z^2 - r^2) \quad \longrightarrow \quad \mathcal{H}_{cry} = B_2^0 \left(3l_z^2 - l(l+1)\right) \tag{2.12}$$

ここで，$z^2 \to l_z^2$ および $r^2 \to l^2 = l_x^2 + l_y^2 + l_z^2 \to l(l+1)$ と置き換えた（変換 $A \to B_2^0$ によって得られた新しい係数 B_2^0 は，A と同じように結晶場の情報を含む）．この変換に際し，波動関数を次のように変換する．

$$|p_\alpha(x,y,z)\rangle \quad \longrightarrow \quad |l, l_z\rangle \tag{2.13}$$

ここで，$|p_\alpha(x,y,z)\rangle$ ($\alpha = x, y, z$) は空間座標の関数としての p 波動関数であり，$|l, l_z\rangle$ は軌道角運動量の大きさ l とその z 成分 l_z で規定された波動関数である．2-1-1 項では，行列要素 $\langle p_\alpha | A(3z^2 - r^2) | p_{\alpha'} \rangle$ 等を計算する必要があったが，Wigner-Eckart の定理によれば（付録 B-2 節参照），これを計算する代わりに，$\langle l, l_z | B_2^0 (3l_z^2 - l(l+1)) | l, l_z' \rangle$ を計算すればよい．即ち，座標に関する積分を実行する代わりに，角運動量の計算を行うだけでよい．

具体的に計算してみよう．角運動量 $l = 1$ の固有関数 (p_1, p_2, p_3) を基底に取り，式 (2.12) の右側のハミルトニアンの行列要素を計算すると，次が得られる．

$$\begin{array}{c|ccc} l_z & 1 & 0 & -1 \\ \hline 1 & B_2^0 & 0 & 0 \\ 0 & 0 & -2B_2^0 & 0 \\ -1 & 0 & 0 & B_2^0 \end{array} \tag{2.14}$$

これより直ちに，3 重縮退が 2 重縮退（エネルギーは B_2^0）と 1 重縮退（エネルギーは $-2B_2^0$）に分裂することが分かる．また，B_2^0 が正の場合は $l_z = 0$ の軌道関数 (p_3) が基底状態となり，B_2^0 が負のときは $l_z = 1$ (p_1) と $l_z = -1$ (p_2) の 2 重縮退が基底状態になることも分かる．

このように，結晶場ハミルトニアンを角運動量演算子で表現することを Stevens の等価演算子の方法と呼ぶ．また，定数 B_2^0 を結晶場定数と呼ぶ．

J がよい量子数となっている希土類あるいはアクチノイドイオンの場合は，軌道角運動量 l を全角運動量 J に置き換えればよい．このとき，基底関数は多電子状態 $|J, J_z\rangle$ となる．

$J = 5/2$ の Ce^{3+} イオンを例として考えよう．自由イオンの状態では，場は球対称であるから，縮退は $2J + 1 = 6$ 重である．このイオンが立方対称性を持つ結晶中に

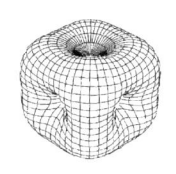

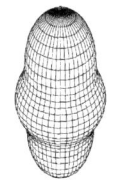

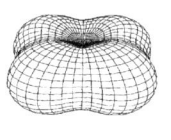

図 2.3 O_h 結晶場中の Ce^{3+} の固有波動関数. 左より, $|\Gamma_7\pm\rangle$, $|\Gamma_8\pm 1\rangle$, $|\Gamma_8\pm 2\rangle$ を表す.

入ったとき，結晶場ハミルトニアンは次のように書かれる（付録 B-2 節参照）．

$$\mathcal{H}_{\text{cry}} = B_4^0(O_4^0 + 5O_4^4) \tag{2.15}$$

ここで，O_4^0 および O_4^4 は，次のように定義されている．

$$O_4^0 = [35J_z^4 - 30J(J+1)J_z^2 + 25J_z^2 - 6J(J+1) + 3J^2(J+1)^2] \tag{2.16}$$

$$O_4^4 = \frac{1}{2}[J_+^4 + J_-^4] \tag{2.17}$$

基底関数として $|J=5/2, J_z\rangle$ を用い（以下では J を略し $|J_z\rangle$ と表す），$\mathcal{H}_{\text{cry}}$ の行列要素を対角化することにより，次の固有関数が得られる（付録 B-2-2 項を参照）．

$$|\Gamma_7\pm\rangle = \sqrt{\frac{1}{6}}\left|\pm\frac{5}{2}\right\rangle - \sqrt{\frac{5}{6}}\left|\mp\frac{3}{2}\right\rangle \tag{2.18}$$

$$|\Gamma_8\pm 1\rangle = \left|\pm\frac{1}{2}\right\rangle \tag{2.19}$$

$$|\Gamma_8\pm 2\rangle = \sqrt{\frac{5}{6}}\left|\pm\frac{5}{2}\right\rangle + \sqrt{\frac{1}{6}}\left|\mp\frac{3}{2}\right\rangle \tag{2.20}$$

これらの波動関数は，（群論の記号を用い）$|\Gamma_7\rangle$（2重縮退）および $|\Gamma_8\rangle$（4重縮退）と書かれ，図 2.3 に示した電荷分布を持つ．$|\Gamma_7+\rangle$ と $|\Gamma_7-\rangle$ は，波動関数の形（J_z の符号が反転）からわかるように，時間反転対称の関係にある（付録 B-3 節参照）．このような2重項は，Kramers 2重項であり，ゼロでないスピンあるいは軌道角運動量（従って磁気モーメント）を持つ．また，$|\Gamma_8+1\rangle$ と $|\Gamma_8-1\rangle$，$|\Gamma_8+2\rangle$ と $|\Gamma_8-2\rangle$ は，各々時間反転対称の関係にあり，磁気モーメントだけでなく4極子モーメントの期待値を持つ（補足 1 参照）．

【補足 1】電気双極子 p_α および電気 4 極子 $Q_{\alpha\beta}$ は，以下の式で定義される．

$$p_\alpha = \int x_\alpha \rho(\boldsymbol{r}) d\boldsymbol{r} \tag{2.21}$$

$$Q_{\alpha\beta} = \int (3x_\alpha x_\beta - r^2\delta_{\alpha\beta})\rho(\boldsymbol{r}) d\boldsymbol{r} \tag{2.22}$$

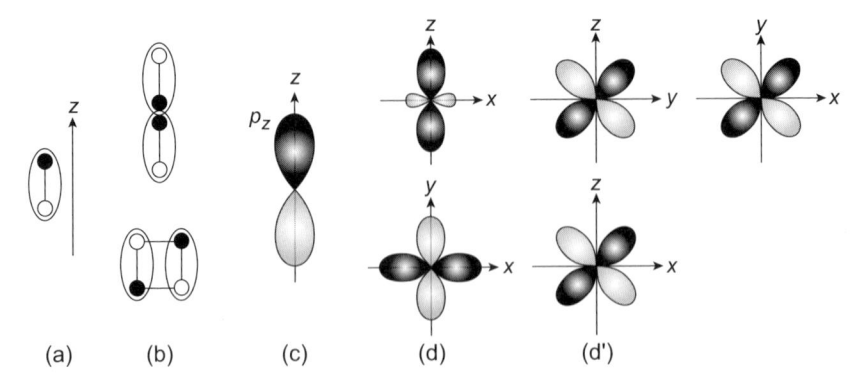

図 2.4 (a) 電気双極子の電荷配置．黒白の丸は正負の電荷を表す．(b) 電気 4 極子の電荷配置．線形および 2 次元配置の 2 種類が示されている．(c) z 方向に伸びた p_z 波動関数．波動関数の黒色・白色は，波動関数の値の正・負に対応している． (d) 2 個の独立な d 波動関数．群論の表現における立方対称群（O_h 群）の E_g 表現（Γ_3 とも書かれる）の基底に対応する．(d') 3 個の独立な d 波動関数．T_{2g}（Γ_5）表現の基底と同じ対称性をもつ．

ここで，$\rho(\bm{r})$ は電荷密度であり，$x_\alpha, x_\beta = x, y, z$ である．また，電気 4 極子モーメント $Q_{\alpha\beta}$ は，球対称電荷分布を差し引いた形に定義されており，$\delta_{\alpha\beta} = 1$（$\alpha = \beta$ のとき），$\delta_{\alpha\beta} = 0$（$\alpha \neq \beta$ のとき）である．

図 2.4(a) は双極子の電荷配置の例であり（黒白の丸は各々正負の点電荷を示す），式 (2.21) の p_z に対応する．同様に，2 つの双極子を適当にシフトし，それらを組み合わせることによって 4 極子を作ることができる（図 2.4(b) 参照）．このとき，シフトの方向によって，線形または 2 次元 4 極子となる．線形 4 極子は，式 (2.22) で定義される Q_{zz} で記述される．

図 2.4(a) の電荷分布と図 2.4(c) の波動関数を比較しよう．空間を任意の軸の周りに任意の角度だけ回転する操作の集合（群論では回転群と呼ばれる）を考えたとき，双極子 p_z と波動関数 $p_z = zf(r)$ は同じように変換される．[2] p_x および p_y に対しても同様である．これらの波動関数が球面調和関数 Y_1^1，Y_1^0，Y_1^{-1} で表されることに注意すると，[3] 双極子と球面調和関数 Y_l^m は同じ回転対称性をもつことが分かる．このように，回転群の 3 次元表現（球面調和関数の $l = 1$ に対する $m = 1, 0, -1$ の 3 個の関数）の下で変換する関数の集合を 1 階（$l = 1$ に対応）の既約テンソル（演算子）という．

同様に，図 2.4(b) の 4 極子は，(d) と (d') の d 波動関数と同じ回転対称性をもつ．[4]

---

[2] p_z 波動関数の正・負号を電荷の正・負に対応させればよい．但し，このことは，p_z 波動関数が双極子モーメントをもつことを意味しない．電荷分布を計算する際には，|波動関数|^2 により，符号の情報が失われるからである．実際，双極子は負のパリティを持つから，それを同じパリティをもつ始状態と終状態ではさんだ行列要素 $\langle JJ_z|p_\alpha|JJ_z\rangle$ はゼロとなる．

[3] 厳密に言えば，$p_x + ip_y$，$p_x - ip_y$，p_z が各々 Y_1^1，Y_1^{-1}，Y_1^0 に比例する．

[4] (d) と (d') の 5 成分は，立方対称結晶場中の d 電子の 5 つの基底関数と同じ形をしている．このこと

これら5個の波動関数は $l=2$ の球面調和関数で表されるから，4極子モーメントは2階のテンソルである．これらはさらに，等価演算子の考え方を用いて，角運動量演算子で表される．

$$Q_{zz} = \int (3z^2 - r^2)\rho(\boldsymbol{r})d\boldsymbol{r} \longrightarrow \langle JJ'_z|O_2^0 \equiv 3J_z^2 - J(J+1)|JJ_z\rangle$$

$$Q_{xx} - Q_{yy} = \int (x^2 - y^2)\rho(\boldsymbol{r})d\boldsymbol{r} \longrightarrow \langle JJ'_z|O_2^2 \equiv \frac{\sqrt{3}}{2}(J_x^2 - J_y^2)|JJ_z\rangle$$

$$Q_{yz} = \int yz\rho(\boldsymbol{r})d\boldsymbol{r} \longrightarrow \langle JJ'_z|O_{yz} \equiv \frac{\sqrt{3}}{2}(J_yJ_z + J_zJ_y)|JJ_z\rangle$$

$$Q_{zx} = \int zx\rho(\boldsymbol{r})d\boldsymbol{r} \longrightarrow \langle JJ'_z|O_{zx} \equiv \frac{\sqrt{3}}{2}(J_zJ_x + J_xJ_z)|JJ_z\rangle$$

$$Q_{xy} = \int xy\rho(\boldsymbol{r})d\boldsymbol{r} \longrightarrow \langle JJ'_z|O_{xy} \equiv \frac{\sqrt{3}}{2}(J_xJ_y + J_yJ_x)|JJ_z\rangle \tag{2.23}$$

式 (2.19) および (2.20) の $|\Gamma_8\rangle$ が4極子モーメントを有することは，容易に確かめられるであろう．

孤立 Ce^{3+} イオンで14重に縮退していた $4f$ 準位は，スピン軌道相互作用により，6重と8重の J 多重項に分裂する（図 2.5）．$J=5/2$ の基底状態は，立方対称結晶場下で，2重縮退の $|\Gamma_7\rangle$ と4重縮退の $|\Gamma_8\rangle$ に分裂する．結晶場の対称性が下がると

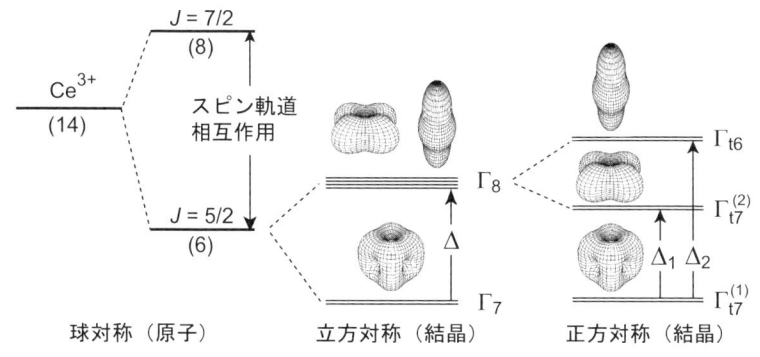

図 2.5 結晶場分裂．基底 J 多重項 $J=5/2$ は，立方対称結晶場により，$|\Gamma_7\rangle$ と $|\Gamma_8\rangle$ に分裂する．いずれが基底状態となるかは，結晶場の詳細に依存する．（ここの例では励起状態である）$|\Gamma_8\rangle$ は，正方対称結晶場により2つの Kramers 2重項 $|\Gamma_{t7}^{(2)}\rangle$ および $|\Gamma_{t6}\rangle$ に分裂する．このような分裂は，$CeIn_3$（立方対称）と $CeRhIn_5$（正方対称）において見られる．

は，群論の言葉で表現すれば，O_2^0 と O_2^2（図 2.4(d) の2関数に対応）は立方対称結晶場中で $\Gamma_3(E)$ 表現の基底と同じように変換し，O_{yz}, O_{zx}, O_{xy}（図 2.4(d′) の3関数に対応）は $\Gamma_5(T_2)$ 表現の基底と同じように変換することを意味している．

準位はさらに分裂し，例えば，正方対称性の場の下では，3つの2重項に分かれる（付録Bを参照）．このとき，それぞれの波動関数は次のように書かれる．[5)]

$$\begin{cases} |\Gamma_{t7}^{(1)}\rangle = \alpha|\pm\frac{5}{2}\rangle - \beta|\mp\frac{3}{2}\rangle \\ |\Gamma_{t7}^{(2)}\rangle = \beta|\pm\frac{5}{2}\rangle + \alpha|\mp\frac{3}{2}\rangle \\ |\Gamma_{t6}\rangle = |\pm\frac{1}{2}\rangle \end{cases} \tag{2.24}$$

ここで，$\alpha^2 + \beta^2 = 1$ である．$|\pm 5/2\rangle$ と $|\mp 3/2\rangle$ が混ざるのは，正方対称結晶場の対称性（$J_\pm^4$ を含む O_4^4 の項）のためであり，$|\pm 1/2\rangle$ は他とは混ざらない．

2-2 結晶場と物性

2-2-1 比熱

結晶場効果を実験的に検出する方法として，比熱，中性子散乱，磁化が挙げられる．本項では，基本的物理量であるエントロピーと結びついた比熱について考えよう．結晶場の下での比熱の温度依存性を計算する上で必要な情報は，結晶場レベルスキーム（エネルギー準位の縮退度と準位間の間隔）のみである．これらの情報を得るためには，結晶場ハミルトニアンを対角化し，固有エネルギーとその縮退度を求めるか，群論を使って同様の情報を得るかすればよい．立方対称群（O_h 群）の下での Ce^{3+} イオンを例として比熱を計算してみよう．前節で見たように，6重に縮退した基底 J 多重項は，2重項 Γ_7 と 4重項 Γ_8 に分裂する．ここでは，4重項を基底状態（エネルギーの原点）と仮定する．[6)] 励起2重項までの励起エネルギーを Δ とおき，分配関数 Z および自由エネルギー F を計算すると，次式が得られる．

$$F = -Nk_\mathrm{B}T\ln Z = -Nk_\mathrm{B}T\ln\left[4 + 2\exp\left(-\frac{\Delta}{k_\mathrm{B}T}\right)\right] \tag{2.25}$$

これより，エントロピー（$=-\frac{\partial F}{\partial T}$）および比熱（$=T\frac{dS}{dT}$）が次のように求まる．

$$S = N\left[k_\mathrm{B}\ln\left(4 + 2\exp\left(-\frac{\Delta}{k_\mathrm{B}T}\right)\right) + \frac{\frac{\Delta}{T}\exp\left(-\frac{\Delta}{k_\mathrm{B}T}\right)}{2 + \exp\left(-\frac{\Delta}{k_\mathrm{B}T}\right)}\right] \tag{2.26}$$

[5)] 式 (2.24) の $t7$ は，式 (8.38) のように 7± と書かれることもあるが，両者は本質的に同じである．

[6)] Ce 化合物の多くは，図 2.5 に示したように，Γ_7 基底状態を持つ．ここでは，典型的近藤格子系である CeB_6 を念頭におき，Γ_8 基底状態を考える [2]．

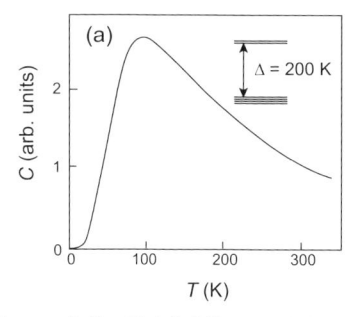

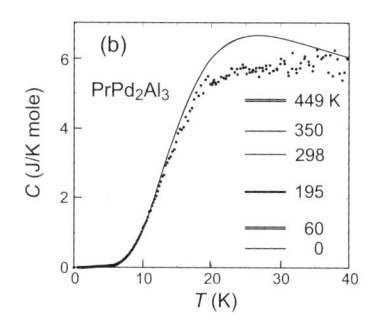

図 2.6 比熱の温度依存性. (a) 基底 4 重項の比熱の温度依存性. Schottky 異常と呼ばれる特徴的なピーク構造が観測される. (b) 基底 1 重項を持つ $PrPd_2Al_3$ の比熱 [3].

$$C = 2Nk_B \frac{\left(\frac{\Delta}{k_B T}\right)^2 \exp\left(-\frac{\Delta}{k_B T}\right)}{\left(2 + \exp\left(-\frac{\Delta}{k_B T}\right)\right)^2} \xrightarrow{T \ll \Delta} \frac{1}{2} Nk_B \left(\frac{\Delta}{k_B T}\right)^2 \exp\left(-\frac{\Delta}{k_B T}\right) \quad (2.27)$$

図 2.6(a) に示すように,比熱は,$T \sim \Delta/2$ におけるエントロピーの急激な温度変化を反映し,Schottky 異常と呼ばれる特徴的なピーク構造を示す.$T \to 0$ ($T \ll \Delta$) の極限では,式 (2.27) の第 2 式に示したように,指数関数的温度依存性を示す.

もう 1 つの例として,結晶場シングレット基底状態(結晶場基底状態が 1 重項)をもつ $PrPd_2Al_3$ を考えよう.中性子非弾性散乱実験(付録 C-2 節参照)により決定された結晶場レベルスキームは,図 2.6(b) の挿入図に示すように大変複雑であるが,対応する分配関数は容易に書き下される.上の例と同様にして計算された結果が実線で示されている.[7] 計算結果は,20 ~ 30 K 付近でわずかなずれを見せるが,全体的に実験結果をよく再現している.これより,中性子散乱および比熱の実験から決定された結晶場レベルスキームの整合性が確認される.

2-2-2 磁化過程

(等温)磁化 M は単位体積当たりの磁気モーメントの総量として定義される.スピンの大きさ $S = 1/2$ の独立なスピン系の磁化を密度行列を使って計算してみよう.考えるべきハミルトニアンは,次のようである.

$$\mathcal{H} = \mu_B H \sigma_z = \mu_B H \begin{pmatrix} 1 & 0 \\ 0 & -1 \end{pmatrix} \quad (2.28)$$

---

[7] 電子系からの寄与を評価するためには,格子比熱を見積もる必要がある.格子比熱は通常,f 電子を含まない La 系の同型物質(ここでは $LaPd_2Al_3$)の比熱によって代用される.

ここで, σ_z は Pauli 行列の z 成分である. 密度行列 ρ は次のように計算される.

$$\rho = \frac{e^{-\beta\mathcal{H}}}{Z} = \frac{1}{e^{\beta\mu_\mathrm{B} H} + e^{-\beta\mu_\mathrm{B} H}} \begin{pmatrix} e^{-\beta\mu_\mathrm{B} H} & 0 \\ 0 & e^{\beta\mu_\mathrm{B} H} \end{pmatrix} \tag{2.29}$$

ここで, Z は分配関数 $Z = \mathrm{Tr}\exp(-\beta\mathcal{H})$ であり (Tr は行列の対角和を意味する), また $e^{-\beta\mathcal{H}}$ を計算する際, $\mathcal{H}|E_i\rangle = E_i|E_i\rangle$ として, $e^{-\beta E_i}|E_i\rangle\langle E_i|$ を用いた.[8] ここで, $|E_i\rangle$ は固有関数, E_i はその固有エネルギーである. 従って, 磁化 M_z は, σ_z の平均値から次のように求まる.

$$\langle M_z \rangle = -N\mu_\mathrm{B} \mathrm{Tr}\, \rho\sigma_z = N\mu_\mathrm{B} \frac{e^{\beta\mu_\mathrm{B} H} - e^{-\beta\mu_\mathrm{B} H}}{e^{\beta\mu_\mathrm{B} H} + e^{-\beta\mu_\mathrm{B} H}} = N\mu_\mathrm{B} \tanh(\beta\mu_\mathrm{B} H) \tag{2.30}$$

結晶場中における f 電子の磁化を計算するために, 次のハミルトニアンを考える.

$$\mathcal{H} = \mathcal{H}_\mathrm{cry} - HM_z \tag{2.31}$$

ここで, 第1項は結晶場ハミルトニアン, 第2項は磁場を $\boldsymbol{H} = (0,0,H)$ としたときの Zeeman エネルギーであり, いずれも角運動量 $\boldsymbol{J}$ を用いて表す (σ_z を J_z で置き換える) ことができる. 磁化の計算においては, 比熱とは異なり, 固有エネルギーだけでなく, 式 (2.31) の固有関数 $|E_i\rangle$ を知る必要がある.

$$M_z = -Ng_J\mu_\mathrm{B} \frac{\sum_i \langle E_i|J_z|E_i\rangle \exp(-\beta E_i)}{\sum_i \exp(-\beta E_i)} \tag{2.32}$$

磁化の温度変化を求めるには, 各温度における磁化を計算すればよい. 磁場の方向が z 軸とは異なる場合の計算も全く同様になされる.

具体例として, 正方対称場の $\mathcal{H}_\mathrm{cry}$ を考える. 対角化すべきハミルトニアンは次のようである.

$$\mathcal{H} = B_2^0 O_2^0 + B_4^0 O_4^0 + B_4^4 O_4^4 + g_J\mu_\mathrm{B} \boldsymbol{J}\cdot\boldsymbol{H} \tag{2.33}$$

B_2^0 などの結晶場パラメータは, 実験との比較から決定する. 図 2.7 は, 計算結果 (実線および点線) と実験結果 (丸および三角印) を示す. 実験は, $\mathrm{CeRhIn_5}$ の Ce 原子を非磁性原子 La で希釈した系 $\mathrm{Ce}_x\mathrm{La}_{1-x}\mathrm{RhIn_5}$ に対するものである. 実験結果を最もよく再現できる結晶場パラメータは, 図 2.7(d) に対応するもので, 次のように与えられる: $B_2^0 = -9.0$ K, $B_4^0 = 0.59$ K, $B_4^4 = 0.74$ K. これは, 式 (2.24) の固有関数

---

[8] トレース (Tr) はどの完全系で表現するかには依らないので, $\mathcal{H}$ の固有状態 E_i ではなく, 他の適当な完全系で計算を行っても良い.

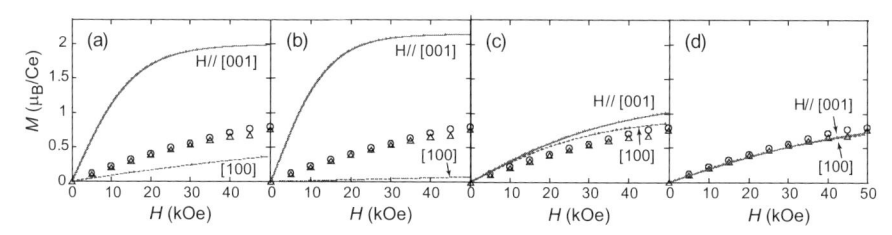

図 2.7 $Ce_xLa_{1-x}RhIn_5$ の温度 2 K における等温磁化過程 [4]．実線および点線は計算結果を示す．(a)(b) の計算に用いられたパラメータは，$CeRhIn_5$ の磁化率等の実験から得られた．(c) で用いられたパラメータは $CeRhIn_5$ の中性子散乱実験から得られた．(d) のパラメータは，希釈系の実験を再現するよう決められた．

において，$\alpha = 0.42$, $\beta = \sqrt{1-\alpha^2} = 0.90$ に対応する．[9] また，結晶場固有エネルギーは $\Delta_1 = 51$ K, $\Delta_2 = 239$ K である（Δ_1 および Δ_2 の定義については図 2.5 参照）．

ここで，希釈系を用いた理由を説明しよう．一般に，$CeRhIn_5$ のような磁性イオン濃度の濃い物質では，磁化は磁性イオン間の交換相互作用に強く依存する．このため，このような物質からシングルサイト（1 イオン）の効果である結晶場効果を正しく抽出することは不可能である．実際，$CeRhIn_5$ の磁化の実験結果の解析によって得られたパラメータを用いると，図 2.7(a) および (b) に示したように，希釈系の磁化曲線を再現することはできない．[10] 磁気相互作用の影響を排除するためには，Ce 濃度を数％程度まで非磁性の La イオンで置換し希釈すればよい．これが，希釈系を用いた理由である．[11]

2-2-3 磁化率の温度変化

磁化率 χ を次のように書き表そう．

$$\chi = \frac{\partial M}{\partial H} = \frac{\partial}{\partial H}\frac{\sum_i -\frac{\partial E_i}{\partial H}e^{-E_i/k_BT}}{\sum_i e^{-E_i/k_BT}} = \frac{\langle E_i'^2 \rangle - \langle E_i' \rangle^2}{k_BT} - \langle E_i'' \rangle \qquad (2.34)$$

ここで，$E_i' \equiv \frac{\partial E}{\partial H}$ および $E_i'' \equiv \frac{\partial^2 E}{\partial H^2}$ である．E_i' は M に等しいから，式 (2.34) の最右辺の第 1 項は次のように書かれる．

$$\frac{\langle E_i'^2 \rangle - \langle E_i' \rangle^2}{k_BT} = \frac{\langle M^2 \rangle - \langle M \rangle^2}{k_BT} = \frac{\langle (M - \langle M \rangle)^2 \rangle}{k_BT} = \frac{\langle \delta M^2 \rangle}{k_BT} \qquad (2.35)$$

---

[9] パラメータ $\alpha = 0.42$ は，立方対称の母物質 $CeIn_3$ の波動関数の係数 $\sqrt{1/6} = 0.408$ とほぼ等しい．
[10] $CeRhIn_5$ に対する中性子散乱実験から決めたパラメータを用いて得た計算結果は，図 2.7(c) に示したように，($Ce_xLa_{1-x}RhIn_5$ に対する）実験をよく再現している．このことより，$Ce_xLa_{1-x}RhIn_5$ においては，希釈によって結晶場が殆ど変化しないことが分かる．
[11] 結晶場解析において希釈系を用いることは，最近では忘れられているように見える．結晶場効果を調べるに際しては，このことに留意する必要がある．

式 (2.35) は，熱平衡状態を記述する磁化率 χ が平衡状態での磁化のゆらぎ $\langle \delta M^2 \rangle$ で決まることを示している．(χ のような) 応答関数とゆらぎが比例関係にあることを揺動散逸定理と呼ぶ．これから分かるように，大きい磁化率は磁化のゆらぎが大きいことを意味する．2-6 節で示すように，磁化率は 2 次転移点で発散する．これは，転移温度で磁化のゆらぎが発散的に増大することを意味する．

結晶場エネルギーに比し Zeeman エネルギーは小さいとする．このとき，系のエネルギーは，摂動計算により次で与えられる．

$$E_{ik} = E_{ik}^0 + g_J \mu_B H \langle \Gamma_{ik} | J_z | \Gamma_{ik} \rangle - g_J^2 \mu_B^2 H^2 {\sum_{j,l}}' \frac{|\langle \Gamma_{jl} | J_z | \Gamma_{ik} \rangle|^2}{E_j - E_i} \tag{2.36}$$

ここで，右辺第 1 項の右肩の添え字 0 は，非摂動状態を表す．また，結晶場状態 Γ_i が縮退している場合を考え，縮退状態を k で区別した．例えば，Γ_{71} は波動関数 $|\Gamma_7+\rangle$ に対応すると思えばよい．第 3 項における和 ${\sum}'$ は，$j \neq i$ についてとるものとする．式 (2.36) の両辺を磁場微分（1 階および 2 階微分）すると，次式が得られる．

$$\begin{aligned}
E'_{ik} &= g_J \mu_B \langle \Gamma_{ik} | J_z | \Gamma_{ik} \rangle - 2 g_J^2 \mu_B^2 H {\sum_{j,l}}' \frac{|\langle \Gamma_{jl} | J_z | \Gamma_{ik} \rangle|^2}{E_j - E_i}, \\
E''_{ik} &= -2 g_J^2 \mu_B^2 {\sum_{j,l}}' \frac{|\langle \Gamma_{jl} | J_z | \Gamma_{ik} \rangle|^2}{E_j - E_i}
\end{aligned} \tag{2.37}$$

式 (2.34) より，1 イオン当たりの磁化率は，$H \to 0$ の極限で，次のようになる．

$$\begin{aligned}
\chi = &\, g_J^2 \mu_B^2 \sum_{i,k} \frac{e^{-E_{ik}/k_B T}}{Z} \left[\frac{|\langle \Gamma_{ik} | J_z | \Gamma_{ik} \rangle|^2}{k_B T} + 2 {\sum_{j,l}}' \frac{|\langle \Gamma_{jl} | J_z | \Gamma_{ik} \rangle|^2}{E_j - E_i} \right] \\
&- \frac{g_J^2 \mu_B^2}{k_B T} \left[\sum_{i,k} \frac{e^{-E_{ik}/k_B T}}{Z} \langle \Gamma_{ik} | J_z | \Gamma_{ik} \rangle \right]^2
\end{aligned} \tag{2.38}$$

ここで，$Z = \sum_{ik} e^{-E_{ik}/k_B T}$ である．

$Ce_x La_{1-x} RhIn_5$ に対する計算と実験の結果を図 2.8(a) に示す [4]．基底状態が 2 重に縮退していることを反映し，低温でも Curie 則が観測される．

結晶場基底状態が 1 重項の例として，$PrPd_2Al_3$（六方対称結晶場）の磁化率の温度依存性を図 2.8(b) に示す．大きな異方性が観測される：六方晶の a 軸方向に磁場をかけた場合には，温度の降下とともに磁化率は増大し，やがて一定になる．この低温で一定となる温度依存性は，1-4 節で説明した Van Vleck 常磁性であり，式 (2.34) の第 2 項 $\langle E''_i \rangle$ に対応する．1 重項であればその原因に関わらず（スピン軌道相互作用であれ結晶場効果であれ），磁化率は $T \to 0$ で発散しない．

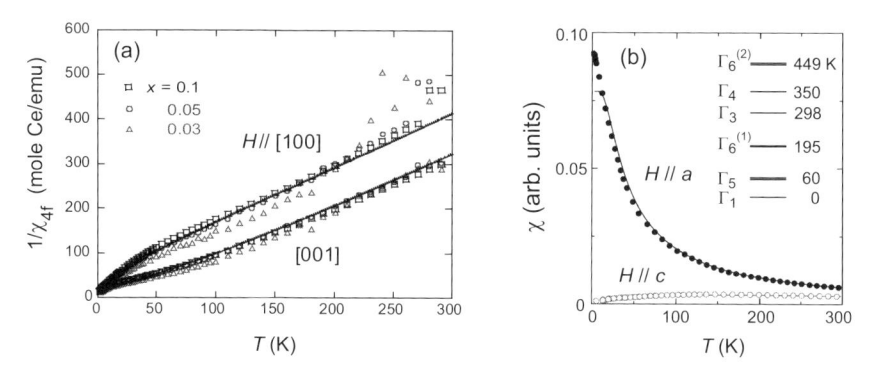

図 2.8 (a) $Ce_xLa_{1-x}RhIn_5$ の逆磁化率の温度変化 [4]．計算（実線）で用いられたパラメータは，図 2.7(d) のものと同じである．(b) $PrPd_2Al_3$ の磁化率の温度変化 [3]．

【補足 2】4 極子モーメントの応答を理解する上で重要となる歪感受率に対しても，磁化率と同じような定式化が可能である [5]．超音波により結晶中に歪 ε_Γ が誘起されたときのハミルトニアンは，次のように書かれる．

$$\mathcal{H} = -g_\Gamma \varepsilon_\Gamma O_\Gamma \tag{2.39}$$

ここで，g_Γ および O_Γ は各々結合定数および 4 極子モーメントである．これは，外部から結晶に歪 ε_Γ が加えられた場合，f 電子を取り囲むイオン（配位子）の位置が変化することによるエネルギーの変化と解釈される．これを Zeeman 効果のハミルトニアン $\mathcal{H} = g_J \mu_B J_z H_z$ と比較すると，$g_J \mu_B \leftrightarrow -g_\Gamma$，$J_z \leftrightarrow O_\Gamma$，$H_z \leftrightarrow \varepsilon_\Gamma$ と対応付けることができる．この置き換えにより，式 (2.38) は歪感受率 χ_Γ と読み替えられる．基底状態が 4 極子に対し縮退しているときは，式 (2.38) 右辺の第 1 項が発散的に増大するが，4 極子を持っていなければ，温度に依存しない第 2 項（Van Vleck 項）だけが現れる．

2-3　局在スピン間の直接交換相互作用

2-3-1　Coulomb 交換相互作用

Heitler-London(-Heisenberg) モデルに基づいて，隣接する 2 原子のスピン間に働く交換相互作用を考える（図 2.9 参照）．重なり積分を次式によって定義する．

$$L = \int d\bm{r} \phi_a^*(\bm{r}) \phi_b(\bm{r}) \tag{2.40}$$

同一原子中の 2 電子の場合であれば，波動関数は互いに直交しているから，重なり積分はゼロとなる．これに対し，異なる原子上の s 波動関数の場合（図 2.9(a)）は，重なり積分 L はゼロではない．一方，図 2.9(b) の場合は，対称性から（正符号の部分と負符号の部分がキャンセルすることにより）$L = 0$ となる．このように，積分 L がゼロになることと，波動関数に重なりがないこととは区別されなければならない．局所的にも波動関数に重なりがなければ，電子を区別することが可能となり，(以下に説明するような) 交換相互作用は生じない．

水素 (様) 原子を考え，a および b 原子を中心とした軌道関数をそれぞれ ϕ_a および ϕ_b と書く．各々の電子は $\phi_a(r)$ または $\phi_b(r)$ の軌道上におり，同一の原子上に 2 個が同時に来る確率は小さいとする．電子を番号 1 および 2 で区別し，次のハミルトニアンを考える．

$$\mathcal{H} = \frac{p_1^2}{2m} + \frac{p_2^2}{2m} + V(\bm{r}_1 - \bm{R}_a) + V(\bm{r}_1 - \bm{R}_b) \\ + V(\bm{r}_2 - \bm{R}_a) + V(\bm{r}_2 - \bm{R}_b) + \frac{e^2}{|\bm{r}_1 - \bm{r}_2|} \quad (2.41)$$

ここで，$\bm{R}$ は（a 原子または b 原子の）陽子の位置を表し，V は陽子と電子の間の静電エネルギーを表す．（Dirac の定理に従い）波動関数を反対称化すると，次の波動関数（軌道部分）が得られる．

$$\psi_t(\bm{r}) = \frac{1}{\sqrt{2}} [\phi(\bm{r}_1 - \bm{R}_a)\phi(\bm{r}_2 - \bm{R}_b) - \phi(\bm{r}_2 - \bm{R}_a)\phi(\bm{r}_1 - \bm{R}_b)] \quad (2.42)$$

$$\psi_s(\bm{r}) = \frac{1}{\sqrt{2}} [\phi(\bm{r}_1 - \bm{R}_a)\phi(\bm{r}_2 - \bm{R}_b) + \phi(\bm{r}_2 - \bm{R}_a)\phi(\bm{r}_1 - \bm{R}_b)] \quad (2.43)$$

ここで，添え字の t と s は各々スピン 3 重項（$S = 1$）と 1 重項（$S = 0$）を意味する．また，$\phi_a(\bm{r})$ の代わりに $\phi(\bm{r} - \bm{R}_a)$ と書いた．エネルギーの期待値（=

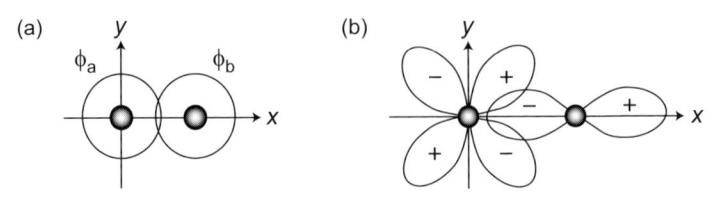

図 **2.9** 波動関数の重なり．(a)(b) いずれの場合も波動関数は空間的に重なっているが，(a) では重なり積分 $L \neq 0$，(b) では対称性のため $L = 0$ である．

$\langle S, S_z | \mathcal{H} | S, S_z \rangle / \langle S, S_z | S, S_z \rangle$ は次のように求まる [6].

$$E_{\mathrm{t,s}} = 2\varepsilon + \frac{2v + U \mp (2Lw + J)}{1 \mp L^2} \tag{2.44}$$

ここで，ε は 1 原子中の電子の最低エネルギーであり，U と J は Coulomb 積分と交換積分であり，複号の − および + は各々 t および s に対応する．また，v と w は次のように定義されている．

$$v = \int d\boldsymbol{r}\, \phi^*(\boldsymbol{r} - \boldsymbol{R}_\mathrm{a}) V(\boldsymbol{r} - \boldsymbol{R}_\mathrm{b}) \phi(\boldsymbol{r} - \boldsymbol{R}_\mathrm{a}) \tag{2.45}$$

$$w = \int d\boldsymbol{r}\, \phi^*(\boldsymbol{r} - \boldsymbol{R}_\mathrm{a}) V(\boldsymbol{r} - \boldsymbol{R}_\mathrm{a}) \phi(\boldsymbol{r} - \boldsymbol{R}_\mathrm{b}) \tag{2.46}$$

初めに，直交する場合（$L = 0$）を考える．このとき，スピン 3 重項と 1 重項のエネルギー差は，$\Delta E = E_\mathrm{t} - E_\mathrm{s} = -2J$ である．直交関数系に対しては $J > 0$ であるから（1-2-2 項参照），スピン 3 重項の方がエネルギーが低く，強磁性的スピン配列が安定化する．これは，原子内交換相互作用に由来する Hund 則と同じであり，Coulomb 交換相互作用あるいはポテンシャル交換相互作用と呼ばれる．

次に，波動関数が直交しない場合を考える．簡単のため式 (2.44) の分母の L^2 の項を無視すると，エネルギー差は $\Delta E = -2(2Lw + J)$ となる．ポテンシャル V は引力であるから，w は負となる．従って，ΔE は正になりうる．即ち，交換相互作用は反強磁性的になりうる．

このように，隣り合う原子間の交換相互作用は波動関数の重なりに依存し，その符号が強磁性的であるか反強磁性的であるかは微妙である．これに対し，次項で説明する運動学的交換相互作用は，常に反強磁性的である．

2-3-2 運動学的交換相互作用

運動に起因する交換相互作用を考えるため，前項と同じように，水素原子の集合を考える．電子は各々の原子上に殆ど局在し，時折隣の原子上に飛び移ると仮定し（図 2.10），次のハミルトニアン（Hubbard モデルと呼ばれる）を考える．

$$\mathcal{H}_0 = \sum_{i,\sigma} \varepsilon_0 n_{i\sigma} + \sum_i U n_{i\uparrow} n_{i\downarrow} \tag{2.47}$$

$$\mathcal{H}_1 = \sum_{\langle i,j \rangle \sigma} (t_{ij} c_{i\sigma}^\dagger c_{j\sigma} + t_{ij}^* c_{j\sigma}^\dagger c_{i\sigma}) \tag{2.48}$$

$\mathcal{H}_0$ の ε_0 は i サイトの s 軌道のエネルギーを表し，その軌道に 1 個の電子が入ったとき（$n_{i\sigma} = 1$）の系のエネルギーは ε_0 である．Coulomb 相互作用は，同一原子上に

やって来た 2 電子間（スピンは互いに逆向き）にのみ働くと考える．このとき，励起状態のエネルギーは，基底状態に比べ，Coulomb 斥力のエネルギー U の分だけ高い．$\mathcal{H}_1$ の項は，原子 i, j 間を電子が飛び移ることを示している．その遷移振幅は t_{ij} で与えられ，また飛び移りの前後でスピン σ は反転しないと仮定している．$\langle i, j \rangle$ は原子対についての和を意味する．以降では，$\mathcal{H}_0$ を非摂動ハミルトニアンと考え，$\mathcal{H}_1$ を摂動として扱う．

図 2.10 に示すように，2 つの原子 $i = $ a および $j = $ b を考えよう．非摂動状態の基底状態 $|g\rangle$ として可能なのは次の 4 つ，$\Psi_{a\uparrow b\uparrow}$，$\Psi_{a\uparrow b\downarrow}$，$\Psi_{a\downarrow b\uparrow}$，$\Psi_{a\downarrow b\downarrow}$ である．これらのいずれもがエネルギー $2\varepsilon_0$ をもつ．また，励起状態 $|e\rangle$ は，片方の軌道に 2 個の電子が（スピンを逆にして）入っている状態であり，そのエネルギーは $2\varepsilon_0 + U$ である．次に，$\mathcal{H}_1$ を摂動ハミルトニアンとして，その行列要素を求めてみよう．1 次の摂動からの寄与がないことは直ちに分かり，2 次の摂動計算により，次が得られる．

$$\Delta E = \langle g' | \mathcal{H}_1 \frac{\phi_n}{E_0 - \mathcal{H}_0} \mathcal{H}_1 | g \rangle \tag{2.49}$$

ここで，ϕ_n は射影演算子で，$\phi_n \equiv 1 - |g\rangle\langle g| = \sum_{e \neq g} |e\rangle\langle e|$ と定義されている．また，$|g\rangle$，$|g'\rangle$ は始状態および終状態を意味する．$\Psi_{a\uparrow b\downarrow}$ を始状態として，上式の $\mathcal{H}_1$ を 2 回作用させると，図 2.10 のように，4 つのプロセスが可能となる．左図においては，a から b に電子が移り，同じ電子が戻ってくる過程と（上の列），別の電子が戻ってくる過程（下の列）を表している．右図では，b から a への電子移動が起こるプロセスが表されている．以上のプロセスは，ΔE に $\mathcal{H}_1$ を代入することにより，次式によって表現される．

$$\Delta E = \sum_{\sigma, \sigma'} \frac{|t_{ab}|^2}{-U} \langle g' | c_{a\sigma'}^\dagger c_{b\sigma'} c_{b\sigma}^\dagger c_{a\sigma} + c_{b\sigma'}^\dagger c_{a\sigma'} c_{a\sigma}^\dagger c_{b\sigma} | g \rangle \tag{2.50}$$

始状態 $|g\rangle$ として，例えば，$\Psi_{a\uparrow b\downarrow}$ をとった場合の行列要素は，次のようになる（詳

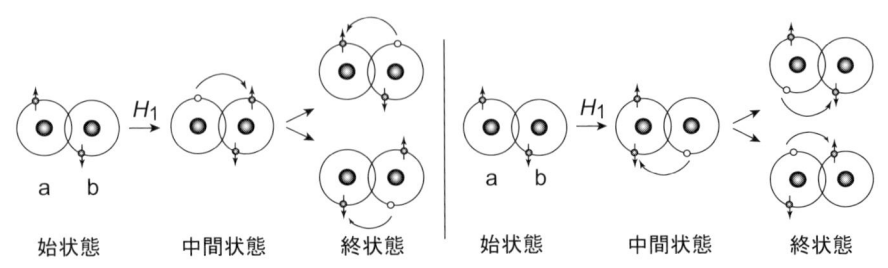

図 **2.10** 運動学的交換相互作用．始状態と終状態では電子は各原子に 1 個存在する．1 つの原子に 2 電子が存在する中間状態は，始状態よりエネルギーが高いため短い時間しか存在しない．

しい計算については，付録 A-3 節を参照されたい）．

$$
\begin{aligned}
\sum_{\sigma,\sigma'} c^\dagger_{a\sigma'} c_{b\sigma'} c^\dagger_{b\sigma} c_{a\sigma} \Psi_{a\uparrow b\downarrow} &= \sum_{\sigma,\sigma'} c^\dagger_{a\sigma'} c_{b\sigma'} c^\dagger_{b\sigma} c_{a\sigma} (c^\dagger_{a\uparrow} c^\dagger_{b\downarrow} |0\rangle) \\
&= c^\dagger_{a\uparrow} c^\dagger_{b\downarrow} |0\rangle - c^\dagger_{a\downarrow} c^\dagger_{b\uparrow} |0\rangle \\
&= \Psi_{a\uparrow b\downarrow} - \Psi_{a\downarrow b\uparrow}
\end{aligned}
\tag{2.51}
$$

ここで $|0\rangle$ は真空である．これが図 2.10 の左図に対応していることは明らかであろう．図 2.10 の右図のプロセスに対しても同じ結果が得られる．同様の計算を繰り返すことにより，次のように行列要素が求まる．

$$
\begin{array}{c}
\begin{array}{cccc} \Psi_{a\uparrow b\uparrow} & \Psi_{a\uparrow b\downarrow} & \Psi_{a\downarrow b\uparrow} & \Psi_{a\downarrow b\downarrow} \end{array} \\
\begin{array}{c} \Psi_{a\uparrow b\uparrow} \\ \Psi_{a\uparrow b\downarrow} \\ \Psi_{a\downarrow b\uparrow} \\ \Psi_{a\downarrow b\downarrow} \end{array}
\begin{pmatrix}
0 & 0 & 0 & 0 \\
0 & -2|t_{ab}|^2/U & 2|t_{ab}|^2/U & 0 \\
0 & 2|t_{ab}|^2/U & -2|t_{ab}|^2/U & 0 \\
0 & 0 & 0 & 0
\end{pmatrix}
\end{array}
\tag{2.52}
$$

隣り合う原子上のスピンが平行であれば，Pauli の原理より，飛び移ることはできない．この場合にはエネルギーの変化のないことが，上の行列において，$\Psi_{a\uparrow b\uparrow}$ および $\Psi_{a\downarrow b\downarrow}$ に関する行列要素がゼロとなることより確かめられる．

この行列は，次の有効ハミルトニアンと等価である（補足 3 参照）．

$$
\mathcal{H} = -\frac{|t_{ab}|^2}{U}(1 - 4\boldsymbol{s}_a \cdot \boldsymbol{s}_b) \tag{2.53}
$$

ここで，$s_{a(b)}$ は原子 a (b) のスピンである．$J_K \equiv -2|t_{ab}|^2/U\ (<0)$ とおいて定数項を省略すると，次の運動学的（kinetic）交換相互作用ハミルトニアンが得られる．

$$
\mathcal{H} = -2J_K \boldsymbol{s}_a \cdot \boldsymbol{s}_b \tag{2.54}
$$

Coulomb 交換相互作用とは異なり，運動学的交換相互作用は必ず反強磁性的（$J_K < 0$）になり，超交換相互作用とも呼ばれる．この符号の相違は，Coulomb 交換相互作用では，同一の原子に電子が 2 個やってくる確率を無視したために生じる．このような 2 電子が鉢合わせする状況は，電子間の Coulomb 斥力が（ある程度）強くても，仮想状態（中間状態）として可能である．この仮想状態の存在は，量子力学の特徴である．

【補足 3】 付録の式 (A.23) より次が導かれる.

$$1 - 4\boldsymbol{s}_\mathrm{a} \cdot \boldsymbol{s}_\mathrm{b} = 1 - 2(s_\mathrm{a}^+ s_\mathrm{b}^- + s_\mathrm{a}^- s_\mathrm{b}^+) - 4s_\mathrm{a}^z s_\mathrm{b}^z \tag{2.55}$$

これを $\Psi_\mathrm{a\uparrow b\downarrow} = |\uparrow\downarrow\rangle$ に作用させることにより次式を得る.

$$(1 - 4\boldsymbol{s}_\mathrm{a} \cdot \boldsymbol{s}_\mathrm{b})|\uparrow\downarrow\rangle = |\uparrow\downarrow\rangle - 2|\downarrow\uparrow\rangle + |\uparrow\downarrow\rangle = 2|\uparrow\downarrow\rangle - 2|\downarrow\uparrow\rangle \tag{2.56}$$

同様の計算を行うことにより,式 (2.53) が行列 (2.52) と同じ行列要素を与えることが分かる.あるいは,次の関係式

$$2\sum_{\sigma,\sigma'} c_{\mathrm{a}\sigma}^\dagger c_{\mathrm{b}\sigma} c_{\mathrm{b}\sigma'}^\dagger c_{\mathrm{a}\sigma'} = 1 - 4\boldsymbol{s}_\mathrm{a} \cdot \boldsymbol{s}_\mathrm{b} \tag{2.57}$$

を使うことにより (式 (A.23) 参照),式 (2.50) より直ちにハミルトニアン (2.53) を導くこともできる.

以上の議論では,1 原子当たり 1 個の軌道がある場合を考えた.原子軌道が複数ある場合 (多軌道効果) には,隣り合う原子上の電子スピンが互いに平行であっても (Pauli 原理に抵触しないような) 電子移動は可能である.さらに,平行であれば,移った先の原子上で原子内交換相互作用 (Hund 則) が働く.従って,平行スピン対の方が,反平行スピン対に比べ,原子内交換相互作用の分だけエネルギーの利得が生じる.結果的に,軌道縮退がある場合には,式 (2.54) とは対照的に,強磁性的交換相互作用 (2 重交換相互作用) が生じる [7].

2-3-3　f 電子系における交換相互作用

同一原子上に複数の電子が存在する場合の交換相互作用は,1 電子のスピン $\boldsymbol{s}$ を Hund 則によって結合した合成スピン $\boldsymbol{S}$ で置き換えることによって得られる.

$$\mathcal{H} = -2J_\mathrm{ex} \boldsymbol{S}_\mathrm{a} \cdot \boldsymbol{S}_\mathrm{b} \tag{2.58}$$

ここで,交換相互作用 J_ex の符号は,(Coulomb 相互作用に起因する) ポテンシャル交換と運動交換の兼ね合いで決まり,正にも負にもなりえる.

第 1 章で見たように,希土類元素の場合,スピン軌道相互作用のため全角運動量 $\boldsymbol{J}$ がよい量子数になっている.このとき,$\boldsymbol{S}$ を $\boldsymbol{J}$ の方向に射影することにより,[12] 式 (2.58) は次のように書き換えられる.

$$\mathcal{H} = -2(g_J - 1)^2 J_\mathrm{ex} \boldsymbol{J}_\mathrm{a} \cdot \boldsymbol{J}_\mathrm{b} \tag{2.59}$$

---

[12] 交換相互作用はスピン間の相互作用である.このため,$\boldsymbol{S}$ を $\boldsymbol{J}$ で書き換える必要がある.磁気モーメントの $\boldsymbol{J}$ 方向への成分が $(\boldsymbol{L} + 2\boldsymbol{S})_\parallel = g_J \boldsymbol{J}$ であることから,$\boldsymbol{S} \to (g_J - 1)\boldsymbol{J}$ と置き換えればよい.

【補足 4】 式 (2.59) は，等方的な Heisenberg 型のハミルトニアンの形をしている．しかし，希土類化合物においては，交換相互作用は異方的となる．何故なら，軌道角運動量は結晶格子と何らかの相関をもつから，スピン間の交換相互作用は，スピン軌道相互作用を通し，磁気モーメントと結晶との角度にも依存するようになるからである．これを異方的交換相互作用と呼び [8]，次のように書く．

$$\mathcal{H} = \sum_{\mu,\nu} K^{\mu\nu} J_a^\mu J_b^\nu \quad (\mu,\nu = x,y,z) \tag{2.60}$$

交換相互作用 $K^{\mu\nu}$ が μ,ν に依らないとき，これは式 (2.59) と等価である．

式 (2.59) には，J を通し，軌道状態の情報が組み込まれている．例えば，Ce^{3+} イオンの場合は，f 電子の数は 1 個であるから，スピンの大きさは 1/2 であり，自由度は 2 である．しかし，J の大きさは 5/2 であり，この余分の自由度は軌道に由来する．結晶場効果の影響を考えよう．例えば，Ce^{3+} イオンが結晶場分裂により，基底状態が 2 重項になったとする．低温の磁性を議論する上では，この基底状態のみを考えれば十分である．このような場合には，式 (2.59) の代わりに，$S = 1/2$ と置いた式 (2.58) を使うことができる．このスピンは，真のスピンを意味しているわけではなく，2 重縮退を表すものであり，擬スピン（pseudo spin）あるいは有効スピン（effective spin）と呼ばれる．次節以降の議論では，式 (2.58) をしばしば採用する．

2-4　局在スピン系の磁気秩序

2-4-1　Bragg-Williams モデル

本項では，原子スピン間の交換相互作用の結果として生じる長距離秩序状態の形成について考える．スピンは上または下のいずれかをとるものとし（これを Ising モデルと呼ぶ），ハミルトニアンを次のように書く（$J > 0$）．

$$\mathcal{H} = -\frac{J}{2} \sum_{\langle i,j \rangle} \sigma_i \sigma_j \tag{2.61}$$

ここで，$\sigma = 1$（上向き）または -1（下向き）である．また，i および j は格子サイトの番号であり，$\sum_{\langle i,j \rangle}$ は対についての和をとることを意味する．次の自由エネルギー F を考えよう．

$$F = E - TS \tag{2.62}$$

絶対零度では内部エネルギー E が最小の状態が実現するが，有限温度では自由エネルギー F が最小の状態が実現する．まず，相互作用エネルギーの期待値 E を計算すると，次のように求まる．

$$E = -\frac{J}{2}\left(\langle N_{++} \rangle + \langle N_{--} \rangle - \langle N_{+-} \rangle\right) \tag{2.63}$$

ここで，$\langle N_{++} \rangle$, $\langle N_{--} \rangle$ および $\langle N_{+-} \rangle$ は，各々↑↑スピン対，↓↓スピン対および↑↓スピン対の数の期待値である（図 2.11(a) 参照）．↑スピンの数を N_+，↓スピンの数を N_-，スピンの総数を $N = N_+ + N_-$ と置くとき，平行スピンを持つペア数の期待値は，次のように表される．

$$\langle N_{++} \rangle = N_+ \left(z\frac{N_+}{N}\right) \times \frac{1}{2}, \quad \langle N_{--} \rangle = N_- \left(z\frac{N_-}{N}\right) \times \frac{1}{2} \tag{2.64}$$

ここで，z は隣接原子対の数を表す．括弧の因子は隣接する原子が同じ向きである確率を表し，因子 1/2 はペアを 2 度数えることの補正である．反平行スピン対 $\langle N_{+-} \rangle$ の場合には 2 重に数えることはないから，因子 1/2 は生じない．

$$\langle N_{+-} \rangle = N_+ \left(z\frac{N_-}{N}\right) \tag{2.65}$$

以上より，E の期待値は

$$E = -\frac{Jz}{2}\left(\frac{1}{2}N_+\frac{N_+}{N} + \frac{1}{2}N_-\frac{N_-}{N} - N_+\frac{N_-}{N}\right) = -\frac{zJ}{4N}M^2 \tag{2.66}$$

となる．ここで，$M = N_+ - N_-$ は μ_B を単位とする磁化である．絶対零度では，M が最大の状態，即ち全てのスピンが揃った強磁性状態（ferromagnetism）が実現する（図 2.11(b)）．

次に，各格子点に↑スピンまたは↓スピンを配置することを考えよう．スピン系

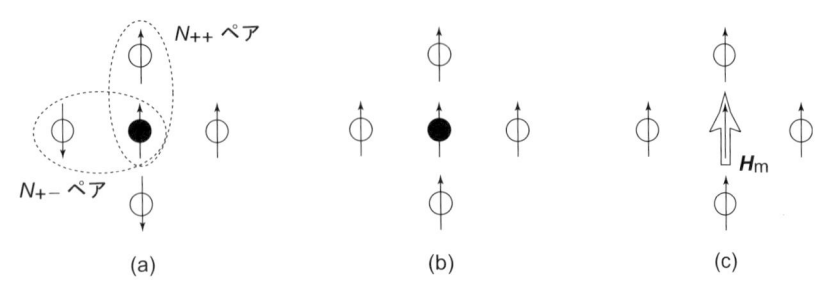

図 2.11 Ising スピンから成る格子．強い 1 軸異方性のため，スピンは上向きあるいは下向きしかとれない．(c) の大きな白い矢印は，分子場 $\boldsymbol{H}_m$ を表す．

のエントロピーを理想的混合のエントロピーと考えると，N 個の格子点に↑スピンを N_+ 個，↓スピンを $N_- = N - N_+$ 個配置する方法の数 W は

$$W = \frac{N!}{N_+!(N-N_+)!} = \frac{N!}{N_+!N_-!} \tag{2.67}$$

となる．Stirling の公式，$\ln N! \simeq N\ln N - N$ $(N \gg 1)$，および $N_+ = (N+M)/2$，$N_- = (N-M)/2$ を用いると，次式が得られる．

$$S = -k_\mathrm{B}\left(\frac{N+M}{2}\ln\frac{N+M}{2N} + \frac{N-M}{2}\ln\frac{N-M}{2N}\right) \tag{2.68}$$

以上をまとめることにより，Bragg-Williams モデルの自由エネルギー関数（補足5参照）は次のようになる．

$$\tilde{F}(M;T,H=0) = -\frac{zJ}{4N}M^2$$
$$+ k_\mathrm{B}T\left(\frac{N+M}{2}\ln\frac{N+M}{N} + \frac{N-M}{2}\ln\frac{N-M}{N}\right) - Nk_\mathrm{B}T\ln 2 \tag{2.69}$$

ここで，外部磁場 H はゼロに固定されている．内部エネルギー E，エントロピー S，自由エネルギー $\tilde{F}$ を図示すると図 2.12(a),(b) のようになる．

【補足5】 式 (2.69) は，M および H を変数として含む Ginzburg-Landau の自由エネルギーに対応するものであり，本書では文献 [9] に従い $\tilde{F}$ と記した．この Landau 関数は，平衡状態であろうとなかろうと，任意の状況で定義されている．これに対し，M を独立変数とする通常の自由エネルギー F は，熱平衡に対して定義されている．M に対する Landau 関数 $\tilde{F}$ の最小が熱平衡での自由エネルギー F を決める（但し，次節以降の議論では，多くの教科書のように，$\tilde{F}$ を単に F と表記する）．なお，式 (2.68) の対

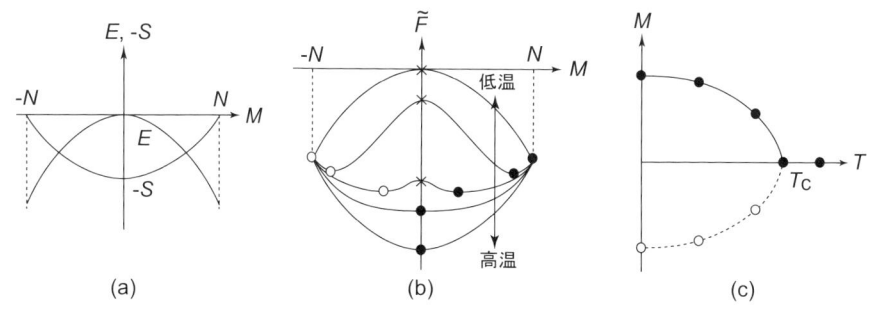

図 2.12 Bragg-Williams モデルの自由エネルギー．(a) E は内部エネルギー，S はエントロピーである．(b) 自由エネルギー $\tilde{F}$ は，強磁性相では2つの極小点と1つの極大点を持つ．常磁性相では1つの極小点のみを持つ．(c) 自由エネルギー最小を与える M の温度依存性．

数を M のベキで展開することにより（2-6-1 項の式 (2.100) を参照），自由エネルギー (2.69) を M のベキ乗で展開することが可能となる．

特徴的なことは，2 つの相反する効果が拮抗していることである．即ち，相互作用エネルギーの項（E）は磁化 M の大きさが大きいほど自由エネルギーが低くなる（系は安定化する）ように寄与するのに対し，エントロピーの項（$-S$）は M が大きいほど自由エネルギーが高くなる（系は不安定化する）ように寄与する．Landau 関数 $\tilde{F}(M; T, H = 0)$ が最小となるところで平衡状態となるから，図 2.12(b) の黒丸（あるいは白丸）のところの M が実現する．この M の値を温度の関数としてプロットすると，図 2.12(c) が得られる．パラメータ M は秩序変数と呼ばれ，相転移温度（Curie 温度 T_C）以下では有限の値をとり，それ以上の温度ではゼロとなる．

M の平衡値（最確値）を決める式は，$\partial \tilde{F}/\partial M = 0$ より，次のように与えられる．

$$\frac{zJ}{2N} M = \frac{1}{2} k_\mathrm{B} T \ln \frac{N+M}{N-M} \tag{2.70}$$

これを変形して次式を得る．

$$M = N \tanh\left(\frac{zJM}{2Nk_\mathrm{B}T}\right) \tag{2.71}$$

両辺に M が含まれているため，この状態方程式を簡単に解くことはできないが，図 2.13 に示す図解によって解くことができる．低温では 2 つの交点（解）があり，（図 2.12 との比較から分かるように）$M = 0$ は自由エネルギー極大に対応し，$M \neq 0$ は自由エネルギー極小に対応する．後者が熱平衡状態（自由エネルギー最小）を与える．高温では直線との交点は $M = 0$ のみである．これは図 2.12 の極小点に対応する．交点の数が 1 個と 2 個との境目が転移温度（Curie 温度 T_C）である．これは，$x \to 0$ のとき $\tanh x \to x$ であることを用いて，次のように計算される．

$$T_\mathrm{C} = \frac{zJ}{2k_\mathrm{B}} \tag{2.72}$$

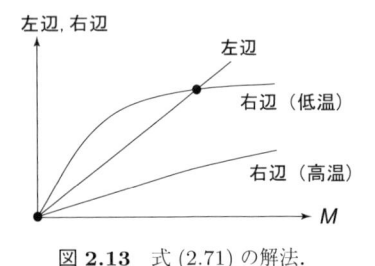

図 **2.13** 式 (2.71) の解法．

2-4-2 分子場近似

Heisenberg ハミルトニアンを考える．

$$\mathcal{H} = -2J \sum_{<i,j>} \boldsymbol{S}_i \cdot \boldsymbol{S}_j = -J \sum_{i,j} \boldsymbol{S}_i \cdot \boldsymbol{S}_j \tag{2.73}$$

ここで，$\sum_{<i,j>}$ は i と j の対について和をとることを意味し，$\sum_{i,j}$ は同じ対を 2 回数えることを許す．S_i は一般に（3 次元空間であれば）3 成分を持つベクトルである．スピン S_i を，平均 $\langle S \rangle$ とそれからのずれ δS_i との和として $S_i = \langle S \rangle + \delta S_i$ と書き表し，式 (2.73) に代入すると，次式が得られる．

$$\mathcal{H} = -J \sum_{i,j} \left(\langle S \rangle \cdot \delta S_i + \langle S \rangle \cdot \delta S_j + \langle S \rangle^2 + \delta S_i \cdot \delta S_j \right) \tag{2.74}$$

ここで，δS の 2 乗の項を無視するのが分子場（平均場）近似である．さらに，式 (2.74) に $\delta S_i = S_i - \langle S \rangle$ を代入すると，次式が得られる．

$$\mathcal{H} = -J \sum_{i,j} \left(\langle S \rangle \cdot S_i + \langle S \rangle \cdot S_j \right) \tag{2.75}$$

ここで，$\langle S \rangle^2$ の項はエネルギーの原点を変えるだけなので略した．式 (2.73) と比較すると分かるように，分子場近似は，2 つの演算子の片一方を期待値で置き換えることに相当する．

次に，1 つのサイト i に注目し，その周囲のスピンとの相互作用のエネルギーを次のように書く．

$$\mathcal{H}_i = S_i \cdot \left(-2J \sum_j S_j \right) \tag{2.76}$$

これを，ある仮想的な磁場 H_i の中に置かれたスピンの Zeeman エネルギー

$$\mathcal{H}_i = g\mu_B S_i \cdot H_i \tag{2.77}$$

と等価であると考えると，式 (2.76) と式 (2.77) の比較から，

$$H_i = -\frac{2J}{g\mu_B} \sum_j S_j \tag{2.78}$$

を得る．S_j は時間とともに変動する（ゆらぐ）が，それを無視して，平均値で置き換える．

$$H_m \equiv \langle H_i \rangle = -\frac{2J}{g\mu_B} \sum_j \langle S_j \rangle = -\frac{2zJ}{g\mu_B} \langle S \rangle = \frac{2zJ}{Ng^2\mu_B^2} M \tag{2.79}$$

ここで，簡単のため，磁化はスピンだけに起因するとし，$M = -Ng\mu_B \langle S \rangle$ と置いた．また，相互作用する（隣接）スピンの数を z と置いた．式 (2.79) 左辺の H_m は，分子場（平均場，内部磁場，交換磁場）と呼ばれる．この式から分かるように，i サイトのスピンに働く分子場は，その周囲のスピンが及ぼす力（相互作用）の総和を

表す.図 2.11(c) の白い矢印は,これを象徴的に表したものである.

分子場の考え方を用いると,磁化のセルフコンシステント方程式が直ちに求められる.即ち,自由イオンの磁化を与える式 (2.30) において,外部磁場 H の代わりに式 (2.79) の内部磁場 H_m(但し $g=2$)を代入することにより,次を得る.

$$M = N\mu_\mathrm{B} \tanh\left(\frac{\mu_\mathrm{B} H}{k_\mathrm{B} T}\right) \Rightarrow N\mu_\mathrm{B} \tanh\left(\frac{zJM}{2N\mu_\mathrm{B} k_\mathrm{B} T}\right) \tag{2.80}$$

これは,$\mu_\mathrm{B}=1$ と置くと,前項の式 (2.71) に等価である.これより,Bragg-Williams 近似が分子場近似に相当することが分かる.

常磁性状態において,z 方向に外部磁場 H を印加する.交換相互作用がなければ,磁化率は Curie 則 $\chi_0 = C/T$ ($C = Ng^2\mu_\mathrm{B}^2 S(S+1)/3k_\mathrm{B}$) に従う.交換相互作用が存在する場合は,スピンには H の他に内部磁場 H_m が重畳されるため,磁化は次のように与えられる.

$$M_z = \chi_0(H_\mathrm{m} + H) = \chi_0 \frac{2zJ}{N(g\mu_\mathrm{B})^2} M_z + \chi_0 H \tag{2.81}$$

M_z についてまとめると,次式が得られる.

$$M_z = \chi_0 \left(1 - \chi_0 \frac{2zJ}{N(g\mu_\mathrm{B})^2}\right)^{-1} H \tag{2.82}$$

これより,磁化率が次のように求まる.

$$\chi = \frac{M_z}{H} = \frac{\chi_0}{1 - \frac{2zJ}{Ng^2\mu_\mathrm{B}^2}\chi_0} = \frac{C}{T - T_\mathrm{C}} \tag{2.83}$$

これは Curie-Weiss 則であり,Curie 温度は次式で与えられる.

$$T_\mathrm{C} = \frac{2zJS(S+1)}{3k_\mathrm{B}} \tag{2.84}$$

分子場近似の範囲内では,局在スピン間に相互作用が働けば,それがどんなに小さくても相転移が生じる($T_\mathrm{C} > 0$).これは,3-5 節で説明する遍歴電子系の場合と大きく異なる.

式 (2.84) は,前項の Ising モデル($S=1/2$)に対する式 (2.72) と等価である.これは,配位数 z が等しければ,Heisenberg モデルでも Ising モデルでも転移温度が同じであることを意味する.また,2 次元 3 角格子と 3 次元単純立方格子はいずれも配位数 6 を持つから,これら 2 つの格子は同じ転移温度を持つことも意味する.これらは明らかに実際と異なる.例えば,2 次元 Ising モデルおよび 3 次元 Heisenberg モデルは秩序状態に相転移するが,2 次元 Heisenberg モデルは(有限温度では)長

距離秩序を示さない．この矛盾は，分子場近似の限界を示す．分子場近似がよい近似となるのは，z が大きい場合（相互作用が十分遠くまで作用する場合）である．[13]

2-4-3 交換相互作用の波数依存性

交換相互作用に対し，スピン間の距離依存性をあらわに書き表そう．

$$\mathcal{H} = -2\sum_{\langle i,j \rangle} J(\bm{R}_i - \bm{R}_j)\bm{S}_i \cdot \bm{S}_j = -\sum_{i,j} J(\bm{R}_i - \bm{R}_j)\bm{S}_i \cdot \bm{S}_j \tag{2.85}$$

複雑な磁気構造が現れるのは，交換相互作用 $J(\bm{R}_i - \bm{R}_j)$ がスピン間の距離や方向によって大きさや符号を変えるためである．これを理解するため，$J(\bm{q})$ の波数依存性を調べよう [10]．[14] 式 (2.85) を Fourier 成分を用いて次のように表す．

$$\mathcal{H} = -\frac{1}{N}\sum_{i,j(i\neq j)}\sum_{\bm{q}} J(\bm{R}_i - \bm{R}_j)\bm{S}_{\bm{q}} \cdot \bm{S}_{-\bm{q}} e^{i\bm{q}\cdot(\bm{R}_i - \bm{R}_j)} = -\sum_{\bm{q}} J(-\bm{q})\bm{S}_{\bm{q}} \cdot \bm{S}_{-\bm{q}} \tag{2.86}$$

ここで，$\sum_j e^{i(\bm{q}-\bm{q}')\cdot\bm{R}_j} = N\delta_{\bm{q},\bm{q}'}$ および次式を用いた．

$$\bm{S}_i = \frac{1}{\sqrt{N}}\sum_{\bm{q}} e^{i\bm{q}\cdot\bm{R}_i}\bm{S}_{\bm{q}}, \quad J(-\bm{q}) = \sum_{i(\neq j)} J(\bm{R}_i - \bm{R}_j)e^{i\bm{q}\cdot(\bm{R}_i - \bm{R}_j)} \tag{2.87}$$

弱い磁場を z 軸方向にかけよう．

$$\bm{H} = H\cos(\bm{Q}\cdot\bm{R}_i)\hat{z} = \frac{H}{2}\left(\exp(i\bm{Q}\cdot\bm{R}_i) + \exp(-i\bm{Q}\cdot\bm{R}_i)\right)\hat{z} \tag{2.88}$$

このとき，ハミルトニアンは次のように書かれる．

$$\mathcal{H} = -\sum_{\bm{q}} J(-\bm{q})\bm{S}_{\bm{q}} \cdot \bm{S}_{-\bm{q}} + \frac{1}{2}g\mu_{\rm B}H(\bm{S}_{-\bm{Q}} + \bm{S}_{\bm{Q}}) \cdot \hat{z} \tag{2.89}$$

次に，交換相互作用中の演算子の 1 つを期待値で置き換える．

$$\mathcal{H} = -\sum_{\bm{q}} J(-\bm{q})\bm{S}_{\bm{q}} \cdot \langle\bm{S}_{-\bm{q}}\rangle + \frac{1}{2}g\mu_{\rm B}H(\bm{S}_{-\bm{Q}} + \bm{S}_{\bm{Q}}) \cdot \hat{z} \tag{2.90}$$

これは乱雑位相近似（Random-Phase Approximation, RPA）と呼ばれる．

常磁性状態を考えると，外部磁場と同じ波長の磁化成分（$\bm{Q}$ および $-\bm{Q}$）のみがゼロでない大きさを持つと期待される．この仮定の下で，次のように書き換える．

$$\mathcal{H} = -[J(-\bm{Q})\langle\bm{S}_{-\bm{Q}}\rangle \cdot \bm{S}_{\bm{Q}} + J(\bm{Q})\langle\bm{S}_{\bm{Q}}\rangle \cdot \bm{S}_{-\bm{Q}}] + \frac{1}{2}g\mu_{\rm B}H(\bm{S}_{\bm{Q}} + \bm{S}_{-\bm{Q}}) \cdot \hat{z}$$

---

[13] 超伝導も分子場近似がよく成り立つ例の 1 つである．
[14] $J(\bm{q})$ の波数依存性を調べることは，$J(\bm{r})$ の $\bm{r}$ 依存性を調べることと等価である．

$$= \frac{g\mu_B}{2}[H_{\text{eff}}^z(-\boldsymbol{Q})S_{\boldsymbol{Q}}^z + H_{\text{eff}}^z(\boldsymbol{Q})S_{-\boldsymbol{Q}}^z] \tag{2.91}$$

ここで，次の有効磁場を定義した．

$$\boldsymbol{H}_{\text{eff}}(-\boldsymbol{Q}) \equiv -\frac{2J(-\boldsymbol{Q})}{g\mu_B}\langle S_{-\boldsymbol{Q}}^z\rangle\hat{z} + H\hat{z} \tag{2.92}$$

右辺第 1 項は分子 (磁) 場の効果を表し，第 2 項は外部磁場である．即ち，交換相互作用に起因する分子場の分だけ，外部磁場より大きな $(J > 0)$ あるいは小さな $(J < 0)$ 有効磁場がスピンに働いている．[15]

相互作用のない場合の磁化率 χ_0 を用いて，磁化 $\langle M_{\boldsymbol{Q}}^z\rangle$ $(= -Ng\mu_B\langle S_{\boldsymbol{Q}}^z\rangle)$ を次のように表す．

$$\langle M_{\boldsymbol{Q}}^z\rangle = \chi_0 H_{\text{eff}}^z(\boldsymbol{Q}) = \chi_0 \frac{2J(\boldsymbol{Q})}{N(g\mu_B)^2}\langle M_{\boldsymbol{Q}}^z\rangle + \chi_0 H \tag{2.93}$$

$\langle M_{\boldsymbol{Q}}^z\rangle$ についてまとめ，次式を得る．

$$\chi(\boldsymbol{Q}) = \frac{\langle M_{\boldsymbol{Q}}^z\rangle}{H} = \frac{\chi_0}{1 - \frac{2J(\boldsymbol{Q})}{Ng^2\mu_B^2}\chi_0} = \frac{C}{T - \frac{J(\boldsymbol{Q})}{J(\boldsymbol{Q}_0)}T_{\boldsymbol{Q}_0}} = \frac{C}{T - T_{\boldsymbol{Q}}} \tag{2.94}$$

以上の計算において，結晶が反転対称性（inversion symmetry）を持つと仮定し，$J(-\boldsymbol{Q}) = J(\boldsymbol{Q})$ と置いた．また，$\boldsymbol{Q}_0$ は $J(\boldsymbol{Q})$ を最大にする波数であり，$T_{\boldsymbol{Q}_0}$ は次式で定義されている．

$$T_{\boldsymbol{Q}_0} \equiv \frac{2C}{Ng^2\mu_B^2}J(\boldsymbol{Q}_0) = \frac{2S(S+1)}{3k_B}J(\boldsymbol{Q}_0) \tag{2.95}$$

式 (2.94) は（一般化された）Curie-Weiss 則である．分子場近似の特徴である交換相互作用による磁化率の増大は，因子 $(1 - \frac{2J(\boldsymbol{Q})}{Ng^2\mu_B^2}\chi_0)^{-1}$ によって表されている．

前項で説明した強磁性は，$\boldsymbol{Q}_0 = 0$ に対応する．このとき，式 (2.95) は Curie 温度に対応し，$J(0) = zJ$ と置くことにより，式 (2.84) が得られる．$\boldsymbol{Q}_0$ と同じ波数を持つ外部磁場，即ち一様磁場に対し，磁化率は Curie 温度 $T_{\boldsymbol{Q}_0}$ において発散する（図 2.14 参照）．一方，$\boldsymbol{Q}_0$ 以外の波数 $\boldsymbol{Q}$ を持つ外部磁場に対しては，$\frac{J(\boldsymbol{Q})}{J(\boldsymbol{Q}_0)}$ は 1 より必ず小さくなるので，発散を与える温度 $T_{\boldsymbol{Q}} \equiv \frac{J(\boldsymbol{Q})}{J(\boldsymbol{Q}_0)}T_{\boldsymbol{Q}_0}$ も $T_{\boldsymbol{Q}_0}$ より低くなる．このとき，発散が見られ

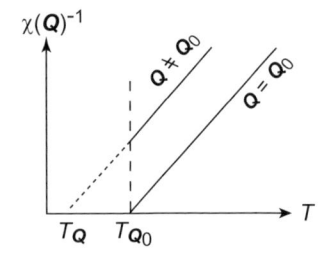

図 2.14 磁化率の温度依存性．$\boldsymbol{Q}_0$ は $J(\boldsymbol{Q})$ が最大となる波数である．

---

[15] スピンの向きと磁気モーメントの向きが逆であることに注意されたい．

る前に温度 T_{Q_0} ($> T_Q$) で相転移を起こすから，実際にはこの発散は観測されない（次項参照）．

2-4-4 反強磁性

反強磁性秩序（antiferromagnetism）の例として，UPd$_2$Al$_3$ の磁気構造を図 2.15(a) に示す．六方晶の c 面内で強磁性的な配列を示し，c 軸方向に互い違いに向きを変えている [11]．磁気モーメントは U 原子上に存在し（付録 C-2-3 項参照），その大きさは U 原子あたり $0.85\mu_B$ である [12]．この磁気構造は，式 (2.87) の第 1 式において，$\bm{q} = \bm{Q}_0 \equiv \pm\frac{2\pi}{c}(0,0,\frac{1}{2}) = \pm\frac{\pi}{c}(0,0,1)$ に対応する．ここで，c は六方対称結晶構造の c 軸方向の格子定数である．波数ベクトル $\bm{Q}_0$ は，磁気モーメントが強磁性的に並んでいる c 面に垂直である.[16] また，1 周期の波長は $\lambda = 2\pi/|\bm{Q}_0| = 2c$ であり，結晶の (0,0,1) 面の間隔 c の 2 倍である．このように，結晶格子の有理数倍の周期を持つ磁気構造を整合秩序 (commensurate order) と呼ぶ．

次式で表される磁気構造を考えよう．

$$\bm{S}_i = S\left[\cos(\bm{Q}_0 \cdot \bm{R}_i)\hat{\bm{x}} + \sin(\bm{Q}_0 \cdot \bm{R}_i)\hat{\bm{y}}\right] \tag{2.96}$$

$\bm{S}_i$ は $\hat{\bm{x}}$ と $\hat{\bm{y}}$ を含む平面の中にあり，らせん磁性（helix 構造）と呼ばれる（図 2.15(b) 参照）．式 (2.96) に c 軸方向のモーメントの成分 S_i^z が加わった場合の磁気構造は，cone 構造と呼ばれる．これらの差は，異方性の違いによって生じる．c 軸方向の異方性が強い場合は，磁気モーメントは面内の成分を持つことはできず，c 軸方向の

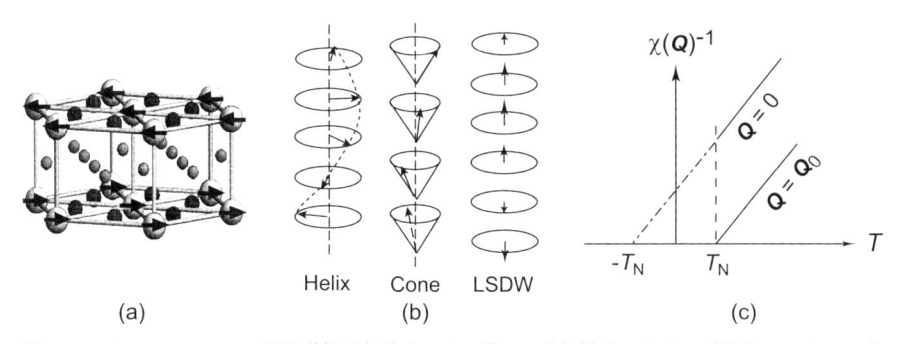

図 **2.15** (a) UPd$_2$Al$_3$ の反強磁性磁気構造．(b) 種々の磁気構造．らせん磁性あるいはヘリ磁性と呼ばれる．(c) 波数 $\bm{Q}_0$ の外部磁場に対する staggered 磁化率と，一様磁場 $\bm{Q} = 0$ に対する一様磁化率．

[16) $\bm{S}_i$ の定義中における因子 $\exp(\bm{Q}_0 \cdot \bm{R}_i)$ は，$\bm{Q}_0$ に垂直な面上の点 $\bm{R}_i$ に対し，全て同じである．

モーメント，即ち z 成分 $S_i^z = S \cos \bm{Q}_0 \cdot \bm{R}_i$ だけが残る．これは，縦波スピン密度波（LSDW）である．但し，希土類金属の場合には，電子は局在しているので，温度を下げていくと，正弦（あるいは余弦）構造から角型構造（例えば↑↑↑↓↓）と呼ばれるものに変わる．

前項の式 (2.94) および式 (2.95) は，次のように書かれる．

$$\chi(\bm{Q}=\bm{Q}_0) = \frac{C}{T-T_\mathrm{N}}, \quad \chi(\bm{Q}=0) = \frac{C}{T+T_\mathrm{N}}, \quad T_\mathrm{N} = \frac{2S(S+1)}{3k_\mathrm{B}} J(\bm{Q}_0) \qquad (2.97)$$

ここで，$J(\bm{Q}_0) = -zJ \, (>0)$ である．$\chi(\bm{Q})$ は，波数 $\bm{Q}$ で空間的に振動する磁場 (staggered field) を印加した場合の磁化率に相当し（前項参照），staggered 磁化率と呼ばれる．[17] 第1式は，磁気秩序に共役な波数 $\bm{Q}_0$ に対する staggered 磁化率が Néel 温度 T_N で発散することを意味する．一方，第2式は，一様磁場を加えたときの一様磁化率が発散しないことを示す．これらの様相を図 2.15(c) に示す．

> **【補足 6】** 異方性があると，事情はもっと複雑になる．正方対称の異方性があるとし，z 軸が磁化容易軸であると仮定すると，ハミルトニアン (2.85) に $-\Sigma_i D S_z(\bm{r}_i)^2 \, (D>0)$ の異方性エネルギーの項が付け加わる．この異方性の効果を，$J_z(\bm{Q}) > J_x(\bm{Q}) = J_y(\bm{Q})$ とすることで取り入れると，磁化率には $\chi_z(\bm{Q}) > \chi_x(\bm{Q}) = \chi_y(\bm{Q})$ のような異方性が生じる．これは，磁化率 $\chi_z(\bm{Q}_0)$ は温度 $T_{\bm{Q}0} = \frac{2S(S+1)}{3k_\mathrm{B}} J_z(\bm{Q}_0)$ で発散するが，$\chi_x(\bm{Q}_0)$ や $\chi_y(\bm{Q}_0)$ は $T_{\bm{Q}0}$ では発散しないことを意味する．何故なら，それらが発散する温度はもっと低温であるからである．

2-5 相転移と自発的対称性の破れ

磁性体に現れる相転移には1次相転移と2次相転移があり，前者では（自由エネルギーの1階微分から求まる磁化のような）秩序変数が転移温度で不連続なとびを示すのに対し，後者では連続的に変化する．1次相転移では，（自由エネルギーの1階微分である）エントロピーにもとびが生じ，潜熱が存在する．2次相転移では，エントロピーは連続であるが，自由エネルギーの2階微分である比熱には発散などの異常が生じる．

1次と2次の相転移の定性的な相違は，対称性が果たす役割の違いである．1次相転移においては，2つの相のエネルギーの大小関係のみが問題となり，2相の自由エネルギーが等しいところで転移が生じる．例えば，氷と水あるいは水と水蒸気の間

---

[17] staggered field は「交代磁場」や「互い違いの磁場」と訳される．

の相転移はいずれも潜熱を伴う 1 次相転移であるが，氷と水の対称性は異なるのに対し，水と水蒸気は同じ対称性をもつ．[18] 即ち，対称性に関する制約はない．これに対し，2 次相転移では対称性に対する制約がつく．[19] 強磁性 Heisenberg モデルを考えると，常磁性相では，スピンを古典的に扱える場合には 3 次元の回転対称性（群論の記法では $SO(3)$）を持っているが，[20] Curie 温度以下では，自発磁化の方向が特殊な方向となり，対称性が落ちる．このように，高温相（常磁性相）が持っていた対称性が低温相（強磁性相）で失われることを「自発的対称性の破れ」と呼ぶ [13, 14].

固体の結晶構造の変化を伴う相転移について，群論の言葉を用いて考える．例えば，ある種の酸化物は，斜方晶の高温相からずれ変形により単斜晶系の低温相に移行する．このとき，高温相が持つ点群は D_{2h} であり，低温相の点群は C_{2h} である（点群については付録 B を参照されたい）．これらの群の要素は，各々 $\{E, C_{2z}, C_{2x}, C_{2y}, i, \sigma_{xy}, \sigma_{yz}, \sigma_{zx}\}$, $\{E, C_{2z}, i, \sigma_{xy}\}$ であるから，C_{2h} が D_{2h} の部分群であることが分かる．即ち，通常，転移点より高温の相は対称性の高い状態であり，その対称性のいくつかが失われた結果，低対称の低温相に転移する．

図 2.12(b) および (c) の Ising スピン系を考えよう．M と $-M$ に対応する 2 つの状態（白丸と黒丸）は全く同等である．にもかかわらず現実の磁石では，いずれか一方の向き（M または $-M$）が実現し（対称性が破れる），それは外部条件を変えない限り持続する．例えば，「方位磁石の N 極があるとき突然 S 極に変わってしまった」という経験をしたことはないであろう．即ち，一度ある向きの磁化が実現すると，対称性から許されるもう一方の向きの磁化に変わることはない．これは，次のようにも表現される．Ising スピンのハミルトニアンは 2 つの基底状態をもつ．[21] しかし，いったん 1 つの基底状態が選ばれると，他の基底状態には移れない．このため，選ばれた基底状態以外は物理的な状態ではなくなる．

物理的に許される真の基底状態から他の基底状態へ（容易には）移れないことを示すため，外部磁場の加えられた強磁性 Ising スピン系を考えよう．このときの Landau 自由エネルギーは次のように書かれる．

$$F(M; T, H) = F(M; T, H = 0) - \boldsymbol{M} \cdot \boldsymbol{H} \tag{2.98}$$

---

[18] 水と水蒸気の違いは，密度の違いのみである．相線上で共存するこれら 2 相が区別されるのは，重力によって水が下方に溜まり，その境界面で光が屈折（反射）するからである．
[19] 水と水蒸気の相線は臨界点で終端する．臨界点における転移は 2 次的であるが，対称性の変化はない．これはむしろ特殊なケースである．
[20] スピン 1/2 の量子スピン系の場合は $SU(2)$ の対称性をもつ．
[21] 等方的な Heisenberg モデルでは，スピンはどの方向を向いてもエネルギーは同じであるから，形式的には無限個の基底状態が存在するといえる．

これを図 2.16 に示す．負の方向に磁場が印加されている場合は（図 2.16(a)），① の黒丸がエネルギー最小となり，負の磁化の状態が実現する．磁場の大きさを減じると，ゼロ磁場（図 2.16(b) の ②）を経て，図 2.16(c) の破線の状態 ③ に移行する．真の最小は ④ の $+M$ になるが，$M \sim 0$ の近傍に大きなポテンシャルの障壁があるため，$-M$ に留まる．さらに磁場を大きくすると障壁は無視できるほど小さくなるため ③ は不安定となり，真の安定点である ④ に向かって（矢印のように）相転移する（スピノーダル分解）．

この自由エネルギーの磁場変化に対応する磁化曲線を描くと，図 2.17(a) のようになる．負の方向に磁場がかかっている場合には，磁化は ① の負の値をとる．正の向きに磁場を加えて行くと，磁化曲線は ① → ② → ③ と移動した後，③ から ④ へと飛ぶ．逆に磁場を弱くしていくと，⑤ まで正の磁化の状態が続く．即ち，ヒステリシスが生じる．

このように，最初の基底状態から別の基底状態へ移れないのは，正の磁化と負の磁化の状態の間にポテンシャル障壁が存在するためである．マクロな系であれば，この障壁は十分高く，(磁化と反対向きの) 強い外部磁場を加えない限り，小さくはならない．磁石が磁石として存在するのは，この 1 次相転移の性質に依っている．

以上の結果を温度対磁場の相図として描くと図 2.17(b) が得られる．外部磁場をゼロに保ったまま温度を下げると，臨界点（Curie 温度）で系は強磁性に 2 次転移する．これに対し，温度を Curie 温度以下に冷やして磁場を変化させると，① と ④ との間で 1 次転移が生じる．これは，図 2.17(a) における ① と ④ の間の磁化の飛びに対応する．このように，1 次の相線が（2 次の）臨界点で終端するのは，水の温度対圧力の相図と同様である．[22]

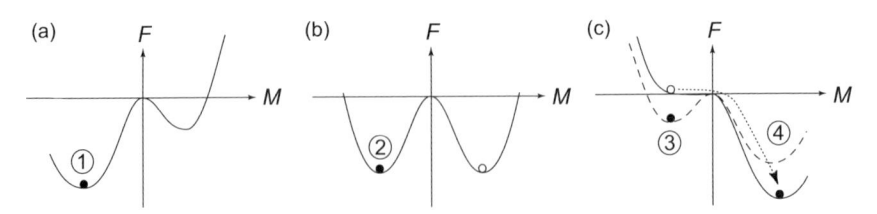

図 2.16 Landau の自由エネルギー．(a) 磁場が負のときには負の磁化が選ばれる．(b) 磁場がゼロの場合は，正と負の磁化の状態が縮退している．(c) 磁場が負から正に変わるとき，磁化は負から正の値にジャンプする．

---

[22] この類似性は後述の臨界指数にも見られ，Ising 強磁性体と液体-気体転移はいずれも "Ising universality class に属する" と言われる．

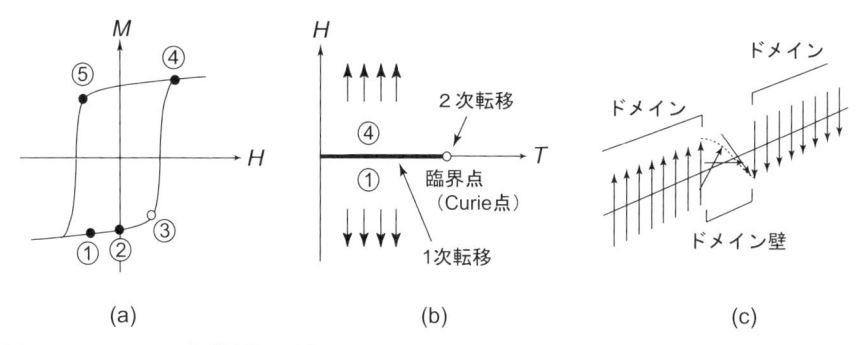

図 2.17 (a) Ising 強磁性体の磁化過程. (b) Ising 強磁性体の温度対磁場相図. (c) ドメインとドメイン壁（ドメインウォール）.

現実の強磁性体は，微小な領域（ドメイン）から成り立っている（図 2.17(c)）．私たちが磁石と呼ぶものは，このドメインの向きを揃えたものである．各ドメインの中では自発的対称性の破れが生じているが，強磁性体全体としてみれば自発磁化はゼロになっている．ドメインとドメインの間は，ドメイン壁（ドメインウォール）と呼ばれる．ドメイン壁は，その両隣の 2 つの状態（対称性の破れた縮退した状態）を空間的につないでいる．このドメイン壁が試料中にたくさん生じた状態は，秩序のない常磁性状態と似ている．即ち，ドメイン壁は，秩序状態を破る欠陥の役目を果たす．

2-6　臨界現象

2-6-1　臨界指数

Bragg-Williams の（1 スピン当たりの）自由エネルギー (2.69) を再度考える．

$$f = -\frac{zJ}{4}m^2 + \frac{k_B T}{2}[(1+m)\ln(1+m) + (1-m)\ln(1-m)] - k_B T \ln 2 \tag{2.99}$$

ここで，磁化も 1 スピン当たりに換算し，$m \equiv M/N$ と定義した．転移温度の近傍では m は小さいから，対数を m で展開し，次のように書く．

$$f = \frac{k_B}{2}(T - T_C)m^2 + \frac{1}{12}k_B T m^4 - k_B T \ln 2 \tag{2.100}$$

ここで，$T_C = zJ/(2k_B)$ は平均場の転移温度である．

遍歴電子を記述する Stoner モデル（第 3 章参照）においても，同様の自由エネ

ギーの式 (3.56) を得る．従って，局在・遍歴に関わらず，自由エネルギーは次のように書かれる．

$$f = \frac{1}{2}a_0(T - T_{\rm C})m^2 + \frac{1}{4}bm^4 \tag{2.101}$$

自由エネルギーは時間反転 ($m \to -m$) に対して不変でなければならない．式 (2.101) は，m の偶数次の項のみから成り立っており，この要請を満たしている．また，第 1 項は $T_{\rm C}$ を境に符号を変えることに注意しよう．第 2 項が符号を変えるかどうかは，対象とする問題に依存する．[23] 1 次相転移や多重臨界点を考える場合は，b が負になることもありうる．以下の議論では，b は温度に依存しないと仮定する．

熱平衡状態における磁化 $\langle m \rangle$ は，自由エネルギー極小の条件 $\partial f / \partial m = 0$ から，次のように求まる．

$$\langle m \rangle = \begin{cases} 0 & (T > T_{\rm C}) \\ \pm \left(\dfrac{a_0(T_{\rm C} - T)}{b} \right)^{1/2} & (T < T_{\rm C}) \end{cases} \tag{2.102}$$

$T \to T_{\rm C}^-$ のとき，[24] 自発磁化は $(T_{\rm C} - T)^{1/2}$ の形で連続的にゼロに近づく（図 2.18(a)）．一般に秩序変数の温度依存性を $\langle m \rangle \sim (T_{\rm C} - T)^\beta$ と書き，β を臨界指数と呼ぶ．平均場近似では，上記のように，$\beta = 1/2$ である．

これらの値を式 (2.101) に代入することにより，熱平衡状態に対応する自由エネルギーを求めることができる．

$$f = \begin{cases} 0 & (T > T_{\rm C}) \\ -\dfrac{a_0^2}{4b}(T - T_{\rm C})^2 \ (\propto \langle m \rangle^4) & (T < T_{\rm C}) \end{cases} \tag{2.103}$$

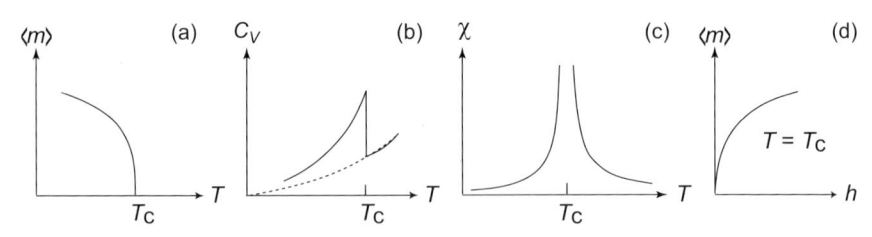

図 2.18 2 次相転移点における物理量の異常．磁化（秩序変数），比熱，磁化率の温度依存性，および磁化の臨界点における磁場依存性．比熱のグラフにおける点線は，格子比熱の寄与を表す．

---

[23] 温度に関しても，磁化に対すると同じように Taylor 展開を行えば，$b(T) = b + b_1(T - T_{\rm C}) + \cdots$ と書かれる．式 (2.101) は，b が支配的な場合に対応している．

[24] $T \to T_{\rm C}^-$ は，温度を $T_{\rm C}$ の下側から近づけることを意味する．

温度に関して f の 2 階微分をとることにより，比熱が求まる．

$$c_V = -T\frac{\partial^2 f}{\partial T^2} = \begin{cases} 0 & (T > T_\mathrm{C}) \\ \dfrac{a_0^2}{2b}T & (T < T_\mathrm{C}) \end{cases} \tag{2.104}$$

比熱に関する臨界指数 α は，$c_V \sim (T - T_\mathrm{C})^\alpha$ $(T > T_\mathrm{C})$ または $(T_\mathrm{C} - T)^{\alpha'}$ $(T < T_\mathrm{C})$ によって定義される．平均場近似では発散はなく，飛びが生じる（図 2.18(b)）．[25] このとき，臨界指数は $\alpha = \alpha' = 0$ である（補足 7 参照）．

磁化率を求めるために，式 (2.101) に外部磁場 h の項を加える．

$$f = \frac{1}{2}a_0(T - T_\mathrm{C})m^2 + \frac{1}{4}bm^4 - mh \tag{2.105}$$

これまでと同様に停留条件を求めると，$a_0(T - T_\mathrm{C})\langle m \rangle + b\langle m \rangle^3 - h = 0$ が得られる．ここで，熱平衡状態の磁化であることを明示するため，m の代わりに $\langle m \rangle$ を用いた．これを h で微分することにより，磁化率が次のように求まる．

$$\chi = \frac{\partial \langle m \rangle}{\partial h} = \frac{1}{a_0(T - T_\mathrm{C}) + 3b\langle m \rangle^2} = \begin{cases} (a_0(T - T_\mathrm{C}))^{-1} & (T > T_\mathrm{C}) \\ (2a_0(T_\mathrm{C} - T))^{-1} & (T < T_\mathrm{C}) \end{cases} \tag{2.106}$$

$\chi \sim (T - T_\mathrm{C})^{-\gamma}$ $(T > T_\mathrm{C})$ または $(T_\mathrm{C} - T)^{-\gamma'}$ $(T < T_\mathrm{C})$ により臨界指数 γ または γ' を定義すると，分子場理論では $\gamma = \gamma' = 1$ である（図 2.18(c)）．また，係数は a_0 $(T > T_\mathrm{C})$ および $2a_0$ $(T < T_\mathrm{C})$ のように，転移点の上下で 2 倍だけ異なる．

$T = T_\mathrm{C}$ における磁化の磁場依存性を求めると，停留条件 $b\langle m \rangle^3 - h = 0$ より，

$$\langle m \rangle = \left(\frac{h}{b}\right)^{1/3} \quad (T = T_\mathrm{C} \text{において}) \tag{2.107}$$

となる．$h^{1/\delta}$ で臨界指数 δ を定義すると，$\delta = 3$ である（図 2.18(d)）．

【補足 7】 磁化率などの転移点での発散を，$\chi(T) \sim t^{-\gamma}$ などと表す．ここで，$t \equiv (T - T_\mathrm{C})/T_\mathrm{C}$ である．これは，厳密に $\chi(t) = at^{-\gamma}$ なる等式が成り立つことを意味しているわけではなく，展開式 $\chi(t) = at^{-\gamma}(1 + bt^\omega + \cdots)$ $(\omega > 0)$ のリーディング（主要）項を表している [15]．このとき，臨界指数は，次の極限として定義される．

$$\gamma = -\lim_{t \to 0} \frac{\ln \chi(t)}{\ln t} \tag{2.108}$$

実験的にも通常，log-log プロットした $\chi(t)$ 曲線の傾きから指数を求める．2 次元 Ising スピン系の比熱は対数発散を示すが，上の定義により，その臨界指数は $\alpha \sim 0$ となる．

---

[25] 相互作用が近接スピン間にのみ作用する磁性体では，比熱は発散的に増大する．これは分子場近似では再現されない．一方，超伝導体の比熱異常は分子場的である．これは，相互作用が遠距離まで届くためである．

2-6-2 相関距離

空間的に一様でない磁化に対する自由エネルギー f は次のように表される．

$$f = \frac{1}{2}am(\boldsymbol{r})^2 + \frac{1}{4}bm(\boldsymbol{r})^4 + \frac{1}{2}c(\boldsymbol{\nabla}m(\boldsymbol{r}))^2 - h(\boldsymbol{r})m(\boldsymbol{r}) \tag{2.109}$$

f は磁化 $m(\boldsymbol{r})$ の汎関数（関数の関数）であり，熱平衡状態では自由エネルギー

$$F = \int d\boldsymbol{r} f(m(\boldsymbol{r})) \tag{2.110}$$

が最小の状態が実現する．停留条件 $\delta F = 0$ より，次式を得る．[26]

$$\frac{\partial f}{\partial m(\boldsymbol{r})} - \boldsymbol{\nabla} \cdot \frac{\partial f}{\partial(\boldsymbol{\nabla}m(\boldsymbol{r}))} = 0 \tag{2.111}$$

これに式 (2.109) を代入し，次式を得る．

$$a\langle m(\boldsymbol{r})\rangle + b\langle m(\boldsymbol{r})\rangle^3 - h(\boldsymbol{r}) - c\nabla^2\langle m(\boldsymbol{r})\rangle = 0 \tag{2.112}$$

さらに，これを $h(\boldsymbol{r}')$ で微分することにより，次を得る．

$$\left(a + 3b\langle m(\boldsymbol{r})\rangle^2 - c\nabla^2\right)\chi(\boldsymbol{r},\boldsymbol{r}') = \delta(\boldsymbol{r}-\boldsymbol{r}') \tag{2.113}$$

ここで，空間に依存した磁化率を次のように定義した．

$$\chi(\boldsymbol{r},\boldsymbol{r}') \equiv \frac{\partial\langle m(\boldsymbol{r})\rangle}{\partial h(\boldsymbol{r}')} \tag{2.114}$$

これは，点 $\boldsymbol{r}'$ に加えた磁場 $h(\boldsymbol{r}')$ によって，点 $\boldsymbol{r}$ に生じる磁化の応答 $\langle m(\boldsymbol{r})\rangle$ を意味する．次式によって相関距離 ξ を定義しよう．

$$\xi = \left(\frac{c}{a + 3b\langle m(\boldsymbol{r})\rangle^2}\right)^{1/2} \tag{2.115}$$

これを用いると，式 (2.113) は次のようになる．

$$(-\nabla^2 + \xi^{-2})\chi(\boldsymbol{r},\boldsymbol{r}') = \frac{1}{c}\delta(\boldsymbol{r}-\boldsymbol{r}') \tag{2.116}$$

---

[26] ここで汎関数微分に対する次の計算を行った [16]．

$$\begin{aligned}\frac{\delta F}{\delta m(\boldsymbol{y})} &= \int d\boldsymbol{x}\,\frac{\delta f}{\delta m(\boldsymbol{y})} = \int d\boldsymbol{x}\left(\frac{\partial f}{\partial m(\boldsymbol{x})}\frac{\delta m(\boldsymbol{x})}{\delta m(\boldsymbol{y})} + \frac{\partial f}{\partial \boldsymbol{\nabla} m(\boldsymbol{x})}\cdot\frac{\delta \boldsymbol{\nabla} m(\boldsymbol{x})}{\delta m(\boldsymbol{y})}\right) \\ &= \int d\boldsymbol{x}\left(\frac{\partial f}{\partial m(\boldsymbol{x})}\delta(\boldsymbol{x}-\boldsymbol{y}) + \frac{\partial f}{\partial \boldsymbol{\nabla} m(\boldsymbol{x})}\cdot\boldsymbol{\nabla}\delta(\boldsymbol{x}-\boldsymbol{y})\right) = \frac{\partial f}{\partial m(\boldsymbol{y})} - \boldsymbol{\nabla}\cdot\frac{\partial f}{\partial(\boldsymbol{\nabla} m(\boldsymbol{y}))}\end{aligned}$$

磁化率を，揺動散逸定理により（式 (2.35) 参照），次のように書き表わそう．

$$\chi(\bm{r},\bm{r}') = \frac{G(\bm{r},\bm{r}')}{k_\text{B}T} \tag{2.117}$$

ここで，$G(\bm{r},\bm{r}')$ はゆらぎを表す相関関数であり，次のように定義される．

$$G(\bm{r},\bm{r}') \equiv \langle \delta m(\bm{r}) \delta m(\bm{r}') \rangle \tag{2.118}$$

$$= \langle (m(\bm{r}) - \langle m(\bm{r}) \rangle)(m(\bm{r}') - \langle m(\bm{r}') \rangle) \rangle \tag{2.119}$$

式 (2.117) を式 (2.116) に代入すると，

$$(-\nabla^2 + \xi^{-2})G(\bm{r},\bm{r}') = \frac{k_\text{B}T}{c}\delta(\bm{r}-\bm{r}') \tag{2.120}$$

が得られる．$G(\bm{r},\bm{r}')$ は $\bm{r}-\bm{r}'$ の関数であると仮定する．このとき，Fourier 変換により，次が得られる．

$$\int d\bm{k}(-\nabla^2 + \xi^{-2})G(\bm{k})e^{-i\bm{k}\cdot(\bm{r}-\bm{r}')} = \frac{k_\text{B}T}{c}\int d\bm{k}\, e^{-i\bm{k}\cdot(\bm{r}-\bm{r}')} \tag{2.121}$$

これより，$G(\bm{r},\bm{r}')$ の Fourier 成分 $G(\bm{q})$ が次のように求まる．

$$G(\bm{q}) = \frac{k_\text{B}T}{c}\frac{1}{q^2 + \xi^{-2}} \tag{2.122}$$

この Lorentz 型の（$q=0$ に幅 ξ^{-1} のピークを持つ）相関関数を Ornstein-Zernike 型相関関数と呼ぶ．

2-6-1 節で得られた結果を用いると，式 (2.115) の相関距離 ξ は，

$$\xi = \begin{cases} (c/a)^{1/2} \sim (T-T_\text{C})^{-1/2} & T > T_\text{C} \text{ の場合} \\ (c/(-2a))^{1/2} \sim (T_\text{C}-T)^{-1/2} & T < T_\text{C} \text{ の場合} \end{cases} \tag{2.123}$$

となり，$T = T_\text{C}$ において発散する．相関距離の臨界指数を $\xi \sim (T-T_\text{C})^{-\nu}$（$T>T_\text{C}$）または $\xi \sim (T_\text{C}-T)^{-\nu'}$（$T<T_\text{C}$）により定義すると，$\nu = \nu' = 1/2$ となる．相関距離の発散は，図 2.19 における黒（あるいは白）の領域が端から端まで繋がることを意味する．

実空間における磁化率と相関関数の関係を与える式 (2.117) の両辺を Fourier 変換することにより，波数空間における関係式が得られる．

$$\chi(\bm{q}) = \frac{G(\bm{q})}{k_\text{B}T} = \frac{1}{c}\frac{1}{q^2 + \xi^{-2}} \tag{2.124}$$

これは，静的磁化率と呼ばれる．強磁性の場合の一様磁化率は，式 (2.123) より，次

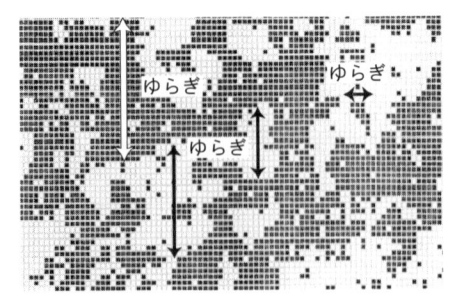

図 2.19 スピンの空間分布. ↑ および ↓ スピンのサイトを黒および白で示した [17]. 複雑な縞模様は, いろいろな長さスケールを持つゆらぎが存在することを表す.

式のように T_C で発散する.

$$\chi(0) = \frac{\xi^2}{c} \propto \frac{1}{T - T_\mathrm{C}} \tag{2.125}$$

これは, 2-4-3 項における磁化率の発散に対応する.

分子場近似によって計算された臨界指数を表 2.1 にまとめる. これらの臨界指数は, スケーリング則と呼ばれる次の関係式を満たしている.

$$\alpha + 2\beta + \gamma = 2, \quad \alpha + \beta(1 + \delta) = 2 \tag{2.126}$$

臨界指数は, 系の次元数や相互作用の対称性などの基本的パラメータには依るが, 系の微細構造には依らない. これを臨界指数の普遍性 (universality) という.[27]

表 2.1 臨界指数. 数値は分子場計算の結果を表す. $c(T)$ は比熱, $m(T)$ は磁化, $\chi(T)$ は磁化率, $\xi(T)$ は相関関数の温度依存性を示す. $m(H)$ は, 臨界点における磁化の磁場依存性を示す. プライム (′) は, $T < T_\mathrm{C}$ における臨界指数, プライムのつかないものは $T > T_\mathrm{C}$ における臨界指数である.

指数	α'	β	γ'	ν'	δ	α	γ	ν
物理量	$c(T)$	$m(T)$	$\chi(T)$	$\xi(T)$	$m(H)$	$c(T)$	$\chi(T)$	$\xi(T)$
計算値	0 (不連続)	1/2	1	1/2	3	0 (不連続)	1	1/2

---

[27] くりこみ群の手法や「相転移の普遍性」については, 文献 [17] が参考になる.

2-6-3　UPd_2Al_3 の臨界現象

図 2.15(a) に示した磁気構造をもつ UPd_2Al_3 を例として取り上げ，実際の物質の臨界現象を見ていこう．UPd_2Al_3 は低温で超伝導を示す反強磁性体であり，Néel 温度は $T_N \simeq 14.4$ K である．相関距離の測定には，中性子臨界散乱実験が用いられる（付録 C-2 節を参照）．T_N の直上における実験結果を図 2.20(a) に示す [18]．κ は，式 (2.115) あるいは式 (2.123) の相関距離 ξ の逆数である．T_N に近づくと κ はゼロに近づく，即ち ξ は無限大に発散する．また，c 軸方向の相関距離 ($\kappa_L^{-1} = \kappa_\parallel^{-1}$) の方が，面内の相関距離 ($\kappa_T^{-1}$) より長いことも分かる．[28] 原理的には，これらの結果より臨界指数 ν が求められるが，実験精度の問題から未だ見積もられていない．

スピン間の相関には，空間的な相関だけでなく，時間的な相関も存在する（付録 C 参照）．例えば，スピン間の時間的相関が $\exp(-\Gamma t)$ のように指数関数的であれば，その Fourier 変換として定義されるスペクトル関数 $F(\boldsymbol{q},\omega)$ も（空間的相関の場合と同じように）Lorentz 型となる．

$$F(\boldsymbol{q},\omega) \sim \frac{\hbar\omega\Gamma(q)}{(\hbar\omega)^2 + \Gamma(q)^2} \tag{2.127}$$

ここで，$\Gamma(q)$ はスピン相関の減衰率（スピンゆらぎのダンピング）を表す．

例として，UPd_2Al_3 の T_N 近傍における中性子非弾性散乱スペクトル $\mathcal{S}(\boldsymbol{q},\omega)$ を図 2.20(b) に示す [19]．反強磁性秩序を特徴付ける波数ベクトルを $\boldsymbol{Q}_0 = (0,0,1/2)$ と書

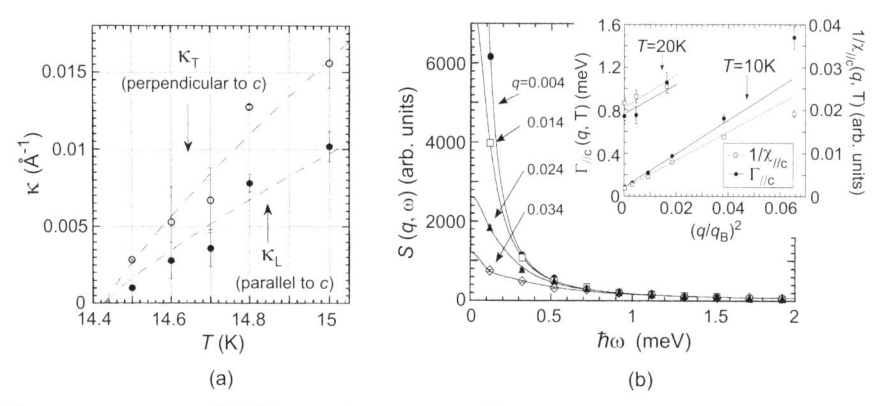

図 2.20　UPd_2Al_3 の臨界現象．(a) 相関距離 ξ の逆数 κ の温度依存性 [18]．(b) T_N 付近の中性子非弾性散乱スペクトル [19]．挿入図は半値幅 Γ の波数依存性を示す．

---

[28] この磁気相関距離の異方性は，$5f$ 電子の波動関数が面内ではなく c 軸方向に延びていることを示唆する．

くとき，$\boldsymbol{Q} = \boldsymbol{Q}_0 + \boldsymbol{q} = (0, 0, 1/2 + q)$ と定義する．q をある一定値に固定し，ω を変化させて散乱強度を測定すると，$\omega = 0$ を中心とした Lorentz 型のピークが観測される．図中の実線は次式を表す．

$$\begin{aligned} S(\boldsymbol{q}, \omega) &\propto \frac{1}{1 - \exp(-\hbar\omega/k_\mathrm{B}T)} \, \mathrm{Im} \, \chi(\boldsymbol{q}, \omega) \\ &\propto \chi_{||c}(\boldsymbol{q}) \frac{\hbar\omega \Gamma_{||c}(\boldsymbol{q})}{(\hbar\omega)^2 + \Gamma_{||c}(\boldsymbol{q})^2} \end{aligned} \quad (2.128)$$

ここで，$\mathrm{Im}\,\chi(\boldsymbol{q}, \omega)$ は動的磁化率の虚数部，$\chi_{||c}(\boldsymbol{q})$ は前項の静的磁化率，$\Gamma_{||c}$ は（c 軸方向の）ピーク幅である（付録 C 参照）．

図 2.20(b) の挿入図に，$\Gamma_{||c}$ の波数依存性を示す．通常の反強磁性体と同じように，$\mathrm{UPd}_2\mathrm{Al}_3$ も q^2 依存性を示す．

$$\Gamma_{||c}(q, T) = \Gamma(\kappa_{||c}(T)^2 + q^2) \quad (2.129)$$

ここで，$\kappa_{||c}(T)$ は c 軸方向の相関距離 $\xi_{||c}$ の逆数であり，温度に依存することをあらわに表した．縦軸の切片 $\kappa_{||c}(T)^2$ は，$T = T_\mathrm{N}$ でゼロであり，T_N から離れるに従い増加する．また，図の傾きから Γ が求まり，これはスピンゆらぎを特徴付けるパラメータ T_0 を与える．

$$T_0 = \frac{\Gamma q_\mathrm{B}^2}{2\pi} \quad (2.130)$$

ここで，q_B はゾーン境界の波数である．実験の結果から，$T_0 \sim 27\,\mathrm{K}$ と評価される．この特性温度と超伝導転移温度との相関については，第 10 章で議論する．

参考文献

[1] M.T. Hutchings: *Solid Sate Physics* **16** (1964) 227.
[2] N. Sato *et al.*: J. Phys. Soc. Jpn. **53** (1984) 3967.
[3] G. Motoyama *et al.*: J. Phys. Soc. Jpn. **71** (2002) 1609.
[4] N. Tokuda *et al.*: J. Phys. Soc. Jpn. **76** (2007) 014706.
[5] 例えば，後藤輝孝：固体物理 **25** (1990) 1.
[6] R. M. White & T. H. Geballe: *Long Range Order in Solids* (Academic Press, 1979).
[7] 例えば，村尾剛：『現代物理学の基礎 6 物性 I』第 6 章（岩波書店，1978）．
[8] P. Erdös: *The Physics of Actinide Compounds* (Plenum, 1983).
[9] C. キッテル，山下次郎・福地充 訳：『熱物理学』（丸善，1971）．
[10] R. M. White: *Quantum Theory of Magnetism* (Springer-Verlag, 1983).
[11] A. Krimmel *et al.*: Solid State Commun. **87** (1993) 829; H. Kita *et al.*: J. Phys. Soc. Jpn. **63** (1994) 726.

[12] L. Paolasini *et al.*: J. Phys.: Condens. Matter **5** (1993) 8905.
[13] 中嶋貞雄:『現代物理学の基礎 7 物性 II』第 4 章（岩波書店, 1978）.
[14] 武田暁:『場の理論』（裳華房, 1991）.
[15] H. E. Stanley: *Introduction to Phase Transitions and Critical Phenomena* (Oxford Univ. Press, 1971).
[16] P. M. Chaikin & T. C. Lubensky: *Principles of Condensed Matter Physics* (Cambridge Univ. Press, 1995).
[17] K. G. ウィルソン:『凝縮系の物理－ミクロの物理からマクロな物理へ』サイエンス別冊 121（日経, 1997）.
[18] N. Sato *et al.*: Phys. Rev. B **53** (1996) 14043.
[19] N. Sato *et al.*: J. Phys. Soc. Jpn. **66** (1997) 2981.

第3章

結晶中を遍歴する電子

前章では，結晶中でも孤立原子・イオンの状態を保つ局在電子を考えた．本章では，自由電子気体およびエネルギーバンドの説明から始め，電子間相互作用による重い電子状態の形成や遍歴的磁気秩序について説明する．

3-1　電子の非局在化とバンドの形成

3-1-1　トンネル効果による電子の非局在化と分子軌道

図 3.1(a) の 2 重井戸型ポテンシャル中を運動する 1 電子の問題を考える．これは，水素分子イオン（H_2^+），即ち 2 個の陽子と 1 個の電子からなる系の問題と等価であり，バンドの概念の基礎を為すものである．計算は量子力学の演習問題として残し，以下では結果のみを記す．解は偶関数解 ϕ_s と奇関数解 ϕ_a に分類され（図 3.1(b) 参照），それらのエネルギー差 ΔE は次のように与えられる．

$$\Delta E = \frac{8E_0}{aq_0}e^{-bq_0} \tag{3.1}$$

ここで，$E_0 = (n^2\pi^2\hbar^2)/(2ma^2)$ （n は量子数，m は電子の質量），$q_0 = \sqrt{2m(V_0 - E_0)}/\hbar$ である．エネルギーは節（node）を持たない偶関数解の方が低く，ϕ_s は結合軌道と

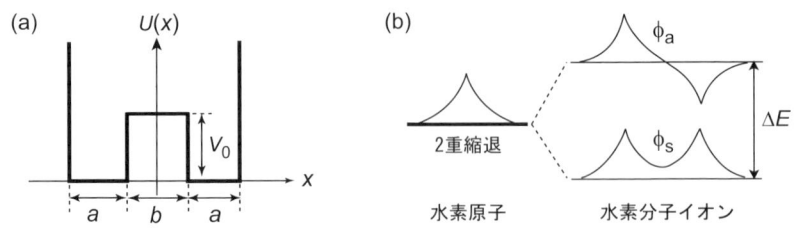

図 **3.1**　高さ V_0 と幅 b によって特徴付けられるポテンシャル (a) と，その中を運動する電子の固有状態 (b)．

呼ばれる．これに対し，反対称な波動関数 ϕ_a は反結合軌道と呼ばれ，励起状態に相当する．

次の 2 つの関数を考えよう．

$$\psi_\mathrm{R} = \frac{1}{\sqrt{2}}(\phi_\mathrm{s} - \phi_\mathrm{a}), \quad \psi_\mathrm{L} = \frac{1}{\sqrt{2}}(\phi_\mathrm{s} + \phi_\mathrm{a}) \tag{3.2}$$

これはそれぞれ右側，左側に大部分が集中した状態を表す．ハミルトニアンは空間反転に対し不変であるが，これらの関数（ψ_R と ψ_L）は互いに入れ替わり，パリティの固有状態ではない．では，時間依存性はどのようなものであろうか？ 系が $t = 0$ で ψ_R の状態にあるとする．時間の経過とともに，状態は次のように発展する．

$$\psi_\mathrm{R}(t) = \frac{1}{\sqrt{2}}(e^{-iE_\mathrm{s}t/\hbar}\phi_\mathrm{s} - e^{-iE_\mathrm{a}t/\hbar}\phi_\mathrm{a}) = \frac{1}{\sqrt{2}}e^{-iE_\mathrm{s}t/\hbar}(\phi_\mathrm{s} - e^{-i\Delta E t/\hbar}\phi_\mathrm{a}) \tag{3.3}$$

次に，時刻 $t = T/2 = \pi\hbar/\Delta E$ における状態を考えると，

$$\psi_\mathrm{R}\left(t = \frac{T}{2}\right) = \frac{1}{\sqrt{2}}e^{-iE_\mathrm{s}t/\hbar}(\phi_\mathrm{s} + \phi_\mathrm{a}) \tag{3.4}$$

これは純粋な ψ_L 状態である．さらに $t = T$ では，再び ψ_R 状態に戻る．即ち，はじめ右側にいた電子は，古典的に禁止されているポテンシャル障壁を通過して左側にトンネルし，やがてもとの右側に戻る．振動の角振動数は $\omega = \Delta E/\hbar$ で与えられる．トンネル効果により電子が行き来できることになった結果，結合軌道と反結合軌道の 2 つに分裂したと考えることができる．

4 個の水素イオンから構成される系（電子は 1 個）でも同様に，4 重縮退が図 3.2(a) のように解ける．エネルギーが最も低いのは節を持たない結合軌道であり，節の数が増えるにつれエネルギーは上昇し，最も節の数の多い反結合軌道のエネルギー準

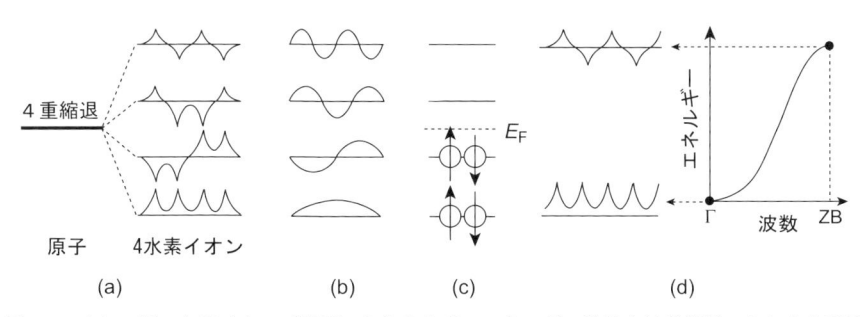

図 **3.2** (a) 4 個の水素イオン（陽子）からなる系のエネルギー準位と波動関数．(b) 自由電子モデルにおける波動関数．(c) 電子の詰まり方．電子の総数は，1 原子当たり 1 個の電子が存在する場合に対応している．(d) マクロな数の電子からなる系のエネルギー分散．

位が最大となる．これは，節の数の小さい電子状態の方が小さい運動エネルギーを持つためであり，自由電子の場合（図 3.2(b)）と同じである．電子は，Pauli の原理に従いながら，下の準位から順に詰まっていく（図 3.2(c)）．最大で 8 個の電子が収容可能であり，1 原子当たり 1 個の電子が存在する場合には，図のように丁度半分まで詰まり（half filled と呼ばれる），金属となる．

このように，格子（今考えている例では陽子）が作る周期ポテンシャルの中にある 1 個の電子（電子間の Coulomb 相互作用を無視することと等価）を考えるモデルを分子軌道法と呼ぶ．分子軌道法は，多電子の波動関数を作るときに，1 電子波動関数の空間的拡がりを重視する近似法である．金属の伝導電子に対する Bloch 関数も同じ精神で作られている．このような描像においては，各原子は異なる価数のイオン状態を持つ．例えば，H_2^+ の系（図 3.1）において，片方の水素イオン上に存在する電子の数を時間の関数として観測するとき，1 個の場合もあれば，0 個あるいは 2 個の場合もある．これは遍歴的電子の特徴であり，波動性の表れでもある．

3-1-2　バンドの形成

結晶中に 1 cm³ 当たり 10^{22} 個の水素原子が含まれている場合も，事情は前項の場合と同じである．波動関数の間に重なりがあると，電子は隣接する原子を飛び移り結晶全体を動き回るようになり，バンドを形成する（図 3.2(d)）．その結果，バンドの底の状態は波動関数に節のない（運動エネルギーの最も小さい）状態であり，バンドの上端の状態は節の数の最も多い状態となる．

各原子が 1 個の電子を伝導バンドに放出すれば，Fermi 準位 E_F はバンドの中間に位置し，Fermi 面が形成される．このような電子を遍歴電子と呼ぶ．波動関数の位相（符号）の重要性を理解するために，上記の問題を少し詳しく計算してみよう．考えるべきハミルトニアンは次のように与えられる．

$$\mathcal{H} = -\frac{\hbar^2}{2m}\nabla^2 + V(\boldsymbol{r}) \tag{3.5}$$

ここで，V は結晶中の電子が感じる周期ポテンシャルであり，図 3.3(a) に破線で示されている．以下では，隣接する波動関数の重なりは小さいと仮定し，固有関数を次のように置く．

$$\psi = \frac{1}{\sqrt{N}}\sum_l c_l \phi(\boldsymbol{r}-\boldsymbol{r}_l) = \frac{1}{\sqrt{N}}\sum_l e^{i\boldsymbol{k}\cdot\boldsymbol{r}_l}\phi(\boldsymbol{r}-\boldsymbol{r}_l) \tag{3.6}$$

ここで，$\phi(\boldsymbol{r}-\boldsymbol{r}_l)$ は格子位置 $\boldsymbol{r}_l$ に存在する $1s$ 波動関数であり，係数 c_l として平面波を選んだ．系の固有関数 ψ は，これらの線形結合で与えられる（強結合（tight

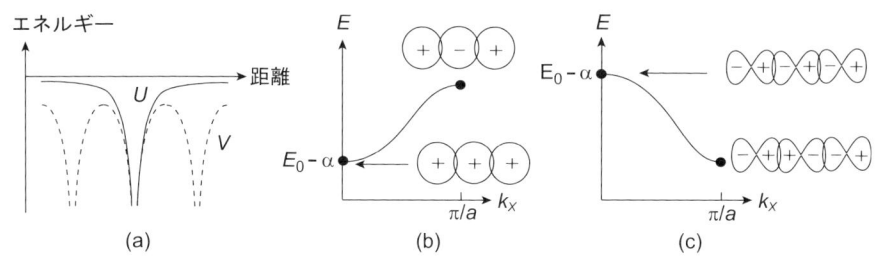

図 3.3 水素イオン（陽子）からなる格子モデル．(a) 実線は自由イオンのポテンシャル U，破線は結晶中のポテンシャル V を表す．いずれも，イオンの中心を通る軸上の場合に対応する．(b) $1s$ 波動関数のエネルギーバンド．ゾーンの境界は $k_x = \pi/a$ である（a は格子定数）．(c) $2p$ 波動関数のエネルギーバンド．＋および－は波動関数の符号を表す．

binding) 近似）．系のエネルギー $E = \langle \psi | \mathcal{H} | \psi \rangle$ を計算しよう．そのためには次を計算しなければならない．

$$\mathcal{H}\psi = \frac{1}{\sqrt{N}} \sum_l e^{i\boldsymbol{k}\cdot\boldsymbol{r}_l} \mathcal{H}\phi(\boldsymbol{r} - \boldsymbol{r}_l) \tag{3.7}$$

右辺の各項の中のハミルトニアンを次のように 2 つの部分に分ける [1]．

$$\mathcal{H} = \mathcal{H}_l + (\mathcal{H} - \mathcal{H}_l) = -\frac{\hbar^2}{2m}\nabla^2 + U(\boldsymbol{r} - \boldsymbol{r}_l) + (\mathcal{H} - \mathcal{H}_l) \tag{3.8}$$

ここで，U は孤立原子のポテンシャルエネルギーである（図 3.3(a)）．このとき，式 (3.7) は次のようになる．

$$\mathcal{H}\psi = E_0\psi + \frac{1}{\sqrt{N}} \sum_l e^{i\boldsymbol{k}\cdot\boldsymbol{r}_l} (\mathcal{H} - \mathcal{H}_l)\phi(\boldsymbol{r} - \boldsymbol{r}_l) \tag{3.9}$$

ここで，E_0 は $\mathcal{H}_l\phi(\boldsymbol{r} - \boldsymbol{r}_l) = E_0\phi(\boldsymbol{r} - \boldsymbol{r}_l)$ によって定義される．系のエネルギーは次のように計算される．

$$\begin{aligned} E &= E_0 + \frac{1}{N} \sum_l \sum_m e^{i\boldsymbol{k}\cdot(\boldsymbol{r}_l - \boldsymbol{r}_m)} \int \phi^*(\boldsymbol{r} - \boldsymbol{r}_m)(\mathcal{H} - \mathcal{H}_l)\phi(\boldsymbol{r} - \boldsymbol{r}_l)d\boldsymbol{r} \\ &= E_0 + \sum_m e^{-i\boldsymbol{k}\cdot\boldsymbol{\rho}_m} \int \phi^*(\boldsymbol{r} - \boldsymbol{\rho}_m)(V(\boldsymbol{r}) - U(\boldsymbol{r}))\phi(\boldsymbol{r})d\boldsymbol{r} \end{aligned} \tag{3.10}$$

ここで，2 番目の等式を導く際，l についての和はすべて同じであることを用いた．また，原点を $\boldsymbol{r}_l$ にとり，$\boldsymbol{\rho}_m = \boldsymbol{r}_m - \boldsymbol{r}_l$ とおいた．式 (3.10) において，最近接原子対のみの積分を残し，他を無視すると，エネルギーは次のようになる．

$$E = E_0 - \alpha - t \sum_m e^{-i\boldsymbol{k}\cdot\boldsymbol{\rho}_m} \tag{3.11}$$

ここで，α および t は次のように定義されている．

$$\alpha = -\int \phi^*(\boldsymbol{r})(V(\boldsymbol{r}) - U(\boldsymbol{r}))\phi(\boldsymbol{r})d\boldsymbol{r} \tag{3.12}$$

$$t = -\int \phi^*(\boldsymbol{r} - \boldsymbol{\rho})(V(\boldsymbol{r}) - U(\boldsymbol{r}))\phi(\boldsymbol{r})d\boldsymbol{r} \tag{3.13}$$

α はポテンシャルが孤立原子のものから周期ポテンシャルへ変わったことによるエネルギー変化を表す．t は電子が隣の原子（イオン）に飛び移る効果を表し，飛び移り積分（transfer integral）と呼ばれる．[1] $V < U$ であるから，α は正である．しかし t は，以下に見るように，原子波動関数の選び方によって符号が変わる．

1s 軌道に対しては，t は正である．このとき，3次元の単純立方結晶（格子定数を a とする）に対しエネルギー (3.11) を計算すると，

$$E = E_0 - \alpha - 2t\left(\cos(k_x a) + \cos(k_y a) + \cos(k_z a)\right) \tag{3.14}$$

となり，図 3.3(b) のバンド分散が得られる．しかし，2p 軌道（$xf(r)$, $yf(r)$, $zf(r)$ の3重縮退軌道）の場合には，t の符号は正にも負にもなりえる．例えば，$2p_x$ 軌道関数に対する k_x 方向の分散は，図 3.3(c) に示すように，ゾーン中心（$k_x = 0$ の点）で最もエネルギーが高く，ゾーン境界（$k_x = \pi/a$ の点）で最低となる．これは，波動関数の位相まで含めた重なり方を考えると，t の符号が負となるためである．これに対し，k_y 方向では t は正となり，1s の場合と同じように，ゾーン中心のエネルギーが最も低くなる．

3-1-3 還元ゾーン形式におけるエネルギーバンド

図 3.4(a) の単純立方格子の Brilluoin ゾーンを考えよう [2]．逆格子の特別な点や線には，Γ, R, X や Σ, Λ などの名前が付けられている．Γ 点は原点であり，これに立方対称群の操作を作用させても，同一の点に戻るだけである．即ち，Γ 点を不変に保つ対称操作の数は，立方対称群の操作の数と同じである．立方体の角の R 点も同様である．何故なら，立方対称群の操作により（8個の）角の点のいずれかに移るが，それらは逆格子ベクトル $\boldsymbol{G}$ により結ばれており，等価であるからである．これに対し，（k_x 軸上の）X 点は状況が異なる．これと（$\boldsymbol{G}$ で結びつけられる）等価な点は，反対側の面の中央にある点のみである．k_y 軸に垂直な面の中にも同じような点が存在するが，それらは（今考えている）X 点とは等価ではない（$\boldsymbol{G}$ により結びつかない）ことに注意する必要がある．

---

[1] これは，式 (2.48) の t_{ij} と同じものである．

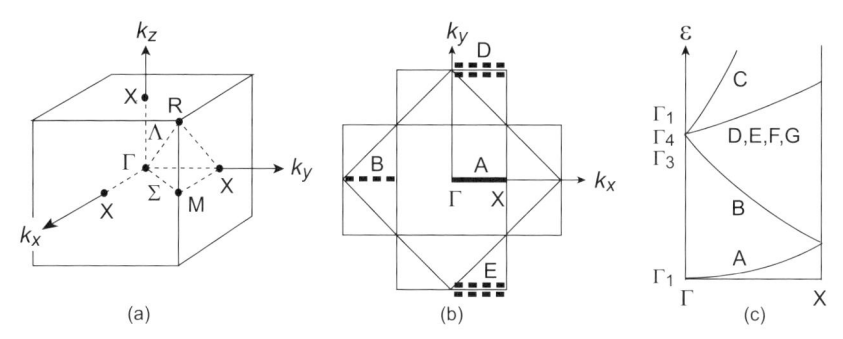

図 3.4 (a) 単純立方格子の逆格子空間の第 1 Brilluoin ゾーン．(b) 拡張ゾーン形式で表した Γ-X 点を含む Brilluoin ゾーン．(c) 還元ゾーン形式のエネルギーバンド．

第 1 Brilluoin ゾーンにおけるバンド分散を考えよう．空格子（結晶ポテンシャルが小さい極限の格子）を考え，図 3.4(b) の Γ 点と X 点を結ぶ方向におけるバンド分散を考える（図 3.4(c)）．電子のエネルギーは，$\varepsilon = \frac{1}{2m}(\boldsymbol{k} - \boldsymbol{G})^2$ と書かれる．ここで，簡単のため $\hbar = 1$ とおいた．$\boldsymbol{G}$ は，エネルギーバンドを第 1 Brilluoin ゾーンに還元するために必要な逆格子ベクトルである．エネルギーの最も低いバンド A は，$\boldsymbol{G} = 0$ に対応する．これは，図 3.4(b) の太い実線で示した Γ-X 上のエネルギー分散を考えたことに対応する．2 番目のバンド B は，$\boldsymbol{G} = 2\pi[100]$（図 3.4(b) の破線）に対応し，$\varepsilon = \frac{1}{2m}[(k_x - 2\pi)^2 + k_y^2 + k_z^2]$ となる．ここで，格子定数は 1 とした．バンド D, E, F, G は縮退しており，各々 $\boldsymbol{G} = 2\pi[0, \pm 1, 0]$（図 3.4(b) の 2 重破線），$\boldsymbol{G} = 2\pi[0, 0, \pm 1]$ に対応し，$\varepsilon = \frac{1}{2m}[k_x^2 + (k_y - 2\pi)^2 + k_z^2]$ などである．同様に，バンド C に対しては，$\varepsilon = \frac{1}{2m}[(k_x + 2\pi)^2 + k_y^2 + k_z^2]$ である．空格子を考えているから，ゾーン境界（X 点）でギャップは開かない．

波動関数は $\varphi = e^{i(\boldsymbol{k}+\boldsymbol{G})\cdot\boldsymbol{r}}$ と書かれる．Γ 点（$\boldsymbol{k} = 0$）における状態を考えよう．$\boldsymbol{G} = 0$ に対応するバンド A の（Γ 点における）波動関数は定数であり，球対称性を持つ．また，そのエネルギーはゼロである．次にエネルギーの高い点では，(B から G の) 6 つのバンドが縮退している．これらの波動関数は，上述の $\boldsymbol{G}$ に対応し，次のように書かれる．

$$\varphi_1 = e^{2\pi ix}, \varphi_2 = e^{-2\pi ix}, \varphi_3 = e^{2\pi iy}, \varphi_4 = e^{-2\pi iy}, \varphi_5 = e^{2\pi iz}, \varphi_6 = e^{-2\pi iz} \qquad (3.15)$$

x, y, z が小さいとして，これらを展開すると，次が得られる．

$$\varphi_1 \simeq 1 + 2\pi ix - 2\pi^2 x^2, \ \varphi_2 \simeq 1 - 2\pi ix - 2\pi^2 x^2, \ \varphi_3 \simeq 1 + 2\pi iy - 2\pi^2 y^2$$
$$\varphi_4 \simeq 1 - 2\pi iy - 2\pi^2 y^2, \ \varphi_5 \simeq 1 + 2\pi iz - 2\pi^2 z^2, \ \varphi_6 \simeq 1 - 2\pi iz - 2\pi^2 z^2$$

これらより，次の 6 つの独立な関数を作ることができる [2].

$$\Gamma_1 : \varphi_1 + \varphi_2 + \varphi_3 + \varphi_4 + \varphi_5 + \varphi_6 \sim r^2$$

$$\Gamma_4 : \varphi_1 - \varphi_2 \sim x, \quad \varphi_3 - \varphi_4 \sim y, \quad \varphi_5 - \varphi_6 \sim z$$

$$\Gamma_3 : \varphi_1 + \varphi_2 - \varphi_3 - \varphi_4 \sim x^2 - y^2, \quad \varphi_1 + \varphi_2 + \varphi_3 + \varphi_4 - 2(\varphi_5 + \varphi_6) \sim r^2 - 3z^2$$

Γ_1 は s 軌道，Γ_4 は p 軌道，Γ_3 は d_γ 軌道（図 2.4(d) の 2 つの軌道）と同じ対称性を持つ．従って，立方対称の結晶ポテンシャルを考慮に入れると，(Γ 点における) 6 重縮退は 1 重，3 重，2 重縮退に分離する．

スピン変数 σ を付け加えよう．時間反転対称性がある場合は $\varepsilon(\bm{k}, \sigma) = \varepsilon(-\bm{k}, -\sigma)$ が成り立ち，結晶が反転対称性を持つ場合は $\varepsilon(\bm{k}, \sigma) = \varepsilon(-\bm{k}, \sigma)$ が成り立つ．従って，これら両方の対称性がある場合は，$\varepsilon(\bm{k}, \sigma) = \varepsilon(\bm{k}, -\sigma)$ となる．スピン軌道結合を考えない場合には，全ての状態が 2 重に縮退する．例えば，(p 類似の) Γ_4 状態は $3 \times 2 = 6$ 重の縮退を持つ．この状態にスピン軌道結合を導入すると，($p_{3/2}$ 類似の) 4 重縮退と（$p_{1/2}$ 類似の) 2 重縮退への分裂が生じるが，2 重縮退は残る．この 2 重縮退は Kramers 縮退に対応し（付録 B-3 節参照），時間反転対称性による．

3-2 　相互作用の衣を着た電子

3-2-1 　自由電子（裸の電子）の物性

電子はその波動関数の重なりを利用し，結晶の対称性・周期性を反映した結晶場ポテンシャル中を遍歴する．一方，電子は他の電子との相互作用に起因するポテンシャルも感じるはずである．しかし，通常の金属に対し比熱や磁化などを測定すると，それらの物理量の温度依存性を見る限り，相互作用の影響は大きくはない．即ち，以下に示すように，第ゼロ近似として，遍歴電子は自由電子のように振舞う．

比熱 C を考えよう．物質が熱せられると，電子は $k_\mathrm{B} T$ 程度の熱エネルギーを受け取る．熱エネルギーを受け取る電子の数は，古典的な場合では全電子（N 個）であるが，Fermi 縮退した場合（$T \ll T_\mathrm{F}$）には，$N \frac{k_\mathrm{B} T}{E_\mathrm{F}}$ 個程度である．ここで，$E_\mathrm{F} = k_\mathrm{B} T_\mathrm{F}$ であり，T_F は Fermi 縮退温度と呼ばれる．これは，Fermi エネルギーから測って $k_\mathrm{B} T$ 程度より下に存在する電子は，励起されようにも，行き先が既に他の電子によって占有されているため，励起されないためである．このとき，電子の全（内部）エネルギーは

$$E \sim N \frac{k_\mathrm{B} T}{E_F} k_\mathrm{B} T \tag{3.16}$$

と求まる．従って，定積比熱は次のようになる．

$$C_V \sim 2N k_\mathrm{B}^2 \frac{T}{E_F} = 2N k_\mathrm{B} \frac{T}{T_\mathrm{F}} \quad \left(C_\mathrm{V} = \frac{1}{2}\pi^2 N k_\mathrm{B} \frac{T}{T_\mathrm{F}} \right) \tag{3.17}$$

ここで，括弧内の式は定量的な計算に依って導き出された式であり，上述のように定性的に導き出された式と係数が多少異なる．比例係数は電子比熱係数 γ と呼ばれ，$E_\mathrm{F} = k_\mathrm{B} T_\mathrm{F}$ の逆数に比例する．

次に磁化を計算しよう．磁場のない場合，図 3.5(a) に破線で示すように，上向きスピンの電子数 $N_\uparrow$ と下向きスピンの電子数 $N_\downarrow$ は等しく，磁化はゼロである．これに磁場を印加すると Zeeman 効果により準位が分離し（図 3.5(a) の実線），$N_\uparrow$ と $N_\downarrow$ にアンバランスが生じる．各電子は，そのスピンの向きを変えることにより，磁化に対し $(\mu_\mathrm{B}^2 / k_\mathrm{B} T) H$ の寄与をする．しかしながら，（今の場合は）Fermi 縮退しているため，Fermi 準位 E_F より奥深くにある電子は向きを変えることができない．向きを変えることのできる電子は，E_F 近傍の $k_\mathrm{B} T$ 程度の領域にある電子のみである．これは全電子数の $k_\mathrm{B} T / E_\mathrm{F}$ の程度に過ぎない．結局，Fermi 縮退した自由電子の磁化率は次式で与えられる．

$$\chi_\mathrm{P} \sim N \frac{\mu_\mathrm{B}^2}{k_\mathrm{B} T} \frac{k_\mathrm{B} T}{E_F} = \frac{N \mu_\mathrm{B}^2}{E_F} \quad \left(\chi_\mathrm{P} = \frac{3}{2} \frac{N \mu_\mathrm{B}^2}{k_\mathrm{B} T_\mathrm{F}} \right) \tag{3.18}$$

ここで，括弧内の式は，式 (3.17) の場合と同じように，定量的な計算によって得られた式である．Pauli 常磁性磁化率 χ_P は $E_\mathrm{F}(T_\mathrm{F})$ に反比例し，温度に依らない．

【補足 1】遍歴強磁性（3-5-1 項参照）における議論のため，Pauli 常磁性をきちんと導出しておこう．磁場を印加したことによる（各スピンの）電子の増減を ΔN とすると，

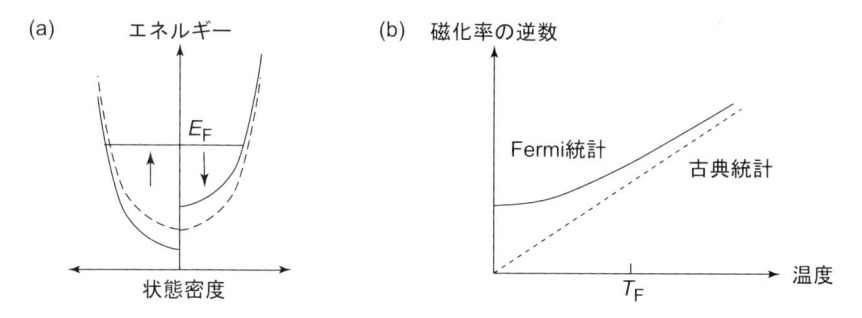

図 3.5 自由電子気体における磁性．(a) は状態密度を示し，破線は磁場がゼロの場合，実線は磁場が印加されている場合に対応する．(b) は磁化率の温度依存性を示す．

これは次式で与えられる.

$$\Delta N = \int_{E_\mathrm{F}}^{E_\mathrm{F}+\Delta E} \rho(E)dE = \int_{E_\mathrm{F}-\Delta E}^{E_\mathrm{F}} \rho(E)dE \simeq \rho(E_\mathrm{F})\Delta E \tag{3.19}$$

ここで, $\rho(E)$ は 1 方向スピンの状態密度であり, ΔN は小さいとしている. このとき, バンドのエネルギー (即ち運動エネルギー) の増加 ΔE_kin は, 次式で与えられる.

$$\Delta E_\mathrm{kin} = \int_{E_\mathrm{F}}^{E_\mathrm{F}+\Delta E} (E-E_\mathrm{F})\rho(E)dE + \int_{E_\mathrm{F}-\Delta E}^{E_\mathrm{F}} (E_\mathrm{F}-E)\rho(E)dE \tag{3.20}$$

$$\simeq \rho(E_\mathrm{F})(\Delta E)^2 = \frac{(\Delta N)^2}{\rho(E_\mathrm{F})} \tag{3.21}$$

Zeeman エネルギーの減少をこれに加えると, 全エネルギー変化は次のようになる.

$$\Delta E = \frac{(\Delta N)^2}{\rho(E_\mathrm{F})} - g\mu_\mathrm{B} H \Delta N \tag{3.22}$$

これを最小にする $\Delta N = g\mu_\mathrm{B}\rho(E_\mathrm{F})H/2$ を式 (3.22) に代入すると, 次が得られる.

$$\Delta E = -\frac{g^2\mu_\mathrm{B}^2\rho(E_\mathrm{F})}{4}H^2 \tag{3.23}$$

これを磁場で 2 階微分することにより, Pauli 磁化率が次のように求まる.

$$\chi_\mathrm{P} = \frac{g^2\mu_\mathrm{B}^2\rho(E_\mathrm{F})}{2} \tag{3.24}$$

$g=2$ と置けば, 式 (3.24) は式 (3.18) の ( ) 内の式と等価である.

式 (3.22) から分かるように, ΔN 即ち磁化 $M(=2\mu_\mathrm{B}\Delta N)$ が大きくなればなるほど Zeeman エネルギーは減少するものの, 運動エネルギーが増大してしまう. これら 2 つのエネルギーの競合が折り合うところで, Pauli 常磁性が決まる.

自由電子の磁化率も電子比熱係数もともに E_F に反比例するから, それらの比をとると, $\chi_\mathrm{P}/\gamma = 3\mu_\mathrm{B}^2/\pi^2 k_\mathrm{B}^2$ となり, 物質によらない定数となる. これより, (無次元の) Wilson 比 R を次のように定義すると

$$R = \frac{\chi_\mathrm{P}/g^2 S(S+1)\mu_\mathrm{B}^2}{\gamma/\pi^2 k_\mathrm{B}^2} \tag{3.25}$$

自由電子に対しては $R=1$ となる. ここで, $g=2$ および $S=1/2$ とおいた.

Fermi 縮退温度より高温にすれば, 伝導バンドの底の方にいる電子も向きを変えることができるようになり, その結果, 全ての電子が磁化に寄与し, 磁化率は局在電子 (あるいは古典的粒子) と同じ Curie 則に従うようになる (図 3.5(b) の高温領域). 低温で磁性が失われていたのは電子の量子力学的効果 (「非個別性」) に起因する Fermi 縮退効果) によるものであり, 高温で磁性が復活したのは電子を古典的に扱うことが許されるようになったためである.

【補足 2】T_F を境にした Fermi 統計から古典統計への移行は，次のように理解される．温度 T で熱運動している電子気体は Maxwell の速度分布則に従う．その運動量分布の幅は，$\Delta p \simeq \sqrt{mk_B T}$ の程度である．これを不確定性関係と結びつけると，$\lambda_B \sim \hbar/\sqrt{mk_B T}$ の程度の位置のゆらぎを持つことになる．これは気体分子の波束の広がり（熱的 de Bloglie 波長あるいはコヒーレンス長と呼ばれる）と解釈される．低温では，λ_B は平均の粒子間隔に比べ充分大きく，波束は互いに重なり合っている．このとき，波の性質が顕在化し，電子は量子力学的粒子として取り扱われる．温度が上昇するとともに波束の大きさは小さくなり，T_F を越えると，λ_B は平均の粒子間隔より小さくなってしまう．このとき電子の波動性は隠れてしまい，電子は古典的粒子として振舞う．

3-2-2 準粒子と有効質量

金属中の電子は，次の 2 点において自由電子とは異なる．(1) 金属格子を構成する陽イオンからの周期ポテンシャルの影響を受ける．(2) 他の電子（1 cm³ 当たり 10^{22} 個程度存在）から Coulomb 斥力を受ける．まず (1) を考えよう．あるバンドの分散が次のように書かれるとする，

$$E = \frac{\hbar^2}{2}\left(\frac{k_x^2 + k_y^2}{m_\perp} + \frac{k_z^2}{m_\parallel}\right) \tag{3.26}$$

$m_\perp$ や $m_\parallel$ はバンド質量と呼ばれ，[2] 結晶中の電子が周期ポテンシャルから受ける影響を表す．次に (2) について考える．金属中の遍歴電子は，その周囲に存在する他の遍歴電子から斥力を受けるため，動こうとしても，自由に前に進むことはできない．一方，他の電子に着目すれば，斥力を少しでも減らすため，(着目している) 電子に道をあけるように行動するであろう（図 3.6(a) 参照）．このように，遍歴電子は，多体的な運動をひきずりながら動いている．このような「相互作用の衣を着た」電子

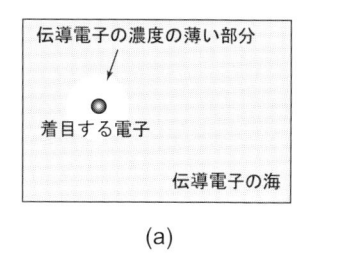

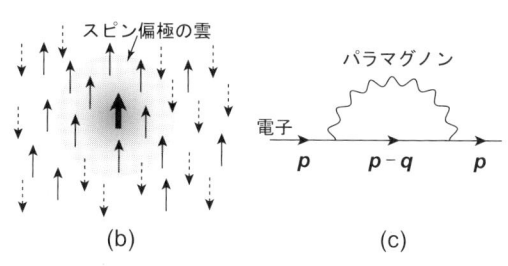

図 3.6 Fermi 液体効果．着目する電子が (a) では丸印，(b) では中央の太い矢印で表されている．(b) では見易くするため，下向きスピンを破線で示す．(c) は 1 粒子エネルギーに対するパラマグノンの効果を表すダイアグラムを示す．

---

[2] 重い電子系の有効質量がどの程度エンハンスされているかを調べる際の基準は，このバンド質量である．

は，準粒子（quasiparticle）と呼ばれる．また，電子（準粒子）はスピンを持っている．準粒子間に強磁性的交換相互作用が働く場合には（図 3.6(b) 参照），スピンの向きが揃った"島"（磁気ゆらぎ）が発達する．このとき，長距離秩序の形成には至らないまでも，ゆらぎは長時間持続すると考えられる．このような常磁性状態における大きなスピンゆらぎはパラマグノンと呼ばれ，$3d$ 遷移金属や液体ヘリウム 3 で重要な役割（超流動の起源など）を果たしていることが知られている．

金属の比熱や磁化率を測定すると，低温領域では，自由電子の場合と同じ温度依存性が観測される．但し，上述の (1) や (2) の効果により，質量は自由電子の場合と異なる．(1) のバンド効果に対しては既に述べたようにバンド質量であり，(2) に対しては（空間が等方的な場合）次式の熱的有効質量 m^* である．

$$C_\mathrm{V} \simeq \frac{\pi^2}{3} D_\mathrm{F}^* k_\mathrm{B}^2 T \tag{3.27}$$

$$\chi \simeq \frac{\mu_\mathrm{B}^2 D_\mathrm{F}^*}{1 + F_0^a} \tag{3.28}$$

$$D_\mathrm{F}^* = V \frac{m^* k_\mathrm{F}}{\pi^2 \hbar^2} \tag{3.29}$$

ここで，D_F^* は，両スピン方向を合わせた Fermi 準位での状態密度を表す．[3] 式 (3.28) の分母の F_0^a は Fermi 液体パラメータと呼ばれ，有効質量だけにくりこむことのできない相互作用の効果を表す．[4] なお，上で低温領域と言うとき $T \ll T_\mathrm{F}^*$ を意味するが，T_F^* は次式で定義される「くりこまれた Fermi 温度」である．

$$T_\mathrm{F}^* = \frac{m}{m^*} T_\mathrm{F} \tag{3.30}$$

自由電子気体モデルは，実在の金属の測定結果を（低温・低エネルギーの現象に関する限り）定性的に説明する．第 7 章で説明するように，電子相関に起因する重い衣をまとった電子即ち準粒子は，寿命 τ_QP を持つ．これは，温度の低下とともに，$\tau_\mathrm{QP} \propto 1/T^2$ のように増大する．一方，系が熱的に乱される時間スケールの温度依存性は，$\tau_T \sim \hbar/(k_\mathrm{B} T)$ で与えられる．従って，$T \to 0$ の極限では $\tau_\mathrm{QP} \gg \tau_T$ となり，準粒子はその粒子としての性質を保持する（このような「よく定義された」準粒子からなる状態を Fermi 液体と呼ぶ）．言い換えれば，電子間の衝突確率は温度の低下とともに減少し，十分低温（$T \ll T_\mathrm{F}^*$）では，励起された電子（準粒子）はほとんど自由な運動をしている．これが，実在の金属中の電子が理想気体のように振舞う理由

---

[3] 裸の電子に対しては，$D = 2\rho$ となる．ここで，ρ は式 (3.24) の状態密度である．
[4] パラマグノンが存在する場合の磁化率の増大は，因子 $(1 + F_0^a)^{-1}$ によって表される．Wilson 比も因子 $(1 + F_0^a)^{-1}$ の分だけ大きくなり，質量増大効果とスピンゆらぎ（磁気的相互作用）とを区別するのに役立つ．通常 $F_0^a \sim \mathcal{O}(1)$ であるが，強磁性転移に近づくと $F_0^a \to -1$ となる．

である．

1粒子エネルギーに対するパラマグノンの効果を図式的に示したものが図3.6(c)である．直線で示された電子は，波線で示されたパラマグノンを放出・吸収している．この効果を比熱に対して計算すると，次の第2項のような補正項が現れる [3]．

$$C = \gamma T + aT^3 \ln T \tag{3.31}$$

このような温度依存性は，重い電子系超伝導体 UPt_3 などで見出されている．逆の言い方をすれば，このような異常項の観測から，パラマグノンの存在が示唆される．

3-3　重い電子と価数揺動

本節では，重い電子状態や価数揺動状態に対する直観的なイメージをつかめるように説明しよう．

3-3-1　重い電子状態

重い電子系の $4f$ 電子は，後に示すように，高温では局在電子のように振舞い，低温 ($T \ll T_F^*$) では遍歴電子のように振舞う．この様子をエントロピーの温度変化として表すと，図3.7のようになる．即ち，T_F^* の近傍で局在スピンのエントロピー $k_B \ln 2$（上下向きの2つの状態に対応）から $T=0$ における $S=0$ まで急激に減少する．このとき，$S = \gamma T$ となることから，γ は非常に大きな値となる．これが重い有効質量を与える．

低温における遍歴性が混成効果に依ることを次に見ていこう．$4f$ 電子を1個持つ

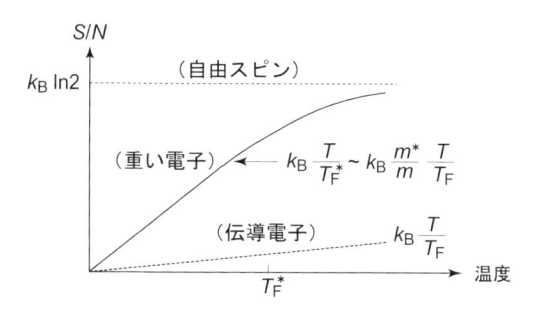

図 3.7　電子1個当たりのエントロピーの温度変化の概念図．実線が重い電子系を，破線が普通の金属の場合（実際の傾きは図に比べ桁違いに小さい）を表す．

Ce 原子から成る格子（の一部）を図 3.8(a) に示す．両端の原子は Ce 原子を表し，中央の原子はリガンド原子を表す．Ce 原子の丸い円は $6s$（あるいは $5d$）軌道を表し，リガンド原子の（例えば）p 軌道と重なりを持ち，伝導バンドを形成する．丸い円の内側の 3 つのノード面を持つ軌道は $4f$ 軌道であり，リガンド原子の p 軌道と僅かながら重なりを持つ（5-1 節の cf 相互作用を参照）．この重なり（混成効果）により，右端の $4f$ 電子は，その左隣の p 軌道に（Pauli 原理に抵触しない限り）移ることができる．この $4f$ 電子は，混成効果により，さらに左隣の $4f$ 軌道に飛び移る（図 3.8(b)）．この結果，左端の $4f$ 軌道に 2 つの電子が入る．しかし，小さな $4f$ 軌道に閉じ込められた 2 電子間には強い斥力が働くため，このようなプロセスの生じる確率は小さい．これは，$4f$ 電子が動きにくい即ち質量が大きいことを意味する．一方，左端の $4f$ 電子が p 軌道に抜け出て行ったとすると，その空席（ホール）に（右隣の原子中の）$4f$ 電子が入ることができる（図 3.8(c)）．この場合には，斥力は生じない．

このように，$4f$ 電子は，他の $4f$ 電子と（できるだけ）遭遇しないように調整を取りながら結晶中を動き回る．このような協調的な運動，即ち Coulomb 相互作用を小さく保つよう互いに避け合いながら運動することを電子相関と呼ぶ．[5] この強い電子相関のため動きにくくなった状況を，「重い電子状態」と呼ぶ．

状態密度の観点から考えよう．図 3.9(a) の右半分は，通常の伝導電子バンドの状態密度を表す．左半分は，Ce 原子の $4f$ 状態を表し，次のような意味を持つ．$4f^1$ 状態にある Ce から 1 個電子を取り去り（このとき $4f^1 \to 4f^0$），Fermi 準位 E_F の直上に電子を付け加えるプロセス（図 3.8(a) の矢印のプロセス）においては，ΔE_1 の

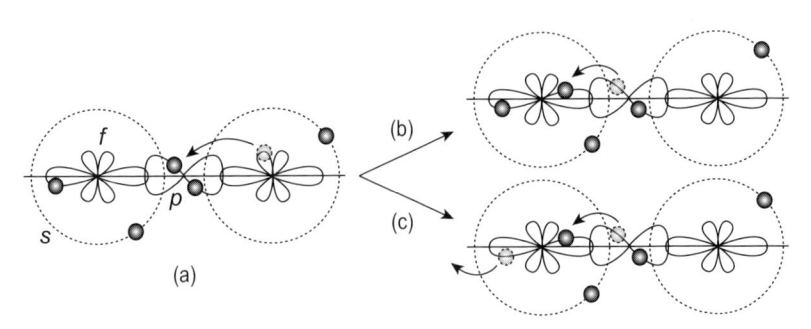

図 3.8 重い電子状態．点線の円は $6s$ 軌道を表す．その内側の実線は 3 つのノード面を持つ $4f$ 軌道を表す．$4f$ 軌道は，中心の原子の p 軌道と僅かながら重なりを持つ．

---

[5] 平行スピンを持つ電子の間の相関効果は，Pauli 原理により取り入れられている．一方，Pauli 原理の働かない反平行スピンを持つ電子の間にも，電子相関は存在する．

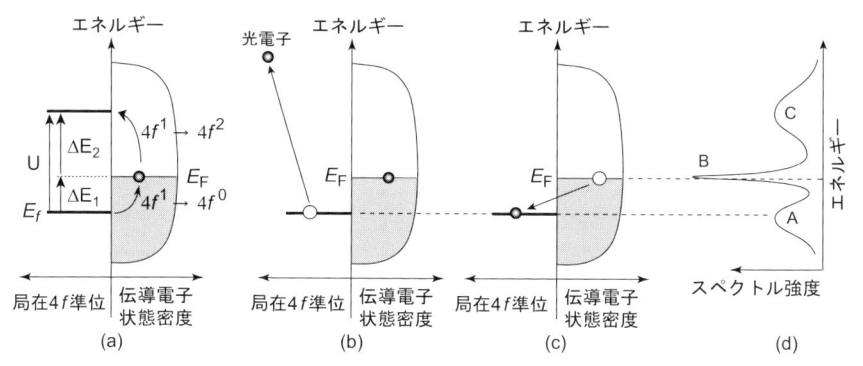

図 3.9 状態密度と光電子分光スペクトル．(a) Ce^{3+} が安定価数の場合，$4f^1$ 準位と $4f^2$ 準位の間に Fermi 準位 E_F が位置する．U は電子間斥力を表す．(b) 光を照射することにより $4f$ 電子が放出される．(c) 光電子放出により残されたホールを Fermi 準位近傍の伝導電子が（混成効果により）スクリーンする．(d) 光電子分光および逆光電子分光実験から得られるスペクトル．重い電子系では，E_F 近傍に共鳴ピークが生じる．

励起エネルギー（おおよそ 2 eV の程度）が必要である．一方，E_F から電子を取り去り，$4f^1$ に付け加えることによって $(4f^1 \to 4f^2)$，$4f^2$ 状態を作り出せる．このプロセスも図 3.8(a) に示されている．$4f^2$ 状態は，$4f^1$ 状態より電子が 1 個多いため，Coulomb 斥力 U（おおよそ数 eV 程度）の分だけエネルギーが高い．$4f^2$ 状態を作るのに要するエネルギー ΔE_2 も正である．

電子数で表示した波動関数を考えると，局在モーメントを持つ電子状態（混成が無視できる場合）は，次のように，1 つの安定価数状態として表される．

$$|\psi\rangle = |f^1\rangle \tag{3.32}$$

これに対し，重い電子状態は，次式のように，$4f^0$ 成分を持つ（第 6 章参照）．

$$|\psi_{\mathrm{HF}}\rangle = a_1|f^1\rangle + a_0|f^0\rangle \quad (a_1 \gg a_0) \tag{3.33}$$

重い電子系に対し光電子分光実験を行うと，次の 2 つのプロセスが生じる．(I) 図 3.9(b) に示すように，$4f$ 電子は光電子として試料の外に放出され，その後にホールが残される．この状態は

$$|\psi_{\mathrm{ps}}\rangle = a_1'|f^1\rangle + a_0'|f^0\rangle \quad (a_1' \ll a_0') \tag{3.34}$$

と書かれ，"poorly screened state" と呼ばれる．光電子スペクトルにおいては，図 3.9(d) のブロードなピーク A として観測される．(II) 図 3.9(c) に示すように，光電子放出された後に生じた $4f$ ホールを伝導電子が埋める（スクリーンする）．このと

きの状態は次のように記される.

$$|\psi_{\text{ws}}\rangle = a_1''|f^1\rangle + a_0''|f^0\rangle \quad (a_1'' \gg a_0'') \tag{3.35}$$

これは "well screened state" と呼ばれ，図 3.9(d) の光電子スペクトルには B のシャープなピークとして観測される．これは近藤ピークと呼ばれ（第 6 章参照），重い電子系にとって本質的に重要な役割（例えば式 (3.29) における大きな状態密度 D_{F}^* の生成）を果たす．なお，図 3.9(d) のブロードなピーク C は，$4f^1 \to 4f^2$ の遷移に対応し，逆光電子分光実験によって得られる．

3-3-2　価数揺動状態

CeSn$_3$ 等の化合物は室温においても非磁性であり，その電子比熱係数は通常金属よりは大きいものの，重い電子系と比べると桁違いに小さい．これらは（金属的）価数揺動 (valence fluctuation) 系と呼ばれ，次式における係数 a_n と a_{n-1} は同程度である．

$$|\psi_{\text{VF}}\rangle = a_n|f^n\rangle + a_{n-1}|f^{n-1}\rangle \quad (a_n \sim a_{n-1}) \tag{3.36}$$

これは，スピンのゆらぎのみが大きい重い電子状態とは対照的に，（スピンのゆらぎだけでなく）電子数のゆらぎも大きいことを意味する．電子数がゆらぐ結果，原子価は整数（に近い値）ではなくなり，例えば Ce であれば +3 価と +4 価の中間，Sm であれば +2 価と +3 価の中間，即ち中間原子価 (intermediate valence) になる．Sm イオンを例にとって説明しよう．Sm イオンは 2 価では $4f^6$ の電子配置をとり，3 価では $4f^5$ の電子配置をとる．価数揺動状態では，2 つの状態 $|f^5\rangle$ と $|f^6\rangle$ が同程度の重みで存在する．このとき，これらの状態を行き来するのに要するエネルギーはゼロである．即ち，$|f^5\rangle$ に電子を付け加えて $|f^6\rangle$ 状態を作るのに要するエネルギーはゼロであり（図 3.10(a)），$|f^6\rangle$ から電子を取り去り $|f^5\rangle$ 状態を作るのに要するエネルギーもゼロである（図 3.10(b)）．

金属的な価数揺動系に対し，光電子分光実験および逆光電子分光実験を行えば，重い電子系と類似の図 3.10(c) のような結果が得られる．重い電子系（近藤格子系とも呼ばれる）と価数揺動系の光電子スペクトルの相違は，定量的なものであり，E_{F} 準位近傍のピークの幅（後述の近藤エネルギー $k_{\text{B}}T_{\text{K}}$ に対応）に現れる．即ち，価数揺動系の方が，重い電子系に比べ，大きなピーク幅を示す．

アルカリ金属のような通常金属の場合にも，ある原子サイトに着目すれば，電子数はゆらいでいるはずである．なぜなら，$U \ll t$ であるから（t は運動エネルギーあるいはバンド幅に相当），同じサイトに何個電子がいてもエネルギーは（それほど）

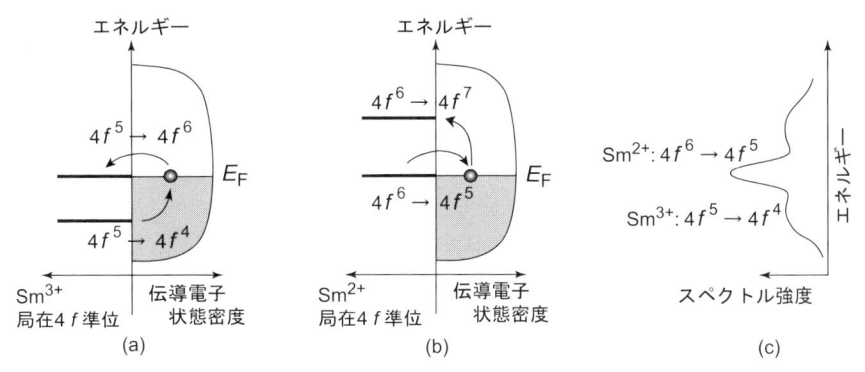

図 3.10 (a)(b) 金属的価数揺動状態における状態密度. 2つの価数 $Sm^{3+}(4f^5)$ および $Sm^{2+}(4f^6)$ が共存している. (c) 光電子および逆光電子分光実験によって得られるスペクトル.

高くならないからである. では, 価数揺動物質は通常の金属と何処が異なるのであろうか？ 通常金属の場合, ある価数状態が持続する時間 (Δt) は極めて短く, 通常の実験では平均化された電子数が観測される. これに対し, 価数揺動状態では, U が大きいこと (強相関) を反映し Δt は数桁長い. このため, 局在的な性質を保ったまま価数のゆらぎが生じる. エネルギーの観点から見れば, 数 eV のエネルギースケールを持つ通常金属の伝導バンド幅に対し, 価数揺動状態における $4f$ 電子の特性エネルギー (図 3.10(c) の E_F 近傍に現れるバンドの幅) は, 数十〜数百 K 程度である. 価数揺動状態では, 通常金属では問題にならなかった種々の相互作用が同じ重みを持って役割を担うようになる. 例えば, 百 K 程度のエネルギーを持つフォノンや次に議論する格子変形は通常金属においては小さな摂動でしかないが, 価数揺動系にとっては重要な効果を与えうる. 量子相転移 (第 8 章参照) における価数ゆらぎの効果も, f 電子系の特徴である.

図 3.11 は, 価数揺動状態の実空間における描像を模式的に示したものである. 黒白の丸は, 価数の異なるイオンを表し, 例えば, 白丸が $4f^5$ の Sm^{3+} 状態 ($J=5/2$), 黒丸が $4f^6$ の Sm^{2+} 状態 ($J=0$) を表す.[6] これを象徴的に表せば次のようになる.

$$4f^n(黒丸) \longleftrightarrow 4f^{n-1}(白丸) + e \qquad (3.37)$$

電子 e が黒丸のイオンから放出されると, そのイオンは白丸に変わる. 逆に, 電子が白丸に取り込まれると, そのイオンは黒丸に変わる. 時間の経過とともに, (a) の状態から (b) の状態へ移り, 価数が時間的・空間的にゆらぐ. このように, 金属的価

---

[6] Ce でも同じように考えることができる. 例えば, 白丸が $4f$ 電子のいない Ce^{4+} 状態 ($J=0$ の非磁性状態), 黒丸が $4f$ 電子を 1 個含む Ce^{3+} 状態 ($J=5/2$ の磁性状態) に対応する.

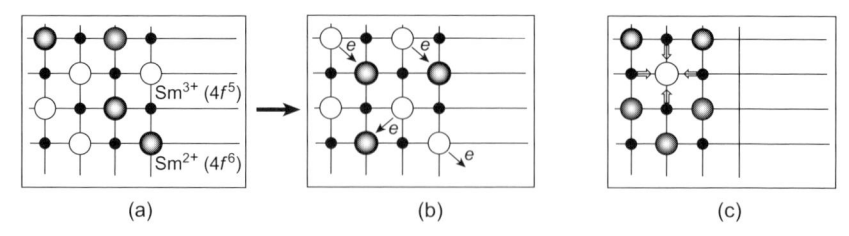

図 3.11 (a)(b) 実空間における価数揺動状態．NaCl 型の結晶構造を念頭に置いている．格子上の大きな丸が希土類原子（イオン）を表し，小さな丸はリガンド原子（イオン）を表す．(c) 価数の変化に伴う格子の変形．2+ から 3+ に変わった格子サイトはホールのように見え，その近傍の陰イオンが矢印のように変位する．

数揺動状態は，電子（あるいはホール）の液体状態とみなされる．

一方，価数揺動物質には，SmB_6 や YbB_{12} などのように，常圧で半導体的電気伝導を示す物質がある．また，SmS のように，Sm^{2+} の安定価数相（black phase）に圧力を印加することにより価数揺動相（golden phase）が誘起されるものもある．このような半導体的価数揺動物質は近藤絶縁体（あるいは半導体）とも呼ばれ，そのエネルギーギャップ E_g の形成には 2 通りの起源が考えられる．1 つはバンド描像によるもので（図 3.12(a) 参照），分散の強い伝導バンドと分散の弱い $4f$ バンド（いずれも破線）との混成により，バンドギャップ E_g が生じる（実線を参照）．もう 1 つは局所描像によるもので，式 (3.37) 右辺の電子 e が $4f^{n-1}$ のホールに束縛される（図 3.12(b) 参照）．この束縛状態は，式 (3.36) の変形として，次のように表される．

$$|\psi\rangle = \alpha|f^5 5d^1\rangle + \beta|f^6 5d^0\rangle \tag{3.38}$$

右辺の第 1 項は，取り出された $4f$ 電子がその近傍（おそらくは周囲の Sm イオンの

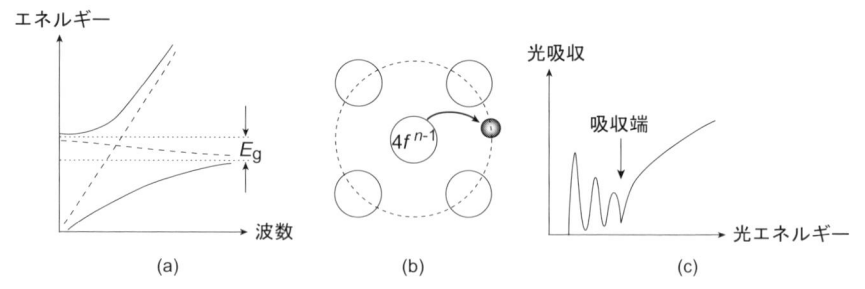

図 3.12 価数揺動状態に対する 2 つの描像．(a) バンド描像．破線および実線は混成前及び後のバンド分散．(b) 局所描像．中央の Sm イオンは，電子が抜け出た後，ホールとなる．飛び出した電子（黒丸）は，このホールの周りに束縛される．(c) (b) のエキシトンは光吸収実験において吸収端近傍のピークとして観測される．

$5d$ 軌道から作られる局所状態)に束縛されることを示す [4]. この束縛状態はいわゆるエキシトン(exciton)であり,光吸収実験などによって観測にかかる(図 3.12(c) 参照).その束縛エネルギーがギャップ E_g を与える.

【補足 3】 半導体的価数揺動系では,格子の変形や電子の分極などが重要になる.図 3.11(c) に示すように,電子が抜けてできた 3+ 状態(白丸)はホールのように見え,周囲の(陰)イオンの変位を誘起する.このスクリーニング効果は,格子変形の衣(ポーラロン,polaron)を電子に着せることになり,電子の質量を増大させる.実際に $4f$ 電子が動くかどうかは,運動エネルギーの減少と,格子歪や電子分極によるエネルギーの減少との微妙な兼ね合いで決まる.前者の方が大きい場合は,$4f$ 電子は狭いバンドを形成し,価数揺動状態が実現する.これに対し後者の方が大きい場合には,電子またはホールは動かず,それらの固体状態(電荷秩序状態)が形成される.Sm_3S_4,Eu_3S_4 や Eu_3O_4 などの絶縁体では,電荷秩序状態が実現していると考えられる.[7]

価数揺動状態にある物質を観測する場合,測定手段のタイムスケールに注意する必要がある.SmB_6 の Mössbauer 効果によるアイソマーシフトを測定すると [5],図 3.13(a) に示すように,1 本の吸収線が観測されるだけである.破線は,Sm^{2+} の参照物質としての SmF_2 および Sm^{3+} の参照物質としての SmF_3 の吸収ラインであり,静的な原子価の混合が起こっているのであれば,これら 2 つに対応するシフトが観測されるはずである.1 本の吸収線のみの観測は,価数が動的にゆらいでいることを直接的に示すものであり,その位置は平均価数を与える.価数のゆらぎは格子定数にも反映され,2 価および 3 価に対応する(仮想的な)物質の格子定数の中間の

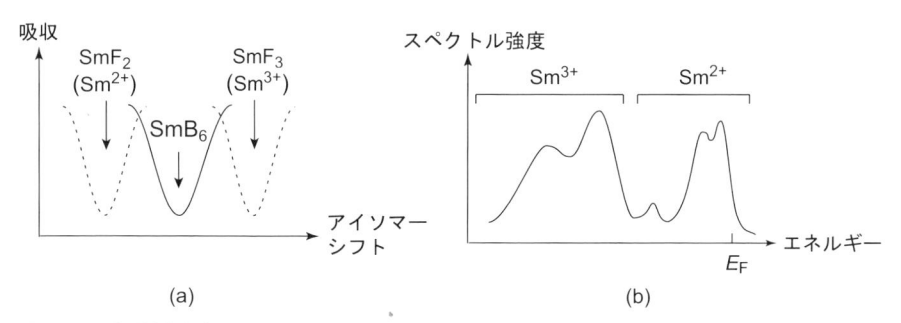

図 **3.13** 価数揺動系における実験結果.(a) Mössbauer 効果から得られるアイソマーシフト.(b) 光電子分光スペクトル.

---

[7] これら Eu_3X_4 型化合物には,マグネタイト Fe_3O_4 と同じように,結晶学的に異なるサイトがあり,それぞれに異なる価数のイオンが配置する.形式的には,例えば $(Eu^{2+})(Eu^{3+})_2(O^{2-})_4$ のように表わされる.これに対し,SmB_6 や YbB_{12} においては,結晶学的に 1 種類のサイトしか存在しない.

値が観測される.[8]

これに対し，(内殻) 光電子スペクトルには，2 つの価数 Sm^{2+} および Sm^{3+} に対応した 2 組のピーク構造が観測される（図 3.13(b)）[6].[9] これは，静的な価数の混合が起こっていることを示すものではなく，光電子分光の観測時間（~ 10^{-15} 秒程度）が価数揺動の時間より早いことに起因する．丁度，動いている物体をストロボ撮影しているようなものである．アイソマーシフトの実験に戻れば，1 本の吸収線のみの観測は，Mössbauer 効果の観測時間が価数揺動の特性時間より長いことを意味する．

実験の解釈にも注意が必要である．CeO_2 に対し X 線吸収などの実験を行うと，解析の仕方によっては，混合原子価であると結論される [7]．しかしこれは，SmB_6 のような価数揺動ではなく，共有結合性を表しているものに過ぎない [8]．

【補足 4】 圧力誘起半導体・金属転移の相転移近傍（バンドギャップエネルギー E_g がゼロとなる近傍）でエキシトニック絶縁体と呼ばれる基底状態が実現する可能性がある（図 3.14(a) 参照）．これはエキシトンの Bose 凝縮に対応づけられ，[10] 理論的には多くの研究が為されてきているが [9, 10, 11]，実験的には未だ確証は得られていない [12]．面白いことに，その相図（図 3.14(a)）は [13]，原子気体の相図（図 3.14(b)）[14] に類似している．いずれの系においても，BEC（Bose 気体の Bose 凝縮）から BCS（Fermi 粒子の超伝導）へのクロスオーバーが存在する．挿入図に示したように，BCS における

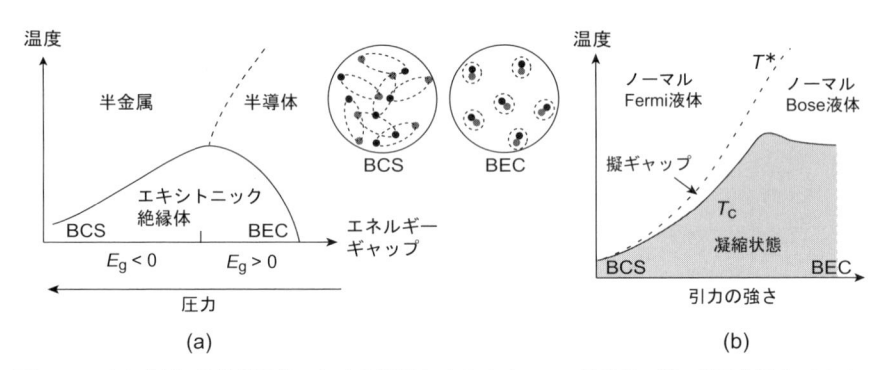

図 3.14　(a) 金属・絶縁体近傍における相図 [13] と (b)Fermi 粒子系の対の相互作用をパラメータとした相図 [14]．圧力あるいは Fermi 粒子間の引力を制御するとき，BCS（Fermi 粒子の超伝導）領域と BEC（Bose 気体の Bose 凝縮）領域の間のクロスオーバーが生じる．挿入図：BCS および BEC の概念図．破線は Cooper 対（第 4 章参照）あるいは分子を表す．

---

[8] 価数の大きいイオンは f 電子数が少なく，原子核に対する遮蔽が弱くなる．このため，外側の電子は原子核の正電荷に強く引き寄せられ，結果的に小さなイオン半径となる．
[9] 複数のピークからなる構造は，終状態が LSJ 多重項に分裂するために生じる．
[10] Bose 凝縮 (Bose-Einstein condensation, BEC) は Bose 粒子の熱的 de Bloglie 波長が互いに重なり合ったところで生じる．

Cooper 対は互いに重なり合っているのに対し，BEC では Bose 原子は互いに離れて存在している．

3-3-3 磁気秩序状態における重い電子

$CeAl_2$ の磁気構造は，図 3.15 の概略図のように，磁気モーメントの大きさが正弦波的に変調するスピン密度波（SDW）であり，その振幅は $0.8\,\mu_B$ 程度である [15]（SDW については 3-6-1 項で詳しく説明する）．変調されているのは，(2-4-4 項で説明した) 局在電子系における「磁気モーメントの方向の変調」ではなく，「その大きさの変調」である．振幅の大きさを見る限り，$4f$ 電子は局在していると考えることもできる．[11] しかし，磁気モーメントの大きさがほとんどゼロになる Ce 原子が存在することは，$4f$ 電子が遍歴していることを強く示唆する．また，変調が測定最低温度まで観測されることも，$4f$ 電子の遍歴性を支持する．[12] このように，重い電子状態は，常磁性状態のみならず，反強磁性秩序状態でも存在する．もう 1 つの典型例である CeB_6 については，7-1-2 項で詳しく説明する．

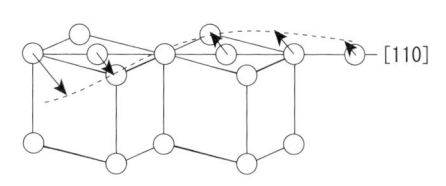

図 3.15 スピン密度波（SDW）．[110] 方向にスピンの大きさが正弦波的に変調している．

3-4　de Haas-van Alphen 効果

C/T が大きいことは，必ずしも電子比熱係数が大きいこと（即ち重い電子）を意味するわけではない．例えば，局在スピン系が低温で秩序化するとき，転移温度の直上では C/T の値は大きくなるが，これは重い電子とは無関係である．動いている電子の有効質量が真に大きいか否かを判定するには，de Haas-van Alphen（dHvA）効果実験によるサイクロトロン有効質量の測定が有効である．[13]

結晶中を遍歴する電子は，結晶の対称性を反映した Fermi 面を形成する [17]．Fermi 面に関する情報は，磁化の量子振動，即ち dHvA 効果や，比熱や磁気抵抗に見られ

---

[11] $4f$ 電子が局在している場合，磁気モーメントの大きさは，結晶場基底状態によって決まる．立方対称結晶場の基底状態 Γ_7 から期待される磁気モーメントの大きさは，約 $0.7\mu_B$ である（付録 B-2-2 項参照）．

[12] 2-4-4 項で説明したように，局在電子系である希土類金属では，温度を下げていくと，スピン密度波（磁気モーメントの大きさの正弦波的な変調）から "squaring up"（矩形波的な変調）への転移が観測される．

[13] 重い電子系の dHvA 効果の観測は，$CeCu_6$ に対し，Springford らによって初めてなされた [16]．

る同様の量子振動から得られる．この量子振動を理解するため，まず磁場中の電子の運動を考えよう．

z 方向の一様磁場 $\bm{B} = (0,0,B)$ に対しベクトルポテンシャル $\bm{A} = (0, Bx, 0)$ を用いると，Schrödinger 方程式は次のように書かれる．[14)]

$$\frac{1}{2m}\left(\bm{p}+\frac{e}{c}\bm{A}\right)^2 \Psi = -\frac{\hbar^2}{2m}\left(\frac{\partial^2}{\partial x^2}+\left(\frac{\partial}{\partial y}+\frac{ieBx}{\hbar c}\right)^2 +\frac{\partial^2}{\partial z^2}\right)\Psi = E\Psi \tag{3.39}$$

解を $\Psi = u(x)\exp i(\beta y + k_z z)$ と置くと，[15)] $u(x)$ に対する方程式は次のようになる．

$$-\frac{\hbar^2}{2m}\frac{d^2 u(x)}{dx^2}+\frac{m}{2}\left(\frac{eBx}{mc}+\frac{\hbar\beta}{m}\right)^2 u(x) = E' u(x) \tag{3.40}$$

ここで，$E' = \left(E - \frac{\hbar^2 k_z^2}{2m}\right)$ である．これは，点 $x = -\hbar c\beta/eB$ を中心に持つ調和振動子に対する方程式である．この方程式の固有エネルギーは，サイクロトロン振動数を $\omega_c = eB/mc$ と書くとき，$E' = (n+\frac{1}{2})\hbar\omega_c$ と量子化される．従って，

$$E = E' + \frac{\hbar^2 k_z^2}{2m} = \left(n+\frac{1}{2}\right)\hbar\omega_c + \frac{\hbar^2 k_z^2}{2m} \tag{3.41}$$

となる．第 2 式第 1 項は，磁場により伝導電子のエネルギー準位が離散的になることを示し，Landau 準位と呼ばれる（3.16(a) 参照）．熱的有効質量の場合と同じよう

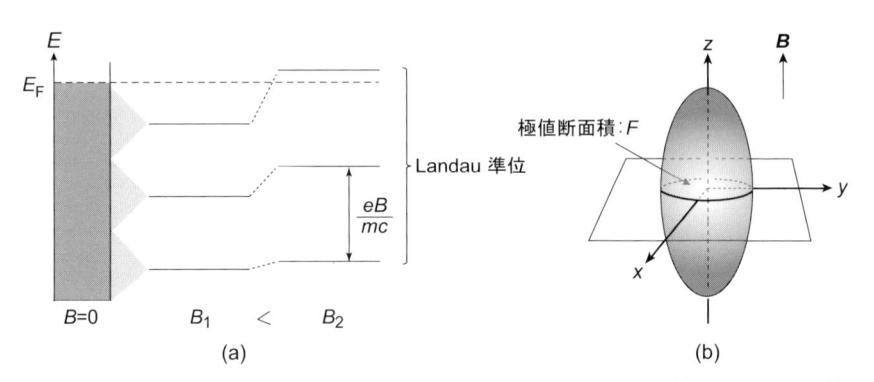

図 **3.16** Landau 準位 (a) と Fermi 面 (b)．$B = 0$ で連続的であった準位が $B \neq 0$ で離散的 (Landau 準位) となる．

[14)] 第 1 項中の因子 $\left(\bm{p}+\frac{e}{c}\bm{A}\right)$ の意味については，第 4 章の補足 1 を参照されたい．
[15)] 式 (3.39) の解はサイクロトロン運動であるが，ここで仮定した解 Ψ は x 方向と y 方向に対し等価でない．その理由は，量子力学では円運動の中心座標 X と Y が同時には決まらないためである．即ち，x 方向には X を中心とする単振動を行うが，y 方向には（Y が決まらないことを反映し）等速度運動を行う．

に，電子間相互作用効果をくりこんだ有効サイクロトロン質量 m^* が定義される．これを用いると，サイクロトロン振動数は，$\omega_c^* = eB/m^*c$ となる．これらもまた，重い電子を測る尺度となる．

Landau 準位が磁場の増大とともに Fermi エネルギー E_F をよぎるたびに（図 3.16(a)），自由エネルギーも変化（振動）する [18, 19]．これに伴い，自由エネルギーの磁場微分から求まる磁化も振動する．詳しい計算によれば [20]，磁化の振動成分は，次式によって与えられる．

$$\tilde{M} = A_\mathrm{mp} \sin\left(\frac{2\pi F}{B} + \phi\right) \tag{3.42}$$

ここで，F は磁場に垂直な Fermi 面の極値断面積（図 3.16(b)），B は磁場の大きさである．また，位相 ϕ はある定数である．これより，磁化の振動は磁場の逆数 $1/B$ に対し周期関数となり，その周期は F に比例することが分かる [19]．従って，磁場方向を変えながら F を測定すれば，Fermi 面のトポロジーに関する情報を得ることができる．例えば，F に角度依存性がなければ，Fermi 面は球面である．実験の例を2つ紹介しよう．図 3.17(a) は，第1種超伝導物質 $YbSb_2$ に対し dc 磁化測定装置を用いて得た実験結果である [21]．図 3.17(b) は，交流法によって測定された磁性超伝導体 UPd_2Al_3 の dHvA 振動である [22]．

【補足 5】 エネルギーバンドは，磁場の印加によりスピン分裂を起こす．しかしこれは，

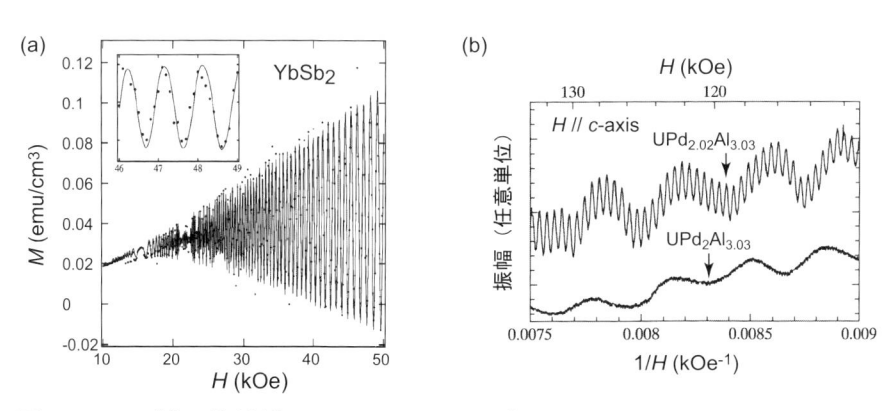

図 3.17 (a) 磁化の量子振動 (de Haas-van Alphen 効果) [21]．既製品の SQUID 磁化測定装置によって測定された．挿入図に示すように，データは正弦波的（実線）な振動を示す．(b) 交流磁化率法によって測定された反強磁性超伝導体 UPd_2Al_3 の dHvA 効果のシグナル．質のよい試料（上部のシグナル）の方が多くの振動成分を示す [22]．

必ずしも dHvA 効果の観測にかかる訳ではない．理論計算によれば，dHvA 効果実験が観測するのは，真の Fermi 面の大きさに対応する周波数 F ではなく，次の射影周波数 (projected frequency) F_p である．

$$F_\mathrm{p}(B) = F(B) - \frac{\partial F(B)}{\partial B}B \tag{3.43}$$

この式は，伝導電子が感じる磁場が外部磁場 $\boldsymbol{H}$ ではなく，$\boldsymbol{B}(=\boldsymbol{H}+4\pi(1-D)\boldsymbol{M})$ であることに起因する．ここで，D は反磁場係数である．常磁性の場合は $F(B)=F(0)+F'(0)B$ (F' は磁場微分) と書かれるから，式 (3.43) より $F_\mathrm{p}(B)=F(0)$ となる．即ち，観測される周波数はゼロ磁場の周波数 $F(0)$ であり，$F(H)$ ではない．これに対し，強磁性体では，$F(B)$ は B に関し非線形であるから，スピン分裂が観測される．

式 (3.42) における量子振動の振幅 A_mp は，次のように表される．

$$A_\mathrm{mp} \propto \frac{\alpha T/B}{\sinh(\alpha T/B)} \exp(-\alpha T_\mathrm{D}/B) \quad \left(\alpha = \frac{2\pi^2 k_\mathrm{B} m^* c}{e\hbar}\right) \tag{3.44}$$

ここで，T_D は Dingle 温度と呼ばれ，結晶の質の目安となる量である．良質の物質ほど T_D は低くなり，dHvA 振動は見えやすくなる．また，量子振動の振幅を温度の関数として測定することにより，m^* を決めることができる．重い電子系のように m^* が大きい物質では，温度が上がるにつれ，式 (3.44) の A_mp は急激に小さくなる．このため，重い電子系の dHvA 効果実験は極めて難しい．

dHvA 振動はエネルギー準位が量子化されていることに起因する量子効果であるから，準位の離散性を壊すものは振動を弱める．実験的には，次の 3 つの条件をクリアーする必要がある．(1) 試料の不完全性に起因する電子の散乱は，Landau 準位に幅をもたらす．実際，図 3.17(b) に示すように，試料の質によってシグナルの見え方が異なる．より多くの振動成分を観測するためには良質の単結晶が必要となる．(2) 温度は Fermi 準位に $k_\mathrm{B}T$ 程度のぼやけをもたらす．従って，実験はできるだけ低温で行う必要がある．(3) 重い電子系では，大きな m^* のため Landau 準位の間隔が狭くなる．Landau 準位の間隔を広げるために，強い磁場が必要である．

Fermi 液体論の言葉を用いて，これまで説明してきたことを整理してみよう [17]．[16) 相互作用の効果は，次式の (複素数の) "自己エネルギー" と呼ばれる量で表現される (7-4 節)．[17)

$$\Sigma(\varepsilon) = \Delta(\varepsilon) - i\Gamma(\varepsilon) \tag{3.45}$$

---

16) 詳しくは，第 7 章を参照されたい．
17) (波数依存) 自己エネルギーは，付録 D で説明される Green 関数と次の関係を持つ：$G(\boldsymbol{k},\omega) = [\omega - \varepsilon_b(\boldsymbol{k}) - \Sigma(\boldsymbol{k},\omega)]^{-1}$．

相互作用は，裸の（「相互作用の衣」を着ていない）電子のエネルギー $\varepsilon_b(\boldsymbol{k})$ に対し，シフト $\Delta(\varepsilon)$ と幅 $\Gamma(\varepsilon)$ をもたらす（ここで，ε は Fermi エネルギーから測った遍歴電子の運動エネルギーである）．この様子が図 3.18(a) に模式的に示されている．$\Delta(\varepsilon)$ は（3 次元系では）ε の小さいとき次のように書かれる．

$$\Delta(\varepsilon) = -\lambda\varepsilon \tag{3.46}$$

ここで，$\lambda(>0)$ は質量のエンハンスメントに関係し，$m^* = (1+\lambda)m_b$ の形で表現される（m_b はバンド質量であり，相互作用のないときの質量に対応する）．準粒子の質量が大きいことは，λ が大きいことを意味する．即ち，$\Delta(\varepsilon)$ のエネルギー微分は，質量のくりこみを表す．一方，$\Gamma(\varepsilon)$ は ε の 2 次に比例し，電子が散乱されて，元の状態から減衰していくことを表す．即ち，準粒子の寿命の逆数を表す．以上をまとめると（図 3.18(a) 参照），質量増大はバンドの分散が（$\varepsilon_b(\boldsymbol{k})$ に比し）緩くなったことに対応し，寿命はバンドに幅が生じたことに対応する．

相互作用は運動量分布関数 $n(\varepsilon,\boldsymbol{k})$ にも影響を及ぼす．量 $z = 1/(1+\lambda)(<1)$ は「くりこみ因子」と呼ばれ，$n(\varepsilon,\boldsymbol{k})$ の Fermi 波数 k_F における飛びの大きさを与える（図 3.18(b)）．[18] Fermi 面が明確に定義されるのは，この飛びの存在による．質量増大が非常に大きい重い電子系においても，Fermi 分布には有限の飛びが残るため，dHvA 効果が観測される．また，Landau-Luttinger の定理によれば（7-4 節参照），Fermi 面の囲む体積自体は相互作用の大きさに依存しない．従って，重い電子系の Fermi 面は，相互作用のないときと比べ，体積を不変に保ったまま形のみを変える．

z が小さくなることは，波として系全体に拡がっている電子の成分（コヒーレン

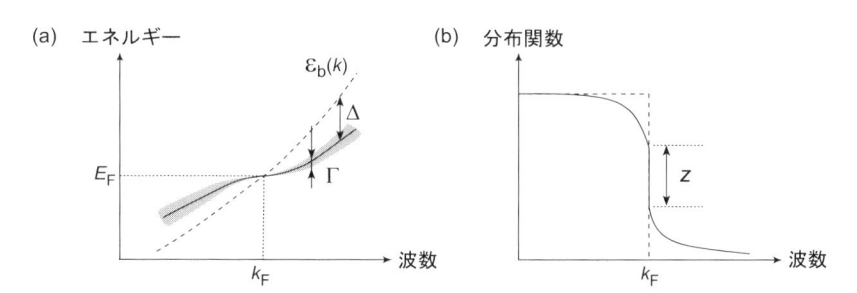

図 **3.18** 遍歴電子に対する相互作用の効果．(a) 遍歴電子におけるエネルギーバンドのシフトと幅．破線は相互作用のない場合のバンド分散を表し，陰影付きの実線は相互作用によるエネルギーのシフト Δ と幅 Γ を表す．(b) 相互作用のある場合の運動量分布関数．

---

[18] 自由電子系では，図 3.18(b) の破線のように，分布関数は k_F で 1 から 0 に大きく飛ぶ．7-4 節の Green 関数との対応でいえば，$z = [1 - \partial \mathrm{Re}\Sigma(\boldsymbol{k},\omega)/\partial \omega]^{-1}\big|_{\omega=0,\boldsymbol{k}=k_\mathrm{F}}$ である．

ト部分と呼ばれる）が自由粒子のときと比べ小さくなっていることを示す.[19] このコヒーレント部分が Fermi 液体であり，温度に線形な電子比熱係数を与えたり，温度に依存しない Pauli 磁化率を与える．図 3.9 との対応でいえば，Fermi 準位近傍の近藤ピーク B がコヒーレント部分に対応し，それ以外の A および C のピークがインコヒーレント部分に対応する．重い電子系（図 3.9）から価数揺動系（図 3.10）に移るに従い，4f 電子の遍歴性が高まり，インコヒーレント部分からコヒーレント部分へスペクトル強度が移る．

3-5 遍歴電子系における強磁性

3-5-1 Stoner モデル

3-2-1 項では，外部磁場によるバンド分裂によって生じる Pauli 常磁性を考えた．本項では，内部磁場（分子場）によってバンドが分裂する強磁性を考えよう（図 3.19 参照）．分子場近似を用い，1 電子エネルギーを次のように置く．

$$E \mp \frac{1}{2}JM \tag{3.47}$$

絶対零度における全電子数 N および全磁化 M は（$\mu_B = 1$ とおく），次のように書かれる．

$$N = \int_0^{E_F + \frac{1}{2}JM} \rho(E)dE + \int_0^{E_F - \frac{1}{2}JM} \rho(E)dE \tag{3.48}$$

$$M = \int_0^{E_F + \frac{1}{2}JM} \rho(E)dE - \int_0^{E_F - \frac{1}{2}JM} \rho(E)dE \tag{3.49}$$

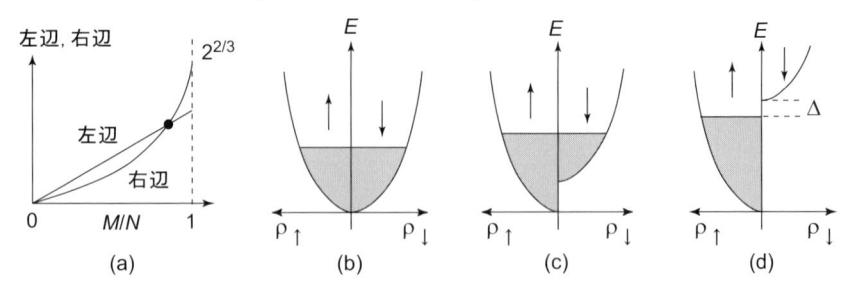

図 3.19 (a) 方程式 (3.51) の図解．左辺および右辺が図示されており，それらの交点が解である．(b) 常磁性状態．(c) 部分分極強磁性状態．(d) 完全分極強磁性状態．

---

[19] 逃げた残りの成分はインコヒーレント部分と呼ばれる．

自由電子の状態密度 $\rho(E) = \frac{3}{4}\frac{N}{E_\mathrm{F}^{3/2}}\sqrt{E}$ を用い積分を実行し，式 (3.48) と (3.49) の和及び差をとることにより次式が得られる．

$$\left(E_\mathrm{F} \pm \frac{1}{2}JM\right)^{3/2} = E_\mathrm{F}^{3/2}\left(1 \pm \frac{M}{N}\right) \tag{3.50}$$

これより，次の状態方程式を得る．

$$\frac{NJ}{E_\mathrm{F}}\frac{M}{N} = \left(1 + \frac{M}{N}\right)^{2/3} - \left(1 - \frac{M}{N}\right)^{2/3} \tag{3.51}$$

この方程式を，図 2.13 と同様の図解によって解く．図 3.19(a) における 2 曲線の交点が求める解であり，次の 3 つの場合がある．

$$\begin{cases} 常磁性： & \frac{NJ}{E_\mathrm{F}} < \frac{4}{3} \text{のとき} \\ 部分分極強磁性： & \frac{4}{3} < \frac{NJ}{E_\mathrm{F}} < 2^{2/3} \text{のとき} \\ 完全分極強磁性： & 2^{2/3} \leq \frac{NJ}{E_\mathrm{F}} \text{のとき} \end{cases} \tag{3.52}$$

強磁性発生の（十分）条件，$\frac{NJ}{E_\mathrm{F}} > \frac{4}{3}$ は Stoner 条件と呼ばれる．ここで，$\frac{NJ}{E_\mathrm{F}} = \frac{4}{3}\rho(E_\mathrm{F})J$ であることに注意すると，Stoner 条件は次のようにも書かれる．

$$J\rho(E_\mathrm{F}) > 1 \tag{3.53}$$

【補足 6】 3-2-1 項におけるバンドの分裂幅は $2H$（但し $\mu_\mathrm{B} = 1$）であったのに対し，式 (3.47) では JM である．これらを等置し，式 (3.22) において $2H \to JM, 2\Delta N \to M$ と置き換えると，次式が得られる．

$$\Delta E = \frac{(\Delta N)^2}{\rho} - JM\Delta N = \frac{1}{4}\frac{1}{\rho(E_\mathrm{F})}\left(1 - 2J\rho(E_\mathrm{F})\right)M^2 \tag{3.54}$$

Stoner 条件が満たされるとき，ΔE は負となる．これより，交換相互作用によるエネルギーの低下分が運動エネルギーの上昇分を上回る場合に強磁性が出現することが分かる．

局在モデルでは（第 2 章参照），交換相互作用はどんなに弱くてもゼロでない限り有限の転移温度をもつ．これに対し，Stoner モデルでは，ある程度大きな交換相互作用でないと強磁性状態にはならない．これは，補足 6 で見たように，強磁性状態を作り出すことに伴う運動エネルギーの増加に打ち勝つだけのエネルギーの利得が交換相互作用によって得られなければならないからである．局在モーメントの系では，（熱ゆらぎが無視できるくらい）十分低温であれば，交換相互作用エネルギーの利得を妨げるものは何もない．これが，2 つのモデルの相違の原因である．

3-5-2 Fermi 液体としての遍歴強磁性体

式 (3.54) では，エネルギー E を M^2 まで展開した．運動エネルギーに関して近似を上げることにより，次式を得る [23]．

$$E = \frac{1}{4\rho_F}(1-J\rho_F)M^2 + \frac{1}{64\rho_F^3}\left(\left(\frac{\rho_F'}{\rho_F}\right)^2 - \frac{\rho_F''}{3\rho_F}\right)M^4 + \cdots \quad (3.55)$$

ここで，ρ_F は（常磁性状態の）Fermi 準位における状態密度 $\rho(E_F)$ を表し，ρ_F' および ρ_F'' はエネルギーに関する 1 階および 2 階微分である．M^4 の係数は，状態密度のエネルギー依存で決まるから，正にも負にもなりうる．[20] M^4 の係数が負の場合には，メタ磁性と呼ばれる 1 次転移（磁化の急激な変化）が生じる．

有限温度における自由エネルギーも，M の偶数次のベキで展開される [23]．

$$F = F_0 + \frac{1}{2}a(T)M^2 + \frac{1}{4}b(T)M^4 + \cdots \quad (3.56)$$

係数 $a(T)$ および $b(T)$ の温度依存性は，Fermi 分布関数を含む積分の展開公式（Sommerfeld 展開）から生じるもので，T^2 のベキ展開で表される [24, 25]．従って，自由エネルギーから導かれる物理量もまた，Fermi 分布関数に起因する温度依存性を示す．例えば，比熱は温度 T に対し線形に増大し，自発磁化は T^2 に比例し減少する．[21]

スピン波（10-1 節参照）などの励起を集団励起と呼ぶが，Stoner 理論ではスピン波励起は現れない．しかし，これは理論（近似）の問題であり，遍歴電子系にスピン波が存在しないことを意味するわけではない．実際，遍歴電子強磁性体である鉄やニッケルでスピン波が観測されている（10-1 節を参照）．

3-5-3 UGe$_2$

図 3.19(d) の完全分極強磁性の場合は，全電子が上向きスピンをもち，スピンを反転させるためには有限のエネルギーが必要である．このため，自発磁化は低温で指数関数的な温度依存性を示す（$M \propto \exp(-\Delta/k_B T)$）．ここで，$\Delta = E_F\left(\frac{NJ}{E_F} - 2^{2/3}\right)$ は Stoner ギャップと呼ばれ，図 3.19(d) に示したように，上向きスピンと下向きスピンのバンドギャップに対応する [26]．この温度依存性は，図 3.20(a) に実線で示すように，高圧下で超伝導を示す強磁性体 UGe$_2$ の低温磁化に見られる [27]．

---

[20] Stoner モデルでは考慮されていないモード結合の効果を取り入れた所謂 SCR 理論 (8-3 節参照) では，M^4 の係数はもっと複雑になり，その符号は状態密度のエネルギー依存だけでは決まらない．

[21] 絶対零度における磁化を $M(0)$ と書くとき，$M(T) \simeq M(0)\left(1-(T/T_C)^2\right)$ と表される．SCR 理論においても遍歴性の特徴である T^2 依存性が現れるが，その起源は Stoner モデルとは異なる．

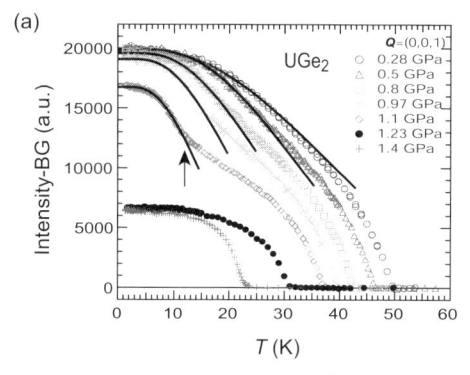

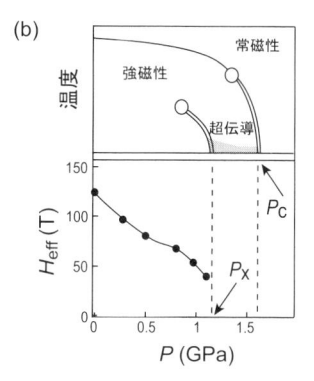

図 3.20 (a) UGe$_2$ の強磁性 Bragg ピーク（磁化の 2 乗に対応）の温度依存性 [27]．磁化は U 原子当たり常圧で 1.4μ_B，P_X 近傍で 1μ_B 程度である．(b) 上図：圧力対温度相図．下図：Stoner モデルを用いて評価された内部磁場の圧力依存性 [28]．

UGe$_2$ の強磁性相は単一ではなく，強磁性相内に奇妙な相転移が存在する（図 3.20(b) 上パネル）ことを反映し，強磁性 Bragg ピークの温度依存に折れ曲がり（例えば図 3.20(a) に矢印で示した $T = 15$ K 付近の折れ曲がり）が存在する．この強磁性相内の相転移の温度は，圧力が増加するにつれ減少し，特性圧力 $P_X \simeq 1.1 - 1.2$ GPa でゼロとなる．この P_X 近傍の低温で超伝導が発現する [29]．

強磁性と超伝導の関わりを議論する際（第 10 章参照），強磁性の作り出す内部磁場の大きさが重要となる．Stoner ギャップ Δ の大きさから交換相互作用 J あるいはそれと等価な交換磁場 H_{eff}（遍歴電子が感じる強磁性内部磁場）を評価することができる．その結果を図 3.20(b) 下パネルに示す [30]．常圧では 120 T に及ぶ内部磁場が存在する．圧力の増大とともに内部磁場の大きさは減少するが，P_X 直下でも 30 T を超える．このような状況下で生じる超伝導とは一体どのようなものであろうか？ この問題については，第 10 章で議論する．

3-5-4 UCoGe

強磁性体 UCoGe は常圧下で超伝導を示す [31]．本項では，UCoGe の磁性を少し詳しく調べよう（Curie 温度と超伝導転移温度の両方が出てくる場合，前者を T_{FM} と書き，後者を T_{SC} と書く）．図 3.21(a) の上パネルに比熱の温度依存性を示す．$T_{\text{FM}} \sim 2.5$ K における異常は強磁性転移に伴う異常であり，$T_{\text{SC}} \sim 0.5$ K における異常は超伝導転移である．大きな比熱異常は，転移がバルクであることを示す．比熱を温度に関し積分することによってエントロピーの温度依存性が得られる（図 3.21(a) の下パネル）．T_{FM} におけるエントロピーは（局在スピン $S = 1/2$ に対応する値である）$R \ln 2$

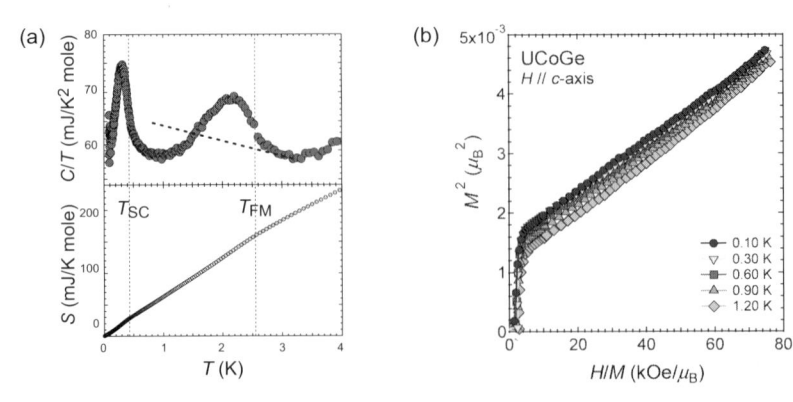

図 3.21 UCoGe の (a) 比熱およびエントロピーの温度依存性,および (b) 等温磁化の Arrott プロット [32].

の僅か数 % に過ぎない.これは 5f 電子が遍歴的であることを示す.[22]

自由エネルギー (3.56) を M で微分することにより次式が得られる.

$$M^2 = \frac{1}{b(T)} \frac{H}{M} - a(T) \tag{3.57}$$

縦軸に M^2,横軸に H/M をプロット(Arrott プロットと呼ばれる)すると,その切片および傾きより,自由エネルギーの係数 $b(T)^{-1}$ および $a(T)$ が得られる.図 3.21(b) は UCoGe に対する Arrott プロットである.広い温度領域にわたってよい直線性が観測される.これもまた,(弱い)遍歴強磁性の特徴である.横軸をゼロに外挿($H \to 0$)することにより,自発磁化 M_s が求められる.超伝導転移温度より十分低温で M_s は U 原子当たり $0.04\mu_B$ 程度の大きさである.この小さな値は,(次に説明する)「弱い遍歴強磁性」の特徴である.

図 3.21(b) はまた,低温の磁化が磁場の増大とともに(飽和せず)増大し続けることを示す(局在強磁性では,磁気モーメントの大きさは磁場によって変わらないため,磁化は飽和する).これもまた,UCoGe が遍歴電子系であることを示す.

T_{FM} が低く,飽和磁化の大きさが小さい $ZrZn_2$ 等の強磁性体は,弱い遍歴強磁性(weak ferromagnetism)と呼ばれる.遍歴電子系であるにも関わらず,高温で Curie-Weiss 的な磁化率の温度依存性を示す.日本を中心とする精力的な研究の結果,これらの特異な特徴は,守谷らによる Self-Consistent Renormalization(SCR)理論(8-3 節参照)によって見事に説明された.元々 d 電子系のために開発された SCR 理論は,

---

[22) 遍歴的電子の相転移の場合,「エントロピーバランス」が成り立つ(図 4.12(b) 参照).これを仮定すると,強磁性転移がなかった場合の比熱は,図 3.21(a) 上パネルの破線のように変化すると予想される.

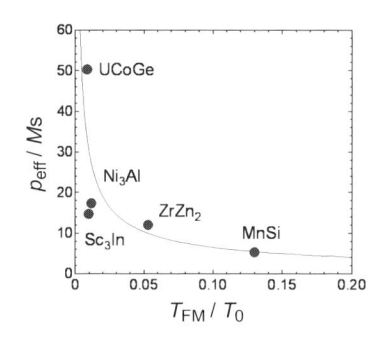

図 3.22 有効 Bohr 磁子数と Curie 温度の相関 [32]．縦軸および横軸は各々飽和磁化 M_s および T_0 で規格化されている．図の左方にあるほど弱い遍歴電子強磁性の特徴が強い．

次に示すように，UCoGe にも適用可能である．

Arrott プロットの傾きや飽和磁化から，スピンゆらぎを特徴づけるパラメータが，$T_0 \sim 350 \pm 100$ K, $T_A \sim 5200 \pm 1000$ K と求まる [32]．ここで，前者はエネルギー空間におけるスピンゆらぎの拡がり，後者は波数空間における拡がりを示す [33]．エラーバーが大きい理由は，試料によってパラメータの大きさが異なるためである [32]．

$T_0 = 400$ K および $T_A = 6000$ K の試料に対し，パラメータ $t_c = T_{FM}/T_0 \sim 6 \times 10^{-3}$, $T_A/T_0 \sim 15$ が求まる．小さな t_c と大きな T_A/T_0 は，弱い遍歴強磁性の特徴である．図 3.22 の縦軸は有効 Bohr 磁子数 p_{eff} と飽和磁化 M_s の比を表し，横軸は t_c を表している．典型的な弱い遍歴電子強磁性体は，線で示したような相関を示す．面白いことに，UCoGe もこの曲線に乗る．しかも，UCoGe の弱い強磁性の性格（曲線上で左側に位置すること）は，典型的な弱い遍歴強磁性体である $ZrZn_2$ などと比べても，際立っている．

以上のように，UCoGe の $5f$ 電子は遍歴し，強磁性と超伝導の双方を担っている．

3-6 遍歴電子系における反強磁性

3-6-1 スピン密度波

遍歴的な電子系では，スピン密度波（spin density wave, SDW）と呼ばれる磁気秩序状態が生じうる（図 3.23(a) 参照）．この状態は反強磁性の一種であり，上向きおよび下向きスピンの電子密度 $\rho_\uparrow$ および $\rho_\downarrow$ は（図 3.23(b)），$\phi = \pi/2$ としたときの次

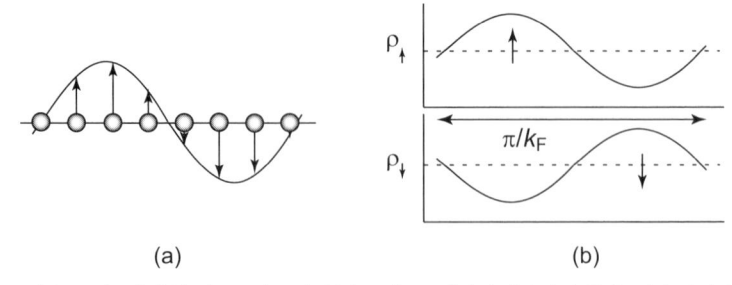

図 3.23 (a) スピン密度波（SDW）．矢印はスピンの向きと大きさを示す．(b) 上向きスピン $\rho_\uparrow$ と下向きスピン $\rho_\downarrow$ の電子密度が合成（$=\rho_\uparrow - \rho_\downarrow$）されることにより，SDW が生じる．電荷密度（$=\rho_\uparrow + \rho_\downarrow$）は空間的に一様である．

式で表される．

$$\rho_\uparrow = \rho_0[1 + p\cos(\boldsymbol{Q}_0 \cdot \boldsymbol{r} + \phi)] \tag{3.58}$$

$$\rho_\downarrow = \rho_0[1 + p\cos(\boldsymbol{Q}_0 \cdot \boldsymbol{r} - \phi)] \tag{3.59}$$

$\phi = 0$ の場合は，電荷密度波（charge density wave, CDW）と呼ばれる非磁性長距離秩序を表す．$0 < \phi < \pi/2$ は，CDW と SDW の混合状態に対応する．SDW では，磁気モーメントの大きさは場所（原子サイト）により異なる．これは，遍歴電子系の特徴であり，一定の大きさを持つ磁気モーメントからなる局在電子系とは対照的である（2-4-4 項を参照）．

SDW が発生する理由は，次に示す "Fermi 面のネスティング（nesting）" であると考えられる（5-4-2 項参照）．図 3.24(a) は 1 つの Fermi 面の場合のネスティングを示し，図 3.24(b) は 2 つの Fermi 面の場合を表す．いずれの場合も Fermi 面を $\boldsymbol{Q}_0$ だ

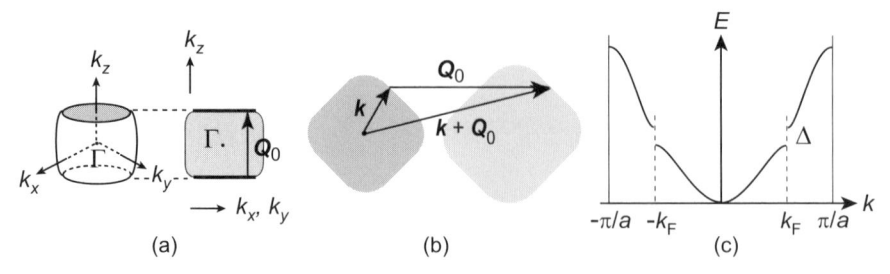

図 3.24 (a)(b) ネスティングの様子．影のついた部分が Fermi 面を示す．(a) の Γ 点の周りに 1 つの Fermi 面がある場合には，ベクトル $\boldsymbol{Q}_0$ の移動によって Fermi 面の平らな部分（太い直線部）が重なる．(b) の電子面とホール面がある場合には，$\boldsymbol{Q}_0$ で示された平行移動によって 2 つの Fermi 面が重なる．(c) SDW の形成により，Fermi 波数 k_F の近傍にギャップが生じる．

けずらすと，もう一方の Fermi 面と重なる．これをネスティングと呼ぶ．"ネスティングがよい"場合には，常磁性状態にある系は波数 Q_0 の揺動（Q_0 の波数を持つ磁場を印加すること）に対して不安定になり，Q_0 で特徴付けられる秩序状態に相転移する．秩序状態の周期は，図 3.24(a) の Fermi 面の差し渡しを $2k_F$ と書けば（k_F は Fermi 波数），$2\pi/|Q_0| = \pi/k_F$ となる．これは格子の周期と同じになる（整合する）必要はなく，そのような構造は非整合 (incommensurate) 構造と呼ばれる．

SDW は，k にある電子と，$k+Q_0$ にあるホールが対を作っているともみなされる（図 3.24 (b)）．この電子・ホール対は Cooper 対（次章参照）と同様 Bose 粒子である．SDW の理論は，平均場の枠内では，第 4 章で説明する（弱結合の）BCS 理論と数学的に等価である [34]．詳しい計算によれば，SDW は超伝導と同じようにギャップ Δ を作り（図 3.24(c)），その温度変化は超伝導 BCS 理論（次章参照）から期待されるものと同じである．さらに，BCS 理論の関係式 $2\Delta = 3.52 k_B T_{SDW}$ を満たす（T_{SDW} は転移温度）[34]．また，式 (3.58) および式 (3.59) における振幅は $p = \Delta/(v_F k_F \lambda)$ で与えられる．ここで，v_F は Fermi 速度，λ は電子間相互作用定数である．秩序相を特徴付ける秩序変数は p あるいは Δ である．後に見るように (4-6-1 項参照)，SDW は電子対が有限の運動量 Q_0 を持つ FFLO 超伝導とも対比される．[23]

3-6-2　UNi$_2$Al$_3$

UNi$_2$Al$_3$ は，Néel 温度 $T_N \simeq 4.3$ K を持つ反強磁性体である．単結晶試料に対する中性子回折実験から得た Bragg ピーク強度の温度依存性を図 3.25(a) に示す．温度を下げると，転移温度 $T_c \sim 1$ K で反強磁性秩序を保ったまま超伝導に相転移するが，[24] Bragg ピーク強度には異常は見られない [36]．

中性子回折実験から得られた磁気構造を図 3.25(b) に示す．これは，前項で述べたスピン密度波（SDW）あるいは磁化密度波 (magnetization density wave, MDW) である．[25] 磁気構造を特徴付ける伝搬ベクトルは $Q_0 = (\pm 1/2 \pm \tau, 0, 1/2)$ ($\tau \sim 0.11$) であり，磁気構造は結晶周期に対し非整合である．磁気モーメントは a^* 軸方向（[2.1,0] 方向）に向き，SDW の振幅は約 $0.2\mu_B$ である．このモーメントの大きさの変調は，$5f$ 電子の遍歴性を示す．

---

[23] SDW と超伝導には質的な相違が存在する．SDW は粒子数を保存するのに対し，超伝導は粒子数を保存しない（4-6-1 項を参照）．
[24] UNi$_2$Al$_3$ は，試料依存性が強く，その反強磁性あるいは超伝導が観測されないこともある [28]．Knight シフト実験によれば，奇パリティ（スピン 3 重項）超伝導の可能性が高い [35]．超伝導に関する議論については，4-8 節を参照されたい．
[25] U 原子は軌道角運動量を持っているので，スピンだけの場合（SDW）と区別するため，磁化密度波 (MDW) と呼ぶこともある．

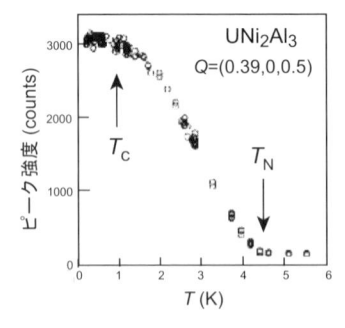

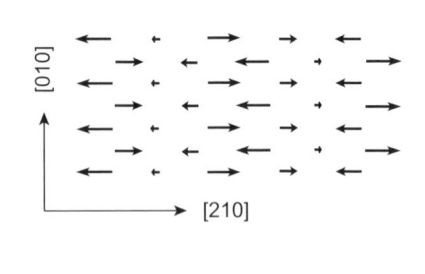

図 3.25 (a) UNi_2Al_3 の磁気 Bragg ピークの温度依存性 [27]．(b) 六方晶 UNi_2Al_3 の反強磁性秩序 [37]．c 面内の磁気構造を示す．c 軸方向には波数 $[0,0,1/2]$ で変調している．

3-5-4 項で見たように，電子の遍歴性を調べる上でエントロピーも有効である．UNi_2Al_3 の比熱 $C(T)$ のデータ（4-8 節の図 4.26(a)）からエントロピーを求めると，T_N 直上で $\ln 2$ の 1 割程度の小さな値が得られる [38]．これは，UNi_2Al_3 の $5f$ 電子が遍歴的であることを支持する．

3-7 磁気秩序の崩壊と量子相転移

3-7-1 量子相転移

遍歴電子であれ局在電子であれ，磁気秩序状態（例えば SDW など）を持つ系に圧力を加えていくと，図 3.26(a) のように，圧力とともに磁気転移温度 T_m が減少し，ある臨界圧力 P_c でゼロとなることがある．磁気秩序状態と無秩序状態を分ける相転

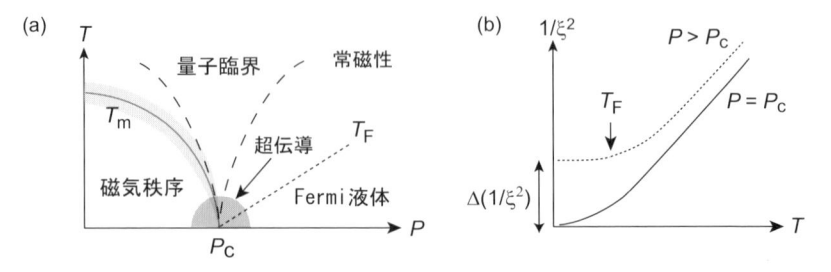

図 3.26 (a) 量子相転移の相図．$CeIn_3$ や $CePd_2Si_2$ の量子臨界点 P_c の近傍では超伝導が発現する．(b) 相関距離の 2 乗の逆数の温度依存性．P_c からの圧力のずれ $\delta = P - P_c$ が大きくなると，相関距離は T_F 以下であまり温度に依存しなくなる．

移が1次であれば，Clausius-Clapeyron の関係式，$dT_\mathrm{m}/dP = \Delta V/\Delta S$，と熱力学の第3法則を組み合わせて，$dT_\mathrm{m}/dP \to \infty$ ($T_\mathrm{m} \to 0$) を得る．ここで，ΔV および ΔS は，相線上における体積およびエントロピーの (2相の) 差である．また，2次の相転移であれば，Ehrenfest の関係式，$dT_\mathrm{m}/dP = \Delta(dV/dP)/\Delta(dS/dP)$，と熱力学の第3法則を組み合わせ，$dT_\mathrm{m}/dP \to \infty$ ($T_\mathrm{m} \to 0$) を得る．即ち，転移が1次でも2次でも，相線は圧力軸に対し ($T \to 0$ の極限で) 垂直に入る．

図 3.26(a) の見方を変え，絶対零度に温度を保ったまま圧力を増加させることを考える．このとき，P_c で秩序状態から無秩序状態に相転移する．このような絶対零度における相転移を量子相転移とよぶ．また，この相転移が2次であるとき，相図上の点 ($T = 0, P = P_\mathrm{c}$) を量子臨界点 (Quantum Critical Point, QCP) と呼ぶ．

前章で論じた相転移は，温度による熱ゆらぎ (自由エネルギー中のエントロピー) によって駆動された．これに対し，絶対零度で生じる量子相転移には，熱ゆらぎは存在しない．量子相転移を駆動するのは，熱ゆらぎではなく，不確定性関係で結ばれる量子ゆらぎ (例えば $\Delta x \Delta p_x \sim \hbar$ なる不確定性関係で結ばれる座標と運動量のゆらぎ) である．He の液相・固相転移を考えよう．[26] He 原子は $(1s)^2$ の閉殻の電子構造をもつため，それらの間には，遠くでは van der Waals 引力が働き，電子軌道が重なる程度にまで近づくと斥力が働く．古典的に考えれば，引力と斥力の和によって生じるポテンシャルの極小の位置に原子を局在させればよい．しかし，He を狭い空間に閉じ込めると，位置の不確定性 Δx が小さくなるため，運動量の不確定性 Δp_x が大きくなる．この Δx と Δp_x の兼ね合いで，液体になったり固体になったりする．面白いことに，固体においても，量子効果 (ゼロ点振動) のため，He 原子は互いに入れ替わっている．この交換過程は，^{3}He 核スピン間の交換相互作用を生じ，^{3}He 固体の多彩な核スピン秩序に導く [39]．

スピン (あるいは軌道) 角運動量の3成分も，位置と運動量と同じように，互いに非可換である．角運動量の性質より，z 方向に向いたスピン状態 $|\uparrow\rangle$ に横成分の演算子 S_- を作用させると，下向きスピン状態 $|\downarrow\rangle$ に変わる．同様に，z 方向に配列した強磁性状態に横磁場を作用させると，強磁性状態は壊される．これもまた，量子相転移の例である．この場合，相図 3.26(a) の横軸は磁場に置き換えられる．あるいは，$\mathrm{CeCu}_{6-x}\mathrm{Au}_x$ におけるように，組成 x でもよい．組成 x に対しては，"化学圧 (chemical pressure)" に関係づけた議論がしばしば為される．

---

[26] He の相転移は1次であるから，量子臨界点は存在しない．

3-7-2 重い電子系における量子臨界性

　重い電子系の量子相転移が注目を集めているのは，3つの理由による．1つ目は，QCP 近傍で観測される異常物性である．これは重い電子系の特徴というよりは，他の遍歴電子系でも観測される普遍的なものであるが，特性エネルギーの小さな重い電子系で数多く見出されている．以下では，これについて少し詳しく見ていこう．図 3.26(a) における磁気秩序状態が遍歴的電子によって作り出されているとすれば，それが破れた常磁性状態も遍歴電子によって担われており，特性温度 T_F 以下の低温（常磁性領域）では Fermi 液体挙動が観測される．この T_F の大きさは，圧力が P_c に近づくにつれ小さくなり，QCP ではゼロとなる．見方を変え，圧力を P_c に保って温度を下げたとすれば，いくら温度を下げても Fermi 液体の振舞いは観測されない．この非 Fermi 液体挙動は，QCP 近傍だけでなく，「量子臨界」と書かれた広い領域にわたって観測される．丁度，特異点であるブラックホールが遠方の空間にまで影響を及ぼすように，QCP の異常性は有限温度にまで及んでいる．この様相は，転移点近傍（図 3.26(a) の陰影部）でのみ臨界現象が現れた古典的相転移とは対照的である．

　P_c より高い圧力に保って温度を下げると，T_F より低温で Fermi 液体領域に入り，電気抵抗は T^2 の温度依存性を示す．この Fermi 液体挙動は，準粒子の寿命が $\tau_{QP} \propto 1/T^2$ であることに対応する（第7章参照）．Fermi 液体領域では，準粒子間の相互作用が温度に依存しなくなることを反映し，相関距離 ξ は温度に依存しなくなる（図 3.26(b) の点線）．

　$P = P_c$ 即ち量子臨界領域の電気抵抗は，磁気秩序が3次元強磁性（反強磁性）の場合，$T^{5/3}$（$T^{3/2}$）を示す（表 8.2 参照）．この T^2 則からのずれが，非 Fermi 液体と呼ばれる所以である．但し，第8章で論じられるように，量子臨界でも準粒子はよく定義されているという意味では Fermi 液体であり，準粒子の寿命の温度依存性が典型的な Fermi 液体とは異なっているだけである．[27)] 相関距離 ξ も $\xi^{-2} \propto T^{4/3}$（強磁性）あるいは $T^{3/2}$（反強磁性）のように，絶対零度まで変化し続ける（図 3.26(b) の実線）．この温度依存性が，非 Fermi 液体挙動の原因である．

　温度を $T = 0$ に保ち，圧力を変えると，$\xi^{-2}(T=0)$ の値も変わる．P_c からのずれを $\delta = P - P_c$ と書くとき，δ が大きくなればなるほど，$\xi^{-2}(T=0)$ も増大する．詳しい理論計算によれば，$\xi^{-2}(T=0) \propto \delta$ である．

　2番目の理由として，$CeIn_3$ や $CePd_2Si_2$ などにおいて，反強磁性の消失する P_c の周囲に超伝導が出現することが挙げられる（図 3.26(a)）．UGe_2 の場合には，強磁性

[27)] 2次元反強磁性ゆらぎの場合の寿命は，$\tau_{QP} \propto 1/T$ となり，(3-2-2 項で議論した) 熱ゆらぎの時間スケール τ_T と区別できるか微妙である．この状態は，marginal Fermi liquid と呼ばれる．

が破れる相転移近傍かつ強磁性相内に超伝導が現れる（図3.20(b)）．UGe_2 においては，QCPは存在せず，1次相転移しか存在しない．超伝導の発現機構や超伝導状態については，第10章で考察する．

最後の理由は，重い電子系の量子相転移が局在性-遍歴性の転移を伴う可能性があるからである（本項では，磁気秩序状態でも常磁性状態でも遍歴的であると考えた）．この点については現在でも活発な論争が続いており，今後の問題として残されている．

参考文献

[1] N. F. Mott & H. Jones: *The Theory of the Properties of Metals and Alloys* (Dover Publications, 1958).
[2] C. キッテル，堂山昌男 監訳：『固体の量子論』10章（丸善，1972）．
[3] 芳田奎：『磁性II』（朝倉書店，1972）．
[4] K. A. Kikoin, Sov. Phys. JETP **58**, 582 (1983).
[5] I. Nowik: Hyperfine Int. **13** (1983) 89.
[6] J. N. Chazalviel *et al.*: Phys. Rev. B **14** (1976) 4586; P. Thunström *et al.*: Phys. Rev. B **79** (2009) 165104.
[7] E. Shoko *et al.*: Phys. Rev. B **79** (2009) 134108.
[8] E. Wuilloud *et al.*: Phys. Rev. Lett. **53** (1984) 202.
[9] R. S. Knox: *Solid State Physics*, Supplement 5 (Academic Press, 1963).
[10] B. I. Halperin & T. M. Rice: Rev. Mod. Phys. **40** (1968) 755.
[11] P. Nozieres & S. Schmitt-Rink: J. Low Temp. **59** (1985) 195.
[12] P. Wachter, B. Bucher & J. Malar: Phys. Rev. B **69** (2004) 09450.
[13] F. X. Bronold & H. Fehske: Phys. Rev. B **74** (2006) 165107.
[14] C. A. R. Sa de Melo, M. Randeria & J.R. Engelbrecht: Phys. Rev. Lett. **71** (1993) 3203.
[15] J. M. Lawrence, P. S. Riseborough & R. D. Parks: Rep. Prog. Phys. **44** (1981) 1.
[16] P. H. P. Reinders *et al.*: Phys. Rev. Lett. **57** (1986) 1631.
[17] dHvA効果に関する専門書として，例えば，D. Shoenberg: *Magnetic Oscillations in Metals* (Cambridge Univ. Press, 1984).
[18] C. キッテル，宇野良清ほか訳：『固体物理学入門』（丸善，1977）．
[19] J. M. Ziman，山下次郎・長谷川彰 共訳：『固体物性論の基礎』（丸善，1976）．
[20] A. A. Abrikosov: *Fundamentals of the Theory of Metals* (North-Holland, Amsterdam, 1988).
[21] N. Sato *et al.*: Phys. Rev. B **59** (1999) 4714.
[22] N. Sato *et al.*: IEEE Transactions on Magnetics **30** (1994) 1145.

[23] 永宮健夫：『磁性の理論』（吉岡書店，1987）．
[24] M. Shimizu: Rep. Prog. Phys. **44** (1981) 329.
[25] 守谷亨：『磁性物理学』（朝倉書店，2006）．
[26] 芳田奎：『物質の磁性』（物性物理学講座 6），第 3 章（共立出版，1959）．
[27] N. Aso *et al.*: Phys. Rev. B **61** (2000) R11867.
[28] N. K. Sato & N. Aso: J. Phys. Soc. Jpn. **74** (2005) 2870.
[29] S. S. Saxena *et al.*: Nature **406** (2000) 587.
[30] N. K. Sato & N. Aso: JPSJ **74** (2005) 2870.
[31] N. T. Huy *et al.*: Phys. Rev. Lett. **99** (2007) 067006.
[32] 田村暢之：修士論文（名古屋大学，2011）および N. K. Sato *et al.*: AIP Conf. Proc. **1347** (2011) 132.
[33] 高橋慶紀，吉村一良：『遍歴磁性とスピンゆらぎ』（内田老鶴圃，2012）．
[34] G. グリューナー，村田惠三・鹿児島誠一 共訳：『低次元物性と密度波』（丸善，1999）．
[35] K. Ishida *et al.*: Phys. Rev. Lett. **89** (2002) 037002.
[36] C. Geibel *et al.*: Z. Phys. B **83** (1991) 305.
[37] A. Hiess *et al.*: Phys. Rev. B **64** (2001) 134413.
[38] N. Tateiwa, N. Sato & T. Komatsubara: Phys. Rev. B **58** (1998) 11131.
[39] 信貴豊一郎：『超低温の物性物理』第 7 章（培風館，1988）．

第4章

超伝導

前章までの議論で見てきたように,電子間に Coulomb 斥力が働くと,重い電子状態や磁気秩序状態が形成される.これに対し,電子間に引力が働く場合には超伝導が発現する.本章では,超伝導の平均場理論である Bardeen-Cooper-Schrieffer (BCS) 理論および非 BCS 超伝導の概略を説明する.

4-1 完全反磁性と Meissner 効果

超伝導の実験的判定条件は,(1) 電気抵抗がゼロになること(図 4.1(a)),(2) 完全反磁性が観測されること(図 4.1(b)),そして (3) 比熱にとびが見られること(図 4.1(c))の3点である.第1条件だけでは超伝導の証明にならない.即ち,「超伝導 = 電気抵抗がゼロの現象」ではない.2番目の条件は,「超伝導は磁束を完全に排除する」という超伝導特有の現象であり,Meissner 効果と呼ばれる.最後の条件は,超伝導がバルク(試料全体で生じること)であるか否かを見極めるのに必要である.

He のような閉殻を持つ原子中の電子に対する磁場の効果を考える(図 4.2(a) 参照).磁場下の電子の運動量には3種あり,それらは次の関係を持つ.

$$\mathbf{\Pi} = \mathbf{p} + \frac{e}{c}\mathbf{A} \tag{4.1}$$

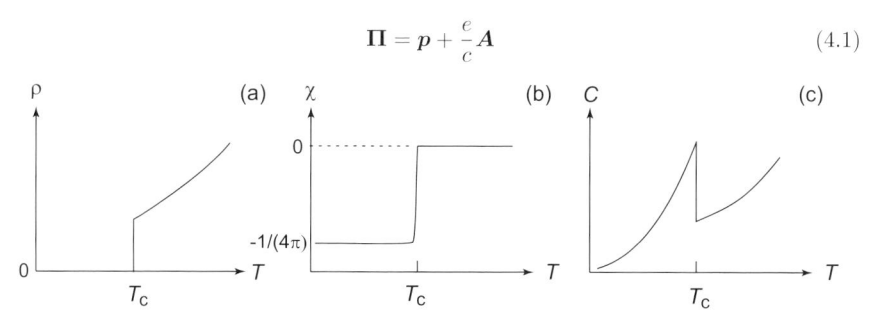

図 4.1 超伝導の実験的特徴.(a) 電気抵抗の温度依存性.超伝導転移温度 T_c 以下で電気抵抗は消失する.(b) Meissner 効果.磁化率は T_c 以下で完全反磁性を示す.(c) 比熱の温度依存性.超伝導がバルク(体積)効果である場合には,T_c に大きな比熱のとびが現れる.

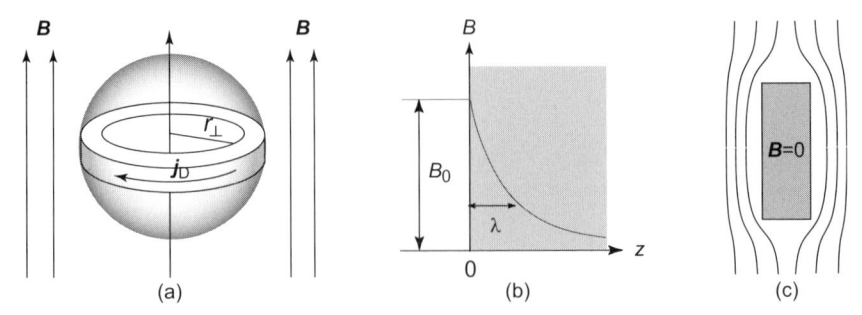

図 4.2 (a) 閉殻構造をもつ原子の反磁性．電子分布が，実線で示された円環（半径 $r_\perp$）に分割されている．(b) $z > 0$ に置かれた板状超伝導体に対する磁場効果．(c) Meissner 効果．

ここで，Π は"運動学的運動量"，p は"正準運動量"，$\frac{e}{c}A$ は"電磁運動量"（A はベクトルポテンシャル）と呼ばれる（補足1参照）[1]．補足1に示すように，$\Pi = mv$ であり，$p = mv$ ではないことに注意しよう．軌道角運動量 l は，p を用いて $l = r \times p$ と表され，原子の周囲に磁場を作り出す（1-1-1項を参照）．磁場下における軌道角運動量は次のように書かれる．

$$r \times \left(p + \frac{e}{c}A\right) = r \times p + \frac{e}{c} r \times A \equiv \hbar l + \hbar l' \tag{4.2}$$

ここで，$\hbar l'$ は磁場による角運動量の変化を表す．z 方向の一様な磁場 H に対し，$A = \frac{1}{2} H \times r$ と選ぶと，次式が得られる．

$$\hbar l' = \frac{e}{c} r \times A = \frac{e}{2c}[(r \cdot r)H - (r \cdot H)r] \tag{4.3}$$

磁場方向の磁気モーメントの成分 $m_\parallel$ は，以下のように求まる．

$$m_\parallel = -\mu_B l'_z = -\frac{e\mu_B}{2c\hbar}[(r \cdot r)H - (r \cdot H)z] = -\frac{e^2}{4mc^2}[x^2 + y^2]H \tag{4.4}$$

これを原子全体にわたって積分することにより，次の反磁性磁化率を得る．

$$\chi = -\frac{e^2}{4mc^2} \int \rho_e r_\perp^2 dV \tag{4.5}$$

ここで，ρ_e および $r_\perp$ はそれぞれ電荷密度および円環の半径（図4.2(a)）を表す．この軌道反磁性は，閉殻構造を持つ原子や分子において観測されるものであり，Maxwell 方程式 $\nabla \times E = -\frac{1}{c}\frac{\partial}{\partial t}B$ に従って誘起される反磁性電流 j_D に起因する．

【補足 1】 電磁気学に依れば，ベクトルポテンシャル A は，任意のスカラー関数 θ に対し，次の不定性を持つ．

$$A_1 = A_0 + \nabla \theta \tag{4.6}$$

A_0 から A_1 への変換（これをゲージ変換と呼ぶ）に伴い，波動関数は次式のように変換される．

$$\varphi_1 = \varphi_0 e^{-\frac{ie\theta}{\hbar c}} \tag{4.7}$$

変換の前後における正準運動量の期待値 $\langle p_x \rangle_i = \langle \varphi_i^* | p_x | \varphi_i \rangle$ $(i=0,1)$ は，次のように計算される．

$$\langle p_x \rangle_1 = \langle p_x \rangle_0 - \frac{e}{c} \left\langle \frac{\partial \theta}{\partial x} \right\rangle_0 \tag{4.8}$$

従って，p はゲージ変換に対し不変ではない．また，式 (4.8) より，ゲージ不変な運動量が Π であることも分かる．これに対応し，電子の運動エネルギーもゲージ不変な次式で与えられる．

$$\mathcal{H} = \frac{1}{2m}\left(p + \frac{e}{c}A\right)^2 \tag{4.9}$$

$v_x = \partial \mathcal{H}/\partial p_x = \Pi_x/m$ より，$\Pi = m\bm{v}$ となる．

閉殻構造をもつ He 原子（軌道角運動量 $l=0$）に対し，磁場を加える前後における運動量の変化を調べよう．磁場を加える前のベクトルポテンシャルはゼロに選ぶことができ，$l=0$ より p もゼロであるから，$\Pi=0$ となる．磁場を加えた後の運動量を考えよう．まず，ベクトルポテンシャルが存在するので，電磁運動量は有限の値となる．一方，$p=-i\hbar\nabla$ より，正準運動量 p は波動関数の形（空間依存性）によって決まると考えてよい．He 原子に（小さな）磁場を加えても，$1s$ 軌道関数は形を変えないであろうから（「波動関数の剛性」），[1] 磁場を加えた後も正準運動量はゼロのままであると期待される．従って，電磁運動量は $\Pi = \frac{e}{c}A$ となる．$\Pi = m\bm{v}$ であることを用いると，磁場を印加したあとの電流密度は次のようになる．

$$\bm{j}_\mathrm{D} = -ne\bm{v} = -\frac{ne^2}{mc}\bm{A} \tag{4.10}$$

ここで，n は電子数密度である（定常状態に対する連続の条件 $\nabla \cdot \bm{j}_\mathrm{D} = 0$ より，$\nabla \cdot \bm{A} = 0$ となる）．この $\bm{j}_\mathrm{D}$ が上述の反磁性電流である．実際，これと式 (1.5) の磁気モーメントの定義とを結びつけることにより，式 (4.5) を確かめることができる．

式 (4.10) において，電子数密度 n を Cooper 対（次節を参照）の密度 n_C で置き換えると，次の（単連結の超伝導体中で成り立つ）London 方程式が得られる．[2]

$$\bm{J} = -\frac{2n_\mathrm{C}e^2}{mc}\bm{A} \tag{4.11}$$

---

[1] 伝導電子に磁場をかけると，らせん運動を行う．これは，波動関数が容易に形を変える典型例である．He 原子中の電子の波動関数が硬いのは，励起状態とのエネルギー差が大きいためである．

[2] London 方程式が適用できるのは，$\xi \ll \lambda$ の場合（第 2 種超伝導体）である．ここで，(後述の) ξ はコヒーレンス長，λ は磁場侵入長である．

左辺の電流は，原子の中を流れる j_D が抵抗なしに流れるのと同様，減衰せず永続的に（超伝導体中を）流れる超伝導電流である．

【補足 2】 量子力学的な流れ（例えば電流）は，次式の「確率の流れの密度」で与えられる [2]．

$$J_P = -\frac{i\hbar}{2mc}(\psi^* \nabla \psi - \psi \nabla \psi^*) = \frac{\hbar}{mc}|\psi|^2 \nabla \theta(r) \tag{4.12}$$

第 2 式に移行する際，波動関数を $\psi = |\psi|e^{i\theta(r)}$ と置いた．[3] ψ を超流動を記述する（マクロな）波動関数，m を He 原子の質量と見なせば，式 (4.12) は，外から圧力をかけなくても，波動関数の位相に勾配があれば流体が（粘性なしで）流れることを示す．

磁場下における超伝導に対しては，$J = 2eJ_P$ および $m \to 2m$ と置いて，次を得る．

$$J = \frac{e\hbar}{mc}|\psi|^2 \nabla \theta(r) - \frac{2e^2}{mc}|\psi|^2 A \tag{4.13}$$

但し，単連結超伝導体の場合は，ベクトルポテンシャルを適当に選ぶことにより，第 1 項が現れないようにできる（式 (4.11) 参照）．第 2 項は，London 方程式において，$n_C \to |\psi|^2$ の置き換えを行うことによって得られた．

中空円筒（ドーナッツ状）の超伝導体を考え，その穴を取り囲む曲線上で式 (4.13) を積分する．超伝導体内の積分路では超伝導電流がゼロ $\oint J \cdot dl = 0$ であることを用い，1 周した時の波動関数の位相差を $2n\pi$ と置くと，次の式が得られる．

$$\phi = \frac{h}{2e}n \quad (n \text{ は整数}) \tag{4.14}$$

これは，(穴を貫く) 磁束 ϕ が量子化されることを示す．外部磁束は連続的な値をとるにも関わらず，穴を貫く磁束が磁束量子 $\phi_0 = h/(2e)$ の整数倍になるのは，穴の周りを流れる超伝導電流が磁場を"うまく遮蔽"しているためである．

式 (4.11) の両辺の curl（rot あるいは $\nabla\times$）をとることにより，次を得る．

$$B = -\frac{mc}{2n_C e^2}\nabla \times J \tag{4.15}$$

Maxwell 方程式より，

$$\nabla \times B = \frac{4\pi}{c}J \tag{4.16}$$

以上から J を消去すると，次が得られる．

$$\nabla^2 B = \frac{B}{\lambda^2} \tag{4.17}$$

---

[3] 波動関数が複素数であることが重要である．そうでなければ，$\theta(r) = 0$ となり，$J_P = 0$ 即ち電流が存在しないことになる．

ここで，λ は次式によって定義される量であり，磁場侵入長と呼ばれる．[4)]

$$\lambda^2 = \frac{mc^2}{8\pi n_C e^2} = \frac{mc^2}{4\pi n_s e^2} \tag{4.18}$$

ここで，$n_s = 2n_C$ は，超伝導電子の密度である．板状の超伝導体に磁場を加えたときの解は（図 4.2(b)），次によって与えられる．

$$\bm{B} = \bm{B}_0 e^{-z/\lambda} \tag{4.19}$$

これより，（深さ λ 程度の試料表面を除き）磁場 $\bm{B}$ が排除されることが分かる．

Meissner 状態（図 4.2(c)）においては $\bm{B} = 0$ であるから，磁化 $\bm{M}$ は次のように書かれる．

$$\bm{M} = -\frac{1}{4\pi}\bm{H} \tag{4.20}$$

超伝導体内でゼロになるのは $\bm{B}$ であり，$\bm{H}$ ではない（$\bm{H} = -4\pi\bm{M}$）ことに注意する必要がある．係数 $\chi = -1/4\pi$ は，超伝導を特徴づける完全反磁性磁化率である．

等温過程において，Gibbs の自由エネルギーを次のように書く．

$$G(\bm{H}) = G(0) - \int_0^{\bm{H}} \bm{M} \cdot d\bm{H} \tag{4.21}$$

常伝導状態での磁化がゼロであると仮定すると，$G_n(\bm{H}) = G_n(0)$ の関係が得られる．一方，超伝導状態では完全反磁性であるから，次式が成り立つ．

$$G_s(\bm{H}) = G_s(0) + \frac{1}{4\pi}\int_0^{\bm{H}} \bm{H} \cdot d\bm{H} = G_s(0) + \frac{1}{8\pi}H^2 \tag{4.22}$$

磁場を印加したとき超伝導は壊れるが，[5)] その転移磁場 H_c（熱力学的臨界磁場と呼ばれる）において，$G_n(H_c) = G_s(H_c)$ である．従って，次式が得られる．

$$G_n(0) - G_s(0) = \frac{1}{8\pi}H_c^2 \tag{4.23}$$

この式は，超伝導の凝縮エネルギーを与える．

[4)] 磁場を遮蔽する反磁性電流は，表面から λ 程度の深さまでの領域を流れる．
[5)] 金属中の局在スピンは，その周囲に局所磁場を生み出す（5-3-1 項参照）．従って超伝導体中に磁性不純物がある場合も，その局在スピンの作る磁場により，(後述の) Cooper 対は破壊され（10-2-1 項参照），超伝導が消失する．

4-2 超伝導の基底状態

4-2-1 束縛状態の形成

本項では，"Cooper の問題"，即ち Fermi 面の外側に付け加えられた 2 個の電子間に引力が働く場合（図 4.3(a) 参照），[6] 束縛状態が如何に形成されるかを考える [3]．2 電子の波動関数を次のように平面波の積で表す．

$$\Psi(\bm{r}_1, \bm{r}_2) \propto e^{i\bm{k}_1 \cdot \bm{r}_1 + i\bm{k}_2 \cdot \bm{r}_2} = e^{i(\bm{k}_1+\bm{k}_2)\cdot(\bm{r}_1+\bm{r}_2)/2 + i(\bm{k}_1-\bm{k}_2)\cdot(\bm{r}_1-\bm{r}_2)/2} \tag{4.24}$$

重心運動の運動量 $(\bm{k}_1+\bm{k}_2)/2$ がゼロと仮定すると，$\bm{k}_1 = \bm{k}$，$\bm{k}_2 = -\bm{k}$ となり，相対座標 $\bm{r} = \bm{r}_1 - \bm{r}_2$ に対応する波数は $(\bm{k}_1-\bm{k}_2)/2 = \bm{k}$ となる．これより，2 電子の波動関数は，次のように相対座標にのみ依存する（スピン部分は省略）．

$$\Psi(\bm{r}_1, \bm{r}_2) = \Psi(\bm{r}_1 - \bm{r}_2) \propto e^{i\bm{k}\cdot(\bm{r}_1-\bm{r}_2)} \tag{4.25}$$

もし 2 電子間に相互作用が働かなければ，それぞれの電子はこの状態（図 4.3(a) の状態）を保ち続ける．2 電子間に相互作用 V がある場合には，電子は互いに散乱し，図 4.3(b) のような状態に遷移する（全運動量は保存するので，$\bm{k}'$ と $-\bm{k}'$ の対状態に散乱される）．散乱後の波数 $\bm{k}'$ は任意であるから，相互作用する 2 電子の波動関数は，次のように書かれる．

$$\Psi(\bm{r}_1, \bm{r}_2) = \Psi(\bm{r}_1 - \bm{r}_2) = \sum_{\bm{k}} \varphi(\bm{k}) e^{i\bm{k}\cdot(\bm{r}_1-\bm{r}_2)} \tag{4.26}$$

ここで，$\varphi(\bm{k})$ は，片方の電子が $\bm{k}$ に，もう一方の電子が $-\bm{k}$ の状態に見出される確率振幅である．4-7-1 項で議論するように，$\varphi(\bm{k})$ の $\bm{k}$ 依存性が異方的超伝導を導く．

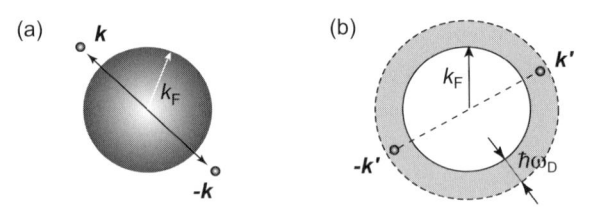

図 **4.3** (a) Fermi 球の外側に付け加えられた 2 電子．(b) 相互作用の働く波数空間の領域．陰影部（通常は Fermi 球の大きさに比べ十分小さい）の中の 2 電子にのみ引力が働く．

---

[6] Fermi 球の存在は，付け加えられた 2 電子にとって Fermi エネルギー E_F 以下の状態が使えないこと（制限）を意味する．

Pauli の原理（Fermi 球の内側に電子は入ることができない）より，次の条件がつく．

$$\varphi(\boldsymbol{k}) = 0 \quad (k \leq k_F) \tag{4.27}$$

解くべき Schrödinger 方程式は次のようである．

$$-\frac{\hbar^2}{2m}\left(\nabla_1^2 + \nabla_2^2\right)\Psi(\boldsymbol{r}_1, \boldsymbol{r}_2) + V(\boldsymbol{r}_1 - \boldsymbol{r}_2)\Psi(\boldsymbol{r}_1, \boldsymbol{r}_2) = \left(E + \frac{\hbar^2 k_\mathrm{F}^2}{m}\right)\Psi(\boldsymbol{r}_1, \boldsymbol{r}_2) \tag{4.28}$$

ここで，相互作用は相対座標の関数であるとし，エネルギーの原点を E_F にとった．換算質量 $\mu = m/2$ および相対座標 $\boldsymbol{r} \equiv \boldsymbol{r}_1 - \boldsymbol{r}_2$ を用いると，次のようになる．

$$-\frac{\hbar^2}{2\mu}\nabla^2\Psi(\boldsymbol{r}) + V(\boldsymbol{r})\Psi(\boldsymbol{r}) = \left(E + \frac{\hbar^2 k_\mathrm{F}^2}{2\mu}\right)\Psi(\boldsymbol{r}) \tag{4.29}$$

エネルギー固有値 E を求めるために，式 (4.28) あるいは式 (4.29) に式 (4.25) を代入し，$e^{-i\boldsymbol{k}'\cdot\boldsymbol{r}}$ をかけて $\boldsymbol{r}(=\boldsymbol{r}_1-\boldsymbol{r}_2)$ について積分すると，

$$\sum_{\boldsymbol{k}} \frac{\hbar^2 k^2}{m}\varphi(\boldsymbol{k})\delta(\boldsymbol{k}-\boldsymbol{k}') + \sum_{\boldsymbol{k}} \varphi(\boldsymbol{k})V_{\boldsymbol{k}',\boldsymbol{k}} = (E+2E_\mathrm{F})\sum_{\boldsymbol{k}}\varphi(\boldsymbol{k})\delta(\boldsymbol{k}-\boldsymbol{k}') \tag{4.30}$$

となる．ここで，体積を 1 として，次式を用いた．

$$\int e^{i(\boldsymbol{k}-\boldsymbol{k}')\cdot\boldsymbol{r}}d\boldsymbol{r} = \delta(\boldsymbol{k}-\boldsymbol{k}'), \quad V_{\boldsymbol{k}',\boldsymbol{k}} \equiv \int V(\boldsymbol{r})e^{i(\boldsymbol{k}-\boldsymbol{k}')\cdot\boldsymbol{r}}d\boldsymbol{r} \tag{4.31}$$

式 (4.30) の和を実行することにより（$\boldsymbol{k}$ と $\boldsymbol{k}'$ とを入れ替える），次式を得る．

$$\frac{\hbar^2 k^2}{m}\varphi(\boldsymbol{k}) + \sum_{\boldsymbol{k}'}\varphi(\boldsymbol{k}')V_{\boldsymbol{k},\boldsymbol{k}'} = (E+2E_\mathrm{F})\varphi(\boldsymbol{k}) \tag{4.32}$$

引力は短距離力でありかつ等方的であるとし，"ペア相互作用" を次の形に書き表す．

$$\begin{cases} V_{\boldsymbol{k},\boldsymbol{k}'} = -V_0\ (<0) & \left(\dfrac{\hbar^2 k^2}{2m} < E_\mathrm{F} + \hbar\omega_\mathrm{D},\ \dfrac{\hbar^2 k'^2}{2m} < E_\mathrm{F} + \hbar\omega_\mathrm{D}\right) \\ V_{\boldsymbol{k},\boldsymbol{k}'} = 0 & （上記以外の場合） \end{cases} \tag{4.33}$$

これは，図 4.3(b) に示したように，Fermi 球の外側のエネルギー幅 $\hbar\omega_\mathrm{D}$（切断エネルギー：Debye エネルギーに対応）の球殻の中にある 2 電子間にのみ引力が働くことを意味する．このとき，式 (4.32) は，次のように書き換えられる．

$$\left(E + 2E_\mathrm{F} - \frac{\hbar^2 k^2}{m}\right)\varphi(\boldsymbol{k}) = C, \quad C = -V_0\sum_{\boldsymbol{k}'}\varphi(\boldsymbol{k}') \tag{4.34}$$

ここで，式を 2 つの部分に分けて書き下した．式 (4.34) 第 2 式の和における $\boldsymbol{k}'$ の条件は，$E_\mathrm{F} < \frac{\hbar^2 k'^2}{2m} < E_\mathrm{F} + \hbar\omega_D$ である．第 2 式の右辺に第 1 式から得た $\varphi(\boldsymbol{k})$ を代入

し，次を得る．

$$C = -V_0 \sum_{\bm{k}'} \frac{C}{E + 2E_F - \frac{\hbar^2 \bm{k}'^2}{m}} \tag{4.35}$$

両辺を C で割ると

$$\frac{1}{V_0} = \sum_{\bm{k}'} \frac{1}{2\xi_{\bm{k}'} - E} \tag{4.36}$$

が得られる．ここで，$\xi_{\bm{k}'}$ は，Fermi 準位 E_F から測った運動エネルギーである．

$$\xi_{\bm{k}'} \equiv \frac{\hbar^2 \bm{k}'^2}{2m} - E_F \quad (>0) \tag{4.37}$$

集合 $\{\xi_{\bm{k}'}\}$ が離散的な場合には，式 (4.36) の両辺は，図 4.4(a) のように書かれる．右辺は $E = 2\xi_{\bm{k}'}$ のところで発散し，これを満たす $\bm{k}'$ は，k_F の付近（Fermi 球のすぐ外側）に無数に存在する．また，左辺は横軸に平行な直線であり，V_0 が小さいほど上にシフトする．これらの交点（黒点）が解となる．V_0 がどんなに弱くても，引力（$V_{\bm{k},\bm{k}'} < 0$）でありさえすれば，$E < 0$ の束縛状態が生じる．これを Cooper 不安定性（Cooper instability）と呼ぶ．

巨視的な極限では，和を積分で置き換えることができる．即ち，式 (4.36) を，(↑スピンまたは↓スピンの) 状態密度 $N(\xi')$ を用いて次のように書き換える．

$$\frac{1}{V_0} = \int_0^{\hbar\omega_D} \frac{1}{2\xi' - E} N(\xi') d\xi' \tag{4.38}$$

ここで，$\bm{k}'$ に対する条件より，積分範囲は $0 < \xi' < \hbar\omega_D$ となる．$\hbar\omega_D \ll E_F$ とすると（$\hbar\omega_D$ および E_F は温度に換算して各々数百度および数万度の程度），積分区間に

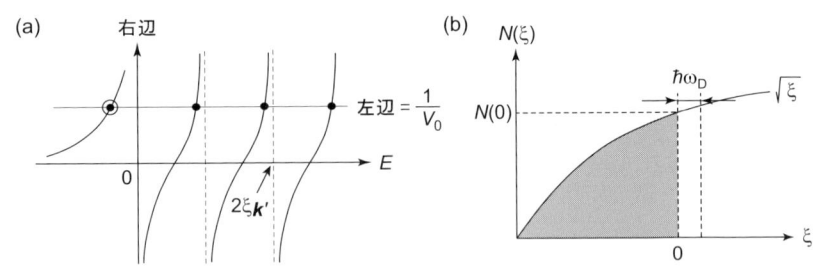

図 4.4 (a) セルフコンシステント方程式 (4.36) の図解．左辺および右辺の曲線が交わる点（黒丸）が解である．2 重丸印が束縛状態（$E < 0$）に対応する．(b) 状態密度曲線．

おいて $N(\xi') \simeq N(0)$ と置いてよい（図 4.4(b) 参照）．従って，

$$\frac{1}{V_0} = N(0) \int_0^{\hbar\omega_{\rm D}} \frac{1}{2\xi' - E} d\xi' \simeq \frac{1}{2} N(0) \ln\left(\frac{2\hbar\omega_{\rm D}}{-E}\right) \tag{4.39}$$

となる．ここで，$|E| \ll 2\hbar\omega_{\rm D}$ と近似した．以上より，次の束縛エネルギーが得られる．

$$E_{\rm B} = -E = 2\hbar\omega_{\rm D} e^{-\frac{2}{N(0)V_0}} \tag{4.40}$$

4-2-2 束縛状態の波動関数とコヒーレンス長

（Fermi 球のない）単なる 2 粒子系の場合に束縛状態が生じるためには，引力はある程度以上に強くなければならない．なぜなら，束縛状態を形成することによって増大する運動エネルギーの上昇を賄うくらい強い引力が必要となるからである．これに対し，Cooper の問題では，引力はどんなに小さくても束縛状態が作られる．この理由を考えよう．

束縛状態の波動関数は，式 (4.34) より，運動量表示で次のように書かれる．

$$\varphi(\boldsymbol{k}) = \frac{C}{2\xi_{\boldsymbol{k}} + E_{\rm B}} \tag{4.41}$$

ここで，$-C$ を C と書き換えた．これより，波動関数 (4.25) は実座標表示で次のように書かれる．[7]

$$\Psi(\boldsymbol{r}_1, \boldsymbol{r}_2) = \sum_{k(>k_{\rm F})} \frac{C}{2\xi_{\boldsymbol{k}} + E_{\rm B}} e^{i\boldsymbol{k}\cdot(\boldsymbol{r}_1 - \boldsymbol{r}_2)} \tag{4.42}$$

係数 $C/(2\xi_{\boldsymbol{k}} + E_{\rm B})$ は，$\xi_{\boldsymbol{k}}$ が大きくなると小さくなる．このことより，$\boldsymbol{k}$ の和に効くのは Fermi 準位直上の状態のみであると考えよう．このような状態は無数に存在し，その励起エネルギーは殆どゼロである．[8] 従って，たくさんの平面波を重ね合わせて束縛状態を作るのに要するエネルギーはごくわずかである．これが，Fermi 球が存在する場合に小さな引力でも束縛状態が生じる理由である．

式 (4.42) の $\boldsymbol{k}$ に関する和に効く領域は，$E_{\rm F}$ 直上の $(0<) \xi_{\boldsymbol{k}} < E_{\rm B}$ のエネルギー領域であると考えよう．これは，$\xi_{\boldsymbol{k}} \simeq \hbar v_{\rm F}(k - k_{\rm F})$（$v_{\rm F}$ は Fermi 速度）と近似することにより，$\hbar v_{\rm F}(k - k_{\rm F}) < E_{\rm B}$ と表される．波数の領域としてみれば，$(k - k_{\rm F}) < E_{\rm B}/(\hbar v_{\rm F})$ である．このような波数領域の平面波を重ね合わせてできる波動関数は，不確定性

---

[7] 式 (4.42) は，$\boldsymbol{k}$ の相手となる $-\boldsymbol{k}$ を必ず含む．このことに注意すると，粒子の入れ替えに対して対称 $\Psi(-\boldsymbol{r}) = \Psi(\boldsymbol{r})$ である．従って，スピン状態は 1 重項でなければならない．

[8] このことを，「基底状態が無限に縮退している」という．

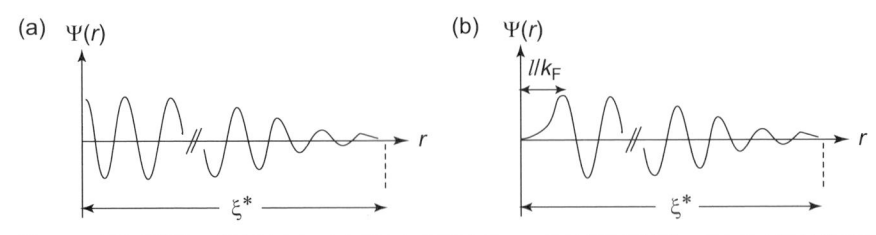

図 4.5 対波動関数の概略図 [4]. (a) 原点に振幅を持つ s 波対称波動関数. (b) 異方的対波動関数. 原点の近傍では，$(kr)^l$ のように振舞い，原点から l/k_F 程度離れたところに最初の極大をもつ. $r \gg l/k_F$ のところでは，$\sin(kr - l\pi/2)/(kr)$ に比例する. 図にはこの $1/r$ の減衰は描かれていない. ξ^* より遠方では，波動関数は $\frac{1}{\sqrt{r}} e^{-r/\xi^*}$ のように $1/r$ より早く減衰する.

関係（$\Delta k \Delta r \sim 1$）より，次のような実空間での拡がりをもつ.[9]

$$\xi^* \sim \frac{\hbar v_F}{E_B} \tag{4.43}$$

ξ^* はコヒーレンス長と呼ばれ，[10] 図 4.5(a) に示すように，波動関数（波数 k_F で振動）の拡がりの目安となる. $V_0 \to 0$ の極限で ξ^* は（指数関数的に）長くなるが，これは束縛状態が形成されないことに対応する.

【補足 3】 異方的超伝導の波動関数の概略図を図 4.5(b) に示す. 等方的な場合と異なり，原点（$r = 0$）付近では振幅を持たない. これは，水素原子の s 波動関数が原点に振幅を持つのに対し，p や d 波動関数は振幅を持たないのと同じである. 原点に振幅を持たないことは，電子間の斥力を避ける上で有効である.

4-2-3　BCS 基底状態とギャップ方程式

Cooper 問題では，Fermi 球の外側に付け加えられた 2 電子の間にのみ引力が働くと仮定した. 本項では，実際の金属のように，多数のペアが存在する場合を考える [5]. 以下では，ペアに属する 2 電子間には相互作用が働くが，ペアとペアの間には相互作用は働かないと考える. ペア同士の間には，Cooper 問題と同じように，Pauli 原理による運動学上の制約のみを取り入れる. まず，Cooper 対を占有数表示により，次のように書き表す.

$$|\Psi_{\bm{k}}\rangle = u_{\bm{k}}|00\rangle_{\bm{k}} + v_{\bm{k}}|11\rangle_{\bm{k}} \qquad (|u_{\bm{k}}|^2 + |v_{\bm{k}}|^2 = 1) \tag{4.44}$$

---

[9] 束縛エネルギー E_B に対し，不確定性関係 $E_B \cdot \Delta t \sim \hbar$ が成り立つと考える. このとき，電子は Δt の時間，速さ v_F（Fermi 速度）で走るとすると，その間に進む距離は $v_F \Delta t \sim v_F \frac{\hbar}{E_B}$ である. これを束縛の大きさ（Cooper 対の大きさ）ξ^* とみなすと，式 (4.43) が得られる.

[10] 運動エネルギーを表す ξ と混同しないこと.

ここで，$|00\rangle_{\boldsymbol{k}}$ は対の状態 ($\boldsymbol{k}\uparrow$ および $-\boldsymbol{k}\downarrow$) が占有されていない状態，$|11\rangle_{\boldsymbol{k}}$ はそれが占有されている状態を表す．$|v_{\boldsymbol{k}}|^2$ は，1電子状態を占める平均電子数である．全電子系の波動関数は，全ての可能な $\boldsymbol{k}$ に関する $\Psi_{\boldsymbol{k}}$ の積として，次のように書かれる．

$$|\Psi\rangle = \prod_{\boldsymbol{k}} |\Psi_{\boldsymbol{k}}\rangle \tag{4.45}$$

$u_{\boldsymbol{k}}$ および $v_{\boldsymbol{k}}$ が次式 (4.46) で与えられるとき，

$$u_{\boldsymbol{k}} = \begin{cases} 0 & (\xi_{\boldsymbol{k}} < 0) \\ 1 & (\xi_{\boldsymbol{k}} > 0) \end{cases} \quad v_{\boldsymbol{k}} = \begin{cases} 1 & (\xi_{\boldsymbol{k}} < 0) \\ 0 & (\xi_{\boldsymbol{k}} > 0) \end{cases} \tag{4.46}$$

$|v_{\boldsymbol{k}}|^2$ の分布は図 4.6(a) の破線のようになり，Ψ は Fermi 準位まで電子の詰まった自由電子系の関数を表す．これに対し，以下に示すように，超伝導状態の $|v_{\boldsymbol{k}}|^2$ は図 4.6(a) の実線のように振舞う．$|u_{\boldsymbol{k}}|^2$ はこれを k_F で折り返したものに等しい．超伝導状態の特徴は，Bardeen，Cooper，Schrieffer によって見出されたように，(絶対零度でも) 係数の積 $u_{\boldsymbol{k}}v_{\boldsymbol{k}}$ がゼロとはならないことである (図 4.6(b))．これは，絶対零度であるにもかかわらず，電子やホールが多数励起されていることを意味する (図 4.6(c))．

係数 $u_{\boldsymbol{k}}$ および $v_{\boldsymbol{k}}$ を変分法により決めるため，エネルギーを計算しよう．ある特定の "$\boldsymbol{k}$ の対" の運動エネルギーは簡単に求まる．

$$2\xi_{\boldsymbol{k}}|v_{\boldsymbol{k}}|^2 \tag{4.47}$$

電子 1 個の運動エネルギーが $\xi_{\boldsymbol{k}}$ であり，状態 $\boldsymbol{k}$ を占有する確率が $|v_{\boldsymbol{k}}|^2$ であることを考えれば，これは容易に理解されるであろう．"$\boldsymbol{k}$ の対"から"$\boldsymbol{k}'$ の対"への散乱

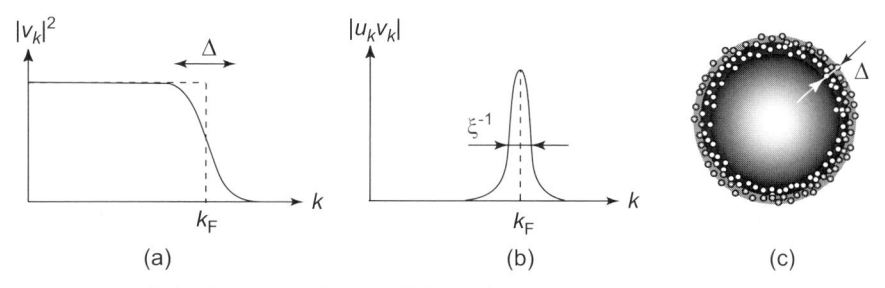

図 4.6 BCS 基底状態．(a) $|v_{\boldsymbol{k}}|^2$ の波数依存性．自由電子の場合の運動量分布が破線で示されている．(b) 凝縮を特徴づけるパラメータ $|u_{\boldsymbol{k}}v_{\boldsymbol{k}}|$ の運動量依存性．(c) 超伝導状態における "Fermi 面"．Fermi 準位近傍には，絶対零度であるにもかかわらず，電子やホールが多数励起されている．

に対応する相互作用エネルギーは次のように書かれる．

$$v_{\bm{k}'}^* u_{\bm{k}}^* {}_{\bm{k}'}\langle 11|_{\bm{k}}\langle 00|V_0|11\rangle_{\bm{k}}|00\rangle_{\bm{k}'} v_{\bm{k}} u_{\bm{k}'} = V_{\bm{k}',\bm{k}} u_{\bm{k}}^* v_{\bm{k}} u_{\bm{k}'} v_{\bm{k}'}^* \tag{4.48}$$

ここで，$V_{\bm{k}',\bm{k}} = {}_{\bm{k}'}\langle 11|_{\bm{k}}\langle 00|V_0|11\rangle_{\bm{k}}|00\rangle_{\bm{k}'}$ であり，"$\bm{k}'$ の対"への散乱が可能であるためには，始状態においてそれが非占有でなければならないことを用いた．式 (4.44) の規格化条件を考慮して，Lagrange の未定乗数法により，次の全エネルギーを極小にするよう $u_{\bm{k}}$ および $v_{\bm{k}}$ を決める．

$$\text{全エネルギー} = \sum_{\bm{k}} 2\xi_{\bm{k}} v_{\bm{k}} v_{\bm{k}}^* + \sum_{\bm{k},\bm{k}'} V_{\bm{k}',\bm{k}} u_{\bm{k}}^* v_{\bm{k}} u_{\bm{k}'} v_{\bm{k}'}^* - \lambda_{\bm{k}} (u_{\bm{k}} u_{\bm{k}}^* + v_{\bm{k}} v_{\bm{k}}^*) \tag{4.49}$$

$u_{\bm{k}}^*$ および $v_{\bm{k}}^*$ で変分し，$\delta u_{\bm{k}}^*$ および $\delta v_{\bm{k}}^*$ にかかる係数をゼロと置くと，次が得られる．

$$\sum_{\bm{k}'} V_{\bm{k}',\bm{k}} v_{\bm{k}} u_{\bm{k}'} v_{\bm{k}'}^* - \lambda_{\bm{k}} u_{\bm{k}} = 0 \tag{4.50}$$

$$2\xi_{\bm{k}} v_{\bm{k}} + \sum_{\bm{k}'} V_{\bm{k},\bm{k}'} u_{\bm{k}'}^* v_{\bm{k}'} u_{\bm{k}} - \lambda_{\bm{k}} v_{\bm{k}} = 0 \tag{4.51}$$

ギャップ関数 $\Delta_{\bm{k}}$ を次のように定義する．

$$\Delta_{\bm{k}} = -\sum_{\bm{k}'} V_{\bm{k},\bm{k}'} u_{\bm{k}'}^* v_{\bm{k}'} \tag{4.52}$$

これを式 (4.50) および (4.51) に代入すると，

$$(2\xi_{\bm{k}} - \lambda_{\bm{k}}) v_{\bm{k}} - \Delta_{\bm{k}} u_{\bm{k}} = 0, \quad -\Delta_{\bm{k}}^* v_{\bm{k}} - \lambda_{\bm{k}} u_{\bm{k}} = 0 \tag{4.53}$$

となる．永年方程式をたてると，

$$\begin{vmatrix} 2\xi_{\bm{k}} - \lambda_{\bm{k}} & -\Delta_{\bm{k}} \\ -\Delta_{\bm{k}}^* & -\lambda_{\bm{k}} \end{vmatrix} = 0 \tag{4.54}$$

が得られ，固有エネルギーが次のように求まる．

$$\lambda_{\bm{k}} = \xi_{\bm{k}} \pm E_{\bm{k}} \quad \text{ただし } E_{\bm{k}} \equiv \sqrt{\xi_{\bm{k}}^2 + |\Delta_{\bm{k}}|^2} \tag{4.55}$$

後に分かるように，複号のうち − は基底状態（束縛状態）のエネルギー，+ は励起状態のエネルギーに対応する（4-4-1 項参照）．以降は，基底状態（式 (4.55) の負号）のみを考える．式 (4.55) を式 (4.53) に代入して，次を得る．

$$(\xi_{\bm{k}} + E_{\bm{k}}) v_{\bm{k}} = \Delta_{\bm{k}} u_{\bm{k}}, \quad \Delta_{\bm{k}}^* v_{\bm{k}} = -(\xi_{\bm{k}} - E_{\bm{k}}) u_{\bm{k}} \tag{4.56}$$

これと，$|u_{\bm{k}}|^2 + |v_{\bm{k}}|^2 = 1$ とを組み合わせて次を得る．

$$|v_{\bm{k}}|^2 = \frac{1}{2}\left(1 - \frac{\xi_{\bm{k}}}{E_{\bm{k}}}\right), \quad |u_{\bm{k}}|^2 = \frac{1}{2}\left(1 + \frac{\xi_{\bm{k}}}{E_{\bm{k}}}\right) \tag{4.57}$$

$|v_{\bm{k}}|^2$ を波数の関数としてプロットすると，図 4.6(a) が得られる．これは，破線で示した絶対零度における自由電子の（不連続を示す）分布関数とは大きく異なり，有限温度における自由電子の分布関数のように連続的である．[11] "ぼやけ" の幅がエネルギーに換算して $|\Delta|$ の程度（温度に換算して数度程度）であると考え（$\Delta_{\bm{k}}$ の波数依存性を無視する），$\frac{\hbar^2}{2m}\{(k_{\mathrm{F}} + \delta k)^2 - k_{\mathrm{F}}^2\} \sim |\Delta|$ と置くと，波数に関する幅として $\delta k \sim |\Delta|/\hbar v_{\mathrm{F}}$ を得る．これより，次のコヒーレンス長を得る．[12]

$$\xi_0 \simeq \frac{\hbar v_{\mathrm{F}}}{\pi|\Delta|} \tag{4.58}$$

これは，式 (4.43) で E_{B} を $|\Delta|$ と置き換えたものに対応する．

式 (4.56) の第 2 式の複素共役をとり，両辺に $v_{\bm{k}}$ をかけ，式 (4.57) を用いることにより，次を得る．

$$u_{\bm{k}}^* v_{\bm{k}} = -\frac{\Delta_{\bm{k}}}{\xi_{\bm{k}} - E_{\bm{k}}}|v_{\bm{k}}|^2 = \frac{\Delta_{\bm{k}}}{2E_{\bm{k}}} \tag{4.59}$$

$|u_{\bm{k}} v_{\bm{k}}|$ の運動量分布は，図 4.6(b) に示したように，Fermi 準位近傍の狭い領域（コヒーレンス長の逆数程度）に限られている．式 (4.59) を式 (4.52) に代入すると

$$\Delta_{\bm{k}} = -\sum_{\bm{k}'} V_{\bm{k},\bm{k}'} \frac{\Delta_{\bm{k}'}}{2E_{\bm{k}'}} \tag{4.60}$$

が得られる．このセルフコンシステント方程式は，（絶対零度における）BCS のギャップ方程式である．Cooper 問題と同じように，次式の簡単化された引力

$$V_{\bm{k},\bm{k}'} = -V_0, \quad \Delta_{\bm{k}} = \Delta \quad (|\xi_{\bm{k}}| < \hbar\omega_{\mathrm{D}} \text{のとき}) \tag{4.61}$$

を仮定すれば，ギャップ方程式は，次のように簡単化される．

$$1 = \frac{1}{2}V_0 \sum_{\bm{k}} \frac{1}{\sqrt{\xi_{\bm{k}}^2 + |\Delta|^2}} \tag{4.62}$$

【補足 4】 Cooper 対を構成する電子間の引力相互作用の強い Hg, Pb や重い電子系超

---

[11] $|v_{\bm{k}}|^2$ の連続的な変化は，Fermi エネルギー以下の状態に空席があり，Fermi エネルギーの上に占有された状態のあることを示す．自由電子の Fermi 面は，占有状態と非占有状態の境界として明確に定義されたが，超伝導状態では，図 4.6(b) のように，ぼやけたものとなっている．これは，電子間のわずかな引力によって Fermi 面が大きく影響を受けるという "Fermi の海の不安定性" を示すものである．

[12] 本文の計算を行うと，因子 $\frac{1}{\pi}$ は現れない．ここでは，他書との対応のために付け加えた．

伝導体（強結合超伝導体と呼ばれる）を記述するためには，Eliashberg 方程式が必要である．これは，BCS ギャップ方程式を拡張したもので，次の効果を取り入れたものである．(1) 電子が相互作用するためには有限の時間が必要である（遅延効果），(2) Cooper 対を作る電子が他の電子によって散乱されることにより寿命を持つ（準粒子 damping），(3) Cooper 対を作るために必要な準粒子が相互作用により減少する（準粒子くりこみ）ことである．(1) の効果は，「エネルギーが離れた電子はエネルギーの近い電子に比べ相互作用が弱い」ことに対応している．また，(2) および (3) は，「よく定義された準粒子が Cooper 対を作る」ことに対応している．

超伝導に対する理解を深めるため，"強磁性モデル"を考える [6]．超伝導のハミルトニアンは，付録 A-2 節に示す Cooper 対の散乱を表すハミルトニアンを用いて，次のように表わされる．

$$\mathcal{H} = \frac{1}{2}\sum_{\bm{k}} \xi_{\bm{k}} \sigma_{\bm{k}}^z - V_0 \sum_{\bm{k},\bm{k}'} \sigma_{\bm{k}}^+ \sigma_{\bm{k}'}^- = \frac{1}{2}\sum_{\bm{k}} \xi_{\bm{k}} \sigma_{\bm{k}}^z - \frac{1}{4} V_0 \sum_{\bm{k},\bm{k}'} \left(\sigma_{\bm{k}}^x \sigma_{\bm{k}'}^x + \sigma_{\bm{k}}^y \sigma_{\bm{k}'}^y \right) \qquad (4.63)$$

ここで，$\sigma^x, \sigma^y, \sigma^z$ は Pauli 行列であり，$\sigma_{\bm{k}}^+$ ($\sigma_{\bm{k}}^-$) は波数 $\bm{k}$ の Cooper 対の生成（消滅）を表す．また，引力相互作用の大きさ V_0 は，波数に依存しないと仮定した．このハミルトニアンの基底関数は，Cooper 対が存在する状態 $|1\rangle_{\bm{k}}$ と存在しない状態 $|0\rangle_{\bm{k}}$ である．

$$|1\rangle_{\bm{k}} = \begin{pmatrix} 1 \\ 0 \end{pmatrix}_{\bm{k}}, \quad |0\rangle_{\bm{k}} = \begin{pmatrix} 0 \\ 1 \end{pmatrix}_{\bm{k}} \qquad (4.64)$$

これらを，各々上向きおよび下向きスピンの状態と読み替えると，式 (4.63) は強磁性のハミルトニアンと見なされる．

$\bm{\sigma}_{\bm{k}}$ に作用する仮想的な磁場 $\bm{H}_{\bm{k}}$ を次式によって定義する．

$$\bm{H}_{\bm{k}} = -\xi_{\bm{k}} \hat{\bm{z}} + \frac{1}{2} V_0 \sum_{\bm{k}'(\neq \bm{k})} \left(\sigma_{\bm{k}'}^x \hat{\bm{x}} + \sigma_{\bm{k}'}^y \hat{\bm{y}} \right) \qquad (4.65)$$

このとき，ハミルトニアン (4.63) は，次のように書かれる．

$$\mathcal{H} = -\frac{1}{2} \bm{\sigma}_{\bm{k}} \cdot \bm{H}_{\bm{k}} \qquad (4.66)$$

通常の強磁性体と同じように，スピンベクトル $\bm{\sigma}_{\bm{k}}$ は，有効磁場 $\bm{H}_{\bm{k}}$ の方向に回転しようとする．

$V_0 = 0$ の場合（常伝導状態に対応）を考えると，有効磁場は $\bm{H}_{\bm{k}} = -\xi_{\bm{k}} \hat{\bm{z}}$ である．ここで，$\xi_{\bm{k}}$ は Fermi 準位を境にして符号を反転することに注意しよう．Fermi 準位より下の状態に対しては z 方向に磁場がかかっているので，上向きスピン状態 $|1\rangle_{\bm{k}}$

（対が占有されている状態）が安定である．Fermi 準位より上の状態に対しては，逆に，下向きスピン状態 $|0\rangle_{\boldsymbol{k}}$（対が空の状態）が安定である．即ち，スピンの向き（対状態の占有のされ方）は Fermi 準位を境にして不連続に変わる（図 4.6(a) の破線に対応）．

引力相互作用（$V_0 > 0$）が働く場合を考える．Fermi 準位上の状態に対しては $\xi_{\boldsymbol{k}} = 0$ であるから，有効磁場は x-y 面内にのみ存在する．簡単のため，この方向を $\hat{\boldsymbol{x}}$ 方向とすると，Fermi 面上の電子のスピンは，x 方向に向きを揃える．一方，Fermi 準位より下の電子は，z 方向の有効磁場を感じ，スピンを上向きにしようとする．また，Fermi 準位より上の電子は，スピンを下向きにしようとする．結局，電子のスピンは，そのエネルギーが Fermi 準位を下から上へよぎるとき，向きを上から下へ変える．この状況は，図 2.17 に示した磁壁と同じである．即ち，超伝導状態においては，磁壁においてスピンの向きがなめらかに回転するように，占有された状態から空の状態へなめらかに繋がっている．これは，図 4.6(a) に示した実線に対応する．

スピンの向きが x-z 面内にあり，z 軸となす角を θ としよう．また，$\boldsymbol{\sigma}_{\boldsymbol{k}} \parallel \boldsymbol{H}_{\boldsymbol{k}}$ とする．このとき，式 (4.65) より，次式が成り立つ．

$$\frac{H_{\boldsymbol{k}}^x}{H_{\boldsymbol{k}}^z} = \frac{\sigma_{\boldsymbol{k}}^x}{\sigma_{\boldsymbol{k}}^z} = \frac{\frac{1}{2} V_0 \sum \sigma_{\boldsymbol{k}'}^x}{\xi_{\boldsymbol{k}}} = \tan \theta_{\boldsymbol{k}} \tag{4.67}$$

これに，$\sigma_{\boldsymbol{k}'}^x = \sin \theta_{\boldsymbol{k}'}$ を代入すると，次式が得られる．

$$\tan \theta_{\boldsymbol{k}} = \frac{V_0}{2\xi_{\boldsymbol{k}}} \sum_{\boldsymbol{k}'} \sin \theta_{\boldsymbol{k}'} \tag{4.68}$$

ここで，次のように置く．

$$\Delta = \frac{1}{2} V_0 \sum_{\boldsymbol{k}'} \sin \theta_{\boldsymbol{k}'} \tag{4.69}$$

これより，$\tan \theta_{\boldsymbol{k}} = \Delta / \xi_{\boldsymbol{k}}$ となる．$\cos \theta_{\boldsymbol{k}} = 1/\sqrt{1 + \tan^2 \theta_{\boldsymbol{k}}}$ を用いて，次式を得る．

$$\cos \theta_{\boldsymbol{k}} = \frac{\xi_{\boldsymbol{k}}}{\sqrt{\xi_{\boldsymbol{k}}^2 + \Delta^2}}, \quad \sin \theta_{\boldsymbol{k}} = \frac{\Delta}{\sqrt{\xi_{\boldsymbol{k}}^2 + \Delta^2}} \tag{4.70}$$

第 2 式を式 (4.69) に代入し，次を得る．

$$\Delta = \frac{1}{2} V_0 \sum_{\boldsymbol{k}'} \frac{\Delta}{\sqrt{\xi_{\boldsymbol{k}'}^2 + \Delta^2}} \tag{4.71}$$

これは，ギャップ方程式 (4.62) である．

式 (4.65) および式 (4.69) より，次式が得られる．

$$\bm{H_k} = -\xi_{\bm{k}}\hat{\bm{z}} + \Delta\hat{\bm{x}} \tag{4.72}$$

これより，エネルギーギャップ Δ が内部磁場（分子場）の役割を果たすことが分かる．Cooper 対は，分子場 Δ（ペアポテンシャル）の中を動いていると言える．

【補足 5】有限温度に対しても，強磁性理論との類推が有効である [6]．強磁性における式 (2.80) との類推から，スピンの大きさの熱平均値を $\langle\sigma_{\bm{k}}\rangle = \tanh\left(\frac{H_{\bm{k}}}{k_{\rm B}T}\right)$ と書く．この温度によるスピン磁化の減少を考慮に入れ，$\sigma_{\bm{k}}^x = \sin\theta_{\bm{k}} \to \sigma_{\bm{k}}^x = \tanh\left(\frac{H_{\bm{k}}}{k_{\rm B}T}\right)\sin\theta_{\bm{k}}$ と置き換える．これを式 (4.67) に代入することにより，次式が得られる．

$$\tan\theta_{\bm{k}} = \frac{V}{2\xi_{\bm{k}}}\sum_{\bm{k}'}\sin\theta_{\bm{k}'}\tanh\left(\frac{H_{\bm{k}'}}{k_{\rm B}T}\right) \tag{4.73}$$

$T=0$ の場合と同じように計算を行うと，次式が得られる．

$$\Delta = \frac{1}{2}V_0\sum_{\bm{k}'}\sin\theta_{\bm{k}'}\tanh\left(\frac{H_{\bm{k}'}}{k_{\rm B}T}\right) = \frac{1}{2}V_0\sum_{\bm{k}'}\frac{\Delta}{\sqrt{\xi_{\bm{k}'}^2+\Delta^2}}\tanh\left(\frac{H_{\bm{k}'}}{k_{\rm B}T}\right) \tag{4.74}$$

これは，有限温度のギャップ方程式 (4.91) と等価である．

4-2-4　束縛エネルギーと凝縮エネルギー

超伝導を特徴づけるエネルギーギャップを求めるため，ギャップ方程式 (4.62) において，和を積分で置き換える．

$$1 = \frac{V_0}{2}\int \frac{N(\xi)}{\sqrt{\xi^2+|\Delta|^2}}d\xi \simeq \frac{V_0 N(0)}{2}\int_{-\hbar\omega_{\rm D}}^{\hbar\omega_{\rm D}}\frac{1}{\sqrt{\xi^2+|\Delta|^2}}d\xi = V_0 N(0)\sinh^{-1}\frac{\hbar\omega_{\rm D}}{|\Delta|} \tag{4.75}$$

これより，エネルギーギャップが次のように求まる．

$$|\Delta(0)| = \frac{\hbar\omega_{\rm D}}{\sinh((V_0 N(0))^{-1})} \simeq 2\hbar\omega_{\rm D}e^{-\frac{1}{V_0 N(0)}} \tag{4.76}$$

ここで，弱結合の条件 $V_0 N(0) \ll 1$ を用いた．また，絶対零度におけるギャップであることを明示するため，$\Delta(0)$ と記した．このエネルギーは，式 (4.40) で与えられる Cooper 問題の束縛エネルギーに比べ，指数の因子が $1/2$ になっているため，圧倒的に大きい．これは，束縛状態を作るのに，$-\hbar\omega_{\rm D} < \xi < 0$ の状態も利用できることから生じる．

式 (4.52) の $\Delta_{\bm{k}}$ の波数依存性を無視し，式 (4.49) の（超伝導状態における）全エ

ネルギーを計算すると，次が得られる．

$$E_s = \sum_{\bm{k}} \left(2\xi_{\bm{k}}|v_{\bm{k}}|^2 - \Delta u_{\bm{k}} v_{\bm{k}}^*\right) = \sum_{\bm{k}} \left(\xi_{\bm{k}} - \frac{\xi_{\bm{k}}^2}{E_{\bm{k}}} - \frac{|\Delta|^2}{2E_{\bm{k}}}\right) \tag{4.77}$$

ここで，第 2 式の和は $|\xi_{\bm{k}}| < \hbar\omega_D$ に関する和であることを忘れないようにする．これと，常伝導状態のエネルギー $E_n = \sum_{\xi_{\bm{k}}<0} 2\xi_{\bm{k}}$ との差をとることにより，凝縮エネルギーが求まる．

$$\begin{aligned}
E_s - E_n &= \sum_{\xi_{\bm{k}}>0}\left(\xi_{\bm{k}} - \frac{\xi_{\bm{k}}^2}{E_{\bm{k}}}\right) + \sum_{\xi_{\bm{k}}<0}\left(\xi_{\bm{k}} - \frac{\xi_{\bm{k}}^2}{E_{\bm{k}}} - 2\xi_{\bm{k}}\right) - 2\sum_{\xi_{\bm{k}}>0}\frac{|\Delta|^2}{2E_{\bm{k}}} \\
&= 2\sum_{\xi_{\bm{k}}>0}\left(\xi_{\bm{k}} - \frac{\xi_{\bm{k}}^2}{E_{\bm{k}}} - \frac{|\Delta|^2}{2E_{\bm{k}}}\right) \\
&\simeq 2N(0)\int_0^{\hbar\omega_D}\left(\xi - \frac{\xi^2}{\sqrt{\xi^2+|\Delta|^2}} - \frac{|\Delta|^2}{2\sqrt{\xi^2+|\Delta|^2}}\right)d\xi \\
&= N(0)\left[(\hbar\omega_D)^2 - \hbar\omega_D\sqrt{(\hbar\omega_D)^2+|\Delta|^2}\right] \\
&\simeq -\frac{1}{2}N(0)|\Delta|^2
\end{aligned} \tag{4.78}$$

ここで，$N(0)$ は 1 スピン当たりの状態密度であり，$\Delta \ll \hbar\omega_D$ を仮定した．凝縮エネルギーが $-\frac{1}{8\pi}H_c^2$ に等しいことを用いると（式 (4.23) 参照），次の関係が得られる．

$$H_c(0) = \sqrt{4\pi N(0)}|\Delta(0)| \tag{4.79}$$

絶対零度であることを明示するため，$H_c(0)$ および $\Delta(0)$ と書いた．通常の超伝導体の熱力学的臨界磁場 $H_c(0)$ は，数百 Oe の程度である．

図 4.6 で見たように，超伝導状態における Fermi 準位近傍の様相は，運動エネルギー最小を与える自由粒子系のものとは異なる．これは，超伝導状態の運動エネルギーが自由電子系のそれより高いことを意味する．しかし，引力相互作用によるエネルギーの利得は，運動エネルギーの損を補って余りあるくらい大きい．

4-3　超伝導引力の起源

本節では，始状態 I から終状態 II へ遷移する際に（図 4.7(a) 参照），如何にして引力相互作用が現れるかを考えよう．(電子系に対しては，図 4.7(a) に示した状態だけでなく，Fermi 面の近傍に電子・ホールが励起されている状態も含めて考える．) は

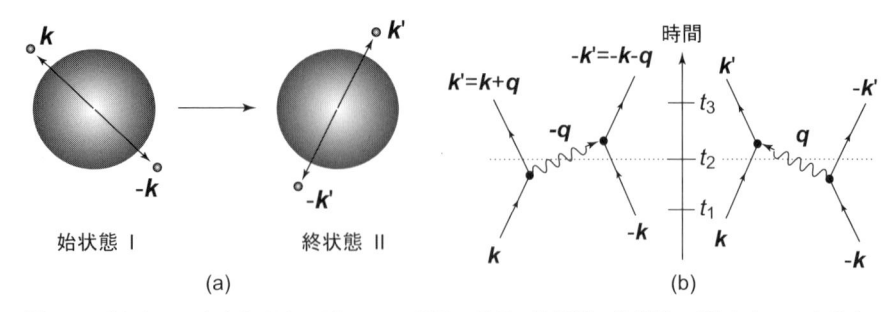

図 4.7 (a) $(\bm{k}, -\bm{k})$ から $(\bm{k'}, -\bm{k'})$ への 2 電子の散乱. 始状態, 終状態いずれにおいても重心の運動量はゼロである. (b) 中間状態を経由する 2 電子の散乱過程のダイアグラム表示. 時間は図の下から上方へと経過する. 中間状態 $(t=t_2)$ においては, 2 電子の他にフォノンが存在する.

じめに, BCS 超伝導を導くフォノン交換による間接相互作用を考える [3, 5].[13] この相互作用は 2 次のプロセスにより生じ, 図 4.7(b) のような中間状態を経る.[14] 中間状態においては, フォノンの放出と吸収が生じる.[15] 散乱の前後においては, 運動量保存則により, $\bm{k'}=\bm{k}+\bm{q}, -\bm{k'}=-(\bm{k}+\bm{q})$ が成り立つ. また, 始状態 I のエネルギー (時刻 t_1 における系のエネルギー) は $E_\mathrm{I}=2\xi_{\bm{k}}$ であり, 終状態 II のエネルギー (時刻 t_3 におけるエネルギー) は $E_\mathrm{II}=2\xi_{\bm{k'}}$ である.[16] 中間状態 $|\mathrm{i}\rangle$ として 2 通りが可能である. 図 4.7(b) の左図における中間状態のエネルギー (時刻 t_2 におけるエネルギー) は, $E_{\mathrm{i}1}=\xi_{\bm{k'}}+\xi_{\bm{k}}+\hbar\omega_{\bm{q}}$ であり, 右図におけるものは, $E_{\mathrm{i}2}=\xi_{\bm{k}}+\xi_{\bm{k'}}+\hbar\omega_{\bm{q}}$ である. これら 2 つは等しく, これを E_i と書く. この 2 次のプロセスからなる間接相互作用 ($\mathcal{H}_\mathrm{ind}$) に対応する行列要素は次のように求められる [3, 5].

$$\begin{aligned}\langle \mathrm{II}|\mathcal{H}_\mathrm{ind}|\mathrm{I}\rangle &= \langle \mathrm{II}|\mathcal{H}_\mathrm{ep}|\mathrm{i}\rangle \frac{1}{2}\left(\frac{1}{E_\mathrm{II}-E_\mathrm{i}}+\frac{1}{E_\mathrm{I}-E_\mathrm{i}}\right)\langle \mathrm{i}|\mathcal{H}_\mathrm{ep}|\mathrm{I}\rangle \\ &= \frac{|W_{\bm{q}}|^2}{\hbar}\left(\frac{1}{\omega-\omega_{\bm{q}}}-\frac{1}{\omega+\omega_{\bm{q}}}\right)=\frac{2|W_{\bm{q}}|^2}{\hbar}\frac{\omega_{\bm{q}}}{\omega^2-\omega_{\bm{q}}^2}\end{aligned} \quad (4.80)$$

ここで, $\mathcal{H}_\mathrm{ep}$ は電子フォノン相互作用のハミルトニアンであり, $\mathcal{H}_\mathrm{ind}$ のエルミート性を保つため, 式 (4.80) の第 1 式で, E_I と E_II を含む項を相加平均した [5]. また,

---

[13] これは, 電子と (陽イオンからなる) 格子との静電相互作用に対応する. 即ち, 一方の電子が格子を分極させ, 他方の電子がその分極と相互作用する. このとき, 電子は格子の変形を引きずりながら結晶中を運動するため, その有効質量が増大する.

[14] 2 次のプロセスにおける中間状態ではエネルギーは保存しない. エネルギー差を ΔE と置くと, 中間状態は, 不確定性 ($\Delta E \Delta t \sim \hbar$) により, $\hbar/\Delta E$ 程度の時間だけ存在する.

[15] 中間状態におけるフォノン (より一般には Bose 粒子) は, 熱的に励起されているフォノンではなく, 絶対零度においても励起される "仮想的な (一時的な)" 励起である.

[16] 電子のエネルギー $\xi_{\bm{k}}$ もフォノンのエネルギー $\hbar\omega_{\bm{q}}$ も $\bm{k}$ あるいは $\bm{q}$ に関し偶関数である.

次の関係を用いた.

$$E_{\mathrm{II}} - E_{\mathrm{i}} = \xi_{\bm{k}'} - \xi_{\bm{k}} - \hbar\omega_q = \hbar\omega - \hbar\omega_q \tag{4.81}$$

$$E_{\mathrm{I}} - E_{\mathrm{i}} = \xi_{\bm{k}} - \xi_{\bm{k}'} - \hbar\omega_q = -\hbar\omega - \hbar\omega_q \tag{4.82}$$

$$\langle \mathrm{II}|\mathcal{H}_{\mathrm{ep}}|\mathrm{i}\rangle\langle \mathrm{i}|\mathcal{H}_{\mathrm{ep}}|\mathrm{I}\rangle \equiv |W_q|^2 \tag{4.83}$$

ここで, $\hbar\omega \equiv \xi_{\bm{k}'} - \xi_{\bm{k}}$ は, 電子 1 の散乱前後におけるエネルギー変化である. 式 (4.80) は, $\omega < \omega_q$ のとき負となり, フォノンの交換による引力相互作用を与える.

ω_q の上限として Debye 振動数をとると, 上記の引力相互作用を与えるエネルギー範囲は, $|\omega| < \omega_{\mathrm{D}}$ となる. また, Fermi 面近傍の散乱を考え, $\omega \sim 0$ とおくと, 式 (4.80) の最右辺の式は $-2|W_q|^2/(\hbar\omega_q)$ と書かれる. $|W_q|^2$ を q^2/ω_q と近似し [7], $\omega_q = vq$ (v は音速) と仮定すると, 相互作用は波数に依らない (式 (4.33) 参照). これは, フォノン媒介相互作用が短距離であり, 方向に依らないことを意味する.

次に, 非 BCS 超伝導に通じる磁気的な相互作用による引力を考えよう. 3 次元の Fermi 液体を考える. 反平行スピンをもつ電子間に強い斥力 I が働くとすると, 平行スピン対の方がエネルギーは低いので, 着目した電子の周りには同じ向きのスピンをもった電子が集まるであろう (図 3.6 (b) を参照). このとき, 同じスピンをもつ準粒子は, 第 1 の準粒子に引き付けられる. 何故なら, 図 4.8 (a) のように, 2 つの準粒子間に存在するスピンゆらぎが糊付の役割を果たすからである. これは, パラマグノン (強磁性スピンゆらぎ) を媒介とした引力機構である.

【補足 6】 2 電子間に働く磁気的な相互作用は, 図 4.8(b) のダイアグラムで表される [8]. ここで, 実線は電子の状態を表し (裸の Green 関数と呼ばれる), 波線は相互作用 I を表す. 波数 $\bm{k}$ および上向きスピンをもつ電子①と, 波数 $-\bm{k}$ および下向きスピンをもつ電子②が相互作用することにより, それぞれ③と④の状態に散乱される. 電子④は電子⑤と相互作用し, それぞれ②と⑥の状態に散乱される. 散乱された電子は波数 $\bm{k}'$

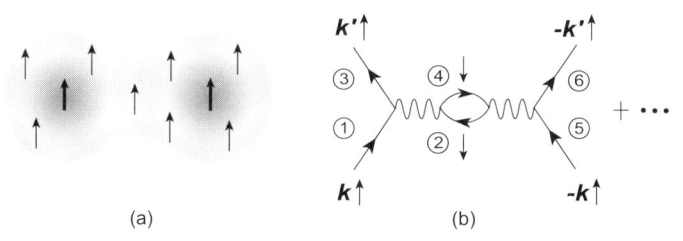

図 4.8 パラマグノンを媒介とした 2 電子間の相互作用. (a) 強磁性スピン偏極は, 2 つの電子を結びつける糊付の役割を果たす. (b) 実線は電子を表し, 波線は Coulomb 相互作用を表す.

と $-\bm{k}'$ をもつ．ここで，②と④からなる部分はバブルと呼ばれ，電子・ホールの対の生成に対応する．Green 関数の処方箋に則って計算を進めると，図 4.8(b) のダイアグラムは，2 電子間の相互作用に対し，$-I^2\rho_\mathrm{F}\chi_0(\bm{k}-\bm{k}')$ を与える．バブルの数が 3 個，5 個… の寄与 $(-I^4(\rho_\mathrm{F}\chi_0)^3+\cdots)$ を加え合わせると次が得られる．

$$\mathcal{H} = -\frac{1}{4}\sum_{\bm{k},\bm{k}',\sigma} V_{\bm{k}',\bm{k}} a^\dagger_{\bm{k}'\sigma} a^\dagger_{-\bm{k}'\sigma} a_{-\bm{k}\sigma} a_{\bm{k}\sigma} \tag{4.84}$$

$$V_{\bm{k}',\bm{k}} = \frac{I}{1-\rho_\mathrm{F} I\chi_0(\bm{k}-\bm{k}')} - \frac{I}{1+\rho_\mathrm{F} I\chi_0(\bm{k}-\bm{k}')} \tag{4.85}$$

ここで，ρ_F は Fermi 準位上の状態密度，$\chi_0(\bm{q})$ は式 (5.68) に与えられる伝導電子の波数依存磁化率である（ここでは $\chi(\bm{q}=0)=1$）．式 (4.85) の第 2 項は，電荷ゆらぎの項を表し，斥力の強い系では，スピンゆらぎの効果（第 1 項）に比べて無視できる．そこで第 1 項を考えると，Stoner 因子 $(1-\rho_\mathrm{F} I)$ は正であるので，パラマグノン媒介相互作用は，平行スピンの準粒子に対しては確かに引力となる．きちんとした取り扱いについては，9-4 節で説明する．

　超伝導の磁気的引力の起源について，別の観点から考える（図 4.9 参照）．ペア相互作用は，スピン 1 重項対に対し，次式で与えられる（第 9 章参照）．

$$V_{\bm{k}',\bm{k}} \sim I^2 \chi(\bm{k}-\bm{k}') \tag{4.86}$$

ここで，I は（オンサイト）斥力である．磁化率 χ は正であるから，ペア相互作用 $V_{\bm{k}',\bm{k}}$ も斥力である．相互作用のエネルギー (4.48) を次のように書いてみる．

$$\langle\mathcal{H}\rangle = \sum_{\bm{k},\bm{k}'} V_{\bm{k}',\bm{k}} u^*_{\bm{k}} v_{\bm{k}} u_{\bm{k}'} v^*_{\bm{k}'} \sim I^2 \sum_{\bm{k},\bm{k}'} \chi(\bm{k}-\bm{k}')\Delta_{\bm{k}}\Delta^*_{\bm{k}'} \tag{4.87}$$

ここで，$u^*_{\bm{k}} v_{\bm{k}}$ と $\Delta_{\bm{k}}$ とは本質的に同じものと考えて，第 2 式から第 3 式へ書き換え

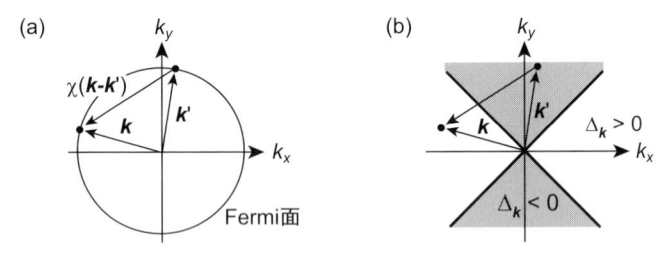

図 4.9　斥力から異方的超伝導が生じるメカニズム．(a) 磁化率は，Fermi 面上の波数ベクトル $\bm{k}'$ の状態を，別の波数ベクトル $\bm{k}$ の状態に飛ばすことに対応する．(b) ギャップ関数 $\Delta_{\bm{k}}$ の符号．例として，$\Delta_{\bm{k}} = k_x^2 - k_y^2$ の符号が示されている．$k_y = \pm k_x$ の線上で $\Delta_{\bm{k}} = 0$（ギャップ関数のノード）となり，これを境にして，$\Delta_{\bm{k}}$ の符号が変わる．

た．簡単のため，Δ_k は実数とする．考えるべき問題は，「$V_{k',k}$ が正のとき，$\langle \mathcal{H} \rangle$ は負となり得るか？」である．

図 4.9(a) は，$\chi(k-k')$ を模式的に示したもので，波数 k' の状態から波数 k の状態へ飛ばす遷移を表す．一方，図 4.9(b) には，ギャップ関数の例として，$\Delta_k = k_x^2 - k_y^2$ がプロットされている．陰影のついた部分とつかない部分とは符号が異なる（太い直線上で $\Delta_k = 0$ となる）．

図 4.9 と式 (4.87) を併せ見比べよう．$\chi(k-k')$ が結びつける k と k' に対し，積 $\Delta_k \Delta_{k'}$ は負となる．従って，ある特定の波数ベクトル（の組）に対する磁化率 $\chi(k-k')$ が（Fermi 面のネスティングなどのために）他の波数ベクトルに対する磁化率よりも大きければ，$\sum_{k,k'}$ を行ったときに，$\langle \mathcal{H} \rangle$ は負となりうる．このように，元の相互作用が斥力であっても，超伝導は生じる．

【補足 7】 上で触れた異方的超伝導においては，波数ベクトル k の角度方向の散乱に対してギャップ関数の符号が反転した（図 4.9 参照）．この場合，k の動径方向の散乱，即ちエネルギーに関しては符号を変えない（図 4.10(a)）．一方，エネルギーに関しても符号を変える奇周波数超伝導（odd frequency superconductivity）も可能である（図 4.10(b)）．理論的には，CeRhIn$_5$ の反強磁性と共存する超伝導状態で実現している可能性が指摘されている [9]．奇周波数超伝導では，虚時間（松原振動数に対応，付録 D 参照）の世界で避け合ったペアが形成され，「同時刻」の対波動関数がゼロとなる．この奇妙な超伝導では，偶パリティのスピン 3 重項状態なども可能となる．

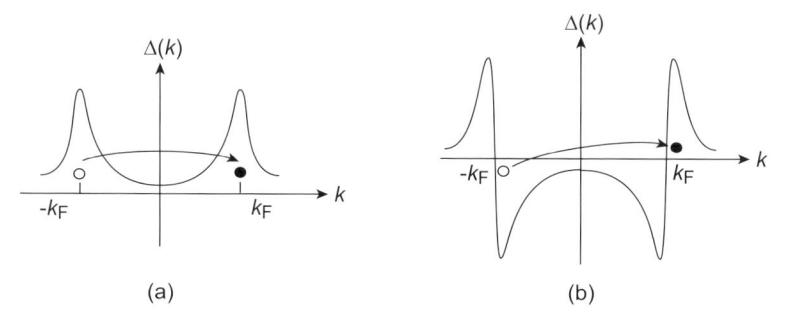

図 4.10 ギャップ関数の波数（エネルギー）依存性．(a) 通常の（非従来型を含む）超伝導では，$2k_F$ の散乱に対し符号が反転しない．(b) 奇周波数超伝導では，符号が反転する．

4-4 超伝導励起状態

4-4-1 励起スペクトル

自由電子の励起スペクトルは，図 4.11(a) のように表される．Fermi 準位以下の励起は，通常のエネルギーバンド（図の破線）を折り返した曲線（実線）によって示される．Fermi エネルギー以下の電子を外に取り出す（図の白丸のホールをつくる），あるいは Fermi エネルギー以上の状態に電子を付け加える（図の黒丸の電子をつくる）励起が可能である．また，Fermi エネルギー以下の電子を Fermi エネルギー以上の状態に励起すれば，電子数が不変のまま，ホールと電子の対が励起される．Fermi 波数 k_F を境にして，ホールの励起と電子の励起が区別される．

式 (4.44) における状態 $|10\rangle_k$ を考えよう．この状態では，状態 $k\uparrow$ が電子によって占められ，相手方の状態 $-k\downarrow$ は空席である．この波数ベクトルの「対の状態」$(k\uparrow,-k\downarrow)$ は，ペア相互作用には参加できない．何故なら，ペア相互作用では，散乱により，常にペア同士が入れ替るからである．この状態と基底状態とのエネルギーの差は，式 (4.49) より，次のように計算される．

$$\begin{aligned} E_{k\uparrow} - E_\mathrm{s} &= \xi_k - \left(2\xi_k v_k v_k^* + \sum_{k'} V_{k',k} u_k^* v_k u_{k'} v_{k'}^* + \sum_{k'} V_{k,k'} u_{k'}^* v_{k'} u_k v_k^* \right) \\ &= \xi_k - \left(\xi_k - \frac{\xi_k^2}{E_k} - \frac{|\Delta|^2}{E_k} \right) = \frac{\xi_k^2}{E_k} + \frac{|\Delta|^2}{E_k} = E_k \end{aligned} \qquad (4.88)$$

ここで，第 2 式のかっこ内の 3 項目は，2 項目の k と k' の役割を置き換えたものである．この「励起」エネルギーを波数の関数としてグラフに示すと，図 4.11(b) のよ

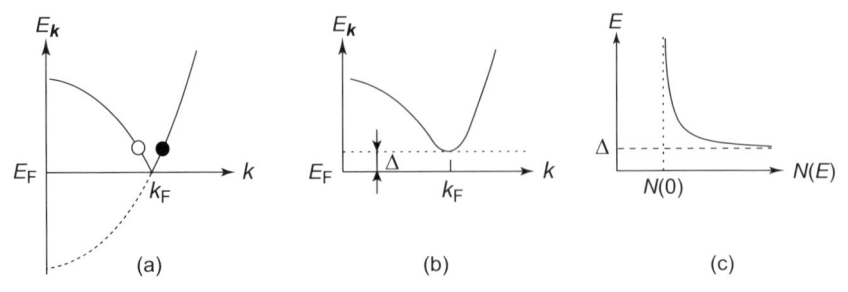

図 4.11 準粒子の励起．(a) 自由電子系における励起エネルギー E の波数依存性．(b) 超伝導状態における励起エネルギー E の波数依存性．Fermi 準位上にギャップ Δ が存在する．(c) 超伝導の準粒子状態密度．Fermi 準位近傍においてだけ，常伝導との違いが現れる．

うになる．常伝導状態とは異なり，超伝導の励起スペクトル E_k には，Fermi 準位上にギャップ Δ が存在する．また，$|01\rangle_k$ の励起も可能で，そのエネルギーは $|10\rangle_k$ と同じである．このような励起は不対 (broken pair: BP) 励起と呼ばれる．

このほかに，励起対 (excited pair: EP) と呼ばれる励起も存在する．これは，式 (4.55) のプラス符号に対応する．このとき，式 (4.57) および式 (4.59) に現れる符号は，プラスとマイナスが入れ替ったものとなっている．従って，励起対のエネルギーは，

$$\begin{aligned} E_{\text{EP}} &= \left(2\xi_k v_k v_k^* + \sum_{k'} V_{k',k} u_k^* v_k u_{k'} v_{k'}^* + \sum_{k'} V_{k,k'} u_{k'}^* v_{k'} u_k v_k^* \right) \\ &= \left(\xi_k + \frac{\xi_k^2}{E_k} + \frac{|\Delta|^2}{E_k} \right) = E_{\text{s}} + 2E_k \end{aligned} \quad (4.89)$$

となり，BP よりさらに E_k だけエネルギーが高い．波動関数は，$v_k^*|00\rangle - u_k^*|11\rangle$ と書かれ，電子数が不変の励起である．

励起状態の状態密度は，次のように求まる．

$$N_{\text{s}}(E) = N(0) \left| \frac{d\xi}{dE} \right| = \begin{cases} 0 & (E < |\Delta|) \\ \frac{E}{\sqrt{E^2 - |\Delta|^2}} N(0) & (E > |\Delta|) \end{cases} \quad (4.90)$$

ここで，$N(0)$ は常伝導状態の状態密度である．図 4.11(c) に示すように，常伝導状態の Fermi エネルギー近傍の状態密度は，エネルギーギャップの外側に押し出され，$E \gtrsim \Delta$ において $(E - |\Delta|)^{-1/2}$ のような発散を示す．

4-4-2　有限温度のエネルギーギャップと比熱

絶対零度と同じ処方箋に従って，有限温度のギャップ方程式を導くことができる．ここでは結果のみを記す．

$$\Delta_k = -\sum_{k'} V_{k,k'} \frac{\Delta_{k'}}{2E_{k'}} \tanh \frac{E_{k'}}{2k_{\text{B}}T} \quad (4.91)$$

これは勿論，$T \to 0$ の極限で式 (4.60) を再現する．$V_{k,k'}$ および $\Delta_{k'}$ が波数に依存しないと仮定すると，次式が得られる．

$$1 = V_0 \sum_{k'} \frac{1}{2E_{k'}} \tanh \frac{E_{k'}}{2k_{\text{B}}T} = V_0 N(0) \int_{-\hbar\omega_{\text{D}}}^{\hbar\omega_{\text{D}}} \frac{1}{2\sqrt{\xi^2 + |\Delta|^2}} \tanh \frac{\sqrt{\xi^2 + |\Delta|^2}}{2k_{\text{B}}T} d\xi \quad (4.92)$$

第 2 式に移る際，和を積分で近似した．これは，Δ と T を（陰に）結びつける式であり，Δ の温度依存性を与える．定性的な振舞いが図 4.12(a) に示されている．詳しい

124　第 4 章　超伝導

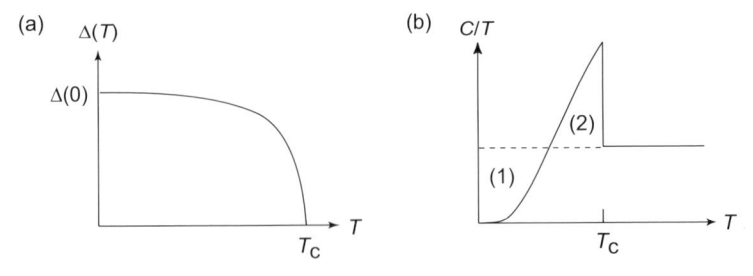

図 4.12　(a) 超伝導ギャップ Δ の温度依存性と (b) 比熱 C の温度依存性．(b) の破線は，超伝導に転移しない場合の比熱の温度依存性であり，(1) と (2) の面積は等しい（エントロピーバランス）．

計算によれば，十分低温および T_c の近くで，次のような温度依存性を示す [1, 5, 10]．

$$\left|\frac{\Delta(T)}{\Delta(0)}\right| = 1 - \sqrt{\frac{2\pi k_B T}{|\Delta(0)|}} e^{-\frac{|\Delta(0)|}{k_B T}} \text{ (低温)}, \quad \gamma\sqrt{\frac{8}{7\zeta(3)}}\left(1 - \frac{T}{T_c}\right)^{1/2} \text{ (T_c 近傍)} \quad (4.93)$$

ここで，$\gamma \simeq 1.781$ は Euler の定数，ζ はゼータ関数である．

T_c を与える関係式を得るため，$|\Delta| = 0$ と置くと，次が得られる．

$$1 = V_0 N(0) \int_0^{\hbar\omega_D} \frac{1}{\xi} \tanh \frac{\xi}{2k_B T_c} d\xi \quad (4.94)$$

部分積分を行うことにより，次が得られる．

$$\frac{1}{V_0 N(0)} = \ln \frac{\hbar\omega_D}{2k_B T_c} \tanh \frac{\hbar\omega_D}{2k_B T_c} - \int_0^{\hbar\omega_D/2k_B T_c} \frac{\ln x}{\cosh^2 x} dx \quad (4.95)$$

ここで，$x = \xi/(2k_B T_c)$ である．弱結合の極限 $\hbar\omega_D/(2k_B T_c) \gg 1$ においては，第 1 項の $\ln$ 以外に対し $\hbar\omega_D/(2k_B T_c) \to \infty$ とすることにより，次式を得る．

$$k_B T_c = \frac{2\gamma}{\pi} \hbar\omega_D e^{-\frac{1}{N(0)V_0}} \simeq 1.14 \hbar\omega_D e^{-\frac{1}{N(0)V_0}} \quad (4.96)$$

ここで，次の公式を用いた．

$$-\int_0^\infty \frac{\ln x}{\cosh^2 x} dx = \ln \frac{4\gamma}{\pi} \quad (4.97)$$

式 (4.96) と式 (4.76) を組み合わせると，よく知られた次式が得られる．

$$\frac{2|\Delta(0)|}{k_B T_c} = \frac{2\pi}{\gamma} \simeq 3.52 \quad (4.98)$$

この式は，切断エネルギー $\hbar\omega_D$ のようなモデルに依存するパラメータを含んでいないため，実験との比較において便利である．実際，強結合超伝導体を除く BCS 超伝導体においては，上記の関係はよく成り立っている．

次に，比熱の温度依存性（図 4.12(b)）を計算しよう．まず，励起状態の実現確率 $P_{\bm{k}}^n (n=0,1,2)$ を計算する．基底状態，不対状態，および励起対状態の実現確率は，各々次のように与えられる．

$$P_{\bm{k}}^0 = \frac{1}{Z_{\bm{k}}}, \quad P_{\bm{k}}^1 = \frac{e^{-\beta E_{\bm{k}}}}{Z_{\bm{k}}}, \quad P_{\bm{k}}^2 = \frac{e^{-2\beta E_{\bm{k}}}}{Z_{\bm{k}}} \tag{4.99}$$

ここで，$\beta = (k_{\mathrm{B}}T)^{-1}$ であり，$Z_{\bm{k}}$ は次式で定義されている．

$$Z_{\bm{k}} = 1 + 2e^{-\beta E_{\bm{k}}} + e^{-2\beta E_{\bm{k}}} = (1 + e^{-\beta E_{\bm{k}}})^2 \tag{4.100}$$

また，次の関係が成り立つ．

$$P_{\bm{k}}^1 + P_{\bm{k}}^2 = \frac{1}{e^{\beta E_{\bm{k}}} + 1} = f_{\bm{k}} \tag{4.101}$$

ここで，$f_{\bm{k}}$ は Fermi 分布関数である．ただし，準粒子の数が保存しないことに対応し，化学ポテンシャルはゼロとなっている．

十分低温（$k_{\mathrm{B}}T \ll |\Delta(0)|$）では，励起されている準粒子の数は少ないので，系は準粒子の理想気体として扱われる．このとき，内部エネルギーの増分は，次のように与えられる．[17]

$$\Delta U = 2 \sum_{\bm{k}} \frac{E_{\bm{k}}}{e^{\beta E_{\bm{k}}} + 1} \simeq 2\sqrt{2\pi} N(0) |\Delta(0)|^{3/2} \sqrt{\beta^{-1}} e^{-\beta |\Delta(0)|} \tag{4.102}$$

これを温度で微分することにより，定積比熱の主要項が次のように求まる．

$$C_{\mathrm{s}} = 2\sqrt{2\pi} N(0) k_{\mathrm{B}} |\Delta(0)| \left(\frac{|\Delta(0)|}{k_{\mathrm{B}}T} \right)^{3/2} e^{-\frac{|\Delta(0)|}{k_{\mathrm{B}}T}} \tag{4.103}$$

指数関数は，エネルギーギャップの存在を反映している．

任意の温度におけるエントロピーは，次式のように書かれる．

$$S_{\mathrm{s}} = -k_{\mathrm{B}} \sum_{\bm{k}} \sum_{n} P_{\bm{k}}^n \ln P_{\bm{k}}^n = 2k_{\mathrm{B}} \sum_{\bm{k}} \left\{ \ln\left(1 + e^{-\beta E_{\bm{k}}}\right) + \frac{\beta E_{\bm{k}}}{e^{\beta E_{\bm{k}}} + 1} \right\} \tag{4.104}$$

温度で微分し，T を乗じることにより，比熱が求まる．

$$C_{\mathrm{s}} = 2k_{\mathrm{B}} \sum_{\bm{k}} \left\{ (\beta E_{\bm{k}})^2 + \frac{\beta^3}{2} \frac{\partial \Delta^2}{\partial \beta} \right\} \bigg/ \left(e^{\beta E_{\bm{k}}} + 1 \right) \left(1 + e^{-\beta E_{\bm{k}}} \right) \tag{4.105}$$

---

[17] ここで，次の展開式を用い，状態密度 $N(0)$ を使って，和を積分に代えた．

$$E_{\bm{k}} \simeq |\Delta| + \frac{\xi_{\bm{k}}^2}{2|\Delta|}, \quad \exp(-\beta \sqrt{\xi^2 + |\Delta(0)|^2}) \simeq \exp\left(-\beta |\Delta(0)| \left(1 + \frac{1}{2} \left(\frac{\xi}{|\Delta(0)|} \right)^2 \right) \right)$$

式 (4.105) の第 1 項は常伝導状態のものと同じであり，$\Delta \to 0$ の極限に対応する．
転移温度における比熱の飛びは，次式で与えられる．[18]

$$\Delta C = k_{\rm B}\beta^3 \left(\frac{\partial \Delta^2}{\partial \beta}\right)_{T_{\rm c}} \sum_{\bm{k}} \frac{1}{(e^{\beta \xi_{\bm{k}}} + 1)(1 + e^{-\beta \xi_{\bm{k}}})} \simeq -N(0)\left(\frac{\partial \Delta^2}{\partial T}\right)_{T_{\rm c}} \tag{4.106}$$

$T_{\rm c}$ 近傍での $\Delta(T)$ に対し，式 (4.93) を代入すると，次式が得られる．

$$\left.\frac{C_{\rm s} - C_{\rm n}}{C_{\rm n}}\right|_{T_{\rm c}} = \frac{12}{7\zeta(3)} \simeq 1.43 \tag{4.107}$$

この関係も強結合超伝導体を除く通常の BCS 超伝導体においてよく成り立っている．
 比熱の温度依存性（図 4.12(b) 参照）において，絶対零度まで常伝導のままだとすると，C/T は破線のように振舞う．一方，超伝導に転移すると，エントロピーを急速に吐き出し，実線のように振舞う．いずれにおいても，エントロピーは $T_{\rm c}$ において等しい．これはエントロピーバランスと呼ばれ，図 4.12(b) における (1) の部分の面積と (2) の部分の面積が等しくなる．

【補足 8】 超伝導状態に対しても，自由エネルギーの Landau 展開が可能である．

$$F_{\rm cond} = F_{\rm s} - F_{\rm n} = \frac{1}{2}\alpha|\Delta|^2 + \frac{1}{4}\beta|\Delta|^4 \tag{4.108}$$

ここで，$\alpha = \alpha_0(T - T_{\rm c})$，$\alpha_0$ および β は定数である．秩序変数の温度依存性は，

$$|\Delta|^2(T) = \frac{\alpha_0}{\beta}\left(1 - \frac{T}{T_{\rm c}}\right) \tag{4.109}$$

と求まり（図 4.12(a) 参照），(転移温度付近の) 自由エネルギーは次のようになる．

$$F_{\rm cond} = -\frac{\alpha_0^2}{4\beta}\left(1 - \frac{T}{T_{\rm c}}\right)^2 \tag{4.110}$$

転移温度における比熱の飛びは次式で与えられる．

$$C_{\rm s} - C_{\rm n}|_{T=T_{\rm c}} = -T_{\rm c}\left.\frac{\partial^2 F_{\rm cond}}{\partial T^2}\right|_{T=T_{\rm c}} = \frac{\alpha_0^2}{2T_{\rm c}\beta} \tag{4.111}$$

4-4-3 スピン磁化率

常伝導状態の磁場に対する応答は Pauli 磁化率で記述される．では，伝導電子が Cooper 対を形成し超伝導状態に凝縮した場合，磁化率はどのような影響を受けるであろうか？ まず，Fermi 面（FS）に対する磁場の効果を考えよう．伝導電子のバンドは，Zeeman 効果により，スピン上向きと下向きとに分裂する．エネルギーが下がる方の

---

[18] 転移温度では $E_{\bm{k}} = \xi_{\bm{k}}$ である．また，次の計算を行った．

$$C_{\rm s} - C_{\rm n}|_{T_{\rm c}} = \left(\frac{\partial \Delta^2}{\partial T}\right)_{T_{\rm c}} \sum_{\bm{k}} \frac{\partial}{\partial \xi_{\bm{k}}} \frac{1}{e^{\beta \xi_{\bm{k}}} + 1}|_{T_{\rm c}} \simeq \left(\frac{\partial \Delta^2}{\partial T}\right)_{T_{\rm c}} N(0) \int_{-\infty}^{\infty} \frac{\partial}{\partial \xi} \frac{1}{e^{\beta \xi} + 1} d\xi|_{T_{\rm c}}$$

スピン（図 4.13 では↑スピン）を持つ電子の Fermi 面は大きくなり，逆向きのスピンを持つ電子の Fermi 面は小さくなる．ゼロ磁場の場合であれば，符号が逆の運動量 $\bm{k}$ と $-\bm{k}$ とを持つ A と B の 2 電子は，ペアを作ることにより超伝導の凝縮エネルギーに寄与する．しかし，磁場がある場合は，同時に Fermi 面上に来ることができないため（B の Fermi 面は陰影のついた小さな Fermi 面である），これら 2 つの電子は Cooper 対の形成に関与できない．[19] 但し，電子 E と F はペアを作ることが可能である．このようなペアの超伝導は FFLO 状態と呼ばれ，4-5-3 項で議論される．

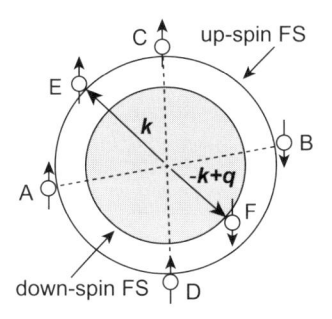

図 4.13 磁場中における上向きおよび下向きスピンの Fermi 面．

このように，磁場が大きい場合は，（スピン 1 重項の）超伝導は不利である．しかしながら，低磁場においては，この常磁性効果（スピン分極の効果）を無視することが可能であり，（スピン 1 重項でも）超伝導は生き残る．各スピンバンドのエネルギーは次のように与えられる．

$$\xi_{\bm{k}\uparrow} = \xi_{\bm{k}} - \mu_{\rm B} H, \quad \xi_{\bm{k}\downarrow} = \xi_{\bm{k}} + \mu_{\rm B} H \tag{4.112}$$

これらの励起状態（broken pair: BP）のエネルギーは，基底状態に対して，$E_{\bm{k}} \mp \mu_{\rm B} H$ となる．従って，これらが占有される確率は，次式で与えられる．

$$P_{\mp} = \frac{\exp(-\beta(E_{\bm{k}} \mp \mu_{\rm B} H))}{Z_{\bm{k}}} \tag{4.113}$$

ここで，規格化因子 $Z_{\bm{k}}$ は式 (4.100) に与えられている．また，磁化 M に対し，BP の電子はそれぞれ $\mu_{\rm B}$ および $-\mu_{\rm B}$ の寄与をする（EP は磁化に寄与しない）．これらをまとめて次式を得る．

$$M = \mu_{\rm B} \sum_{\bm{k}} (P_- - P_+) \simeq \mu_{\rm B}^2 H \sum_{\bm{k}} \frac{\beta}{2} {\rm sech}^2\left(\frac{1}{2}\beta E_{\bm{k}}\right) \tag{4.114}$$

ここで，磁場が小さいと仮定し，H の 1 次までを残した．和を積分で置き換えることにより，スピン磁化率は次のように求まる．

$$\chi_{\rm s} = \mu_{\rm B}^2 N(0) Y(T) \tag{4.115}$$

---

[19] スピン 3 重項超伝導の場合は事情が異なる．同じ向きのスピンを持つ電子 C と D は同じエネルギーを持ち，超伝導のペア形成に寄与する（第 10 章参照）．

ここで，$Y(T)$ は次式で定義される関数で，芳田関数と呼ばれる．

$$Y(T) = \int \frac{d\Omega}{4\pi} \int_0^\infty d\xi_{\boldsymbol{k}} \left(\frac{\beta}{2}\right) \text{sech}^2 \left(\frac{1}{2}\beta E_{\boldsymbol{k}}\right) \tag{4.116}$$

これは，物理的には，超伝導体中の正常電子の割合を表す．

芳田関数の温度依存性を考えよう．$\Delta_{\boldsymbol{k}} = 0$ のとき $E_{\boldsymbol{k}} = \xi_{\boldsymbol{k}}$ であり，Y は次のように 1 に等しい．

$$Y(T) = \int_0^\infty d\xi_{\boldsymbol{k}} \left(\frac{\beta}{2}\right) \text{sech}^2 \left(\frac{1}{2}\beta \xi_{\boldsymbol{k}}\right) = 1 \tag{4.117}$$

即ち，$T = T_c$ では $Y = 1$ であり，式 (4.115) は式 (3.24) で求めた Pauli 常磁性磁化率 χ_P と一致する（$N(0) = 2\rho(E_F)$）．一方，$T \to 0$ の極限では，指数関数的（$Y(T) \propto e^{-\Delta(0)/k_B T}$）にゼロに近づく．これらの結果を模式的に図 4.14(a) に示す．但し，スピン軌道相互作用が大きく，非磁性不純物や欠陥，あるいは表面等でのスピン反転散乱がある場合には，S_z はよい量子数ではなくなり，その結果，スピン磁化率は $T = 0$ でも有限の値に留まる．

通常の磁化率の測定では，Meissner 効果のため，超伝導状態におけるスピン磁化率 χ_s を測定することはできない．以下では，χ_s を知る有効な実験手法である核磁気共鳴（NMR）実験などから求まる Knight シフトについて説明する [11]．[20]

第 1 章で説明したように，常磁性状態に外部磁場 H_0 を加えると，スピンおよび軌道角運動量の H_0 方向の熱平均値 $\langle s_z \rangle$ および $\langle l_z \rangle$ が生じる．一方，これらの熱平均磁化は，電子のスピンおよび軌道角運動量と核スピンとの相互作用により，核の

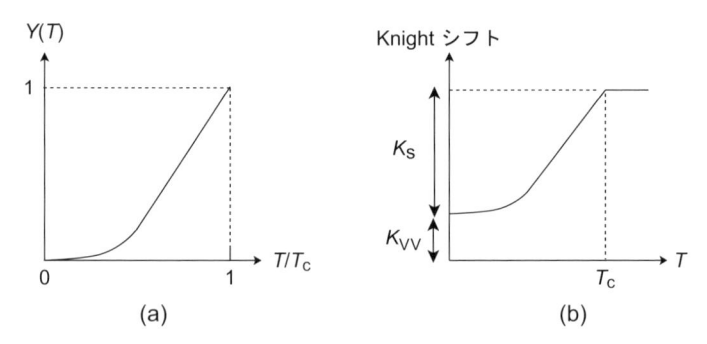

図 4.14 (a) 芳田関数 $Y(T)$ の温度依存性の概略図．(b) スピン 1 重項 Cooper 対に対する Knight シフトの温度依存性の概略図．絶対零度でも Van Vleck 成分 K_{VV} は残る．

---

[20] 超伝導混合状態における NMR 測定では，すべての原子核が Knight シフトに寄与するわけではなく，試料表面に近い（$\lambda > r > \xi$ の条件を満たす）原子核だけが寄与する．

位置に余分な静磁場 ΔH をつくる．このとき，$K = \Delta H/H_0$ を Knight シフトと呼ぶ．電子スピンおよび軌道モーメントによる超微細磁場を $H_{\rm hf}^s$ および $H_{\rm hf}^l$ とするとき，以下の関係が成り立つ．

$$K = K_{\rm s} + K_{\rm VV} \quad \text{ここで，} \quad K_{\rm s} = \frac{H_{\rm hf}^s}{N\mu_{\rm B}}\chi_s, \quad K_{\rm VV} = \frac{H_{\rm hf}^l}{N\mu_{\rm B}}\chi_l \qquad (4.118)$$

式 (4.118) は，Knight シフトがスピン成分 $K_{\rm s}$ と Van Vleck 成分 $K_{\rm VV}$ の和に書けることを示す．Van Vleck 成分（磁化率）は，超伝導ギャップより高いエネルギーの状態が磁場によって混ざることから生じ，通常は $T_{\rm c}$ 以下で変化しない．Knight シフトの概略を図 4.14(b) に示す．具体的実験例は，4-8 節で紹介する．

4-5 臨界磁場

4-5-1 下部臨界磁場

第 1 種超伝導体に磁場を印加すると，磁場が小さい間は Meissner 効果により磁束が排除される．このとき，磁場のエネルギーは（超伝導体の体積当たり）$H^2/8\pi$ だけ上昇する．このエネルギーが超伝導の凝縮エネルギー $E_{\rm s} = H_{\rm c}^2/(8\pi)$ より高くなったとき，超伝導は壊れる．この境界の磁場が熱力学的臨界磁場 $H_{\rm c}$ であった（4-1 節参照）．第 2 種超伝導体も，磁場の大きさが小さい間は，第 1 種超伝導体と同じように振舞う．しかし，磁場が下部臨界磁場 $H_{\rm c1}$ を越えると，超伝導を壊さずに内部に磁束線が侵入するようになる．この渦糸（vortex）は，図 4.15 に示すように，微小な超伝導電流を伴う．また，その中心部には，大きさがコヒーレンス長 ξ 程度の拡がりを持つ常伝導の芯（コア）が存在する．これらを熱力学的に考察しよう．

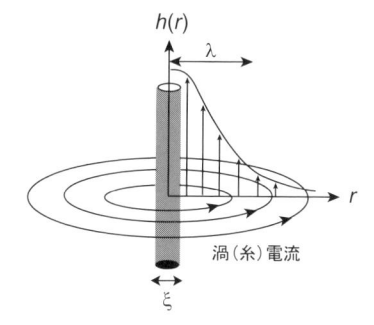

図 **4.15** 渦糸．中心の芯（陰影部）の周囲を渦電流が流れ，それは磁場 $h(r)$ をつくる．

超伝導電流は以下のように表される [3]．

$$\boldsymbol{j}(\boldsymbol{r}) = -\frac{c}{4\pi\lambda^2}\int D(\boldsymbol{r}-\boldsymbol{r}')\left(\boldsymbol{A}(\boldsymbol{r}') - \frac{\hbar c}{2e}\nabla\theta(\boldsymbol{r}')\right)d\boldsymbol{r}' \qquad (4.119)$$

ここで，$D(\boldsymbol{r}-\boldsymbol{r}')$ は電流分布を特徴づける関数で，$\delta(\boldsymbol{r}-\boldsymbol{r}')$ に等しいとおくと，

London 方程式 (4.13) が得られる．ベクトルポテンシャル $\boldsymbol{A}(\boldsymbol{r})$ と波動関数の位相 $\theta(\boldsymbol{r})$ の上記の組み合わせは，電流をゲージ変換に対して不変に保つ（4-1 節参照）．一方，この電流により生じる内部磁場 $\boldsymbol{h}(\boldsymbol{r})$ は，Maxwell 方程式により，次のように表される．

$$\nabla \times \boldsymbol{h}(\boldsymbol{r}) = \frac{4\pi}{c} \boldsymbol{j}(\boldsymbol{r}) \tag{4.120}$$

1 本の磁束線が超伝導体の中に生じたときのエネルギー E_1 は，電流の運動エネルギー $\frac{1}{2}m v^2 n_s$（n_s は超伝導電子の数密度）と磁場のエネルギーの和で与えられる．

$$E_1 = \frac{2\pi}{c^2 \lambda^2} \int \boldsymbol{j}(\boldsymbol{r})^2 d\boldsymbol{r} + \frac{1}{8\pi} \int \boldsymbol{h}(\boldsymbol{r})^2 d\boldsymbol{r} \tag{4.121}$$

磁束線の中心部は常伝導であるから，この領域の凝縮エネルギーは次の分だけ減少する．

$$E_2 \sim \frac{1}{8\pi} H_c^2 \pi \xi^2 = \frac{1}{8}(H_c \xi)^2 \tag{4.122}$$

磁束線を 1 本入れることによるエネルギーの変化は $E_{\mathrm{vor}} = E_1 + E_2$ であるから，超伝導状態と常伝導状態の Gibbs 自由エネルギーの差は，次のようになる．

$$\begin{aligned} G_s - G_n &= -E_s + \frac{1}{8\pi} H^2 + n_{\mathrm{vor}} E_{\mathrm{vor}} - \frac{1}{4\pi} BH \\ &= -E_s + \frac{1}{8\pi} H^2 + n_{\mathrm{vor}} \left(E_{\mathrm{vor}} - \frac{1}{4\pi} \phi_0 H \right) \end{aligned} \tag{4.123}$$

ここで，n_{vor} は磁束線の密度であり，第 2 式において $B = n_{\mathrm{vor}} \phi_0$ を代入した（ϕ_0 は磁束量子）．$E_{\mathrm{vor}} > \frac{1}{4\pi} \phi_0 H$ であれば，$n_{\mathrm{vor}} = 0$ の Meissner 状態が実現し，$E_{\mathrm{vor}} < \frac{1}{4\pi} \phi_0 H$ であれば，磁束が侵入した方がエネルギーが下がる．従って，下部臨界磁場は次式で与えられる．

$$H_{c1} = \frac{4\pi E_{\mathrm{vor}}}{\phi_0} \tag{4.124}$$

計算は文献に譲り [3]，結果のみを記すと，E_{vor} は次のように与えられる．

$$E_{\mathrm{vor}} = \left(\frac{\phi_0}{4\pi \lambda} \right)^2 \ln\left(\frac{\lambda}{\xi} \right) \tag{4.125}$$

これを式 (4.124) に代入し，次を得る．

$$H_{c1} = \frac{\phi_0}{4\pi \lambda^2} \ln\left(\frac{\lambda}{\xi} \right) \tag{4.126}$$

H_{c1} では，半径 λ の円の面積に 1 本の割合で磁束量子 ϕ_0 が入っている．

4-5-2 軌道効果

第2種超伝導体も，上部臨界磁場 H_{c2} を越える大きな磁場を加えると超伝導は完全に壊れる．この H_{c2} の大きさは，電子の軌道およびスピンに対する磁場効果によって決定される．本項では軌道効果について考える．

図 4.16 の内部エネルギーの磁場依存性を考える．4-1節で見たように，超伝導状態に凝縮することによって，系のエネルギーは $-H_c^2/(8\pi)$ だけ低下する．これは，図 4.16(a) に破線で示されている．これに対して，磁場を排除するエネルギー（軌道効果）は，H^2 に比例して増大する．第1種超伝導体であれば，常伝導状態のエネルギー（$E=0$）と交差する点 A まで超伝導状態が持続する（このとき，1 次相転移が生じる）．点 A に対応する磁場が熱力学的臨界磁場 H_c である．しかし，第2種超伝導体では，H_{c1} を超えると，磁束の侵入のためにエネルギーの増大は緩やかになり，横軸と交わるのは点 C のような高磁場である．この磁場は軌道（上部）臨界磁場（orbital critical field）と呼ばれる．ここでは，これを H_{c2}^{orb} と記す．

Ginzburg-Landau によって提唱された次の（GL）自由エネルギーを考える（$e<0$）.

$$f_{\mathrm{s}} = \frac{1}{2}\alpha|\Delta(\boldsymbol{r})|^2 + \frac{1}{4}\beta|\Delta(\boldsymbol{r})|^4 + \frac{1}{2m^*}\left|\left(-i\hbar\boldsymbol{\nabla} - \frac{2e\boldsymbol{A}}{c}\right)\Delta(\boldsymbol{r})\right|^2 + \frac{1}{2}\mu_{\mathrm{B}}H^2 \quad (4.127)$$

これは，式 (4.108) を非一様な場合に拡張したものである（式 (2.109) 参照）．$\Delta(\boldsymbol{r})^*$ に関して極小となる条件より，次の GL 方程式を得る．

$$\alpha\Delta(\boldsymbol{r}) + \beta|\Delta(\boldsymbol{r})|^2\Delta(\boldsymbol{r}) + \frac{1}{2m^*}\left(-i\hbar\boldsymbol{\nabla} - \frac{2e\boldsymbol{A}}{c}\right)^2\Delta(\boldsymbol{r}) = 0 \quad (4.128)$$

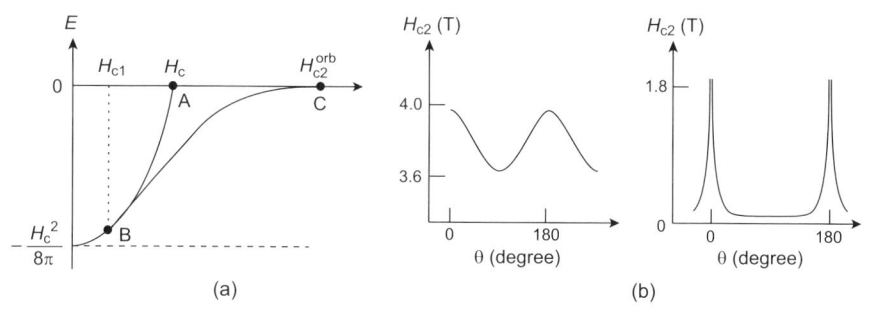

図 **4.16** 臨界磁場．(a) 内部エネルギーの模式図．(b) 実験結果の概略図 [12]．θ は磁場と c 軸とのなす角度である．(左) $\mathrm{Mo_6S_8}$ における H_{c2} の θ 依存性：質量の異方性定数 ϵ^2 は 1.2 程度である．(右) $\mathrm{TlMo_6Se_6}$：ϵ^2 は 670 程度と極めて大きい．

$\Delta(\boldsymbol{r}) \to 0$ とする（β の項を無視する）ことにより，線形化された GL 方程式を得る．

$$\frac{1}{2m^*}\left(-i\hbar\boldsymbol{\nabla} - \frac{2e\boldsymbol{A}}{c}\right)^2 \Delta(\boldsymbol{r}) = -\alpha\Delta(\boldsymbol{r}) \tag{4.129}$$

これは，磁場中の自由電子に対する Schrödinger 方程式と等価であり，その解が存在するための最大の磁場が臨界磁場である [3]．

$$H_{c2}^{\mathrm{orb}} = \frac{m^*|\alpha|}{e\hbar} = \frac{\phi_0}{2\pi\xi^2} \tag{4.130}$$

ここで，$\xi\,(=\hbar/\sqrt{2m^*|\alpha|})$ は GL コヒーレンス長，ϕ_0 は磁束量子である．第 2 式から分かるように，H_{c2} において，面積 $\pi\xi^2$ 当たり 1 本の割合で磁束量子が入っている．

結晶が立方晶でない場合は，電子の有効質量 m^* はテンソルで置き換えられる．例えば六方晶の場合，H_{c2}^{orb} は次のように書かれる．

$$H_{c2}^{\mathrm{orb}} = \frac{M|\alpha|}{e\hbar}\frac{1}{\sqrt{\cos^2\theta + \epsilon^2\sin\theta^2}} \tag{4.131}$$

ここで，$\epsilon^2 = M/m^*$ であり，m^* は c 軸方向の質量，M は面内の質量である．θ は c 軸から測った磁場方向の角度であり，異方性定数 ϵ^2 は質量の異方性を表す．c 軸方向およびそれに垂直方向のコヒーレンス長と上部臨界磁場を具体的に書き下すと，次のようになる．

$$\xi_\parallel^2 = \frac{\hbar^2}{2m^*|\alpha|}, \quad \xi_\perp^2 = \frac{\hbar^2}{2M|\alpha|} \tag{4.132}$$

$$H_{c2\parallel}^{\mathrm{orb}} = \frac{M|\alpha|}{e\hbar} = \frac{\phi_0}{2\pi\xi_\perp^2}, \quad H_{c2\perp}^{\mathrm{orb}} = \frac{\sqrt{Mm}|\alpha|}{e\hbar} = \frac{\phi_0}{2\pi\xi_\perp\xi_\parallel} \tag{4.133}$$

この"有効質量モデル"の典型例を概略図 4.16(b) に示す．c 軸方向の H_{c2}^{orb} が大きいのは，面内の質量 M が大きいためであり，異方性定数が大きいほど，H_{c2}^{orb} の異方性も大きくなる．

【補足 9】実験的には，平均自由行程 l が BCS コヒーレンス長 $\xi_0\,(=0.18\hbar/k_\mathrm{B}T_\mathrm{c})$ に比べ十分長い場合（クリーンリミットと呼ばれる）および逆の場合（ダーティーリミット）に対し，次の関係が有用である [13]．

$$H_{c2}^{\mathrm{orb}}(0) \simeq \begin{cases} 0.704\,|H_{c2}'|T_\mathrm{c} \propto \frac{\gamma^2}{S^2}T_\mathrm{c}^2 : & \lambda_{\mathrm{tr}} = 0 \\ 0.693\,|H_{c2}'|T_\mathrm{c} \propto \rho_0\gamma T_\mathrm{c} : & \lambda_{\mathrm{tr}} \gg 1 \end{cases} \tag{4.134}$$

ここで，$|H_{c2}'|$ は T_c における $H_{c2}(T)$ 曲線の傾きの絶対値，γ は電子比熱係数，S は Fermi 面の面積，ρ_0 は残留抵抗である．パラメータ λ_{tr} は $\lambda_{\mathrm{tr}} = \hbar/(2\pi k_\mathrm{B}T_\mathrm{c}\tau) \simeq 0.88\xi_0/l$（$\tau$ は緩和時間）によって定義され，クリーンリミット（$\lambda_{\mathrm{tr}} = 0$）とダーティーリミット

($\lambda_{\rm tr} \gg 1$) を区別する．これより，$T = T_{\rm c}$ における $H_{\rm c2}(T)$ 曲線の勾配の値から，絶対零度における軌道臨界磁場の大きさを求めることができる．

4-5-3 スピン常磁性効果と FFLO 状態

4-4-3 項で議論したスピン磁化率の臨界磁場に対する効果を考えよう．前項の磁場の排除に伴うエネルギーを無視すると，考慮すべきエネルギーは，スピン磁化率による常伝導状態のエネルギーの下がりだけである．図 4.17(a) に，常磁性磁化率の大きい場合（実線）と小さい場合（破線）が示されている．このエネルギーの下がりが超伝導の凝縮エネルギーに等しくなったところ（点 A）で超伝導は破れる．これは，常磁性限界（Pauli limit あるいは Clogston-Chandrasekhar limit）磁場 $H_{\rm P}$ と呼ばれ，次式で定義される．

$$\frac{1}{2}(\chi_{\rm P} - \chi_{\rm s})H_{\rm P}(T)^2 = \frac{1}{8\pi}H_{\rm c}(T)^2 \tag{4.135}$$

絶対零度で $\chi_{\rm s} = 0$ のときは，[21] 式 (3.24) および式 (4.79) より，

$$H_{\rm P0}(0) = \frac{H_{\rm c}(0)}{2\sqrt{2\pi N(0)}\mu_{\rm B}} = \frac{|\Delta_0|}{\sqrt{2}\mu_{\rm B}} = \frac{(\pi/\gamma)k_{\rm B}T_{\rm c}}{\sqrt{2}\mu_{\rm B}} \approx 1.857 \times 10^4 T_{\rm c} \tag{4.136}$$

が得られる（磁場の単位は Oe）．ここで，$g = 2$ とした．

前項の軌道効果も考慮に入れると（図 4.17(b) 参照），系のエネルギーは一点鎖線のように変化し，点 B で常伝導状態に（1 次）転移する．しかし実際には，磁束コアの準粒子の分極によってエネルギーが（$H_{\rm c1}$ 以上の磁場で）下がるため，系のエ

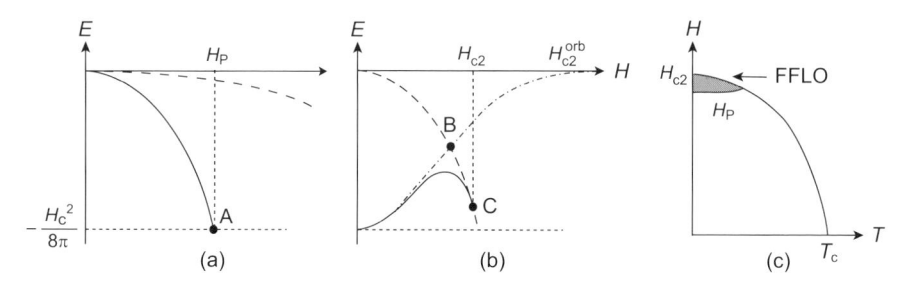

図 4.17 (a) スピン常磁性エネルギー $\frac{1}{2}\chi_{\rm P}H^2$ の磁場依存性．実線の方が破線より $\chi_{\rm P}$ が大きく，臨界磁場は小さくなる．(b) 軌道効果とスピン常磁性効果の両者がある場合のエネルギーの磁場依存性．(c) FFLO 相が存在する場合の磁場対温度相図．

---

[21] 現実の超伝導体では，スピン軌道相互作用などにより，スピン磁化率はゼロにならない．このため，常磁性臨界磁場 $H_{\rm P}$ は式 (4.136) の $H_{\rm P0}$ より大きくなる．

ネルギーは実線のように変化する．超伝導状態は点 C まで持続し，転移は 2 次となる．この転移磁場の大きさ H_{c2} は，H_P と大きくは異ならないであろうが，$H_{c2}^{\rm orb}$ に比べればかなり小さくなる．これを常磁性効果と呼ぶ．

軌道効果と常磁性効果の両方が存在する場合の上部臨界磁場は，次のように表される [13]．

$$H_{c2} = \frac{H_{c2}^{\rm orb} H_P}{\sqrt{2(H_{c2}^{\rm orb})^2 + H_P{}^2}} \tag{4.137}$$

$H_{c2}^{\rm orb} \ll H_P$ の場合は $H_{c2} \simeq H_{c2}^{\rm orb}$ となり，$H_{c2}^{\rm orb} \gg H_P$ の場合は $H_{c2} \simeq H_P/\sqrt{2}$ となる．即ち，小さい方の臨界磁場が観測される．

【補足 10】上部臨界磁場に対するスピン常磁性効果について GL 理論を用いて考えよう．式 (4.127) に，$\Delta(\bm{r})$ と一様磁化 M との結合エネルギー $\frac{1}{2}\gamma_s M^2 \Delta^2(\bm{r})$ を加える．このとき，線形化された GL 方程式 (4.129) は，次のようになる．

$$\frac{1}{2m^*}\left(-i\hbar\bm{\nabla} - \frac{2e\bm{A}}{c}\right)^2 \Delta(\bm{r}) = -(\alpha + \gamma_s M^2)\Delta(\bm{r}) \tag{4.138}$$

$\tilde{\alpha} = \alpha + \gamma_s M^2$ と置くことにより，上部臨界磁場が次のように得られる．

$$H_{c2} = \frac{m^*|\tilde{\alpha}|}{e\hbar} = H_{c2}^{\rm orb} - \frac{m^*\gamma_s}{e\hbar}M^2 \tag{4.139}$$

これより，磁化 M（スピン常磁性）の存在は，軌道臨界磁場 $H_{c2}^{\rm orb}$ に対し，M^2 に比例する量だけ減少させる効果を持つことが分かる．軌道効果が無視できる（式 (4.138) の左辺が小さい）場合には，$M = \chi H$ と置いて，$H_P = \frac{1}{\chi}\sqrt{|\alpha|/\gamma_s}$ を得る．

磁場の大きさが小さい場合は，既に見たように，分極を小さくしペアを作ろうとする．磁場が大きくなると，スピン分極できないため，(スピン 1 重項の) 超伝導は不利になる．しかし，秩序変数を空間変調させることにより (下記参照)，凝縮エネルギーは損するが，スピン分極エネルギーで得をする超伝導状態をつくることができる．このような（凝縮エネルギーとスピン分極エネルギーが拮抗する状況下で実現する）超伝導は，FFLO（Fulde-Ferrel-Larkin-Ovchinnikov）状態と呼ばれ [14, 15]，図 4.17(c) に示すように，H_{c2} 近傍の高磁場において発現する．

FFLO 状態の特徴は，超伝導ギャップ関数の空間的変調である．変調としては，$\Delta(\bm{r}) \sim \Delta_0 e^{i\bm{q}\cdot\bm{r}}$ のような位相の変調や，$\Delta_0 \sin(\bm{q}\cdot\bm{r})$ のような振幅の変調も可能である．後者の正弦波の場合には，波数ベクトル $\bm{q}$ に垂直な面上にノードが生じる．

FFLO 状態においては，図 4.13 に示したように，大きさの異なる Fermi 面上の電子 E $(\bm{k},\uparrow)$ と電子 F $(-\bm{k}+\bm{q},\downarrow)$ がペアを形成する．[22] このペアは，波数ベクト

---

[22] 似た状況は，5-4-2 項で議論されるらせん磁性（あるいはスピン密度波）でも見られる．

ル q の重心運動量を持つ．Fermi 面近傍のエネルギー $\frac{\hbar^2}{2m}((k+q)^2 - k^2) \sim \frac{\hbar^2}{2m}k_{\rm F}q$ と Zeeman エネルギー $\mu_{\rm B}H$ とを等置することにより，q の大きさが $q \simeq \mu_{\rm B}H/(\hbar v_{\rm F})$ と求まる．また，Zeeman エネルギーが超伝導ギャップの大きさ程度であるときに FFLO 状態が発現するから，$q \sim \xi^{-1}$ となる（式 (4.58) 参照）．即ち，FFLO の振動の波長は，超伝導のコヒーレンス長のオーダーである．

互いに時間反転した状態から作られる通常の Cooper 対とは異なり，FFLO 状態の Cooper 対は時間反転した対状態からできていないため，非磁性不純物の影響を強く受ける．従って，実空間で規則正しく振動している状態（FFLO 状態）が観測されるためには，系はクリーンでなければならない．

【補足 11】重い電子系超伝導体では，大きな有効質量のため，軌道効果による対破壊が抑えられ，軌道臨界磁場 (4.134) が上昇する．一方，磁性を持つため常磁性効果が強く効き，常磁性限界磁場 (4.136) が下がる．従って，重い電子系では FFLO 状態の実現しやすい状況が整っている．

4-6 超伝導における対称性の破れ

4-6-1 ゲージ対称性の破れ

量子力学的な粒子は粒子・波動の 2 重性をもつ．互いに正準共役な関係にある，粒子数 n と（波動と見たときの）位相 θ との間には，位置と運動量と同様に，不確定性関係 $\Delta n \Delta \theta \gtrsim 1$ が成り立つ．これは，粒子数と位相とを同時に決めることができないことを意味する．しかし，粒子数の異なった状態を適当に重ね合わせて，$\Delta n \sim N^{1/2}$，$\Delta \theta \sim N^{-1/2}$ であるような波束を作ることは可能である．ここで，N は全粒子数でマクロな数である．このような，巨視的な精度で見れば粒子数のみならず位相も確定した状態をコヒーレント状態と呼ぶ．Bose-Einstein 凝縮（Bose Einstein Condensation, BEC）した状態はコヒーレント状態である．

Bose 粒子系に対し，最も運動エネルギーの低い $k=0$ の状態に対する生成・消滅演算子を $b_0^\dagger$ および b_0 と書き表す．このとき，BEC 状態 $|\Psi\rangle$ は，次のような複素数の行列要素を持つ [16, 17]．

$$\langle \Psi | b_0 | \Psi \rangle \simeq \langle \Psi | b_0^\dagger | \Psi \rangle \simeq \sqrt{N_0} e^{i\theta} \tag{4.140}$$

このようなタイプの行列要素がゼロとならないことは（それが BEC の大きな特徴であるのだが），コヒーレントな BEC 状態 $|\Psi\rangle$ には，粒子数が 1 個増減した状態もほ

とんど同じ確率で含まれていることを考えることにより理解されるであろう．即ち，粒子を1個消したり付け加えたりしたところで，もともとの状態と区別ができないのである．

BECに関する議論を超伝導に適用しよう．そのため，式(4.44)および式(4.45)を次のように表わす．

$$|\Psi\rangle = \Pi_{\boldsymbol{k}}(u_{\boldsymbol{k}} + e^{i\theta}v_{\boldsymbol{k}}c^{\dagger}_{-\boldsymbol{k}\downarrow}c^{\dagger}_{\boldsymbol{k}\uparrow})|0\rangle \tag{4.141}$$

ここで，$u_{\boldsymbol{k}}$ および $v_{\boldsymbol{k}}$ は実数である．式(4.140)のBose演算子を式(4.141)の $c^{\dagger}_{-\boldsymbol{k}\downarrow}c^{\dagger}_{\boldsymbol{k}\uparrow}$ に対応させる．即ち，Cooper対をBose粒子とみなす．このとき，式(4.141)を展開すればわかるように，BCS波動関数は粒子数の確定した状態の重ね合わせ（即ちコヒーレント状態）になっている [16, 17]．

場の演算子を次式によって定義する．

$$\psi_{\sigma}(\boldsymbol{r}) = \frac{1}{\sqrt{V}}\sum_{\boldsymbol{k}}e^{i\boldsymbol{k}\cdot\boldsymbol{r}}c_{\boldsymbol{k}\sigma}, \quad \psi^{\dagger}_{\sigma}(\boldsymbol{r}) = \frac{1}{\sqrt{V}}\sum_{\boldsymbol{k}}e^{-i\boldsymbol{k}\cdot\boldsymbol{r}}c^{\dagger}_{\boldsymbol{k}\sigma} \tag{4.142}$$

各式の左辺は粒子として見たときの演算子であり，[23] 右辺は波動と見たときの演算子である．両者は，互いにFourier変換でつながれている．次の行列要素を考えよう．

$$\Psi(\boldsymbol{r}) = \langle\psi_{\uparrow}(\boldsymbol{r})\psi_{\downarrow}(\boldsymbol{r})\rangle = \frac{1}{V}\sum_{\boldsymbol{k}}\langle\Psi|c_{\boldsymbol{k}\uparrow}c_{-\boldsymbol{k}\downarrow}|\Psi\rangle = \frac{1}{V}e^{i\theta}\sum_{\boldsymbol{k}}u_{\boldsymbol{k}}v_{\boldsymbol{k}} \tag{4.143}$$

図4.6(b)に示したように，$u_{\boldsymbol{k}}v_{\boldsymbol{k}}$ は，Fermi準位近傍の狭い波数領域（$\sim 1/\xi \sim \Delta/\hbar v_F$）でのみゼロでない値をもつ．状態 $c_{\boldsymbol{k}\uparrow}c_{-\boldsymbol{k}\downarrow}|\Psi\rangle$ の粒子数が $|\Psi\rangle$ より2個少ないにもかかわらず，状態 $\langle\Psi|$ との行列要素がゼロにならないのは，$\langle\Psi|$ の中に非占有の $(\boldsymbol{k}\uparrow, -\boldsymbol{k}\downarrow)$ のペアが（確率振幅 $u_{\boldsymbol{k}}$ で）含まれているためである．即ち，BCS状態関数はまさに凝縮状態の特徴(4.140)を捉えたものとなっている．

式(4.143)を次のように拡張する．

$$\langle\psi_{\uparrow}(\boldsymbol{r}_1)\psi_{\downarrow}(\boldsymbol{r}_2)\rangle = \frac{1}{V}\sum_{\boldsymbol{k},\boldsymbol{k}'}\langle c_{\boldsymbol{k}\uparrow}c_{-\boldsymbol{k}'\downarrow}\rangle e^{i(\boldsymbol{k}\cdot\boldsymbol{r}_1 - \boldsymbol{k}'\cdot\boldsymbol{r}_2)} = \frac{1}{V}e^{i\theta}\sum_{\boldsymbol{k}}u_{\boldsymbol{k}}v_{\boldsymbol{k}}e^{i\boldsymbol{k}\cdot(\boldsymbol{r}_1 - \boldsymbol{r}_2)} \tag{4.144}$$

式(4.26)と比べると分かるように，式(4.144)は，$\varphi(\boldsymbol{k}) \propto u_{\boldsymbol{k}}v_{\boldsymbol{k}}$ の係数を持ち，$\boldsymbol{r}_1 - \boldsymbol{r}_2$ を2電子の相対座標とする，Cooper対の波動関数であることが分かる．一方，$\boldsymbol{r}_1 = \boldsymbol{r}_2$ に対応する式(4.143)は，Cooper対の重心運動（ここでは重心運動量はゼロ）の波動関数である．

このように，Bose粒子に対する $\langle\Psi|b_0|\Psi\rangle$ と同じように，Fermi粒子に対する $\Psi(\boldsymbol{r}) =$

---

[23] $\psi_{\sigma}(\boldsymbol{r})$ および $\psi^{\dagger}_{\sigma}(\boldsymbol{r})$ は，空間の点 $\boldsymbol{r}$ でスピンの向き σ の粒子を消滅および生成する演算子である．

$\langle\psi_\uparrow(\boldsymbol{r})\psi_\downarrow(\boldsymbol{r})\rangle$ や $\langle\Psi|c_{\boldsymbol{k}\uparrow}c_{-\boldsymbol{k}\downarrow}|\Psi\rangle$ は，凝縮の程度を表す指標となる．従って，これらの物理量あるいはそれに比例する物理量は，超伝導の秩序変数となる．例えば，超伝導ギャップ Δ は，電子間に作用する引力の大きさ V_0 と，Cooper 対の凝縮により生ずる $|u_{\boldsymbol{k}}v_{\boldsymbol{k}}|$ あるいは $\langle c_{\boldsymbol{k}\uparrow}c_{-\boldsymbol{k}\downarrow}\rangle$ との積であるから（式 (4.52) および式 (4.143) を参照），Δ も秩序変数となりうる．以上より，超伝導の秩序変数は次のように書き表される．

$$\Psi(\boldsymbol{r}) = |\Psi(\boldsymbol{r})|e^{i\theta}, \text{ あるいは } \Delta = |\Delta|e^{i\theta} \tag{4.145}$$

マクロな数の電子の集合体であるにもかかわらず，超伝導状態は 1 つの巨視的な複素波動関数で表現される．[24] これは超伝導の際立った特徴であり，全ての占有状態を指定しなければならない自由電子の場合とは全く異なる．

超伝導転移によって破れる対称性は"ゲージ対称性（位相不変性）"である．この意味を直観的に理解するため，XY 強磁性体（面内でスピンが自由に回転できる系）を考えよう．図 4.18 に示すように，常磁性状態では，スピンの向き（x 軸から測った角度 θ）がまったくランダムである．これは位相の確定していない常伝導状態に対応し，ゲージ変換（図 4.18(c) の「ベクトルの回転」）に対して不変な状態である．即ち，この常磁性状態に対しゲージ変換を施した状態は，変換以前の状態と区別できない．これに対し，強磁性状態では 1 つの θ だけが選ばれる．このとき，磁化ベクトルを回転させた状態は，回転する前の状態と区別される．つまり，強磁性状態は，ゲージ対称性の破れた（位相の確定した）超伝導状態に対応付けられる．

3-3-2 項で説明したエキシトンは，(Fermi 粒子 2 個から構成される) Bose 粒子である

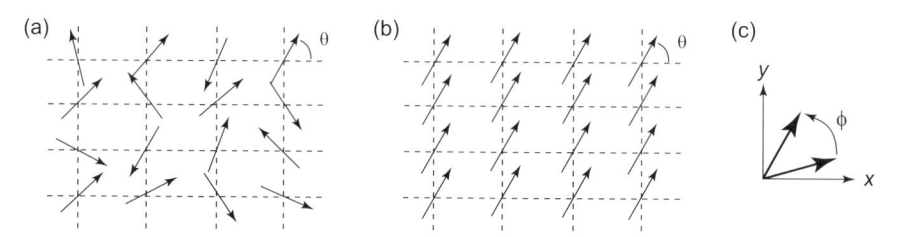

図 4.18 XY 強磁性体（磁化容易面を持つ強磁性体）．(a) 常磁性状態ではスピンの向きがばらばらである．(b) 強磁性状態では，すべてのスピンが，角度 θ に向きをそろえている．(c) ゲージ変換．ベクトルを複素関数 Ψ に対応させれば，回転は $e^{i\phi}$ をかけることに対応する．従って，ゲージ変換はベクトルを角度 ϕ だけ回転させることに対応する．あるいは，「座標軸を角度 $-\phi$ 回転する変換」ともみなされる．

---

[24] 複素波動関数 $\Psi(\boldsymbol{r})$ の位相 θ は，直観的には，次に説明する "XY モデル" における強磁性自発磁化の向きに対応する．一方，位相 θ の差あるいは勾配 $\nabla\theta(\boldsymbol{r})$ は超流動速度を与える（式 (4.12) 参照）．また，弱く結合した 2 つの超伝導体においては，位相差があると，それらの間に Josephson 電流が流れる．

ので，それからなる系は（統計力学的な意味で）BECを生じうる．またSDWは，3-6-1項で述べたように，数学的にはBCS理論と同じ枠組みで理解可能である．即ち，エキシトン凝縮相やSDWは，電子・ホール対の凝縮として理解可能である．これらの秩序相を特徴づける秩序変数は，生成演算子と消滅演算子の組み合わせで現れる．例えば，SDW相を特徴づける秩序変数は，$M = |M|e^{i\theta} = \sum_{\bm{k}}\langle c^{\dagger}_{\bm{k}\uparrow}c_{\bm{k}+2\bm{k}_{\mathrm{F}}\uparrow}\rangle = -\sum_{\bm{k}}\langle c^{\dagger}_{\bm{k}\downarrow}c_{\bm{k}+2\bm{k}_{\mathrm{F}}\downarrow}\rangle$と書かれる[18].[25] 秩序変数は生成演算子と消滅演算子の積であるから，これらの演算子に対しゲージ変換（$c_{\bm{k}\sigma} \to e^{i\theta}c_{\bm{k}\sigma}$ および $c^{\dagger}_{\bm{k}\sigma} \to e^{-i\theta}c^{\dagger}_{\bm{k}\sigma}$ の変換）を行っても，$e^{i\theta}e^{-i\theta} = 1$ となり，秩序変数は不変（変換前の状態と同じ）である．即ち，これらの秩序相は「ゲージ変換に対して不変」である．

これに対し，超伝導の対凝縮に現れる演算子は，2つとも消滅または生成演算子である．従って，それぞれの演算子にゲージ変換を操作すると，対凝縮の位相が変化する．ハミルトニアンはゲージ変換に対して不変であるにも関わらず，超伝導転移温度以下でゲージ対称性の破れた秩序相が生じたことになる．これは，Heisenbergモデルのハミルトニアンが空間の回転に対して不変であるにも関わらず，Curie温度以下で空間回転対称性の破れた強磁性秩序状態が生じたことと同じである．

4-6-2 非対角長距離秩序

強磁性における長距離秩序の意味は，直観的にも明らかなように，ある場所に置かれたスピン（磁気モーメント）がある方向を向いているとき，遠く離れた場所にあるスピンも同じ向きを向いていることである．では，超伝導における長距離秩序はどのように記述されるであろうか？これを理解するため，次の量を考えよう[19].

$$G_1(\bm{r}t, \bm{r}'t') = \langle \psi^{\dagger}(\bm{r}', t')\psi(\bm{r}, t)\rangle \tag{4.146}$$

ここで，$\psi(\bm{r}, t)$ は，場所 $\bm{r}$ 時刻 t において粒子を消滅させる（ホールを付け加える）場の演算子である．このとき，式(4.146)は，$\bm{r}, t$ においてホールを1個付け加えたとき，$\bm{r}', t'$ に残っているそのホールの振幅を表し，プロパゲータと呼ばれる．

式(4.142)を式(4.146)に代入すると，同時刻（$t = t'$）のプロパゲータが得られる．

$$G_1(\bm{r}t, \bm{r}'t) = \frac{1}{V}\sum_{\bm{k}} e^{i\bm{k}\cdot(\bm{r}-\bm{r}')}\langle c^{\dagger}_{\bm{k}}c_{\bm{k}}\rangle \tag{4.147}$$

この式の意味を理解するため，Fermi縮退した自由電子気体に適用してみよう．絶対零度においては，Fermi準位までは電子が完全に詰まっており，その上の座席は

[25) 副格子磁化が z 方向に向いている場合のSDW秩序変数は，$\langle c^{\dagger}_{\bm{k}\uparrow}c_{\bm{k}+\bm{Q}\uparrow} - c^{\dagger}_{\bm{k}\downarrow}c_{\bm{k}+\bm{Q}\downarrow}\rangle$ で与えられる．また，副格子磁化が xy 容易面内にある場合の秩序変数は，$\langle c^{\dagger}_{\bm{k}\uparrow}c_{\bm{k}+\bm{Q}\downarrow}\rangle$ などと書かれる．

全て空席である．従って，$c_{\bm{k}}^\dagger c_{\bm{k}}$ の期待値は，$k < k_\mathrm{F}$ に対しては $\langle c_{\bm{k}}^\dagger c_{\bm{k}} \rangle = 1$ であり，$k > k_\mathrm{F}$ に対しては $\langle c_{\bm{k}}^\dagger c_{\bm{k}} \rangle = 0$ である．従って，次のように計算される．

$$\begin{aligned}G_1(\bm{r}t, \bm{r}'t) &= \frac{1}{V}\sum_{\bm{k}(k<k_\mathrm{F})} e^{i\bm{k}\cdot(\bm{r}-\bm{r}')} = \frac{1}{4\pi^2}\int_0^\pi d\theta \sin\theta \int_0^{k_\mathrm{F}} dk\, k^2 e^{ik|\bm{r}-\bm{r}'|\cos\theta} \\ &= \frac{3N}{2V}\frac{1}{x^3}(\sin x - x\cos x) \end{aligned} \qquad (4.148)$$

ここで，$x = k_\mathrm{F}|\bm{r} - \bm{r}'|$ であり，積分については 5-3-3 項を参照されたい．[26] $1/x^3$ の因子のため，2 点間の距離 $|\bm{r} - \bm{r}'|$ が十分離れているとき，G_1 はゼロとなる．これは，「自由粒子系には長距離秩序が存在しない」ことを意味する．

次に，絶対零度に置かれた理想 Bose 気体を考える．Bose 凝縮状態では $\langle c_{\bm{k}}^\dagger c_{\bm{k}} \rangle = N\delta_{\bm{k},0}$（$\bm{k} = 0$ が基底状態）であるから，式 (4.147) は次のようになる．

$$G_1(\bm{r}t, \bm{r}'t) = \frac{N}{V} \qquad (4.149)$$

これは距離に依存せず一定であるから，$\bm{r}$ と $\bm{r}'$ がどんなに遠く離れてもゼロにはならない．このとき，「長距離秩序が存在する」という．

この長距離秩序の存在は，$\bm{r}$ と $\bm{r}'$ が十分遠く離れた場合に，次式の期待値 $\langle \psi^\dagger(\bm{r}', t) \rangle$ および $\langle \psi(\bm{r}, t) \rangle$ がゼロでないことを意味する．

$$G_1(\bm{r}t, \bm{r}'t) = \langle \psi^\dagger(\bm{r}', t)\psi(\bm{r}, t) \rangle \to \langle \psi^\dagger(\bm{r}', t)\rangle\langle\psi(\bm{r}, t) \rangle \quad (|\bm{r} - \bm{r}'| \to \infty) \qquad (4.150)$$

このとき，演算子 $\psi^\dagger(\bm{r}', t)$ および $\psi(\bm{r}, t)$ は，それぞれ粒子の生成および消滅を表すから粒子数を保存しない，即ち「粒子数表示では非対角」である．このため，Bose 凝縮は，非対角長距離秩序（off-digagonal long range order, ODLRO）と呼ばれる．

超伝導の場合も，式 (4.150) からの類推により，次のように書こう．

$$\begin{aligned}G_2(\bm{r}_1 t, \bm{r}_2 t; \bm{r}_1' t, \bm{r}_2' t) &= \langle \psi_\sigma^\dagger(\bm{r}_2', t)\psi_{\sigma'}^\dagger(\bm{r}_1', t)\psi_{\sigma'}(\bm{r}_1, t)\psi_\sigma(\bm{r}_2, t) \rangle \\ &\to \langle \psi_\sigma^\dagger(\bm{r}_2', t)\psi_{\sigma'}^\dagger(\bm{r}_1', t)\rangle\langle\psi_{\sigma'}(\bm{r}_1, t)\psi_\sigma(\bm{r}_2, t) \rangle \end{aligned} \qquad (4.151)$$

式 (4.144) より右辺はゼロにならないので，超伝導もまた，Bose 凝縮と同じように，非対角長距離秩序と言える．これに対し，SDW 状態では生成演算子と消滅演算子が対で現れるから，粒子数は変化しない．従って，秩序状態は対角的である．

【補足 12】多体系に生じる長距離秩序には，上で見たように，対角長距離秩序（DLRO）と非対角長距離秩序（ODLRO）がある [20]．DLRO である XY 強磁性や SDW で超

---

[26] 式 (4.148) の振動は，5-3-3 項で説明する Friedel 振動と同様に，Fermi 面の存在（分布関数が 1 から 0 に不連続に変わること）に由来する．

流動（に対応する現象）が見出されたことはなく，この意味で，DLRO は ODLRO と明確に区別される．一方，数学的には，DLRO を起こす系と ODLRO を起こす系は，ある種の変換で結ばれ [21]，その意味で等価である．では何故，超流動は ODLRO でのみ生じるのであろうか？ 長岡によれば [22]，DLRO を起こす系でも，理想化・簡単化された場合には，連続的な対称性（例えば空間の並進対称性や回転対称性）が破れることに伴い，ある種の物理量（例えばエネルギーなど）に超流動性が生じる．しかし現実の系では，系の不完全さや異方性により連続的な対称性が消失してしまうため，超流動は起こらない．これに対し，超流動や超伝導で問題となるゲージ対称性は，現実の系にどのような不完全性が存在していても失われることはない．従って，ODLRO 系では超流動は消失しない．

4-7 異方的超伝導

4-7-1 異方的超伝導の秩序変数

本項では，異方的超伝導の基礎事項について説明する [4, 10]．4-2-1 項で議論したペア相互作用の行列要素 $V_{\bm{k},\bm{k}'}$ が $|\bm{k}-\bm{k}'|^2 \equiv k^2 + k'^2 - 2kk'\cos\theta$（$\theta$ は $\bm{k}$ と $\bm{k}'$ のなす角）のみの関数であるとしよう．このとき $V_{\bm{k},\bm{k}'}$ は，次のように展開される．

$$\begin{align}
V_{\bm{k},\bm{k}'} &= \sum_{l=0}^{\infty} V_l(k,k') \sum_{m=-l}^{l} Y_l^m(\hat{\bm{k}}) Y_l^{*m}(\hat{\bm{k}}') \tag{4.152}\\
&= \sum_l (2l+1) V_l(k,k') P_l(\cos\theta) \simeq V_0(k,k') + 3V_1(k,k')\cos\theta + \cdots
\end{align}$$

$$V_l(k,k') \equiv \int \frac{d\Omega}{4\pi} V_{\bm{k},\bm{k}'} P_l(\cos\theta) \tag{4.153}$$

ここで，$\hat{\bm{k}}$ は $\bm{k}$ 方向の単位ベクトル，$P_l(\cos\theta)$ は l 次の Legendre 多項式であり，計算に際し球面調和関数 $Y_l^m(\hat{\bm{k}})$ の加法定理を用いた．式 (4.153) は，結晶場と同じように（付録 B-2 節参照），ポテンシャルを空間の対称性（軌道角運動量）で分類したことに対応する．ポテンシャルを次のように簡単化する．

$$\begin{cases} V_l(k,k') = -V_l \; (<0) & \left(\frac{\hbar^2 k^2}{2m} < E_{\mathrm{F}} + \hbar\omega_{\mathrm{D}},\; \frac{\hbar^2 k'^2}{2m} < E_{\mathrm{F}} + \hbar\omega_{\mathrm{D}}\right) \\ V_l(k,k') = 0 & (\text{上記以外の場合}) \end{cases} \tag{4.154}$$

4-2-1 項の議論は，軌道角運動量 $l=0$ の等方的な成分 $V_0(k,k') = -V_0$ のみを考えたことに相当する．本項では $l \neq 0$ の場合にまで拡張する．4-2-1 項と同じように計算

を進めることにより，次式を得る．

$$E_B^{(l)} = 2\hbar\omega_D e^{-\frac{2}{N(0)V_l}} \tag{4.155}$$

これは，V_0 が斥力であったとしても，他の成分（例えば V_1）が引力であれば，束縛状態が形成可能であることを示す．この $l \neq 0$ の超伝導が異方的超伝導である．

対の波動関数 $\Psi(\boldsymbol{r})$ を考える代わりに，その Fourier 成分である $\varphi(\boldsymbol{k})$ を考え（式 (4.26) 参照），角運動量 l（基底関数 $Y_l^m(\hat{\boldsymbol{k}})$）で展開する．

$$\varphi_l(\boldsymbol{k}) = \sum_{m=-l}^{l} a_{lm}(k) Y_l^m(\hat{\boldsymbol{k}}) \tag{4.156}$$

水素原子の波動関数と同じように，$l=0$ を s，$l=1$ を p，$l=2$ を d などと記す．[27)]
s 波超伝導などの名前は，これに由来する．

Cooper 対波動関数は，電子の入れ替えに対し，符号を変えなければならない．[28)]

$$\varphi(\boldsymbol{k})\chi_{12} = -\varphi(-\boldsymbol{k})\chi_{21} \tag{4.157}$$

ここで，χ は波動関数のスピン部分を表す（1-2-2 項参照）．スピン 1 重項の場合は，スピン部分が符号を反転するので，軌道部分は入れ替えに対して対称でなければならない．

$$\varphi_l(\boldsymbol{k}) = \varphi_l(-\boldsymbol{k}) \quad (l = 0, 2, \cdots) \tag{4.158}$$

これを偶パリティと呼ぶ．これに対し，スピン 3 重項の場合は，軌道部分の符号が反転しなければならない．

$$\varphi_l(\boldsymbol{k}) = -\varphi_l(-\boldsymbol{k}) \quad (l = 1, 3, \cdots) \tag{4.159}$$

これは奇パリティである．

次に，スピン部分について考えよう．1-2-2 項と同じように，Cooper 対はスピン 1 重項と 3 重項の 2 通りの状態が可能である．合成スピンの z 成分がゼロであるスピン 1 重項対の波動関数（スピン部分）は，次のように書き表される．

$$|\uparrow\downarrow\rangle - |\downarrow\uparrow\rangle = \begin{pmatrix} 0 & 1 \\ -1 & 0 \end{pmatrix} = i\sigma_y \tag{4.160}$$

[27)] 水素原子の場合は，観測者が原子核の上に立ち，電子の相対的位置を観測している．
[28)] $\boldsymbol{k} = (\boldsymbol{k}_1 - \boldsymbol{k}_2)/2$ に対し電子の入れ替えを行うと，$(\boldsymbol{k}_2 - \boldsymbol{k}_1)/2 = -\boldsymbol{k}$ になる．

ここで，第2式はスピン行列で，その成分は $|\uparrow\uparrow\rangle, |\uparrow\downarrow\rangle, |\downarrow\uparrow\rangle, |\downarrow\downarrow\rangle$ の係数に対応する．第3式は，この行列が Pauli 行列 σ_y に虚数単位を乗じたものに等しいことを示している．

スピン3重項状態に対しても同様に行列表示をすると，次のようになる．

$$S_z = \begin{cases} 1, & |\uparrow\uparrow\rangle = \begin{pmatrix} 1 & 0 \\ 0 & 0 \end{pmatrix} \\ 0, & |\uparrow\downarrow\rangle + |\downarrow\uparrow\rangle = \begin{pmatrix} 0 & 1 \\ 1 & 0 \end{pmatrix} \\ -1, & |\downarrow\downarrow\rangle = \begin{pmatrix} 0 & 0 \\ 0 & 1 \end{pmatrix} \end{cases} \quad (4.161)$$

軌道部分とスピン部分を併せた，対の全波動関数を考える．まず，スピン1重項，即ち，偶パリティ対の波動関数は次のように書かれる．

$$\Psi_l^{\text{even}} = \varphi_l(\boldsymbol{k}) i\sigma_y = \begin{pmatrix} 0 & \varphi_l(\boldsymbol{k}) \\ -\varphi_l(\boldsymbol{k}) & 0 \end{pmatrix} \quad (4.162)$$

スピン3重項，即ち，奇パリティ対の全波動関数は，以下のようである．

$$\Psi_l^{\text{odd}} = \varphi_l^1(\boldsymbol{k})|\uparrow\uparrow\rangle + \varphi_l^0(\boldsymbol{k})(|\uparrow\downarrow\rangle + |\downarrow\uparrow\rangle) + \varphi_l^{-1}(\boldsymbol{k})|\downarrow\downarrow\rangle = \begin{pmatrix} \varphi_l^1(\boldsymbol{k}) & \varphi_l^0(\boldsymbol{k}) \\ \varphi_l^0(\boldsymbol{k}) & \varphi_l^{-1}(\boldsymbol{k}) \end{pmatrix} \quad (4.163)$$

ここで，$\varphi_l^\alpha (\alpha = 1, 0, -1)$ は，$S_z = 1, 0, -1$ の状態の振幅であり，球面調和関数を用いて，次のように表わされる．

$$\varphi_l^\alpha(\boldsymbol{k}) = \sum_{m=-l}^{l} a_{lm}^\alpha(k) Y_l^m(\hat{\boldsymbol{k}}) \quad (4.164)$$

スピン3重項超伝導の秩序変数としてしばしば用いられる $\boldsymbol{d}$ ベクトルを導入するため，波動関数 (4.163) の基底を次のように変換する．

$$\begin{cases} \hat{\boldsymbol{z}} = |S_z = 0\rangle = \dfrac{1}{\sqrt{2}}(|\uparrow\downarrow\rangle + |\downarrow\uparrow\rangle) \\ \hat{\boldsymbol{x}} = \dfrac{1}{\sqrt{2}}(-|\uparrow\uparrow\rangle + |\downarrow\downarrow\rangle) \\ \hat{\boldsymbol{y}} = \dfrac{i}{\sqrt{2}}(|\uparrow\uparrow\rangle + |\downarrow\downarrow\rangle) \end{cases} \quad (4.165)$$

基底 $\hat{\boldsymbol{z}}$ は，合成スピン $\boldsymbol{S}$ の z 成分 S_z がゼロの状態を表す．これは，z 方向を量子化軸にとったとき，スピン状態が $|\uparrow\downarrow\rangle$ と $|\downarrow\uparrow\rangle$ のペアのみからできていることを示す．

言い換えれば，スピンは xy 平面内（$\boldsymbol{d}$ベクトルに垂直な面内）に張り付いている．同様に，$\hat{\boldsymbol{x}}$ および $\hat{\boldsymbol{y}}$ は，それぞれ $S_x = 0$ および $S_y = 0$ の状態を表す．これらの基底を用いるとき，状態ベクトルは，スピン空間上のベクトル $\boldsymbol{d}$ を用いて次のように書かれる．

$$\Psi_l^{\text{odd}} = \sqrt{2}\boldsymbol{d} = \sqrt{2}(d_x \hat{\boldsymbol{x}} + d_y \hat{\boldsymbol{y}} + d_z \hat{\boldsymbol{z}}) \tag{4.166}$$

ここで，$\boldsymbol{d}(\boldsymbol{k}) = (d_x(\boldsymbol{k}), d_y(\boldsymbol{k}), d_z(\boldsymbol{k}))$ の各成分は，φ_l^α と次の関係で結ばれている．

$$d_x = -\frac{1}{2}\varphi_l^1 + \frac{1}{2}\varphi_l^{-1}, \quad d_y = \frac{1}{2i}\varphi_l^1 + \frac{1}{2i}\varphi_l^{-1}, \quad d_z = \varphi_l^0 \tag{4.167}$$

あるいは，式 (4.163) の行列表示で表すこともできる．

$$\Psi_l^{\text{odd}} = \begin{pmatrix} -d_x(\boldsymbol{k}) + id_y(\boldsymbol{k}) & d_z(\boldsymbol{k}) \\ d_z(\boldsymbol{k}) & d_x(\boldsymbol{k}) + id_y(\boldsymbol{k}) \end{pmatrix} = (\boldsymbol{d}(\boldsymbol{k}) \cdot \boldsymbol{\sigma})i\sigma_y \tag{4.168}$$

この $\boldsymbol{d}$ ベクトルの成分 d_α ($\alpha = x, y, z$) もまた球面調和関数で展開可能である．

$$d_\alpha(\boldsymbol{k}) = \sum_{m=-l}^{l} b_{lm}^\alpha(k) Y_l^m(\hat{\boldsymbol{k}}) \tag{4.169}$$

具体的な例として，p 波 ($l = 1$) 超伝導を考える．このとき，式 (4.169) の基底関数は次式で与えられる．

$$Y_1^1(\hat{\boldsymbol{k}}) \propto \hat{k}_x + i\hat{k}_y, \ Y_1^0(\hat{\boldsymbol{k}}) \propto \hat{k}_z, \ Y_1^{-1}(\hat{\boldsymbol{k}}) \propto \hat{k}_x - i\hat{k}_y \tag{4.170}$$

図 4.19 に示すように，第 1 式は k_x-k_y 平面に拡がった電荷分布を持ち"右回り"に電流が流れている状態，第 2 式は k_z 方向に延びた電荷分布を持つ状態，第 3 式は k_x-k_y 平面に拡がった電荷分布を持ち"左回り"に電流が流れている状態を表す．"Polar phase"と呼ばれる相は，次の $\boldsymbol{d}$ ベクトルで特徴づけられる．[29]

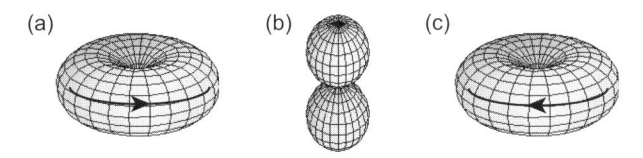

図 **4.19** 球面調和関数．(a) $l = 1, m = 1$．(b) $l = 1, m = 0$．(c) $l = 1, m = -1$．ここでは $\boldsymbol{k}$ 空間の p 波を考えているが，実空間でも同じ対称性を持つ p 波である．

---

[29] 本項の具体例で示される $\boldsymbol{d}$ ベクトルが規格化 ($\int \frac{d\Omega}{4\pi}|\boldsymbol{d}(k)|^2 = 1$) されていないとき，比例関係を，記号 $\sim$ で表す．

$$\boldsymbol{d}(\boldsymbol{k}) \sim (0, 0, \hat{\boldsymbol{k}}_z) \tag{4.171}$$

このとき，対の波動関数は次のようになる．

$$\Psi^{\text{Polar}} = \begin{pmatrix} 0 & \hat{\boldsymbol{k}}_z \\ \hat{\boldsymbol{k}}_z & 0 \end{pmatrix} = \hat{\boldsymbol{k}}_z \left(|\uparrow\downarrow\rangle + |\downarrow\uparrow\rangle \right) \tag{4.172}$$

これは，全スピンの z 成分 $S_z = 0$，軌道角運動量の z 成分 $l_z = 0$ を持つ（式 (4.170) 参照）．"Axial phase" と呼ばれる相は，

$$\boldsymbol{d}(\boldsymbol{k}) \sim (\hat{\boldsymbol{k}}_x, \hat{\boldsymbol{k}}_y, 0) \tag{4.173}$$

で特徴付けられ，対の波動関数は次のようになる．

$$\Psi^{\text{Axial}} = \begin{pmatrix} -\hat{\boldsymbol{k}}_x + i\hat{\boldsymbol{k}}_y & 0 \\ 0 & \hat{\boldsymbol{k}}_x + i\hat{\boldsymbol{k}}_y \end{pmatrix} = (-\hat{\boldsymbol{k}}_x + i\hat{\boldsymbol{k}}_y)|\uparrow\uparrow\rangle + (\hat{\boldsymbol{k}}_x + i\hat{\boldsymbol{k}}_y)|\downarrow\downarrow\rangle \tag{4.174}$$

これは，2 つの状態 $|S_z = 1,\, l_z = -1\rangle$ と $|S_z = -1,\, l_z = 1\rangle$ の重ね合わせである．最後の例として，液体 ^{3}He の "A phase" と呼ばれる相は，以下のようになる．

$$\boldsymbol{d}(\boldsymbol{k}) \sim (\hat{\boldsymbol{k}}_x + i\hat{\boldsymbol{k}}_y, 0, 0) \tag{4.175}$$

$$\Psi^{\text{A-phase}} = \begin{pmatrix} -\hat{\boldsymbol{k}}_x - i\hat{\boldsymbol{k}}_y & 0 \\ 0 & \hat{\boldsymbol{k}}_x + i\hat{\boldsymbol{k}}_y \end{pmatrix} = -(\hat{\boldsymbol{k}}_x + i\hat{\boldsymbol{k}}_y)\left(|\uparrow\uparrow\rangle - |\downarrow\downarrow\rangle\right) \tag{4.176}$$

これは，2 つの状態 $|S_z = 1,\, l_z = 1\rangle$ と $|S_z = -1,\, l_z = 1\rangle$ の重ね合わせである．これは，スピン 3 重項状態でも，全スピンがゼロとなる場合があることを示す．

4-7-2　異方的ギャップと熱力学量のベキ乗則

ギャップ $\Delta(\boldsymbol{k})$ は波動関数 $\varphi(\boldsymbol{k})$ と同じ対称性を持ち，偶パリティ（スピン 1 重項）対に対し，次のように書かれる．

$$\Delta_l(\boldsymbol{k}) = |\Delta|\varphi_l(\boldsymbol{k})i\sigma_y = |\Delta| \begin{pmatrix} 0 & \varphi_l(\boldsymbol{k}) \\ -\varphi_l(\boldsymbol{k}) & 0 \end{pmatrix} \tag{4.177}$$

ここで，$\varphi_l(\boldsymbol{k})$ は $\int \frac{d\Omega}{4\pi}|\varphi_l(\boldsymbol{k})|^2 = 1$ のように規格化されている．励起エネルギーは，次式で与えられる（4-4-1 項参照）．

$$E_{\boldsymbol{k}} = \sqrt{\xi_{\boldsymbol{k}}^2 + |\Delta|^2|\varphi_l(\boldsymbol{k})|^2} \tag{4.178}$$

奇パリティ（スピン 3 重項）の場合は，次のように書かれる．

$$\Delta_l(\boldsymbol{k}) = |\Delta|\,(\boldsymbol{d}(\boldsymbol{k}) \cdot \boldsymbol{\sigma})\,i\sigma_y = |\Delta| \begin{pmatrix} -d_x(\boldsymbol{k}) + id_y(\boldsymbol{k}) & d_z(\boldsymbol{k}) \\ d_z(\boldsymbol{k}) & d_x(\boldsymbol{k}) + id_y(\boldsymbol{k}) \end{pmatrix} \quad (4.179)$$

ここでの $\boldsymbol{d}$ は，脚注 29)のように 1 に規格化されている．後に示すように（式 (9.4)参照），$\boldsymbol{d}$ ベクトルの中にギャップの大きさ $|\Delta|$ を含める場合もある．ギャップの大きさの 2 乗は，次式で与えられる．

$$\Delta_l(\boldsymbol{k})^2 = \frac{1}{2}\mathrm{Sp}\Delta_l^\dagger(\boldsymbol{k})\Delta_l(\boldsymbol{k}) = |\Delta|^2 \boldsymbol{d}(k)\boldsymbol{d}^*(k) \quad (4.180)$$

ここで，Sp は対角和を表す．励起エネルギーは次式で与えられる．

$$E_{\boldsymbol{k}} = \sqrt{\xi_{\boldsymbol{k}}^2 + |\Delta|^2|\boldsymbol{d}(k)|^2} \quad (4.181)$$

具体例として，p 波超伝導の Polar phase $(|S_z=0, l_z=0\rangle)$ を考えると，（規格化された）$\boldsymbol{d}$ ベクトルは $\boldsymbol{d}(\boldsymbol{k}) = \sqrt{3}(0,0,\hat{\boldsymbol{k}}_z)$ であるから，励起エネルギーは

$$E_{\boldsymbol{k}} = \sqrt{\xi_{\boldsymbol{k}}^2 + 3|\Delta|^2 \cos^2\theta} \quad (4.182)$$

となる．ギャップの大きさは $|\Delta\cos\theta|$ に比例し，$\theta=\pi/2$（赤道上）で消失する（図 4.20(a) 参照）．また，Axial phase における励起エネルギーは，（規格化された）$\boldsymbol{d}$ ベクトル $\boldsymbol{d}(\boldsymbol{k}) = \sqrt{\frac{3}{2}}(\hat{\boldsymbol{k}}_x, \hat{\boldsymbol{k}}_y, 0)$ を用いて，次のように求まる．

$$E_{\boldsymbol{k}} = \sqrt{\xi_{\boldsymbol{k}}^2 + \frac{3}{2}|\Delta|^2 \sin^2\theta} \quad (4.183)$$

ギャップの大きさは $|\Delta\sin\theta|$ に比例し，$\theta=0$（北極）および $\theta=\pi$（南極）で消失す

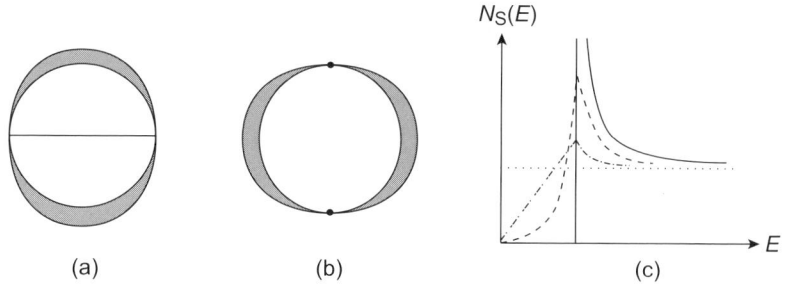

図 **4.20** (a) Polar 型（線ノード，line node）のギャップ関数．(b) Axial 型（点ノード，point node）のギャップ関数．(c) 状態密度のエネルギー依存性．一点鎖線と破線は，各々 Polar 型と Axial 型に対応する．実線は BCS 超伝導の等方的ギャップを表す．

る（図 4.20(b) 参照）．

状態密度は，次の式を用いて計算される [10]．

$$\frac{N_\mathrm{s}(E)}{N_0} = \frac{E}{4\pi} \int_0^\pi \int_0^{2\pi} d\theta d\varphi \frac{\sin\theta}{\sqrt{E^2 - |\Delta(\boldsymbol{k})|^2}} \tag{4.184}$$

例として，上記 2 つの p 波超伝導に対して計算すると，次式が得られる．

$$\frac{N_\mathrm{s}(E)}{N_0} = \begin{cases} \dfrac{E}{\Delta_0} \sin^{-1} \dfrac{\Delta_0}{E} & (\text{polar 型}, E > \Delta_0) \\ \dfrac{\pi E}{2\Delta_0} & (\text{polar 型}, E < \Delta_0) \\ \dfrac{E}{2\Delta_0} \ln \left| \dfrac{E+\Delta_0}{E-\Delta_0} \right| & (\text{axial 型}) \end{cases} \tag{4.185}$$

エネルギーの小さい領域における状態密度は，次の "ベキ乗則" を示す（図 4.20(c)）．

$$N_\mathrm{s}(E) \propto \begin{cases} E & (\text{polar 型，線ノード}) \\ E^2 & (\text{axial 型，点ノード}) \end{cases} \tag{4.186}$$

このような低エネルギー励起が生じるのは，ギャップがノードを持つためである．

状態密度のベキ乗則を反映し，比熱 C もまた温度に関するベキ乗則を示す．

$$C(T) = \frac{2}{T} \int_0^\infty E^2 N_\mathrm{s}(E) \left(-\frac{\partial f}{\partial E}\right) dE \propto \begin{cases} T^2 & (\text{線ノード}) \\ T^3 & (\text{点ノード}) \end{cases} \tag{4.187}$$

ここで，f は Fermi 分布関数であり，次の積分公式を用いた．

$$\int_0^\infty E^n \left(-\frac{\partial f}{\partial E}\right) dE = (k_\mathrm{B}T)^n \int_0^\infty \frac{x^n e^x}{(e^x+1)^2} dx = A(n)(k_\mathrm{B}T)^n \tag{4.188}$$

ここで，$A(n)$ は定数である [23]．

ギャップ上に励起された準粒子の散乱によって生じる核磁気緩和も，状態密度を探る有効なプローブである．核スピン緩和率 $1/T_1$ は，一般には，状態密度だけでなく，Cooper 対のスピン状態（コヒーレンス因子）にも依存する [11]．コヒーレンス因子は，p 波あるいは d 波超伝導には関係しないので省略すると，状態密度に依存する部分は，次のように書かれる．

$$\frac{1}{T_1} \propto T \int_0^\infty N_\mathrm{s}(E)^2 \left(-\frac{\partial f}{\partial E}\right) dE \propto \begin{cases} T^3 & (\text{線ノード}) \\ T^5 & (\text{点ノード}) \end{cases} \tag{4.189}$$

4-4-3 項で説明したスピン磁化率 χ_s は，超伝導状態密度のエネルギー依存性（ギャッ

プ関数のトポロジー）とスピン状態の両者に依存する．例えば，BCS 超伝導体においては，スピン 1 重項と等方的ギャップの形成により，スピン磁化率（芳田関数 $Y(T)$）は低温で指数関数的に減少した．d 波超伝導の場合は，s 波超伝導と同様に，スピン磁化率は超伝導転移温度以下で減少する．しかし，ギャップにノードがあるため，指数関数ではなく，比熱などと同じようにベキ乗則に従う [10]．

$$\chi_\mathrm{s} \propto \int_0^\infty N_\mathrm{s}(E)\left(-\frac{\partial f}{\partial E}\right)dE \propto \begin{cases} T & (\text{線ノード}) \\ T^2 & (\text{点ノード}) \end{cases} \tag{4.190}$$

スピン 3 重項超伝導に対しては，スピン状態も考慮しなければならない．初めに，Cooper 対のスピン軌道相互作用が強い場合を考える（図 4.21 参照）．スピン状態を規定する d ベクトルに平行（z 方向）に磁場をかけ温度を下げると，対形成に伴い $S_z = 0$ となるから，スピン 1 重項と同じように Knight シフトは減少する．一方，d ベクトルが x-y 面内にある場合に z 方向に磁場をかけると，（d ベクトルに垂直な面内にある $S_z = \pm 1$ の）電子対の偏極が磁場方向に生じる．このため，Cooper 対のスピンは磁化率に寄与し，スピン磁化率は超伝導転移温度以下でも減少しない．これに対し，スピン軌道相互作用の弱い場合には，[30] d ベクトルは結晶に対し向きが固定されず，常に磁場に垂直に向く．従って，印加磁場の方向に関わらず，Knight シフトは減少しない．

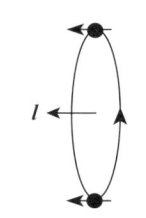

図 4.21　Cooper 対のスピン軌道相互作用．l は Cooper 対の軌道角運動量，黒丸（電子）上の矢印は電子スピンを表す．

このように，比熱や核スピン緩和率等の温度依存性は，超伝導状態を同定する上で重要である．典型物質の実験と理論の比較が表 9.2 に与えられている．

4-7-3　異方的ギャップと対称性の破れ

本項では，異方的ギャップを対称性の破れという観点から考える．図 4.22 は，異方的なエネルギーギャップの概略図である．ここで，内側の破線は，例えば立方対称性をもつ結晶の Fermi 面の，y-z 軸を含む面で切った断面であると思えばよい．[31] 外側の実線と Fermi 面との距離がギャップの大きさ Δ に対応する．従って，図 4.22(a) および (b) では，通常の（conventional な）超伝導状態に対応し，結晶の対称性とギャップの対称性は等しい．

---

[30] UPt_3 に対する NMR 実験によれば，スピン軌道相互作用は弱いように見える [24, 25]．
[31] 当然のことながら，結晶構造と Fermi 面は同じ対称性を持つ．

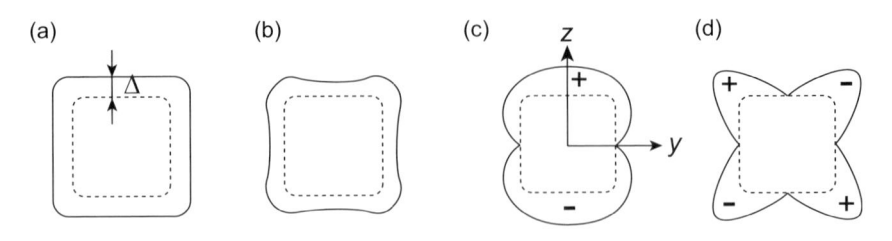

図 4.22 超伝導状態におけるエネルギーギャップ．内側の破線は Fermi 面（の断面）を示す．(a) s 波超伝導のギャップは Fermi 面と同じ対称性を持ち，その大きさは方向に依らない．(b) 超伝導ギャップは Fermi 面と同じ対称性を持つが，その大きさは異方的である．(c) 水素原子の p 軌道と同じ対称性を持つ超伝導ギャップ．大きさのみならず，符号が変わる．(d) 水素原子の d 軌道と同じ対称性を持つ異方的ギャップ．

これに対し，unconventional といわれる重い電子系の超伝導では，図 4.22(c) の p 波超伝導や，(d) の d 波超伝導状態が出現する．これらにおいては，図から明らかなように，ギャップの対称性は，Fermi 面，従って結晶の対称性と異なる．また，ギャップの符号も変わり（図 4.9 参照），その大きさは Fermi 面上の点あるいは線の上で消失する．このように，異方的超伝導のギャップは，常伝導状態における Fermi 面の対称性よりも低い対称性をもつ．

前項で見たように，Polar および Axial 型のギャップ関数は，次のように書かれる．

$$\Delta(\boldsymbol{k}) = \begin{cases} \Delta \cos\theta\, e^{\pm i\varphi} & (\text{polar 型}) \\ \Delta \sin\theta\, e^{\pm i\varphi} & (\text{axial 型}) \end{cases} \tag{4.191}$$

前者は $\theta = \pi/2$ の赤道上でゼロとなり（図 4.20(a)），後者は $\theta = 0$ の極点でゼロとなる（図 4.20(b)）．図 4.22(c) は，Polar 型において，θ が 0 から $\pi/2$ まではギャップ関数は正であり，$\pi/2$ から π までは負になることを示す．

4-7-4 異方的超伝導の対称性

UPt$_3$（$\gamma \simeq 420$ mJ/K^{2}mole）に対しゼロ磁場で比熱を測定すると，図 4.23(a) に模式的に示すように，超伝導転移に伴う異常が 2 つ（転移温度は T_{c1} と T_{c2}）観測される [26]．この奇妙な 2 段転移の発見に触発され，多くの研究が為された．その結果，図 4.23(b) に示すような（温度対磁場の）超伝導相図が得られた [27]．この多重相図は，UPt$_3$ が非 s 波超伝導であることの有力な証拠となる（下記参照）．一方，Knight シフト実験などは，奇パリティ（スピン 3 重項）超伝導を強く示唆する [28, 29]．本

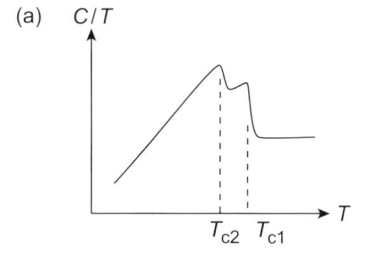

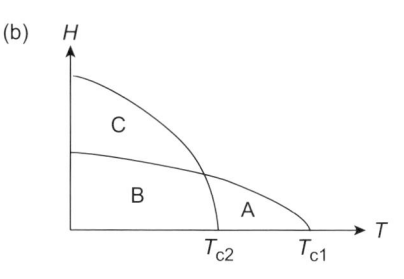

図 4.23 (a) UPt$_3$ の比熱の温度依存性の模式図．(b) UPt$_3$ の模式的な温度対磁場相図．A, B および C の 3 つの異なる超伝導相が存在する．

項では，この多重相転移を理解するための簡単なモデルを考える．[32)]

議論を分かり易くするため，秩序変数が実数の場合の 2 次相転移を考える．[33)] x-y 面内に秩序化する XY 磁性体（図 4.18）を考えよう．磁化の成分 (m_x, m_y) を用いて自由エネルギーを次のように表す．

$$f = a(T)(m_x^2 + m_y^2) + b_1(m_x^4 + m_y^4) + b_2 m_x^2 m_y^2 \tag{4.192}$$

ここで，2 次の係数は，転移温度 T_c を境に符号を変える（$a(T) = a_0(T - T_c)$）とする．また，b_1, b_2 は正である．常磁性状態は $(m_x, m_y) = (0, 0)$ である．秩序状態には 2 通りの可能性がある．1 つは $(m_x, m_y) = \frac{1}{\sqrt{2}}(m, m)$ であり，もう 1 つは $(m_x, m_y) = (m, 0)$（あるいは $(0, m)$）である．前者を $(1, 1)$ 相，後者を $(1, 0)$ 相（または $(0, 1)$ 相）と呼ぶことにする．このとき，それぞれの相を表す自由エネルギーは次のように書かれる．

$$f_{(1,1)} = a(T)m^2 + \left(\frac{b_1}{2} + \frac{b_2}{4}\right)m^4 \tag{4.193}$$

$$f_{(1,0)} = a(T)m^2 + b_1 m^4 \tag{4.194}$$

いずれの相が実現するかは，自由エネルギーの大小関係で決まる．$2b_1 > b_2$ のときは $(1, 1)$ 相が実現し，$2b_1 < b_2$ のときは $(1, 0)$ 相が実現する．$(1, 0)$ 相が実現したとすると，常磁性相で等価であった x 軸と y 軸が転移温度以下で等価でなくなる．即ち，点群の対称性が低下する．これは勿論「自発的対称性の破れ」である．

さて，異方的超伝導を考えよう [31]．基本的な考え方は上と同じであるが，異方的超伝導の場合は，秩序変数が複素数（パラメータの数が 2 倍）になる．秩序変数を次のように書き表わそう．

[32)] 最近の UPt$_3$ に関する進展については，文献 [30] およびその中の引用文献を参照されたい．
[33)] 2 次転移において，秩序相は高温相の部分群をなす（2-5 節参照）．部分群はいくつかの既約表現に分類できるが（付録 B-1 節参照），本文のモデルは，秩序化するのがその内の 2 次元表現であることに対応する．

$$(\eta_1, \eta_2) = \eta_0 e^{i\psi}(\cos\theta, e^{i\phi}\sin\theta) \tag{4.195}$$

このとき，自由エネルギーは次のようになる．

$$\begin{aligned} f &= a(T)(|\eta_1|^2 + |\eta_2|^2) + b_1(|\eta_1|^2 + |\eta_2|^2)^2 + b_2(\eta_1^*\eta_2 - \eta_2^*\eta_1)^2 + b_3|\eta_1|^2|\eta_2|^2 \\ &= a(T)\eta_0^2 + \eta_0^4\left[b_1 + (b_3 - 4b_2\sin^2\phi)\cos^2\theta\sin^2\theta\right] \end{aligned} \tag{4.196}$$

秩序変数を指定するパラメータの数が増えたことにより，可能な相の数も増える．

$$(\eta_1, \eta_2) \propto (1, 0) \text{ または } (0, 1) \tag{4.197}$$

$$(\eta_1, \eta_2) \propto (1, \pm 1) \tag{4.198}$$

$$(\eta_1, \eta_2) \propto (1, \pm i) \tag{4.199}$$

BCS 超伝導では，軌道およびスピンの自由度はそれぞれ 1 であるから，可能な超伝導状態は 1 つだけである．複数の超伝導状態の存在は，多次元表現 (4.195) の存在のためであり，非 BCS 超伝導の証拠となる．

多次元表現の超伝導転移に伴い，通常の $U(1)$ ゲージ対称性だけでなく，他の対称性も破れている．[34] $(1, \pm i)$ においては，秩序変数（超伝導ギャップ）が複素数 $(1, \pm i)$ であることから，時間反転対称性が破れている．$(1, 0)$ 相においては，（上述の）磁性の例と同じように，結晶点群の対称性が低下している．

多次元表現の超伝導体に対し圧力や磁場をかけると（内部磁場でもよい），多次元表現が低対称の既約表現に分裂することが起こりえる．このとき，（上の例の）いずれの相も転移温度 T_c が分裂する可能性がある．このようなことは，実際，（磁場下における）液体 ^{3}He の超流動で観測されている．UPt$_3$ における転移点の分裂の原因については，確証はまだ得られていない [31]．

4-8　UPd$_2$Al$_3$ と UNi$_2$Al$_3$

4-8-1　UPd$_2$Al$_3$ におけるスピン 1 重項超伝導

UPd$_2$Al$_3$ は，2-6-3 項で示したように，14.4 K に Néel 温度をもつ反強磁性体である．2 K 以下に温度を下げると，反強磁性秩序を保ったまま超伝導に転移する．超

---

[34] 超伝導体の対称性は $G_t = G \otimes K \otimes U(1)$ と書かれる．ここで，G は結晶点群，K は時間反転対称群，$U(1)$ はゲージ群である．$\otimes$ は直積であり，各群の対称操作を掛け合わせることによってできる対称操作の群である．このうち（通常の）超伝導転移によって破れる対称性は，$U(1)$ ゲージ対称性である．

伝導転移温度 $T_c \simeq 1.9$ K 付近の比熱の温度依存性を図 4.24(a) に示す．T_c 直上における電子比熱係数は，150 mJ/K^2 mole と中程度に大きい．この重い電子が超伝導状態に凝縮することは，T_c での比熱の飛び $\Delta C/k_B T_c$ が 1 を超えることによって確かめられる．これは，U 原子の 5f 電子が超伝導を担っていることを意味する．

温度をさらに下げ比熱を測定すると，$C \propto T^3$ 則に近い温度依存性が観測される．これは，4-7-2 項で説明した様に，点ノードを示唆する．これに対し，第 10 章で示すように（図 10.13(b) 参照），NMR 実験から得られる $1/T_1$ は T^3 乗則を示し，線ノードを示唆する．これら 2 つの結果は，超伝導ギャップが消失しているという点では一致しているが，それが線ノードなのか点ノードなのかという点では一致しない．この原因として，試料の不完全性が指摘されているが，詳細は不明である．

図 4.24(a) に見られるように，転移温度の低い試料は，大きな残留 γ 係数（C/T の絶対零度への外挿値）を示す．これは，試料の不完全性により，Fermi 準位近傍に残留状態密度が残るためである（9-8 節参照）．

Knight シフトの温度変化を図 4.24 (b) に示す [33]．NMR および μSR のいずれの実験から求めた Knight シフトも，超伝導転移温度以下で減少する [33, 34, 35]．しかも，その減少は，磁場方向にあまり依存しない．これより，スピン 1 重項（偶パリティ）の Cooper 対が形成していることが分かる．十分低温における正確な温度依存性は測定されていないが，指数関数型（4-4 節参照）ではなく，4-7-2 項に示したベキ乗則であると期待される．

電気抵抗測定（電流方向 $I \parallel a$）によって決められた上部臨界磁場 H_{c2} の温度依存性を図 4.25 (a) に示す．他の重い電子系超伝導体と比べ，UPd$_2$Al$_3$ の H_{c2} は低く抑え

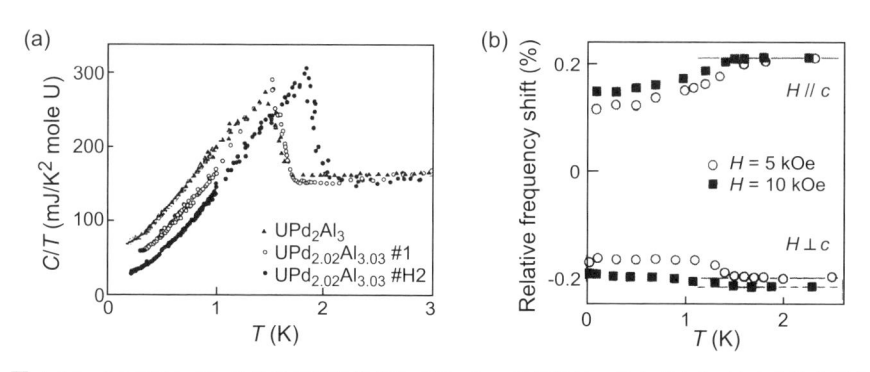

図 4.24 (a) UPd$_2$Al$_3$ の比熱の温度依存性 [32]．3 つの試料は，U と Pd と Al の仕込み組成比が異なる．T_c が高い試料の残留 γ 係数は小さい．(b) μSR 実験から決定された UPd$_2$Al$_3$ の Knight シフトの温度変化 [33]．Knight シフトは磁場方向に関わらず超伝導転移温度以下で減少する．NMR からも同様の結果が得られている．

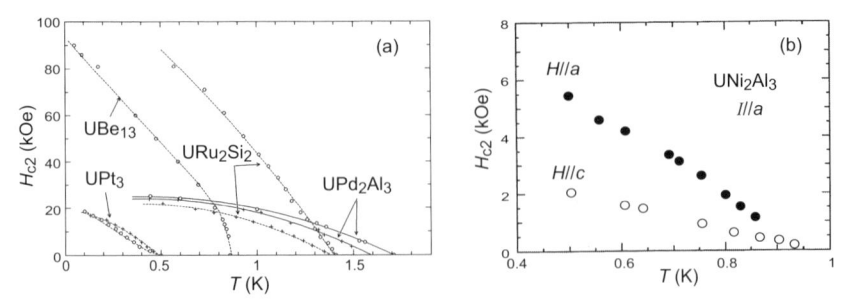

図 4.25 (a) 上部臨界磁場の温度変化．スピン 3 重項超伝導と考えられている UPt$_3$ などと比べ，UPd$_2$Al$_3$ ではスピン常磁性効果が効いている．(b) UNi$_2$Al$_3$ の上部臨界磁場の温度変化．大きな異方性が見られ，磁化容易軸方向（$H \parallel a$）の H_{c2} の方が大きい [36]．

られている（即ち Pauli limit が効いている）ように見える．これを確かめるため，T_c 近傍における H_{c2} の初期勾配から軌道臨界磁場 H_{c2}^{orb} を見積もると（式 (4.134) 参照），$H \parallel a$ および c 軸に対し約 64 および 76 kOe となる．一方，常磁性限界（Pauli limit）磁場 H_{P0} は（式 (4.136) 参照），約 37 kOe と見積もられる．これらより，UPd$_2$Al$_3$ の H_{c2} には常磁性効果が効いていることが分かる．即ち，スピン 1 重項状態が実現していると考えられる．これは，Knight シフトの実験結果と整合する．

4-8-2　UNi$_2$Al$_3$ におけるスピン 3 重項超伝導

本項では，UPd$_2$Al$_3$ と同型の結晶構造をもつ UNi$_2$Al$_3$ について，[35)] スピン 3 重項超伝導の可能性を議論する．UNi$_2$Al$_3$ の低温比熱の実験結果を図 4.26(a) に示す．Néel 温度 $T_N \simeq 4.3$ K（3-6-2 項参照）において，反強磁性転移に伴う異常が観測される．また，1 K 付近に見られる異常は，超伝導転移によるものである．転移温度が低いことと試料育成の難しさから，十分低温における比熱のベキ乗則は未だ見出されていない．$1/T_1$ の温度依存性についても，同様の事情から，十分な情報は得られていない（図 10.13(b) 参照）．

上部臨界磁場 H_{c2} の温度依存性は，図 4.25(b) に示したように，大きな異方性を示す．測定最低温度 0.5 K で，$H \parallel a$ 軸方向で約 5.5 kOe，c 軸方向で約 2 kOe である．T_c における $H_{c2}(T)$ 曲線の初期勾配は，$H \parallel a$ および c 軸に対し 11.4 および 4.2 kOe/K であり，式 (4.134) を用いると，$H_{c2}^{\mathrm{orb}} = 7.9$ および 2.9 kOe を得る．一方，$H_{\mathrm{P}} = 18$ kOe を得る．

注目すべきは，磁化容易軸である a 軸（図 10.13(a) 参照）方向の H_{c2} の方が，困

[35)] UNi$_2$Al$_3$ の格子定数は $a = 5.204$ Å，$c = 4.018$ Å である．UPd$_2$Al$_3$ と比較すると，それぞれ約 3％および 4％小さい．

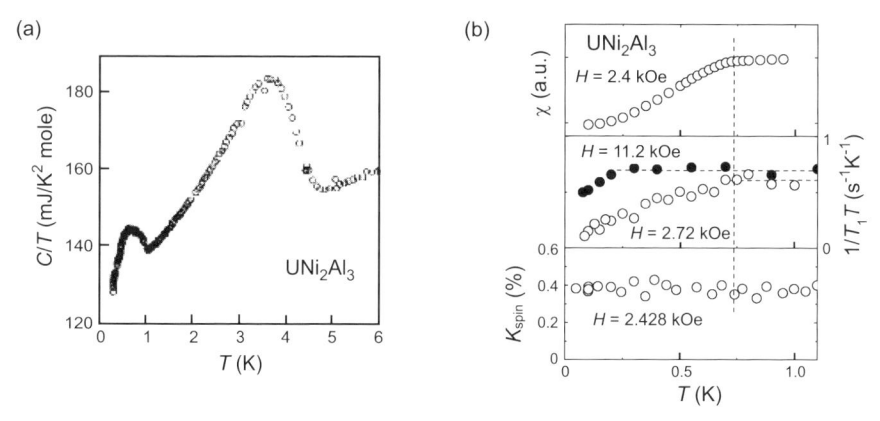

図 4.26 (a) UNi_2Al_3 の比熱の温度依存性 [37]. (b) UNi_2Al_3 の種々の物理量の温度依存性 [38]：(上図) 交流磁化率, (中図) 核スピン緩和率 $1/(T_1T)$, (下図) Knight シフト.

難軸（c 軸）方向の H_{c2} より大きいことである．もし超伝導上部臨界磁場に常磁性効果が効いているのであれば，実験とは逆に，容易軸方向の H_{c2} の方が小さくなるはずである．[36] 従って，H_{c2} にはスピン磁化率の影響はないと考えてよい．

図 4.26(b) は，（磁場が a 軸方向にかけられた場合の）Knight シフトの温度依存性を示す．同じ条件（磁場）の下で測定された交流磁化率（上図）や核スピン緩和率（中図）からわかるように，試料は明らかに超伝導に転移している．図 4.25 に示した UPd_2Al_3 の結果とは大きく異なり，Knight シフトは超伝導転移温度以下でも殆ど減少しない．

式 (3.25) と式 (4.118) から，次式が成り立つ [25].

$$K_s = R \frac{H_{hf}^s}{N\mu_B} \gamma \tag{4.200}$$

UPd_2Al_3 に対しては $\gamma \simeq 150$ mJ/K^2 mole, $H_{hf}^s \simeq 3.5$ kOe/μ_B であり，UNi_2Al_3 に対しては $\gamma \simeq 140$ mJ/K^2 mole, $H_{hf}^s \simeq 4.2$ kOe/μ_B である．両者に対し R が同程度であると仮定すると，UNi_2Al_3 がスピン 1 重項であれば，UPd_2Al_3 と同程度の Knight シフトの減少が期待できる．これは実験に反する．

上部臨界磁場や Knight シフトの実験結果は，UNi_2Al_3 の超伝導がスピン 3 重項（奇パリティ）であることを強く示唆する．

---

[36] 通常の偶パリティ（スピン 1 重項）超伝導であれば，スピン常磁性の効果が存在する場合，印加磁場の方向に依らず常磁性効果が観測され，常磁性磁化率が大きいほど常磁性効果が大きくなる．

参考文献

[1] C. キッテル，宇野良清ほか訳：『固体物理学入門』（丸善，1988）．
[2] 量子力学の教科書，例えば，小出昭一郎：『量子力学 (I)』（裳華房，1978）を参照されたい．
[3] 超伝導については，文献 [5] の他にも，数多くの教科書や解説が書かれている．洋書を挙げるとすれば，例えば，P. G. de Gennes: *Superconductivity of Metals and Alloys* (Addison-Wesley Pub. Co., 1989); D. R. Tilley & J. Telley: *Superfluidity and Superconductivity* (Adam Hilger Ltd., 1986); A. A. Abrikosov: *Fundamentals of the Theory of Metals* (North-Holland, 1988). 分かり易い解説として，長岡洋介：固体物理，1980 年から 1984 年までの連載「誌上セミナー・低温の物理」（アグネ）．
[4] A. J. Leggett：Rev. Mod. Phys. **47** (1975) 331.
[5] 中嶋貞雄：『超伝導』日本物理学会編（丸善，1979）．
[6] C. キッテル，堂山昌男 監訳：『固体の量子論』（丸善，1972）．
[7] 阿部龍蔵：『電気伝導』（培風館，1969）．
[8] S. Nakajima: Prog. Theor. Phys. **50** (1973) 1101.
[9] Y. Fuseya, H. Kohno & K. Miyake: J. Phys. Soc. Jpn. **72** (2003) 2914.
[10] V. P. Mineev & K. V. Samokin: *Introduction to Unconventional Superconductivity* (Gordon and Breach, 1999).
[11] 朝山邦輔：『遍歴電子系の磁性と超伝導』第 3 章（裳華房，1992）．
[12] M. Decroux & O. Fischer: *Superconductivity in Ternary Compounds* II, Chpt. 3 (Springer-Verlag, 1982)．
[13] M. B. Maple & O. Fisher: *Superconductivity in Ternary Compounds* II (Springer-Verlag, 1982).
[14] 嶋原浩：物性研究 96-5（2011-8）．
[15] 最近のレビューとしては，例えば，Y. Matsuda & H. Shimahara: J. Phys. Soc. Jpn. **76** (2007) 051005.
[16] 中嶋貞雄：『超伝導入門』（培風館，1971）．
[17] 中嶋貞雄：相転移と素励起，『現代物理学の基礎 7 物性 II』（岩波書店，1978）．
[18] G. グリューナー，村田惠三・鹿児島誠一 共訳：『低次元物性と密度波』（丸善，1999）．
[19] R. M. White & T. H. Geballe: *Long Range Order in Solids* (Academic Press, 1979).
[20] C. N. Yang: Rev. Mod. Phys. **34** (1962) 694.
[21] Y. Nagaoka: Prog. Theor. Phys. **52** (1974) 1716, およびその引用文献．
[22] 長岡洋介：物性若手夏の学校講義録『OLDO，ODLRO と超流動』（第 20 回，1975 年）．
[23] 例えば，久保亮五編：『熱学・統計力学』第 8 章（裳華房，1976）．
[24] 藤秀樹ほか：固体物理 **31** (1996) 763.
[25] K. Ishida *et al.*: Phys. Rev. Lett. **89** (2002) 037002; 石田憲二ほか：固体物理 **38** (2003) 179.
[26] R. A. Fisher *et al.*: Phys. Rev. Lett. **62** (1989) 1411.

[27] G. Bruls *et al.*: Phys. Rev. Lett. **65** (1990) 2294.
[28] H. Tou *et al.*: Phys. Rev. Lett. **77** (1996) 1374.
[29] K. Tenya *et al.*: Phys. Rev. Lett. **77** (1996) 3193.
[30] Y. Machida *et al.*: Phys. Rev. Lett. **108** (2012) 157002. ; Y. Tsutsumi *et al.*: J. Phys. Soc. Jpn. **81** (2012) 074717.
[31] 上田和夫:『遍歴電子系の磁性と超伝導』2 章（裳華房，1992）; M. Sigrist & K. Ueda: Rev. Mod. Phys. **63** (1991) 239.
[32] 左近拓男:博士学位論文（東北大学，1994）.
[33] R. Feyerherm *et al.*: Phys. Rev. Lett. **73** (1997) 1849.
[34] M. Kyogaku *et al.*: Physica B **186-188** (1993) 285.
[35] K. Matsuda, Y. Kohori & T. Kohara: Phys. Rev. B **55** (1997) 15223.
[36] N. Sato *et al.*: J. Phys. Soc. Jpn. **65** (1996) 1555.
[37] N. Aso *et al.*: Phys. Rev. B **61** (2000) R11867.
[38] K. Ishida *et al.*: Phys. Rev. Lett. **89** (2002) 037002.

第5章

伝導電子が媒介する局在スピン間相互作用

前章までは，局在性の強い電子と，遍歴性の強い電子について，それぞれが示す特性を見てきた．本章では，伝導電子（遍歴電子）と局在スピン（局在電子）の間の交換相互作用，およびそれを媒介とした間接交換相互作用（RKKY 相互作用）について説明する．

5-1 cf 相互作用

5-1-1 仮想束縛状態

孤立原子の $4f$, $5p$, $5d$, $6s$ 軌道関数の距離 r 依存性を図 5.1(a) に示す．$4f$ は $5s$ と $5p$ の作る閉殻の内側に存在し，外部からの影響を受けにくい．[1] このため，結晶場効果も $3d$ 電子系に比べかなり小さい．また，そのエネルギー準位は $5d, 6s$ 準位と接近している．孤立 La 原子では $5d, 6s$ 準位が先に占有され $(5d6s)^3$ の電子配置となっているが，Ce では $(4f)^2(6s)^2$ の配置となる [1]．Pr 以降の原子では，$4f$ 準位が順に詰まっていく．原子番号の増大とともに原子核の正電荷は増大するが，$4f$ 電子はこの核の正電荷をあまり遮蔽しない．このため，外側の軌道を回っている電子は原子核引力を強く感じるようになり，イオンの半径は小さくなる．これをランタノイド収縮という．

原子間距離を近づけると，最外殻の $5d, 6s$ 電子は伝導バンドを形成し，その最低エネルギー状態（バンドの底）は孤立原子のエネルギーよりも低くなる．一方，$4f$ 準位は原子の奥深くにあるため，周囲の原子波動関数との重なりは小さく（図 3.8 参照），$4f$ 波動関数同士の重なりは通常無視できるくらいに小さい．

金属的な La 化合物を考え，La 原子の 1 個を Ce 原子と置き換えよう．このとき，La^{3+} ($4f^0$) と Ce^{3+} ($4f^1$) になる．Ce 原子中の $4f$ 電子が感じるポテンシャルは，図

---

[1] アクチノイドの $5f$ 電子の波動関数は，$3d$ と $4f$ の中間の拡がりを持ち，$4f$ に比べ外界からの影響を受けやすい．第 3 章で見たように，UCoGe においては，$3d$ 系に特徴的な弱い遍歴強磁性が観測されている．

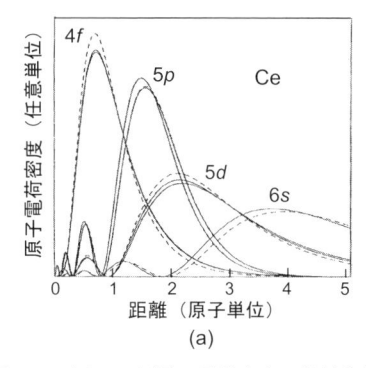

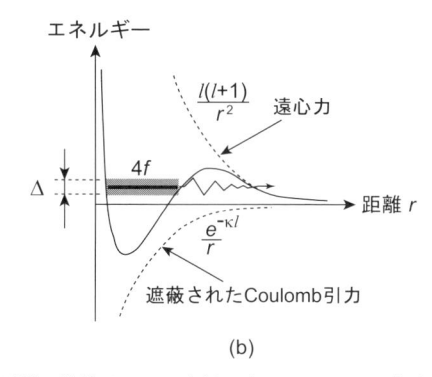

図 5.1 (a) Ce 原子の電荷密度の動径分布．距離の単位は Bohr 半径である [2]．(b) 固体中の $4f$ 電子の感じるポテンシャルエネルギーの距離依存性．原子核からの Coulomb 引力と遠心力により，ポテンシャルの障壁が生じ，仮想束縛状態が形成される．

5.1(b) の実線のようになる．このポテンシャルエネルギーは 2 つの成分から成り立っている．1 つは原子核からのポテンシャルであり，もう 1 つは遠心力ポテンシャル（式 (6.26) 参照）である（いずれも破線で示されている）．これら 2 成分を足し合わせると，実線で示すようなポテンシャル障壁が生じる．$4f$ 電子は，トンネル効果により，この障壁の外の伝導バンド状態に染み出す．これを cf 混成（mixing, hybridization）という．[2]

局在性の強い $4f$ 電子は原子内に強く束縛されており，外部から摂動を加えない限りその原子に居続ける．従って，そのエネルギー準位もシャープである．これに対し，混成する f 電子は，伝導バンドに出たり入ったりするため，いつまでも同じ原子に滞在するわけではない．この結果，エネルギー準位には $\Delta \sim \hbar/\tau_\Delta$ 程度のエネルギーのぼやけが生じる．ここで τ_Δ は，$4f$ 電子がある原子の $4f$ 準位に留まる時間を表す．このとき，f 準位はもはや束縛状態ではなくなり，有限の時間だけ f 準位に留まる仮想束縛状態（virtual bound state）になる．[3]

5-1-2　Coulomb 交換相互作用

Ce 原子の $4f$ 軌道に 1 個の電子がいると仮定しよう．このとき，$4f$ 電子と伝導電子の間には Coulomb 相互作用に起因する交換相互作用が働く．

$$\mathcal{H}_\mathrm{C} = \sum_{\bm{k},\bm{k}',\sigma_1,\sigma_2} \left\langle \bm{k}'f \left| \frac{e^2}{r_{12}} \right| f\bm{k} \right\rangle c^\dagger_{f\sigma_2} c^\dagger_{\bm{k}'\sigma_1} c_{f\sigma_1} c_{\bm{k}\sigma_2} \tag{5.1}$$

---

[2] c は conduction electron の c，f は $4f$ 電子の f である．
[3] 仮想束縛状態の"仮想"とは，"一時的"という意味に解釈すればよい．

ここで，r_{12} は 4f 電子と伝導電子との距離を表し，行列要素は場所 R_l に局在した f 波動関数 ψ_f と伝導電子の波動関数（例えば Bloch 関数）$\psi_{\bm{k}}$ を用いて次のように定義される．

$$\left\langle \bm{k}'f \left| \frac{e^2}{r_{12}} \right| f\bm{k} \right\rangle = \iint d\bm{r}_1 d\bm{r}_2 \psi^*_{\bm{k}'}(\bm{r}_2) \psi^*_f(\bm{r}_1 - \bm{R}_l) \frac{e^2}{r_{12}} \psi_f(\bm{r}_2 - \bm{R}_l) \psi_{\bm{k}}(\bm{r}_1) \tag{5.2}$$

この型の相互作用により，例えば，スピン ↓，波数 $\bm{k}$ の伝導電子は，f 電子によって，↑スピン，波数 $\bm{k}'$ の伝導電子状態に散乱される（図 5.2 参照）．このとき，f 電子のスピンは↑から↓に変わる．演算子の並び替えに伴う符号の変化に注意し，式 (5.1) の和を計算すると，次の 4 つの項が現れる．

$$\sum_{\sigma_1, \sigma_2} c^\dagger_{f\sigma_2} c^\dagger_{\bm{k}'\sigma_1} c_{f\sigma_1} c_{\bm{k}\sigma_2}$$
$$= -c^\dagger_{f\uparrow} c_{f\uparrow} c^\dagger_{\bm{k}'\uparrow} c_{\bm{k}\uparrow} - c^\dagger_{f\uparrow} c_{f\downarrow} c^\dagger_{\bm{k}'\downarrow} c_{\bm{k}\uparrow} - c^\dagger_{f\downarrow} c_{f\uparrow} c^\dagger_{\bm{k}'\uparrow} c_{\bm{k}\downarrow} - c^\dagger_{f\downarrow} c_{f\downarrow} c^\dagger_{\bm{k}'\downarrow} c_{\bm{k}\downarrow} \tag{5.3}$$

ここで，次の関係が成り立つことに注意する．

$$c^\dagger_{f\uparrow} c_{f\uparrow} + c^\dagger_{f\downarrow} c_{f\downarrow} = 1, \quad c^\dagger_{f\uparrow} c_{f\uparrow} - c^\dagger_{f\downarrow} c_{f\downarrow} = 2S_z \tag{5.4}$$

第 1 式は，f 電子の数を 1 個と仮定していることに対応する．また，磁化が↑電子の数と↓電子の数の差であることから，第 2 式も理解されるであろう．これより，

$$c^\dagger_{f\uparrow} c_{f\uparrow} = \frac{1}{2} + S_z, \quad c^\dagger_{f\downarrow} c_{f\downarrow} = \frac{1}{2} - S_z \tag{5.5}$$

が得られる．これらを式 (5.3) に代入すると，Coulomb 交換相互作用ハミルトニアンは次のように書かれる．

$$\mathcal{H}_{\mathrm{C}} = -\sum_{\bm{k},\bm{k}'} \left\langle \bm{k}'f \left| \frac{e^2}{r_{12}} \right| f\bm{k} \right\rangle [(c^\dagger_{\bm{k}'\uparrow} c_{\bm{k}\uparrow} - c^\dagger_{\bm{k}'\downarrow} c_{\bm{k}\downarrow}) S_z + c^\dagger_{\bm{k}'\downarrow} c_{\bm{k}\uparrow} S_+ + c^\dagger_{\bm{k}'\uparrow} c_{\bm{k}\downarrow} S_-] \tag{5.6}$$

ここで，次の関係を用いた．

$$c^\dagger_{f\uparrow} c_{f\downarrow} = S^+ = S_x + iS_y, \quad c^\dagger_{f\downarrow} c_{f\uparrow} = S^- = S_x - iS_y \tag{5.7}$$

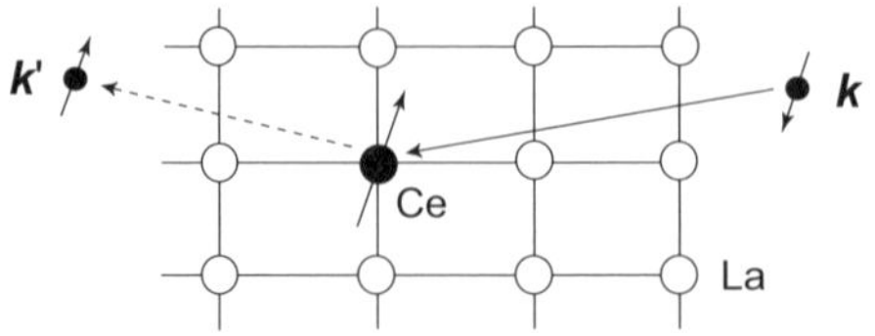

図 5.2 局在スピンによる伝導電子の散乱．白丸は La 原子を表し，大きな黒丸は Ce 原子を表す．小さな黒丸は伝導電子を表す．

S^+ は局在スピンを↓から↑に変える演算子であるから，$c_{f\uparrow}^\dagger c_{f\downarrow}$ に等しいことは直ぐにわかる．第2式も同様である．

局在スピンは原点にあるとしよう．そこにおける伝導電子の生成演算子を $c_{0\uparrow}^\dagger$ と書くとき，$\sum_{\boldsymbol{k}} c_{\boldsymbol{k}\uparrow}^\dagger = \sqrt{N_L} c_{0\uparrow}^\dagger$ などの Fourier 変換の関係が成り立つ（N_L は格子サイトの数）．これを用い，ハミルトニアン (5.6) を実空間で表示すると，

$$\mathcal{H}_C = -J_C \{(c_{0\uparrow}^\dagger c_{0\uparrow} - c_{0\downarrow}^\dagger c_{0\downarrow})S_z + c_{0\downarrow}^\dagger c_{0\uparrow} S_+ + c_{0\uparrow}^\dagger c_{0\downarrow} S_-\} \tag{5.8}$$

となる．ここで，$J_C = N_L \left\langle \boldsymbol{k}'f \left| \frac{e^2}{r_{12}} \right| f\boldsymbol{k} \right\rangle$ とおき，その波数依存性は小さいと仮定し，和の外に出した．原点における伝導電子のスピン演算子を s とおき，それに対し式 (5.4), (5.7) と同様の式を定義することにより，次式を得る．

$$\mathcal{H}_C = -2J_C \delta(\boldsymbol{r})\, \boldsymbol{S} \cdot \boldsymbol{s} \tag{5.9}$$

ここで，原点での相互作用であることを表すため $\delta(\boldsymbol{r})$ を導入した．この局在スピン $\boldsymbol{S}$ と伝導電子スピン $\boldsymbol{s}$ との相互作用は，cf 相互作用と呼ばれる．

5-1-3　運動学的交換相互作用

局在性の強い f 電子と伝導電子との間の運動学的交換相互作用について考えよう．即ち，局在 f 軌道と拡がった伝導電子状態との間を行ったり来たりする過程を考える．これをモデル化したものが次の Anderson ハミルトニアンである．

$$\mathcal{H} = \sum_{\boldsymbol{k}\sigma} \varepsilon_{\boldsymbol{k}} c_{\boldsymbol{k}\sigma}^\dagger c_{\boldsymbol{k}\sigma} + \sum_\sigma E_f f_\sigma^\dagger f_\sigma + U f_\uparrow^\dagger f_\uparrow f_\downarrow^\dagger f_\downarrow + \sum_{\boldsymbol{k}\sigma} (V c_{\boldsymbol{k}\sigma}^\dagger f_\sigma + V^* f_\sigma^\dagger c_{\boldsymbol{k}\sigma}) \tag{5.10}$$

第1項は伝導電子の運動エネルギーを表し，第2項は f 電子のエネルギー準位を表す．第3項は f 電子間の強い Coulomb 斥力を表す（ここでは1つの f 軌道のみを考える）．これにより，f 電子準位に入った2番目の電子は，1番目の電子に比し，Coulomb エネルギー U だけ高いエネルギー準位に入ることになる（図 5.3 参照）．第4項が局在 f 軌道と拡がった伝導電子状態とを行ったり来たりする混成効果を表す．

↑スピンをもつ局在電子によって，波数 $\boldsymbol{k}$ をもつ伝導電子が $\boldsymbol{k}'$ に散乱される過程を考える（図 5.2 参照）．2-3-2 項と同じように，混成項を摂動と見なし，2次の摂動を計算することにより，摂動エネルギー $\mathcal{H}_K$ が次式のように求まる．

$$\mathcal{H}_K = \frac{|V|^2}{-U/2} \frac{1}{N_L} \sum_{\boldsymbol{k},\boldsymbol{k}'} (c_{\boldsymbol{k}'\downarrow}^\dagger f_\downarrow f_\uparrow^\dagger c_{\boldsymbol{k}\downarrow} + c_{\boldsymbol{k}'\uparrow}^\dagger f_\uparrow f_\downarrow^\dagger c_{\boldsymbol{k}\downarrow} + f_\uparrow^\dagger c_{\boldsymbol{k}\uparrow} c_{\boldsymbol{k}'\uparrow}^\dagger f_\uparrow + f_\uparrow^\dagger c_{\boldsymbol{k}\downarrow} c_{\boldsymbol{k}'\uparrow}^\dagger f_\uparrow) \tag{5.11}$$

ここで，簡単のため，↑スピンの f 電子エネルギー準位と↓スピンの f 電子エネルギー準位が Fermi 準位 E_F に対して対称の位置にあると仮定し（対称モデル），$E_f = -U/2$

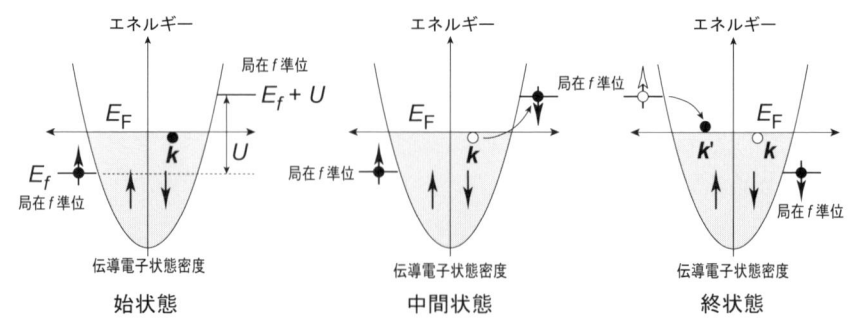

図 5.3 Anderson モデル．1 個目の $4f$ 電子はエネルギー準位 E_f に入る．2 個目の $4f$ 電子は，Coulomb 斥力だけ高い準位に入る．放物線は伝導電子の状態密度を表し，横に引いた短い線は局在スピンのエネルギー準位を表す．また各図の左半分は $\uparrow$ に関し，右半分は $\downarrow$ に関するものである．白丸は伝導バンドの中に生じたホールを表す．

（あるいは $2|E_f| = U$）と置いた．式 (5.11) の意味を理解するため，右辺第 2 項を模式的に図 5.3 に示した．始状態では $\uparrow$ スピンの $4f$ 電子が 1 個存在する．k の伝導電子を $\downarrow$ スピンの f 準位に入れ（この中間状態のエネルギーは始状態に比べ $U/2$ だけ高い），終状態では $\uparrow$ スピンの f 電子を k' の伝導電子に移す．始状態から中間状態（あるいは中間状態から終状態）への遷移の起こり易さを表すのが遷移行列要素 V である．結局，伝導電子は k から k' へ散乱され，f 電子スピンは $\uparrow$ から $\downarrow$ へ向きを反転させる．また，局在スピンが初め $\downarrow$ の状態にいた場合は，スピンの向きを全て逆にすればよい．8 つの寄与を全て足し上げ，$f_\uparrow^\dagger f_\downarrow = S^+$ などに注意して，スピンに依存する部分を書き出すと，次式が得られる．

$$\begin{aligned}
\mathcal{H}_\mathrm{K} &= \frac{4N_\mathrm{L}|V|^2}{U} \frac{1}{N_\mathrm{L}} \sum_{\boldsymbol{k},\boldsymbol{k}'} \{(c_{\boldsymbol{k}'\uparrow}^\dagger c_{\boldsymbol{k}\uparrow} - c_{\boldsymbol{k}'\downarrow}^\dagger c_{\boldsymbol{k}\downarrow}) S_z + c_{\boldsymbol{k}'\uparrow}^\dagger c_{\boldsymbol{k}\downarrow} S_- + c_{\boldsymbol{k}'\downarrow}^\dagger c_{\boldsymbol{k}\uparrow} S_+\} \\
&= -J_\mathrm{K} \{(c_{0\uparrow}^\dagger c_{0\uparrow} - c_{0\downarrow}^\dagger c_{0\downarrow}) S_z + c_{0\uparrow}^\dagger c_{0\downarrow} S_- + c_{0\downarrow}^\dagger c_{0\uparrow} S_+\} \\
&= -2J_\mathrm{K} \boldsymbol{S} \cdot \boldsymbol{s} \quad (5.12)
\end{aligned}$$

ここで，交換相互作用定数 J_K を次式によって定義した．

$$J_\mathrm{K} \equiv -\frac{4N_\mathrm{L}|V|^2}{U} \quad (\leq 0) \quad (5.13)$$

また，局在スピンの居る場所における伝導電子のスピン演算子および生成演算子を各々 $\boldsymbol{s}_0$ および $c_{0\uparrow}^\dagger$ と記し，さらに前項と同じように，$\sum_{\boldsymbol{k}} c_{\boldsymbol{k}\uparrow}^\dagger = \sqrt{N_\mathrm{L}} c_{0\uparrow}^\dagger$ などの関係を用いた．以上のように，Anderson ハミルトニアンは，U および E_f が混成 V に比し大きい極限（摂動計算が許される場合に相当）においては，cf 交換相互作用の形 (5.12) に表される．第 6 章で論ずるように，cf 交換相互作用の係数 J_K の符号が負

（反強磁性的）であることは，近藤効果において重要な意味を持つ．

【補足 1】 対称モデルの制限をはずしたときの J_K は次式で与えられる [3]．

$$J_K = -N_L|V|^2 \left\{ \frac{1}{U+E_f} + \frac{1}{-E_f} \right\} \tag{5.14}$$

また，次のような電荷による散乱を表す項が生じる．

$$\mathcal{H}_{\text{imp}} = -\frac{2|V|^2}{U} \sum_{\bm{k},\bm{k}'} (c^\dagger_{\bm{k}'\uparrow} c_{\bm{k}\uparrow} + c^\dagger_{\bm{k}'\downarrow} c_{\bm{k}\downarrow})(1-n_f) \tag{5.15}$$

【補足 2】 式 (5.12) に対し，式 (2.59) と同じように，$\bm{S} \to (g_J-1)\bm{J}$ の置き換えをすると，次式が得られる．

$$\mathcal{H} = -2J_K(g_J-1)\bm{J}\cdot\bm{s} \tag{5.16}$$

しかしこのように置くと，Ce^{3+} イオンの場合 $g_J = 6/7$ であるから，交換相互作用 $\bm{J}\cdot\bm{s}$ の係数が正になってしまい，近藤効果が起こらなくなってしまう．これは勿論実験に反しており，従って，上述の置き換えは正しくない．正しく（Schrieffer-Wolff）変換すると，スピンおよび軌道の双方に対し，近藤 compensation（第 6 章参照）が生じる [4]．

【補足 3】 文献との対応のため，交換相互作用 (5.9) および (5.12) を別の形に書き換えておこう．まず，

$$\bm{s}\cdot\bm{S} = s_z S_z + \frac{1}{2}(s_+ S_- + s_- S_+) \tag{5.17}$$

に対し，伝導電子のスピン行列（Pauli 行列）を用いると，

$$\bm{s}\cdot\bm{S} = \frac{1}{2}\begin{pmatrix} S_z & S_- \\ S_+ & -S_z \end{pmatrix} \tag{5.18}$$

と書かれる [5]．一方，伝導電子の生成・消滅演算子に対しても同じ表現を用いると，

$$c^\dagger_{\bm{k}} = \left(c^\dagger_{\bm{k}\uparrow}, c^\dagger_{\bm{k}\downarrow}\right), \quad c_{\bm{k}} = \begin{pmatrix} c_{\bm{k}\uparrow} \\ c_{\bm{k}\downarrow} \end{pmatrix} \tag{5.19}$$

となる．これらを組み合わせることにより次が得られる．

$$\begin{aligned}
c^\dagger_{\bm{k}'}\left(\bm{s}\cdot\bm{S}\right)c_{\bm{k}} &= \frac{1}{2}\left(c^\dagger_{\bm{k}'\uparrow}, c^\dagger_{\bm{k}'\downarrow}\right)\begin{pmatrix} S_z & S_- \\ S_+ & -S_z \end{pmatrix}\begin{pmatrix} c_{\bm{k}\uparrow} \\ c_{\bm{k}\downarrow} \end{pmatrix} \\
&= \frac{1}{2}\{(c^\dagger_{\bm{k}'\uparrow}c_{\bm{k}\uparrow} - c^\dagger_{\bm{k}'\downarrow}c_{\bm{k}\downarrow})S_z + c^\dagger_{\bm{k}'\uparrow}c_{\bm{k}\downarrow}S_- + c^\dagger_{\bm{k}'\downarrow}c_{\bm{k}\uparrow}S_+\}
\end{aligned} \tag{5.20}$$

以上より，cf 相互作用は次のようにも表される．

$$\mathcal{H}_C = -2J_{cf}\frac{1}{N_L}\sum_{\bm{k},\bm{k}'} c^\dagger_{\bm{k}'}\left(\bm{s}\cdot\bm{S}\right)c_{\bm{k}} \tag{5.21}$$

ここで，$J_{cf} = J_C + J_K$ である．また，Pauli 行列のベクトル $\bm{\sigma}$ を用いて，次のようにも表せる．

$$\mathcal{H}_C = -J_{cf}\frac{1}{N_L}\sum_{\bm{k},\bm{k}'}\sum_{\sigma,\sigma'} c^\dagger_{\bm{k}'\sigma'}\bm{\sigma}_{\sigma\sigma'}c_{\bm{k}\sigma}\cdot\bm{S} \tag{5.22}$$

5-2　金属中の局在モーメント

5-2-1　仮想束縛状態の状態密度

Anderson ハミルトニアン (5.10) の U を含む項を次のように書き換えよう．

$$\mathcal{H}_U = U n_{f\uparrow} n_{f\downarrow} = U[\langle n_{f\uparrow}\rangle + (n_{f\uparrow} - \langle n_{f\uparrow}\rangle)][\langle n_{f\downarrow}\rangle + (n_{f\downarrow} - \langle n_{f\downarrow}\rangle)] \tag{5.23}$$

偏差の 2 乗の項 $(n_{f\uparrow} - \langle n_{f\uparrow}\rangle)(n_{f\downarrow} - \langle n_{f\downarrow}\rangle)$ を省略する平均場近似を行い，式 (5.10) に代入すると，次のハミルトニアンが得られる．

$$\mathcal{H} = -U\langle n_{f\uparrow}\rangle\langle n_{f\downarrow}\rangle + \sum_{\boldsymbol{k}\sigma} \varepsilon_k c^\dagger_{\boldsymbol{k}\sigma} c_{\boldsymbol{k}\sigma} + \sum_\sigma E_{f\sigma} f^\dagger_\sigma f_\sigma + \sum_{\boldsymbol{k}\sigma}(V c^\dagger_{\boldsymbol{k}\sigma} f_\sigma + V^* f^\dagger_\sigma c_{\boldsymbol{k}\sigma}) \tag{5.24}$$

ここで，局在 f 電子準位 $E_{f\sigma}$ を次のように定義した．

$$E_{f\sigma} \equiv E_f + U\langle n_{f-\sigma}\rangle \tag{5.25}$$

右辺第 2 項は，反対向きスピン（$-\sigma$）の電子との Coulomb 斥力を表す（図 5.3 参照）．

ハミルトニアン (5.24) の第 2 項以下の部分を，次のような対角化された形（固有関数および固有値を $|n\rangle$ および ε_n と書く）に表したい．

$$\mathcal{H} = -U\langle n_{f\uparrow}\rangle\langle n_{f\downarrow}\rangle + \sum_{n\sigma} \varepsilon_n c^\dagger_{n\sigma} c_{n\sigma} \tag{5.26}$$

このために，演算子を次のように変換する．

$$c^\dagger_{n\sigma} = \sum_{\boldsymbol{k}} \langle n|\boldsymbol{k}\rangle_\sigma c^\dagger_{\boldsymbol{k}\sigma} + \langle n|f\rangle_\sigma f^\dagger_\sigma \tag{5.27}$$

$|\langle n|\boldsymbol{k}\rangle|^2$ および $|\langle n|f\rangle|^2$ は，$|n\rangle$ 状態の中に $|\boldsymbol{k}\rangle$ および $|f\rangle$ が混ざる割合を表す．演算子 (5.27) を式 (5.26) に代入すると分かるように，次の関係が満たされるとき，上記のようにハミルトニアンが対角化される．[4]

$$\sum_{\boldsymbol{k}} V\langle \boldsymbol{k}|n\rangle_\sigma + (E_{f\sigma} - \varepsilon_n)\langle f|n\rangle_\sigma = 0 \tag{5.28}$$

$$V^*\langle f|n\rangle_\sigma + (\varepsilon_{\boldsymbol{k}} - \varepsilon_n)\langle \boldsymbol{k}|n\rangle_\sigma = 0 \tag{5.29}$$

固有値 ε_n を求めることは 6-2-3 項まで待つこととし，ここでは f 電子の状態密度を

---

[4] $\sum_n \langle \alpha|n\rangle\langle n|\beta\rangle = \delta_{\alpha\beta}$ などの関係を使えばよい．ここで，$|\alpha\rangle$ は $|\boldsymbol{k}\rangle$ などを表す．

求める．そのために，リゾルベント（resolvent）を次のように定義する．[5]

$$G(\varepsilon + i\delta) = \frac{1}{\varepsilon + i\delta - \mathcal{H}} = \sum_n |n\rangle \frac{1}{\varepsilon + i\delta - \varepsilon_n} \langle n| \tag{5.30}$$

ここで，δ は正の微小量である．式 (5.28) において $E_{f\sigma} - \varepsilon_n = (E_{f\sigma} - \varepsilon) - (\varepsilon_n - \varepsilon)$ とおき，全体を $\varepsilon_n - \varepsilon$ で割り，さらに $\langle n|f\rangle$ をかけ n について和をとると，次式が得られる．

$$(\varepsilon - E_{f\sigma})G_{ff}{}^\sigma - \sum_{\bm{k}} V G_{\bm{k}f}{}^\sigma = 1 \tag{5.31}$$

ここで，$G_{ff} = \langle f|G|f\rangle$ などである．同様にして次が求まる．

$$(\varepsilon - \varepsilon_{\bm{k}})G_{\bm{k}f}{}^\sigma - V^* G_{ff}{}^\sigma = 0 \tag{5.32}$$

あとは簡単な代数の問題として扱うことができる．式 (5.32) より $G_{\bm{k}f}$ を求め，式 (5.31) に代入すると，次の局在 f 電子に関するリゾルベントが得られる．

$$G_{ff}{}^\sigma = \frac{1}{\varepsilon + i\delta - E_{f\sigma} - \sum_{\bm{k}} \frac{|V|^2}{\varepsilon + i\delta - \varepsilon_{\bm{k}}}} \tag{5.33}$$

分母の最後の項を次のように計算する．

$$\sum_{\bm{k}} \frac{|V|^2}{\varepsilon + i\delta - \varepsilon_{\bm{k}}} = \int \rho_{\rm c}(\varepsilon_{\bm{k}}) \frac{|V|^2}{\varepsilon + i\delta - \varepsilon_{\bm{k}}} d\varepsilon_{\bm{k}} = {\rm P}\int \rho_{\rm c}(\varepsilon_{\bm{k}}) \frac{|V|^2}{\varepsilon - \varepsilon_{\bm{k}}} d\varepsilon_{\bm{k}} - i\pi |V|^2 \rho_{\rm c}(\varepsilon) \tag{5.34}$$

ここで，和を積分に直すため伝導電子の（1 スピン当たりの）状態密度 $\rho_{\rm c}(\varepsilon)$ を導入した．P は主値をとることを意味し，最後の項は複素積分における留数から求まる．

$$\tilde{E}_{f\sigma} \equiv E_{f\sigma} + {\rm P}\int \rho_{\rm c}(\varepsilon_{\bm{k}}) \frac{|V|^2}{\varepsilon - \varepsilon_{\bm{k}}} d\varepsilon_{\bm{k}} \tag{5.35}$$

$$\Delta(\varepsilon) \equiv \pi |V|^2 \rho_{\rm c}(\varepsilon) \tag{5.36}$$

と置くと，式 (5.35) は（以下に示すように）混成により f 準位がシフトしたことを表し，式 (5.36) は混成により幅（図 5.1(b) の Δ）が生じたことを表す．これらを用いると，式 (5.33) は次のように書かれる．

$$G_{ff}{}^\sigma = \frac{1}{\varepsilon - \tilde{E}_{f\sigma}(\varepsilon) + i\Delta(\varepsilon)} \tag{5.37}$$

状態密度 $\rho(\varepsilon) = \sum_n |n\rangle \delta(\varepsilon - \varepsilon_n)\langle n|$ を表す式に，次のデルタ関数を代入する．

---

[5] $G(\varepsilon)$ は Green 関数とも呼ばれるが，付録 D で議論する Green 関数とは異なる．

$$\delta(\varepsilon - \varepsilon_n) = \frac{1}{\pi}\frac{\delta}{(\varepsilon - \varepsilon_n)^2 + \delta^2} = -\frac{1}{\pi}\mathrm{Im}\frac{1}{\varepsilon - \varepsilon_n + i\delta} \tag{5.38}$$

ここで，δ は正の無限小の数であり，Im は虚部を取ることを意味する．これにより，状態密度はリゾルベントを用いて次のように表される．

$$\rho(\varepsilon) = -\frac{1}{\pi}\mathrm{Im}\mathrm{Tr}G(\varepsilon + i\delta) \tag{5.39}$$

式 (5.37) を用いると，f 電子（仮想束縛状態）の状態密度が求まる（図 5.4 参照）．[6]

$$\rho_f{}^\sigma(\varepsilon) = \sum_n \langle f|n\rangle \delta(\varepsilon - \varepsilon_n)\langle n|f\rangle = -\frac{1}{\pi}\mathrm{Im}G_{ff}{}^\sigma(\varepsilon + i\Delta) = \frac{1}{\pi}\frac{\Delta}{(\varepsilon - \tilde{E}_{f\sigma})^2 + \Delta^2} \tag{5.40}$$

式 (5.40) の分母がゼロとなる極を計算すると，次のようになる．

$$\varepsilon = \tilde{E}_{f\sigma} - i\Delta = E_{f\sigma} + \mathrm{P}\int \rho_c(\varepsilon_{\boldsymbol{k}})\frac{|V|^2}{\varepsilon - \varepsilon_{\boldsymbol{k}}}d\varepsilon_{\boldsymbol{k}} - i\pi|V|^2 \rho_c(\varepsilon) \tag{5.41}$$

実部は f 電子準位 $E_{f\sigma}$ が混成効果により $\int \rho_c(\varepsilon_{\boldsymbol{k}})\frac{|V|^2}{\varepsilon - \varepsilon_{\boldsymbol{k}}}d\varepsilon_{\boldsymbol{k}}$ だけシフトしたことを示し，虚部は混成による f 軌道準位のエネルギーの拡がりを与える．

5-2-2 局在モーメントの発生と消滅

f 電子の数および磁化（$g\mu_\mathrm{B}$ を単位とする）を次のように定義する．

$$n_f = (\langle n_{f\uparrow}\rangle + \langle n_{f\downarrow}\rangle), \quad m_f = \frac{1}{2}(\langle n_{f\uparrow}\rangle - \langle n_{f\downarrow}\rangle) \tag{5.42}$$

式 (5.40) を用いると，各スピンの f 電子数が次のように求まる．

$$\langle n_{f\sigma}\rangle = \frac{1}{\pi}\int_{-\infty}^{\varepsilon_\mathrm{F}}\frac{\Delta}{(\varepsilon - \tilde{E}_{f\sigma})^2 + \Delta^2}d\varepsilon = \frac{1}{\pi}\cot^{-1}\left(\frac{\tilde{E}_{f\sigma} - \varepsilon_\mathrm{F}}{\Delta}\right) \tag{5.43}$$

ここで，$\frac{d}{dx}\cot^{-1}x = -\frac{1}{1+x^2}$ の関係を用いた．混成による f 準位のシフトが小さいと仮定し，$\tilde{E}_{f\sigma}$ を $E_{f\sigma}$ で置き換えると，m_f に対するセルフコンシステント方程式が次のように得られる．

$$m_f = \frac{1}{2\pi}\left\{\cot^{-1}\left(\frac{E_f + \frac{1}{2}Un_f - Um_f - \varepsilon_\mathrm{F}}{\Delta}\right) - \cot^{-1}\left(\frac{E_f + \frac{1}{2}Un_f + Um_f - \varepsilon_\mathrm{F}}{\Delta}\right)\right\} \tag{5.44}$$

$m_f = 0$ という自明な解が存在するのは明らかである．これ以外の解を持つためには，右辺の傾きが 1 より大きくなければならない（図 2.13 参照）．

---

[6] 簡単のため，$\tilde{E}_{f\sigma}$ および Δ におけるエネルギー ε 依存性は無視した．

$$\left. \frac{\partial}{\partial m_f} \frac{1}{2\pi} \left\{ \cot^{-1}\left(\frac{E_f + \frac{1}{2}Un_f - \varepsilon_F - Um_f}{\Delta} \right) \right. \right.$$
$$\left. \left. - \cot^{-1}\left(\frac{E_f + \frac{1}{2}Un_f - \varepsilon_F + Um_f}{\Delta} \right) \right\} \right|_{m_f=0} > 1 \tag{5.45}$$

この条件は，式 (5.40) および式 (5.25) を用いると，次のように表される．

$$\frac{U}{\pi} \frac{\Delta}{(\varepsilon_F - E_f - \frac{1}{2}Un_f)^2 + \Delta^2} = U\rho_f(\varepsilon_F) > 1 \tag{5.46}$$

ここで，$\rho_f(\varepsilon_F)$ は，$\langle n_{f\uparrow}\rangle = \langle n_{f\downarrow}\rangle = n_f/2$ としたときの Fermi 準位における f 電子の (1 スピン当たりの) 状態密度である．

以上の結果を図示すると図 5.4 のようになる．左図は $m_f = 0$ の解（非磁性状態）に対応し，↑スピン $4f$ 電子と↓スピン $4f$ 電子は同じ数だけ存在する．右図は $m_f \neq 0$ の解（磁性状態）に対応し，↑スピンと↓スピンの数のバランスが壊れ，局在スピンが発生する．磁性と非磁性の境界は，次の条件で与えられる．

$$U\rho_f(\varepsilon_F) = 1 \text{ または } U = \pi\Delta \tag{5.47}$$

このように，金属中の不純物は，U が Δ に比し十分大きいとき磁気モーメントを持つ．

磁化率を求めるため，非磁性状態（$E_{f\uparrow} = E_{f\downarrow}$）に磁場をかけよう．このとき，$(\tilde{E}_{f\sigma} \simeq)E_{f\sigma} = E_f + U\langle n_{f-\sigma}\rangle$ は，次のエネルギーだけ変化する．

$$\delta E_{f\sigma} = -\frac{1}{2}\sigma g\mu_B H + U\delta\langle n_{f-\sigma}\rangle \tag{5.48}$$

ここで，右辺第 1 項の σ は，↑スピン状態（$\sigma = 1$）と↓スピン状態（$\sigma = -1$）を区

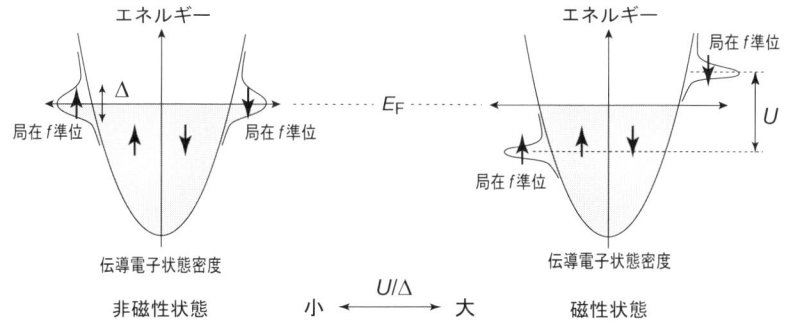

図 5.4 磁性および非磁性状態における状態密度．U が小さく Δ が大きい場合は非磁性状態（左）となり，U が大きく Δ が小さい場合は磁性状態（右）となる．

別するパラメータである．一方，

$$\langle n_{f\sigma} \rangle = \frac{1}{\pi} \cot^{-1}\left(\frac{E_{f\sigma} - \varepsilon_F}{\Delta}\right) \tag{5.49}$$

の辺々を変分し，式 (5.48) を用いることにより次式を得る．[7]

$$\delta\langle n_{f\sigma} \rangle = -\rho_f(\varepsilon_F)\left(-\frac{1}{2}g\sigma\mu_B H + U\delta\langle n_{f-\sigma}\rangle\right) \tag{5.50}$$

磁化の単位を考慮し，式 (5.50) を用いると，磁化率が次のように求まる．

$$\chi_f = \frac{1}{H}\frac{g\mu_B}{2}\left(\delta\langle n_{f\uparrow}\rangle - \delta\langle n_{f\downarrow}\rangle\right) = \frac{g^2\mu_B^2\rho_f(\varepsilon_F)}{2(1 - U\rho_f(\varepsilon_F))} \tag{5.51}$$

$U = 0$ のとき，これは（自由電子の）Pauli 常磁性 (3.24) と等価である．

$$\chi_f = \frac{g^2\mu_B^2\rho_f(\varepsilon_F)}{2} = \frac{g^2\mu_B^2}{2\pi\Delta} \tag{5.52}$$

U の値が大きくなると，磁化率は大きくなる（enhance される）．これは次のように理解される．磁場を加えると，$n_{f\uparrow}$ は増大し，$n_{f\downarrow}$ は減少する．これは $E_{f\downarrow}(\simeq E_f + Un_{f\uparrow})$ を押し上げ，逆に $E_{f\uparrow}$ を引き下げる（図 5.4 参照）．このため，$n_{f\uparrow}$ はますます増加し，$n_{f\downarrow}$ はますます小さくなる．この雪崩的な効果により，磁化率が増大する．この効果を表す因子を Stoner 増強因子（enhancement factor）と呼ぶ．

$$S = \frac{1}{1 - U\rho_f(\varepsilon_F)} \tag{5.53}$$

これは，式 (3.28) の $(1 + F_0^a)^{-1}$ と等価である．[8]

5-3 伝導電子のスピン偏極

5-3-1 局在電子スピンが作る局所磁場

5-2 節で見たように，局在スピンと伝導電子の間に働く交換相互作用には 2 つの原因がある．1 つは，Coulomb 相互作用と Pauli 原理によるものであり，強磁性的で

---

[7] 式 (5.49) の右辺のエネルギー微分は，式 (5.43) から分かるように，状態密度を与える．
[8] $U\rho_f(\varepsilon_F) = 1$ のとき，磁化率は発散する．これは非磁性・磁性の移り変わる条件 (5.47) に対応し，局在モーメントの発生に対応している．しかし，この非磁性・磁性の変化は，計算上のものであり，実験では観測されない．何故なら，今考えている問題は，1 個の不純物原子の問題であり，相転移は存在しないからである．

ある.[9] もう1つは，局在電子が原子の外に拡がること（混成効果）によるものであり，反強磁性的である.[10] これら2つの寄与をあわせ，スピンに依存する部分だけを書き出すと，次式が得られる．

$$\mathcal{H}_{cf} = -2J_{cf}\delta(\boldsymbol{r})\boldsymbol{S} \cdot \boldsymbol{s}(\boldsymbol{r}) \tag{5.54}$$

cf 相互作用 (5.54) を伝導電子に対する Zeeman 効果とみなし，次のように表す．

$$\mathcal{H}_{cf} = -\boldsymbol{m} \cdot \boldsymbol{H}_{\text{eff}} \tag{5.55}$$

ここで，$\boldsymbol{m} \equiv -g\mu_B \boldsymbol{s}$ は伝導電子の磁気モーメントであり，

$$\boldsymbol{H}_{\text{eff}} \equiv -\frac{2J_{cf}\delta(\boldsymbol{r})}{g\mu_B}\boldsymbol{S} \tag{5.56}$$

は伝導電子の感じる局所磁場である．式 (5.55) は，伝導電子のスピンの向きによって，符号が変わる．

$$\mp J_{cf}\delta(\boldsymbol{r})\, S^z = \mp \mu_B H^z_{\text{eff}} \tag{5.57}$$

ここで，$g = 2$ とした．即ち，↑スピンの伝導電子と↓スピンの伝導電子は，逆符号の散乱ポテンシャルを局在スピンから感じる．

5-3-2　伝導電子の一般化磁化率

一般化磁化率を次式によって定義しよう（2-4-3 項を参照）．

$$\boldsymbol{m}_q = \chi(\boldsymbol{q})\boldsymbol{H}_q \tag{5.58}$$

ここで，$\boldsymbol{m}_q$ および $\boldsymbol{H}_q$ は，V を体積として次のように定義されている．

$$\boldsymbol{m}(\boldsymbol{r}) = \frac{1}{\sqrt{V}}\sum_q \boldsymbol{m}_q \exp(i\boldsymbol{q}\cdot\boldsymbol{r}), \quad \boldsymbol{H}(\boldsymbol{r}) = \frac{1}{\sqrt{V}}\sum_q \boldsymbol{H}_q \exp(i\boldsymbol{q}\cdot\boldsymbol{r}) \tag{5.59}$$

$\chi(\boldsymbol{q})$ は，波長 $2\pi/q$ で空間的に変調し，その振幅が H_q で与えられる外部磁場がかかった場合の磁化率である．式 (5.59) の第 1 式に式 (5.58) を代入し次を得る．

$$\boldsymbol{m}(\boldsymbol{r}) = \frac{1}{\sqrt{V}}\sum_q \chi(\boldsymbol{q})\boldsymbol{H}_q \exp(i\boldsymbol{q}\cdot\boldsymbol{r}) \tag{5.60}$$

---

[9] これは，原子内 Coulomb 交換相互作用，即ち d 殻や f 殻内にある電子スピンをそろえる Hund 則と同一の起源である．またこのタイプの交換相互作用は，$4f$ 電子と $5d$ あるいは $6s$ 電子との間にも（強磁性的に）作用する．この $5d$, $6s$ 電子は，結晶中では物質全体に拡がって伝導電子となる．

[10] 軌道縮退のない $4f$ 電子軌道に↑スピンの電子がいる場合，同じ向きの伝導電子は $4f$ 軌道に入れないが，スピンが反対向きの伝導電子は入ることができ，エネルギーを下げることができる．

168   第 5 章　伝導電子が媒介する局在スピン間相互作用

伝導電子（簡単のため自由電子とする）の波動関数は，$\mathcal{H}_{cf}$ の摂動を受けることにより，$|\boldsymbol{k}| < k_\mathrm{F}$ の $\boldsymbol{k}$ をもつ状態に対して，次のようになる．

$$\varphi_{\boldsymbol{k}\uparrow,\downarrow} = \frac{1}{\sqrt{V}}e^{i\boldsymbol{k}\cdot\boldsymbol{r}} - (\mp J_{cf}S_z)\sum_{\boldsymbol{q}(|\boldsymbol{k}+\boldsymbol{q}|>k_\mathrm{F})}\frac{1}{E_{\boldsymbol{k}+\boldsymbol{q}}-E_{\boldsymbol{k}}}\frac{1}{\sqrt{V}}e^{i(\boldsymbol{k}+\boldsymbol{q})\cdot\boldsymbol{r}} \quad (5.61)$$

ここで，伝導電子のスピンを↑および↓で表し，$E_{\boldsymbol{k}} = (\hbar\boldsymbol{k})^2/2m$ は伝導電子の運動エネルギーである．波数 $\boldsymbol{k}$ についての制限 $|\boldsymbol{k}+\boldsymbol{q}| > k_\mathrm{F}$ は，中間状態が（Pauli 原理により）空であることを要求する．

【補足 4】摂動論により，$\varphi_n = \varphi_n^{(0)} - \sum_m \frac{\langle m|\mathcal{H}_{cf}|n\rangle}{\epsilon_m^{(0)}-\epsilon_n^{(0)}}\varphi_m^{(0)}$ が得られる．このとき，行列要素 $\langle m|\mathcal{H}_{cf}|n\rangle$ は次のように求まる：$\int d\boldsymbol{r} \frac{1}{\sqrt{V}}e^{-i(\boldsymbol{k}+\boldsymbol{q})\cdot\boldsymbol{r}}(\mp J_{cf}S_z\delta(\boldsymbol{r}))\frac{1}{\sqrt{V}}e^{i\boldsymbol{k}\cdot\boldsymbol{r}} = \mp J_{cf}S_z$．このように，$cf$ 相互作用により波数 $\boldsymbol{q}$ だけ異なる平面波が混ざる．この混ざり方は，スピンの向きによって異なる．エネルギー的に得をするスピンを持つ伝導電子は，局在スピンの周囲に集まろうとする．これに対し，エネルギー的に不利なスピンを持つ伝導電子は，局在スピン近傍に振幅を持たないように遠ざかる．

式 (5.61) を用いて，磁化，即ち↑スピンの電子密度と↓スピンの電子密度との差を計算すると，次が得られる．

$$\begin{aligned}m_{\boldsymbol{k}}^z(\boldsymbol{r}) &= -\frac{1}{2}g\mu_\mathrm{B}(\varphi_{\boldsymbol{k}\uparrow}^*\varphi_{\boldsymbol{k}\uparrow} - \varphi_{\boldsymbol{k}\downarrow}^*\varphi_{\boldsymbol{k}\downarrow}) \\ &= -\frac{g\mu_\mathrm{B}J_{cf}S_z}{V}\sum_{\boldsymbol{q}}\left\{\frac{\theta(|\boldsymbol{k}+\boldsymbol{q}|-k_\mathrm{F})}{E_{\boldsymbol{k}+\boldsymbol{q}}-E_{\boldsymbol{k}}} + \frac{\theta(|\boldsymbol{k}-\boldsymbol{q}|-k_\mathrm{F})}{E_{\boldsymbol{k}-\boldsymbol{q}}-E_{\boldsymbol{k}}}\right\}e^{i\boldsymbol{q}\cdot\boldsymbol{r}}\end{aligned} \quad (5.62)$$

ここで，$\theta(x)$ は Heaviside の階段関数である．Fermi 波数 k_F 以下の $\boldsymbol{k}$ について和を取ることにより，磁化 $\boldsymbol{m}(\boldsymbol{r})$ の内部磁場方向の成分（z 成分）が求まる．

$$m^z(\boldsymbol{r}) = -\frac{g\mu_\mathrm{B}J_{cf}S_z}{V}\sum_{\boldsymbol{k}(\leq k_\mathrm{F})}\sum_{\boldsymbol{q}}\left\{\frac{\theta(|\boldsymbol{k}+\boldsymbol{q}|-k_\mathrm{F})}{E_{\boldsymbol{k}+\boldsymbol{q}}-E_{\boldsymbol{k}}} + \frac{\theta(|\boldsymbol{k}-\boldsymbol{q}|-k_\mathrm{F})}{E_{\boldsymbol{k}-\boldsymbol{q}}-E_{\boldsymbol{k}}}\right\}e^{i\boldsymbol{q}\cdot\boldsymbol{r}} \quad (5.63)$$

式 (5.59) の第 1 式と比較することにより，次を得る．

$$m_{\boldsymbol{q}}^z(\boldsymbol{r}) = -\frac{g\mu_\mathrm{B}J_{cf}S_z}{\sqrt{V}}\sum_{\boldsymbol{k}(\leq k_\mathrm{F})}\left\{\frac{\theta(|\boldsymbol{k}+\boldsymbol{q}|-k_\mathrm{F})}{E_{\boldsymbol{k}+\boldsymbol{q}}-E_{\boldsymbol{k}}} + \frac{\theta(|\boldsymbol{k}-\boldsymbol{q}|-k_\mathrm{F})}{E_{\boldsymbol{k}-\boldsymbol{q}}-E_{\boldsymbol{k}}}\right\} \quad (5.64)$$

$\delta(\boldsymbol{r})$ を Fourier 展開し，[11] 式 (5.56) に代入する．

---

[11] $\delta(x) = \frac{1}{2\pi}\int_{-\infty}^{\infty}e^{ikx}dk$ から分かるように，δ 関数はあらゆる波数の Fourier 成分（の波）を同じ割合（$=1/2\pi$）で重ね合わせたものになっている．これより，実空間で局在した磁場あるいは状態は，Fourier 空間上において（波数に依存しない）拡がった磁場あるいは状態として記述されることが分かる．

$$\mathcal{H}_{\text{eff}}^z = -\frac{2J_{cf}\delta(\boldsymbol{r})}{g\mu_B}S_z = \frac{1}{\sqrt{V}}\sum_{\boldsymbol{q}}\left(-\frac{2J_{cf}S_z}{g\mu_B\sqrt{V}}\right)e^{i\boldsymbol{q}\cdot\boldsymbol{r}} \tag{5.65}$$

式 (5.59) の第 2 式と比較することにより，局所磁場の Fourier 成分を次のように得る．

$$H_{\boldsymbol{q}}^z = -\frac{2J_{cf}S_z}{g\mu_B\sqrt{V}} \tag{5.66}$$

式 (5.58), (5.64) および (5.66) から一般化磁化率が次のように得られる．[12]

$$\begin{aligned}\chi(\boldsymbol{q}) &= \frac{g^2\mu_B^2}{2}\sum_{\boldsymbol{k}\,(\leq k_F)}\left\{\frac{\theta(|\boldsymbol{k}+\boldsymbol{q}|-k_F)}{E_{\boldsymbol{k}+\boldsymbol{q}}-E_{\boldsymbol{k}}}+\frac{\theta(|\boldsymbol{k}-\boldsymbol{q}|-k_F)}{E_{\boldsymbol{k}-\boldsymbol{q}}-E_{\boldsymbol{k}}}\right\}\\ &= \frac{g^2\mu_B^2 m}{\hbar^2}\sum_{\boldsymbol{k}\,(\leq k_F)}\left\{\frac{\theta(|\boldsymbol{k}+\boldsymbol{q}|-k_F)}{(\boldsymbol{k}+\boldsymbol{q})^2-\boldsymbol{k}^2}+\frac{\theta(|\boldsymbol{k}-\boldsymbol{q}|-k_F)}{(\boldsymbol{k}-\boldsymbol{q})^2-\boldsymbol{k}^2}\right\}\\ &= \frac{g^2\mu_B^2 m}{\hbar^2}\frac{V}{8\pi^3}\int_{-k_F}^{k_F}dk_\parallel\int_0^{\sqrt{k_F^2-k_\parallel^2}}2\pi k_\perp dk_\perp\left(\frac{1}{2k_\parallel q+q^2}+\frac{1}{-2k_\parallel q+q^2}\right)\\ &= \frac{g^2\mu_B^2 m}{\hbar^2}\frac{V}{4\pi^2}\int_{-k_F}^{k_F}dk_\parallel\frac{k_F^2-k_\parallel^2}{2k_\parallel q+q^2}\\ &= \frac{3Ng^2\mu_B^2}{16E_F}f(x) \tag{5.68}\end{aligned}$$

ここで，$k_\parallel$ および $k_\perp$ は各々 $\boldsymbol{q}$ に平行および垂直な成分であり，N は電子の総数である．また，第 3 式の ( ) 内の第 2 項において，$-k_\parallel \to k_\parallel$ と変数変換することにより第 4 式へ移った．さらに，$x \equiv q/(2k_F)$ として，$f(x)$ は次のように定義されている．

$$f(x) \equiv 1 + \frac{1-x^2}{2x}\ln\left|\frac{x+1}{x-1}\right| \tag{5.69}$$

3 次元に対する $f(x)$ の x 依存性は，図 5.5（左図）のように，$x=1$ で傾きが $-\infty$ になる．[13] $\boldsymbol{k}$ に関する和を 1 次元および 2 次元に対して行うと，関数 $f(x)$ は右図のようになる．1 次元では対数発散が現れる．このことは，Fermi 面（点）をもつ状態が波数ベクトル $2k_F$ の SDW の発生に対して不安定であることを意味している．

$q=0$ に対応して $f(x=0)=2$ を式 (5.68) に代入すると，次の Pauli 常磁性が求まる．

$$\chi(q=0) = \frac{3Ng^2\mu_B^2}{8E_F} = \frac{g^2\mu_B^2\rho(E_F)}{2} \tag{5.70}$$

---

[12] 式 (5.67) の有限温度への拡張については，8-3 節を参照されたい．また，計算の詳細については，文献 [6] が参考になる．
[13] 傾きが無限大になることに起因し，金属の格子振動のスペクトルに異常（Kohn 異常と呼ばれる）が現れる．低次元になるほど，異常は顕著になる．

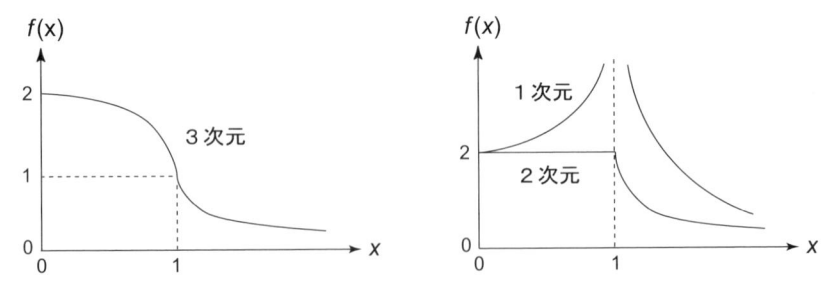

図 5.5 　3 次元 (左)，1 次元および 2 次元 (右) における関数 $f(x)$ の概略図．1 次元では $x=1$ で対数発散する．

これを χ_P と書くと，伝導電子の一般化磁化率は次のように書かれる．

$$\chi(q) = \frac{1}{2}\chi_\mathrm{P} f\left(\frac{q}{2k_\mathrm{F}}\right) \tag{5.71}$$

5-3-3 　Friedel 振動

局在スピンの周辺に生じる伝導電子の偏極は，伝導電子の波動関数の変形によって誘起される．前項の計算から，伝導電子の磁化は次のように求まる．

$$m_z(\bm{r}) = \frac{1}{\sqrt{V}}\sum_{\bm{q}}\frac{1}{2}\chi_\mathrm{P} f\left(\frac{q}{2k_\mathrm{F}}\right)\left(-\frac{2J_{cf}}{g\mu_\mathrm{B}\sqrt{V}}S_z\right)e^{i\bm{q}\cdot\bm{r}} \tag{5.72}$$

$\bm{q}\cdot\bm{r} = qr\cos\theta$ として，$\bm{q}$ 空間 (極座標) の積分に直す．

$$\begin{aligned} m_z(\bm{r}) &= \frac{-J_{cf}S_z}{Vg\mu_\mathrm{B}}\frac{V}{8\pi^3}\chi_\mathrm{P}\int_0^\pi 2\pi\sin\theta d\theta \int_0^\infty q^2 dq\, f\left(\frac{q}{2k_\mathrm{F}}\right)e^{iqr\cos\theta} \\ &= \frac{-J_{cf}S_z}{g\mu_\mathrm{B}}\frac{1}{4\pi^2}\chi_\mathrm{P}\frac{1}{r}\frac{1}{i}\int_{-\infty}^\infty qf\left(\frac{q}{2k_\mathrm{F}}\right)e^{iqr}dq \end{aligned} \tag{5.73}$$

この積分を計算するために，$f(x)$ を複素関数 $f(z)$ に拡張し，図 5.6(a) の積分路をとると，次式が得られる．

$$\int_{-\infty}^\infty e^{2ik_\mathrm{F}rx}f(x)xdx = \int_{-1}^1 e^{2ik_\mathrm{F}rx}\pi i\frac{1-x^2}{2}dx = \frac{\pi}{2ik_\mathrm{F}^2 r^2}\left\{\cos(2k_\mathrm{F}r) - \frac{\sin(2k_\mathrm{F}r)}{2k_\mathrm{F}r}\right\} \tag{5.74}$$

これを式 (5.73) に代入すると，磁化が次のように求まる．

$$m_z(\bm{r}) = -\frac{J_{cf}S_z}{g\mu_\mathrm{B}}\frac{4k_\mathrm{F}^3}{\pi}\chi_\mathrm{P}\left\{\frac{\sin(2k_\mathrm{F}r) - 2k_\mathrm{F}r\cos(2k_\mathrm{F}r)}{(2k_\mathrm{F}r)^4}\right\} \tag{5.75}$$

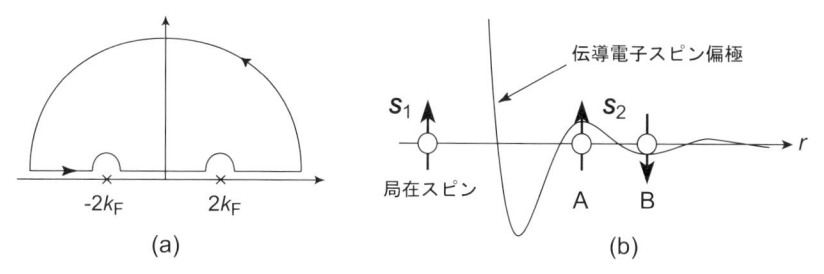

図 5.6 (a) 積分路. (b) 伝導電子の偏極. 局在スピン S_1 の近傍で振動している.

右辺の { } 内の関数は Ruderman-Kittel 関数あるいは RKKY 関数 (後述の Ruderman-Kittel-Kasuya-Yosida の頭文字をとっている) と呼ばれる.

$$F(x) = \frac{\sin x - x\cos x}{x^4} \tag{5.76}$$

図 5.6(b) に示すように, 局在スピン S_1 の周囲には伝導電子のスピン偏極が誘起され, その偏極は, $2\pi/(2k_F)$ (Fermi 球の直径の逆数) の周期で振動しながら, 遠方で $1/r^3$ で減衰する.[14]

伝導電子のスピン分布の振動は, 平面入射波 (Bloch 波) と散乱球面波の干渉の結果として現れる. 不純物が存在する場合には, Bloch 波を仮定することはできなくなり, それを考慮に入れると, 振動は次のような変更を受ける [8].

$$m_z \sim \frac{\cos(2k_F r)}{r^3} e^{-\frac{r}{l}} \tag{5.77}$$

ここで, l は平均自由行程である. 従って, 現実の物質では, スピン偏極は局在スピンの周囲に限られており, その広がりの程度は $r = 1/(2k_F)$ の程度, 即ち単位胞の大きさ程度であると考えられる. このため, 局在スピンと合わせて, スピンの大きさが伸びるか ($J_{cf} > 0$) あるいは縮む ($J_{cf} < 0$) と考えてよい. その伸び縮みの程度は, 交換相互作用あるいは χ_P (従って Fermi 準位上の状態密度) の大きさが大きいほど大きい.

---

[14] スピン偏極の空間的振動は, 電子ガスが電荷を持つ不純物をスクリーン (遮蔽) するときに生じる Friedel 振動と同じ形をしており [7], Fermi 面が存在するために生じる. このため, スピン偏極に対しても, しばしば Friedel 振動という用語が用いられる.

5-4 RKKY 相互作用

5-4-1 RKKY 相互作用のハミルトニアン

図 5.6(b) に示したように，局在スピン S_1 の周囲に生じたスピン偏極は，隣接する場所 A または B にまで達し，そこにある局在スピン S_2 と交換相互作用をする．結果的に，スピン S_1 とスピン S_2 の間には，伝導電子を媒介にして，間接相互作用が働く．これは，Ruderman-Kittel-Kasuya-Yosida（RKKY）相互作用と呼ばれる．

場所 $r=0$ にある局在スピン S_1 の周囲に生じる伝導電子のスピン偏極 $s(r) = -m(r)/g\mu_B$ の z 成分は，式 (5.75) より，次式で与えられる．

$$s_z(r) = \frac{J_{cf}}{(g\mu_B)^2} \frac{4k_F^3}{\pi} \chi_P F(2k_F r) S_1^z \tag{5.78}$$

これと，場所 $r=R$ にある S_2 との cf 相互作用は次で与えられる．

$$\mathcal{H}_{\text{RKKY}} = -\frac{8k_F^3}{\pi(g\mu_B)^2} J_{cf}^2 \chi_P F(2k_F R) S_1^z S_2^z \tag{5.79}$$

x, y 成分を取り入れた計算を行うと，最後の因子は $S_1 \cdot S_2$ で置き換えられる [3]．

$$\mathcal{H}_{\text{RKKY}} = -2J_{\text{RKKY}} S_1 \cdot S_2 \tag{5.80}$$

ここで，交換相互作用係数を次のように定義した．

$$J_{\text{RKKY}} = \frac{4k_F^3}{\pi(g\mu_B)^2} J_{cf}^2 \chi_P \left\{ \frac{\sin(2k_F R) - 2k_F R\cos(2k_F R)}{(2k_F R)^4} \right\} \tag{5.81}$$

cf 相互作用に関し 2 次のプロセスであることを反映し（図 5.7 参照），式 (5.81) には J_{cf}^2 の因子が含まれている．従って，J_{RKKY} の符号は J_{cf} の正負に依らない．

【補足 5】 2 次摂動の観点から RKKY 相互作用を再度考えよう [6]．伝導電子系の基底状態の波動関数を $|0\rangle$，そのエネルギーを E_0 とする．局在スピン S_1 との cf 相互作用により，伝導電子が $k\sigma$ から $k'\sigma'$ に散乱される（図 5.7①参照）．この状態は，中間状態 $|i\rangle$ であり，そのエネルギーを E_i と置く．次に，局在スピン S_2 との cf 相互作用により，元の $|0\rangle$ に戻る（図 5.7②参照）．この 2 次のプロセスによるエネルギーの下がりは次のようになる．

$$-\sum_i \frac{\langle 0|\mathcal{H}_{cf}|i\rangle \langle i|\mathcal{H}_{cf}|0\rangle}{E_i - E_0} \tag{5.82}$$

この式が RKKY 相互作用の起源を与える．

2-3-3 項で示したように，全角運動量 J がよい量子数になっている場合は，RKKY

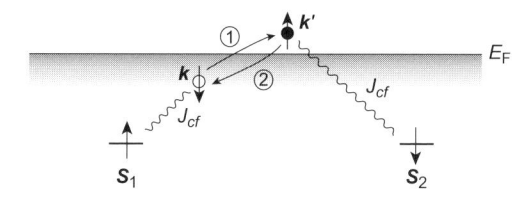

図 5.7　RKKY 相互作用．波線は cf 相互作用を表す．

相互作用は次のように書かれる．

$$\mathcal{H} = -2(g_J - 1)^2 J_{\mathrm{RKKY}} \boldsymbol{J}_a \cdot \boldsymbol{J}_b \tag{5.83}$$

$(g_J - 1)^2 J(J+1)$ はしばしば de Gennes 因子と呼ばれ，磁気転移温度を決める．

$$T_\mathrm{N} \propto (g_J - 1)^2 J(J+1) J_{\mathrm{RKKY}}(\boldsymbol{Q}_0) \tag{5.84}$$

磁性原子を変えたとき，Fermi 準位における状態密度が同じであれば，磁気転移温度は $(g_J - 1)^2 J(J+1)$ に比例する（式 (2.95) 参照）．

【補足 6】　交換相互作用 J_{RKKY} は，磁性原子間距離 R や Fermi 波数 k_F に依存する．直接交換相互作用は，電子の波動関数の重なりに依存し，原子間距離が離れるにつれ指数関数的に減少するが，RKKY 相互作用は（理想的な結晶の場合は）"ベキ乗" でゆっくりと減少するのみである．また，J_{RKKY} の符号は，R によって強磁性的になったり反強磁性的になったりする．さらに k_F はバンド電子の数密度に依存するから，J_{RKKY} はバンドの詰まり方にも依存する．従って，試料に圧力を印加したとき，転移温度が上昇するか下降するかは微妙な問題である．量子相転移（3-7 節および第 8 章）との絡みで，「局在スピン系であれば圧力の増大とともに転移温度は上昇する」という議論が為されることがあるが，これはナイーブ過ぎると思われる．実験結果を議論する際には注意が必要である．

5-4-2　らせん磁性におけるエネルギーギャップの発生

式 (5.63), (5.67), (5.78), (5.79) より（体積を 1 と置く），次が得られる．

$$\mathcal{H}_{\mathrm{RKKY}} = -\frac{4J_{cf}^2}{(g\mu_\mathrm{B})^2} \boldsymbol{S}_1 \cdot \boldsymbol{S}_2 \sum_{\boldsymbol{q}} \chi(\boldsymbol{q}) e^{i\boldsymbol{q}\cdot\boldsymbol{r}} \tag{5.85}$$

一方，交換相互作用ハミルトニアンを

$$\mathcal{H}_{\mathrm{RKKY}} = -\sum_{\boldsymbol{q}} J_{\mathrm{RKKY}}(\boldsymbol{q}) e^{i\boldsymbol{q}\cdot\boldsymbol{r}} \boldsymbol{S}_1 \cdot \boldsymbol{S}_2 \tag{5.86}$$

と表すと (2-4-3 項参照), RKKY 相互作用定数 (5.81) は, 次のように書かれる.

$$J_{\text{RKKY}}(\boldsymbol{q}) = \frac{4J_{cf}^2}{g^2\mu_{\text{B}}^2}\chi(\boldsymbol{q}) \tag{5.87}$$

$J_{\text{RKKY}}(\boldsymbol{q})$ の波数依存性は, 伝導電子の磁化率 $\chi(\boldsymbol{q})$ の波数依存性によって決まる. 自由電子の場合には, $\chi(\boldsymbol{q})$ は式 (5.69) の $f(\boldsymbol{q})$ に比例し (図 5.5), (3 次元系では) $\boldsymbol{q} = 0$ で最大となるから, 反強磁性は発生しそうにない. しかし, 重希土類金属では, 2-4-4 項で示した反強磁性 (らせん磁性) が生じる. この理由は, 実際の物質の $\chi(\boldsymbol{q})$ は自由電子のものとかなり異なり, 有限の波数のところで最大値をとっているためである. これは, 式 (5.67) において, ネスティングを引き起こす波数 $\boldsymbol{Q}$ に対し (3-6-1 項参照), 分母 $(E_{\boldsymbol{k}\pm\boldsymbol{Q}} - E_{\boldsymbol{k}})$ が小さな値となることによる.[15] 本項では, らせん磁性が発生したとき, 伝導バンドにエネルギーギャップが生じることを示そう.

式 (2.96) の (x-y 面内の) らせん配列を次のように書き換える.

$$S_i^{\pm} = S_i^x \pm iS_i^y = S\exp[\pm i(\boldsymbol{Q}\cdot\boldsymbol{R}_i)] \tag{5.88}$$

この式は右あるいは左回りのらせんを示し, 3-6-1 項の SDW はこれらの和あるいは差で与えられる. このスピン配列と伝導電子スピンとの間の交換相互作用を次のように書き表す.

$$\mathcal{H}_{cf} = -\sum_i 2J_{cf}(\boldsymbol{r}-\boldsymbol{R}_i)\boldsymbol{S}_i\cdot\boldsymbol{s} = -\sum_i J_{cf}(\boldsymbol{r}-\boldsymbol{R}_i)(S_i^+s^- + S_i^-s^+) \tag{5.89}$$

伝導電子の波動関数を $|\boldsymbol{k}\rangle = \psi_{\boldsymbol{k}}(\boldsymbol{r}-\boldsymbol{R}_i)e^{i\boldsymbol{k}\cdot\boldsymbol{R}_i}$ と置く. 式 (5.89) をこれではさんで行列要素を計算すると, それがゼロでないのは, 伝導電子のスピンが反転する場合である.[16]

$$\langle \boldsymbol{k}'\downarrow||\mathcal{H}_{cf}|\boldsymbol{k}\uparrow\rangle = -\sum_i Se^{i(\boldsymbol{k}-\boldsymbol{k}'+\boldsymbol{Q})\cdot\boldsymbol{R}_i}J_{cf}(\boldsymbol{k}',\boldsymbol{k}) = -NSJ_{cf}(\boldsymbol{k}+\boldsymbol{Q},\boldsymbol{k}) \tag{5.90}$$

ここで, N は格子点の数で, $J_{cf}(\boldsymbol{r}-\boldsymbol{r}_i)$ の Fourier 成分は次のように定義されている.

$$J_{cf}(\boldsymbol{k}',\boldsymbol{k}) = \int d\boldsymbol{r}\psi_{\boldsymbol{k}'}^*(\boldsymbol{r}-\boldsymbol{R}_i)J_{cf}(\boldsymbol{r}-\boldsymbol{R}_i)\psi_{\boldsymbol{k}}(\boldsymbol{r}-\boldsymbol{R}_i) \tag{5.91}$$

---

[15] 結晶内電子の運動量は結晶運動量であり, 逆格子ベクトル $\boldsymbol{G}$ の分だけ不定である. Brillouin ゾーン反射の効果 ($\boldsymbol{G}$ に関する和を取ることに対応) によっても, $\chi(\boldsymbol{q})$ は有限の波数で最大値を取りうる [9]. Gd に対する詳しい議論が文献 [10] に与えられている. また, 文献 [11] においては, バンド計算の結果と希土類金属の磁性および伝導との関連が詳細に論じられている.

[16] 現実の重希土類金属では単位胞に 2 個の (磁性) 原子が含まれている. この場合には, 式 (5.90) に構造因子 $F(\boldsymbol{k}) = (1/2)\sum_{n=1}^2 \exp(i\boldsymbol{k}\cdot\boldsymbol{R}_n)$ が乗ぜられる. 構造因子については, 付録 C-2-2 項を参照されたい.

同様の計算を行い，$\mathcal{H}_{cf}$ に対し，次の行列を得る．

$$\begin{array}{c} \\ \langle \bm{k}+\bm{Q}\downarrow| \\ \langle \bm{k}\uparrow| \end{array} \begin{pmatrix} |\bm{k}+\bm{Q}\downarrow\rangle & |\bm{k}\uparrow\rangle \\ \varepsilon_{\bm{k}+\bm{Q}} & -NSJ_{cf}(\bm{k}+\bm{Q},\bm{k}) \\ -NSJ_{cf}^{*}(\bm{k}+\bm{Q},\bm{k}) & \varepsilon_{\bm{k}} \end{pmatrix} \quad (5.92)$$

ここで，$\varepsilon_{\bm{k}}$ は伝導電子の運動エネルギーである．固有エネルギーは次のようになる．

$$E^{\pm} = \frac{1}{2}(\varepsilon_{\bm{k}+\bm{Q}} + \varepsilon_{\bm{k}}) \pm \frac{1}{2}\sqrt{(\varepsilon_{\bm{k}+\bm{Q}} - \varepsilon_{\bm{k}})^2 + 4(NS)^2|J_{cf}|^2} \quad (5.93)$$

ネスティング条件 $\varepsilon_{\bm{k}+\bm{Q}} = \varepsilon_{\bm{k}}(=\varepsilon_F)$ が満たされるとき，(↑スピンバンドに) ギャップが開き (図 5.8(a) 参照)，その大きさは次式で与えられる．

$$2\Delta = 2NS|J_{cf}| \quad (5.94)$$

即ち，図 5.8(a) に示したように，ネスティング条件が満たされる $\bm{k} = -\bm{Q}/2$ の近傍において，$|\bm{k}\uparrow\rangle$ と $|\bm{k}+\bm{Q}\downarrow\rangle$ が交換相互作用（から生じるポテンシャル）によって混ざり合い，[17] それによって，Fermi 準位上にエネルギーギャップが生じる．[18] このエネルギーの下がりの分だけ，らせん磁性が安定化される．↓スピンバンドに着目して考えると，図 5.8(b) に示すように，$\bm{k} = \bm{Q}/2$ でギャップが開く．このギャップは，4-5-3 項で論じた FFLO 超伝導に類似のものである．

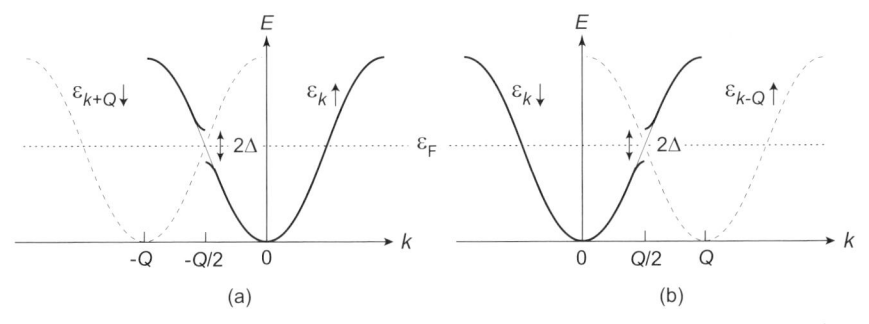

図 5.8 らせん磁性発現によるギャップの生成．(a) 上向きスピン状態 $|\bm{k}\uparrow\rangle$ と下向きスピン状態 $|\bm{k}+\bm{Q}\downarrow\rangle$ とが $\bm{k} = -\bm{Q}/2$ の近傍で cf 交換相互作用により混ざる．これにより，ギャップが生じる．(b) 下向きスピン状態 $|\bm{k}\downarrow\rangle$ と上向きスピン状態 $|\bm{k}-\bm{Q}\uparrow\rangle$ との混成によるギャップの形成．

---

[17] ギャップの近傍では，↑スピンの状態と↓スピンの状態が混ざり合っている．E^- の状態では，局在スピンと伝導電子スピンが平行（J_{cf} が正の場合）であり，E^+ の状態では，反平行である．

[18] この状況は，周期ポテンシャルによってゾーン境界にギャップが開くのと似ている．

ネスティングが完全で Fermi 面全体にわたりギャップが生じれば絶縁体となるが，ある波数方向でのみギャップが開くのであれば，系は金属のままである．例えば，Dy 金属の電気抵抗は，c 軸方向に電流を流した場合，らせん磁性が現れる温度直下で上昇するが，ピークを形成したのち減少に転じる [12]．これは，ギャップの形成に伴い，c 軸に垂直方向の Fermi 面の一部が消失したためである．これに対し，c 軸方向の Fermi 面はあまり影響を受けないため，c 面内に電流を流した場合，抵抗は金属的な伝導を示す．

5-5 磁気励起子

第 2 章で論じた結晶場励起は，孤立イオンの性質であるから，図 5.9(a) に破線で示すように，波数には依存しない．多結晶あるいはパウダー試料を用いて実験を行うのもこの故である．これに対し，励起エネルギーが波数ベクトルに依存する場合がある．実際，(UPd_2Al_3 と同型の結晶構造をもつ) $PrPd_2Al_3$ の単結晶試料を用いて結晶場励起を調べたところ，実線で示したように，励起エネルギーは波数の関数であることがわかった [13]．

この起源は，磁気励起子（magnetic exciton）に依る．図 5.9(b) に示すように，結晶場基底状態 $|\Gamma_1\rangle$ と第 1 励起状態 $|\Gamma_5\rangle$ は，$\Delta \simeq 50$ K 程度のエネルギーで隔てられている．ここで重要な点は，基底状態が非磁性の 1 重項であることである．通常の交換相互作用 $(-J\bm{S}_i \cdot \bm{S}_j)$ は，基底状態が持つスピン（$\bm{S}_i$ および $\bm{S}_j$）の間の相互作用である（この相互作用により秩序化すると，基底状態の縮退が解ける）．これに対し，磁気励起子系の基底状態は固有のスピンを持たない．しかしこの場合でも，交換相互作用 J_{eff} が働く（第 10 章参照）．その結果，i サイトのイオンが励起状態から基底状態に落ち込む際に放出するエネルギーを隣の j サイトが受け取る．これによ

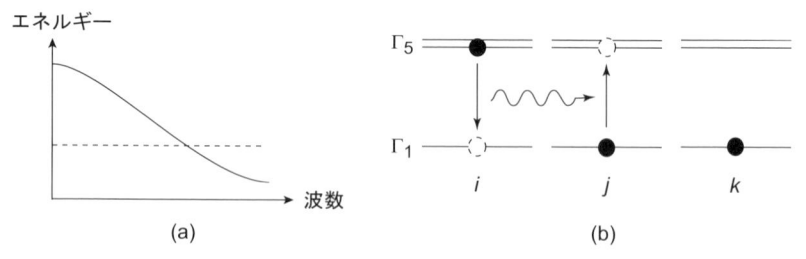

図 5.9 (a) 結晶場励起（破線）および磁気励起子（実線）の分散曲線の概略図．(b) 磁気励起子の概略図．隣合うイオンを励起エネルギーが伝搬する．

り，j サイトは励起 $|\Gamma_5\rangle$ 状態となる．つまり，i サイトから j サイトに，エネルギーの伝播が生じる．このエネルギーの伝播が磁気励起子である．

交換相互作用 J_eff は，RKKY 相互作用の式 (5.87) と類似した形を持ち，伝導電子と f 電子イオンとの間に働く交換相互作用係数 J_{cf} の 2 乗と，伝導電子の磁化率の積で与えられる（10-5-3 項を参照）．また，f 電子イオンの磁化率は，J_eff の影響を受け，RPA 近似の下で次のように書かれる（式 (2.94) 参照）．

$$\chi(\boldsymbol{q},\omega) = \frac{\chi_0(\omega)}{1 - J_\text{eff}(\boldsymbol{q})\chi_0(\omega)} \tag{5.95}$$

ここで，$\chi_0(\omega)$ は相互作用のない場合のシングルサイト（結晶場効果）の磁化率で，次式で与えられる [14]．[19)]

$$\chi_0(\omega) = \sum_{n,m(n \neq m)} \frac{c^2(f_m - f_n)}{\hbar(\omega - \omega_n + \omega_m)} = \frac{2c^2 \Delta (f_1 - f_2)}{(\hbar\omega)^2 - \Delta^2} \tag{5.96}$$

ここで，c は基底状態 $|\text{g}\rangle$ と励起状態 $|\text{e}\rangle$ を結びつける行列要素 $\langle\text{e}|J_x|\text{g}\rangle$ である（J_x は全角運動量 $\boldsymbol{J}$ の x 成分であり，詳しくは 10-5 節を参照）．また，$f_n = \exp(-\beta\hbar\omega_n)/Z$（各文字の定義は通常通り）は分布関数であり，第 2 式に移る際，2 つの状態（1 および 2）のみがあると仮定した．磁気励起子の分散は，式 (5.95) の極（分母 $= 0$）から次のように求まる．

$$\hbar\omega_\text{ex} = \left\{\Delta\left[\Delta + 2J_\text{eff}(\boldsymbol{q})c^2(f_1 - f_2)\right]\right\}^{1/2} \tag{5.97}$$

$$\simeq \Delta\left[1 - \frac{J_\text{eff}(\boldsymbol{q})c^2}{\Delta}\tanh\left(\frac{\beta}{2}\Delta\right)\right] \tag{5.98}$$

第 2 式に移る際，$\Delta \gg J_\text{eff}(\boldsymbol{q})$ とした．結局，磁気励起子の分散は，$J_\text{eff}(\boldsymbol{q})$ によって決まる．

磁気励起子は Bose 粒子的励起（weakly damped bosons）であり，フォノンと同じように次の性質を持つ．

(1) 伝導電子との相互作用により，電子の有効質量を大きくする．例えば，金属 Pr の大きな電子比熱係数 $\gamma = 20$ mJ/K^{2}mole の起因は，この電子・磁気励起子結合による [15]．
(2) 磁気励起子を交換することにより，伝導電子間に引力相互作用が働き，超伝導を引き起こす．これは，第 10 章で論ずるように，UPd$_2$Al$_3$ で実現していると考えられる．

[19)] 式 (5.96) に $\omega = 0$ を代入すると，式 (2.38) の Van Vleck 常磁性項が得られる．$\omega \neq 0$ の場合は，動的磁化率と呼ばれる（付録 C-1 節を参照）．

常磁性体である $PrPd_2Al_3$ においては，結晶場励起エネルギーに比べて交換相互作用は小さい．これとは逆に，反強磁性体である UPd_2Al_3 では，結晶場励起エネルギーより交換相互作用の方が大きい．このような系は磁気秩序を形成することが可能であり，誘起磁気モーメント系と呼ばれる（第 10 章参照）．

参考文献

[1] C. キッテル，宇野良清ほか訳：『固体物理学入門』（丸善，1988）．
[2] 長谷川彰，大貫惇睦：固体物理 **26** (1991) 867.
[3] 芳田奎：『磁性』（岩波書店，1991）；『磁性 II』（朝倉書店，1972）．
[4] B. Cornut & B. Coqblin: Phys. Rev. B **5** (1972) 4541.
[5] J. J. Sakurai, 桜井明夫訳：『現代の量子力学（上）』（吉岡書店，1989）．
[6] T. Miyazaki & H. Jin: *The Physics of Ferromagnetism* (Springer, 2012).
[7] J. M. Ziman, 山下次郎，長谷川彰 共訳：『固体物性論の基礎』（丸善，1976）．
[8] A. J. Heeger: *Solid State Physics in Advances in Research and Applications* **23** (Academic Press, 1969).
[9] K. Yosida & A. Watabe: Progr. Theor. Phys. **28** (1962) 361.
[10] T. Kasuya: *Magnetism* IIB, eds. T. Rado & H. Suhl (Academic Press, 1966).
[11] 小林正一，福地充：固体物理 **12** (1977) 19 から **13** (1978) 23 までの 9 回に亘るシリーズ．
[12] P. M. Hall, S. Legvold & F. H. Spedding: Phys. Rev. **120** (1960) 741.
[13] 本山岳，博士論文（名古屋大学，2002）．
[14] T. M. Holden & J. L. Buyers: Phys. Rev. B **9** (1974) 3797.
[15] R. M. White: *Quantum Theory of Magnetism* (Springer-Verlag, 1983).

第6章

近藤効果

本章では cf 相互作用の大きさが温度の低下とともに実効的に大きくなり，その結果，伝導電子がその運動エネルギーの増大に打ち勝って局在スピンとの結合状態（スピン1重項状態）を形成することを説明する．また，電気抵抗極小の問題（いわゆる近藤効果）についても詳しく説明する．

6-1 近藤-芳田基底状態

6-1-1 近藤効果の概観

近藤効果とは，金属（金属的な電気伝導を示す金属・合金や化合物）の中に存在する1個の（不純物）局在スピンと，伝導電子との多体的な相互作用に起因する現象である [1]．実験的には次のような現象が観測される．(1) 電気抵抗は，ある温度で極小を示す（図6.1(a) の破線）．これは，温度降下とともに増加する磁気的成分の寄与（図中の実線）と，減少するフォノンの寄与が足し合わされた結果として生じる．この「抵抗極小の現象」は1930年代から知られていたが，その原因が解明されたのは近藤理論が発表された1964年である．後の節で詳しく説明するように，近藤温度 T_K と呼ばれる特性温度より充分高温域から温度を下げてくると，[1)] 電気抵抗は

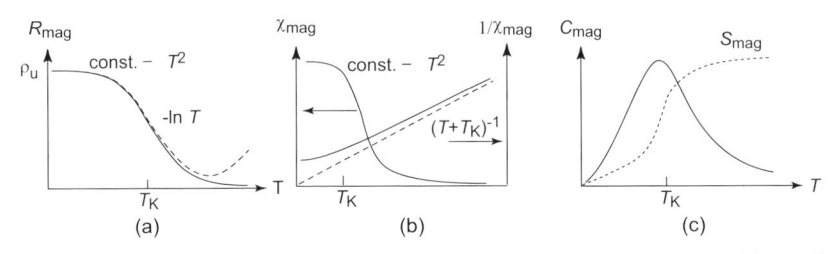

図 6.1 近藤効果を示す物理量の温度依存性．電気抵抗 ρ，磁化率 χ およびその逆数，比熱 C およびエントロピー S．添え字の mag は，磁気成分を意味する．

[1)] 近藤温度 T_K の存在は文献 [2] で初めて指摘された．

$-\ln T$ に比例して増加する．T_K より充分温度が下がると，T^2 のようなベキ乗則に従って，飽和値（ユニタリティ極限）に近づく．(2) 磁化率の温度依存性は，高温では $1/\chi \propto (T + T_\mathrm{K})$ で近似される Curie-Weiss 則に従い，低温で一定値に近づく（図 6.1(b)）．高温側の Curie-Weiss 則の存在は，局在スピンが存在していることを示している．一方，低温における Pauli 常磁性的振る舞いは，基底状態が 1 重項であることを意味する．この基底状態は，局在スピンと伝導電子スピンとから形成されるスピン 1 重項状態である．[2) つまり，T_K は，局在スピンが存在する温度領域と，近藤-芳田 1 重項（シングレット）を形成している温度領域とを分ける特性温度である．但し，この変化は相転移ではなく，滑らかに移り変わるクロスオーバーである．(3) 遍歴・局在クロスオーバーを反映し，磁気エントロピー S_mag は，絶対零度での $S_\mathrm{mag} = 0$ から，局在スピン（$S = 1/2$）が存在する高温域での $S_\mathrm{mag} = k_\mathrm{B}\ln 2$ まで連続的に増大するが，T_K 付近で急激に増大する（図 6.1(c)）．これを反映し，(エントロピーの温度微分である) 比熱にはブロードなピークが生じる．

これらの物理量の温度あるいは磁場依存性の研究から明らかにされた磁場・温度相図を図 6.2 に示す．近藤温度 T_K あるいは近藤磁場 H_K より高エネルギー域は弱結合領域と呼ばれ，低エネルギー領域は強結合領域と呼ばれる．この弱結合領域から強結合領域へのクロスオーバーは次のように理解される．近藤効果の出発点は，式 (5.54) の cf 相互作用ハミルトニアンである．これは，局在スピンと，その近傍にある伝導電子との局所的な相互作用を表す．しかし後に明らかになるように，局在スピンの影響は，温度が下がるにつれ，遠くの伝導電子にまで及ぶようになる．これは丁度，磁気相転移温度に近づくにつれ，スピンゆらぎの相関距離が増大するのと

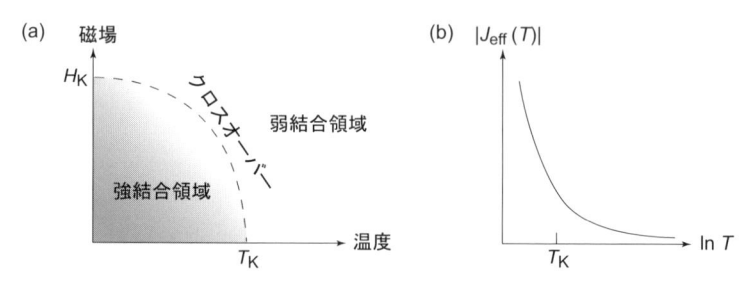

図 **6.2** (a) 磁場対温度の状態図．高温・高磁場では局在スピンと伝導電子との相互作用は弱く見え（弱結合），低温・低磁場下では強く見える（強結合）．これらの境界（クロスオーバー）を特徴付ける物理量は近藤温度 T_K，近藤磁場 H_K と呼ばれる．(b) 有効交換相互作用の温度依存性．

---

2) 基底状態は一般には近藤 1 重項（シングレット）と呼ばれる．本書では，基底状態を明らかにした芳田奎の名を冠し，近藤-芳田 1 重項（シングレット）と呼ぶ．

似ている．[3] あるいは，温度が下がるにつれ，有効交換相互作用の大きさ $|J_{\mathrm{eff}}|$ が強くなった結果（図 6.2(b)），[4] 伝導電子の相関領域が拡大したとも言える．

6-1-2 簡単なモデル計算（スピン励起と電荷励起）

2 原子間の運動学的交換相互作用を考えたときと類似のモデル（図 6.3 (a)）を考えよう [4]．ハミルトニアンは次で与えられる．

$$\mathcal{H}_0 = \varepsilon_l \sum_\sigma l^\dagger_\sigma l_\sigma + \varepsilon_f \sum_\sigma f^\dagger_\sigma f_\sigma + U n^f_\uparrow n^f_\downarrow \tag{6.1}$$

$$\mathcal{H}_1 = V \sum_\sigma (l^\dagger_\sigma f_\sigma + f^\dagger_\sigma l_\sigma) \tag{6.2}$$

ここで，l は ligand（配位子）を意味し，f は f 電子（あるいはその軌道）を意味する．また，$\varepsilon_f < \varepsilon_l$ であり，$n^f_\sigma = f^\dagger_\sigma f_\sigma$ はスピン σ をもつ f 電子の数演算子である．

U は非常に大きいとしよう．はじめに，混成項 V がゼロのときを考えると，基底状態は，l および f に 1 個ずつ電子が入った状態であり，そのエネルギーは $E_0 = \varepsilon_l + \varepsilon_f$ である．スピンまで考えれば 4 重に縮退しており，各状態は次のように書かれる．

$$|\Phi_{\mathrm{s}}\rangle = \frac{1}{\sqrt{2}}(f^\dagger_\uparrow l^\dagger_\downarrow - f^\dagger_\downarrow l^\dagger_\uparrow)|0\rangle \tag{6.3}$$

$$|\Phi^1_{\mathrm{t}}\rangle = f^\dagger_\uparrow l^\dagger_\uparrow |0\rangle \tag{6.4}$$

$$|\Phi^0_{\mathrm{t}}\rangle = \frac{1}{\sqrt{2}}(f^\dagger_\uparrow l^\dagger_\downarrow + f^\dagger_\downarrow l^\dagger_\uparrow)|0\rangle \tag{6.5}$$

$$|\Phi^{-1}_{\mathrm{t}}\rangle = f^\dagger_\downarrow l^\dagger_\downarrow |0\rangle \tag{6.6}$$

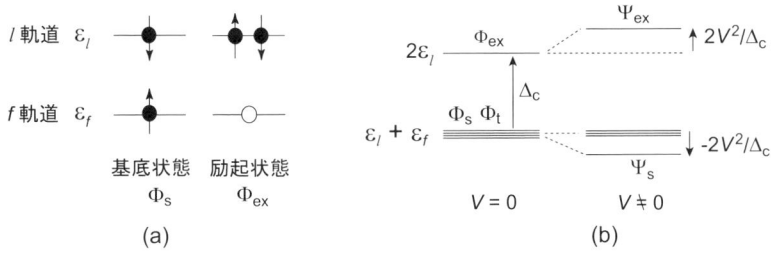

図 **6.3** (a) 電子配置と (b) 混成 V によるエネルギー縮退の解け．

---

[3] くりこみ群の手法（6-3-2 項）は，近藤効果や相転移の研究において大いに威力を発揮した [3]．
[4] 低次の摂動計算を行うと，色々な物理量が T_{K} で発散する．実験的には，このような発散は観測されない．

励起状態は，l に 2 個電子が入った状態で，スピンは逆向きである．

$$|\Phi_{\text{ex}}\rangle = l_\uparrow^\dagger l_\downarrow^\dagger |0\rangle \tag{6.7}$$

エネルギーは $E_{\text{ex}} = 2\varepsilon_l$ である．f 軌道に 2 個電子が入った状態も励起状態に違いはないが，その励起エネルギーは U の程度となるから，これは無視できる．

さて，混成項 V を入れよう．このときの波動関数を，混成項を摂動として求めてみる．このとき，ゼロでない行列要素は $\langle \Phi_{\text{ex}}|\mathcal{H}_1|\Phi_{\text{s}}\rangle = \sqrt{2}V$ だけであることに注意すると（Pauli の原理からも明らか），次が得られる．

$$|\Psi_0\rangle = \sqrt{A}\left[|\Phi_{\text{s}}\rangle - \frac{\sqrt{2}V}{\Delta_{\text{c}}}|\Phi_{\text{ex}}\rangle\right] \simeq \left[1 - \left(\frac{V}{\Delta_{\text{c}}}\right)^2\right]\left[|\Phi_{\text{s}}\rangle - \frac{\sqrt{2}V}{\Delta_{\text{c}}}|\Phi_{\text{ex}}\rangle\right] \tag{6.8}$$

$$|\Psi_{\text{ex}}\rangle = \sqrt{A}\left[|\Phi_{\text{ex}}\rangle + \frac{\sqrt{2}V}{\Delta_{\text{c}}}|\Phi_{\text{s}}\rangle\right] \simeq \left[1 - \left(\frac{V}{\Delta_{\text{c}}}\right)^2\right]\left[|\Phi_{\text{ex}}\rangle + \frac{\sqrt{2}V}{\Delta_{\text{c}}}|\Phi_{\text{s}}\rangle\right] \tag{6.9}$$

ここで，$A = 1/[1 + 2(V/\Delta_{\text{c}})^2]$，$\Delta_{\text{c}} \equiv \varepsilon_l - \varepsilon_f$ は励起エネルギーである．このとき，基底および励起状態のエネルギーは次のように求まる．

$$\tilde{E}_0 = E_0 - \frac{2V^2}{\Delta_{\text{c}}}, \quad \tilde{E}_{\text{ex}} = E_{\text{ex}} + \frac{2V^2}{\Delta_{\text{c}}} \tag{6.10}$$

これを図示したものが，図 6.3(b) である．

$V = 0$ で縮退していた 4 個の状態のうち，摂動 $\mathcal{H}_1$ によって影響を受けるのは，1 重項状態 Φ_{s} だけである．1 重項状態と 3 重項状態 Φ_{t} のエネルギー差は，$k_{\text{B}}T^* \equiv 2V^2/\Delta_{\text{c}}$ の程度である．このとき，この系には 2 つの励起エネルギーが存在する．1 つは今見た，1 重項状態 →3 重項状態の励起，即ち，スピン状態の励起である．もう 1 つは，Φ_{s} または Φ_{t} から Φ_{ex} への励起であり，その励起エネルギーは Δ_{c} 程度の大きなものである．後者の励起には，電荷の励起が含まれていることに注意されたい．例えば，Φ_{ex} の f 軌道には電子は 1 個も存在しないから，価数が変わったことになる．

基底状態の波動関数に着目しよう．混成がない場合には，f 軌道には 1 個の電子が存在していた．混成の結果，f 電子が存在しない励起状態 Φ_{ex} が混ざってくるために，f 電子の数も 1 より小さくなる．

$$n^f = \langle \Psi_0|\sum_\sigma f_\sigma^\dagger f_\sigma|\Psi_0\rangle = 1 - \left(\frac{V}{\Delta_{\text{c}}}\right)^2 < 1 \tag{6.11}$$

温度が T^* に比べて充分低いとき，系は 1 重項基底状態にある．温度が上昇し T^* より充分高温になると，3 重項励起状態も同じ程度占有されるようになる．この場合には $V = 0$ の場合と同じように，1 重項状態と 3 重項状態は区別されなくなる．こ

のとき，局在スピンが観測される．

くりこみ群の考え方によれば，近接したリガンドの影響から始め，次第に遠くのリガンドからの影響を考えていくことにより，近藤効果にたどり着く．この意味で，本項で考えたモデルは，くりこみ群（6-3-2 項参照）の最初の段階と見ることができる．

6-1-3 シングレット束縛状態

本項では，芳田理論について説明する．詳しい計算は文献 [5] に譲り，ここでは直観的なイメージがつかめるようにしたい．

近藤系の磁化率は低温で Pauli 常磁性を示すから，局在モーメントは（熱力学的平均としてみれば）存在しない．また，前項の簡単なモデルからも，近藤系の基底状態はスピン1重項であると推察される．そこで，次の関数を考える．

$$\Psi^0_{\text{singlet}} = \sum_{\boldsymbol{k}} \Gamma_{\boldsymbol{k}} (c^\dagger_{\boldsymbol{k}\downarrow} \chi_\alpha - c^\dagger_{\boldsymbol{k}\uparrow} \chi_\beta) \psi_v \tag{6.12}$$

ここで，χ_α および χ_β は局在スピンのスピン関数，ψ_v は "Fermi の海" の波動関数である．第 1 項 $(c^\dagger_{\boldsymbol{k}\downarrow} \psi_v \chi_\alpha)$ は，上向き局在スピンと下向き伝導電子スピンが結合している状態を表し，図 6.4(a) の左側パネルに対応している．局在スピンと同じ向きの伝導電子には何の変化も見られない．第 2 項 $(c^\dagger_{\boldsymbol{k}\uparrow} \psi_v \chi_\beta)$ も同じような状態であるが，局在スピンは下向きである．上向きスピンの伝導電子は局在スピンの周りに集まってきているが，局在スピンと同じ向きの伝導電子には変化は見られない（図 6.4(a) の右側パネル参照）．結局，Ψ^0_{singlet} は，これらの状態から作られた 1 重項状態であ

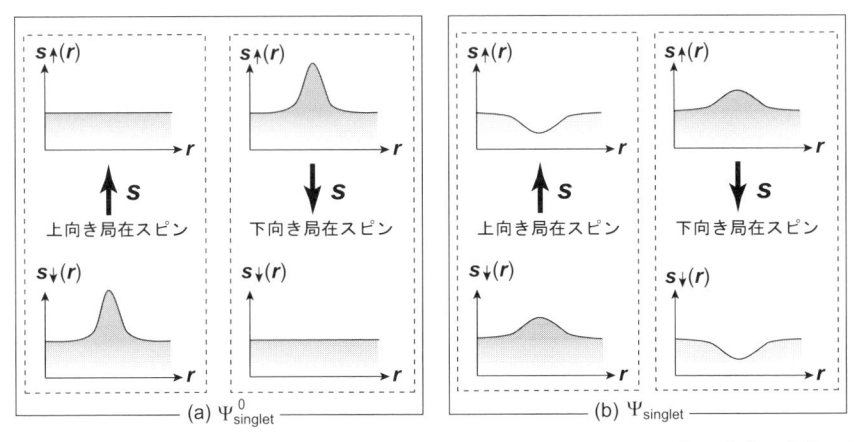

図 6.4　近藤-芳田基底 1 重項状態．(a) 最低次の基底状態 Ψ^0_{singlet} と (b) 無限次まで考慮した基底状態 Ψ_{singlet}．縦軸は伝導電子密度 s_σ，横軸は空間座標 $\boldsymbol{r}$（局在スピンの近傍）を表す．

る．これは，考えられ得るもっとも簡単な 1 重項状態の波動関数である．

【補足 1】 cf 交換相互作用は $(s \cdot S)$ の形をしている．これは，全スピンおよびその z 成分の値を不変に保つ．従って，絶対零度において局在スピンが存在する状態（上向きの局在スピンの状態と下向きの局在スピンの状態）から出発して，cf 交換相互作用を摂動とする摂動展開を行っても，これら 2 つの状態の縮退は取り除かれない．この理由により，伝導電子が局在スピンと結合して 1 重項状態を形成している状態を作るためには，無摂動状態として，はじめから 1 重項状態 Ψ^0_{singlet} を使う必要がある．

式 (6.12) を次の Schrödinger 方程式に代入する．

$$\mathcal{H}\Psi^0_{\text{singlet}} = E\Psi^0_{\text{singlet}} \tag{6.13}$$

ここで，$\mathcal{H}$ は次式で定義される cf 相互作用のハミルトニアンである．[5]

$$\mathcal{H} = \sum_{\bm{k}\sigma}\varepsilon_{\bm{k}}c^\dagger_{\bm{k}\sigma}c_{\bm{k}\sigma} - \frac{J_{cf}}{2N}\sum_{\bm{k},\bm{k}'}\{(c^\dagger_{\bm{k}'\uparrow}c_{\bm{k}\uparrow} - c^\dagger_{\bm{k}'\downarrow}c_{\bm{k}\downarrow})S_z + c^\dagger_{\bm{k}'\uparrow}c_{\bm{k}\downarrow}S_- + c^\dagger_{\bm{k}'\downarrow}c_{\bm{k}\uparrow}S_+\} \tag{6.14}$$

式 (6.13) の両辺の $(c^\dagger_{\bm{k}\downarrow}\chi_\alpha - c^\dagger_{\bm{k}\uparrow}\chi_\beta)\psi_v$ の項の係数を比べることにより，次式を得る．

$$(\varepsilon_{\bm{k}} - E)\Gamma_{\bm{k}} + \frac{3J_{cf}}{4N}\sum_{k'(>k_{\mathrm{F}})}\Gamma_{\bm{k}'} = 0 \tag{6.15}$$

ここで，cf 相互作用のないときのエネルギーを基準にとった．両辺を $\varepsilon_{\bm{k}} - E$ で割り $\bm{k}$ について和をとったあと，さらに $\sum\Gamma_{\bm{k}}$ で割ることにより，

$$1 + \frac{3J_{cf}}{4N}\sum_{k(>k_{\mathrm{F}})}\frac{1}{\varepsilon_{\bm{k}} - E} = 0 \tag{6.16}$$

を得る．超伝導の場合（4-2-1 項）と同じように，和を積分で置き換え，状態密度がエネルギーに依存しないと仮定すると，

$$E = -\frac{D}{\exp(\frac{4N}{3|J_{cf}|\rho_{\mathrm{c}}}) - 1} \sim -D\exp\left(-\frac{4N}{3|J_{cf}|\rho_{\mathrm{c}}}\right) \tag{6.17}$$

が得られる．ここで，ρ_{c} は伝導バンドの（↑ スピンまたは ↓ スピンの）状態密度，D は伝導電子のバンド幅の半分（Fermi エネルギー）である．

しかし，Ψ^0_{singlet} は固有関数ではない．何故なら，式 (6.13) の左辺は多くの電子・ホール対が励起された状態を表すが，[6] 右辺では対が 1 個も励起されていないからで

---

[5] ここでの交換相互作用定数の大きさは，前章までの式と因子 2 だけ異なる．
[6] ハミルトニアン (6.14) 中の $c^\dagger_{\bm{k}'\downarrow}c_{\bm{k}\uparrow}$ などにより，たくさんの電子・ホール対が作られる．

ある．実際，真の固有関数は，次のように表される．

$$\Psi_{\text{singlet}} = \Psi^0_{\text{singlet}} + \Psi^1_{\text{singlet}} + \Psi^2_{\text{singlet}} + \cdots \tag{6.18}$$

ここで，Ψ^1_{singlet} は 1 個の対が励起された状態，Ψ^2_{singlet} は 2 個の対が励起された状態を表す．結局，式 (6.18) は，真の 1 重項状態がこれらの摂動展開であることを示す．

真の束縛エネルギーは，次式で与えられる [5]．

$$\tilde{E} = -D \exp\left(-\frac{N}{|J_{cf}|\rho_c}\right) \equiv -k_{\text{B}} T_{\text{K}} \tag{6.19}$$

この束縛エネルギーの形は，超伝導 Cooper 対の束縛エネルギー (4.40) と同じように指数関数型をしている．これは，近藤効果や超伝導の基底状態が交換相互作用 J_{cf} や引力相互作用 V_0 の摂動展開として求められないことを反映している．

金属を特徴付ける Fermi エネルギーは数 eV 程度の大きさをもち，近藤効果の生じる温度領域（数 K の程度）とはかけ離れている．式 (6.19) は，磁性不純物を含む金属のエネルギースケールが近藤エネルギー $k_{\text{B}}T_{\text{K}}$ であることを示す．後述の近藤格子系の典型的物質である CeB_6 の T_{K} は，1~2 K 程度の小さな値である．

上向き局在スピンの周りの伝導電子の分布を考えよう．第 0 近似の Ψ^0_{singlet} では，図 6.4(a) 左のように，1 個の ↓ スピンの伝導電子が上向きの局在スピンに捕らわれている．↑ スピンの伝導電子は元のままである．結果として，電子 1 個分の電荷が集まっている．これに対し，無数の電子・ホール対が励起された Ψ_{singlet} では，図 6.4(b) 左のように，1/2 個分の ↑ スピンのホールが局在スピンの周りに分布することにより，↓ スピン電子の半分を肩代わりしている (6-2 節参照)．その結果，電荷分布は一様になっている．このような伝導電子のスピン分布を「近藤の雲（Kondo cloud）」と呼ぶこともある．

磁場が存在する場合は，局在スピンの向きによってエネルギーが異なるため，波動関数の係数 $\Gamma_{\boldsymbol{k}}$ も，χ_α と χ_β とで異なる．磁場がないときと同じように計算を進めると，最終的に次の結果が得られる [5]．

$$\tilde{E}_H = -\sqrt{\tilde{E}^2 + \left(\frac{1}{2}g\mu_{\text{B}}H\right)^2} \tag{6.20}$$

外部磁場が局在スピンにのみ作用すると仮定すると，局在スピンは，エネルギー (6.20) を磁場で微分することによって得られる．

$$M = -\frac{\partial \tilde{E}_H}{\partial H} = \frac{\left(\frac{1}{2}g\mu_{\text{B}}\right)^2 H}{\sqrt{\tilde{E}^2 + \left(\frac{1}{2}g\mu_{\text{B}}H\right)^2}} \simeq \frac{\left(\frac{1}{2}g\mu_{\text{B}}\right)^2 H}{|\tilde{E}|} \tag{6.21}$$

第3式から第4式への移行においては，磁場が小さいとした．絶対零度における磁化率は次のように求まる．

$$\chi = \frac{\left(\frac{1}{2}g\mu_\text{B}\right)^2}{k_\text{B} T_\text{K}} \tag{6.22}$$

自由電子の Pauli 常磁性 (3.18) と比べ，エネルギースケールが Fermi エネルギーから近藤エネルギーに変わっている．これは，磁化率が自由電子の場合に比べ，$T_\text{F}/T_\text{K} \sim 10^3$ 倍程度エンハンスされていることを示す．また，式 (5.52) に比べても 2 桁程度 ($\sim \Delta/k_\text{B} T_\text{K}$) エンハンスされている．

【補足 2】 近藤-芳田 1 重項でも超伝導でも，束縛状態を形成することにより，運動エネルギーの増加を抑えるだけの（束縛）エネルギーの利得が得られる．近藤-芳田束縛状態の（実空間における）大きさを超伝導コヒーレンス長との類推から評価してみよう．1 重項基底状態の波動関数の係数は次のように求まる．

$$\Gamma_{\boldsymbol{k}} = \frac{1}{\varepsilon_{\boldsymbol{k}} - E} \quad (k \geq k_\text{F}) \tag{6.23}$$

これは，束縛状態の形成に対し，(Fermi エネルギーを基準に測った) 束縛エネルギー $|E|$ 程度までの範囲内にある電子が効いてきて，それ以外の電子からの寄与が小さいことを示す．波数で考えれば，[7]

$$k - k_\text{F} \lesssim \frac{|E|}{\hbar v_\text{F}} \quad \left(\equiv \frac{1}{\xi}\right) \tag{6.24}$$

の領域の状態が基底状態波動関数に効いてくる．波束に関する不確定性関係 $\Delta k \Delta r \sim 1$ を用いると，近藤-芳田 1 重項状態の波動関数は，

$$\xi \sim \frac{\hbar v_\text{F}}{k_\text{B} T_\text{K}} \tag{6.25}$$

の程度の拡がりを持つと考えられる．ここで，超伝導の転移温度を近藤温度で置き換えた．しかしながら，これを実際の物質に適用すると，ξ は超伝導のコヒーレンス長と同程度に長くなってしまい，[8] 不純物を独立に取り扱ってよいか自明でなくなる．一方，Cu 中の Fe 不純物に対する実験では [6]，10 Å 程度の相関距離が見積もられている．この問題については，例えば文献 [6] や [7] を参照されたい．

---

[7] 波数の領域としてみる場合には，$\varepsilon_{\boldsymbol{k}} - (\hbar k_\text{F})^2/2m \simeq \hbar v_\text{F}(k - k_\text{F})$ と近似できるから（v_F は Fermi 速度），特徴的なエネルギーを $\hbar v_\text{F}$ で割ればよい (4-2-2 項参照)．

[8] 文献 [2] でもスピンの相関距離に対し式 (6.25) と同じような表式が得られ，$v_\text{F}/\Delta \sim 10^4$ Å（ここで Δ は束縛エネルギーに対応）と評価されている．

6-2 位相シフトから見た近藤効果——重い電子の起源

6-2-1 Friedel の総和則

自由粒子に対する Schrödinger 方程式の動径部分は次のように書かれる．

$$\frac{1}{r^2}\frac{d}{dr}\left(r^2\frac{df_l}{dr}\right) + \left\{k^2 - \frac{l(l+1)}{r^2}\right\}f_l = 0 \tag{6.26}$$

ここで，$-l(l+1)/r^2$ はいわゆる遠心力ポテンシャルであり，f 電子のような軌道角運動量 l の大きな電子は，散乱源から遠ざけられる．$f_l(r)$ は充分遠方で次の漸近形を持つ [8]．

$$f_l(r) \sim \frac{1}{kr}\sin\left(kr - \frac{1}{2}l\pi\right) \tag{6.27}$$

散乱ポテンシャル $U(r)$ が存在する場合には，$u_l(r) \equiv rf_l(r)$ の満たす方程式は次のように変更される．

$$\frac{d^2u_l(r)}{dr^2} + \left\{k^2 - U(r) - \frac{l(l+1)}{r^2}\right\}u_l(r) = 0 \tag{6.28}$$

遠方で $U(r)$ が充分早く減衰すると仮定すると，{ } 内の 2 つのポテンシャルは消えるから，解は $u_l(r) \sim A\sin(kr+\delta)$ の漸近形を持つと考えられる．従って，r が $U(r)$ のレンジより大きいときは，漸近的に次の形を持つと考えてよい．

$$f_l(r) \sim \frac{1}{kr}\sin\left(kr - \frac{1}{2}l\pi + \delta_l(k)\right) \tag{6.29}$$

ここで，$\delta_l(k)$ は位相 (phase) シフトと呼ばれる．

位相シフトの物理的意味は，直感的に次のように理解される．図 6.5 に示すように，引力の場合には自由粒子の波（破線）がポテンシャルによって内側に引き込まれ（実線），$\delta_l > 0$ となり，斥力の場合には外側に押し出され，$\delta_l < 0$ となる．散乱が強ければ強いほど，大きなシフトが生じる．

【補足 3】 角運動量 l の意味について考えよう [8]．運動エネルギー E の電子が，角運動量 $I = \hbar[l(l+1)]^{1/2}$ をもって散乱体（不純物原子）に入射したとする．v を最近接点での速度とし，散乱源の中心から最近接点までの距離を r_l とすると，角運動量の保存則から，$mr_lv = I$ となる．角運動量 l が小さいほど r_l は小さい．従って，散乱ポテンシャルがデルタ関数のように局所的であれば，l の大きい部分波は散乱ポテンシャルを感じないので，$l = 0$ の部分波のみを考えればよい（s 波散乱）．これに対し，f 軌道に由

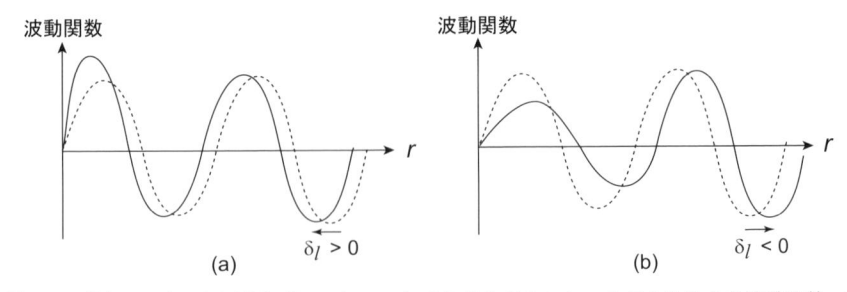

図 6.5 位相シフト. (a) 引力ポテンシャルと (b) 斥力ポテンシャルがある場合の波動関数. 破線はポテンシャルのない場合の波動関数を表す.

来する仮想束縛状態（5-1-1 項）の場合には，散乱ポテンシャルが拡がりを持つことを反映し，入射する電子として角運動量 $l=3$ の成分を考える必要がある.

位相シフトのエネルギー微分は，状態密度を与える. また，l 波はスピンも入れると $2(2l+1)$ 重に縮退していること，および位相シフトが π だけ変化すると束縛状態が 1 個変化することを考慮に入れると，束縛状態の数 $\Delta\rho$ は，位相シフトを用いて，次のように書き表される.

$$\Delta\rho = \frac{1}{\pi}\sum_l 2(2l+1)\frac{d\delta_l}{d\varepsilon} \tag{6.30}$$

不純物が余分の原子核電荷 Ze を持ち込んだとすると，電気的中性を保つため，不純物の回りには同数の電子が集まってくる（遮蔽効果）. 式 (6.30) を Fermi エネルギーまで積分することにより，不純物周辺に局在した電子の数 Z と，束縛状態の数とを結びつける Friedel の総和則（Friedel sum rule）が得られる.

$$Z = \frac{2}{\pi}\sum_l (2l+1)\delta_l(\varepsilon_F) \tag{6.31}$$

6-2-2 シングレット基底状態における位相シフト

Anderson の直交定理として知られる次の式を考えよう [5, 9].

$$\langle\psi_1|\psi_2\rangle = \exp\left\{-\frac{1}{2}\left(\frac{\delta_{1F}-\delta_{2F}}{\pi}\right)^2 \ln N\right\} \tag{6.32}$$

左辺は波動関数 $|\psi_1\rangle$ と $|\psi_2\rangle$ の重なり積分，δ_{iF} ($i=1,2$) は波動関数 $|\psi_i\rangle$ の Fermi 面での位相シフト，N は電子数である. N が無限大のとき，2 つの位相シフト δ_{1F} と δ_{2F} が異なっていれば，重なり積分はゼロである. 即ち，2 つの関数は直交する. 位

相シフトを π で割れば局在電子数となるから,「局在電子数が等しい場合には $|\psi_1\rangle$ と $|\psi_2\rangle$ は直交しない」と言い換えることもできる.

式 (5.8) および式 (5.12) の交換相互作用ハミルトニアンを思い出そう.

$$\mathcal{H}_{ex} = -J_{cf}\{(c_{0\uparrow}^{\dagger}c_{0\uparrow} - c_{0\downarrow}^{\dagger}c_{0\downarrow})S_z + c_{0\uparrow}^{\dagger}c_{0\downarrow}S_- + c_{0\downarrow}^{\dagger}c_{0\uparrow}S_+\} \tag{6.33}$$

次の2つの波動関数を考える.

$$|\Phi_1\rangle = \phi_{\uparrow\alpha}\phi_{\downarrow\alpha}\chi_\alpha, \quad |\Phi_2\rangle = \phi_{\uparrow\beta}\phi_{\downarrow\beta}\chi_\beta \tag{6.34}$$

$|\Phi_1\rangle$ は上向き局在スピン χ_α が存在する場合の波動関数で,↑スピンを持つ伝導電子からなる(基底状態の)波動関数 $\phi_{\uparrow\alpha}$ と,(それとは逆符号のポテンシャルを感じながら運動する)↓スピンの伝導電子の(基底状態の)波動関数 $\phi_{\downarrow\alpha}$ との積から成る.[9]
$|\Phi_1\rangle$ と $|\Phi_2\rangle$ は,交換相互作用ハミルトニアンの z 成分の固有関数であるが,横成分(式 (6.33) の第 2, 3 項)により互いに混ざり合う.即ち,次式の左辺の行列要素はゼロにはならない.

$$\langle\Phi_1| - J_{cf}(c_{0\downarrow}^{\dagger}c_{0\uparrow}S_+)|\Phi_2\rangle \propto \langle\phi_{\downarrow\alpha}|c_{0\downarrow}^{\dagger}|\phi_{\downarrow\beta}\rangle\langle\phi_{\uparrow\alpha}|c_{0\uparrow}|\phi_{\uparrow\beta}\rangle \tag{6.35}$$

これより,右辺の各行列要素も消えてはならない.

$\langle\phi_{\uparrow\alpha}|c_{0\uparrow}|\phi_{\uparrow\beta}\rangle$ を考えよう.$\psi_1 = \phi_{\uparrow\alpha}$,$\psi_2 = c_{0\uparrow}\phi_{\uparrow\beta}$ とすると,これらが直交しないためには,ψ_1 と ψ_2 の位相シフト,あるいは局在電子数が同じでなければならない.交換相互作用は,$\phi_{\uparrow\alpha}$ と $\phi_{\uparrow\beta}$ とに対し,逆符号のポテンシャルとして作用するから(脚注 9) 参照),前者に対する Fermi 準位における位相シフトを δ_F とすると,後者は $-\delta_F$ になる.従って,ψ_1 の電子数は δ_F/π であり,ψ_2 は $(-1) + (-\delta_F)/\pi$ である.なぜなら,ψ_2 では,$c_{0\uparrow}$ によって 1 つ消されているからである.これらが等しいためには,$\delta_F = -\pi/2$ でなければならない.つまり,局在スピンと同じ向きの伝導電子は 1/2 個分逃げ出し,反対向きの伝導電子は 1/2 個分集まってくる.これは図 6.4(b) に対応する.

電気抵抗と位相シフトとの間には,$R \propto \sin^2\delta_F$ の関係が成り立つ.これより,$\delta_F = \pm\pi/2$ において抵抗値最大となることが分かる.これをユニタリティ極限と呼ぶ.

---

[9] 局在スピンに対し,それと同じ向きのスピンを持つ伝導電子と,反対向きのスピンを持つ伝導電子は,逆符号のポテンシャルを感じる(5-3-1 項を参照).

6-2-3　Abrikosov-Suhl 共鳴

位相シフトの概念を用いて，仮想束縛状態を再考しよう．$4f$ 電子は，孤立原子の中にある場合には永久の寿命をもち真の束縛状態にあったが，固体中に入ると，周囲の軌道との混成（トンネル効果）により，寿命が有限になる（仮想束縛状態）．これを伝導電子の立場から見てみよう．

式 (5.28) と式 (5.29) を再掲する．

$$\sum_{\bm{k}} V \langle \bm{k} | n \rangle_\sigma + (E_{f\sigma} - \varepsilon_n) \langle f | n \rangle_\sigma = 0 \tag{6.36}$$

$$(\varepsilon_{\bm{k}} - \varepsilon_n) \langle \bm{k} | n \rangle_\sigma + V^* \langle f | n \rangle_\sigma = 0 \tag{6.37}$$

これらより，固有値 ε_n を決める方程式が次のように求まる．

$$\sum_{\bm{k}} \frac{V^2}{\varepsilon - \varepsilon_{\bm{k}}} = \varepsilon - E_{f\sigma} \tag{6.38}$$

超伝導に対する図 4.4(a) と類似のグラフによる解法を図 6.6(a) に示す．混成がない場合は $\varepsilon = \varepsilon_{\bm{k}}$ であり（式 (6.37) 参照），図の黒丸が解に対応する．混成がある場合の解は，白丸で与えられる．この混成の効果は，図 6.6(b) から分かるように，状態が 1 つ付け加わることに対応する（これは，仮想束縛状態にある電子が伝導電子とみなされることを意味する）．これに対応し，位相シフトは，図 6.6(c) のように，$E_{f\sigma}$ 付近で急激に $\pi/2$ を通り過ぎて π まで達する．また状態密度曲線には，図 6.6(d) に示すように，$E_{f\sigma}$ 近傍に大きな（仮想束縛状態に対応する）ピークが生じる．このように，ある特定のエネルギー付近で生じる位相の急激な変化は共鳴（resonance）と呼ばれる．

次に，局在↑スピンが存在する場合における伝導電子の位相シフトのエネルギー依存性をプロットすると，図 6.6(e) の実線のようになる．これは，図 5.4 の磁性状態に対応する．交換相互作用 (6.33) が反強磁性的な場合，局在↑電子は，↑スピンの伝導電子に対しては斥力のポテンシャル，↓スピンの伝導電子に対しては引力のポテンシャルとして作用する．前項の結果を考えると，近藤-芳田 1 重項状態においては，↑スピンの伝導電子の位相シフトは $\pi/2$ 減少し（局在スピンから遠ざかる），↓スピンの伝導電子の位相シフトは $\pi/2$ 増加する（局在スピンの周りに集まる）．この様子が，図 6.6(e) に破線で示されている．これをエネルギーで微分すると，図 6.6(f) のような状態密度を得る．この ε_F 近傍のシャープな状態密度は，Abrikosov-Suhl（AS）共鳴（resonance）あるいは近藤共鳴と呼ばれる．

電子比熱係数は，Fermi 準位上の状態密度に比例する．重い電子系の大きな γ 係

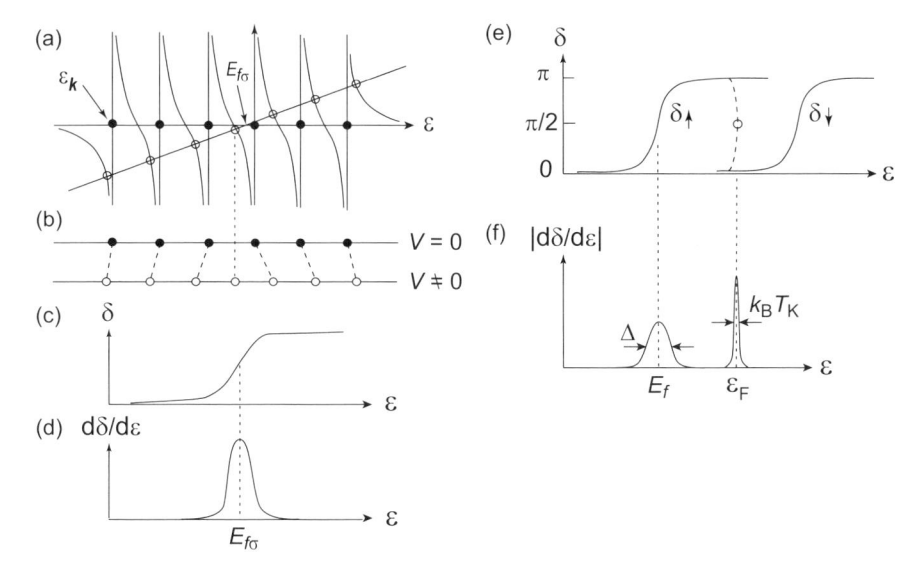

図 6.6 位相シフトと束縛状態の形成 [7, 10]. (a) 方程式 (6.38) のグラフによる解法. 左辺および右辺が ε の関数としてプロットされている. (b) 状態の数. (c) 位相シフトのエネルギー依存性. (d) 状態密度のエネルギー依存性. (e) スピンに依存した位相シフトのエネルギー依存性. (f) 局所的状態密度のエネルギー依存性.

数を与えているのは，まさにこの AS 共鳴である．

【補足 4】 上の本文で示したように，上向き局在スピンがある場合において，↑スピンの伝導電子と↓スピンの伝導電子の E_F における位相シフトは逆符号（∓$\pi/2$）であった．これに対し，図 6.6(e) ではいずれの伝導電子の位相シフトも同じ（$\pi/2$）である．これは，↑スピンおよび↓スピンとも（不純物の周囲に局在した）伝導電子数が 1/2 であることを意味する．この相違は，前者の立場では不純物原子の局在スピンは伝導電子には含められていないが，後者の立場では局在スピンも（局在）伝導電子数の中に含められていることから生じる．

位相シフトの考えをさらに進めると [9]，(1) Wilson 比が 2 になること（自由電子の場合は式 (3.25) に示したように 1 である）および (2) 電気伝導度が低温で $\sigma(T) = \sigma_0(1 - \pi^2 \alpha^2 T^2)$ のように変化することが示される（Nozières の局所 Fermi 液体論と呼ばれる）．従って，$T = 0$ の近傍では，対数関数は現れず，正常である．

6-3 電気抵抗極小の現象

6-3-1 局在スピンによる伝導電子の散乱

電気伝導度 σ は，Boltzmann の公式により，$\sigma(T) = \frac{2e^2}{3} \int d\varepsilon \left(-\frac{\partial f}{\partial \varepsilon}\right) \rho_c(\varepsilon) v(\varepsilon)^2 \tau(\varepsilon)$ で与えられる．ここで $\rho_c(\varepsilon)$ はスピン当たりの伝導電子の状態密度であり，$v(\varepsilon)$ は電子の速度，$\tau(\varepsilon)$ はエネルギーが ε の電子の緩和時間である．$\rho_c(\varepsilon)$, $v(\varepsilon)$, $\tau(\varepsilon)$ がエネルギーの緩やかな関数である場合には，Fermi 準位上 ε_F に鋭いピークを持つ関数 $-\frac{\partial f}{\partial \varepsilon}$ をデルタ関数とみなすことができ，$\sigma(T) = \frac{2e^2}{3}\rho_c(\varepsilon_F) v(\varepsilon_F)^2 \tau(\varepsilon_F)$ となる．これより，Drude-Lorentz の公式 $\sigma(T) = ne^2\tau(\varepsilon_F)/m$（$n$ は伝導電子の数密度）が得られる．

電気抵抗を求めるには，緩和時間 τ を求めればよい．これは，黄金則により，遷移確率と次のように結びついている．

$$\frac{1}{\tau(\varepsilon_{\boldsymbol{k}})} = \frac{2\pi}{\hbar} \sum_{\boldsymbol{k}'\sigma'} |\langle \boldsymbol{k}'\sigma'|T|\boldsymbol{k}\sigma\rangle|^2 \delta(\varepsilon_{\boldsymbol{k}} - \varepsilon_{\boldsymbol{k}'}) \tag{6.39}$$

ここで，T は T 行列であり，その行列要素 $\langle \boldsymbol{k}'\sigma'|T|\boldsymbol{k}\sigma\rangle$ は，初期状態 $\boldsymbol{k}\sigma$ を持つ伝導電子 (エネルギー ε) が終状態 $\boldsymbol{k}'\sigma'$ (エネルギー $\varepsilon_{\boldsymbol{k}'}$) に散乱される遷移確率振幅を表す．$\delta$ 関数は，散乱の前後でエネルギーが変化しない弾性散乱であることを示している．電気抵抗の計算に必要となる T 行列の説明から始めよう．

次の cf 交換相互作用ハミルトニアンを考える．

$$\mathcal{H} = \mathcal{H}_0 + \mathcal{H}' \tag{6.40}$$

$$\mathcal{H}_0 = \sum_{\boldsymbol{k}\sigma} \varepsilon_{\boldsymbol{k}} c^\dagger_{\boldsymbol{k}\sigma} c_{\boldsymbol{k}\sigma} \tag{6.41}$$

$$\mathcal{H}' = -J_{cf} \sum_{\boldsymbol{k},\boldsymbol{k}'} \{(c^\dagger_{\boldsymbol{k}'\uparrow} c_{\boldsymbol{k}\uparrow} - c^\dagger_{\boldsymbol{k}'\downarrow} c_{\boldsymbol{k}\downarrow})S_z + c^\dagger_{\boldsymbol{k}'\uparrow} c_{\boldsymbol{k}\downarrow} S_- + c^\dagger_{\boldsymbol{k}'\downarrow} c_{\boldsymbol{k}\uparrow} S_+\} \tag{6.42}$$

交換相互作用による散乱は弱いと考える．また，$\mathcal{H}_0|\phi\rangle = E|\phi\rangle$ とおくと，散乱ポテンシャルの影響を受けた波動関数は次のように書かれる．[10]

$$|\psi\rangle = |\phi\rangle + \frac{1}{E - \mathcal{H}_0}\mathcal{H}'|\psi\rangle \tag{6.43}$$

---

[10] 式 (6.43) は，Lippmann-Schwinger 方程式と呼ばれる．詳しくは，量子力学の教科書 [11] を参照されたい．

この両辺に $\mathcal{H}'$ を作用させると

$$\mathcal{H}'|\psi\rangle = \mathcal{H}'|\phi\rangle + \mathcal{H}'\frac{1}{E-\mathcal{H}_0}\mathcal{H}'|\psi\rangle \tag{6.44}$$

を得る.ここで,$\mathcal{H}'|\psi\rangle = T|\phi\rangle$ によって T 行列を定義する.これを上式に代入すると

$$T|\phi\rangle = \mathcal{H}'|\phi\rangle + \mathcal{H}'\frac{1}{E-\mathcal{H}_0}T|\phi\rangle = \left(\mathcal{H}' + \mathcal{H}'\frac{1}{E-\mathcal{H}_0}T\right)|\phi\rangle \tag{6.45}$$

となる.第 1 式と第 3 式を比較し,T 行列を次のように書く.

$$T = \mathcal{H}' + \mathcal{H}'\frac{1}{E-\mathcal{H}_0}T \tag{6.46}$$

右辺にも T が入っているので,逐次解を求める.

$$T = \mathcal{H}' + \mathcal{H}'\frac{1}{E-\mathcal{H}_0}\mathcal{H}' + \cdots \equiv T^{(1)} + T^{(2)} + \cdots \tag{6.47}$$

第 1 項 $T^{(1)}$ のみを取り出すことは(第 1)Born 近似に対応し,通常の弱い散乱を考えるにはこれで充分である.一方,近藤効果では第 2 Born 近似 $T^{(2)}$ が重要となる.

まずはじめに,1 次の Born 近似の計算を行う.これをダイアグラムで表現すると図 6.7(a) のようになる.ここで,時間は右に向かって進むとする.黒丸は cf 相互作用が起こることを示す.波数ベクトル $\boldsymbol{k}$,↑スピンを持つ伝導電子は,cf 相互作用により,波数ベクトル $\boldsymbol{k}'$,↑スピンの状態に散乱される.このとき,f 電子(スピンの z 成分 M)には変化は生じない.これに対応する T 行列は容易に求まる.

$$\langle \boldsymbol{k}'\uparrow: M'|T^{(1)}|\boldsymbol{k}\uparrow: M\rangle = \langle \boldsymbol{k}'\uparrow: M'|\mathcal{H}'|\boldsymbol{k}\uparrow: M\rangle = -J_{cf}\langle M|S_z|M\rangle = -J_{cf}M \tag{6.48}$$

ここで,$|\boldsymbol{k}\uparrow\rangle$ は,Fermi 面の外に付け加えられた伝導電子で,$|\boldsymbol{k}\sigma\rangle = c^\dagger_{\boldsymbol{k}\sigma}\psi_v$ (ψ_v は Fermi 球に電子が詰まった状態)である.同様にして,図 6.7(b) のプロセスに対応する T 行列も次のように求まる.

$$\langle \boldsymbol{k}'\downarrow: M'|T^{(1)}|\boldsymbol{k}\uparrow: M\rangle = -J_{cf}\langle M+1|S_+|M\rangle = -J_{cf}\sqrt{(S-M)(S+M+1)} \tag{6.49}$$

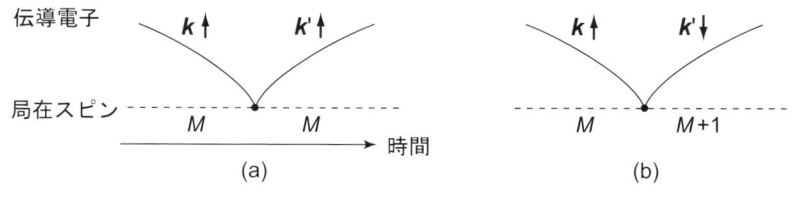

図 6.7 1 次の Born 近似のプロセス.(a) スピン反転を伴わないプロセス.(b) スピン反転を伴うプロセス.

両者の2乗を加えることにより，遷移確率 (6.39) が求まる．

$$\frac{1}{\tau(\varepsilon)} = \frac{2\pi}{\hbar} J_{cf}^2 \{S(S+1) - M\} \sum_{\bm{k}'} \delta(\varepsilon - \varepsilon_{\bm{k}'}) = \frac{2\pi}{\hbar} J_{cf}^2 \{S(S+1) - M\} \rho_c(\varepsilon) \quad (6.50)$$

伝導電子の状態密度 $\rho_c(\varepsilon)$ が Fermi 準位付近で大きなエネルギー変化をもたないと仮定すれば，緩和時間 $\tau(\varepsilon)$ のエネルギー依存性も小さい．これを $M = S$ から $-S$ まで加えて平均すると，次式が得られる．

$$\frac{1}{\tau(\varepsilon)} = \frac{2\pi}{\hbar} J_{cf}^2 S(S+1) \rho_c(\varepsilon) \quad (6.51)$$

これを Drude-Lorentz 公式に代入し，第1 Born 近似による抵抗 $R_\mathrm{B}(= 1/\sigma)$ を得る．

$$R_\mathrm{B} = \frac{m}{ne^2} \frac{2\pi}{\hbar} J_{cf}^2 S(S+1) \rho_c(\varepsilon_\mathrm{F}) = \frac{3}{2} \frac{m\pi}{e^2 \hbar \varepsilon_\mathrm{F}} V J_{cf}^2 S(S+1) \quad (6.52)$$

ここで，Fermi 準位近傍の電子のみが有効として $\varepsilon = \varepsilon_\mathrm{F}$ とした．また，状態密度に対して，$\rho_c(\varepsilon_\mathrm{F}) = 3nV/(4\varepsilon_\mathrm{F})$ (V は体積) を用いた．これは明らかに温度に依存しない残留抵抗を与えるのみである．

次に，2次の Born 近似を考える．$T^{(2)} = \mathcal{H}' \frac{1}{E - \mathcal{H}_0} \mathcal{H}'$ は，ある時刻に cf 相互作用 $\mathcal{H}'$ が起こり，そのあと電子は Green 関数（リゾルベント）$\frac{1}{E - \mathcal{H}_0}$ に従って伝播し，ある時刻において再び cf 相互作用 $\mathcal{H}'$ が起こると解釈される．このプロセスを図示すると図 6.8 のようになる．まず，(a) のプロセスの行列要素を求めると，次のようになる．

$$\langle \bm{k}'\uparrow : M'|T^{(2)}|\bm{k}\uparrow : M\rangle = (-J_{cf})^2 \sum_{\bm{k}''} \langle \bm{k}'\uparrow |c_{\bm{k}'\uparrow}^\dagger c_{\bm{k}''\uparrow} \frac{1}{\varepsilon_{\bm{k}} - \varepsilon_{\bm{k}''}} c_{\bm{k}''\uparrow}^\dagger c_{\bm{k}\uparrow}|\bm{k}\uparrow\rangle |\langle M|S_z|M\rangle|^2$$
$$= J_{cF}^2 M^2 \sum_{\bm{k}''} \frac{1 - f(\varepsilon_{\bm{k}''})}{\varepsilon_{\bm{k}} - \varepsilon_{\bm{k}''}} \quad (6.53)$$

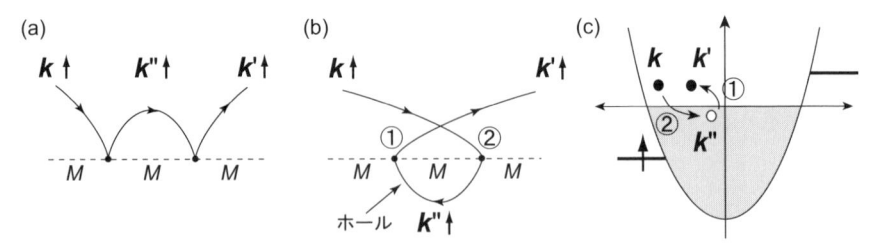

図 **6.8** スピンを反転しない場合の2次のプロセス．(a) と (b) はダイアグラムを示す．(c) は ((b) に対応する) 状態密度を用いた遷移過程を示す．

ここで，次のような計算を行った．

$$
\begin{aligned}
c^\dagger_{\bm{k}'\uparrow} c_{\bm{k}''\uparrow} c^\dagger_{\bm{k}''\uparrow} c_{\bm{k}\uparrow} &= c^\dagger_{\bm{k}'\uparrow}(1 - c^\dagger_{\bm{k}''\uparrow} c_{\bm{k}''\uparrow}) c_{\bm{k}\uparrow} \\
&= c^\dagger_{\bm{k}'\uparrow}\left(1 - f(\varepsilon_{\bm{k}''})\right) c_{\bm{k}\uparrow} = c^\dagger_{\bm{k}'\uparrow} c_{\bm{k}\uparrow} \left(1 - f(\varepsilon_{\bm{k}''})\right)
\end{aligned} \quad (6.54)
$$

$f(\varepsilon_{\bm{k}''})$ は Fermi 分布関数である．ダイアグラムからも分かるように，$1 - f(\varepsilon_{\bm{k}''})$ は，中間状態 $|\bm{k}''\rangle$ が空いていなければならないことを意味する．

2 次の Born 近似では，図 6.8(b) のプロセスが新たに出現するが，図 6.8(c) を用いてこれを説明しよう．初めに起こるのは①のプロセスで，Fermi 準位以下の電子（波数ベクトル $\bm{k}''$，スピン↑）が Fermi 準位以上の状態 $\bm{k}'$，スピン↑に散乱される．これは見方を変えれば，電子（$\bm{k}'$，スピン↑）とホール（$\bm{k}''$，スピン↑）の対の励起に対応する．このホールは，次のプロセス②で，電子（$\bm{k}$，スピン↑）によって埋められる．始状態で存在するのは $\bm{k}$，↑スピンの電子であり，終状態ではこれが $\bm{k}'$，↑に散乱されている（補足 5 を参照）．Fermi 粒子演算子は交換によって符号が変わることに注意すると，[11] 次が得られる．

$$
\begin{aligned}
&\langle \bm{k}'\uparrow : M'|T^{(2)}|\bm{k}\uparrow : M\rangle \\
&= (-J_{cf})^2 \sum_{\bm{k}''} \langle \bm{k}'\uparrow | c^\dagger_{\bm{k}''\uparrow} c_{\bm{k}\uparrow} \frac{1}{\varepsilon_{\bm{k}''} - \varepsilon_{\bm{k}'}} c^\dagger_{\bm{k}'\uparrow} c_{\bm{k}''\uparrow} |\bm{k}\uparrow\rangle |\langle M|S_z|M\rangle|^2 \\
&= -J_{cf}^2 M^2 \sum_{\bm{k}''} \frac{f(\varepsilon_{\bm{k}''})}{\varepsilon''_{\bm{k}} - \varepsilon_{\bm{k}}}
\end{aligned} \quad (6.55)
$$

ここで，弾性散乱であるから，$\varepsilon_{\bm{k}'} = \varepsilon_{\bm{k}}$ とおいた．

【補足 5】 本項に現れるダイアグラムの書き方は次の通りである：一筆書きのようにして伝導電子のラインを書く．このとき，ラインの進む向きに矢印を付ける．こうすると，中間状態では，時間の進む向き（右向き）とは逆のラインが生じる．本文から分かるように，これはホールに対応する．即ち，中間状態では，電子・ホール対が励起されている．

これら 2 つのプロセス (a) と (b) を加えると，次が得られる．

$$
J_{cf}^2 M^2 \sum_{\bm{k}''} \frac{1}{\varepsilon_{\bm{k}} - \varepsilon_{\bm{k}''}} \quad (6.56)
$$

Fermi 分布関数が丁度キャンセルして消えていることに注意してほしい．

次に，中間状態でスピンが反転する場合を考えよう．これに対応するダイアグラムを図 6.9 に示す．(d) のプロセスの計算は，次のようである．

---

[11] $c^\dagger_{\bm{k}''\uparrow} c_{\bm{k}\uparrow} c^\dagger_{\bm{k}'\uparrow} c_{\bm{k}''\uparrow} = -c^\dagger_{\bm{k}'\uparrow} c_{\bm{k}\uparrow} c^\dagger_{\bm{k}''\uparrow} c_{\bm{k}''\uparrow} = -c^\dagger_{\bm{k}'\uparrow} c_{\bm{k}\uparrow} f(\varepsilon_{\bm{k}''})$ を用いる．

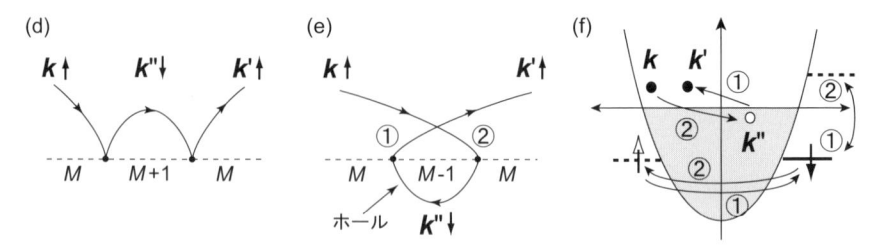

図 6.9 中間状態でスピンが反転する場合の 2 次のプロセス. (d) と (e) はダイアグラムを示す. (f) は (e) に対する状態密度を用いた説明である.

$$\langle \boldsymbol{k}'\uparrow\colon M'|T^{(2)}|\boldsymbol{k}\uparrow\colon M\rangle \tag{6.57}$$

$$= (-J_{cf})^2 \sum_{\boldsymbol{k}''} \langle \boldsymbol{k}'\uparrow | c^\dagger_{\boldsymbol{k}''\downarrow} c_{\boldsymbol{k}''\downarrow} \frac{1}{\varepsilon_{\boldsymbol{k}} - \varepsilon_{\boldsymbol{k}''}} c^\dagger_{\boldsymbol{k}''\downarrow} c_{\boldsymbol{k}\uparrow} |\boldsymbol{k}\uparrow\rangle \langle M|S_-|M+1\rangle\langle M+1|S_+|M\rangle$$

$$= J_{cf}^2 \langle M|S_-|M+1\rangle\langle M+1|S_+|M\rangle \sum_{\boldsymbol{k}''} \frac{1-f(\varepsilon_{\boldsymbol{k}''})}{\varepsilon_{\boldsymbol{k}} - \varepsilon_{\boldsymbol{k}''}} \tag{6.58}$$

同様に (e) のプロセスは次のように計算される.

$$\langle \boldsymbol{k}'\uparrow\colon M'|T^{(2)}|\boldsymbol{k}\uparrow\colon M\rangle \tag{6.59}$$

$$= (-J_{cf})^2 \sum_{\boldsymbol{k}''} \langle \boldsymbol{k}'\uparrow | c^\dagger_{\boldsymbol{k}''\downarrow} c_{\boldsymbol{k}\uparrow} \frac{1}{\varepsilon_{\boldsymbol{k}''} - \varepsilon_{\boldsymbol{k}'}} c^\dagger_{\boldsymbol{k}'\uparrow} c_{\boldsymbol{k}''\downarrow} |\boldsymbol{k}\uparrow\rangle \langle M|S_+|M-1\rangle\langle M-1|S_-|M\rangle$$

$$= -J_{cf}^2 \langle M|S_+|M-1\rangle\langle M-1|S_-|M\rangle \sum_{\boldsymbol{k}''} \frac{f(\varepsilon_{\boldsymbol{k}''})}{\varepsilon_{\boldsymbol{k}''} - \varepsilon_{\boldsymbol{k}}} \tag{6.60}$$

ここで, 図 6.9(f) に示すように, 最初の相互作用により, ↓スピンの伝導電子が↑スピンに変化しているから, 局在スピンの z 成分が $M-1$ に減少することに注意する. これら 2 つのプロセス (d) と (e) を加えると, 次が得られる.

$$J_{cf}^2 (S-M)(S+M+1) \sum_{\boldsymbol{k}''} \frac{1}{\varepsilon_{\boldsymbol{k}} - \varepsilon_{\boldsymbol{k}''}} - 2MJ_{cf}^2 \sum_{\boldsymbol{k}''} \frac{-f(\varepsilon_{\boldsymbol{k}''})}{\varepsilon_{\boldsymbol{k}} - \varepsilon_{\boldsymbol{k}''}} \tag{6.61}$$

今までのいかなる項とも本質的に異なるのは, Fermi 分布関数が消えずに残ったことである. これは, (ある着目した電子の) 散乱のプロセスが他の伝導電子の状態に依存することを意味しており, 多体効果であることを示している. Fermi 分布関数が残ったのは, 上の計算で分かるように,

$$\langle M|S_-|M+1\rangle\langle M+1|S_+|M\rangle - \langle M|S_+|M-1\rangle\langle M-1|S_-|M\rangle \neq 0 \tag{6.62}$$

であるためである. 換言すれば, $S_+S_- \neq S_-S_+$ のように, 非可換であるためである.

即ち，近藤効果はスピンという量子力学的内部自由度の散乱によって生じる．

1次の Born 近似の $J_{cf}/\varepsilon_{\mathrm{F}}$ 程度の小さな量は省略し，2次までの計算結果を全て足し上げると，次が得られる．

$$\langle \boldsymbol{k}'\!\uparrow\!: M'|T^{(1)}+T^{(2)}|\boldsymbol{k}\!\uparrow\!: M\rangle = -J_{cf}M(1+2J_{cf}g(\varepsilon)) \tag{6.63}$$

ここで，$g(\varepsilon)$ を次のように定義した．

$$g(\varepsilon) \equiv \sum_{\varepsilon_{\boldsymbol{k}''}} \frac{f(\varepsilon_{\boldsymbol{k}''})-\frac{1}{2}}{\varepsilon_{\boldsymbol{k}''}-\varepsilon} \tag{6.64}$$

終状態におけるスピンが $\downarrow$ の場合に対して同様の計算を行うと，次が得られる．

$$\langle \boldsymbol{k}'\!\downarrow\!: M'|T^{(1)}+T^{(2)}|\boldsymbol{k}\!\uparrow\!: M\rangle = -J_{cf}\sqrt{S(S+1)-M(M+1)}\,(1+2J_{cf}g(\varepsilon)) \tag{6.65}$$

式 (6.63) と式 (6.65) を合わせて，次の緩和時間が得られる．

$$\begin{aligned}\frac{1}{\tau(\varepsilon)} &= \frac{2\pi}{\hbar}\sum_{\boldsymbol{k}'} J_{cf}^2(S^2+S-M)\left(1+2J_{cf}g(\varepsilon)\right)^2\delta(\varepsilon-\varepsilon_{\boldsymbol{k}'})\\ &\simeq \frac{2\pi}{\hbar}\rho_c(\varepsilon)J_{cf}^2 S(S+1)\left(1+4J_{cf}g(\varepsilon)\right)\end{aligned} \tag{6.66}$$

ここで，M について和をとり平均し，状態密度で置き換えた．また，第 2 式へ移る際，$1\gg J_{cf}g(\varepsilon)$ とした．

さて，$g(\varepsilon)$ を計算しよう．和を積分で置き換えると，次のようになる．

$$g(\varepsilon) = \int_{-D}^{D}\left(f(\varepsilon')-\frac{1}{2}\right)\frac{\rho_c(\varepsilon')}{\varepsilon'-\varepsilon}d\varepsilon' \tag{6.67}$$

ここで，エネルギーの原点を Fermi エネルギーにとり，バンドの上下限を $\pm D$ とした．この関数は，Fermi 分布関数 $f(\varepsilon)$ を含むため，ε のみならず温度 T の関数でもある．まず，$T=0$ の場合を考える．伝導電子の状態密度をエネルギーに依存しないと仮定して積分の外に出し，さらに Fermi 分布関数の性質を用いると，次が得られる．

$$g(\varepsilon,T=0) = \frac{1}{2}\rho_c(0)\left[\int_{-D}^{0}\frac{1}{\varepsilon'-\varepsilon}d\varepsilon' - \int_{0}^{D}\frac{1}{\varepsilon'-\varepsilon}d\varepsilon'\right] \simeq \rho_c(0)\ln\frac{|\varepsilon|}{D} \tag{6.68}$$

Fermi 分布関数が Fermi 準位で 1 から 0 に急激に変化することを反映して対数依存性が出てきたことに注意してほしい．また，$T>0$，$\varepsilon\sim 0$ に対し

$$f(\varepsilon)-\frac{1}{2} = -\frac{1}{2}\tanh\frac{\varepsilon-\mu}{2k_{\mathrm{B}}T} \tag{6.69}$$

に注意すれば，式 (6.67) の積分は式 (4.95) の計算と同様に実行でき，次が得られる．

$$g(\varepsilon \sim 0, T) = \rho_c(0) \ln \frac{2\gamma k_\mathrm{B} T}{\pi D} \tag{6.70}$$

最後に，次式で与えられる電気伝導度 σ を計算しよう．

$$\sigma = \frac{ne^2}{m} \int \tau(\varepsilon) \left(-\frac{df(\varepsilon)}{d\varepsilon} \right) d\varepsilon \tag{6.71}$$

因子 $-df(\varepsilon)/d\varepsilon$ は Fermi 準位近傍に，$\pm k_\mathrm{B} T$ 程度の幅のシャープなピークをもつ関数である．通常の金属であれば，緩和関数は Fermi 準位近傍でほとんどエネルギーに依存しないため，上記の積分は（本項の初めでも議論した様に）Drude-Lorentz 公式を与え正常である．これに対し近藤効果の場合には，緩和関数は $g(\varepsilon)$ を通して対数依存性を持っており，異常である．実際，式 (6.71) の積分を計算すれば，

$$R = R_B \left(1 + 4J_{cf}\rho_c(0) \ln \frac{k_\mathrm{B} T}{D} + \cdots \right) \tag{6.72}$$

が得られる [12]．これにより，電気抵抗の低温における急激な温度変化が説明される．

これまでの計算を振り返ってみると，近藤効果には 2 つの重要な要素があることに気付く．1 つはスピンという量子力学的な内部自由度を持つこと，もう 1 つは Fermi 面というシャープな構造を持つことである．

近藤系に磁場を加えてみよう．磁場はスピン反転散乱を妨げるから，近藤効果を弱める．また，近藤-芳田 1 重項の束縛エネルギー（$\sim k_\mathrm{B} T_\mathrm{K}$）より Zeeman 効果によるエネルギー（$\sim \mu_\mathrm{B} H$）の下がりの方が大きい場合には，近藤-芳田 1 重項状態は磁場によって破壊される（2 つのエネルギーを等置することにより，近藤磁場（$H_\mathrm{K} \sim k_\mathrm{B} T_\mathrm{K}/\mu_\mathrm{B}$）が求まる）．従って，ゼロ磁場で生じていた大きな電気抵抗は，磁場の増大とともに小さくなる．これが近藤効果による負の磁気抵抗である．磁気抵抗実験は，近藤磁場 H_K を評価する上で有用である．

6-3-2　くりこみ群による分析 [13]

6-3-1 項で説明したように，遷移行列を局在スピンと伝導電子の交換相互作用 J_{cf} に関して 2 次摂動の範囲で求めることにより，電気抵抗に $-\ln T$ 項が現れる．しかし，1 個の不純物による電気抵抗が低温極限 ($T \to 0$) で発散することはあり得ないので，3 次以上の高次摂動の効果が問題となる．この問題に関しては，多体問題の高度な技法を駆使した多くの議論が展開された [2, 14, 15, 16]．

ここでは，近藤効果に対する高次摂動の効果を系統的かつ見通しよく取り扱うことを可能にする「くりこみ群」の思想にもとづく理論を紹介する．Anderson により

提案された Poorman's scaling の方法がそれである [13]. まず, cf 相互作用を一般化した次の相互作用を考える（式 (5.22) 参照）.

$$\mathcal{H}' = -\frac{1}{N_\mathrm{L}} \sum_{\bm{k}\bm{k}'\sigma\sigma'} \Big[J_z c^\dagger_{\bm{k}\sigma} (s_z)_{\sigma\sigma'} c_{\bm{k}'\sigma'} S_z$$
$$+ \frac{1}{2} J_\perp \left(c^\dagger_{\bm{k}\sigma} (s_+)_{\sigma\sigma'} c_{\bm{k}'\sigma'} S_- + c^\dagger_{\bm{k}\sigma} (s_-)_{\sigma\sigma'} c_{\bm{k}'\sigma'} S_+ \right) \Big] \quad (6.73)$$

ここで, N_L はサイトの数である. 即ち, スピン空間が異方的で, z 方向の交換相互作用 J_z と xy 面内の交換相互作用 $J_\perp$ が異なる場合を考える. エネルギー ω の伝導電子の散乱を記述する T 行列 $T(\omega)$ は方程式

$$T(\omega) = \mathcal{H}' + \mathcal{H}' \frac{1}{\omega - \mathcal{H}_0} T(\omega) \quad (6.74)$$

の解として与えられる（式 (6.46) 参照）. ただし, 自由電子系の時間発展に対応する Green 関数（リゾルベント）$G_0(\omega)$ は

$$G_0(\omega) \equiv \frac{1}{\omega - \mathcal{H}_0} \quad (6.75)$$

である. 6-3-1 節で論じたように近藤効果の対数的な温度依存性は T 行列に対する 2 次摂動の中間状態のエネルギーがゼロから連続的に存在することが重要な役割を演じている. このスケーリングの方法では, 式 (6.74) に含まれる中間状態の内, 図 6.10 に示すように伝導電子のバンドの両端の狭いエネルギー範囲 ΔE ($E_c - \Delta E < |\varepsilon| < E_c$) にある状態だけを取り込んだ効果を相互作用 $\mathcal{H}'$ に「くりこむ」ことを考える. 具体的には以下のように実行する. 中間状態の内の上記のものだけを取り出す射影演算子を $\mathcal{P}_{\Delta E}$ と定義し, 残った中間状態を取り出す演算子を $\mathcal{Q}_{\Delta E} \equiv 1 - \mathcal{P}_{\Delta E}$ と書くことにする. これらを用いると, 式 (6.74) は

$$(1 - \mathcal{H}' \mathcal{P}_{\Delta E} G_0(\omega)) T(\omega) = \mathcal{H}' + \mathcal{H}' \mathcal{Q}_{\Delta E} G_0(\omega) T(\omega) \quad (6.76)$$

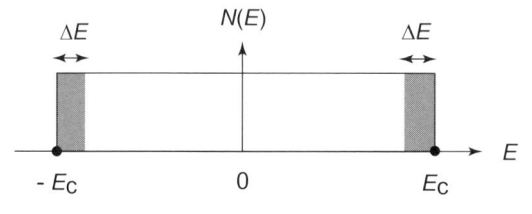

図 6.10 伝導電子バンドの状態密度 (電子・ホール対称で一定値をもつと簡単化) と スケーリングの過程で取り込む散乱の中間状態. エネルギーの原点は Fermi 準位 ($\varepsilon_\mathrm{F} = 0$) とする.

と変形できる．この両辺に，$[1-\mathcal{H}'\mathcal{P}_{\Delta E}G_0(\omega)]^{-1}$ を作用させて少し整理すると

$$T(\omega)=\widetilde{\mathcal{H}}'+\widetilde{\mathcal{H}}'\widetilde{G}_0(\omega)T(\omega) \tag{6.77}$$

と書ける．ここで，$\widetilde{G}_0\equiv \mathcal{Q}_{\Delta E}G_0$ で表される伝導電子の中間状態は $0<|\varepsilon|<E_\mathrm{c}-\Delta E$ に制限され，その代わりに $\widetilde{\mathcal{H}}'$ は「くりこまれた相互作用」の意味をもち，

$$\widetilde{\mathcal{H}}'\equiv (1-\mathcal{H}'\mathcal{P}_{\Delta E}G_0(\omega))^{-1}\mathcal{H}' \tag{6.78}$$

と表せる．このようにして「消去」された中間状態の数はそのエネルギー間隔 ΔE に比例するから，ΔE が微小領域の場合には，$\mathcal{P}_{\Delta E}$ の効果も小さいので，式 (6.78) は $\mathcal{P}_{\Delta E}$ について1次まで展開して

$$\widetilde{\mathcal{H}}'\simeq \mathcal{H}'+\mathcal{H}'\mathcal{P}_{\Delta E}G_0(\omega)\mathcal{H}' \tag{6.79}$$

と近似できる．式 (6.74) と式 (6.77) を比べると，$|\omega|\ll E_\mathrm{c}$ をもつ伝導電子のT行列に関する限り，「相互作用 $\mathcal{H}'$，伝導電子のバンド幅 E_c の系」と「相互作用 $\widetilde{\mathcal{H}}'(\Delta E)$，伝導電子のバンド幅 $(E_\mathrm{c}-\Delta E)$ の系」は同じ結果を与えることを示している．即ち，等価である．

さて，上記の過程による相互作用の変化分 $\Delta\mathcal{H}'\equiv \widetilde{\mathcal{H}}'-\mathcal{H}'$ は式 (6.79) の第2項で与えられ，その計算は近藤理論の計算と同様に行うことができるが，違いは中間状態が射影演算子 $\mathcal{P}_{\Delta E}$ により図 6.10 の影の部分に制限されている点にある．そのため，計算は著しく簡単に実行できて，

$$\begin{aligned}\Delta\mathcal{H}' = &\ 2N(\varepsilon_\mathrm{F})\Delta E\left(\frac{J_\perp^2}{8}+\frac{J_z^2}{16}\right)\frac{1}{N_\mathrm{L}}\sum_{\boldsymbol{k}}\frac{1}{\omega-E_\mathrm{c}-\varepsilon_{\boldsymbol{k}}}\\ &+N(\varepsilon_\mathrm{F})\Delta E\left(\frac{J_\perp^2}{8}+\frac{J_z^2}{16}\right)\frac{1}{N_\mathrm{L}}\sum_{\boldsymbol{k}\boldsymbol{k}'\sigma}c^\dagger_{\boldsymbol{k}\sigma}c_{\boldsymbol{k}'\sigma}\left(\frac{1}{\omega-E_\mathrm{c}+\varepsilon_{\boldsymbol{k}'}}-\frac{1}{\omega-E_\mathrm{c}-\varepsilon_{\boldsymbol{k}}}\right)\\ &+N(\varepsilon_\mathrm{F})\Delta E\frac{1}{N_\mathrm{L}}\sum_{\boldsymbol{k}\sigma}\sum_{\boldsymbol{k}'\sigma'}c^\dagger_{\boldsymbol{k}\sigma}c_{\boldsymbol{k}'\sigma'}\left[-\frac{1}{\omega-E_\mathrm{c}+\varepsilon_{\boldsymbol{k}}}-\frac{1}{\omega-E_\mathrm{c}-\varepsilon_{\boldsymbol{k}'}}\right]\\ &\times\left[\frac{1}{2}J_\perp^2 (s_z)_{\sigma\sigma'}S_z+\frac{1}{4}J_\perp J_z((s_-)_{\sigma\sigma'}S_++(s_+)_{\sigma\sigma'}S_-)\right]\end{aligned} \tag{6.80}$$

となる．ここで，$N(\varepsilon_\mathrm{F})$ は伝導電子の Fermi 準位におけるスピン当たりの状態密度である．この第3項の構造は (6.73) の $\mathcal{H}'$ と同じ構造である．即ち，交換相互作用 J_z と $J_\perp$ の変化を与えるものと見なせる（第1項，2項はスピンに依存しないので無視してもよい）．この相互作用が Fermi 準位近傍の伝導電子の散乱を与えるときは，$\varepsilon_{\boldsymbol{k}},\varepsilon'_{\boldsymbol{k}}\sim \varepsilon_\mathrm{F}(\equiv 0)$ が重要なので，これらのエネルギーは E_c に比べて無視することが

できる．すると，交換相互作用の変化分 $\Delta J_z, \Delta J_\perp$ は

$$\Delta J_z = \frac{1}{\omega - E_c} J_\perp^2 \rho \Delta E \tag{6.81}$$

$$\Delta J_\perp = \frac{1}{\omega - E_c} J_\perp J_z \rho \Delta E \tag{6.82}$$

となる（$\rho \equiv N(\varepsilon_F)/N_L$ は伝導電子の Fermi 準位での 1 粒子・スピン当たりの状態密度）．この関係は，$\Delta E \to 0$ の極限では微分方程式

$$\frac{dJ_z}{dE_c} = -\frac{1}{\omega - E_c} J_\perp^2 \rho \tag{6.83}$$

$$\frac{dJ_\perp}{dE_c} = -\frac{1}{\omega - E_c} J_\perp J_z \rho \tag{6.84}$$

に帰着する (dE_c は $-\Delta E$ に対応することに注意)．これをスケーリング方程式とよぶ．しかし，このような関係が分かったところで問題が解けるのだろうか？ 実はこの関係をうまく使うと物理的描像を抉り出すことができるのである．

スケーリング方程式を $E_c = E_{c0}$ での初期条件 $J_z(E_{c0}) = J_{z0}, J_\perp(E_{c0}) = J_{\perp 0}$ から出発して $E_c \sim k_B T$ まで解くと，変化を受けた交換相互作用をもち電子のバンド幅が $E_c \sim k_B T$ の系に移行する．これを用いた散乱は，熱的に励起されている伝導電子に対しては，基本的に 1 体問題の T 行列を用いた散乱で与えられる．近藤効果で重要であった中間状態は既に消去されているからである．即ち，摂動の高次項で現れる中間状態の寄与が有効交換相互作用の変化として系統的に取り込まれているのである．このような手法は「くりこみ群」と呼ばれる方法の一形態である．

スケーリング方程式 (6.83), (6.84) の軌跡が

$$J_z^2 - J_\perp^2 = \text{const.} \tag{6.85}$$

で与えられることは容易に分かる．定数 const. は初期条件で決まる．図 6.11 に，その軌跡を（種々の初期条件 $J_z(E_{c0}), J_\perp(E_{c0})$ に対して）伝導電子のバンド幅 E_c を減少させたときの変化の方向とともに示す．初期条件が $J_z \geq |J_\perp|$ の領域（F 領域：陰影部）にある場合を除けば（それを AF 領域と呼ぶ），$E_c \to 0$ にともない有効相互作用は，$J_\perp = \pm J_z$ に漸近するように発散的に増大する．これは物理的には，低エネルギーの電子と局在スピンの有効交換相互作用が増大

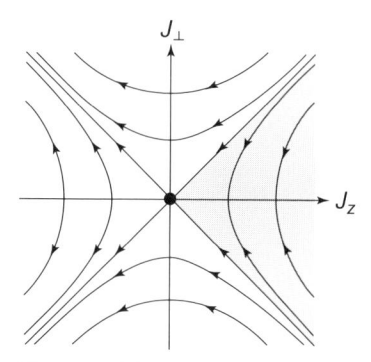

図 6.11 交換相互作用の流れ図．矢印は伝導電子のバンド幅 E_c を減少させるときに $J_z(E_c), J_\perp(E_c)$ の変化する向きを表す．

し，基底状態ではスピン1重項を形成することを示唆する（6-1-3項を参照）．一方，初期条件がF領域にあると，伝導電子のバンド幅の減少にともない $J_\perp \to 0$ となって，近藤効果にとって不可欠であったスピン反転を伴う散乱は起こらなくなる．とりわけ，$J_{z0} = J_{\perp 0}$ であれば，基底状態では有効交換相互作用は消失して局在スピンと伝導電子の結合は切れてしまうことが分かる．このように，スケーリングの方法の利点は結合定数（今の問題では交換相互作用）の流れ図から低エネルギーでの多体状態を推定できる点にある．

$J_{z0} = J_{\perp 0} (= J_0)$ の場合には，スケーリング方程式 (6.83), (6.84) はいずれも

$$\frac{dJ}{dE_c} = \frac{1}{E_c} J^2 \rho \tag{6.86}$$

に帰着し，簡単に解ける．結果は，

$$J(E_c) = \frac{J_0}{1 - \rho J_0 \ln \frac{E_c}{E_{c0}}} \tag{6.87}$$

で与えられる．上述のように，$E_c = \varepsilon_{\bm{k}}$ においては，エネルギー $\varepsilon_{\bm{k}}$ の電子にとって利用できる摂動の中間状態はないので，散乱確率 $\frac{1}{\tau_{\bm{k}}}$ は $J(\varepsilon_{\bm{k}})$ による1体散乱の公式で近似できる．

$$\frac{1}{\tau_{\bm{k}}} \propto N(\varepsilon_F) |J(\varepsilon_{\bm{k}})|^2 \tag{6.88}$$

$$\simeq N(\varepsilon_F) J_0^2 \left(1 + 2\rho J_0 \ln \frac{E_c}{E_{c0}} + \cdots \right) \tag{6.89}$$

ここで，式 (6.88) を ρJ_0 について展開したのが式 (6.89) であり，$E_c \to k_B T$ のようにくりこんだバンド幅を熱エネルギーで置き換えると近藤理論で与えられた散乱確率が得られる．

$J_0 < 0$ (反強磁性的相互作用) のときは，

$$E_c \equiv k_B T_K = D e^{-\frac{1}{|J_0|\rho}} \tag{6.90}$$

において，有効交換相互作用は発散する．この T_K の表式は式 (6.19) と一致する．[12] この発散は近似の粗さに起因するが，低エネルギーで有効交換相互作用は増大し，局在スピンは伝導電子のスピンによってスクリーンされスピン1重項状態が実現することを示唆し，芳田理論の正しさを補強している．多体効果をくりこんだ有効相互作用が増大して元のバンド幅 E_{c0} より大きくなると，不純物イオンによる散乱は

---

[12] ここでの ρ の定義は式 (6.19) におけるものと異なることに注意されたい．式 (6.90) において $\rho \to \rho/N$ と置き換えれば式 (6.19) が得られる．

位相シフト $\delta_{F\uparrow} = -\delta_{F\downarrow} = \pm\pi/2$ のユニタリティ散乱に近づく.[13]

一見すると,上記の議論では ΔE が微小であるという近似しか使っていないように見えるが,そうではない.実際,Poorman's scaling で消去した中間状態 $(\boldsymbol{k}'', \sigma'')$ は図 6.12 の (a), (b) のタイプのものであり,電子とホールの線はつながっている.しかし,中間状態は多体的なものなので,図 6.12(c) のタイプも可能である.即ち,中間状態の電子・ホール対と散乱する電子はつながっていない ((a), (b) では伝導電子と局在スピンの線は 1 つのループを形成しているので,1 ループの過程,(c) では 2 つのループを形成しているので 2 ループ過程と呼ぶことがある).図 6.12(c) の場合には,消し去る中間状態として,(1) $E_c - \Delta E < \varepsilon_{\boldsymbol{k}_1} < E_c$ (電子) と (2) $-E_c < \varepsilon_{\boldsymbol{k}_2} < -E_c + \Delta E$ (ホール) の 2 つが可能である.これら 2 つの過程からの寄与を合わせると ($J_z = J_\perp$ の場合) スケーリング方程式は,

$$\frac{dJ}{dE_c} = \frac{\rho}{E_c} J^2 + \frac{\rho^2}{E_c} J^3 \tag{6.91}$$

となる.[14] この 2 ループのスケーリング方程式の解は,$E_c \to 0$ において,発散することなく「固定点」$J \to J^* = -\frac{1}{\rho}$ に近づく.この固定点も,$|J^*\rho| = 1$ であるから「強結合固定点」であり,1 ループの結果と矛盾しない.

しかし,この結果も未だ不充分であってスケーリングの過程で取り込むべき高次の中間状態が存在する.これらを全て取り込むことに相当する計算は Wilson によって創始された「数値くりこみ群」という手法で実行され,$E_c \to 0$ の極限において $|J(E_c)|$ が発散するという物理的に満足すべき結果が得られている [19].

この 2 ループのくりこみ群の方法は,6-6 節で論じる多チャンネル近藤効果 [20] に

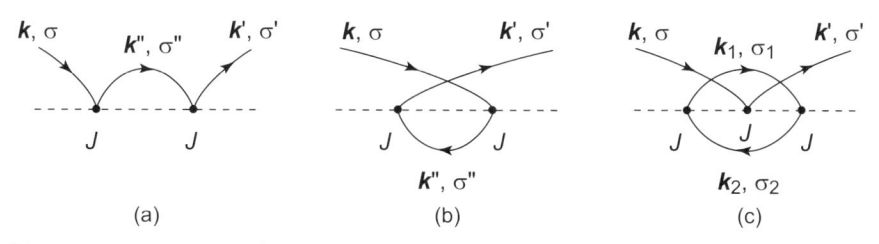

図 6.12 スケーリングの過程で取り込まれる中間状態.(a), (b) は 1 ループの過程 (Poorman's scaling), (c) は 2 ループの過程を表す.

---

[13] 6-2 節で議論したように,Friedel の総和則によれば,$\delta_{F\uparrow} = \pi/2$ は↑スピンの伝導電子が 1/2 個局在スピンの周りに集まることを,$\delta_{F\downarrow} = -\pi/2$ は↓スピンの伝導電子が 1/2 個局在スピンから斥けられることを意味する.即ち,↓をもつ局在スピンを遮蔽するように伝導電子のスピンが 1 個だけ集まることを意味する.スピンの向きを逆転したものの線形結合によりスピン 1 重項状態が形成される.

[14] これと等価なスケーリング方程式はもっと高級な場の理論の方法によっても得られている [17, 18].

対しては十分よい近似となっている．(6-6 節の) ハミルトニアン (6.99) の $S=1/2$ の場合には，交換相互作用 J に対する 2 ループのスケーリング方程式は図 6.12 と同じ中間状態を消去することで得られて，

$$\frac{dJ}{dE_c} = \frac{\rho}{E_c}J^2 + n\frac{\rho^2}{E_c^2}J^3 \tag{6.92}$$

となる．第 2 項に因子 n が現れる理由は，図 6.12(c) の中間状態がチャンネル (軌道) の数 (n) だけ存在するからである．スケーリング方程式 (6.92) の固定点は $J^* = -\frac{1}{n}\frac{1}{\rho}$ である．$n \gg 1$ ではこの固定点は弱結合の領域 (即ち $|\rho J^*| \ll 1$ の領域) にあり 2 ループのスケーリング方程式の近似は十分よくて漸近的に厳密な結果を与える．即ち，通常の軌道縮退のない場合 ($n=1$) とは異なり，基底状態でスピン 1 重項の形成は起こらず，物理量の温度依存性が非解析的になって局所非 Fermi 液体的振舞いを示す (6-6-1 節参照)．この固定点に関する結論は，$n \geq 2$ において定量的にも正しいことが厳密解によっても示されている [21]．

6-3-3 弱結合から強結合へのクロスオーバー

第 5 章および 6 章の結果を図 6.13 にまとめる．これは 1 個の磁性不純物に対する相図であり，縦軸は温度 T (または励起エネルギー E)，横軸は局在 f 軌道にある電子の間に働く Coulomb 斥力 U である．両側の挿入図は，U が小さい場合と大きい場合の状態密度であり，影をつけた部分は (絶対零度で) 電子によって占有されている領域である．

U が小さい場合を考えよう．広いエネルギー領域にわたって存在する状態密度は伝導電子に由来し，Fermi 準位近傍のブロードなピークは金属に入れられた "磁性" 不純物 (実際には磁性を持たない) に起因する．ブロードなピークの幅 Δ は，伝導

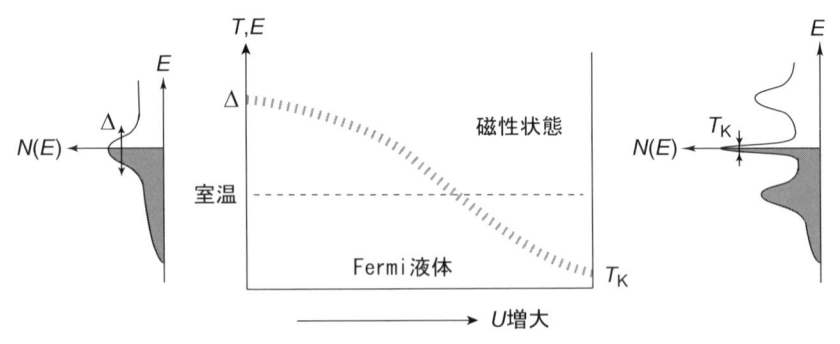

図 **6.13** 相図 (中央) と，電子間の Coulomb 斥力が弱い場合 (左) および強い場合 (右) の状態密度．

電子状態と局在電子状態との混成効果（トンネル効果）が大きければ大きいほど広くなる．このとき，低温の物性は Fermi 液体として記述される．例えば，磁化率は，$U=0$ のとき，次のように書かれる（式 (5.52) 参照）．

$$\chi = \frac{1}{2}g^2\mu_B^2 \rho_f(\varepsilon_F) = \frac{g^2\mu_B^2}{2\pi\Delta} \tag{6.93}$$

Coulomb 斥力 U を徐々に強くしていこう．系はもはや自由電子ではなくなるが，定性的には U の小さい場合と同じ振舞い（Fermi 液体）が観測される．これは断熱接続と呼ばれるもので（7-3 節参照），物性物理における基本概念である．Coulomb 斥力の効果は，定量的な側面において現れる．例えば，近藤効果が観測されるような U の大きい場合，磁化率の分母には，近藤温度 T_K が現れる（式 (6.22)）．

$$\chi = \frac{g^2\mu_B^2}{4k_B T_K} \tag{6.94}$$

T_K が Δ に比し 2〜3 桁小さいことによる χ の増大は，重い電子の出現を意味する．

5-2 節の平均場近似では，U を大きくしていった場合，非磁性状態から磁性状態への移り変わりが見られた．しかし実際には，磁性状態の磁気モーメント（局在スピン）は，近藤-芳田 1 重項の形成により，消失する．即ち，非磁性状態と磁性状態は，（基底状態を見ている限り）区別がつかない．磁性状態が「局在モーメントを持っている」ことを認識できるのは，系の温度を上げたときである．磁性状態において（T_K 以上に）温度を上げると，局在スピンを遮蔽していた近藤の雲は散ってしまい，近藤-芳田 1 重項状態が壊れる．言わば，近藤の雲の衣を纏っていた電子が裸になってしまうようなものである．このときはじめて，局在スピンの存在が認識されるのである．前項で見たように，この局在スピンは伝導電子を散乱し，電気抵抗の対数異常を引き起こす．

6-4　スピンゆらぎの観測

U の大きい近藤領域における磁化率は，（室温付近の）高温では Curie-Weiss 則（局在性）を示し，低温では Pauli 常磁性（遍歴性）を示す．これは，高温で存在した局在モーメントが低温で消失したことを意味する．この局在・遍歴クロスオーバーを「スピンゆらぎの速さ」の観点から見てみよう．

まずはじめに，観測時間について考える．ある系が熱エネルギー $k_B T$ を持つとき，エネルギーの不確定さも同程度である．これは，不確定性関係から，観測時間が

$\hbar/(k_{\rm B}T)$ の程度であることを意味する．丁度，$\hbar/(k_{\rm B}T)$ 程度の時間，カメラのシャッターを開いているようなものである．その逆数が図 6.14(a) に一点鎖線で示されている．

次に，局在スピンのゆらぎについて考える．$T_{\rm K}$ より高温では，金属中の局在スピンは伝導電子との散乱により反転を繰り返し，その速さは破線のように温度に比例する（$\Gamma_{cf}/\hbar \propto J_{cf}^2 \rho_c^2(0) k_{\rm B}T/\hbar$）[22]．[15] このような弱結合（$\rho J_{cf} \ll 1$）の高温域では，$\Gamma_{cf} < k_{\rm B}T$ であるため，観測時間のあいだスピンが殆ど向きを変えないことになり，局在スピンの存在が認識される．温度が $T_{\rm K}$ より下がると強結合の領域（$\rho J_{cf} \gg 1$）に入るため，$\Gamma_{cf} > k_{\rm B}T$ となり（実線参照），観測時間中に局在スピンが頻繁に向きを変えるようになる．このためスピンの 2 重縮退は消え，局在スピンは消失する．この低温でのゆらぎは，熱ゆらぎではなく，ゼロ点振動のような量子的なゆらぎである．[16] このように，近藤系では，高温の古典的な熱ゆらぎの領域と，低温の量子的なゆらぎの領域とのクロスオーバーが観測される．

この「スピンゆらぎ」は，中性子散乱実験によって観測される（付録 C-2 節参照）．単位立体角および単位エネルギー当たりの中性子の微分散乱断面積は次のように与えられる．

$$\frac{d^2\sigma}{d\Omega d\omega} \propto \frac{1}{1 - e^{-\hbar\omega/k_{\rm B}T}} \chi'(\boldsymbol{q}, \omega = 0, T) \frac{\hbar\omega(\Gamma/2)}{(\hbar\omega)^2 + (\Gamma/2)^2} \tag{6.95}$$

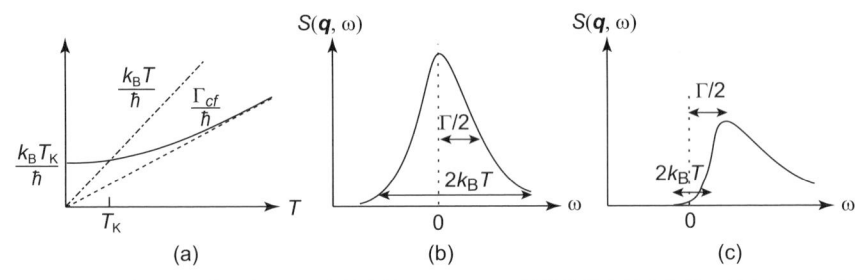

図 **6.14** スピンゆらぎの速さの温度依存性．(a) Γ_{cf} は近藤効果を示す物質に対応し，絶対零度への外挿値は有限に留まる．破線は古典的なスピンゆらぎの速さの温度依存性を表す．一点鎖線は観測時間の逆数に対応する．(b) と (c) は，中性子準弾性散乱実験から得られるスペクトル $S(\boldsymbol{q}, \omega)$ を表す（付録 C-2 節参照）．(b) は古典的高温領域（$k_{\rm B}T \gg \Gamma/2$）に対応し，(c) は量子的低温領域（$k_{\rm B}T \ll \Gamma/2$）に対応する．Bose 因子のため，エネルギーゲイン（$\omega < 0$）の領域では，$S(\boldsymbol{q}, \omega)$ はほとんどゼロである．

---

[15] 金属中の原子核スピンも伝導電子との相互作用（超微細相互作用）により反転を繰り返し，温度に比例する緩和（Korringa の緩和と呼ばれる）を示す．

[16] 「量子的なスピンゆらぎ」は，Fermi 準位より低いエネルギー準位にいた f 電子が，Fermi 準位上の状態に仮想的に移り，また元の準位に戻るプロセスで生じる（5-1 節参照）．

ここで，$q = k_0 - k_1$ および $\hbar\omega = E_0 - E_1$ は，各々中性子の散乱ベクトルおよびエネルギー遷移である．但し，k_0（k_1）は入射（散乱）中性子の波数ベクトル，E_0（E_1）は入射（散乱）中性子の運動エネルギーである．また，χ' は複素磁化率の実数部分である．図 6.14(b) は，高温において観測されるスペクトルを示しており，Lorentz 関数の半値幅 $\Gamma/2$ が磁気モーメントの寿命（ライフタイム）の逆数を与える．温度が十分低くなると，式 (6.95) の Bose 因子 $1/(1 - e^{-\hbar\omega/k_B T})$ のため，スペクトルは大きく非対称になる（図 6.14(c)）．この場合の半値幅は図の矢印で与えられる．不純物に対して上記の実験を行うことは難しいが，重い電子系化合物に対しては可能である．実験から得られた Γ を温度の関数としてプロットすると，図 6.14(a) のように，$T \to 0$ の極限で $k_B T_K$ 程度の一定値に近づくことが確かめられる [23]．

6-5　近藤効果に対する結晶場効果

前節までは，問題を簡単化するため，軌道縮退はないと考えてきた（Ce であれば，結晶場の基底状態が 2 重項であると暗に仮定した）．結晶場（軌道縮退度 ν_f）を考慮した近藤効果の熱力学的性質は，「Bethe 仮説の方法」と呼ばれる厳密解によって与えられている [24]．$T = 0$ における磁化率 χ および電子比熱係数 γ は，次のように表わされる．

$$\chi = \frac{7(\nu_f - 1)}{4\pi T_0}, \quad \gamma \equiv \frac{C}{T} = \frac{\pi(\nu_f - 1)}{6T_0} \tag{6.96}$$

ここで，$k_B = 1$，$g\mu_B = 1$ となる単位を用い，近藤温度 T_0 は（$|E_f| \gg \Delta$ に対し）次のように定義されている．

$$T_0 = \frac{1}{2\nu_f \Delta} \exp\left(-\frac{\pi|E_f|}{\nu_f \Delta}\right) \int_{Q_\nu}^{\infty} dk\varepsilon_0 \exp\left(-\frac{\pi k}{\nu_f \Delta}\right) \tag{6.97}$$

ここで，Δ は f 準位の幅，ε_0 は電荷ゆらぎを表す量，Q_ν は切断定数である．（積分の外の）指数関数の部分を（対称モデルを仮定し）$\nu_f = 2$（結晶場基底状態が 2 重項）と置いて書き換えれば，式 (5.36) などから $\exp(-|E_f|/2\rho|V|^2) = \exp(-N_L/|J|\rho)$ となり，式 (6.19) の T_K の指数関数の部分と一致することが確かめられる．

式 (6.97) において，大きな縮退度 ν_f が指数関数の肩にのっていることに注意したい．f 電子系では（結晶場効果を無視すれば）ν_f は大きく，例えば，Ce^{3+} イオンでは $\nu_f = 7$ である．このため，近藤温度は極めて大きな値となり，重い電子状態が発

現しやすくなる [25].[17)]

近藤温度（T_0 あるいは T_K）は結晶場効果の影響を強く受ける [26]．例えば，立方対称場中の Ce イオンの場合，有効近藤温度 T_{eff}（$= \pi(\nu_{\text{eff}} - 1)/6\gamma$）は，結晶場分裂 Δ_{cry} が T_0 に比べて充分大きい場合，次式で与えられる．

$$\frac{T_{\text{eff}}(\Gamma_7)}{T_0} \sim 0.234 \left(\frac{|\Delta_{\text{cry}}|}{T_0}\right)^{-2}, \quad \frac{T_{\text{eff}}(\Gamma_8)}{T_0} \sim 0.624 \left(\frac{|\Delta_{\text{cry}}|}{T_0}\right)^{-1/2} \tag{6.98}$$

ここで，$T_{\text{eff}}(\Gamma_7)$ は Γ_7 が基底状態の場合の近藤温度で $\nu_{\text{eff}} = 2$ であり，$T_{\text{eff}}(\Gamma_8)$ は Γ_8 が基底状態の場合の近藤温度で $\nu_{\text{eff}} = 4$ である．このように，有効近藤温度は温度依存性を示し，Δ_{cry} より充分高温の場合の近藤温度 T_0 から，（温度の減少とともに）基底状態に対応した値 (6.98) まで減少する．

結晶場により $4f$ 準位が分裂している Ce イオンを考える．伝導電子は，散乱に伴って Ce^{3+} イオンを結晶場の基底状態から励起状態に励起する．これにより，伝導電子は，$4f$ 電子との間でエネルギーをやり取り（非弾性散乱）する．一方，近藤効果は伝導電子の多重散乱であるから，伝導電子が Ce^{3+} イオンの近傍に留まっている間に（仮想束縛状態），何度も散乱が繰り返される．その結果，電気抵抗の温度依存性には，異常な構造が現れる [26, 27, 28]．同様に，磁化率や比熱の温度依存性にも特徴的なピークが現れる [29, 30]．

基底状態の縮退度が大きい場合には，低温での磁化などに，その影響が現れる．例えば，縮重度が 4 に比べ十分大きい場合には，図 6.15(a) に模式的に示すように，磁化過程にメタ磁性的アップターンが現れる [31]．

典型的希釈近藤系 $Ce_{0.03}La_{0.97}B_6$ の磁化に対する，実験と計算との比較を図 6.15(b) および (c) に示す．実験で得られた磁化は（図 6.15(b)），100 kOe を越える大きな磁場下においても，結晶場効果や Zeeman 効果から期待される計算結果（実線）よりかなり小さい．この差（磁化の縮み）が近藤効果によるものであることは，図 6.15(c) から明らかである．即ち，実験は，基底 4 重項を反映した $J = 3/2$ に対する近藤効果の厳密解（図 6.15(c) の曲線）によってよく再現される．[18)] この近藤効果による磁化の縮みは，近藤縮約（Kondo reduction）と呼ばれることもある．なお，近藤縮約が近藤磁場（今の系では 20～30 kOe の程度）よりかなり高磁場まで残っていることに注意したい（図 6.15(b) 参照）．これは，近藤効果の影響が対数的に（対数異常）高温・高磁場まで残るためである．

[17)] 重い電子系を壊す役割を果たす RKKY 相互作用は，スピンに対して作用する．Ce^{3+} イオンにおいては $S = 1/2$ であり，交換相互作用は小さく，近藤効果は生き残りやすくなる．

[18)] 方向依存性まで含めた厳密解は，例えば文献 [32] に与えられている．

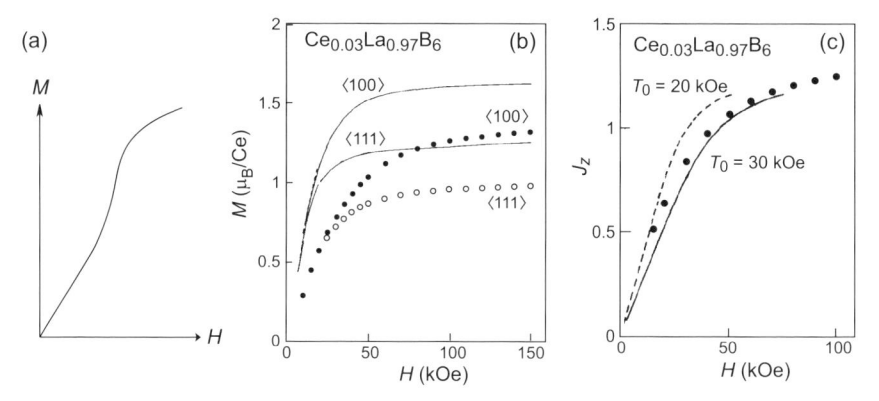

図 **6.15** (a) 縮退度 ν_f が 4 より大きい場合の磁化曲線の模式図．(b) Γ_8-4 重項基底状態をもつ $Ce_{0.03}La_{0.97}B_6$ の磁化過程 [33]．実線は，結晶場（Γ_7-2 重項までの励起エネルギーは 500 K）および Zeeman 効果のみを考慮した場合の計算結果を示す．(c) 方向について平均化された磁化 [33]．実線および破線は，degenerate exchange モデル（$J = 3/2$）による計算結果を示す．図中の T_0 は近藤磁場に対応する．

6-6 多チャンネル近藤効果

6-6-1 2 チャンネル近藤効果による非 Fermi 液体異常

近藤効果において伝導電子の軌道の自由度 (n) と局在スピン ($2S$) のそれが一般に異なるとき，その基底状態がどのようになるかという問題が 80 年代のはじめに Nozières と Blandin によって考察された [20]．これが多チャンネル近藤効果の問題である．$n = 2$, $S = 1/2$ の場合は 2 チャンネル近藤効果と呼ばれる．彼らの議論したモデルハミルトニアンは

$$\mathcal{H} = \sum_{m=1}^{n} \left[\sum_{\boldsymbol{k}\sigma} \varepsilon_{\boldsymbol{k}} c^{\dagger}_{\boldsymbol{k},m\sigma} c_{\boldsymbol{k},m\sigma} + J \sum_{\boldsymbol{k}\sigma,\boldsymbol{k}'\sigma'} c^{\dagger}_{\boldsymbol{k},m\sigma} \boldsymbol{\sigma}_{\sigma\sigma'} c_{\boldsymbol{k}',m\sigma'} \cdot \boldsymbol{S} \right] \quad (6.99)$$

で与えられる（式 (5.21) 参照）[19]．ここで，$\sigma (=\uparrow, \downarrow)$ はスピン状態を，$m (= 1, \cdots, n)$ は軌道（チャンネル）の状態を表す．$\boldsymbol{\sigma}$ は Pauli 行列のベクトルを，$\boldsymbol{S}$ は不純物のスピン演算子を表す．

ハミルトニアン (6.99) の厳密解は求まっており [21]，$n > 2S$ の場合 $T \ll T_K$ での

---

[19] 式 (6.99) は式 (5.22) と本質的に同じものであるが，J の符号が異なることに注意されたい．

物理量は

$$\frac{C}{T}, \chi \propto \begin{cases} \ln(T_K/T) & n = 2 \\ (T/T_K)^{-(n-2)/(n+2)} & n \geq 2 \end{cases} \quad (6.100)$$

$$\Delta \rho \simeq B(T/T_K)^{2/(n+2)} \quad (6.101)$$

のような特異性をもつ．また，$T = 0$ で残留エントロピー

$$S(0) = \ln \frac{\sin[(2S+1)\pi/(n+2)]}{\sin[\pi/(n+2)]} \quad (6.102)$$

をもつ．2チャンネル近藤モデル（$n = 2, S = 1/2$）の場合，$S(0) = \ln \sqrt{2}$ である．
　このような非 Fermi 液体的振舞いが現れる理由について，Nozières と Blandin はつぎのような直観的説明を与えた．(1) $n = 2S$ (2) $n < 2S$ (3) $n > 2S$ の場合に分けて考える．
　(1) のときは，低エネルギー（低温）に近づくと，反強磁性的交換相互作用 $J (> 0)$ は強結合固定点 $J^* = \infty$ に近づき，不純物のスピン S は伝導電子のスピン $n/2$ によって完全に遮蔽される．その結果，普通の近藤効果のときのように Fermi 液体となる．
　(2) のときは（図 6.16(a) 参照），低エネルギーで J は増大し不純物のスピン S は伝導電子のスピンにより遮蔽されるが，$S > n/2$ であるため $S' \equiv (S - n/2)$ のスピンが不純物の回りに残ることになる．この残ったスピン S' をつくる状態は，さらにその外側にある S' と同じ向きのスピンをもつ伝導電子と混成することができるので，S' は伝導電子と強磁性的交換相互作用 $J' (< 0)$ をすることになる．しかし，J' の低エネルギーでの固定点は $J'^* = 0$ なので（6-3-2 項参照），不純物スピン S' と伝導電子の結合は切れて，伝導電子は Fermi 液体を形成し孤立した不純物スピン S' が残る

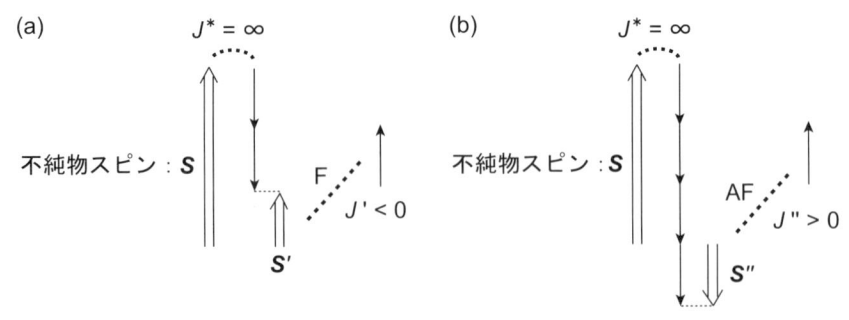

図 6.16 $J^* = \infty$ の場合の不純物サイト周りのスピン配置と相互作用．(a) $n < 2S$ および (b) $n > 2S$ の場合が示されている．

(underscreening と呼ばれる)．

(3) のときは（図 6.16 (b) 参照），(2) とは逆に伝導電子は不純物のスピンを過剰に遮蔽（overscreening）するため，$S'' \equiv (n/2 - S)$ のスピンが残ることになる．この局在した状態と混成できるのは，S'' とは逆のスピンをもつ伝導電子に限られるので，S'' と伝導電子の交換相互作用 J'' は反強磁性的 $(J'' > 0)$ である．従って，J'' は低エネルギーに近づくと強結合固定点に近づく．ところで，不純物スピン S'' は，再び (3) の条件 $S'' = n/2 - S < n/2$ を満足するので，それまでの過程が繰り返され，いつまでも不純物スピン S は遮蔽されることはない．即ち，反強磁性結合 J の低エネルギーでの固定点 J^* は，強結合 $J^* = \infty$ ではなく，中間結合の領域に存在する．そのため，伝導電子と不純物のスピンは 1 重項を作って完全に消し合うということはない．それを反映して帯磁率が低温で発散するような非 Fermi 液体の振舞いが残るのである．

6-6-2 4重極2チャンネル近藤モデルとその拡張

2 チャンネル近藤効果を示す現実的なモデルの候補の 1 つは最初 Cox によって UBe$_{13}$ のモデルとして提案された 4 極子近藤モデル [34] とそれを一般化したものである [35]．U^{4+} イオンは $5f^2$ の電子配置をとることが可能で，その場合には，Hund 結合とスピン軌道相互作用により（全角運動量）$J = 4$ の基底状態をとる．それが立方対称の結晶場の中に置かれると

$$|\Gamma_3+\rangle = \frac{\sqrt{42}}{12}(|+4\rangle + |-4\rangle) - \frac{\sqrt{15}}{6}|0\rangle \tag{6.103}$$

$$|\Gamma_3-\rangle = \frac{1}{\sqrt{2}}(|+2\rangle + |-2\rangle) \tag{6.104}$$

という 2 重縮退した基底状態（非 Kramers 2 重項）をとることが可能である（図 6.17 参照）．この状態では，角運動量の z 成分は $\langle J_z \rangle = 0$ で消えており磁気的には 1 重項であるが，$\langle Q_{zz} \rangle \equiv \langle 3J_z^2 - J(J+1) \rangle = \pm 8$ であるから電気 4 極子モーメント Q_{zz} に

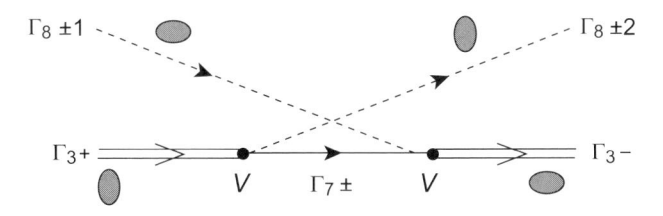

図 **6.17** 擬スピンを反転する過程．楕円は 4 重極の偏りを表す．

ついて2重に縮退している（2-1-2項参照）．この4極子モーメントの2つの自由度は擬スピンで表すことができる．$5f^1$ 状態にもこれに対応する自由度をもつ状態が存在する．実際，Γ_8 状態（2-1節参照）

$$|\Gamma_8 \pm 2\rangle = \sqrt{\frac{5}{6}}\left|\pm\frac{5}{2}\right\rangle + \sqrt{\frac{1}{6}}\left|\mp\frac{3}{2}\right\rangle \tag{6.105}$$

$$|\Gamma_8 \pm 1\rangle = \left|\pm\frac{1}{2}\right\rangle \tag{6.106}$$

がそれに当たる．式 (6.105) [式 (6.106)] では，$\langle Q_{zz}\rangle = 8\ [-8]$ である．これらの状態は Q の自由度の他に時間反転の対称性から生じる Kramers 縮退をもっている．伝導電子の部分波のうちで式 (6.105), (6.106) の対称性をもつものは，式 (6.103), (6.104) に含まれる式 (6.105), (6.106) の状態と混成することができるので，式 (6.103), (6.104) の状態をもつ不純物イオンとの相互作用はつぎのような擬スピン交換相互作用の形に表せる．

$$\mathcal{H}_{\text{ex}} = J\sum_{m=\pm}\sum_{\boldsymbol{k}\tilde{\sigma},\boldsymbol{k}'\tilde{\sigma}'} c^\dagger_{\boldsymbol{k},m\tilde{\sigma}}\boldsymbol{\sigma}_{\tilde{\sigma}\tilde{\sigma}'}c_{\boldsymbol{k}',m\tilde{\sigma}'}\cdot\tilde{\boldsymbol{S}} \tag{6.107}$$

$m\ (=\pm)$ は Kramers 縮退に関連する磁気的自由度を表し，2 チャンネル近藤モデル (6.99) の軌道自由度に対応する．$\tilde{\sigma}\ (=\uparrow,\downarrow)$ は伝導電子のもつ4極子の偏りを表し，$\tilde{\boldsymbol{S}}$ は不純物の4極子の自由度を表す擬スピン（$\tilde{S}=1/2$）である．式 (6.99) と式 (6.107) を比べると，スピンと軌道（チャンネル）の役割が入れ替っている．しかし，ともかくも，$n=2, \tilde{S}=1/2$ の2チャンネル近藤モデルの可能性が示されたのである．

より基本に立ち戻って考えると，交換相互作用はより基本的なレベルの拡張された Anderson モデルから導かれるものであるので，どのような制約のもとに式 (6.107) が導出されたか考えてみよう．Cox の考えたのは，不純物イオンの状態は f^2 の非 Kramers 2 重項 $|\Gamma_3\pm\rangle$ に限り，中間状態として f^1 の $|\Gamma_7\pm\rangle = (|\pm 5/2\rangle - \sqrt{5}|\mp 3/2\rangle)/\sqrt{6}$ と伝導電子の Γ_8 状態 (6.105), (6.106) を取り込んだものである．例えば，Γ_3 の擬スピンを反転する過程は図 6.17 のように表せる．

群論的考察から，U^{4+}, Ce^{3+} イオンにおいて，式 (6.99) のような2チャンネル近藤モデルに書き直すことができるイオンの基底（Γ_{grd}）および励起（Γ_{ex}）状態，伝導電子の状態（Γ_c）は表 6.1 のようにまとめられる [35]．立方晶の物質 $\text{La}_{0.95}\text{Pr}_{0.05}\text{InAg}_2$ において2チャンネル近藤効果と見なせる現象が報告されている [36].[20]

---

[20] $\text{Th}_{1-x}\text{U}_x\text{Ru}_2\text{Si}_2$ は非 Fermi 液体的振舞いを示し [37]，当初2チャンネル近藤効果として理解しようとする研究が活発に行われた [38]．この物質は正方晶（D_4）であり，表 6.1 によれば，U イオンの電子配置は U^{4+} で（$5f^2$）の Γ_5 が結晶場基底状態と考える必要がある．波動関数は，$|\Gamma_5\pm\rangle = \alpha|\pm 3\rangle + \beta|\mp 1\rangle$ で与えられる．この状態では一般に電気4極子モーメント $Q_{zz} = 24\alpha^2 - 17$ と磁気モーメント $J_z = \pm(4\alpha^2-1)$

表 6.1 2チャンネル近藤モデルに帰着できるイオンと伝導電子の状態.

イオン	基底状態	点群	$\Gamma_{\rm grd}$	$\Gamma_{\rm ex}$	$\Gamma_{\rm c}$
U^{4+}	$5f^2(J=4)$	立方 (O)	$\Gamma_3(E)$	Γ_7	$\Gamma_8 = \Gamma_3 \otimes \Gamma_7$
U^{4+}	$5f^2(J=4)$	六方 (D_6)	$\Gamma_5(E_1)$	Γ_7	$\Gamma_7 \oplus \Gamma_9$
				Γ_8	$\Gamma_8 \oplus \Gamma_9$
				Γ_9	$\Gamma_7 \oplus \Gamma_8$
			$\Gamma_6(E_2)$	Γ_7	$\Gamma_8 \oplus \Gamma_9$
				Γ_8	$\Gamma_7 \oplus \Gamma_9$
				Γ_9	$\Gamma_7 \oplus \Gamma_8$
U^{4+}	$5f^2(J=4)$	正方 (D_4)	$\Gamma_5(E)$	Γ_6 or Γ_7	$\Gamma_7 \oplus \Gamma_6$
Ce^{3+}	$4f^1(J=5/2)$	立方 (O)	Γ_7	Γ_3	Γ_8
Ce^{3+}	$4f^1(J=5/2)$	六方 (D_6)	Γ_9	Γ_5 or Γ_6	$\Gamma_6 \oplus \Gamma_7$

6-6-3 2チャンネル近藤モデルの現実性

前項で見たように，ある「制約」のもとに現実に許される結晶場基底状態から 2 チャンネル近藤モデルが導ける可能性があるので，それが単サイト非 Fermi 液体の振舞いを説明するモデルとなり得ると考えられた．しかし，その「制約」を緩めたときにも非 Fermi 液体状態が実現するか否かという理論的な疑問が残った．それは多分に心理的な要因にもとづいていた（と思われる）．例えば，つぎのようなことがある．

(1) $T=0$ でも式 (6.102) のような残留エントロピーが実際に残ることは現実の系では考えにくい．

(2) 通常の近藤問題の基底状態が「局所的 Fermi 液体」であることは，Anderson モデルにもとづく断熱接続の考え方に立って見事に理解されたが [39]，今の問題でも単サイトの問題である以上断熱接続が成り立ち，その基底状態は拡張された Anderson モデルの弱相関で期待される「局所的 Fermi 液体」から連続的につながっているのではないか？

古賀・斯波は Cox が式 (6.107) を導く際に課した制約を緩めたとき，非 Fermi 液体状態の安定性が保たれるかどうか考察した [40]．彼らは，正方および六方対称の結晶場の場合に，f^2 状態としては非 Kramers 2 重項 $|E_\pm\rangle$（付録 B-3 節参照）と 1 重項 $|B\rangle$ をとり，f の中間状態としては f^1 の基底状態だけをとって，式 (6.107) を拡張し

を併せ持つが，縮退は磁気モーメントに起因する．ただ，理論と実験との一致は必ずしもよくないことが分かってきており，8-4-2 項で議論する機構の方が現実的であるように見える．

た擬スピンと伝導電子の交換相互作用を導いて，それを数値くりこみ群（NRG）の方法で解析した．物理を決めているパラメータは，式 (6.107) にも現れる J の他に，結晶場状態 $|E_\pm\rangle$ と $|B\rangle$ の交換を表す結合定数 K および $|B\rangle$ と $|E_\pm\rangle$ のエネルギー差 Δ である．その結果，Δ (>0) が大きいほど非 Fermi 液体状態が安定であり，K (>0) が大きいとき Fermi 液体が安定となることが示された．つまり，結晶場の間のエネルギー分裂が大きくてその間の混ざりが小さいときに非 Fermi 液体状態が安定化するのである．

Fermi 液体状態と非 Fermi 液体状態のあいだの遷移は基底状態の level crossing により生じており，その点で断熱接続は破れているため必ずしも相互作用ゼロの状態（Fermi 液体）と連続的につながっている必要はない．それが，上記 (2) の疑問に対する答えである．この基底状態の level crosssing の問題に関して，変分法を用いた見通しのよい研究も成されている [41]．

単サイト 2 チャンネル近藤効果は f 電子系に限らず，2 準位系が伝導電子と相互作用するときにも現れることが知られている [42]．このときは電子・ホール対称性を破る効果が新しい非 Fermi 液体の固定点を生むことが分かっている [43]．価数揺動の問題とも関連してこの種の問題に興味がもたれる．

参考文献

[1] N. Andrei, K. Furuya & J. H. Lowenstein: Rev. Mod. Phys. **55** (1983) 331.
[2] Y. Nagaoka: Phys. Rev. **138** (1965) A1112.
[3] K. G. ウィルソン：『凝縮系の物理－ミクロの物理からマクロな物理へ』サイエンス別冊 121（日経，1997）．
[4] P. Fulde: *Electron Correlations in Molecules and Solids* (Springer, 1995).
[5] 芳田奎：『磁性』（岩波書店，1991）．
[6] A. J. Heeger: *Solid State Physics* **23** (Academic Press, New York, 1969).
[7] P. W. Anderson: Phys. Rev. **164** (1967) 352.
[8] モット・マッセイ，高柳和夫 訳：『衝突の理論』（吉岡書店，1975）．
[9] 芳田奎：『近藤効果とは何か』（丸善，1990）．
[10] J. Kondo: *Solid State Physics in Advances in Research and Applications* **23** (Academic Press, 1969).
[11] 例えば，J. J. Sakurai, 桜井明夫訳：『現代の量子力学（下）』（吉岡書店，1989）．
[12] 近藤淳：『金属電子論』（裳華房，1983）．
[13] P. W. Anderson: J. Phys. C **3** (1970) 2436.
[14] A. A. Abrikosov: Physics **2** (1965) 5.
[15] P. W. Anderson, G. Yuval & D. R. Hamann: Phys. Rev. B **1** (1970) 4464.

[16] H. Suhl: Phys. Rev. **138** (1965) A515.
[17] A. A. Abrikosov & A. A. Migdal: J. Low Temp. Phys. **3** (1970) 519.
[18] M. Fowler & A. Zawadovski: Solid State Commun. **9** (1971) 471.
[19] K. G. Wilson: Rev. Mod. Phys. **47** (1975) 773.
[20] P. Nozières & A. Blandin: J. Phys. (Paris) **41** (1980) 193.
[21] I. Affleck & A. W. W. Ludwig: Phys. Rev. B **48** (1993) 7297.
[22] R. M. White: *Quantum Theory of Magnetism* (Springer-Verlag, 1983).
[23] E. Holland-Moritz & G. H. Lander: *Handbook on the Physics and Chemistry of Rare Earths* **19** (Elsevier, 1994).
[24] 例えば，次の文献中の論文を参照されたい．*Theory of Heavy Fermions and Valence Fluctuations,* eds. T. Kasuya & T. Saso (Springer, 1985).
[25] P. Coleman: Phys. Rev. B **28** (1983) 5255.
[26] K. Yamada, K. Yosida & K. Hanzawa: Progr. Theor. Phys. **71** (1984) 450; K. Hanzawa, K. Yamada & K. Yosida: J. Mag. Mag. Mater. **47&48** (1985) 357.
[27] B. Cornut & B. Coqblin: Phys. Rev. B **5** (1972) 4541.
[28] S. Kashiba *et al.*: J. Phys. Soc. Jpn. **55** (1986) 1341.
[29] V. T. Rajan, J. H. Lownstein & N. Andrei: Phys. Rev. Lett. **49** (1982) 497; V. T. Rajan: Phys. Rev. Lett. **51** (1983) 308.
[30] A. Okiji & N. Kawakami: J. Appl. Phys. **55** (1984) 1931.
[31] A. C. Hewson, J. W. Rasul & D. M. Newns: Solid State Commun. **47** (1983) 59.
[32] P. Schlottmann: J. Mag. Mag. Mater. **63&64** (1987) 205.
[33] N. Sato *et al.*: J. Mag. Mag. Mater. **47&48** (1985) 86.
[34] D. L. Cox: Phys. Rev. Lett. **59** (1987) 1240.
[35] D. L. Cox: Physica B **186-188** (1993) 312.
[36] T. Kawae *et al.*: J. Phys. Soc. Jpn. **74** (2005) 2332.
[37] H. Amitsuka *et al.*: Physica B **186-188** (1993) 337; H. Amitsuka & T. Sakakibara: J. Phys. Soc. Jpn. **63** (1994) 736.
[38] 網塚浩：物性研究（文部省科学研究費重点領域研究「強相関伝導系の物理」若手秋の学校予稿集）．
[39] K. Yamada & K. Yosida: Prog. Theor. Phys. **53** (1975) 970; K. Yosida & K. Yamada: *ibid* **53** (1975) 1286; K. Yamada : *ibid* **54** (1975) 316; 芳田奎：『磁性』（岩波書店，1991）第 4 部．
[40] M. Koga & H. Shiba: J. Phys. Soc. Jpn. **64** (1995) 4345; **65** (1996) 3007; **66** (1997) 1485.
[41] H. Kusunose: J. Phys. Soc. Jpn. **67** (1998) 61.
[42] 多チャンネル近藤効果の総合報告として，D. L. Cox & A. Zawadowski: *Exotic Kondo Effects in Metals: Magnetic ions in a crystalline electric field and tunnelling center* (Taylor & Francis, 1999).
[43] H. Kusunose *et al.*: Phys. Rev. Lett. **76** (1996) 271.

第7章

Fermi 液体としての重い電子系

第3章で概略を示したように，Fermi 多体系の低エネルギー励起状態は，自由 Fermi 気体と同様に Fermi 準粒子の集合体としての記述が可能である．これは，「Pauli の排他原理（Fermi 縮退）」と「準粒子衝突でのエネルギー保存則」とにより，準粒子のあいだの有効相互作用が抑えられ，準粒子がほぼ独立に運動していることによる．本章では，重い電子系の Fermi 液体としての側面について議論する．

7-1 希薄近藤効果から高濃度近藤効果へ

7-1-1 磁気秩序 vs 近藤-芳田 1 重項

前章では，磁性イオンの数を 1 個に固定し，f 電子間の Coulomb 斥力 U を大きくしたとき，近藤温度 $T_{\rm K}$（数 K ないし数十 K）より高温で局在スピンが出現することを説明した．本項では，U を大きな値に保ったまま，局在スピンの数（濃度）を増やしていったときの系の変化について考える（図 7.1）．近藤効果が観測されるのは，図 7.1(a) のように，磁性イオン間の相互作用が無視される程度にその濃度が小さい場合である．例えば，銅の中の鉄不純物の場合には，数 ppm（ppm は 100 万分の 1）程度以下である．磁性イオンの濃度を増加させると，スピン間に RKKY 相互作用が生じるため，近藤効果は消失し，代わりに「スピングラス」と呼ばれるスピンの凍結状態が現れる（図 7.1(b)）．異方性がなく等方的であるとすると，各スピ

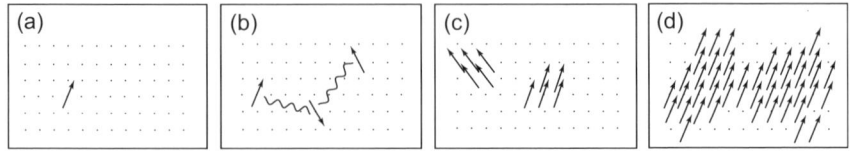

図 7.1 (a) の希薄近藤系から (d) の高濃度近藤系への展開．点は格子位置を示し，矢印は局在スピンを表す．

ンは任意の方向を向きうるが，RKKY 相互作用により結びついたスピンは，互いのスピンの向きを（内部磁場の方向に）凍結させる．これがスピングラス状態である．さらに磁性イオンの濃度を増大させると，強く結合したスピンは小さなクラスター（図 7.1(c) の島状の集団）を形成する．クラスター同士の結合が弱い場合には，クラスターを 1 つの巨大スピンとする常磁性状態が観測される．これは，クラスターグラスなどと呼ばれる．さらに局在スピンの濃度が増し，臨界濃度を越えると，強磁性などの秩序が試料全体に拡がる（図 7.1(d))．これは，スピン（磁気モーメント）の相関が試料の端から端まで繋がった長距離秩序状態である．

【補足 1】臨界濃度は，コーヒーの粉にお湯を注ぐときの状況（隙間が端から端まで繋がる）との類似から，パーコレーション濃度とも呼ばれる．本文とは逆に，強磁性体の磁性原子を非磁性原子で置き換えていくと，磁性原子の濃度の減少とともに Curie 温度 T_C は次第に減少し，臨界濃度（パーコレーション濃度）で $T_C = 0$ となる．分子場理論では，例えば，Curie 温度は磁性原子の濃度 p に比例し，$T_C = 0$ となるのは $p = 0$ である．これは，分子場近似の下では，遠く離れた磁性原子もすぐ隣の磁性原子と同じとみなされるためである．勿論これは現実とはかけ離れており，分子場近似の限界を示すものである．Heisenberg モデル（Ising モデル）において，最隣接原子対の個数が 6 の場合，臨界濃度は 0.6（0.25）の程度である [1]．

近藤-芳田 1 重項は，外部磁場や内部磁場（分子磁場）によって壊される．これに必要な磁場の目安となるのが近藤磁場 H_K であり，その大きさは，数 K の近藤温度に対し数 T（テスラ）の程度である．このことを考えると，近藤効果は，内部磁場が大きい系（磁気秩序を生むくらい高濃度の系）では存在しえないように思われる．この常識を破った最初の物質が次項の $Ce_xLa_{1-x}B_6$ である．

7-1-2 CeB_6 における高濃度近藤効果

$Ce_xLa_{1-x}B_6$ の電気抵抗の温度依存性を図 7.2(a) に示す [2]．母物質である LaB_6 は，$4f$ 電子を含まない非磁性金属であり，その電気抵抗は，温度降下とともに単調に減少する．La 原子の 1% 程度を，局在スピンをもつ Ce 原子で置き換えると，電気抵抗は温度降下とともに（10 K 以下の低温で）対数的増大を示し，(1 K 以下の) 低温で飽和する．Ce 濃度が 25% になると ($x = 0.25$)，1 K 付近にブロードなピークが現れる．ピークより低温側での電気抵抗の減少は，Ce スピン間の相互作用に起因していると考えられる．さらに Ce 濃度 x を増加させると，ピーク構造が明瞭になり，75% の濃度では，折れ曲がりが見られるようになる．これは，後に示すように，長距離秩序への相転移に対応する．このように，Ce 濃度の薄いところから濃いところまで（$Ce_xLa_{1-x}B_6$ の系において）電気抵抗の対数異常が観測された．これにより，

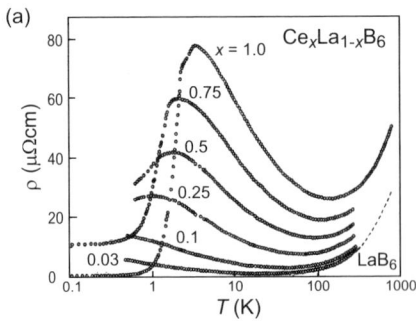

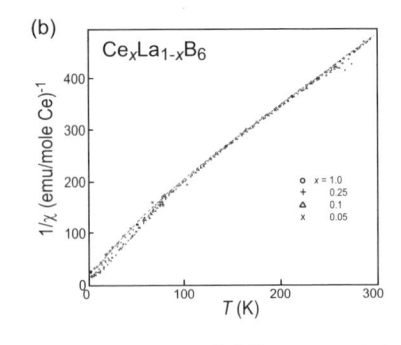

図 7.2 (a) $Ce_xLa_{1-x}B_6$ の電気抵抗の温度依存性 [2]．(b) 磁化率の温度依存性 [3]．(b) から明らかなように，高温領域では局在モーメントを特徴付ける Curie-Weiss 則が観測される．

CeB_6 で見出されていた $-\ln T$ 異常が近藤効果によることが明確となった．[1] 前章の 1 不純物の系は希薄近藤系と呼ばれるのに対し，CeB_6 のような周期系は近藤格子と呼ばれる．この中間の濃度領域は高濃度近藤系と呼ばれる．

 Ce 濃度が100%の系，即ち近藤格子系（Kondo lattice）である CeB_6 の Ce イオンは，文字通り格子を形成している．各 Ce サイトでは，前章で見たように，近藤効果による強い散乱が生じているはずであるが，完全周期系では，Bloch の定理により，系は平面波的な性格をもった波動関数で記述される．この Bloch 状態の形成により，近藤格子系の電気抵抗は絶対零度でゼロになる（但し，実際の試料には，格子欠陥や不純物などの周期性を破るものが存在するため，残留抵抗が生じる）．即ち，近藤格子系の電気抵抗曲線は，秩序状態が存在しなくても，必ず有限の温度でピークを形成する．

 電気抵抗には，磁気的な散乱の他に，フォノンによる散乱も存在する．CeB_6 の特長は，フォノン散乱の寄与を差し引かなくても対数的温度依存性が明瞭に観測されることである．これに対し，他の多くの Ce 化合物では，フォノンの効果が大きく，これを補正することが必要となる．例えば $CeAl_2$ の場合は，フォノンを見積もる参照物質として何を使うかが問題となる．Wohlleben らによって指摘されたように，参照物質として $LaAl_2$ を用いれば $CeAl_2$ の対数発散的な電気抵抗を導き出せるが，YAl_2 や $ScAl_2$ あるいは $LuAl_2$ を用いれば，対数異常は生じない [4]．磁気的成分を抽出する際には注意が必要である．

---

[1] LaB_6 や $LaAl_2$ の中に Ce が希薄に入った系や，CeB_6 あるいは $CeAl_2$ の研究は欧州を中心として精力的に行われていたが，その両端をつなぐ研究は行われていなかった．「Ce 濃度の濃いところで近藤効果が存在するはずはない」という当時の常識からすれば，CeB_6 の近藤効果は自明ではなかった．

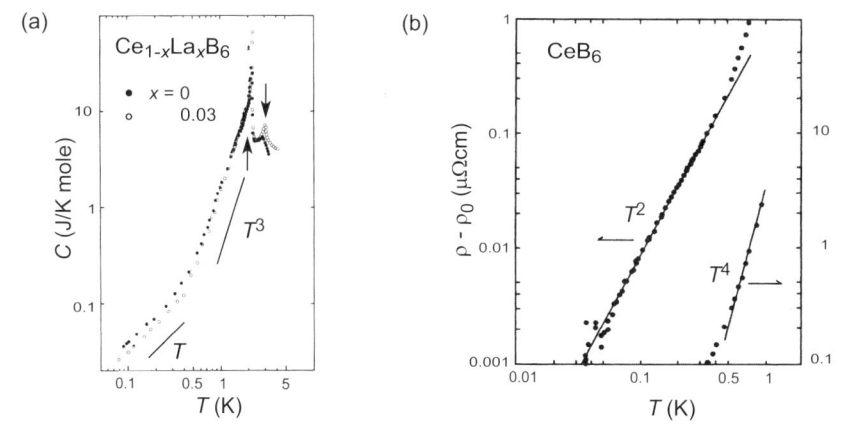

図 **7.3** CeB_6 の低温領域における物性．(a) 比熱の温度依存性 [5]．比熱は最低温度領域で T に比例し，温度上昇とともに T^3 則に転ずる．矢印は相転移を示す．(b) 電気抵抗の温度依存性 [2]．電気抵抗は最低温度域での T^2 から，温度上昇とともに T^4 に変化する．

磁化率に着目すると（図 7.2(b)），Ce 濃度の薄いところから濃いところまで，高温側の振る舞いに大きな違いは見られない．これは，Ce 磁気モーメント（スピン）間の相互作用が小さいことを意味する．高温領域の Curie-Weiss 則は，$Ce_xLa_{1-x}B_6$ の Ce イオンが高温で局在スピンを持っていることを示す．[2)]

低温部分に着目しよう．図 7.3(a) に示すように，CeB_6 の比熱の温度依存性において，3.3 K および 2.3 K 付近（矢印を参照）で相転移に伴う 2 つのピークが観測される [5]．これは，上述の電気抵抗の折れ曲がりに対応する．高温側の転移は電気 4 極子の相転移（$T_Q \simeq 3.3$ K）であり，低温側の転移は反強磁性への転移（$T_N \simeq 2.3$ K）である．磁場効果の実験によれば，T_N は通常の反強磁性体と同じように磁場の増大とともに減少するのに対し，T_Q は高温側にシフトする．[3)]

反強磁性相における比熱は，T_N 以下 0.5 K 程度までは T^3 乗則を示し，それ以下の温度では T に比例し，その係数 γ は 250 mJ/K^2mole 程度に大きい．また，低温域における電気抵抗の温度依存性を図 7.3(b) に示す [2]．T_N 以下に温度を下げると，電気抵抗は T^4 則に従って減少し，さらに温度を降下させると，T^2 則が観測される．

[2)] 磁化率の温度依存性は，主として結晶場効果によって決まる（第 2 章参照）．近藤効果の影響も存在するはずであるが，CeB_6 の近藤温度は 1 K ないし 2 K の程度であるため，100 K 以上の高温領域では明瞭には観測されない．

[3)] CeB_6 は，電気 4 極子秩序の典型例としても，多くの興味を集めた．その後いくつかの物質で 4 極子秩序が見出され，いずれにおいても，本文に示した T_Q の磁場依存性が確認されている．CeB_6 等の 4 極子秩序に関する最近の成果については，文献 [6] を参照されたい．

反強磁性相内の比較的高温部で見られる $C \propto T^3$ および $\rho \propto T^4$ は,反強磁性マグノンによるものと解釈される.

【補足 2】 反強磁性マグノンの分散はフォノンと同じように波数に比例するから,比熱および電気抵抗の温度依存性においては,$C \propto T^3$ および $\rho \propto T^5$ のベキ乗則が期待される.電気抵抗のデータを,Mathiesen 則を仮定し,$\rho = \rho_0 + AT^2 + BT^n$ と整理すれば(ρ_0 は残留抵抗),n は 5 に近づく.本文中で示した $n = 4$ は,$\rho = \rho_0 + BT^n$ と置いて解析した場合の結果である.

CeB_6 における電子比熱係数 γ と,電気抵抗の T^2 則の係数 A の値を,他の物質の値と一緒に表 7.1 に示す [2].ここで,$CeCu_2Si_2$ は超伝導体,$CeAl_3$ は常磁性体である.[4] これらの温度依存性は通常金属(Fermi 液体)で期待されるものであるが,重い電子の特徴を反映し,電子比熱係数は銅などと比べ 2 桁ないし 3 桁大きい(電気抵抗の A 係数は通常金属より数桁大きい).面白いことに,それらの間には $A \propto \gamma^2$ の関係が成り立っている.これらの物質の基底状態がまったく異なるにもかかわらず,比 A/γ^2 が一定となることは何を意味しているのであろうか? これを理解するため,比熱および電気抵抗の温度依存性を次のように書き表す.

$$C(T) = \gamma T = b\frac{T}{T_K} = \frac{b}{T_K}T \tag{7.1}$$

$$\rho(T) = AT^2 = a\left(\frac{T}{T_K}\right)^2 = \frac{a}{T_K^2}T^2 \tag{7.2}$$

$$A/\gamma^2 = (a/T_K^2)/(b/T_K)^2 = a/b^2 = \text{const.} \ (\sim 1 \times 10^{-5}) \tag{7.3}$$

A や γ は物質に固有の物理量であるが,a および b は物質に依らない(ユニバーサルな)定数である.これから分かるように,比 A/γ^2 が一定であることは,比熱や電気抵抗の温度依存性が 1 つの(物質固有の)パラメータ T_K によってスケールされることを意味する.

表 7.1 典型的近藤格子物質の低温物性.A は電気抵抗の T^2 係数,γ は電子比熱係数 [2].低温で超伝導を示す $CeCu_2Si_2$ の A は,常伝導状態から評価されたものである.

	CeB_6	$CeCu_2Si_2$	$CeAl_3$
A ($\mu\Omega$ cm/K^2)	0.832	10	35
γ (mJ/K^2 mole)	2.5×10^2	1×10^3	1.6×10^3
A/γ^2	1.3×10^{-5}	1.0×10^{-5}	1.3×10^{-5}

---

[4] $CeAl_3$ については,脚注 5) を参照されたい.

この"普遍性"は，最初上記の3つの典型例について見出され[2]，その後，さらに多くの物質について成り立つことが示された（「門脇-Woodsの関係」と呼ばれる）[7]．この相関の起因を考える上で（7-6節参照），4重項基底状態をもつCeB_6が2重項基底状態のCe化合物と同じ直線にのっていることに注意する必要がある．これは，門脇-Woods関係の起因が結晶場基底状態の縮退度とは無関係であることを示す．

7-1-3　$CeCu_6$における近藤格子の形成

CeB_6に対するLa希釈効果の研究手法は，$CeAl_2$や$CeCu_6$にも適用された．その結果，CeB_6系と同様の希釈効果が観測された．一方，$CeCu_6$が，CeB_6や$CeAl_2$とは異なり，低温まで磁気秩序を示さないことも明らかとなった．即ち，$CeCu_6$は$CeAl_3$に次ぐ第2の（磁気秩序を示さない）近藤格子系である．[5] 本項では$CeCu_6$系について少し詳しく見ていく．

$CeCu_6$の磁化率と比熱の温度依存性を見てみよう．図7.4に$Ce_xLa_{1-x}Cu_6$の$\gamma(T) \equiv C_m(T)/T$と$\chi(T)$を示す（$C_m$は磁気成分を表す）[8, 9]．$T < 1$ Kの温度領域で式(3.27)，式(3.28)の関係が成り立っている．ただし，その絶対値は普通の金属の値$\gamma \sim 1$ mJ/K^{2}mole，$\chi \sim 10^{-4}$ emu/moleに比べて10^3倍程度大きい．電子数密度は同程度であるので，式(3.29)の関係より電子の有効質量が$m^* \sim 10^3 m$であることを意味する．そのとき，式(3.30)のFermi温度は$T_F^* \sim 10$ Kで与えられる．即ち，重い電子が$T < 1$ K $\ll T_F^*$の低温において出現する．

図7.4の磁化率は$T > 10$ Kの広い温度領域においてほぼCurie則に従っている．

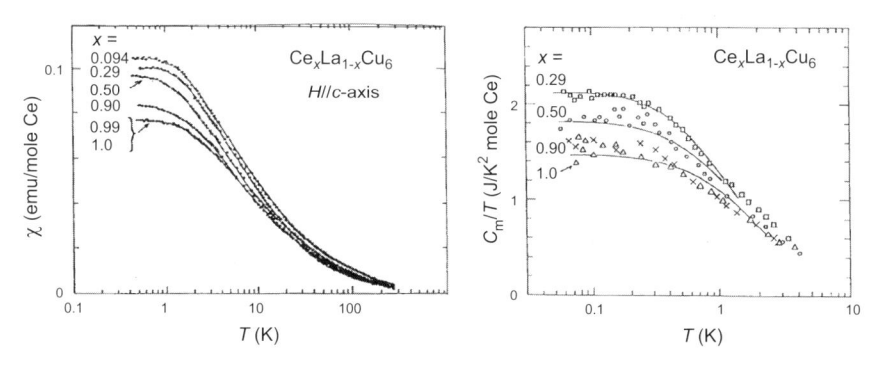

図 7.4　$Ce_xLa_{1-x}Cu_6$の磁化率（左）と比熱（右）の温度依存性 [8, 9]．

---

[5] $CeAl_3$は，$CeAl_2$と同様の反強磁性体であるとする研究も報告されている．僅かの結晶の質の違いにより，非磁性になったり磁性を持つようになったりする．

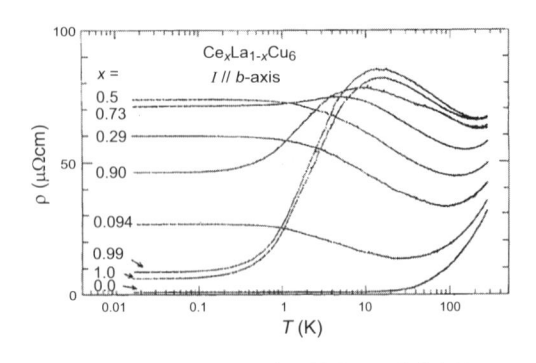

図 7.5 $Ce_xLa_{1-x}Cu_6$ の電気抵抗率の温度依存性 [8].

即ち，その温度では局在した磁気モーメントが顕在化していることを示す．磁気モーメントの縮退度を 2（有効スピンで記述可能と仮定）とすると磁気モーメントが独立であれば 1 個当たりのエントロピーは $k_B \ln 2$ である．普通の金属では電子 1 個当たりのエントロピーがこの程度の大きな値に達する温度は $T \sim T_F \sim 10^4$ K である．重い電子系では $T < T_F$ の広い温度範囲において局在磁気モーメントが存在し，それが $T < T_F^* \ll T_F$ において消失し Fermi 液体になったと考えることができる．Fermi 液体の比熱は $C_V \simeq \gamma T$ であるから，$C_V = T(\partial S/\partial T)_V$ の関係より，エントロピー S も同じく γT と表せる．高温で顕在化した磁気モーメントが T_F^* 程度の温度まで生き残っていて大きなエントロピーを与えていたのが，$T < T_F^*$ において T に比例して急激にゼロに向かうので $\gamma = C_V/T$ が大きな値をもつのである（図 3.7 参照）．

さて，重い電子系が金属であることはその電気抵抗率 ρ の低温領域での温度依存性から見ることができる．図 7.5 には，例として $Ce_xLa_{1-x}Cu_6$ の場合を示す [8]．$T < 10$ K で $\rho(T)$ は金属的に振舞うことがわかる．しかし，$T > 10$ K で $\rho(T) \propto -\ln T$ のような温度依存性を示す点が普通の金属とは異なる．これは，前章で論じた近藤効果の振舞いと同じであり，各格子点で独立にふらふらしている局在磁気モーメントが存在することを意味する．

7-1-4　近藤-芳田 1 重項から重い準粒子バンドの形成

CeB_6 および $CeCu_6$ の 2 つの例から明らかなように，1 不純物の近藤-芳田 1 重項状態は，格子を組んでも，（十分低温では）Fermi 液体の性質を保持している．磁性不純物としての Ce が含まれていない場合の状態密度は，幅の広い通常の金属と同じである．これに僅か 1 個の Ce 原子を不純物として入れただけで，"Fermi の海" は大きな影響を受け（Fermi 面の不安定性），Fermi 準位近傍に巨大な AS 共鳴の状態

密度が生じる（図 6.13 参照）.[6] Ce の濃度を増していくと，水素原子から金属水素が形成されていく過程と同じように，Ce サイト近傍に形成された共鳴状態がバンドを形成する．通常のバンドと同じように，準粒子バンドも複雑な状態密度のエネルギー依存性を示すであろうが，Fermi 準位近傍に大きな状態密度が存在することに変わりはない．

Fermi 体積（波数空間で Fermi 面が囲む体積）を考えよう．1 不純物の場合に対し，位相シフトを与える式 (6.31) において $Z=1$ および（s 波散乱に対し）$l=0$ と置くことにより，次式を得る．

$$\frac{2\delta_0}{\pi} = 1 \tag{7.4}$$

これは，不純物の近傍に，1 個の（局在）伝導電子が存在することを示す．一方，近藤格子では，Fermi 体積 V_{FS} に対し，次式が成り立つ．

$$2\frac{V_{\mathrm{FS}}}{(2\pi)^3} = n_e + n_{\mathrm{spins}} \tag{7.5}$$

ここで，n_e は伝導電子の数を表し，n_{spins} は"局在"スピンの数を表す．Fermi 体積 V_{FS} の中に n_{spins} が含まれていることは，"局在"スピンの起源である $4f$ 電子は真に局在しているわけではなく，電荷を持った粒子として（低温で）結晶中を動き回っていることを意味する．但し，その速さ（Fermi 速度）は音速と同程度に遅くなっている．

電子の遍歴・局在は，Fermi 体積の大きさで判別可能である．しかし，これを実験的に正確に決めることは（現状では）難しい．

7-2　重い電子の起源——直観的説明

なぜ Ce や U などを含む金属化合物で重い電子が現れるのだろうか？　物理的描像が比較的はっきりしている Ce 化合物について考えてみよう．Ce は希土類の 2 番目の元素であり，重い電子の性質を示す系では，Ce^{3+} に近い価数の状態にある．即ち，[$\cdots 5s^2 5p^6$（Xe の閉殻構造）$+ 4f^1$] の電子配置をとっている．$4f^1$ の波動関数は原子核から Bohr 半径より内側にピークをもち非常に局在性がよい（図 5.1 参照）[10]．また，スピン軌道相互作用の影響が大きく，図 2.5 に示したように，全角運動

---

[6] 金属中の電子間に無限小の引力を導入しただけで，基底状態は常伝導状態から超伝導に劇的に変わる．これも"Fermi 面の不安定性"の典型例である．

量 $J \equiv L + S$ が $J = 7/2$ と $J = 5/2$ とに 3000 K 程度分裂している. $J = 5/2$ の基底多重項 (6 重縮退) は, さらに結晶場の効果によって, 多くの場合 3 つの Kramers 2 重項に分裂する. 結晶場分裂の大きさ Δ_1, Δ_2 は物質ごとに異なるが, 一般に 100 K 程度であり, $4f^1$ 軌道の局在性がよいためスピン軌道相互作用による分裂に比べればはるかに小さい.

図 5.1 のように $4f$ 電子の局在性がよいので, 同じ軌道にもう 1 つ電子が入る場合には $4f$ 電子間に大きな Coulomb 斥力 U_f (1 Ry ∼ 13.6 eV) が働く (図 3.8 および図 3.9 を参照).[7] Fermi 準位 E_F $(=\mu)$ と $4f^1$ 状態のエネルギー準位 E_f の差 $(E_F - E_f)$ が U_f に比べて充分小さければ (図 3.9(a) 参照), $4f$ 軌道は近似的に 1 個の電子により占拠され結晶場の基底 2 重項のどちらかの状態にあるといってよいだろう. 基底 2 重項の自由度を有効スピン (以下では, 混同のおそれがないときは単に「スピン」と呼ぶ) で表すと,「スピン」が顕在化したといえる. 即ち, 7-1 節の大きなエントロピー $k_B \ln 2$ が現れるのである.

もちろん, $4f$ 電子の局在性がよいとはいっても, 波動関数のすそは Ce イオンの外に向かって延びているために (図 5.1) 周囲のイオンの電子から構成される伝導電子と cf 混成するので $4f^1$ 準位は幅 $k_B T_K$ をもつ. 上で「充分小さければ」というとき, それは

$$U_f - (E_F - E_f) \gg k_B T_K, \text{ かつ } E_F - E_f \gg k_B T_K \tag{7.6}$$

を意味する. また, cf 混成を通じて「スピン」は反転することができるから,「スピン」が一定の成分を保持できるのは時間間隔 $\hbar/k_B T_K$ に限られる. 従って, 前述の T_F^* (図 3.7 参照) は, $T_F^* \sim T_K$ で与えられる. なぜなら, 不確定性の関係より, 励起エネルギー $k_B T$ をもつ状態の寿命は $\hbar/(k_B T)$ より短くなりえないので, 温度 $T \ll T_K$ で問題となる励起状態では「スピン」は平均するとならされて消失しているからである.

$4f^1$ 準位の幅 $k_B T_K$ は, Ce イオンが不純物として存在するときには, 近藤温度 T_K (式 (6.90)) で与えられる. Ce イオンが各格子点に存在するときはくりこみを受けてセルフコンシステントに決まるが, やはり $k_B T_K$ 程度の大きさにとどまる. いずれにせよ, Ce イオンの $4f$ 電子の U_f は大きく $T_K (\ll T_F)$ は小さいので, 条件 (7.6) と小さな T_F^* が実現し易くなっているのである.

---

[7] このことは水素原子の基底状態のエネルギーは (原子核と電子の) ポテンシャルエネルギーの平均値の 2 倍で与えられること (Virial の定理) と, $4f$ 電子の平均間隔が Bohr 半径 r_B の 2 倍程度であることから理解できる. 即ち, $U_f \sim e^2/2r_B = 13.6$ eV と評価できる.

7-3　断熱接続と Fermi 液体

付録 D-2 節で論じるように Fermi 多体系の波数ベクトル $\bm{k}$ で指定される励起状態は，例えば 1 体の遅延 Green 関数 $G^{\mathrm{R}}_\sigma(\bm{k},\omega)$ の ω に関する極で与えられる．しかし，一般にはスペクトル密度は式 (D.26) のように幅をもち，式 (D.27) のように ω の極は虚数部をもつ．式 (D.19) のスペクトル表示を見ると幅のない励起状態の重ね合わせで表せているので，極が虚数部をもつのは不思議な気がするが，一定の波数ベクトル（結晶運動量）をもつ励起状態が縮退していてそれらの間でお互いに遷移し合うからである．しかし，その遷移の起こる確率がなにかの理由で大きく制限される場合には，その幅は励起エネルギーに比べて小さくなることが可能である．

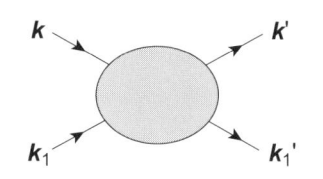

図 7.6　Fermi 粒子の 2 体散乱過程．

まず，自由 Fermi 気体を考える．この基底状態では Fermi 球の内側の 1 体状態はすべて占拠されている．Fermi 球の表面の近傍に波数 $\bm{k}$ $(k \gtrsim k_\mathrm{F})$ をもつ粒子を付け加えた状態は，付録 D-2 節で出てくる $|m\rangle$ の特殊な場合に当っている．つぎに，この系に斥力相互作用を断熱的に（ゆっくり）加えることを考える．波数 $\bm{k}$ をもつ 1 体状態は，一般に他の粒子と衝突して別の波数の状態に移る．その最も簡単な過程は図 7.6 に示すような 2 体散乱である．その遷移確率 $\gamma_{\bm{k}}$ は

$$\gamma_{\bm{k}} = \sum_{\bm{k}_1, \bm{k}', \bm{k}'_1} W(\bm{k}, \bm{k}_1, \bm{k}', \bm{k}'_1) f_{\bm{k}_1}(1 - f_{\bm{k}'})(1 - f_{\bm{k}'_1}) \delta(\bm{k} + \bm{k}_1 - \bm{k}' - \bm{k}'_1)$$
$$\times \delta(\xi_{\bm{k}} + \xi_{\bm{k}_1} - \xi_{\bm{k}'} - \xi_{\bm{k}'_1}) \tag{7.7}$$

で与えられる．ここで，$W(\bm{k}, \bm{k}_1, \bm{k}', \bm{k}'_1)$ は散乱確率を，$f_{\bm{k}}$ は Fermi 分布関数を表す．式 (7.7) の Fermi 分布関数の存在は Pauli の排他原理に起因するが，それが散乱の可能性を著しく制限することになる．もう 1 つの制限は，散乱過程におけるエネルギー保存則である．即ち，

$$\xi_{\bm{k}} + \xi_{\bm{k}_1} = \xi_{\bm{k}'} + \xi_{\bm{k}'_1} \tag{7.8}$$

が満足される必要があるが，これと排他原理を組み合わせると $\xi_{\bm{k}_1} < 0$ および $0 < \xi_{\bm{k}'}, \xi_{\bm{k}'_1}$ の制限が付く．Fermi 準位 ε_F より上の準位（$\xi > 0$）は空いており，下の準位（$\xi < 0$）は詰まっているからである．これらの条件と式 (7.8) を同時に満たそうとすると，$-\xi_{\bm{k}} < \xi_{\bm{k}_1} < 0$ かつ $0 < \xi_{\bm{k}'} < \xi_{\bm{k}}$ の制限がつく．そのため，詳しい計算を

しなくても，利用できる k 空間の体積の見積もりから，図 7.6 の過程の遷移確率は ξ_k^2 に比例することがわかる．即ち，波数 k をもつ上の状態のエネルギーは ξ_k，崩壊率は $\gamma_k = \text{const} \times \xi_k^2$ で与えられる．もちろん，ξ_k^2 の前の係数 const は散乱確率 W（相互作用の大きさ）に依存する．しかし，$k \to k_\mathrm{F}$（$\xi_k \to 0$）の極限では相互作用の大きさによらず

$$\gamma_k = \text{const} \times \xi_k^2 \ll |\xi_k| \tag{7.9}$$

である．[8] つまり，$k \simeq k_\mathrm{F}$ の粒子は相互作用が加わってもなかなか波数ベクトル k を変えない訳である．[9]

しかし，摂動論の一般的枠組みから分かるように，遷移が起きなくてもエネルギーレベルのシフトは起こる [13]．即ち，エネルギーの波数依存性は $\varepsilon_k = \hbar^2 k_\mathrm{F}(k-k_\mathrm{F})/m + \varepsilon_\mathrm{F}$ から変化して $\tilde{\varepsilon}_k = \hbar^2 k_\mathrm{F}(k-k_\mathrm{F})/m^* + \mu$ となる．つまり，質量が $m \to m^*$ のように「くりこまれる」のである．後述するように，Fermi 波数 k_F は「くりこみ」を受けないことに注意しよう．この「くりこまれた」エネルギーを用いても遷移確率の計算は行うことができて，式 (7.9) において ξ を $\tilde{\xi}$ で置き換えたものが得られるだけである．従って，この波数ベクトル k をもつ状態は 3-2-2 項で述べた「準粒子」の資格をもっている．

もちろん現実の系では最初から相互作用は働いている．にもかかわらず，「上のような相互作用を断熱的に加える方法は，Fermi 波数の近傍に粒子を 1 個つけ加えて出来る状態に関する限り（その遷移確率が漸近的にゼロとなるため充分ゆっくり行うことができるので），現実の系の状態をよく表している」と考えることができるだろう．それが Landau の「Fermi 液体」の思想であり [14, 15]，強い相互作用のある系を理解するのに有効な「断熱接続」という理論的手法の原点となった [16]．

この考え方は，Fermi 球から 1 個粒子を取った状態についても適用できる．従って，自由 Fermi 気体の励起状態を粒子・ホール対として記述するやり方は，相互作用のある系に対しても低エネルギーの励起状態に関する限り有効である．即ち，「準粒子」の分布によって低励起状態を記述することができる訳である．この「準粒子」は，Fermi 粒子が相互作用の衣を着たものであるから，Fermi 統計に従う．これが式 (3.27)-(3.29) の関係が成り立つ理由である．

---

[8] このことは 3 体以上の散乱過程を考えても変わらない．その場合，k 空間の制限がより厳しくなり，γ は ξ のさらに高次のベキに比例するからである．また，空間が 2 次元のときは，対数的な補正因子がついて，$\gamma_k \propto \xi_k^2 / \ln|\varepsilon_\mathrm{F}/\xi_k|$ となるが [11]，やはり，$\gamma_k \ll |\xi_k|$ は成立し，Fermi 液体の描像は正しい．しかし，1 次元では Fermi 液体の描像は破綻する [12]．

[9] 相互作用は波数ベクトル（結晶運動量）を保存することに注意されたい．

7-4　Green関数による準粒子の表現

相互作用のある系の遅延 Green 関数 G^{R} を具体的に求めるには，Feynman ダイアグラムを用いた摂動展開により松原 Green 関数をもとめ，さらに付録 D で論じるように解析接続するのが普通である [14]．その詳細については本書では割愛せざるを得ない．しかし，そのようにして得られる G^{R} は一般に

$$G^{\mathrm{R}}_\sigma(\boldsymbol{k},\omega) = \frac{1}{\omega - \xi_{\boldsymbol{k}} - \Sigma^{\mathrm{R}}_\sigma(\boldsymbol{k},\omega)} \tag{7.10}$$

の形に書ける．Σ^{R} は自己エネルギーと呼ばれ，相互作用の効果を表す．3-4 節の議論によれば，Fermi 波数近傍（従って，Fermi 準位近く）での G^{R} が「準粒子」を記述するはずである．

その性質を見るため，Σ^{R} を

$$\Sigma^{\mathrm{R}}(\boldsymbol{k},\omega) \simeq \Sigma^{\mathrm{R}}(\boldsymbol{k}_{\mathrm{F}},0) + \frac{\partial \Sigma^{\mathrm{R}}}{\partial \omega}\omega + \frac{\partial \Sigma^{\mathrm{R}}}{\partial \boldsymbol{k}} \cdot (\boldsymbol{k}-\boldsymbol{k}_{\mathrm{F}}) + i\mathrm{Im}\Sigma^{\mathrm{R}}(\boldsymbol{k}_{\mathrm{F}},\omega) \tag{7.11}$$

のように展開する．これを式 (7.10) に代入すると，$\omega \sim 0$，$\boldsymbol{k} \sim \boldsymbol{k}_{\mathrm{F}}$ において

$$G^{\mathrm{R}}_\sigma(\boldsymbol{k},\omega) \simeq \frac{z_{\boldsymbol{k}}}{\omega - \tilde{\xi}_{\boldsymbol{k}} + i\tilde{\gamma}_{\boldsymbol{k}}} \tag{7.12}$$

となる．ここで，

$$z_{\boldsymbol{k}} \equiv \left(1 - \frac{\partial \Sigma^{\mathrm{R}}}{\partial \omega}\right)^{-1} \tag{7.13}$$

$$\tilde{\xi}_{\boldsymbol{k}} \equiv z_{\boldsymbol{k}}\left[\xi_{\boldsymbol{k}} + \frac{\partial \Sigma^{\mathrm{R}}}{\partial \boldsymbol{k}} \cdot (\boldsymbol{k}-\boldsymbol{k}_{\mathrm{F}})\right] \tag{7.14}$$

$$\tilde{\gamma}_{\boldsymbol{k}} \equiv -z_{\boldsymbol{k}}\mathrm{Im}\Sigma^{\mathrm{R}}(\boldsymbol{k}_{\mathrm{F}},\tilde{\xi}_{\boldsymbol{k}}) \tag{7.15}$$

である．また，化学ポテンシャル μ は次式で決まる．[10]

$$\mu = \varepsilon_{\boldsymbol{k}_{\mathrm{F}}} + \Sigma^{\mathrm{R}}(\boldsymbol{k}_{\mathrm{F}},0) \tag{7.16}$$

遅延 Green 関数 (7.12) は確かに式 (D.27) の形をしていて，自由 Fermi 気体に対する表式 (D.10) が一般化されている．分子の $z_{\boldsymbol{k}}$ は「くりこみ因子」と呼ばれ，1粒子スペクトルに占める準粒子の割合を表す．即ち，$\boldsymbol{k} \sim \boldsymbol{k}_{\mathrm{F}}$ をもつ粒子のうちで

---

[10] $\xi_{\boldsymbol{k}} \equiv (\varepsilon_{\boldsymbol{k}} - \mu)$ において，化学ポテンシャル μ は相互作用の効果を含んだものであることに注意．

準粒子として記述できる部分の割合を示す．従って，$T=0$ での 1 粒子の波数分布 $n_\sigma(\bm{k}) \equiv \langle c_{\bm{k}\sigma}^\dagger c_{\bm{k}\sigma}\rangle$ は相互作用があっても $\bm{k}=\bm{k}_{\rm F}$ において $z_{\bm{k}_{\rm F}}$ だけの不連続を示すことが期待される（図 3.18(b) 参照）．実際，式 (D.19) を用いると

$$n_\sigma(\bm{k}) = \langle 0|c_{\bm{k}\sigma}^\dagger c_{\bm{k}\sigma}|0\rangle = \sum_n \langle 0|c_{\bm{k}\sigma}^\dagger|n\rangle\langle n|c_{\bm{k}\sigma}|0\rangle$$

$$\sum_n |\langle n|c_{\bm{k}\sigma}|0\rangle|^2 = -\frac{1}{\pi}\int_{-\infty}^0 d\omega {\rm Im} G_\sigma^{\rm R}(\bm{k},\omega+i\delta) \tag{7.17}$$

となるが，$\bm{k} \simeq \bm{k}_{\rm F}$ での漸近形 (7.12) を用いて ω 積分を実行すると（$\gamma \propto \xi^2$ に注意），

$$n_\sigma(\bm{k}_{\rm F}^-) - n_\sigma(\bm{k}_{\rm F}^+) = z_{\bm{k}_{\rm F}} \tag{7.18}$$

を得る．ここで，$\bm{k}_{\rm F}^{+(-)}$ は Fermi 面上の外（内）側の波数を意味する．即ち，波数 $\bm{k}$ をもつ粒子数 $n_\sigma(\bm{k})$ は，$\bm{k}=\bm{k}_{\rm F}$ において，準粒子で記述できる成分 $z_{\bm{k}_{\rm F}}$ だけの不連続を示す．これは Fermi 準位近傍の準粒子は自由 Fermi 気体のように Fermi 分布関数に従うことを意味する．

つまり，相互作用が働く場合にも Fermi 面は $n_\sigma(\bm{k})$ が不連続を示す $\bm{k}$ 空間の曲面として存在する．Fermi 波数 $k_{\rm F}$ は「くりこみ」を受けないことは，最初 Landau の物理的直観により仮定されたが，Green 関数を用いてその正しさは証明された．実際，粒子数密度は準粒子の描像が成り立つ限り，

$$\frac{N}{V} = 2\sum_{\bm{k}} \theta(G^{\rm R}(\bm{k},0)) \tag{7.19}$$

となることが示される．[11] この式は，$G^{\rm R}(\bm{k},0) > 0$，即ち（Fermi 準位から測った）準粒子のエネルギー (7.14) が $\xi_{\bm{k}} < 0$ を満足する $\bm{k}$ 空間の体積は相互作用の有無に依存しないことを意味する．つまり，空間が等方的な系では Fermi 波数 $k_{\rm F}$ は「くりこみ」を受けない．現実の金属のように異方的な系では，Fermi 波数ベクトル $\bm{k}_{\rm F}$ は「くりこみ」を受けるが，Fermi 面で囲まれる領域の体積は不変である（Landau-Luttinger の定理と呼ばれる）．このことにより，「$T=0$ では Fermi 統計に従う「準粒子」が Fermi 面の内側を占拠しており，低温の性質は「準粒子」Fermi 気体として理解できる」という描像の正しさが保証されるのである．

---

[11] この関係は厳密に証明できるが，本書のレベルを超えているので詳細は省略する．証明に興味のある読者は，文献 [14] の 4 章を参照されたい．

7-5 Fermi 液体としての重い電子系 [17]

7-5-1 周期的 Anderson モデル

本項では重い電子系の標準的なモデルの1つである「周期的 Anderson モデル」の背景について考える．立方晶の場合を仮定して話を進める．第2章で議論したように立方晶の場合 f 電子の結晶場状態は Γ_7 と Γ_8 に分かれるが，Γ_7 が基底状態で結晶場分裂が T_F^* より十分大きく f 電子の状態としては基底状態だけを考慮すればよい状況を考える．Γ_7 の状態は角運動量の固有状態 $|j, j_z\rangle$ を用いると

$$|\Gamma_7 \pm\rangle = \frac{1}{\sqrt{6}}\left|\frac{5}{2}, \pm\frac{5}{2}\right\rangle - \sqrt{\frac{5}{6}}\left|\frac{5}{2}, \mp\frac{3}{2}\right\rangle \tag{7.20}$$

と表せる．まず，伝導電子との混成に関して f イオン1中心の問題を考える．簡単のため伝導電子は平面波で近似できるとすると，f イオンの中心を原点にとったときの f 電子 $|\Gamma_7 \pm\rangle$ と伝導電子 $|\bm{k}\sigma\rangle$ の混成行列要素は，

$$\begin{cases} V_{k7+\uparrow} = v_7(k)\left[-\frac{1}{\sqrt{42}}Y_3^{+2}(\hat{\bm{k}}) + \frac{5}{\sqrt{42}}Y_3^{-2}(\hat{\bm{k}})\right]^* \equiv V_{\bm{k}1} \\ V_{k7-\uparrow} = v_7(k)\left[-\frac{1}{\sqrt{7}}Y_3^{-3}(\hat{\bm{k}}) + \frac{\sqrt{10}}{\sqrt{42}}Y_3^{+1}(\hat{\bm{k}})\right]^* = V_{\bm{k}2}^* \\ V_{k7+\downarrow} = v_7(k)\left[\frac{1}{\sqrt{7}}Y_3^{+3}(\hat{\bm{k}}) - \frac{\sqrt{10}}{\sqrt{42}}Y_3^{-1}(\hat{\bm{k}})\right]^* \equiv -V_{\bm{k}2} \\ V_{k7-\downarrow} = v_7(k)\left[\frac{1}{\sqrt{42}}Y_3^{-2}(\hat{\bm{k}}) - \frac{5}{\sqrt{42}}Y_3^{+2}(\hat{\bm{k}})\right]^* = V_{\bm{k}1}^* \end{cases} \tag{7.21}$$

と表すことができる．ここで，波数 $\bm{k}$，スピン $|\sigma\rangle$ の平面波状態は

$$|\bm{k}\sigma\rangle = \sqrt{4\pi}\sum_{l=0}^{\infty}\sum_{m=-l}^{l}i^l Y_l^{m*}(\hat{\bm{k}})\sqrt{4\pi}j_l(kr)Y_l^m(\hat{\bm{r}})|\sigma\rangle \tag{7.22}$$

であり，$|j=5/2, j_z\rangle$ ($\ell=3, s=1/2, j=5/2$) は

$$|5/2, j_z\rangle = -\sqrt{\frac{\frac{7}{2}-j_z}{7}}Y_3^{j_z-\frac{1}{2}}(\hat{\bm{r}})|\alpha\rangle + \sqrt{\frac{\frac{7}{2}+j_z}{7}}Y_3^{j_z+\frac{1}{2}}(\hat{\bm{r}})|\beta\rangle \tag{7.23}$$

であることを用いた．[12] つぎに f イオンが周期的に並んでいる場合に拡張する．i サイトの f 電子の $m(=7\pm)$ 状態を $|im\rangle$ と表すことにすると，

$$\langle im|\bm{k}\sigma\rangle = \langle im|e^{i\bm{k}\cdot\bm{r}}|\sigma\rangle = e^{i\bm{k}\cdot\bm{r}_i}\underbrace{\langle im|e^{i\bm{k}\cdot(\bm{r}-\bm{r}_i)}|\sigma\rangle}_{\equiv V_{\bm{k}m\sigma}} \tag{7.24}$$

---

[12] $(-1)^{l-m}Y_l^{-m} = (Y_l^m)^*$ の関係に注意されたい（文献 [13] の §28 参照）．

の関係が成り立つ．従って，N 個の f 電子（サイト i と状態 m で指定）と伝導電子（波数 $\bm{k}$ とスピン σ で指定）の混成項は

$$\sum_{\bm{k}\sigma}\sum_{im}\langle im|\bm{k}\sigma\rangle c^\dagger_{\bm{k}\sigma}f_{im} + \text{h.c.} = \sum_{\bm{k}\sigma}c^\dagger_{\bm{k}\sigma}\sum_{im}e^{i\bm{k}\cdot\bm{r}_i}V_{\bm{k}m\sigma}f_{im} + \text{h.c.} \tag{7.25}$$

$$= \sum_{\bm{k}\sigma}\sum_m c^\dagger_{\bm{k}\sigma}V_{\bm{k}m\sigma}\underbrace{\sum_i e^{i\bm{k}\cdot\bm{r}_i}f_{im}}_{\equiv f_{\bm{k}m}} + \text{h.c.} \tag{7.26}$$

$$= \sum_{\bm{k}m\sigma}V_{\bm{k}m\sigma}c^\dagger_{\bm{k}\sigma}f_{\bm{k}m} + \text{h.c.} \tag{7.27}$$

のように変形できる．従って，(相互作用しない) f 電子と伝導電子とが混成する系のハミルトニアン $\mathcal{H}_0$ は

$$\mathcal{H}_0 = \sum_{\bm{k}\sigma}\xi_{\bm{k}}c^\dagger_{\bm{k}\sigma}c_{\bm{k}\sigma} + \sum_{\bm{k}m}E_f f^\dagger_{\bm{k}m}f_{\bm{k}m} + \sum_{\bm{k}m\sigma}\left(V_{\bm{k}m\sigma}c^\dagger_{\bm{k}\sigma}f_{\bm{k}m} + \text{h.c.}\right) \tag{7.28}$$

と表すことができる．一定の $\bm{k}$ の部分を取り出すと

$$\xi_{\bm{k}}(c^\dagger_{\bm{k}\uparrow}c_{\bm{k}\uparrow} + c^\dagger_{\bm{k}\downarrow}c_{\bm{k}\downarrow}) + E_f(f^\dagger_{\bm{k}7+}f_{\bm{k}7+} + f^\dagger_{\bm{k}7-}f_{\bm{k}7-})$$
$$+ [V_{\bm{k}1}c^\dagger_{\bm{k}\uparrow}f_{\bm{k}7+} + V^*_{\bm{k}2}c^\dagger_{\bm{k}\uparrow}f_{\bm{k}7-} - V_{\bm{k}2}c^\dagger_{\bm{k}\downarrow}f_{\bm{k}7+} + V^*_{\bm{k}1}c^\dagger_{\bm{k}\downarrow}f_{\bm{k}7-}] \tag{7.29}$$

となるが，2 行目の $[\cdots]$ はカノニカル変換（従って Fermi の交換関係を満たす）

$$c^\dagger_{\bm{k}7+} \equiv \frac{V_{\bm{k}1}c^\dagger_{\bm{k}\uparrow} - V_{\bm{k}2}c^\dagger_{\bm{k}\downarrow}}{\sqrt{|V_{\bm{k}1}|^2 + |V_{\bm{k}2}|^2}}, \quad c^\dagger_{\bm{k}7-} \equiv \frac{V^*_{\bm{k}2}c^\dagger_{\bm{k}\uparrow} + V^*_{\bm{k}1}c^\dagger_{\bm{k}\downarrow}}{\sqrt{|V_{\bm{k}1}|^2 + |V_{\bm{k}2}|^2}} \tag{7.30}$$

で定義される伝導電子の生成演算子を用いると，

$$[\cdots] = \sqrt{|V_{\bm{k}1}|^2 + |V_{\bm{k}2}|^2}\left[c^\dagger_{\bm{k}7+}f_{\bm{k}7+} + c^\dagger_{\bm{k}7-}f_{\bm{k}7-}\right] \tag{7.31}$$

と表すことができる．また，式 (7.29) の第 1 項のカッコの中は

$$(c^\dagger_{\bm{k}\uparrow}c_{\bm{k}\uparrow} + c^\dagger_{\bm{k}\downarrow}c_{\bm{k}\downarrow}) = (c^\dagger_{\bm{k}7+}c_{\bm{k}7+} + c^\dagger_{\bm{k}7-}c_{\bm{k}7-}) \tag{7.32}$$

と変形できる．結局，ハミルトニアン $\mathcal{H}_0$ は結晶場基底状態 Γ_7 の 2 重項を示すラベル $m(=7\pm)$ を用いて

$$\mathcal{H}_0 = \sum_{\bm{k},m=7\pm}\left[\xi_{\bm{k}}c^\dagger_{\bm{k}m}c_{\bm{k}m} + E_f f^\dagger_{\bm{k}m}f_{\bm{k}m} + V_{\bm{k}}(c^\dagger_{\bm{k}m}f_{\bm{k}m} + \text{h.c.})\right] \tag{7.33}$$

と表すことができる．ここで，$V_{\bm{k}} \equiv \sqrt{|V_{\bm{k}1}|^2 + |V_{\bm{k}2}|^2}$ は式 (7.21) のように $V_{\bm{k}1}, V_{\bm{k}2}$ の $\bm{k}$ 依存性を通じて一般に波数ベクトル $\bm{k}$ の依存性をもつことに注意されたい．[13]

周期的 Anderson モデルは，$\mathcal{H}_0$ にオンサイトでの f 電子間 Coulomb 相互作用（$= U \sum_{imm'} f_{im}^\dagger f_{im} f_{im'}^\dagger f_{im'}$）を加えたものである．そのハミルトニアン $\mathcal{H}_{\mathrm{PAM}}$ は，波数表示で書くと，

$$\mathcal{H}_{\mathrm{PAM}} = \sum_{\bm{k},m} \left[\xi_{\bm{k}} c_{\bm{k}m}^\dagger c_{\bm{k}m} + E_f f_{\bm{k}m}^\dagger f_{\bm{k}m} + (V_{\bm{k}} c_{\bm{k}m}^\dagger f_{\bm{k}m} + \text{h.c.}) \right]$$
$$+ \frac{U}{N} \sum_{\bm{k},\bm{k}',\bm{q}} f_{\bm{k}-\bm{q}+}^\dagger f_{\bm{k}'+\bm{q}-}^\dagger f_{\bm{k}'-} f_{\bm{k}+} \quad (7.34)$$

となる．このようにサイト当たりの f 電子数がほぼ1個で結晶場基底状態が Kramers 2重項でかつ励起エネルギーが有効 Fermi 温度より充分大きいときには，伝導電子も含めて結晶場基底のラベル $m(=7\pm)$ でレベルを整理できることになる．即ち，ラベル m を有効スピン（擬スピン）の2つの成分と見なすことができる．そして，この仮定は多くの Ce を含む重い電子系でよいと考えられるが，結晶場基底状態が (CeB$_6$ のように) 立方対称 Γ_8 の4重項であったり，U や Pr を含む系のようにサイト当りの f 電子数が2個を越えるようなときはそのままでは成り立たず，事情は複雑になる．

Coulomb 相互作用がない場合 ($U = 0$) は，式 (7.34) は簡単に対角化できて混成バンドを形成する（図 7.7 参照）．f 電子の Green 関数 $G_f^{(0)}$ は

$$G_f^{(0)}(\bm{k}, \omega) = \cfrac{1}{\omega - E_f - \cfrac{|V_{\bm{k}}|^2}{\omega - \xi_{\bm{k}}}} \quad (7.35)$$

と求まる．これの極 $\omega = E_{\bm{k}}^\pm$ が混成バンドの分散を与える．

$$E_{\bm{k}}^\pm = \frac{1}{2} \left[E_f + \xi_{\bm{k}} \pm \sqrt{(E_f - \xi_{\bm{k}})^2 + 4|V_{\bm{k}}|^2} \right] \quad (7.36)$$

---

[13] 結晶場基底状態が立方対称 Γ_7 の場合には $\bm{k}$ が [100], [010], [001] の方向に対して $V_{\bm{k}} = 0$ となる [18]．また，3方対称で結晶場基底が $|5/2, \pm 3/2\rangle$ の場合には [001] 方向で $V_{\bm{k}} = 0$ となり，CeNiSn において観測される異方的な近藤半導体・半金属的振舞いの起源となると考えられている [19]．

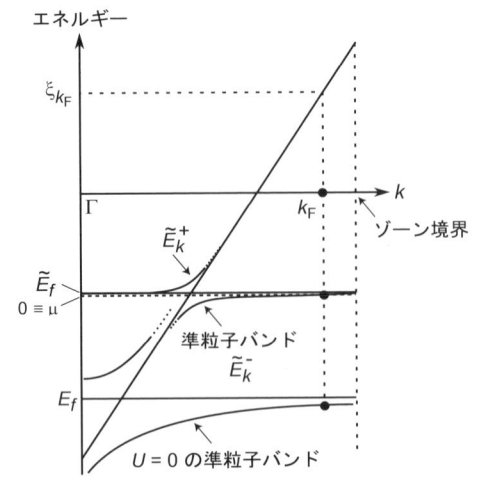

図 7.7 混成バンドと重い準粒子バンド.

7-5-2 準粒子としての重い電子

Coulomb 斥力 U の効果は，G_f^R において f 電子の準位 E_f の自己エネルギー Σ_f による補正として表せる：

$$G_f^\text{R}(\boldsymbol{k},\omega) = \cfrac{1}{\omega - E_f - \Sigma_f(\boldsymbol{k},\omega) - \cfrac{|V_{\boldsymbol{k}}|^2}{\omega - \xi_{\boldsymbol{k}}}} \tag{7.37}$$

Σ_f を式 (7.11) と同様に展開して，整理すると

$$G_f^\text{R}(\boldsymbol{k},\omega) \simeq \cfrac{a_f}{\omega - \tilde{E}_f + i\tilde{\gamma}_{\boldsymbol{k}}(\omega) - \cfrac{a_f|V_{\boldsymbol{k}}|^2}{\omega - \xi_{\boldsymbol{k}}}} \tag{7.38}$$

となる．ここで，

$$a_f \equiv \left(1 - \frac{\partial \Sigma_f}{\partial \omega}\right)^{-1} \tag{7.39}$$

$$\tilde{E}_f \equiv a_f[E_f + \Sigma_f(\boldsymbol{k},0)] \tag{7.40}$$

$$\tilde{\gamma}_{\boldsymbol{k}}(\omega) \equiv -a_f \text{Im} \Sigma_f(\boldsymbol{k}_\text{F},\omega) \tag{7.41}$$

である．式 (7.38) を $U=0$ に対する式 (7.35) と比べると，Fermi 準位近傍に関する限り，Coulomb 斥力の効果は混成行列要素と f レベルの「くりこみ」として現れる

ことがわかる．式 (7.38) の極が（$\tilde{\gamma}$ を無視すると）「準粒子」の分散を与える．[14]

$$\tilde{E}^{\pm}_{\bm{k}} = \frac{1}{2}\left[\tilde{E}_f + \xi_{\bm{k}} \pm \sqrt{(\tilde{E}_f - \xi_{\bm{k}})^2 + 4a_f|V_{\bm{k}}|^2}\right] \tag{7.42}$$

式 (7.42) より，重い電子（傾きの極端に小さなエネルギー分散）が実現するための必要条件は

$$a_f \ll 1 \tag{7.43}$$

であることがわかる．つまり，「くりこまれた cf 混成」（$a_f^{1/2}V_{\bm{k}}$）が強い Coulomb 斥力によって大きく抑えられる必要があるのである．一方，「くりこまれた f レベル」（$\tilde{E}_f$）の位置は「$\xi_{\bm{k}} < \tilde{E}_f$ の 2 重縮退した状態を占拠する伝導電子の数とサイト当たり 1 個詰めたときの f 電子の数の和が全電子数に等しくなる」ように決まるはずである（図 7.7 参照）．ここで，Landau-Luttinger の定理 (7.19) によって Fermi 波数 k_F は相互作用の効果を考慮しても不変に保たれることが重要な役割を演じていることに注意しよう．[15]　さて，「準粒子」は非常に弱い cf 混成でつくられる混成バンドであり，(重い電子が現れるような状況では) その成分はほとんど f 電子である．実際，f 電子の割合 $\tilde{A}^{\pm}_f(\bm{k})$ は

$$\tilde{A}^{\pm}_f(\bm{k}) = \left[1 + \frac{a_f|V_{\bm{k}}|^2}{(\tilde{E}^{\pm}_{\bm{k}} - \xi_{\bm{k}})^2}\right]^{-1} \tag{7.44}$$

で与えられるが，$a_f|V_{\bm{k}_\mathrm{F}}|^2/\xi^2_{\bm{k}_\mathrm{F}} \ll 1$ なので，図 7.7 のような場合には $|\tilde{A}^{\pm}_f(\bm{k}) - 1| \sim a_f|V_{\bm{k}_\mathrm{F}}|^2/\xi^2_{\bm{k}_\mathrm{F}} \ll 1$ である．

7-5-3　f 電子の 1 粒子スペクトル

次に，f 電子の 1 サイト当たり（波数で平均した）の 1 粒子スペクトル密度

$$\rho^f(\omega) \equiv -\frac{1}{\pi N}\sum_{\bm{k}} \mathrm{Im} G^\mathrm{R}_f(\bm{k}, \omega + i\delta) \tag{7.45}$$

の振舞いを調べよう（式 (D.23) 参照）．$\omega \sim 0$ では式 (7.38) と $a_f \ll 1$ を用いて

$$\rho^f(\omega) \simeq \sum_{\bm{k}} a_f\left[\delta(\omega - \tilde{E}^{+}_{\bm{k}}) + \delta(\omega - \tilde{E}^{-}_{\bm{k}})\right] \tag{7.46}$$

---

[14] $\tilde{E}_f$ の $\bm{k}$ 依存性は，以下の議論を見通しよくするため無視する．あとでその仮定がよいことが確かめられる．

[15] Landau-Luttinger の定理は混成バンドに対しても成り立つ．

となる．この値は $U=0$ のときとほとんど変わらない．即ち，準粒子の状態密度は増大しているが，粒子のスペクトルで見るとほとんど変化が見られない．状態密度の増大を 式 (7.46) に含まれる小さな因子 a_f が打ち消している訳である．準粒子が意味をもつのは $|\omega| < a_f |V_{\bm{k}}|^2/|\xi_{\bm{k}_{\rm F}}| = \Gamma \sim T_{\rm F}^*$ である．式 (7.46) を $|\omega| \lesssim \Gamma$ で積分すると $a_f (\ll 1)$ 程度の値になるから，式 (D.24) の和則によれば，準粒子が1粒子スペクトル密度に占める割合は（重い電子系では）非常に小さい．

$|\omega| > \Gamma$ での $\rho^f(\omega)$ の定性的振舞いは 式 (D.24) の和則を用いて議論できる．結晶場の2重縮退まで考慮すると，

$$\int_{-\infty}^{+\infty} d\omega \left[\rho_\uparrow^f(\omega) + \rho_\downarrow^f(\omega) \right] = 2 \tag{7.47}$$

が成り立つ．1つの f サイトについて f^1 と f^2 の電子配置のエネルギーを比べると，後者の方がほぼ Coulomb 斥力 U の分だけ大きい．7-2 節で論じたように f^1 に近い配置をとるときに重い電子が現れるとすると，これら2つのエネルギー準位は式 (7.47) を満たすように Fermi レベルを挟んで充分離れていなければならない（図 3.9 参照）．即ち，準粒子からの寄与も合わせると1粒子スペクトル密度は図 7.8 のようになる．

Fermi 液体の性質に直接関係するのは $\omega \sim 0$ の成分であるが，$\rho^f(\omega \sim E_f)$ の山は f 電子がほぼ1個詰まった状態に対応しており局在した有効スピンの1粒子的表現である．このように f 電子が Fermi 準位近傍の遍歴的な自由度と Fermi 準位から離れた局在的なそれとを併せもつことが重い電子系の特徴であり，「遍歴・局在の2重性」と呼ばれる [20]．そして，磁化過程に関連した現象など Fermi 液体からのはずれの効果を議論するとき重要となる．

ここまでは Green 関数の具体的な詳細に依らずにできる議論だけをしてきた．それでもいくつかの基本的なコンセプトが明らかとなったと思う．

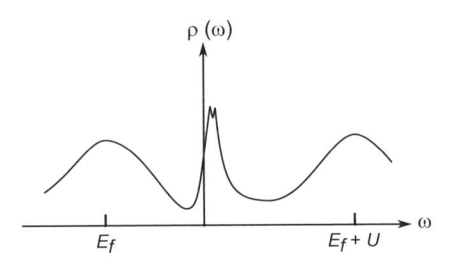

図 **7.8** f^1 の電子配置に近い重い電子系での1粒子スペクトル密度の振舞い．

7-5-4 Rice-上田の理論

本項では，なぜ $a_f \ll 1$ なのか，$\tilde{E}_f$ はどのように決まるか，という疑問に対して，ハミルトニアン (7.34) に対するくりこみ因子 a_f および $\tilde{E}_f$ を近似的に求めることを通じて答えていこう．

この問題に対して現在まで様々なアプローチが成されている．例えば，U_f に関する摂動展開（4次まで）[21]，f 電子の軌道およびスピン自由度の総和 N の逆数のベキについて展開する「$1/N$ 展開法」[22]，局所相関（自己エネルギーの振動数依存性）の効果を有効媒質中の1不純物問題の正確な解を用いてセルフコンシステントに決める「動的平均場理論（Dynamical Mean Field Theory，略して DMFT）」などがある．とりわけ，DMFT は第一原理（バンド）計算との組み合わせや非局所相関を取り込むように拡張することも可能で近年の発展が著しいが，詳細については総説 [23, 24] や教科書 [25] を参照されたい．本項では，後の議論とも関連するので，変分理論に基づいた Rice-上田の議論を紹介する [26]．

周期的 Anderson ハミルトニアン (7.34) の各項のうち，$U=0$ のときのハミルトニアンに対応する第1項を $\mathcal{H}_0$ と表し，第2項の相互作用を $U\sum_i n_{fi\uparrow}n_{fi\downarrow}$ のようにサイト表示で表す．Rice-上田は基底状態を変分的に求めるため変分波動関数

$$|\Psi\rangle = P_{n_f} P_\mathrm{G} |\Psi_0\rangle \tag{7.48}$$

を導入した．ここで，$|\Psi_0\rangle$ は（伝導電子と f 電子の総数が同じで）$U=0$ のときの基底状態を表し，P_{n_f} は n_f（サイト当たりの f 電子数の平均値）一定の状態への射影演算子，P_G は Gutzwiller の射影演算子と呼ばれ

$$P_\mathrm{G} \equiv \prod_i [1-(1-g)n_{fi\uparrow}n_{fi\downarrow}] \tag{7.49}$$

で定義される．式 (7.49) の [ ] の中は，i サイトが ↑ と ↓ の f 電子により2重に占拠されると g，その他のときは1に等しい．式 (7.48) を用いて求めた基底状態のエネルギー E_G は，n_f と g との関数であり，E_G が最小となるように n_f と g が定まる．$U=0$ なら $g=1$ であり，$U=\infty$ なら2重占拠が完全に禁止されるので $g=0$ である．即ち，変分パラメータ g は，斥力 U によって f 電子が避け合うことで2重占拠がどの程度抑えられるか，つまり電子相関の程度を表している．

式 (7.48) による相互作用エネルギーの平均は簡単に求まって

$$\frac{\langle\Psi|U\sum_i n_{fi\uparrow}n_{fi\downarrow}|\Psi\rangle}{\langle\Psi|\Psi\rangle} = UD \tag{7.50}$$

となる．D は2重占拠が生じている f サイト数の平均値である．サイト当たりの2重占拠の割合を d で表すことにすると（$d \equiv D/N$），確率的な計算により

$$g^2 = \frac{d(1-n_{f\uparrow}-n_{f\downarrow}+d)}{(n_{f\uparrow}-d)(n_{f\downarrow}-d)} \tag{7.51}$$

の関係が成り立つので，以下では g の代りに d を変分パラメータとする．式 (7.51)

中の $n_{f\uparrow}, n_{f\downarrow}$ は平均値である．一方，式 (7.48) による無摂動ハミルトニアン $\mathcal{H}_0$ の平均の計算はむしろ複雑であり，3 次元の場合は近似なしで解析的に求めることはできない．ここでは，Hubbard モデルに対して Gutzwiller が行った近似計算 [27] を拡張して得られる結果を示す．[16]

Rice-上田によると，$\mathcal{H}_0$ の平均値は有効ハミルトニアン $\mathcal{H}_{\text{eff}}$ を用いて

$$\frac{\langle \Psi | \mathcal{H}_0 | \Psi \rangle}{\langle \Psi | \Psi \rangle} = \langle \tilde{\Psi}_0 | \mathcal{H}_{\text{eff}} | \tilde{\Psi}_0 \rangle \tag{7.52}$$

$$\mathcal{H}_{\text{eff}}(n_{fm}) = \sum_{\bm{k}, m=\uparrow,\downarrow} \left[\varepsilon_{\bm{k}} c_{\bm{k}m}^\dagger c_{\bm{k}m} + E_f f_{\bm{k}m}^\dagger f_{\bm{k}m} + \sqrt{q_m}(V_{\bm{k}} c_{\bm{k}m}^\dagger f_{\bm{k}m} + \text{h.c.}) \right] \tag{7.53}$$

と表すことができる [26]．ここで，$\tilde{\Psi}_0$ は，$n \equiv n_c + n_f$ および n_{fm} が一定の条件下での $\mathcal{H}_{\text{eff}}$ の基底状態である．また，$n_f = n_{f\uparrow} + n_{f\downarrow}$ であり，q_m は

$$q_m \equiv \frac{(n_{fm} - d)(1 - n_f + d) + (n_{f\bar{m}} - d)d + 2\left[(n_{fm} - d)(n_{f\bar{m}} - d)d(1 - n_f + d)\right]^{1/2}}{n_{fm}(1 - n_{fm})} \tag{7.54}$$

と定義される（$\bar{m}$ は m の時間反転の状態を表す）．式 (7.53) 中の $\varepsilon_{\bm{k}}$ は伝導電子の分散を表す．

式 (7.50), (7.52) より，基底状態のエネルギー E_{G} は

$$E_{\text{G}} = \langle \tilde{\Psi}_0 | H_{\text{eff}}(n_{fm}) | \tilde{\Psi}_0 \rangle + UNd \tag{7.55}$$

となる．n_{fm} を固定して計算するより，Lagrange の未定定数 μ_{fm} を導入して計算する方が簡単である．

$$E_{\text{G}} = \langle \tilde{\Psi}_0 | K_{\text{eff}} | \tilde{\Psi}_0 \rangle + UNd + N \sum_m \mu_{fm} n_{fm} \tag{7.56}$$

ここで，

$$K_{\text{eff}} = \sum_{\bm{k},m} \left[\varepsilon_{\bm{k}} c_{\bm{k}m}^\dagger c_{\bm{k}m} + (E_f - \mu_{fm}) f_{\bm{k}m}^\dagger f_{\bm{k}m} + \sqrt{q_m}(V_{\bm{k}} c_{\bm{k}m}^\dagger f_{\bm{k}m} + \text{h.c.}) \right] \tag{7.57}$$

である．これは 2 次形式であるから簡単に対角化できて，固有値 $\mathcal{E}_{\bm{k}m}^\pm$ は式 (7.42) とよく似た形に与えられる．

$$\mathcal{E}_{\bm{k}m}^\pm = \frac{1}{2} \left[E_f - \mu_{fm} + \varepsilon_{\bm{k}} \pm \sqrt{(E_f - \mu_{fm} - \varepsilon_{\bm{k}})^2 + 4q_m|V_{\bm{k}}|^2} \right] \tag{7.58}$$

---

[16] 文献 [28] により詳しい導出が議論されている．

これと式 (7.42) を比べてみると，

$$(E_f - \mu_{fm}) \leftrightarrow \tilde{E}_f \tag{7.59}$$

$$q_m \leftrightarrow a_f \tag{7.60}$$

の対応関係があることが分かる．K_{eff} は計算の便宜上導入したものであるが，以下の計算でこの対応関係は等号であることが確認される．

これから先は，常磁性相を仮定して m 依存性を落す．実際の計算は次のように実行する．まず，サイト当たりの総電子数 $n = n_c + n_f$ は，$U = 0$ での Fermi エネルギー ε_{F} と混成バンドの分散 $E_{\bm{k}}^{\pm}$ を用いて

$$n = \frac{2}{N} \sum_{\bm{k}} \theta(\varepsilon_{\text{F}} - E_{\bm{k}}^{-}) \tag{7.61}$$

と定まる．サイト当たりの f 電子数 n_f は

$$\begin{aligned} n_f &= \frac{2}{N} \sum_{\bm{k}} \langle \tilde{\Psi}_0 | f_{\bm{k}}^{\dagger} f_{\bm{k}} | \tilde{\Psi}_0 \rangle \\ &= \frac{2}{N} \sum_{\bm{k}} \frac{(\mathcal{E}_{\bm{k}}^{-} - \varepsilon)^2}{(\mathcal{E}_{\bm{k}}^{-} - \varepsilon)^2 + |\tilde{V}_{\bm{k}}|^2} \theta(\varepsilon_{\text{F}} - E_{\bm{k}}^{-}) \end{aligned} \tag{7.62}$$

となる．ここで，$|\tilde{V}_{\bm{k}}|^2 \equiv q|V_{\bm{k}}|^2$ である．式 (7.62) より未定定数 μ_f が定まる．基底状態のエネルギー E_{G} は

$$E_{\text{G}}(d, n_f) = 2 \sum_{\bm{k}} \mathcal{E}_{\bm{k}}^{-} \theta(\varepsilon_{\text{F}} - E_{\bm{k}}^{-}) + N \mu_f n_f \tag{7.63}$$

で与えられる．これを d, n_f について最小にすることで基底状態のエネルギーが定まる．

さて，式 (7.63) は変分パラメータを 2 つ含むので，解析的な表式を求めるのは難しい．そこで，いま興味のある強相関の極限 $U = \infty$ の場合を考えてみよう．この場合，f サイトの 2 重占拠は完全に禁止されて $d = 0$ であるから，変分パラメータは 1 つとなる．また，そのときには式 (7.54) は

$$q = \frac{1 - n_f}{1 - n_f/2} \tag{7.64}$$

となって，q を変分パラメータと考えることもできる．サイト当たりの総電子数は，図 7.7 のような状況を想定して，$n = 1 + \varepsilon_0$ ($0 < \varepsilon_0 < 1$) と設定する．伝導電子として図 7.7 のような線形の分散を仮定し，エネルギーの単位と原点は $-1 < \varepsilon_{\bm{k}} < 1$ となるように選ぶ．さらに，混成要素 $V_{\bm{k}}$ の波数依存性を無視すると，式 (7.61)-(7.63)

の計算は簡単に実行できて,

$$(E_\mathrm{G})_\mathrm{min} = N\left\{-\frac{1}{2}[1-(\varepsilon_0-1)^2] + E_f - \varepsilon_0 \exp\left[-\frac{\varepsilon_0-1-E_f}{2V^2}\right]\right\} \tag{7.65}$$

$$q = \frac{\varepsilon_0}{V^2} \exp\left[-\frac{\varepsilon_0-1-E_f}{2V^2}\right] \tag{7.66}$$

$$n_f = 1 - \frac{\varepsilon_0}{2V^2} \exp\left[-\frac{\varepsilon_0-1-E_f}{2V^2}\right] \tag{7.67}$$

$$\mu_f = -\varepsilon_0 + 1 + E_f + (1-n_f)\left[-1 + 2V^2\frac{\varepsilon_0-1}{\varepsilon_0}\right] \tag{7.68}$$

と与えられる．上の計算では，$q \ll 1$ あるいは $n_f \simeq 1$ になるようなパラメータを選んだが，$|V|^2$ が小さいときには，そのような状況は ε_0 や E_f の広い範囲の値に対して実現できる（図 7.9 参照）．

基底状態のエネルギーが求まったので，化学ポテンシャル $\mu = \mathrm{d}(E_\mathrm{G})_\mathrm{min}/\mathrm{d}(Nn)$ を計算することができる．全電子数 N の代りに $U=0$ での Fermi エネルギー ε_F で微分する．$\mathrm{d}(Nn) = D_0(\varepsilon_\mathrm{F})\mathrm{d}\varepsilon_\mathrm{F}$ および $(E_\mathrm{G})_\mathrm{min}$ の ε_F 微分のうちで μ_f, n_f, q などを通じたものは $(E_\mathrm{G})_\mathrm{min}$ の停留性よりゼロとなることに注意すると，式 (7.63) を用いて

$$\begin{aligned}
\mu &= \frac{1}{D_0(\varepsilon_\mathrm{F})} \frac{\mathrm{d}(E_\mathrm{G})_\mathrm{min}}{\mathrm{d}\varepsilon_\mathrm{F}} \\
&= \frac{1}{D_0(\varepsilon_\mathrm{F})} \frac{\mathrm{d}}{\mathrm{d}\varepsilon_\mathrm{F}} \left[2\sum_{\boldsymbol{k}} \mathcal{E}_{\boldsymbol{k}}^- \theta(\varepsilon_\mathrm{F} - E_{\boldsymbol{k}}^-) + N\mu_f n_f\right] \\
&= \frac{1}{D_0(\varepsilon_\mathrm{F})} \left[2\sum_{\boldsymbol{k}} \mathcal{E}_{\boldsymbol{k}}^- \delta(\varepsilon_\mathrm{F} - E_{\boldsymbol{k}}^-)\right]
\end{aligned} \tag{7.69}$$

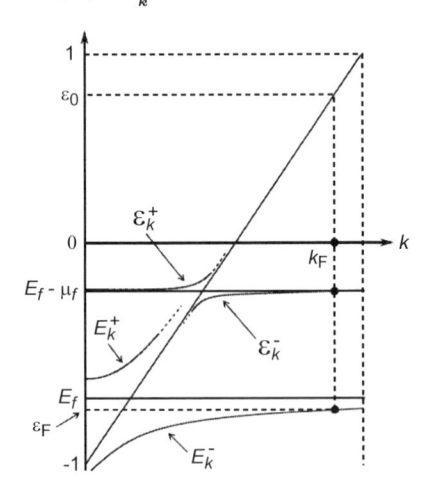

図 **7.9** 伝導電子と f 電子の準位．

となるが,

$$D_0(\varepsilon_\mathrm{F}) = 2\sum_{\bm{k}} \delta(\varepsilon_\mathrm{F} - E_{\bm{k}}^-) \tag{7.70}$$

であるから,化学ポテンシャルは

$$\mu = \mathcal{E}_{\bm{k}_\mathrm{F}}^- \tag{7.71}$$

で与えられる.
　次に,q の意味を考えてみよう.基底状態の波動関数が求まっているので $n_{f\bm{k}} = \langle f_{\bm{k}}^\dagger f_{\bm{k}} \rangle$ を計算することができる.とりわけ,Fermi 面での不連続は

$$\Delta n_{f\bm{k}} = \frac{(\varepsilon_{\bm{k}_\mathrm{F}} - \mathcal{E}_{\bm{k}_\mathrm{F}}^-)}{\sqrt{(\mathcal{E}_{\bm{k}_\mathrm{F}}^- - \varepsilon_{\bm{k}_\mathrm{F}})^2 + 4|\tilde{V}_{\bm{k}_\mathrm{F}}|^2}} \times q \tag{7.72}$$

で与えられる [28].式 (7.71) の関係が成り立つので,もし $q = a_f$ であれば,式 (7.72) の q の前の因子は式 (7.44) の $\tilde{A}_f^-(\bm{k}_\mathrm{F})$ に等しい.従って,式 (7.18), (7.38), (7.40) の関係と見比べることにより,

$$q = a_f = \left(1 - \frac{\partial \Sigma_f}{\partial \omega}\right)^{-1} \tag{7.73}$$

であることが分かる.つまり,式 (7.60) の関係は等号である.また,この関係によって,$\bm{k} \neq \bm{k}_\mathrm{F}$ においても,

$$\tilde{E}_{\bm{k}}^- = \mathcal{E}_{\bm{k}}^- \tag{7.74}$$

の関係が成り立つことが分かる.即ち,式 (7.59) の関係が等号で成り立つ.この関係と式 (7.68) を用いると「くりこまれた f レベル $\tilde{E}_f$」は

$$\tilde{E}_f = \varepsilon_0 - 1 + (n_f - 1)\left[-1 + 2V^2 \frac{\varepsilon_0 - 1}{\varepsilon_0}\right] \tag{7.75}$$

で与えられる.このことは,$q \ll 1$ となって「くりこまれた混成」が小さく,$n_f \simeq 1$ が成り立つ状況(近藤領域と呼ばれることがある)では,$\tilde{E}_f$ が式 (7.43) の下で述べたように決まることを意味している(図 7.9 参照).

7-6 門脇-Woods の関係

重い電子系の低温極限での電気抵抗 $\rho(T)$ の温度依存性は

$$\rho(T) \simeq \rho_0 + AT^2 + \cdots \tag{7.76}$$

で与えられる．係数 A は化合物の種類によって様々であるが，いくつかの典型物質に対し「比 A/γ^2 は物質に依らず一定である」ことが指摘されていた（表 7.1 参照）[2]．

$$\frac{A}{\gamma^2} \simeq 1.0 \times 10^{-5} \quad \mu\Omega\text{cm (mJ/mole K)}^{-2} \tag{7.77}$$

門脇-Woods (KW) はこの事実を系統的に整理して，多くの重い電子系物質に対し，A/γ^2 がほぼ一定に留まることを見出した（図 7.10 参照）[7]．

重い電子系では低温領域の電気抵抗は Fermi 液体の準粒子間のウムクラップ散乱

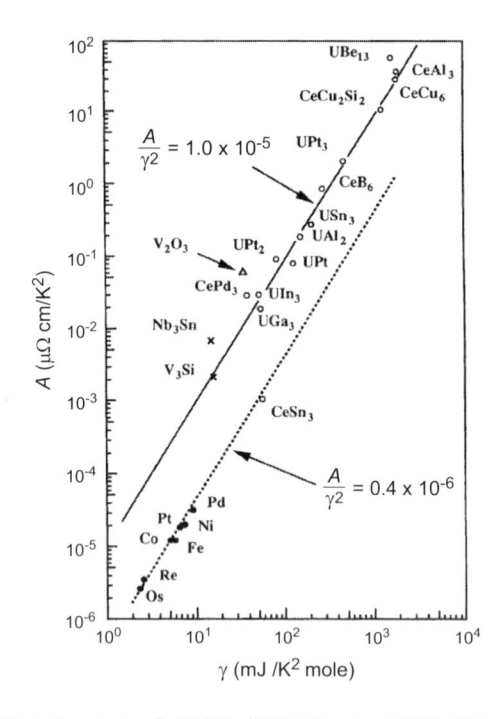

図 **7.10** A と γ^2 の関係（門脇-Woods の関係）[29]．

で生じるため，式 (7.41) で決まる散乱確率に比例する [30]．即ち，$\mathcal{O}(1)$ の数因子を別にすれば，f 電子の自己エネルギーの虚部 $\mathrm{Im}\Sigma_f$ で与えられる．一方，比熱の係数 γ は式 (7.39) のくりこみ因子 a_f の逆数に比例して増強されるので，自己エネルギーの実部 $\mathrm{Re}\Sigma_f$ の ω 依存性を反映する．即ち，バンド計算（大雑把には周期的 Anderson モデルの $\mathcal{H}_0$，式 (7.28) または (7.33) に対応）で与えられる γ_{band} と γ は

$$\gamma = \gamma_{\mathrm{band}} \left(1 - \frac{\partial \mathrm{Re}\Sigma(\omega)}{\partial \omega}\right) \tag{7.78}$$

$$\equiv \gamma_{\mathrm{band}} + \gamma_{\mathrm{cor}} \tag{7.79}$$

の関係にある．式 (7.79) の第 2 項が電子相関による質量増強に対応し，それを γ_{cor} と定義することにする．

ところで，$\Sigma(\omega)$ も Green 関数 G^{R} と同様に複素平面 ω の上半面で解析的である [31]．従って，$\Sigma(\omega)$ の実部と虚部は Kramers-Krönig の関係を満足する．即ち，

$$\mathrm{Re}\Sigma(\boldsymbol{k}, \omega + i\delta) = \frac{\mathrm{P}}{\pi} \int_{-\infty}^{+\infty} dx \frac{\mathrm{Im}\Sigma(\boldsymbol{k}, x + i\delta)}{x - \omega} \tag{7.80}$$

が成立している．また，電子相関が強いとき ($|\partial \mathrm{Re}\Sigma(\omega)/\partial \omega| \gg 1$) は，$\gamma_{\mathrm{cor}} \gg \gamma_{\mathrm{band}}$ であるから，

$$\frac{A}{\gamma^2} \simeq \frac{A}{\gamma_{\mathrm{cor}}^2} \tag{7.81}$$

の近似的関係が成り立つ．A は $\mathrm{Im}\Sigma(\omega)$ で，γ_{cor} は $\mathrm{Re}\Sigma(\omega)$ で与えられるので，有効質量の増大が充分大きければその増大の程度に関係なく，関係 (7.80) を通じて KW の関係が成り立つことは容易に想像される．

実際，$\mathrm{Im}\Sigma(\omega; T)$ は一般に次のような ω および T の依存性を示す．

$$\mathrm{Im}\Sigma(\omega; T) = -\left(\frac{1}{2\tau_0} + s\frac{\tilde{\omega}^2}{T_{\mathrm{F}}^{*2}}\right)\theta(T_{\mathrm{F}}^* - \tilde{\omega}) - \left(\frac{1}{2\tau_0} + s\right) F\left(\frac{\tilde{\omega}}{T_{\mathrm{F}}^*}\right)\theta(\tilde{\omega} - T_{\mathrm{F}}^*) \tag{7.82}$$

ここで，$\tilde{\omega} \equiv [\omega^2 + (\pi T)^2]^{1/2}$ であり，$F(y)$ は $F(1) = 1, F(\infty) = 0$ を満たすゆるやかな減少関数である．τ_0 は不純物散乱による寿命を表し，パラメータ s は $\omega \simeq T_{\mathrm{F}}^*$ において $-a_f \mathrm{Im}\Sigma(\omega) \simeq T_{\mathrm{F}}^*$（ユニタリティ散乱）となるように決まる．[17] 電気抵抗は Drude-Lorentz の公式

$$\rho = \frac{m^*}{ne^2} \frac{1}{\tau^*} \tag{7.83}$$

---

[17] Ce を含む重い電子系の場合，高エネルギー，高温領域では系の振舞いは不純物近藤効果の様相を示し，(7.82) の関数は $F(y) \sim \ln(1/y)$ の依存性をもつ．

で与えられる．ここで，$1/\tau^* = -a_f \mathrm{Im}\Sigma(T;T)$ は熱的に励起されている準粒子の崩壊率を，m^* は有効質量を，n は伝導電子の数密度を表す．従って，電気抵抗の T^2 の係数 A は，式 (7.82) から

$$A \propto T_\mathrm{F}^{*-2} \tag{7.84}$$

であることが分かる．式 (7.83) において，準粒子の質量の増大は散乱確率のくりこみ因子 a_f と打ち消し合うことに注意されたい．式 (7.84) の比例係数はバンド計算 ($U = 0$ の混成バンドの量) で与えられる．一方，式 (7.82) を式 (7.80) に代入して，$\mathrm{Re}\Sigma(\omega)$ の ω の 1 次の係数を求めると，簡単な計算により

$$\gamma \propto T_\mathrm{F}^{*-1} \tag{7.85}$$

となる．ここでも，比例係数はバンド計算 ($U = 0$ の混成バンド) の量で決まっている．従って，式 (7.84)，(7.85) より A/γ^2 の中には重い電子系を特徴付ける T_F^* は含まれない．$U = 0$ の混成バンドの性質は，くりこみ因子 a_f (即ち，T_F^*) に比べると，化合物の種類に関する依存性は鈍感であるので，KW の関係が成り立つのである．A/γ^2 の絶対値のオーダー (7.77) も再現することができる [29]．[18]

一方，電子相関が強くないとき ($|\partial\mathrm{Re}\Sigma(\omega)/\partial\omega| \sim 1$) は，$\gamma_\mathrm{cor} \sim \gamma_\mathrm{band}$ であるから，式 (7.81) とは異なり

$$\frac{A}{\gamma^2} = \frac{A}{(\gamma_\mathrm{band} + \gamma_\mathrm{cor})^2} < \frac{A}{(\gamma_\mathrm{cor})^2} \tag{7.86}$$

であるから，A/γ^2 は一般に式 (7.77) に比べて小さい．特に弱相関の極限では，図 7.10 に示されるように式 (7.77) より約 1/25 小さなユニバーサルな値，

$$\frac{A}{\gamma^2} \simeq 0.4 \times 10^{-6} \tag{7.87}$$

となることを再現できる [29]．実際，$\mathrm{CeCu_2(Si,Ge)_2}$ では加圧によって，A/γ^2 が強相関の値から弱相関のそれにクロスオーバーすることが観測されている [32, 33]．

KW の関係に従う物質は重い電子系に限らず強相関電子系と呼ばれる系にかなり普遍的に存在する．また，A15 構造をもつ強結合電子格子系などでも見られる [29]．上述のように KW の関係が成立する起源は，$|\partial\mathrm{Re}\Sigma(\omega)/\partial\omega| \gg 1$ の関係が成り立つことであるので，何らかの理由でこの関係が成り立ってさえいればよい．

現実の物質が KW の関係に従うかどうか (即ち，強相関の領域にあるか) を判断

---

[18] 文献 [29] の計算には数因子の誤りが含まれるが，パラメータ s の取り方を上記のように改めると結果はそのまま成り立つ．

する際には残留抵抗の効果に注意する必要がある．実際，式 (7.82) の $1/\tau_0$ が大きく残留抵抗が ρ のピーク値の数 10%に達するような場合は式 (7.82) の s は ($1/\tau_0 = 0$ の場合に比べ) 抑えられる結果，A/γ^2 の値は KW のそれより小さく抑えられるのである．このことは，いわゆる近藤ホールの描像で理解できる．即ち，Ce や Yb などの近藤効果を示すイオンは伝導電子に対して位相シフト $\delta(T) \simeq \pi/2 - \alpha(T/T_K)^2$ を与え，それが周期的に並ぶことにより重い電子を形成するという描像に立って考える．それが欠損すると，そのようにしてできている重い電子系に $-\delta(T)$ の位相シフトに対応する電気抵抗を与える．つまり，イオンの欠損による電気抵抗 $\rho_{\rm imp} \propto \sin^2 \delta$ は，$T < T_K$ において $\rho_{\rm imp} \simeq \rho_0[1 - \alpha'(T/T_K)^2]$ の温度依存性をもち，$-\alpha'(T/T_K)^2$ の項は式 (7.76) の係数 A を減少させるように働く．従って，一般に残留抵抗が大きく残留抵抗比 (RRR) が小さな系の A/γ^2 については解釈を注意深く行う必要がある．例えば，Yb を含む重い電子系において，軌道縮退を考慮したときに一般化した門脇-Woods の関係 [34] が成り立つという議論が為されているが [35]，ほとんどの場合大きな残留抵抗をもっていることを考慮した分析が必要と考えられる．

7-7　f^2 電子配置での重い電子系

7-2 および 7-5 節では希土類イオン当たりの f 電子 (または f ホール) 数が 1 個に近い状態での重い電子の形成について議論した．f 電子を 2 個以上含む U や Pr の化合物では事情が異なる．f 電子が 3 個に近い場合の局所的電子状態は Kramers 2 重項をもち，基本的に Ce や Yb のような f^1 または f_h^1 配置に基づく重い電子系と同様な理解が可能である．しかし，f^2 系では結晶場基底状態は 1 重項である場合が多く，重い電子形成機構はそれほど単純ではない．その場合も基本的には f 電子の複数の軌道 (結晶場) 自由度を取り込んだ周期的 Anderson モデルに基づく議論が適切なアプローチと考えられる．これは必然的に j-j 結合の考え方に基づく．サイト当たりの f 電子配置が f^0, f^1, f^2 の場合を統一的に議論するために，次のような 2 軌道周期的 Anderson ハミルトニアンに基づいて議論する [36]．[19]

$$\mathcal{H} = \sum_{\boldsymbol{k}\mu} \varepsilon_{\boldsymbol{k}\mu} c^\dagger_{\boldsymbol{k}\mu} c_{\boldsymbol{k}\mu} + \sum_{i,\mu} E_\mu |i\mu\rangle\langle i\mu| + \sum_{i,M} E_M |iM\rangle\langle iM|$$
$$+ \sum_{\boldsymbol{k},i,\mu,M,\nu} V e^{i\boldsymbol{k}\cdot\boldsymbol{R}_i} \left(|i\mu\rangle\langle 0| c_{\boldsymbol{k}\mu} + |iM\rangle\langle i\nu| c_{\boldsymbol{k}\mu} + {\rm h.c.} \right) \quad (7.88)$$

---

[19] 3 軌道の場合が楠瀬・池田により議論されているが [37]，基本的な結果は 2 軌道の場合と同じである．

ここで, μ は f^1 電子配置で結晶場状態 $|\mu\rangle$（エネルギー準位は E_μ）を, M は f^2 電子配置での結晶場状態 $|M\rangle$（エネルギー準位は E_M）を表し, $\varepsilon_{\bm{k}\mu}$ は $|\mu\rangle$ と行列要素 V で混成する伝導電子のエネルギーを表す.[20] μ, ν 軌道にある f 電子間の Coulomb 斥力を $U_{\mu\nu}$ とすれば, $E_M = E_\mu + E_\nu + U_{\mu\nu}$ の関係にある. $|i\mu\rangle\langle 0|$ は $f^0 \leftrightarrow f^1$ の遷移を, $|iM\rangle\langle i\nu|$ は $f^1 \leftrightarrow f^2$ の遷移を表す. ただし, 微視的な理論を展開するには, 7-5-4 項で紹介したような Gutzwiller 流の方法では複雑すぎるので, f^0, f^1, f^2 のそれぞれの結晶場状態を表すスレーブボソンを導入し, モデルハミルトニアンに対する平均場近似による取り扱いを行う. この近似は基底状態の近傍の低エネルギー励起状態に関してはそれなりによい近似と考えられており, f^0-f^1 の電子配置に限れば Gutzwiller 近似の方法と等価である [38].

ハミルトニアン (7.88) は, スレーブボソンを用いて表した

$$\mathcal{H} = \sum_{\bm{k}\mu} \varepsilon_{\bm{k}\mu} c^\dagger_{\bm{k}\mu} c_{\bm{k}\mu} + \sum_\mu E_\mu p^\dagger_\mu p_\mu + \sum_M E_M d^\dagger_M d_M$$
$$+ \sum_{\bm{k},i,\mu} \left(V e^{i\bm{k}\cdot\bm{R}_i} z^\dagger_{i\mu} f^\dagger_{i\mu} c_{\bm{k}\mu} + \text{h.c.} \right)$$
$$+ \lambda \left(e^\dagger e + \sum_\mu p^\dagger_\mu p_\mu + \sum_M d^\dagger_M d_M - 1 \right) + \sum_\mu \lambda_\mu \left(f^\dagger_\mu f_\mu - Q_\mu \right) \quad (7.89)$$

と等価である [38]. ここで, p_μ は f^1 電子配置の結晶場状態 $|\mu\rangle$ を, d_M は f^2 電子配置の結晶場状態 $|M\rangle$ を表し, くりこみ因子 z_μ は $|\mu\rangle$ 状態の f 電子数 Q_μ により

$$z^\dagger_\mu = \frac{p^\dagger_\mu e + \sum'_{M,\nu} d^\dagger_M p_\mu}{\sqrt{1-Q_\mu}\sqrt{Q_\mu}}, \quad Q_\mu \equiv p^\dagger_\mu p_\mu + \sum'_M d^\dagger_M d_M \quad (7.90)$$

で与えられる. 式 (7.89) の 3 行目は元のハミルトニアン (7.88) との等価性を保証するための条件,

$$e^\dagger e + \sum_\mu p^\dagger_\mu p_\mu + \sum_M d^\dagger_M d_M = 1 \quad (7.91)$$

$$f^\dagger_\mu f_\mu = Q_\mu \quad (7.92)$$

を Lagrange の未定係数で表す項である.

計算の詳細は文献に譲り [36, 37], 結果の本質的な部分を紹介する. ここでは, f^2 の結晶場は $|\pm 3\rangle$, $|\pm 1\rangle$, $|0\rangle$ の線形結合で与えられるとし, f^1 の結晶場状態として

---

[20] 付録 E で論じるように, 正確には, 異なる μ をもつ伝導電子の間にも混成が存在するが, 重い電子の起源を議論するには直接関係ないので, 差し当たり, 無視して議論を進める.

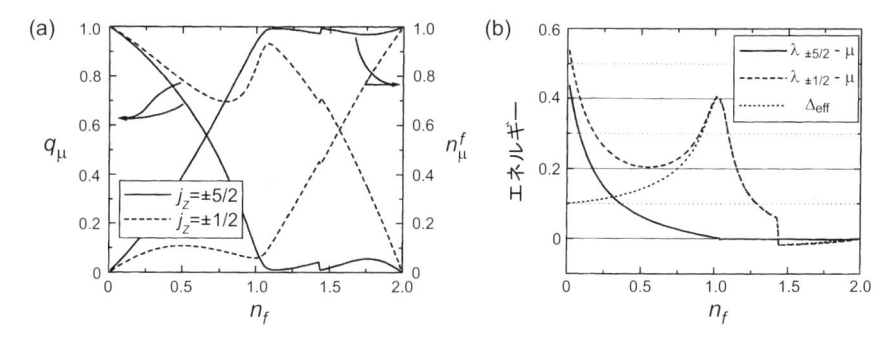

図 7.11 (a) f^1 の各軌道 $\mu = (\pm 5/2, \pm 1/2)$ に対する「くりこみ因子」q_μ およびサイト当たりの各 f 電子数 n_μ^f とサイト当たりの全 f 電子数 n_f の関係. (b) 有効 f 準位 λ_μ および有効結晶場励起エネルギー Δ_{eff} とサイト当たりの全 f 電子数 n_f との関係.

は, $j = 5/2$ の $|\pm 5/2\rangle$, $|\pm 1/2\rangle$ を採用している. f^1 の結晶場状態 $|\nu\rangle$ に対応する準粒子のくりこみ因子 q_ν は

$$q_\nu^2 = |z_\nu|^2 = \frac{|p_\mu e + d_M p_\nu|^2}{(1 - n_\mu^f) n_\mu^f} \tag{7.93}$$

で与えられ, 準粒子の分散は,

$$E_{\bm{k}\nu}^\pm = E_\nu^\pm(\varepsilon_{\bm{k}\nu}) \equiv \frac{1}{2}\left[\varepsilon_{\bm{k}\nu} + \lambda_\nu \pm \sqrt{(\varepsilon_{\bm{k}\nu} - \lambda_\nu)^2 + 4 z_\nu V^2}\right] \tag{7.94}$$

で与えられる. p_μ, e, d_M はスレーブボソンの平均場, λ_ν は結晶場 ν をもつ f 電子の有効エネルギー準位, n_μ^f は f^1 電子配置 $|\mu\rangle$ の電子数 (サイト当たり) を表す.

図 7.11(a) には, f^1 の各軌道 $\mu = (\pm 5/2, \pm 1/2)$ に対する「くりこみ因子」q_μ (質量増強因子の逆数) およびサイト当たりの各 f 電子数 n_μ^f をサイト当たりの全 f 電子数 n_f の関数として示す. 使用したパラメータの組は, $V = 0.2$, $E_{\pm 5/2} = -0.6$, $E_{\pm 1/2} = -0.5$, $E_{\pm 3} = -0.1$, $E_{\pm 1} = 0$, $E_0 = \infty$ (エネルギーの単位は D: 伝導電子のバンド幅の $1/2$) である.

まず, 質量増強は $n_f \sim 1$ または $n_f \sim 2$ の整数原子価近傍で顕著になること (重い電子の形成) が分かる. $n_f \sim 1$ 近傍では基底 1 体状態 ($|\pm 5/2\rangle$) がほぼ 1 個の f 電子により占拠され, 励起 1 体状態 ($|\pm 1/2\rangle$) はほとんど空である. それに対応して $|\pm 5/2\rangle$ だけが強い質量増強を受けている. $n_f > 1$ では全 f 電子数が増加すると基底 1 体状態 ($|\pm 5/2\rangle$) がほぼ 1 個の f 電子により占拠されたままで, 励起 1 体状態 ($|\pm 1/2\rangle$) に電子が詰まっていく.[21] $1 < n_f < 2$ の中間の f 電子数では基底 1 体

---

[21] 六方晶の場合, 実際には $|\pm 5/2\rangle$ と $|\pm 1/2\rangle$ のエネルギーレベルの相対関係は逆であるが, 文献 [36]

状態 $|\pm 5/2\rangle$ の質量増強は幾分緩和している（即ち，有効質量の増強は抑えられている）．しかし，$n_f < 1$ の領域で $n_f = 1$ から離れると質量増強は急激に弱まるのに比べると，$n_f > 1$ の場合は $n_f = 1$ からかなりずれてもそれなりの質量増強は残っている．即ち，質量増強因子は $n_f = 1$ の上下で非対称であるのが特徴である．$n_f \sim 2$ 近傍では 1 体状態は基底（$|\pm 5/2\rangle$），励起（$|\pm 1/2\rangle$）ともにほぼ 1 個の f 電子により占拠され，両者ともに強い質量増強を受けている．強い質量増強は n_f がほぼ整数の値を取るときに生じることに注意しよう．

図 7.11(b) には，自己エネルギーにより変化した（化学ポテンシャル μ から測った）有効 f 準位 λ_μ と有効結晶場励起エネルギー Δ_{eff} をサイト当たりの全 f 電子数 n_f の関数として示す．$n_f \sim 1$ 近傍では基底 1 体状態 $|\pm 5/2\rangle$ が Fermi 準位（μ）近傍に位置し，励起 1 体状態 $|\pm 1/2\rangle$ は逆に軌道間 Coulomb 相互作用による Hartree 項を感じて押し上げられているのが分かる．n_f が増加して $n_f = 2$ に近づくと Δ_{eff} は減少してゼロに近づく．即ち，f^2 電子配置で重い電子が実現している系では，1 体状態の結晶場分裂が強相関効果によって抑えられ，2 つの結晶場状態がほとんど縮退していることが大きな特徴である．これは一見すると不思議な印象をもつかも知れないが，以下に議論するように物理的にごく自然な結果である．

実際，2 つの電子を 2 つの局在性のよい f 軌道に詰めることを考え，軌道内 Coulomb 相互作用が軌道間のそれに比べて大きいことを考慮すると，2 つの軌道に 1 つずつ詰める方がエネルギー的に損が少ない．このことと Fermi 液体の準粒子バンドの構造を考慮すると 2 つの結晶場状態の有効 f 準位はほとんど縮退する（有効 Fermi エネルギー＝重くなった準粒子バンドの幅に比べて充分小さくなる）必要がある．そうでなければ，有効 f 準位の低い軌道に 2 つの電子が詰まってしまうからである．その辺りの事情は図 7.12 から理解できる．左図の破線は Coulomb 相互作用のない場合の混成バンドを表し，f 電子数がほぼ 3 個（低いエネルギー準位 ε_{1f} にほぼ 2 個，高いエネルギー準位 ε_{2f} にほぼ 1 個）の状態に対応している．2 つの水平な実線は Coulomb 相互作用によってくりこまれた 2 つのほぼ縮退した有効 f 準位（$\tilde{\varepsilon}_{1f}, \tilde{\varepsilon}_{2f}$）を表す．右図は Fermi 準位の近傍を拡大したものである．この図を見ると一見して下の f 準位 $\tilde{\varepsilon}_{1f}$ が 2 個の電子に占拠されているように思うかもしれないが，そうではない．$|\tilde{\varepsilon}_{2f} - \tilde{\varepsilon}_{1f}| \ll \varepsilon_{\text{F}}^* \sim qV^2 N_{\text{F}}$ であれば，有効準位 $\tilde{\varepsilon}_{1f}$ をもつ状態は元のラベルで指定される 1 と 2 の 1 体結晶場状態をほぼ均等に含んでいる．そうなるために，2 つの結晶場準位はほぼ縮退する必要があったのである [39]．Fermi 波数は Landau-Luttinger

---

（そこでは $|\pm 5/2\rangle$ の代わりに $|\pm 3/2\rangle$ を用いている）との対応が分かり易いように，上のように設定した．レベルの相対位置が逆であっても結果は基本的に変わらない．

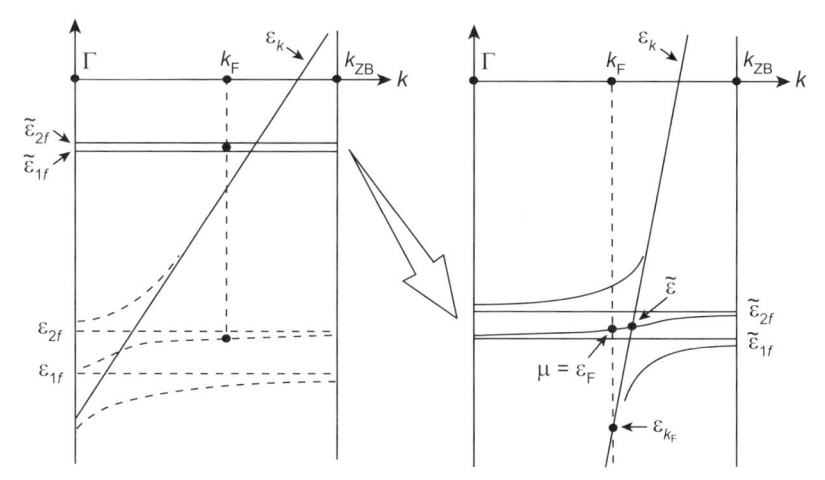

図 7.12　2 軌道 f^2 電子配置の Anderson モデルの混成バンドと重い準粒子バンド．

の定理によって，Coulomb 相互作用がない場合のそれで与えられる．そのためには縮退した有効 f 準位は図 7.12 の左側の図の水平な実線で示した辺りまで浮上する必要がある．これは式 (7.43) の下の段落で述べた事情と同じである．ここで Fermi 波数は f 電子が完全に局在している場合のそれとほとんど同じ位置にあることに注意したい．f 準位 $\tilde{\varepsilon}_{1f}$ が 2 個の電子で占拠されると k 空間では Brillouin ゾーンを 1 回満たしてしまうので，あたかも局在しているのと同じように見えるのである．

この結果から分かる重要な事実は「f 電子間の強い局所相関により，n_f は ($U_f = 0$ の場合の) 非整数の値 $2 < n_f < 3$ から $n_f \simeq 2$ の整数値に近い値の付近にピン止めされる」ことである．しかし，Fermi 波数は変化しない．従って，Fermi 面のトポロジーも f 電子間の電子相関を考慮しない結果と基本的に変わらない．即ち，Fermi 面の形は基本的にバンド計算で与えられる．しかし，サイト当たりの f 電子数は整数に近くなるように変化する必要がある．

参考文献

[1]　小口武彦：『磁性体の統計理論』（裳華房，1974）.
[2]　N. Sato *et al.*: J. Phys. Soc. Jpn. **54** (1985) 1923.
[3]　N. Sato *et al.*: J. Phys. Soc. Jpn. **53** (1984) 3967.
[4]　D. Wohlleben & B. Wittershagen: Advances in Phys. **34** (1985) 403.
[5]　T. Furuno *et al.*: J. Phys. Soc. Jpn. **54** (1985) 1899.

[6] 椎名亮輔, 酒井治：固体物理 **33** (1998) 631；楠瀬博明, 倉本義夫：固体物理 **41** (2006) 597.
[7] K. Kadowaki & S. B. Woods: Solid State Commun. **58** (1986) 507.
[8] A. Sumiyama et al.: J. Phys. Soc. Jpn. **55** (1986) 1294.
[9] K. Satoh et al.: J. Phys. Soc. Jpn. **58** (1989) 1012.
[10] 長谷川彰, 大貫惇睦：固体物理 **26** (1991) 867.
[11] K. Miyake & W. J. Mullin: Phys. Rev. Lett. **50** (1983) 197; J. Low Temp. Phys. **56** (1984) 499; その中の文献参照.
[12] 斯波弘之：『固体の電子論』第 3 章（丸善，1995）；『新版　固体の電子論』（和光システム研究所，2010）.
[13] L. D. ランダウ, E. H. リフシッツ, 佐々木健, 好村滋洋 訳：『量子力学 1』第 6 章（東京図書，1967）.
[14] A. A. Abrikosov, L. P. Gor'kov & I. E. Dzyaloshinskii: *Method of Quantum Field Theory in Statistical Physics*, 2nd ed. (Pergamon, 1965). 4 章と 8 章でノーマル Fermi 液体の微視的取り扱いが詳しく議論されている．
[15] L. D. Landau: Sov.-Phys. JETP **3** (1957) 920.
[16] P. W. Anderson: *Basic Notions of Condensed Matter Physics*, chap. 3 (Benjamin/Cummings, 1984).
[17] K. Yamada & K. Yosida: Prog. Theor. Phys. **76** (1986) 621; K. Yamada, K. Yosida & K. Hanzawa: Prog. Theor. Phys. Suppl. No.108 (1992) 141; 山田耕作：『電子相関』（岩波講座 現代の物理学 16），7 章（岩波書店，1993）.
[18] K. Hanzawa, K. Yamada & K. Yosida: J. Phys. Soc. Jpn. **56** (1987) 678.
[19] H. Ikeda & K. Miyake: J. Phys. Soc. Jpn. **65** (1996) 1769.
[20] Y. Kuramoto & K. Miyake: J. Phys. Soc. Jpn. **59** (1990) 2831; Prog. Theor. Phys. Suppl. No.108 (1992) 199.
[21] H. Ikeda, S. Shinkai & K. Yamada: J. Phys. Soc. Jpn. **77** (2008) 064707.
[22] Y. Ōno, T. Matsuura & Y. Kuroda: J. Phys. Soc. Jpn. **60** (1991) 3475.
[23] A. Georges et al.: Rev. Mod. Phys. **68** (1996) 13.
[24] 倉本義夫, 酒井治：固体物理 **29** (1994) 777.
[25] 斯波弘行：『電子相関の物理』第 5 章（岩波書店，2001）.
[26] T. M. Rice & K. Ueda: Phys. Rev. B **34** (1986) 6420.
[27] M. C. Gutzwiller: Phys. Rev. **137** (1965) A1762; D. Vollhardt: Rev. Mod. Phys. **56** (1984) 99.
[28] P. Fazekas & B. H. Brandow: Phys. Scr. **36** (1987) 809.
[29] K. Miyake, T. Matsuura & C. M. Varma: Solid State Commun. **71** (1989) 1149.
[30] K. Yamada & K. Yosida: Prog. Theor. Phys. **76** (1986) 621.
[31] L. D. ランダウ, E. H. リフシッツ, 小林秋男ほか訳：『統計物理学 下』第 3 版, 123 節（岩波書店，1980）.
[32] D. Jaccard et al.: Physica B **259-261** (1999) 1.

[33] A. T. Holmes, D. Jaccard & K. Miyake: Phys. Rev. B **69** (2004) 024508.
[34] H. Kontani: J. Phys. Soc. Jpn. **73** (2004) 515.
[35] N. Tsujii, K. Yoshimura & K. Kosuge: J. Phys.: Condens. Matter **15** (2003) 1993.
[36] H. Ikeda & K. Miyake: J. Phys. Soc. Jpn. **66** (1997) 3714.
[37] H. Kusunose & H. Ikeda: J. Phys. Soc. Jpn. **74** (2005) 405.
[38] G. Kotliar & A. E. Ruckenstein: Phys. Rev. Lett. **57** (1982) 1362.
[39] K. Miyake & H. Kohno: J. Phys. Soc. Jpn. **74** (2005) 254.

第8章

量子臨界現象

　第7章で論じたように，f電子を含む「重い電子系」はFermi液体論が威力を発揮する典型例と考えられる．Fermi液体の特徴は，低温での比熱$C(T)$が温度Tに比例し磁化率$\chi(T)$は温度に依存せず，電気抵抗$\rho(T)$はT^2に比例することである．ところが90年代になると，これらのFermi液体の特徴からはずれた「非Fermi液体」の振舞いを示す重い電子系関連物質がつぎつぎに見つかり注目を集めている（6-6節参照）．一口に「非Fermi液体」といっても物質群によってかなり異なる様相を示す．この章では量子臨界現象にともなって現れる「非Fermi液体」の諸様相を概観し，現在それらがどのように理解されているか紹介する．

8-1　量子臨界現象とは？

　3-7節で議論したように，圧力(P)や元素の置換(濃度x)を変えることによって磁気秩序相を抑制し，磁気転移温度T_mを連続的にゼロにすることができる．$T_\mathrm{m}=0$となる圧力P_cや元素置換濃度x_cを臨界圧，臨界濃度と呼ぶ：即ち，$P=P_\mathrm{c}$又は$x=x_\mathrm{c}$において$T=0$で磁気秩序相から常磁性相に相転移する．この相転移の起源は量子力学的基底状態の間の転移であるので，量子相転移と呼ぶ．通常の$T_\mathrm{m}\neq 0$で生じる2次相転移と同様に，$P\sim P_\mathrm{c}$, $x\sim x_\mathrm{c}$において量子的な磁気ゆらぎが発達し種々の物理量に異常な振る舞いを生じさせる．これらの総称が量子臨界現象である．例えば，電気抵抗の低温での温度依存性はFermi液体で期待される，$\rho(T)\simeq \rho_0+AT^2+\cdots$ではなく$\rho(T)\simeq \rho_0+\tilde{A}T^\alpha+\cdots$（一般に，$\alpha<2$）となる．そのため，量子臨界点近傍では「非Fermi液体」が現れることになる．量子臨界現象は，磁気秩序の消失だけでなくfイオンの価数転移の臨界点が$T=0$になる場合や，内部構造をもつ不純物イオンと伝導電子の多体結合系においても出現する．

　現在までに知られている重い電子系関連の「量子臨界現象」は大きく3つのグループに分類される．即ち，

(A) 磁気相転移の量子臨界点にともなって現れるもので, f イオンのもつ「スピン」の間の長距離相関に起因すると考えられるもの.

(B) f イオンが不純物として希薄に存在するときに現れるもので, 単一サイトの効果として理解されるべきもの.

(C) f イオン価数転移の量子臨界点の近傍に現れるもの.

この章では, (A) の内, 反強磁性量子臨界点に伴うもの, (B) の内, f^2 電子配置をもつ不純物系において, 近藤-芳田 1 重項と結晶場 1 重項との競合によるもの, および (C) を議論する.[1)]

表 8.1 には典型的な「非 Fermi 液体物質」とその物理量の低温での漸近的温度依存性を示す. 表中で, 比熱や磁化率で $-T^n$ とあるのは $T=0$ がカスプ状の最大点になっており, そこからの急激な減少のベキが $n(<1)$ で与えられることを意味する. 実験で決められたこれらの温度依存性は, 当然それが成立する温度範囲があって温度が上昇すると別の温度依存性が見えてくる (括弧の中にそれを示した). また, 小さな指数 n を実験的に決めるのには不定性が伴うことに注意する必要がある. いずれにせよ, これらは Fermi 液体の振舞いとは異なる.

表 8.1 にはグループ (A) に分類される (わずかに組成をずらしたり, 圧力を変えたりすると何らかの磁気秩序が現れることが観測されている) ものと, グループ (B) に分類されるものを示す. 現在, グループ (B) に分類されるのが確からしいと考えられているのは, 表 8.1 の 5, 6 行目の $Th_{0.97}U_{0.03}Ru_2Si_2$[6] と $La_{0.95}Pr_{0.05}InAg_2$ である[7]. 後者は 6-6 節で議論した 2 チャンネル近藤効果によるものと考えられている.[2)] グループ (C) に分類されるものは 8-5 節で別に議論する.

表 **8.1** 非 Fermi 液体物質の典型例とその低温での物理量の温度依存性.

非 Fermi 液体物質	比熱 $C(T)/T$	磁化率 $\chi(T)$	電気抵抗 $\rho(T)$	文献
Ce_7Ni_3 (0.4 GPa)	$-T^{1/2}$ ($-\ln T$)	$-T^{1/4}$	—	[1]
$CeNi_2Ge_2$	$-T^{1/2}$ ($-\ln T$)	$-T^{1/2}$	$T^{3/2}$	[2, 3]
$Ce(Ru_{0.6}Rh_{0.4})_2Si_2$	$-T^{1/2}$	$-T^{1/3}$		[4]
$Ce(Ru_{0.5}Pd_{0.5})_2Si_2$	$-T^{1/2}$	—	T	[5]
$Th_{0.97}U_{0.03}Ru_2Si_2$	$-\ln T$	$-\ln T$	$T^{1/2}$ ($\ln T$)	[6]
$La_{0.95}Pr_{0.05}InAg_2$	$-\ln T$	$-\ln T$	$T^{1/2}$ ($\ln T$)	[7]

[1)] 6-6 節で触れた, 2 チャンネル近藤効果も局所非 Fermi 液体の振舞いを示すが, これは系の対称性にもとづくので, 外部パラメータを変化させることによって生じる量子臨界現象とは一線を画している.

[2)] $La_{0.95}Pr_{0.05}Pb_3$ も $La_{0.95}Pr_{0.05}InAg_2$ と似た振舞いを示すが, やや曖昧さが残る [8].

8-2 磁気臨界点にともなう量子臨界現象

8-2-1 重い電子系の磁気臨界点——Doniach描像を超えて

表8.1に示されているように磁気臨界点の近傍に位置するグループ(A)に属する物質は多い．それはなぜだろうか？ 従来よく議論されているのは，重い電子系では局在したf電子同士が伝導電子を介して行うRKKY相互作用$J_\mathrm{RKKY} \sim \rho J^2$と近藤効果によるエネルギーの利得$T_\mathrm{K} \sim De^{-1/\rho|J|}$がほぼつりあっており（$k_\mathrm{B} = 1$とする），加圧や原子置換により容易に磁気臨界点をよぎることができるというDoniachの描像である [9]．この描像を表した相図8.1(a)がいわゆるDoniach相図である．しかし，これは第ゼロ近似的な描像であり，現実を理解するにはもう少し精緻な考察が必要となる．というのは，10-4節で議論するように，重い電子系での磁性の出現は，2つのfイオンが伝導電子の磁気分極を通じてRKKY相互作用するという描像では理解できず，f電子のもつ遍歴・局在の2重性を考慮した議論をする必要があるからである．実際，磁気秩序があっても金属であり電子の有効質量は依然として重いのである．むしろ，f電子の強相関効果によって重い電子が実現するとともにf電子間の有効相互作用が重い電子の有効バンド幅程度にくりこまれるため [10]，重い電子系ではもともと磁気臨界点の近傍にあると考える方が自然であろう．[3] 磁性状態（局在性）もFermi液体の状態（遍歴性）もともにその特徴的エネルギースケールはT_K程度の値であるので，磁性の出現は両者の微妙なバランスによっている．数値くりこみ群による「厳密」な議論が可能な2不純物近藤モデルの場合には，裸のcf交換

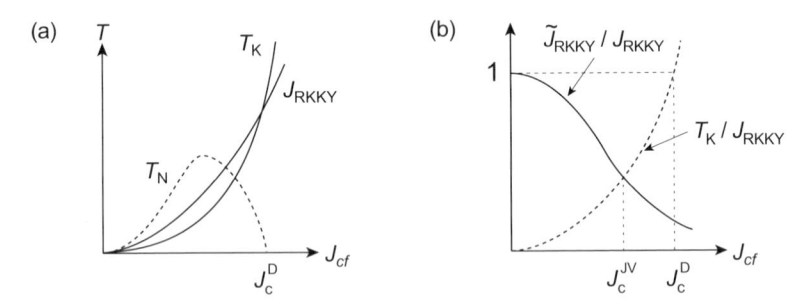

図 8.1 (a) Doniach相図．$J_{cf} = J_\mathrm{c}^\mathrm{D}$において Néel 温度 T_N はゼロとなり，量子臨界現象が生じる．(b) $T_\mathrm{K}/J_\mathrm{RKKY}$ と $\tilde{J}_\mathrm{RKKY}/J_\mathrm{RKKY}$ の J_{cf} 依存性．

---

[3] 文献 [11] 参照．

相互作用 J_{cf} と RKKY 相互作用 J_{RKKY} との相対的大小関係により, $|J_{cf}| \gg J_{\mathrm{RKKY}}$ では 2 不純物スピンがそれぞれ独立に伝導電子スピンと近藤-芳田 1 重項を形成する状態が, $|J_{cf}| \ll J_{\mathrm{RKKY}}$ では 2 不純物同士のスピン 1 重項が実現することが Jones と Varma により示された [12]. そして, $J_{\mathrm{RKKY}} \simeq 2.2 T_{\mathrm{K}}$ の領域で 2 つの状態の間の転移 [12] または急激なクロスオーバー [13] が生じ, 磁化率や比熱の温度依存性に非 Fermi 液体的異常が現れることが示された.

しかし, 転移点近傍での有効ハミルトニアンは T_{K} 程度の「くりこまれた」cf 混成と T_{K} 程度の「くりこまれた」RKKY 相互作用 $\tilde{J}_{\mathrm{RKKY}}$ をもっており, 転移は T_{K} と裸の J_{RKKY} との単純な比較で決まる訳ではないことに注意する必要がある. この事情は図 8.1(b) のように $T_{\mathrm{K}}/J_{\mathrm{RKKY}}$ と $\tilde{J}_{\mathrm{RKKY}}/J_{\mathrm{RKKY}}$ の J_{cf} 依存性を描いてみればよく分かる.[4] 即ち, 2 つの状態の間の遷移は Doniach の描像による臨界値 J_c^{D} とは異なる (Jones & Varma の与えた) J_{cf} の臨界値 J_c^{JV} 近傍で生じる.

8-2-2　磁気臨界点の典型例と磁気臨界ゆらぎの理論

ここでは, 比較的よく物性が調べられている典型例を見てみよう. 図 8.2 には, $\mathrm{Ce_7Ni_3}$ の (a) Néel 温度の圧力依存性, (b) 磁気比熱, (c) 磁化率, (d) 電気抵抗率の温度依存性を示す [1]. 臨界圧は $P \simeq 0.4$ GPa である. 中性子散乱の実験から常圧での磁気秩序は非整合の SDW であり, 単位胞に 3 個ある Ce はそれぞれ異なる秩序ベクトルと転移温度をもっている [14]. 比熱, 電気抵抗率, 磁化率は非 Fermi 液体的温度依存性を示す. これがどのように理解されるか考える.

磁気臨界点での非 Fermi 液体の振舞いは基本的には 8-3 節で議論する遍歴磁性の「モード結合理論」により理解される. これには守谷らにより発展させられた弱い遍歴磁性に対する狭い意味での SCR 理論のみならず [15], 10-4 節の遍歴・局在 2 重性モデルをベースにしたもの [16] や, やはり守谷らによって重い電子系のような強相関電子系にも適用できるように拡張されたものも含まれる [17].

「モード結合理論」によれば, 臨界ゆらぎのタイプによって物理量の温度依存性は異なり, 表 8.2 のようにまとめられる. ここで, 動的臨界指数 z は,「スピンゆらぎ」の振動数 ω が長距離秩序からのずれを表す波数 q のどんなベキでスケールされるかを表している. 具体的には, 動的磁化率 $\chi(Q+q,\omega)$ を

$$\chi(Q+q,\omega) = \frac{\chi_Q^{(0)}}{\eta + Aq^2 - iC\omega/q^\theta} \tag{8.1}$$

---

[4]　$J_{cf} \sim 0$ では $T_{\mathrm{K}} \ll J_{\mathrm{RKKY}}$ であり, $\tilde{J}_{\mathrm{RKKY}}$ は裸の J_{RKKY} で与えられ, J_{cf} が増大すると $\tilde{J}_{\mathrm{RKKY}} \lesssim T_{\mathrm{K}}$ となることに注意.

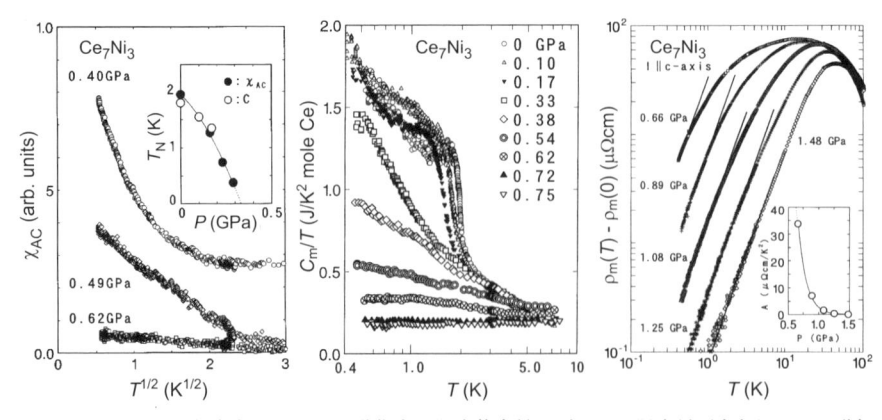

図 8.2 Ce_7Ni_3 の実験結果 [1]. (a) 磁化率の温度依存性. 挿入図：温度対圧力相図. (b) 磁気比熱の温度依存性. (c) 電気抵抗（磁気成分）の温度依存性.

と表すとき，$z=2+\theta$ で与えられる.「SCR 理論」では，式 (8.1) の q, ω 依存性は準粒子の自由磁化率 $\chi^{(0)}(Q+q, \omega)$ の q, ω 依存性で与えられ，強磁性 ($Q=0$) のときは $z=3$, 反強磁性または SDW ($Q \neq 0, G$) のときは $z=2$ である. また，単位胞に複数個の磁性イオンを含む場合には，反強磁性であっても $Q=G$ であることが可能であり，そのときは（不純物散乱の効果が無視できれば）$z=3$ となる [18].

表 8.2 中の η の温度依存性はモード結合の方程式を満足するようにセルフコンシステントに定められる（次節参照）[15, 21]. ただし，ここに与えられた温度依存性は低温の極限での漸近的振舞いを表しており，現実にはそのような振舞いへとクロスオーバーを起こす途中の温度依存性が観測される場合が多い.「SCR 理論」にもとづく実験データの詳細な検討が神戸らにより行われている [22].

表 8.2 の結果を典型例の実験と比較してみよう. Ce_7Ni_3 の臨界圧近傍での振舞いは $z=2$ の反強磁性臨界点の振舞いとして理解できる. 図 8.2(b) の比熱のデータ (C/T) は理論の予測 $\text{const}-T^{1/2}$ ではなく，$-\ln T$ の依存性を示しているが，最近もっと低温

表 8.2 臨界ゆらぎのクラスと物理量の低温での温度依存性に関する理論の予測.

臨界ゆらぎのクラス		η	$C(T)/T$	$\chi(T)$	$\rho(T)$	$1/T_1T$	文献
強磁性	($d=3, z=3$)	$T^{4/3}$	$-\ln T$	$T^{-4/3}$	$T^{5/3}$	$T^{-4/3}$	[15]
	($d=2, z=3$)	$-T\ln T$	$T^{-1/3}$	$(-T\ln T)^{-1}$	$T^{4/3}$	$T^{-1/2}(-\ln T)^{-3/2}$	[19]
反強磁性	($d=3, z=2$)	$T^{3/2}$	$-T^{1/2}$	$-T^{1/4}$	$T^{3/2}$	$T^{-3/4}$	[17, 18]
	($d=2, z=2$)	$-T/\ln T$	$-\ln T$	—	T	$-\ln T$	[20]
反強磁性	($d=3, z=3$)	$T^{4/3}$	$-\ln T$	$-T^{1/3}$	$T^{5/3}$	$T^{-4/3}$	[18]

の測定がなされ $-\ln T$ から下方にずれて const$-T^{1/2}$ に近づくことが確認された [23]. 臨界圧 ($\simeq 0.40$ GPa) での一様磁化率の温度依存性は表 8.2 の予測 const$-T^{1/4}$ と矛盾しない.

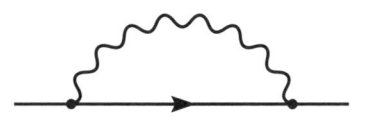

図 8.3 スピンゆらぎによる準粒子の自己エネルギーを与える Feynman ダイアグラム. 波線は式 (8.1) のスピンゆらぎ, 実線は準粒子を表す.

表 8.2 のような結果を導く理論の詳細は次節で議論するが, ここでは非 Fermi 液体の振舞いがなぜ現れるか定性的に理解することを試みよう. Fermi 液体を出発点にとり, Fermi 準粒子の自己エネルギー $\Sigma(\boldsymbol{k}, \varepsilon)$ に対するスピンゆらぎ (8.1) の効果を摂動的に評価する. 最低次の効果は, 図 8.3 の Feynman ダイアグラムで与えられる. その結果は, $T=0$ での臨界点 ($\eta=0$) において

$$\mathrm{Im}\langle\Sigma(\boldsymbol{k}_\mathrm{F}, \varepsilon)\rangle \propto \begin{cases} |\varepsilon|^{3/2} & (z=2) \\ |\varepsilon| & (z=3) \end{cases} \tag{8.2}$$

$$\mathrm{Re}\langle\Sigma(\boldsymbol{k}_\mathrm{F}, \varepsilon)\rangle \propto \begin{cases} -\varepsilon(\mathrm{const} - |\varepsilon|^{1/2}) & (z=2) \\ -\varepsilon(\mathrm{const} - \ln|\varepsilon|) & (z=3) \end{cases} \tag{8.3}$$

となる. ここで, $\langle\cdots\rangle$ は Fermi 面上での平均を意味する. 準粒子の崩壊率 $\gamma_{\boldsymbol{k}}$ は, 自己エネルギーの虚部 $\mathrm{Im}\Sigma(\boldsymbol{k}, \xi_{\boldsymbol{k}})$ とくりこみ因子 $z \equiv [1 - \partial \mathrm{Re}\Sigma(\boldsymbol{k}_\mathrm{F}, \varepsilon)/\partial\varepsilon]^{-1}$ の積で与えられる. $z=2$ のときは, $\gamma_{\boldsymbol{k}} \propto |\xi_{\boldsymbol{k}}|^{3/2}$ であるので, $\xi\sim 0$ に対して $\gamma \ll |\xi|$ となって, 低エネルギーに対して準粒子の描像は成立している. $z=3$ のときも, $\gamma_{\boldsymbol{k}} \propto -|\xi_{\boldsymbol{k}}|/\ln|\xi_{\boldsymbol{k}}|$ であるので, $\xi\sim 0$ に対して $\gamma \ll |\xi|$ となって, かろうじて (marginally) 準粒子の描像は成立している. 実を言うと, $z=2$ のときも $\xi_{\boldsymbol{k}_\mathrm{F}} = \xi_{\boldsymbol{Q}+\boldsymbol{k}_\mathrm{F}}$ を満たす Fermi 面の線上では, Σ の ε 依存性は $z=3$ の場合と同じであり, かろうじて準粒子が定義できる. Fermi 面上で平均した結果 (8.2), (8.3) が得られたのである.

式 (8.3) の結果より, 準粒子の状態密度 $D^*(\varepsilon)$ は

$$D^*(\varepsilon) \propto \begin{cases} D_0 - D_1|\varepsilon|^{1/2} & (z=2) \\ D_0 + D_1 \ln(1/|\varepsilon|) & (z=3) \end{cases}$$

となる. ここで, D_0, D_1 は正の定数である. 表 8.1 にある Ce 系化合物の実験結果は $z=2$ に対応する状態密度を用いてよく理解される.

このように, 非 Fermi 液体とは言っても, 準粒子の描像はまだ成立する. ただ, くりこみ因子や準粒子の崩壊率のエネルギー依存性が普通の Fermi 液体の場合と異なり, それが種々の物理量に反映しているのである. 比熱は, $\mathrm{Re}\Sigma$ の ε 依存性を直接

反映し，電気抵抗は$\mathrm{Im}\Sigma$のそれと電流保存の破れを測る幾何学因子により決定される．一方，NMRの縦緩和率$1/T_1 \propto T\sum_q \mathrm{Im}\chi(Q+q,\omega)/\omega|_{\omega\sim 0}$は$\eta$の温度依存性を反映する．また，反強磁性臨界点での一様磁化率χの振舞いは，自由エネルギーの磁場依存性に対する「スピンゆらぎ」の効果として与えられる [18]．

8-3 遍歴磁性のモード結合理論

本節では，前節で概観した量子臨界点近傍の物理的性質を正確に記述できる遍歴磁性のモード結合理論の概略について議論する [15, 18, 21]．

話を簡単にするために，遍歴磁性の簡単で典型的なモデルであるHubbardモデルにもとづいて議論する．即ち，ハミルトニアンとして，

$$\mathcal{H} = \sum_{i,j}\sum_{\sigma} t_{ij}(c_{i\sigma}^\dagger c_{j\sigma} + \mathrm{h.c.}) - \mu\sum_{i}\sum_{\sigma} c_{i\sigma}^\dagger c_{i\sigma} + U\sum_{i} c_{i\uparrow}^\dagger c_{i\uparrow} c_{i\downarrow}^\dagger c_{i\downarrow} \tag{8.4}$$

を採用する．ここで，t_{ij}はiサイト($\bm{r}_i$)とjサイト($\bm{r}_j$)の間の電子の飛び移り積分を，UはオンサイトでのCoulombポテンシャルを表し，$c_{i\sigma}$はiサイトでスピン$\sigma(=\uparrow,\downarrow)$をもつ電子の消滅演算子である．第2項の$\mu$は化学ポテンシャルであり，以下ではグランドカノニカル分布にもとづいて議論する．iサイトでの電子数$\hat{n}_i \equiv (c_{i\uparrow}^\dagger c_{i\uparrow} + c_{i\downarrow}^\dagger c_{i\downarrow})$とスピンの$z$成分$\hat{s}_i \equiv (c_{i\uparrow}^\dagger c_{i\uparrow} - c_{i\downarrow}^\dagger c_{i\downarrow})/2$を用いて 式(8.4)の第3項（相互作用項）$\mathcal{H}_{\mathrm{int}}$を書き換えると，次が得られる．

$$\mathcal{H}_{\mathrm{int}} = U\sum_{i}\left(\frac{1}{4}\hat{n}_i^2 - \hat{s}_i^2\right) \tag{8.5}$$

8-3-1 平均場近似

磁性を議論するためにまず平均場近似を用いる．即ち，式(8.5)において$\hat{n}_i \approx n$，$\hat{s}_i^2 = s_i^2 + 2s_i(\hat{s}_i - s_i) + (\hat{s}_i - s_i)^2 \approx -s_i^2 + 2s_i\hat{s}_i$とすると，有効ハミルトニアン$\mathcal{H}_{\mathrm{eff}}$は

$$\mathcal{H}_{\mathrm{eff}} = \sum_{i,j}\sum_{\sigma} t_{ij}(c_{i\sigma}^\dagger c_{j\sigma} + \mathrm{h.c.}) - \sum_{i} 2Us_i \hat{s}_i + \sum_{i} U\left(\frac{1}{4}n^2 + s_i^2\right) \tag{8.6}$$

となり，磁化の平均値s_iは$\mathcal{H}_{\mathrm{eff}}$の熱平均$s_i = \langle \hat{s}_i\rangle_{\mathrm{eff}}$で決まる．ここで，

$$\langle\cdots\rangle_{\mathrm{eff}} = \frac{\mathrm{Tr}(\cdots)e^{-\beta\mathcal{H}_{\mathrm{eff}}}}{\mathrm{Tr}\,e^{-\beta\mathcal{H}_{\mathrm{eff}}}} \tag{8.7}$$

である．また，$\beta = 1/k_B T$ である．式 (8.6) の $\mathcal{H}_{\text{eff}}$ は磁化の平均値 s_i を含んでいるので，関係 $s_i = \langle \hat{s}_i \rangle_{\text{eff}}$ は s_i に関する連立非線形方程式である．磁気転移点の近傍では s_i について線形化できて

$$s_i = \sum_j \chi_{ij}^{(0)} 2U s_j \tag{8.8}$$

となる．$\chi_{ij}^{(0)}$ は自由電子系 ($U = 0$) におけるスピン磁化率であり，サイトの座標の差 ($\bm{r}_i - \bm{r}_j$) にのみ依存しているので，式 (8.8) はその Fourier 成分の関係

$$s_{\bm{q}} = 2U \chi_{\bm{q}}^{(0)} s_{\bm{q}} \tag{8.9}$$

に帰着する．この $\chi_{\bm{q}}^{(0)}$ は 5-3-2 項で議論した自由電子系 ($U = 0$) の一般化磁化率の表式 (5.67) を有限温度に拡張した

$$\chi_{\bm{q}}^{(0)} = \int_0^\beta d\tau \langle e^{\tau \mathcal{H}_0} \hat{s}_{\bm{q}} e^{-\tau \mathcal{H}_0} \hat{s}_{-\bm{q}} \rangle_0 = \frac{1}{2} \sum_{\bm{k}} \frac{f(\xi_{\bm{k}+\bm{q}}) - f(\xi_{\bm{k}})}{\xi_{\bm{k}} - \xi_{\bm{k}+\bm{q}}} \tag{8.10}$$

で与えられる．ここで，$f(x) = 1/(e^{\beta x} + 1)$ は Fermi 分布，$\xi_{\bm{k}} = \sum_{i-j} t_{ij} e^{i(\bm{r}_i - \bm{r}_j) \cdot \bm{k}} - \mu$ は化学ポテンシャルから測ったバンドエネルギーを意味する．

磁気転移温度 T_m は，温度を降下させるとき，式 (8.9) がある波数ベクトル $\bm{q}$ に対して初めて成立する温度として定義される．即ち，$1 = 2U \chi_{\bm{q}}^{(0)}(T = T_m^{\text{mf}})$ であり，具体的には

$$1 = U \sum_{\bm{k}} \frac{f(\xi_{\bm{k}+\bm{q}}; T_m^{\text{mf}}) - f(\xi_{\bm{k}}; T_m^{\text{mf}})}{\xi_{\bm{k}} - \xi_{\bm{k}+\bm{q}}} \tag{8.11}$$

となる．T_m^{mf} を最大にする波数ベクトルはバンド分散 $\xi_{\bm{k}}$ に依存する．$\bm{q} = (0, 0, 0)$ であれば強磁性，$\bm{q} = (\pi/a, \pi/a, \pi/a)$（$a$ は格子定数）などのように整合ベクトルの場合は反強磁性，一般の不整合ベクトルの場合にはスピン密度波（SDW）の磁気秩序の発生に対応する．条件 (8.11) は，強磁性の場合 ($\bm{q} = 0$)，Stoner の条件（式 (3.53) 参照）に他ならない．

8-3-2 スピンゆらぎの効果

平均場近似では着目するスピンへの相互作用の効果は平均値で置き換えて平均値の周りの「スピンゆらぎ」の効果は無視する．しかし，この効果を無視することは定量的のみならず定性的にも正しくない．これはわが国の守谷グループの研究を初めとする 70 年代半ばまでの研究で明らかにされた [15]．その際中心的な論点は「遍歴電子系の磁性体（磁性をもつ電子が金属中を動き回っている）においても局在電

子系の磁性を特徴付ける Curie-Weiss 則が $T_{\rm m} < T \ll T_{\rm F}$ の広い温度範囲において観測される」ことをどのように理解するかということであった.

スピンゆらぎの効果を議論するためには,ハミルトニアン (8.4), (8.5) から得られる熱力学ポテンシャル $\Omega = -\beta^{-1}\ln{\rm Sp}(e^{-\beta\mathcal{H}})$ の汎関数表示にもとづいて議論するのがもっとも見通しがよい.ここで,Sp (シュプール) は行列の対角和を取ることを意味する.やや天下りになるが,式 (8.5) のスピン間の相互作用の効果は,

$$
{\rm Sp}(e^{-\beta\mathcal{H}}) = {\rm Sp}(e^{-\beta\mathcal{H}_0}) \int \cdots \int \delta\Psi \exp\left(-\frac{1}{2}\int_0^\beta d\tau \sum_i \Psi_i^2(\tau)\right) \times
$$
$$
\left\langle T_\tau \exp\left(-\int_0^\beta d\tau \sum_i \sqrt{U/2}\Psi_i(\tau)e^{\tau\mathcal{H}_0}\hat{s}_i e^{-\tau\mathcal{H}_0}\right)\right\rangle_0 \quad (8.12)
$$

のように表すことができる [15].ここで,$\langle\cdots\rangle_0$ は $\mathcal{H}_0$ によるグランドカノニカル平均を表し,T_τ は T 積と呼ばれ指数関数の中を展開したときに現れる種々の τ をもつ $\Psi(\tau)$ の積を τ の大きい順に並べ替える操作を表す.$\int\cdots\int\delta\Psi$ は汎関数積分と呼ばれ,

$$
\Psi_i(\tau) = \sum_{\boldsymbol{q}}\sum_{\omega_m} e^{i(\boldsymbol{q}\cdot\boldsymbol{r}_i - \omega_m\tau)}\Psi(\boldsymbol{q},\omega_m), \quad \omega_m = 2m\pi/\beta \text{ (m は整数)} \quad (8.13)
$$

により定義される Fourier 成分に関する無限多重積分で表すことができる(以下参照).式 (8.12) の被積分関数は $\Psi(\boldsymbol{q},\omega_m)$ に関する(無限)多変数の関数である.関係 (8.12) は一般に

$$
{\rm Sp}(e^{-\beta\mathcal{H}}) = {\rm Sp}(e^{-\beta\mathcal{H}_0}) \int \cdots \int \prod_{\boldsymbol{q},\omega_m} d\Psi(\boldsymbol{q},\omega_m)\exp\left(-\beta N\Phi[\Psi]\right) \quad (8.14)
$$

の形に表すことができ,$\Phi[\Psi]$ はスピンの Fourier 成分に共役な磁場 Ψ に関する一般化された自由エネルギーという意味をもつ.それは標準的な多体問題の技法を用いると,$\Psi(\boldsymbol{q},\omega_m)$ に関して次のように展開される.

$$
\begin{aligned}
\Phi[\Psi] =& \frac{1}{2}\sum_{\boldsymbol{q},\omega_m} v_2(\boldsymbol{q},\omega_m)|\Psi(\boldsymbol{q},\omega_m)|^2 \\
&+ \frac{1}{4}\sum_{\boldsymbol{q}_i,\omega_i} v_4(\boldsymbol{q}_1\omega_1,\cdots,\boldsymbol{q}_4\omega_4)\Psi(\boldsymbol{q}_1,\omega_1)\cdots\Psi(\boldsymbol{q}_4,\omega_4)\delta\left(\sum_{i=1}^4 \boldsymbol{q}_i\right)\delta\left(\sum_{i=1}^4 \omega_i\right) \\
&+ \cdots
\end{aligned}
$$
$$(8.15)$$

ここで,

$$v_2(\bm{q}, \omega_m) = 1 - 2U\chi^{(0)}_{\bm{q}}(i\omega_m) \tag{8.16}$$

であり, 振動数 ω_m に依存する非摂動系のスピン磁化率 $\chi^{(0)}_{\bm{q}}(i\omega_m)$ は式 (8.10) の静的磁化率を一般化した

$$\chi^{(0)}_{\bm{q}}(i\omega_m) = \frac{1}{2}\sum_{\bm{k}}\frac{f(\xi_{\bm{k}+\bm{q}}) - f(\xi_{\bm{k}})}{\xi_{\bm{k}} - \xi_{\bm{k}+\bm{q}} + i\omega_m} \tag{8.17}$$

で与えられる.

式 (8.15) の中で磁気秩序を表す 1 つの波数 $\bm{Q}$ の静的 ($\omega = 0$) モード $\Psi(\bm{Q}, 0) \equiv \Psi_{\bm{Q}}$ だけを残すと,

$$\Phi = \frac{1}{2}v_2(\bm{Q}, 0)\Psi^2_{\bm{Q}} + \frac{1}{4}v_4\Psi^4_{\bm{Q}} + \cdots \tag{8.18}$$

となる. これは 2 次相転移の Landau 理論に現れる自由エネルギーに他ならない. $v_2 > 0$ であれば常磁性状態 ($\Psi_{\bm{Q}} = 0$) が, $v_2 < 0$ であれば磁気秩序状態 ($\Psi_{\bm{Q}} \neq 0$) が実現し, $v_2 = 0$ (条件 (8.11) に対応) が磁気転移温度を与える. 即ち, 平均場近似の結果が再現される. 式 (8.15) には静的平均場 $\Psi_{\bm{Q}}$ 以外のモードの効果が含まれており, 平均場近似を超えるスピンゆらぎの効果を議論するベースとなる.

相互作用 (8.5) の効果を含む動的スピン磁化率 $\chi_{\bm{q}}(\omega)$ は

$$\chi_{\bm{q}}(i\omega_m) = \int_0^\beta d\tau e^{i\omega_m\tau}\langle e^{\tau\mathcal{H}}\hat{s}_{\bm{q}}e^{-\tau\mathcal{H}}\hat{s}_{-\bm{q}}\rangle \tag{8.19}$$

において, 解析接続 $i\omega_m \to \omega + i\delta$ (δ は正の微小量) をすることで得られる. 式 (8.19) で定義される「スピン磁化率」は自由エネルギー汎関数 $\Phi[\Psi]$ を用いて

$$\chi_{\bm{q}}(i\omega_m) = \frac{\beta}{U}\frac{\mathrm{Sp}\{\Psi(\bm{q},\omega_m)\Psi(-\bm{q},-\omega_m)\exp(-\beta\Phi[\Psi])\}}{\mathrm{Sp}\{\exp(-\beta\Phi[\Psi])\}} - \frac{1}{U} \tag{8.20}$$

で与えられる. ここで, Sp は $\int\cdots\int\prod_{\bm{q},\omega_m}d\Psi(\bm{q},\omega_m)$ を表す. $\Phi[\Psi]$ として式 (8.15) の 2 次の項に限れば, 式 (8.20) の Sp は単なる Gauss 積分なので簡単に実行できて, RPA 近似での「スピン磁化率」

$$\chi^{\mathrm{RPA}}_{\bm{q}}(i\omega_m) = \frac{2\chi^{(0)}_{\bm{q}}(i\omega_m)}{1 - 2U\chi^{(0)}_{\bm{q}}(i\omega_m)} \tag{8.21}$$

が得られる (式 (2.94) 参照). 平均場近似での転移温度を与える式 (8.11) は, RPA 近似での静的スピン磁化率 $\chi^{\mathrm{RPA}}_{\bm{q}}(0)$ が発散する条件に対応する (式 (2.95) 参照).

式 (8.21) で与えられる静的スピン磁化率の温度依存性は, $\chi^{(0)}_{\bm{q}}(0)$ のそれで与えら

れるので，$T < T_\mathrm{F}$ において，バンド構造の詳細による弱い温度依存性を別にすれば，大きな温度依存性をもたない．実験で観測されているような Curie-Weiss 的な大きな温度依存性は式 (8.15) で与えられる自由エネルギー汎関数 $\Phi[\Psi]$ の 4 次（および高次）の項の効果として現れる．この 4 次のモード間相互作用に対して平均場近似を適用する．

以下では話を具体的にするため，スピンのゆらぎは波数ベクトル $\boldsymbol{Q}$ の周りの長波長成分 $\boldsymbol{Q}+\boldsymbol{q}$ ($|\boldsymbol{q}| < q_\mathrm{c} \sim 1/a$, a は格子定数) で低振動数 ω ($|\omega| \ll \omega_\mathrm{c} \sim T_\mathrm{F}$) が重要なので，式 (8.15) の $\Phi[\Psi]$ の係数 v_2, v_4 を q, ω について展開し，

$$v_2(\boldsymbol{q},\omega_m) \simeq \eta_0 + Aq^2 + C_q|\omega_m|, \quad v_4(\boldsymbol{q}_1\omega_1,\cdots,\boldsymbol{q}_4\omega_4) \simeq u_0 \qquad (8.22)$$

と表す．$\eta_0 \equiv 1 - 2U\chi_{\boldsymbol{Q}}^{(0)}(0)$, $A \sim a^2$, $C_q \sim 1/T_\mathrm{F}$, u_0 はバンド構造が決まれば定まるパラメータである．また，$C_q = Cq^{2-z}$ の q 依存性をもち，強磁性の場合 ($\boldsymbol{Q}=0$) には $z=3$ であり ($C_q \propto 1/q$)，反強磁性・SDW の場合 ($\boldsymbol{Q} \neq 0$) には $z=2$ である ($C_q \propto q^0 =$const.)．ここで，z は動的臨界指数であり，臨界ゆらぎの振動数の波数依存性を表す ($\omega \propto q^z$)．自由エネルギー汎関数 $\Phi[\Psi]$, 式 (8.15), は

$$\begin{aligned}\Phi[\Psi] =& \frac{1}{2}\sum_{\boldsymbol{q},\omega_m}(\eta_0 + Aq^2 + C_q|\omega_m|)|\Psi(\boldsymbol{q},\omega_m)|^2 \\ &+ \frac{u_0}{4}\sum_{\boldsymbol{q}_i,\omega_i}\Psi(\boldsymbol{q}_1,\omega_1)\cdots\Psi(\boldsymbol{q}_4,\omega_4)\delta\left(\sum_{i=1}^4\boldsymbol{q}_i\right)\delta\left(\sum_{i=1}^4\omega_i\right)+\cdots\end{aligned} \qquad (8.23)$$

となる．スピンゆらぎ Ψ の間の相互作用の効果を平均場近似で取り込むために，平均場自由エネルギー汎関数

$$\Phi_\mathrm{eff}[\Psi] = \frac{1}{2}\sum_{\boldsymbol{q}}\sum_n(\eta + Aq^2 + C_q|\omega_n|)\Psi(\boldsymbol{q},\omega_n)\Psi(-\boldsymbol{q},-\omega_n) \qquad (8.24)$$

を導入する．即ち，η が「平均場」を表す．一般に熱力学ポテンシャル Ω に対して Feynman の不等式

$$\Omega \leq \Omega_\mathrm{eff} + \langle\Phi - \Phi_\mathrm{eff}\rangle_\mathrm{eff} \equiv \tilde{\Omega}(\eta) \qquad (8.25)$$

が成立するので，右辺の $\tilde{\Omega}(\eta)$ を最小とするように η を決定する．その結果，η を決めるつぎの関係を得る．

$$\eta = \eta_0 + 3u_0\langle\Psi^2\rangle_\mathrm{eff}, \quad \langle\Psi^2\rangle_\mathrm{eff} = T\sum_{\boldsymbol{q}}\sum_m \frac{1}{\eta + Aq^2 + C_q|\omega_m|} \qquad (8.26)$$

これは式 (8.23) の第 2 項において，$\Psi^4 \to {}_4C_2\langle\Psi^2\rangle_\mathrm{eff}\Psi^2$ と近似する「直観的」な平均

場近似と等価である．式 (8.26) の $\langle\Psi^2\rangle_{\text{eff}}$ の $T\sum_m$ は複素積分の技法を用いると

$$\langle\Psi^2\rangle_{\text{eff}} = \sum_q \int_0^{\omega_c} \frac{d\omega}{\pi} \coth\frac{\omega}{2T} \frac{C_q\omega}{(\eta+Aq^2)^2+(C_q\omega)^2}$$

$$= \sum_q \left[\frac{1}{C_q}\int_0^{\omega_c}\frac{d\omega}{\pi}\frac{\omega}{\Gamma_q^2+\omega^2} + \frac{2}{C_q}\int_0^{\infty}\frac{d\omega}{\pi}\frac{1}{e^{\beta\omega}-1}\frac{\omega}{\Gamma_q^2+\omega^2}\right]$$

$$\equiv \langle\Psi^2\rangle_{\text{zero}} + \langle\Psi^2\rangle_{\text{th}} \tag{8.27}$$

と書ける．ここで，$\Gamma_q \equiv (\eta+Aq^2)/C_q$ である．式 (8.27) の第 1 項の $\sum_q$ と ω 積分を実行するとゼロ点スピンゆらぎ振幅 $\langle\Psi^2\rangle_{\text{zero}}$ は，臨界点近傍 ($\eta\sim 0$) において，

$$\langle\Psi^2\rangle_{\text{zero}} = \frac{Vq_{\text{B}}^3}{4\pi^3 C_{q_{\text{B}}}}\left[C_1(z) - C_2(z)\frac{\eta}{Aq_{\text{B}}^2} + \cdots\right] \tag{8.28}$$

となる．q_{B} は Brillouin 域の大きさを表す波数であり，C_i $(i=1,2)$ は $\mathcal{O}(1)$ の正の定数で，$C_1(z) \equiv 2\int_0^{x_c}dx\,x^z\ln(C_{q_{\text{B}}}\omega_c/Aq_{\text{B}}^2 x^z)$，$C_2(2)=2x_c$，$C_2(3)=(1-x_c^2)/2$ と定義される．式 (8.27) の第 2 項の ω 積分を実行すると熱スピンゆらぎ振幅 $\langle\Psi^2\rangle_{\text{th}}$ は，

$$\langle\Psi^2\rangle_{\text{th}} = \frac{Vq_{\text{B}}^3}{2\pi^3 C_{q_{\text{B}}}}\int_0^{x_c}dx\,x^z\left[\ln u - \frac{1}{2u} - \psi(u)\right] \tag{8.29}$$

となる．ここで，$x\equiv q/q_{\text{B}}$，$x_c\equiv q_c/q_{\text{B}}$，$u\equiv\Gamma_q/(2\pi T)$，$\psi(z)$ はディガンマ関数である．

以上をまとめると，スピンゆらぎの基本的パラメータ η に対するセルフコンシステントな関係 (8.26) は，$y\equiv\eta/(Aq_{\text{B}}^2)$ に対する方程式

$$y = y_0 + \frac{3y_1}{2}\int_0^{x_c}dx\,x^z\left[\ln u - \frac{1}{2u} - \psi(u)\right] \tag{8.30}$$

に帰着する．ここで，$u\equiv x^{z-2}(y+x^2)/t$，$t\equiv T/T_0$，$T_0\equiv Aq_{\text{B}}^2/(2\pi C_{q_{\text{B}}})$ であり，係数 y_0，y_1 はつぎの式で定義される．

$$y_0 \equiv \frac{\eta_0/Aq_{\text{B}}^2 + 3u_0W_3C_1T_0/(T_AN_{\text{F}})^2}{1+3u_0W_3C_2T_0/(T_AN_{\text{F}})^2}, \quad y_1 \equiv \frac{4u_0W_3T_0/(T_AN_{\text{F}})^2}{1+3u_0W_3C_2T_0/(T_AN_{\text{F}})^2} \tag{8.31}$$

ここで，$W_3\equiv Vq_{\text{B}}^3/(8\pi^2)$，$T_A\equiv Aq_{\text{B}}^2/(2N_{\text{F}})$ はスピンゆらぎの波数依存性を特徴付けるエネルギースケールを与えるパラメータであり，$y=\eta/(Aq_{\text{B}}^2)\equiv 1/(2T_A\chi_Q(0))$ の関係にある．4つの基本的パラメータ，y_0，y_1，T_0，T_A はいくつかの実験から決められる [15]．このように動的スピン磁化率は

$$\chi_{\boldsymbol{Q}}^{-1}(\boldsymbol{q},\omega) = 2T_A\left[y + \left(\frac{q}{q_{\text{B}}}\right)^2 - i\frac{\omega}{2\pi T_0(q/q_{\text{B}})^{z-2}}\right] \tag{8.32}$$

で与えられ，これを用いて関連したほとんどの物理量の振舞いが理解される．これら一連の理論は SCR (Self-Consistent Renormalization) 理論と呼ばれ，わが国の守谷グループで発展させられた [15, 17]．式 (8.30) の x 積分はそのままでは解析的に実行することは出来ないが，よい精度で成立する近似式

$$\ln u - \frac{1}{2u} - \psi(u) \simeq \frac{1}{2u(1+6u)} \tag{8.33}$$

を用いることで初等的に実行できる．

反強磁性（$Q \neq 0$, $z=2$）の場合，式 (8.30) は

$$y = y_0 + \frac{3}{2} y_1 t \int_0^{x_c} dx \left[\frac{x^2}{2(x^2+y)} - \frac{x^2}{2(x^2+y)+t/3} \right] \tag{8.34}$$

となる．これから転移温度 $T_{\mathrm{m}}^{\mathrm{SCR}} = t_{\mathrm{m}}^{\mathrm{SCR}} \times T_0$ を決める関係（$y=0$）

$$0 = y_0(t_{\mathrm{m}}^{\mathrm{SCR}}) + \frac{3}{2} y_1 t_{\mathrm{m}}^{\mathrm{SCR}} \left(\frac{x_c}{2} - \int_0^{x_c} \mathrm{d}x \frac{x^2}{2x^2 + t_{\mathrm{m}}^{\mathrm{SCR}}/3} \right) \tag{8.35}$$

と転移温度近傍での y（$\chi_{Q=0}(0)^{-1}$）の温度依存性が，

$$y \propto (t - t_{\mathrm{m}}^{\mathrm{SCR}})^2, \quad \chi_{Q=0}(0) \propto (T - T_{\mathrm{m}}^{\mathrm{SCR}})^{-2} \tag{8.36}$$

と求められる．即ち，スピンゆらぎの効果により転移温度は，$r_0(T_{\mathrm{m}}^{\mathrm{mf}}) = 0$ で与えられる平均場近似の値 $T_{\mathrm{m}}^{\mathrm{mf}}$ よりスピンゆらぎ振幅 $\langle \Psi^2 \rangle_{\mathrm{eff}}$ の効果によって抑えられて式 (8.35) で与えられる．また，反強磁性磁化率の転移点近傍での温度依存性は，平均場近似での $\chi_{Q=0}^{\mathrm{mf}} \propto (T - T_{\mathrm{m}}^{\mathrm{mf}})^{-1}$ から $\chi_{Q=0} \propto (T - T_{\mathrm{m}}^{\mathrm{SCR}})^{-2}$ へと変化する．より広い温度範囲（$T_{\mathrm{m}}^{\mathrm{SCR}} < T < T_0 \sim T_{\mathrm{F}}$）では式 (8.34) を数値的に解く必要があるが，第 2 項の t に比例する熱スピンゆらぎ振幅が支配的となり，いわゆる「Curie-Weiss 的温度依存性」が得られる．強磁性の場合も同様である．即ち，金属磁性をめぐる長年の懸案が解決されたのである．

実際の転移温度に近づくと最後には式 (8.24) の近似を超える臨界ゆらぎの効果が顕在化する．その温度領域は上述の方法で決定された y を，それからの摂動論的な補正項 Δy が上回る温度領域として評価される．この条件は 2 次相転移における Ginzburg の判定条件の一例であり，

$$\frac{T - T_{\mathrm{m}}^{\mathrm{SCR}}}{T_{\mathrm{m}}^{\mathrm{SCR}}} < \frac{\pi^2}{12} \frac{T_{\mathrm{m}}^{\mathrm{SCR}}}{T_0} \ln \left| \frac{T - T_{\mathrm{m}}^{\mathrm{SCR}}}{T_0} \right| \tag{8.37}$$

で与えられる．ここで，$T_{\mathrm{m}}^{\mathrm{SCR}}$ は式 (8.35) で決まる転移温度を表す．従って，$T_{\mathrm{m}}^{\mathrm{SCR}} \ll T_0 \sim T_{\mathrm{F}}$ であればモード結合近似の破綻する温度領域は $T_{\mathrm{m}}^{\mathrm{SCR}}$ の極く近傍に限られ

ており，Fermi 温度に比べて転移温度の低い「弱磁性金属」に対して精度のよい記述を与える．BCS 理論が超伝導現象のよい理論になっていることに対応する．

加圧や組成の変化などによりパラメータ y_0 がゼロに近づくと $T_m^{SCR} \to 0$ となり，磁気相転移は量子臨界現象を示す．そのとき，SCR 理論の適用条件 (8.37) はすべての温度領域で満足されるので，量子臨界現象を正しく記述する．SCR 理論の正当性は摂動論的「くりこみ群」の方法によっても確立している [24, 25]．量子臨界点では動的スピン磁化率 (8.32) を用いて種々の物理量の温度依存性を予言できる．表 8.2 にまとめられた結果はそのようにして得られたもので，「弱磁性金属」だけでなく重い電子系の多くの物質系の実験をよく説明する．

8-3-3 強相関金属系でのモード結合理論

スピンゆらぎの議論の出発点となった自由エネルギー汎関数 (8.15) は，その導出から分かるように弱相関極限から摂動論的に得られたものであるので，強相関電子系の典型例である重い電子系や Mott 金属絶縁体転移点近傍の金属などに対しては無力であると思われがちであるが，実はそうではない．そこで重要な役割を演じるのが Fermi 液体論である．Fermi 液体論では（裸の相互作用が如何に強くても，系が金属に留まる限り）「Fermi 準位近傍の自由度はコヒーレントな準粒子で記述され，その準粒子は Fermi 準位から離れたインコヒーレントな自由度を通じて弱く相互作用する」という描像が成り立つ．強相関効果は一般に局所的な性格をもっているが，その効果を取り込んで遍歴的な「準粒子自由度」と局在的インコヒーレント成分からなる「スピン自由度」が交換相互作用するという 10-4 節で議論する遍歴・局在 2 重性モデルに立脚して，「スピン自由度」についてモード結合近似を適用することは可能である．つまり，汎関数 (8.15) を与えるには必ずしも弱相関金属を前提とする必要はない．このような考え方は強く相互作用する難問題において有効性を発揮する「くりこみ群」の方法における基本的なものである．実際，重い電子系の量子臨界点近傍での異常性は 1, 2 の例外を除いて表 8.2 の結果で与えられる [17]．

8-4 単サイト量子臨界現象

表 8.1 のグループ (B) に属する現実の系は少ないが，理論的な観点から重要な問題を提起している．$La_{1-x}Pr_xInAg_2$ ($x = 0.05$) は 6-6 節で議論した 2 チャンネル近藤効果を示すと考えられている．ここでは，それとは異なる振舞いを見せる $Th_{1-x}U_xRu_2Si_2$

($x < 0.07$) について議論する.

8-4-1　$Th_{1-x}U_xRu_2Si_2$ ($x < 0.07$) の振舞い

$Th_{1-x}U_xRu_2Si_2$ ($x < 0.07$) の実験結果を見てみよう. 図 8.4 に (a) $x = 0.07$ の磁気比熱 C_m/T, (b) U イオン当たり ($0.01 < x < 0.07$) の磁化容易軸 (c 軸) 方向の磁化率 χ, および (c) U を不純物として入れたことによる電気抵抗率の増分 $\Delta\rho$ の温度依存性を示す [6]. この特徴をまとめると, 次のようになる.

(1) $T = 0.1$ K から $T = 10$ K の 2 桁にわたる広い温度領域において, $C_m/T \sim -\ln T$, $\chi \sim -\ln T$ の非 Fermi 液体的振舞いをしめす.

(2) U イオン当たりの磁化率が U の濃度によらず $T > 0.3$ K で同じ温度依存性を示し, $x = 0.01$ の最低濃度において $-\ln T$ 依存性が観測の最低温度まで残り, 正常 Fermi 液体への移行の兆候が見えない. このことはこれらの異常が単サイトの効果であることを強く示唆する.

(3) 電気抵抗が $T < 10$ K で $\ln T$ のように減少し, $T < 0.3$ K では $T^{1/2}$ 的な温度依存性へと移行する. 即ち, $\rho(T) - \rho_0 \simeq \text{const.} \times (\ln T, T^{1/2})$ と表すことができる.

即ち, 普通の近藤効果で期待される局所 Fermi 液体とは異なる.

8-4-2　近藤-芳田 1 重項と f^2 結晶場 1 重項との競合による量子臨界

前項で紹介した $Th_{0.97}U_{0.03}Ru_2Si_2$ の実験結果は一見すると 2 チャンネル近藤モデル (6-6-1 項参照) に似た異常を示すが, 詳しく見ると 2 チャンネルモデルでは説明できない. 即ち, 実験は電気抵抗の温度依存性の式 (6.101) で $B > 0$ を示しているが, そのようなことが起こるのは交換相互作用が強結合の場合であり, そのときは

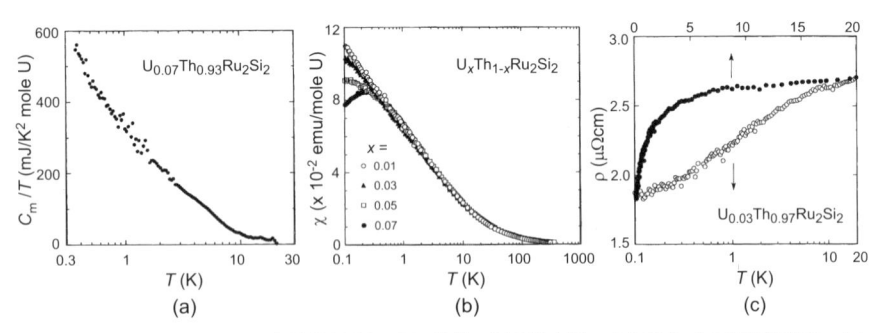

図 8.4　$Th_{1-x}U_xRu_2Si_2$ の実験結果 [6]. (a) 比熱の温度依存性. (b) 磁化率の温度依存性. (c) 電気抵抗の温度依存性.

8-4 単サイト量子臨界現象

比熱や磁化率の対数温度依存性の係数が小さくなって実験を説明できないのである. また, Γ_5 (付録の式 (B.64) 参照) の電気 4 極子の自由度を用いる 2 チャンネル近藤モデルでは [6], 磁場により 2 チャンネルの縮退が簡単に破れるのでエントロピーが解放されることによる比熱の増大が観測されるはずであるが, 実験では低温領域での比熱の $-\ln T$ のような増大はむしろ抑えられるという結果が得られている. 本項では, 上記の普通でない性質は, この系が「近藤–芳田 1 重項と f^2 結晶場 1 重項との相境界」近傍に位置すると考えることで, すべて矛盾なく理解できることを紹介する.[5)]

正方対称をもつこの系の U^{4+} (f^2 配置) の磁化率の異方性を再現する結晶場のエネルギー準位構造は (基底状態が 1 重項であり) 図 8.5 のようになる. ここで, f^2 の結晶場状態は f^1 の結晶場状態から j-j 結合の描像で構成される. f^1 の結晶場状態としては, スピン軌道多重項 $j = 5/2$ の内の $\Gamma_6, \Gamma_7^{(2)}$ の 2 つを考慮し, 擬スピン表示で

$$|\Gamma_{7\pm}^{(2)}\rangle = \pm\frac{3}{\sqrt{14}}\left|\pm\frac{5}{2}\right\rangle \mp \sqrt{\frac{5}{14}}\left|\mp\frac{3}{2}\right\rangle \equiv \begin{cases} |\uparrow,0\rangle \\ |\downarrow,0\rangle \end{cases} \tag{8.38}$$

$$|\Gamma_{6\pm}\rangle = \left|\pm\frac{1}{2}\right\rangle \equiv \begin{cases} |0,\uparrow\rangle \\ |0,\downarrow\rangle \end{cases} \tag{8.39}$$

のように表すことにする. ここで, 1 つの f 軌道が 2 重占有される状態, $|\uparrow\downarrow,0\rangle, |0,\uparrow\downarrow\rangle$, は電子相関の効果により重みが小さいので無視されている. 中間状態としては f^1 状態, $\Gamma_6, \Gamma_7^{(2)}$ だけが重要で, f^3 状態のエネルギーは高いので無視できるような状況を考えていることになる. これを用いると f^2 結晶場の低エネルギー準位は

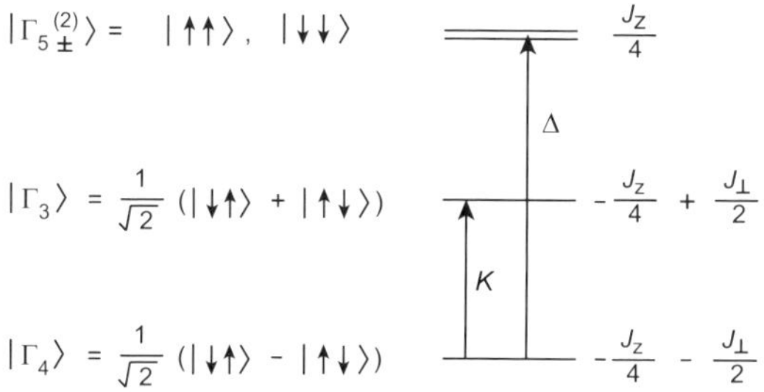

$|\Gamma_{5\pm}^{(2)}\rangle =$	$|\uparrow\uparrow\rangle,\ |\downarrow\downarrow\rangle$	$\dfrac{J_z}{4}$
$|\Gamma_3\rangle =$	$\dfrac{1}{\sqrt{2}}(|\downarrow\uparrow\rangle + |\uparrow\downarrow\rangle)$	$-\dfrac{J_z}{4} + \dfrac{J_\perp}{2}$
$|\Gamma_4\rangle =$	$\dfrac{1}{\sqrt{2}}(|\downarrow\uparrow\rangle - |\uparrow\downarrow\rangle)$	$-\dfrac{J_z}{4} - \dfrac{J_\perp}{2}$

(右側のエネルギー準位図で, Γ_4 から上向き矢印 K, Γ_4 から $\Gamma_{5\pm}^{(2)}$ への矢印 Δ)

図 8.5 f^2 電子配置の低エネルギー結晶場のエネルギー準位 [27].

[5)] 一方, 酒井らは上記の実験事実を説明するモデルとして, 伝導電子とは混成しないがもうひとつの局在 f 電子とは反強磁性的に結合した「拡張 2 チャンネル Anderson モデル」を提案し, その物性を調べて実験を矛盾なく説明する無理のないパラメータが存在することを示した [26].

$$|\Gamma_4\rangle = \frac{1}{\sqrt{2}}(|+2\rangle - |-2\rangle) = \frac{1}{\sqrt{2}}(|\downarrow,\uparrow\rangle - |\uparrow,\downarrow\rangle) \tag{8.40}$$

$$|\Gamma_3\rangle = \frac{1}{\sqrt{2}}(|+2\rangle + |-2\rangle) = \frac{1}{\sqrt{2}}(|\downarrow,\uparrow\rangle + |\uparrow,\downarrow\rangle) \tag{8.41}$$

$$|\Gamma_{5+}^{(2)}\rangle = \beta|+3\rangle - \alpha|-1\rangle = |\uparrow,\uparrow\rangle \tag{8.42}$$

$$|\Gamma_{5-}^{(2)}\rangle = \beta|-3\rangle - \alpha|+1\rangle = |\downarrow,\downarrow\rangle \tag{8.43}$$

と表すことができる．図 8.5 に示されるエネルギー準位は，次のような擬スピンに対する反強磁性的 Hund 結合ハミルトニアンで表現できる．

$$\mathcal{H}_{\text{Hund}} = \frac{J_\perp}{2}\left(S_1^+ S_2^- + S_1^- S_2^+\right) + J_z S_1^z S_2^z \tag{8.44}$$

ここで，交換相互作用は，$J_\perp = K$ および $J_z = 2\Delta - K$ で与えられ，擬スピン演算子は $\boldsymbol{S}_i = \frac{1}{2}\sum_{\sigma\sigma'} f_{i\sigma}^\dagger \boldsymbol{\sigma}_{\sigma\sigma'} f_{i\sigma'}$ と定義される．このようにして，つぎのような一般化された不純物 Anderson モデルが得られる．

$$\mathcal{H} = \sum_{i=1,2}\sum_{\boldsymbol{k}\sigma}\varepsilon_{\boldsymbol{k}} c_{\boldsymbol{k}i\sigma}^\dagger c_{\boldsymbol{k}i\sigma} + \sum_{i=1,2}\sum_{\boldsymbol{k}\sigma}\left(V_{i\boldsymbol{k}} c_{\boldsymbol{k}i\sigma}^\dagger f_{i\sigma} + \text{h.c.}\right) + \mathcal{H}_f + \mathcal{H}_{\text{Hund}} \tag{8.45}$$

$$\mathcal{H}_f = \sum_{i=1,2}\sum_\sigma E_{fi} f_{i\sigma}^\dagger f_{i\sigma} + \sum_{i=1,2}\sum_\sigma \frac{U_i}{2} f_{i\sigma}^\dagger f_{i\bar\sigma}^\dagger f_{i\bar\sigma} f_{i\sigma} \tag{8.46}$$

ここで，$c_{\boldsymbol{k}i\sigma}(c_{\boldsymbol{k}i\sigma}^\dagger)$ は $f_{i\sigma}(f_{i\sigma}^\dagger)$ と混成する伝導電子の消滅（生成）演算子である．$\bar\sigma$ は σ と逆向きの「スピン」状態を表す．異なる f 軌道間の Coulomb 相互作用，交換相互作用は式 (8.44) の Hund 結合定数に含まれている．

数値くりこみ群の方法で求めたハミルトニアン (8.45) の基底状態の Δ-K 相図を図 8.6 に示す [27]．図 8.6 で K-Y は各軌道の f^1 状態にある f 電子が同じ局所対称性をもつ伝導電子と近藤-芳田 1 重項を形成した状態が，CEF は f^2 状態の結晶場 1 重

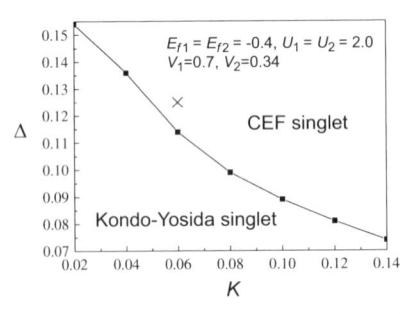

図 8.6 ハミルトニアン (8.45) の基底状態の相図．パラメータの単位は伝導電子の Fermi エネルギー D である [27]．

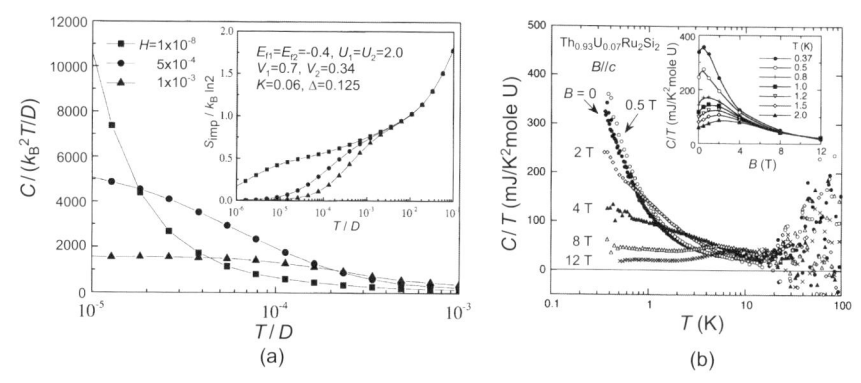

図 8.7 (a) 比熱係数 C/T の温度変化に対する磁場依存性（理論）．磁場・温度の単位はいずれも Fermi エネルギー D である [27]．(b) 比熱係数 C/T の温度変化に対する磁場依存性（実験）[28]．

項が，それぞれ基底状態であることを示す．この 2 つの領域の境界は量子臨界線であり，その近傍では非 Fermi 液体的性質を示す．例えば，図 8.6 の×の位置にある系について計算された諸物理量の低温極限での温度依存性は，比熱 $C_{\rm imp}/T \sim -\ln T$，磁化率 $\chi_{\rm imp} \sim -\ln T$，電気抵抗 $\rho - \rho_0 \simeq BT^\alpha$ ($\alpha = 1/2 \sim 1$) である．これらの温度依存性は実験（図 8.4）の振舞いをよく再現する．

また，図 8.6 の×に対応する系では，図 8.7(a) に示すように比熱の $-\ln T$ 的な温度依存性は磁場印加により抑制される．それに対応するエントロピーの温度依存性が図 8.7(a) の挿入図に示されているが，単純な 2 チャンネル近藤モデルで期待されるのとは異なり，低温での比熱係数の増大を抑えるように微妙にエントロピーを失う様が見てとれる．これは，図 8.7(b) に示す実験の振舞いを再現している．以上の結果は，$\rm Th_{1-x}U_xRu_2Si_2$ ($x < 0.07$) で観測された非 Fermi 液体的振舞いをほぼ統一的に説明できている．

8-5　価数転移にともなう量子臨界現象

Ce 金属の γ-α 転移（価数の変化を伴い結晶の対称性は変化しない）が典型例であるが [29]，価数転移は一般に 1 次転移である．従って，圧力 (P)-温度 (T) 相図上では，気体・液体転移と同様に，1 次転移の終点である臨界点が存在する．そこでは，気体・液体転移の場合に圧縮率が発散するのに対応して，価数感受率 χ_V が発散する．その臨界温度 T_V は一般に正の有限値であるが，物質（Ce や Yb を含む種々の

化合物）によっては $T_V = 0$ となることが可能である．図 8.8 には Ce 系の可能な相図を示す．このような場合には，臨界圧 P_V は量子臨界点となり，χ_V の発散にともなう量子臨界現象が生じる．これが 8-1 節でグループ (C) に分類したものであり，20世紀末から明確にその存在が認識され始めた [30]．

価数転移を導くためには 7-5-1 項で導入した周期的 Anderson モデルでは不十分で，より現実を反映するように拡張する必要がある．それは

$$\mathcal{H}_{\mathrm{GPAM}} = \sum_{\bm{k}\sigma}(\varepsilon_{\bm{k}} - \mu)c_{\bm{k}\sigma}^\dagger c_{\bm{k}\sigma} + \varepsilon_f \sum_{\bm{k}\sigma} f_{\bm{k}\sigma}^\dagger f_{\bm{k}\sigma} + V\sum_{\bm{k}\sigma}(c_{\bm{k}\sigma}^\dagger f_{\bm{k}\sigma} + \mathrm{h.c.})$$
$$+ U_{ff}\sum_i n_{i\uparrow}^f n_{i\downarrow}^f + U_{fc}\sum_{i\sigma\sigma'} n_{i\sigma}^f n_{i\sigma'}^c \tag{8.47}$$

で与えられる．その特徴は f 電子と伝導電子の間の斥力 U_{fc} を考慮していることである．その効果により初めてシャープな価数の転移またはクロスオーバーが可能となる．[6]

図 8.9 に U_{fc}-ε_f 平面での基底状態の相図を示す．▲で表される点は，モデル (8.47) に含まれる伝導電子については自由電子（$\varepsilon_k = \hbar^2 k^2/2m - D$，$D$ は伝導電子の Fermi エネルギー）を，f 電子間相互作用については強相関極限（$U_{ff} \to \infty$）を仮定して，スレーブボソンの平均場近似を用いて得られた 1 次価数転移を表す [34, 35]．加圧の

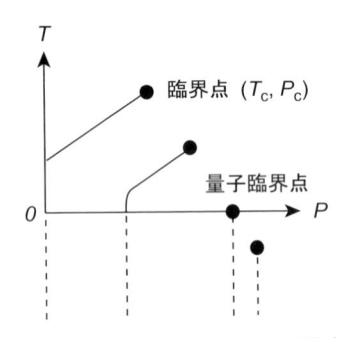

図 **8.8** 価数転移の $P - T$ 平面での相図．実線は 1 次価数転移線を，●印はその臨界点 (T_c, P_c) を表す．物質ごとに転移線は異なっており，臨界点の温度 $T_c = 0$ の場合も可能である．そのとき，$P = P_c$ は量子臨界点となり，その近傍で価数感受率 χ_V が発散する．$T_c < 0$ の場合には P を変化させるときの価数の変化はクロスオーバーとなるが，T_c がゼロに近ければ，P_c 近傍で χ_V のピークが現れる．

---

[6] モデル (8.47) で混成項がないものは Falicov-Kimball モデルと呼ばれ，1970 年代には価数転移を記述する標準的モデルであった [31]．その意味で，式 (8.47) はその一般化と見ることができる．また，式 (8.47) を含むより一般的なモデルは Varma らにより 1970 年代に提案され価数ゆらぎの物理が議論されてきた [32]．その意味では，式 (8.47) はその特殊な場合と見なすことができる．類似のモデルは高温超伝導の励起子機構に関連して提唱された [33]．

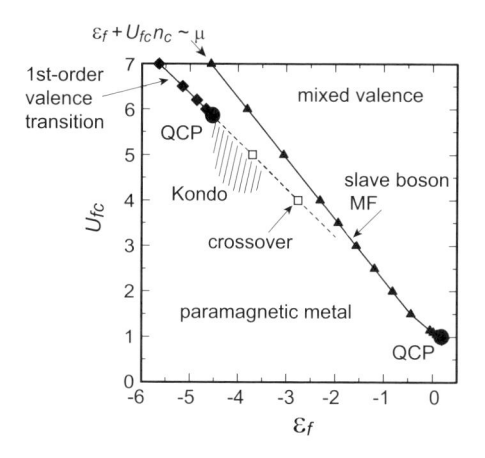

図 8.9 U_{fc}-ε_f 平面での基底状態の相図. サイト当たりの（f 電子と伝導電子の）電子数は 1.75 個である. モデルのパラメータの詳細については [35] を参照されたい. ▲はスレーブボソンの平均場近似によるもので, ■は 1 次元モデルの密度行列くりこみ群によるものを表す. 実線は 1 次価数転移を, ●印はその臨界点を表す. 破線は価数のクロスオーバーの線を表す. 斜線を付けた部分で超伝導相関がスピン密度波・電荷密度波のそれに比べて優勢になる.

効果は（Fermi レベルに対する相対的な）f レベルの上昇に対応する. cf 混成も加圧により増加するが f イオンの価数転移に対しては主因とはならないので無視できる. 実線は価数の 1 次転移の相境界を表し, ●印は 1 次転移の臨界点を表す. 臨界点から延びる破線は価数の変化率が最大になる「価数クロスオーバー」を表している. この図を眺めると, 価数転移の原因が U_{fc} と ε_f の競合で生じていることが分かる.[7] 実際, 平均場的な描像によれば, 価数転移は $\varepsilon_f + U_{fc}n_c \approx \mu = E_F$ (n_c はサイト当たりの伝導電子数, E_F は f^0 状態での Fermi エネルギー) という条件, 即ち f^0 状態と f^1 状態のエネルギーが縮退するという条件において生じる（図 8.10 参照）. 即ち, シャープな価数転移は, 伝導電子の Fermi エネルギー D 程度の U_{fc} が存在すると f レベル ε_f の上昇（加圧）により生じる. しかし, $U_{fc} = 0$ であればサイト当たり（スピン当たり）の f 電子数 $\bar{n}_f$ の変化は滑らかにしか起こらない.[8]

より洗練された手法を用いても基本的に同じ相図が得られている. 例えば, 拡張

---
[7] 近藤領域（重い電子系）が現れるためには, f 電子準位 ε_f は Fermi 準位 E_F より充分深い位置にある必要があることに注意されたい.
[8] モデル (8.47) では i サイトの f 電子と伝導電子を区別しているが, 7-5-1 項で議論したように f 電子と混成する伝導電子は f 電子の軌道と同じ（i サイトの周りの）局所対称性をもっており, 光電子分光や X 線吸収で観測される f 電子成分にはこのモデルに現れる伝導電子の一部が含まれると考える必要がある. その効果を取り込むには, 伝導電子の f イオンの周りの空間的拡がりを記述できるようなやや複雑なモデルが必要となる.

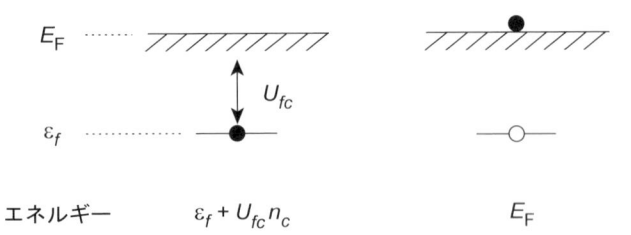

図 8.10 平均場的な価数転移の条件を表す図．電子が f レベルに 1 個存在するときのエネルギーは $\varepsilon_f + U_{fc}n_c$，その電子が Fermi 準位上の伝導バンドに移ったときのエネルギーは E_F であり，それが一致するときに価数転移が生じる．

された Gutzwiller 変分関数を用いた計算もこの結果を支持している [36]．また，モデル (8.47) の 1 次元版に対して密度行列くりこみ群を適用したほぼ厳密な結果では，1 次転移の境界は図 8.9 の■をつなぐ線で与えられる．1 次元性を反映したゆらぎの効果が顕著で，臨界点は左上に移動するものの，相図の全体的な振舞いは変わらない [35]．なお，9-5 節の超伝導機構と関連するが，斜線の部分でサイト間 Cooper 対による超伝導相関 [35] または秩序 [34] が顕著となる．

系が価数転移の臨界点近傍に位置すると量子臨界価数ゆらぎが発達する．それは低温領域で種々の物理量に非 Fermi 液体的振舞いを生じさせる．その臨界指数は 8-3 節の「遍歴磁性のモード結合理論」と同様の議論により求めることができる．ただし，今度は Hubbard モデル (8.4) の代わりに一般化された周期的 Anderson モデル (8.47) に対して理論を展開する必要がある．理論の詳細は文献 [37] に譲って，価数ゆらぎの場合の特徴と主な結果を紹介する．

強い f 電子間のオンサイト Coulomb 斥力 U_{ff} ($\gg D$) の効果を考慮して (8.22) の第 1 式に対応するものを求めると，やはり

$$v_2(\boldsymbol{q}, \omega_m) \simeq \eta_0 + Aq^2 + C_q|\omega_m| \tag{8.48}$$

となるが，(8.22) の第 1 式のときは $A \sim a^2$ であったのに対し（a は格子定数），式 (8.48) では $A \sim 10^{-2}a^2$ 程度の小さな値となる．また，伝導電子の分散が自由粒子と同じとすると，C_q は $z = 3$ に対応して $C_q = C/q$ となる．$A \ll a^2$ という性質は価数転移がほぼ局所的なバランスによって決まることを意味している．今の場合は $z = 3$ なので，無次元の逆価数感受率 y を決めるセルフコンシステント方程式は，式 (8.34) に対応して

$$y = y_0 + \frac{3}{2}y_1 t \int_0^{x_c} dx \left[\frac{x^2}{2(x^2+y)} - \frac{x^3}{2x(x^2+y)+t/3} \right] \tag{8.49}$$

となる．ここで，$y = \eta/Aq_B^2$, $x = q/q_B$, $t = T/T_0$ ($T_0 \equiv Aq_B^2/2\pi C$) であり，価数感受率は $\chi_V = (2T_A y)^{-1} = N_F/\eta$ ($T_A \equiv Aq_B^2/2N_F$) で与えられる．x 積分の被積分関数は，$x^2 t/\{6(x^2 + y)[2x(x^2 + y) + t/3]\}$ と表せる．

8-3 節の臨界スピンゆらぎの議論では，臨界点 $y_0 = 0$ において，$t \ll 1$ ($T \ll T_0$) のとき $y \ll t$ を仮定して，式 (8.49) の被積分関数の分母において $y = 0$ で近似した．そうすると，式 (8.49) の x 積分は，$\int_0^{x_c} dx(x^3 + t/3)^{-1} \propto t^{2/3}$ となり，解として $y \propto t^{4/3}$ が得られる．そして，これは，$t \ll 1$ のとき最初の仮定 $y \ll t$ を満足する．

臨界価数ゆらぎの問題では，$A \sim 10^{-2} a^2$ であることの反映として 2 つの温度スケールが存在する．即ち，8-3 節の温度スケール T_0 を改めて T_0^* と書くことにすると，$T_0^* \sim a^2 q_B^2/2\pi C \sim T_F$ のオーダーであるが，$T_0 \ll T_0^*$ であるため，(1) $T < T_0$, (2) $T_0 \ll T \ll T_F$ の 2 つの温度領域が存在する．それに対応して，臨界パラメータ η にも 2 つの領域 (a) $\eta \ll Aq_B^2$ と (b) $Aq_B^2 \ll \eta \ll 1$ が存在する．領域 (a) では，上述の臨界スピンゆらぎの場合と同じで，$\eta \propto t^{4/3}$ で与えられる．しかし，領域 (b) では，式 (8.49) の被積分関数の分母で $x^2 + y \simeq y$ と近似でき，かつ $y \gg t$ が成り立つことを先取りすると，式 (8.49) は

$$y \simeq \frac{y_1}{8} \frac{t^2}{y^2} \frac{x_c^2}{2} \tag{8.50}$$

となる．従って，$y \propto t^{2/3}$ が得られる．2 つの領域に亘る温度依存性は式 (8.49) を数値的に解いて得られるが，それは上の定性的な振舞いを再現している．近藤 (重い電子系) 領域では，$T_F \sim T_K$ であるので，$10^{-2} T_K < T < T_K$ の温度領域で $\chi_V \propto T^{-2/3}$ のような非 Fermi 液体的振る舞いを示し，$T < 10^{-2} T_K$ の極低温領域で $\chi_V \propto T^{-4/3}$ の振舞いへと移行する．$\chi_V \propto T^{-\zeta}$ と表示したときの臨界指数 ζ は温度に依存し $T > T_0$ において $0.5 < \zeta < 0.7$ の値をとる．

その他の物理量の臨界点での温度依存性は表 8.3 のように与えられる [37]．ここで注目すべきは，一様磁化率 χ と NMR・NQR の縦緩和率 $1/(T_1 T)$ の臨界指数は χ_V のそれ (ζ) と一致することで，これも臨界価数ゆらぎの特徴である．それは，χ_V の発

表 **8.3** 量子臨界価数ゆらぎによる物理量の低温での温度依存性に関する理論，および β-YbAlB$_4$ と YbRh$_2$Si$_2$ の量子臨界点近傍での実験結果．

	η	$C(T)/T$	$\chi(T)$	$\rho(T)$	$1/(T_1 T)$	文献
理論	T^ζ	$-\ln T$	$T^{-\zeta}$	T ($T^{5/3}$ or $T^{3/2}$)	$T^{-\zeta}$	[37]
β-YbAlB$_4$	—	$-\ln T$	$T^{-0.5}$	T ($T^{3/2}$)	—	[38, 39]
YbRh$_2$Si$_2$	—	$-\ln T$	$T^{-0.6}$	T	$T^{-0.5}$	[40, 41]

散を与える過程と χ および $1/(T_1T)$ のそれを与えるものが同じ多体効果（Feynman ダイアグラム）に起因することによる．表 8.2 の非 Fermi 液体的温度依存性は，表 8.3 に示す β-YbAlB$_4$ と YbRh$_2$Si$_2$ の対応する物理量の温度依存性を再現し，これらの物質が価数転移に伴う量子臨界現象を示していることを示唆する．

参考文献

[1] K. Umeo, H. Kadomatsu & T. Takabatake: J. Phys.: Condens. Matter **8** (1996) 9743; Phys. Rev. B **55** (1997) 692; 梅尾和則，高畠敏郎：日本物理学会誌 **52** (1997) 531.
[2] F. Steglich *et al.*: J. Phys.: Condens. Matter **8** (1996) 9909.
[3] S. J. S. Lister *et al.*: Z. Phys. B **103** (1997) 263.
[4] T. Taniguchi *et al.*: Physics B **230&232** (1997) 123.
[5] C. Sekine *et al.*: Physica B **206&207** (1995) 291.
[6] H. Amitsuka *et al.*: Physica B **186-188** (1993) 337; H. Amitsuka & T. Sakakibara: J. Phys. Soc. Jpn. **63** (1994) 736.
[7] T. Kawae *et al.*: J. Phys. Soc. Jpn. **74** (2005) 2332.
[8] T. Kawae *et al.*: J. Phys. Soc. Jpn. **72** (2003) 2141.
[9] S. Doniach: Physica B **91** (1977) 231.
[10] Y. Kuramoto & K. Miyake: J. Phys. Soc. Jpn. **59** (1990) 2831; Prog. Theor. Phys. Suppl. No.108 (1992) 199.
[11] 上田和夫，常次宏一：日本物理学会誌 **48** (1993) 704.
[12] B. Jones & C. M. Varma: Phys. Rev. Lett. **58** (1987) 843; B. Jones, C. M. Varma & J. W. Wilkins: Phys. Rev. Lett. **61** (1988) 125.
[13] O. Sakai & Y. Shimizu: J. Phys. Soc. Jpn. **61** (1992) 2333; J. Phys. Soc. Jpn. **61** (1992) 2348.
[14] H. Kadowaki *et al.*: J. Phys. Soc. Jpn. **69** (2000) 2269.
[15] T. Moriya: *Spin Fluctuations in Itinerant Electron Magnetism* (Springer, 1985).
[16] K. Miyake & O. Narikiyo: J. Phys. Soc. Jpn. **63** (1994) 3821.
[17] T. Moriya & T. Takimoto: J. Phys. Soc. Jpn. **64** (1995) 960.
[18] M. Hatatani, O. Narikiyo & K. Miyake: J. Phys. Soc. Jpn. **67** (1998) 4002; M. Hatatani: PhD thesis (Graduate School of Engineering Science, Osaka University, 2000).
[19] M. Hatatani & T. Moriya: J. Phys. Soc. Jpn. **64** (1996) 3434.
[20] 守谷亨：私信.
[21] T. Moriya & A. Kawabata: J. Phys. Soc. Jpn. **34** (1973) 639.
[22] S. Kambe *et al.*: J. Phys. Soc. Jpn. **65** (1996) 3294.

[23] K. Umeo et al.: Phys. Rev. B **58** (1998) 12095.
[24] J. A. Hertz: Phys. Rev. B **14** (1976) 1165.
[25] A. J. Millis: Phys. Rev. B **48** (1993) 7183；この論文では「SCR の結果は 2 次元 ($z=3$, $z=2$) における対数補正を与えない」との指摘があるが，それは著者の誤解であり，対数補正まで含めてくりこみ群の結果と一致する．$z=3$ については，文献 [19]; $z=2$ については，守谷亨：私信．
[26] O. Sakai et al.: Solid State Commun. **99** (1996) 461; S. Suzuki, O. Sakai & Y. Shimizu: J. Phys. Soc. Jpn. **67** (1998) 2395.
[27] S. Yotsuhashi, K. Miyake & H. Kusunose: J. Phys. Soc. Jpn. **71** (2002) 389.
[28] H. Amitsuka et al.: Physica B **281&282** (2000) 326.
[29] Z. Fisk et al.: J. Appl. Phys. **55** (1984) 1921.
[30] K. Miyake: J. Phys.: Condens. Matter **19** (2007) 125201.
[31] L. M. Falicov & J. C. Kimball: Phys. Rev. Lett. **22** (1969) 997.
[32] C. M. Varma: Rev. Mod. Phys. **48** (1976) 219.
[33] C. M. Varma, S. Schmitt-Rink & E. Abrahams: Solid State Commun. **62** (1987) 681.
[34] Y. Onishi & K. Miyake: J. Phys. Soc. Jpn. **69** (2000) 3955.
[35] S. Watanabe, M. Imada & K. Miyake: J. Phys. Soc. Jpn. **75** (2006) 043710.
[36] Y. Onishi & K. Miyake: Physica B **281&282** (2000) 191.
[37] S. Watanabe & K. Miyake: Phys. Rev. Lett. **105** (2010) 186403.
[38] S. Nakatsuji et al.: Nature Phys. **4** (2008) 603.
[39] Y. Matsumoto et al.: Phys. Stat. Solidi (b) **247** (2010) 720.
[40] O. Trovarelli et al.: Phys. Rev. Lett. **85** (2000) 626.
[41] K. Ishida et al.: Phys. Rev. Lett. **89** (2002) 107202.

第9章

重い電子系超伝導

　第4章では，BCS超伝導および異方的超伝導の概略を述べた．本章では重い電子系の示す超伝導状態の基本的な性質と概念について紹介する．重い電子系の起源は局所的な強いCoulomb斥力であるから，通常の超伝導状態とは異なり電子が互いに避け合いながらCooper対を作らねばならず，必然的に異方的なものになる．異方的超伝導状態の記述と引力の起源が主なテーマとなる．

9-1　重い電子系超伝導体の概観

　現在までに発見された「重い電子系超伝導体」を概観する．第一世代のものはSteglichグループによって発見された$CeCu_2Si_2$である．これが発見されたときは驚きよりも懐疑をもって迎えられたと言える．この物質は組成の微妙な変化で反強磁性体にもなり，従来の「磁性と超伝導は相反する現象である」という「常識」に反していたからである．それが第二世代の物質UBe_{13}，UPt_3での超伝導の発見を機に世の注目を集め，研究の急速な発展が始まるまでの5年ほどの空白の年月を物語っている．この第二世代に属するものとして，URu_2Si_2，UPd_2Al_3，UNi_2Al_3がある．いずれもUを含む化合物である．第三世代のものは，$CeCu_2Si_2$の姉妹物質に加圧して反強磁性を抑えて生じる量子臨界点近傍で出現する超伝導状態である．$CeIn_3$，$CeRh_2Si_2$，$CePd_2Si_2$，$CeNi_2Ge_2$がそれにあたる．第三世代の流れを汲むものとして，$CeCu_2(Si,Ge)_2$，$CeTIn_5$ (T=Co,Rh,Ir)，Ce_2TIn_8 (T=Rh,Ir,Pt)，$CeNi_3Ge_2$，$CePd_5Al_2$がある．これらの物質は第三世代のものと比べると強い超伝導性をもつ．第三世代のものでは，超伝導は反強磁性量子臨界圧の近傍に限られ転移温度も1Kよりかなり小さいのに対し，広い圧力領域でみられ転移温度も1桁以上大きな値をもつ．21世紀になってからは，多種多様な超伝導物質が発見され続けている．UGe_2，$URhGe$，$UCoGe$，UIrは強磁性と共存あるいは近傍に現れることで一群をなす．[1] $PrOs_4Sb_{12}$は

---

[1] UIrについては，超伝導のバルク性に関し，さらなる研究が望まれる．

電気4極子秩序状態の近傍に出現することで注目されている．また，最近の新しい発展としては，結晶が反転対称中心をもたない物質 CePt$_3$Si，CeRhSi$_3$，CeIrSi$_3$ において超伝導状態が発見されたことである．また，超ウラン元素を含む化合物，PuCoGa$_5$，PuRhGa$_5$，NpPd$_5$Al$_2$ での超伝導も新しい流れとなっている．

これらの超伝導発現機構が解明されたかと問われれば，理解は深まってはいるが，そして大きな方向性（磁性が超伝導の発現と深い関係にあるという）についての合意形成は醸成されつつあるが，従来の超伝導体の理解が BCS 理論によって一気に決着を見たことに比べると疑問符がつく物質は少なくない．今後の発展の余地を残しているといってよい．しかし，異方的超伝導状態の性質についてはかなりはっきりした理解が進んだといえる．その辺りの基本的なコンセプトを紹介するのが本章の目的である．

9-2　超伝導状態の記述

4章で紹介したように，Bardeen-Cooper-Schrieffer の超伝導理論（BCS 理論）は普通の金属の超伝導の性質をみごとに説明する [1]．そこでは，

1. 電子格子相互作用に起因する準粒子間の有効引力により，
2. 準粒子が対になった Cooper 対が形成され，それが Bose 凝縮を起こして超伝導状態になる，

という2つの仮定に立っている．BCS の Cooper 対は2電子の相対座標について等方的な s 波であり，励起状態を記述する準粒子のエネルギー分散は $E_{\bm{k}} = \sqrt{\xi_{\bm{k}}^2 + \Delta_{\bm{k}}^2}$ で与えられる（$\xi_{\bm{k}}$ は Fermi 準位から測った電子の正常金属状態でのエネルギー分散）．そのため，励起エネルギーはギャップ Δ をもち，低温（$T \ll T_c$）での物理量の温度依存性は $e^{-\Delta/k_\mathrm{B}T}$ のような指数関数的振舞いを示した．

その後 BCS 理論を発展させた強結合の理論により [2]，80 年代のはじめまでに幾多の超伝導体の振舞いがよく理解されたと考えられていた．ところが，1979 年に確認された CeCu$_2$Si$_2$ の超伝導状態は普通の BCS 理論では説明できない風変わりなものであった [3]．即ち，低温での物理量はベキ的な温度依存性を示し，励起エネルギーはゼロから連続的に分布することを示唆していたのである．[2] これらの超伝導体においても，「BCS 理論」の2つの仮定の片方である，「Cooper 対凝縮が生じている」と

---

[2] 重い電子系超伝導の初期の文献は，[4] にまとめられている．また，「重い電子系」超伝導体が発見されていった経過は，いくつかの国際会議プロシーディングズで見ることができる [5]．

いう仮定はそのまま成り立つと考えられる.[3] しかし,「重い電子系」超伝導体においては, BCS と同じような s 波 Cooper 対ではなく, 異方的 Cooper 対凝縮が生じていると考えられる. 即ち, Cooper 対が p 波, d 波とか f 波といった相対運動の状態にあると, 超伝導ギャップ $\Delta_{\boldsymbol{k}}$ はある方向の $\boldsymbol{k}$ についてゼロになり, そのために物理量が低温においてベキ的な温度依存性を示すことが可能となるからである (4-7 節参照). 従って, 問題は BCS 理論のもう一方の仮定,「準粒子間の引力の起源を電子格子相互作用に求めることができる」をどのように修正すれば異方的超伝導状態を理解できるかという点に帰着する.

そのような異方的超伝導状態は「重い電子系」の他, その後発見された銅酸化物高温超伝導などでも確認されている [7]. また, V_3Si [8] や V_2Hf [9] といった d バンド金属, 有機金属超伝導体 [10] においても低温の物理量にベキ的な温度依存性が見られるとの報告がなされている. また, $CeCu_2Si_2$ の超伝導よりも前の 1972 年に発見された液体 ^3He の超流動状態は, スピン 3 重項 p 波の Cooper 対凝縮として理解できることが確立している [11].

超伝導に転移する直前の正常金属状態は, Fermi 液体と呼ばれ相互作用の衣を着た準粒子を用いた記述がよいと考えられる.[4] そして, 準粒子は波数 $\boldsymbol{k}$ と「有効スピン」m ($=\uparrow, \downarrow$) で指定される.[5]

まず,「スピン」1 重項対の場合を考える. そのとき, Cooper 対の「スピン」状態は $(|\uparrow\downarrow\rangle - |\downarrow\uparrow\rangle)/\sqrt{2}$ で与えられ, 準粒子に対する有効相互作用ハミルトニアンは

$$\mathcal{H}_{\text{pair}} = \sum_{\boldsymbol{k}, \boldsymbol{k}'} \tilde{V}_{\boldsymbol{k}, \boldsymbol{k}'} \tilde{a}^\dagger_{\boldsymbol{k}\uparrow} \tilde{a}^\dagger_{-\boldsymbol{k}\downarrow} \tilde{a}_{-\boldsymbol{k}'\downarrow} \tilde{a}_{\boldsymbol{k}'\uparrow} \tag{9.1}$$

と与えられる.[6] ここで, $\tilde{a}^\dagger_{\boldsymbol{k}\uparrow}$ は, 波数 $\boldsymbol{k}$,「スピン」$\uparrow$ をもつ準粒子の生成演算子を, $\dagger$ がないのは消滅演算子を意味する.[7] 超伝導ギャップ $\Delta_{\boldsymbol{k}}$ は, 次のギャップ方程式を満たすように定まる.

$$\Delta_{\boldsymbol{k}} = -\sum_{\boldsymbol{k}'} \tilde{V}_{\boldsymbol{k}, \boldsymbol{k}'} \frac{\Delta_{\boldsymbol{k}'}}{2E_{\boldsymbol{k}'}} \tanh \frac{E_{\boldsymbol{k}'}}{2k_\text{B}T} \tag{9.2}$$

---

[3] 磁束の量子が $h/2e$ になることを見れば Cooper 対凝縮が生じていることが分かるのであるが, T_c ($\simeq 2$ K) の比較的高い UPd_2Al_3 についてこれが確認されている [6].

[4] そのようなシナリオが成り立たない場合の議論もある. 例えば, 文献 [12], [13] を参照されたい.

[5] この章では普通の超伝導の教科書との対応がつくように「有効スピン」の成分を $\uparrow, \downarrow$ で表すことにする.

[6] ここでは表現を簡明にするため retardation の効果など強結合効果は無視して話を進める.

[7] 本章では演算子 $c(c^\dagger)$ の代わりに $a(a^\dagger)$ を用いる.

ここで，E_k は，波数 k をもつ超伝導状態での準粒子の励起エネルギーであり，Fermi 準位から測ったノーマル状態の準粒子のエネルギー ξ_k を用いて

$$E_k = \sqrt{\xi_k^2 + |\Delta_k|^2} \tag{9.3}$$

と表せる．

式 (9.1) に現れる $\tilde{V}_{k,k'}$ はペア相互作用の強さを表し，相互作用が準粒子間距離のみに依存するときは，その Fourier 成分 v_q ($q = k - k'$) を用いて，$\tilde{V}_{k,k'} = v_{k-k'}$ と表せる．式 (9.2) より，超伝導ギャップ Δ_k の k 依存性は，ペア相互作用 $\tilde{V}_{k,k'}$ のそれで決まることが分かる．狭い意味での BCS 理論では [1]，$\tilde{V}_{k,k'} \equiv -V_0$ は Fermi 準位近傍で k 依存性をもたないため，式 (9.2) で決まるギャップも k 依存性がない定数 Δ となり，式 (9.3) で与えられる励起エネルギーは，$E > \Delta$ である（4-7-2 項参照）．そのため，励起状態密度 $N_s(E)$ は，$0 < E < \Delta$ に対して，$N_s(E) = 0$ である．このため低温（$T \ll \Delta$）での物理量は，$e^{-\Delta/k_\mathrm{B}T}$ のように指数関数的な振舞いを示すことになる．

一方，$\tilde{V}_{k,k'}$ が k 空間のある面［あるいは線］の上でゼロになるような k 依存性をもつと，その面と Fermi 面（$\xi_k = 0$ で与えられる）が交差する場合には，励起エネルギー E はその交差線［交点］の上でゼロになる．そのため，励起エネルギーはゼロから連続的に分布する．そして，低エネルギー励起（$E \ll T_\mathrm{c}$）に対して，$N_s(E) \sim (E/T_\mathrm{c})N_\mathrm{F}$，$[(E/T_\mathrm{c})^2 N_\mathrm{F}]$ となるのである（N_F は正常金属状態での Fermi 準位近傍の状態密度を表す）．このようなギャップを Polar 型［Axial 型］と呼ぶ（4-7 節を参照）．これらの場合には，低温での物理量は一般にベキ的な温度依存性（$\propto T^n$）を示す．ベキ指数 n はギャップの型および物理量により異なり，表 9.1 のようにまとめられる．

「スピン」3 重項では，Cooper 対の「スピン」状態は $|\uparrow\uparrow\rangle$, $|\downarrow\downarrow\rangle$, $(|\uparrow\downarrow\rangle + |\downarrow\uparrow\rangle)/\sqrt{2}$ の 3 つが一般には可能である．そのため，超伝導ギャップは「スピン」空間（$\uparrow,\downarrow$）の 2×2 の対称行列で表される．

$$\hat{\Delta}_k = \begin{pmatrix} -d_x(k) + id_y(k) & d_z(k) \\ d_z(k) & d_x(k) + id_y(k) \end{pmatrix} \tag{9.4}$$

表 9.1 熱力学的物理量の $T \ll T_\mathrm{c}$ での温度依存性．ここで，$1/(TT_1)$（NMR 縦緩和率），C_el（電子比熱），λ（磁場侵入長），χ_s（スピン 1 重項の場合のスピン磁化率）．

	$1/T_1$	C_el	$1 - \lambda^2(0)/\lambda^2(T)$	χ_s
Polar 型	T^3	T^2	T	T
Axial 型	T^5	T^3	T^2	T^2

ここで，$\bm{d}=(d_x,d_y,d_z)$ は $\bm{d}$ ベクトルと呼ばれ（4-7-1 項を参照），「スピン」空間の回転に対してベクトルの性質をもつ（一般には複素数）[11]．準粒子の励起エネルギー $\hat{E}_{\bm{k}}$ も 2×2 の行列であり，

$$\hat{E}_{\bm{k}} = [\xi_{\bm{k}}^2 + \hat{\Delta}_{\bm{k}}^\dagger \hat{\Delta}_{\bm{k}}]^{1/2} \tag{9.5}$$

で与えられ，その固有値は

$$E_{\bm{k}}^\pm \equiv \left[\xi_{\bm{k}}^2 + |\bm{d}(\bm{k})|^2 \pm |\bm{d}(\bm{k})\times \bm{d}^*(\bm{k})|\right]^{1/2} \tag{9.6}$$

となる．

このようなギャップへと導く有効相互作用ハミルトニアンは一般に

$$\mathcal{H}_{\text{pair}} = \frac{1}{2}\sum \tilde{V}_{\bm{k},\bm{k}'}^{\sigma\rho,\rho'\sigma'} \tilde{a}_{\bm{k}\sigma}^\dagger \tilde{a}_{-\bm{k}\rho}^\dagger \tilde{a}_{-\bm{k}'\rho'} \tilde{a}_{\bm{k}'\sigma'} \tag{9.7}$$

と書ける．ここで，$\tilde{V}_{\bm{k},\bm{k}'}$ は一般に「スピン」座標 $\sigma, \sigma', \rho, \rho'$ に依存する．その場合，ギャップ方程式は

$$\Delta_{\sigma\rho\bm{k}} = -\sum_{\bm{k}',\sigma',\rho'} \tilde{V}_{\bm{k},\bm{k}'}^{\sigma\rho,\rho'\sigma'} \left[\left(\hat{\Delta}_{\bm{k}'}/2\hat{E}_{\bm{k}'}\right) \tanh\frac{\hat{E}_{\bm{k}'}}{2k_{\text{B}}T}\right]_{\rho'\sigma'} \tag{9.8}$$

となる．

式 (9.5) と (9.8) をセルフコンシステントに解く問題は複雑に見えるが，各々の $\bm{k}$ に対して，式 (9.4) の $d_z(\bm{k})=0$ となるようにスピン空間の基底を選ぶことにより（それは常に可能），基本的にはスピン 1 重項のときと同じ議論ができる [11]．励起エネルギーの異方性は，スピン 1 重項のときと同様に，$\tilde{V}_{\bm{k},\bm{k}'}$ のそれで与えられる．従って，励起の状態密度だけで決まる物理量の低温での温度依存性は表 9.1 のようになる．

式 (9.6) より，$\bm{d}(\bm{k})\times \bm{d}^*(\bm{k})=0$ のとき，励起エネルギーは（時間反転に関する）2 重縮退をもつことがわかる．このとき，$\hat{\Delta}_{\bm{k}}^\dagger \hat{\Delta}_{\bm{k}}$ と $\hat{E}_{\bm{k}}$ は単位行列に比例し，ギャップはユニタリー状態にあるという．$\bm{d}(\bm{k})\times \bm{d}^*(\bm{k}) \neq 0$ のときは，非ユニタリー状態にあるという（10-6-2 項を参照）．この場合は自発的に時間反転対称性は破れ 2 重縮退は解けている．

さて，ギャップの「スピン」状態を直接反映する物理量は「スピン」磁化率 χ_{s} である．「スピン」1 重項の場合，分極を起こすためにはペアを壊す必要があるため，弱い磁場のもとでは熱的に壊れたペアしか「スピン」分極に寄与できない．そのため，$T<T_{\text{c}}$ で χ_{s} は減少し $T=0$ でゼロに近づく．低温での温度依存性は表 9.1 のようになる．

「スピン」3重項の場合は，もう少し事情は複雑である．すべての波数 k に対して式 (9.4) の $d_z(k) = 0$ とすることが可能なとき（Equal Spin Pairing の頭文字をとって ESP 対と呼ぶ），ペアを壊すことなく「スピン」分極を作れるので，χ_s は低温まで正常金属状態の値のままである．一方，どのように「スピン」空間を回転しても式 (9.4) の $d_z(k)$ が消えずに残るときは，転移温度 (T_c) 以下で χ_s の減少が見られる．d_z 成分は $(|\uparrow\downarrow\rangle + |\downarrow\uparrow\rangle)/\sqrt{2}$ という「スピン」構造をもつために，1重項と同様に「スピン」分極に寄与できないからである．しかし，$|\uparrow\uparrow\rangle$, $|\downarrow\downarrow\rangle$ の成分からの寄与の分だけ，$T \to 0$ でも χ_s はゼロにならない．

結晶が反転対称中心 (Center of Inversion Symmety, CIS) をもつ場合には（現実にはこの場合が多いのであるが），「スピン」1重項対と「スピン」3重項対が混じることはない．超伝導ギャップ関数 Δ_k は結晶群の既約表現であり，CIS があるときは $k \to -k$ に関する偶奇性で分類される．Δ_k は Cooper 対の波動関数 ϕ_k と同じ変換性をもち，Pauli 原理によって，「スピン」1重項対は $k \to -k$（相対座標の入れ替えに対応）に対して偶であり，「スピン」3重項対は奇であるので，混じることはないのである．一方，CIS がないときには，「スピン」1重項対と「スピン」3重項対は一般に混じりあう．2004 年に CIS をもたない重い電子系物質 CePt$_3$Si が [14]，2005 年に CeRhSi$_3$ が超伝導を示すことが発見され [15]，CIS が存在しない場合の超伝導の理解が進んだ．この問題は複雑な要素を含んでおり，紙数の関係でここでは議論しないが，詳細は文献 [16] を参照されたい．

9-3　物理量の低温（$T \ll T_c$）での温度依存性

重い電子系超伝導体のうち比較的古くに発見され，種々の物理量の系統的な研究が行われている 3 つの系（CeCu$_2$Si$_2$, UPt$_3$, UBe$_{13}$）の低温での温度依存性に関する実験と理論との比較を表 9.2 にまとめた [17]．ここで，α_{ij} は i 方向に伝播し j 方向に偏りをもつ横音波吸収係数であり，磁場侵入長 λ の項の ⊥ (∥) は磁場の方向が $z = 0$ の面に垂直（平行）であることを意味する．η は不純物散乱の程度を表す対破壊（pair-breaking）パラメータであり，正常金属状態での準粒子の寿命 τ_N と $T = 0$ でのギャップの最大値 $\Delta(0)$ を用いて，$\eta \equiv 1/(2\tau_N \Delta(0))$ と定義される（$\hbar = 1$ とする）．

表 9.2 を見ると，これらの超伝導体は低温でベキ的温度依存性を示すことがわかる．その他の重い電子系超伝導体についても現在まで報告のある実験結果はすべてベキ法則を示している．即ち，超伝導状態は異方的である．

表 9.2 重い電子系超伝導体の $T \ll T_c$ での物理量の温度依存性の実験と理論の比較. $\eta \equiv 1/(2\tau_N \Delta(0))$, $t \equiv T/T_c$ と定義されている. "Polar" 型では $\Delta_{\bm{k}} = \Delta \hat{\bm{k}}_z$, "Axial" 型では $\Delta_{\bm{k}} = \Delta(\hat{\bm{k}}_x + i\hat{\bm{k}}_y)$ である. $\Delta \frac{1}{\lambda^2} \equiv \frac{1}{\lambda^2(T)} - \frac{1}{\lambda^2(0)}$.

	CeCu$_2$Si$_2$	UPt$_3$ ($\eta \simeq 3 \times 10^{-3}$)	UBe$_{13}$ ($\eta \lesssim 10^{-1}$)	"Polar" (T 行列近似)	"Axial" (T 行列近似)
κ	t^2 $(0.1 < t)$	t^2 $(0.1 < t)$	t^2 $(0.1 < t)$ $0.15t$ $(t < 0.1)$	t^2 $(\sqrt{\eta} < t)$ $\eta \ln \frac{2}{\eta} \cdot t$ $(t < \sqrt{\eta})$	t^3 $(\sqrt{\eta} < t)$ $\eta/2 \cdot t$ $(t < \sqrt{\eta})$
α_L	—	t $(0.2 < t)$	$\sim t^2$ $(\frac{1}{3} < t)$	t $(\sqrt{\eta} < t)$ $\eta \ln \frac{2}{\eta}$ $(t < \sqrt{\eta})$	t^2 $(\sqrt{\eta} < t)$ $\eta/2$ $(t < \sqrt{\eta})$
α_T α_{xy} α_{xz}		t $(0.1 < t)$ $\boxed{t^2\ (0.1 < t)}$	—	t $(\sqrt{\eta} < t)$ t^3 $(\sqrt{\eta} < t)$	t^4 $(\sqrt{\eta} < t)$ $\boxed{t^2\ (\sqrt{\eta} < t)}$
$1/T_1$	t^3 $(\frac{1}{7} < t)$	t^3 $(\frac{1}{6} < t)$	t^3 $(0.2 < t)$ $\frac{t}{25}$ $(t < 0.2)$	t^3 $(\sqrt{\eta} < t)$ $\eta \ln \frac{2}{\eta} \cdot t$ $(t < \sqrt{\eta})$	t^5 $(\sqrt{\eta} < t)$ $\eta/2 \cdot t$ $(t < \sqrt{\eta})$
C	t^2 $(0.1 < t < 0.6)$ t $(t < 0.1)$	t^2 $(\frac{1}{8} < t < \frac{1}{2})$	$t^{2.9}$ $(0.2 < t < 1)$ t $(t < 0.1)$	t^2 $(\sqrt{\eta} < t)$ $\sqrt{\eta \ln \frac{2}{\eta}} \cdot t$ $(t < \sqrt{\eta})$	t^3 $(\sqrt{\eta} < t)$ $\sqrt{\eta/2} \cdot t$ $(t < \sqrt{\eta})$
$\Delta \frac{1}{\lambda^2}$	— —	$\perp : t$ $\boxed{\parallel : t^2}$	$\sim t^2$	$\perp : t$ $\parallel : t^3$	$\perp : t^4$ $\boxed{\parallel : t^2}$

UPt$_3$ はサンプルの質がよく (η が小さく) 最も詳しく研究されているが, 表 9.2 の理論との比較より, Polar 型のギャップから予想される結果とほとんど一致する. 一致が破れているのは四角で囲んだところであるが, その温度依存性は Axial 型と一致する. そして, そのベキは Polar 型より小さい. また, その他の物理量に関するベキは Polar 型の方が小さい. 低温では最もベキの小さい温度依存性が観測にかかるので, この結果は「UPt$_3$ は Polar と Axial が組み合わさったギャップをもち, z 軸に垂直な面上と z 軸上で $\Delta_{\bm{k}} = 0$ となる」ことを意味する. UPt$_3$ はいわゆる多超伝導相を示すので (4-7-4 項参照) [18], その相図を理解することを通じて超伝導の対称性を絞り込む試みが行われてきた [19]. 最近, 磁場を様々な方向にかけた下で測定された熱伝導率の解析から, 低磁場・低温領域のギャップは「スピン」3 重項で, $\hat{\Delta}_{\bm{k}} = \Delta(\hat{k}_y \hat{\bm{x}} + \hat{k}_x \hat{\bm{y}})(5\hat{k}_z^2 - 1)$ の形であることがほぼ確定した [19].

超伝導状態の対称性を知る上で大きな手がかりとなるのは, ギャップのスピン状態を直接反映するスピン磁化率 χ_s の温度依存性である. 超伝導状態では Meissner 効果による大きな反磁性磁化があるため, 直接 χ_s の温度依存性を観測するのは難しい. そのため, NMR の Knight シフト K を利用して間接的に観測される. 表 9.3 に

表 **9.3** Knight シフトの $T < T_c$ での減少の有（○）無（×）.

CeCu$_2$Si$_2$	UPd$_2$Al$_3$	UPt$_3$	UBe$_{13}$	URu$_2$Si$_2$
○	○	×	×	×

K の $T < T_c$ での変化の有無をまとめた [20].

これらの結果を解釈する上で 1 つ注意が必要である．$K(T)$ には，超伝導状態の性質を反映する準粒子成分と，広い意味で Van Vleck 項の寄与と呼ばれるインコヒーレント成分からの寄与がある [21, 22]．後者は超伝導転移の前後でほとんど変わらない．この効果を考慮した上で，CeCu$_2$Si$_2$[23]，UPd$_2$Al$_3$[24] は「スピン 1 重項」，UPt$_3$[25] は「スピン 3 重項」と考えられている．

9-4　ペア相互作用の起源

9-2 節で述べたような異方的ギャップへと導くペア相互作用の起源としてどのようなものが考えられるだろうか？ もちろん，物質の多様性を反映して様々な可能性がある．ここでは，重い電子系を想定してこの問題を議論する．

式 (9.1), (9.7) のペア相互作用 $\tilde{V}_{\bm{k},\bm{k}'}$ は一般に，既約表現の基底 $\phi_{\bm{k}}^{(i)}$ を用いて，

$$\tilde{V}_{\bm{k},\bm{k}'} = -\sum_i v_i \phi_{\bm{k}}^{*(i)} \phi_{\bm{k}'}^{(i)} \tag{9.9}$$

と表せる．ギャップ方程式 (9.2) が解をもつには，$v_i > 0$ となる成分が存在する必要がある．式 (9.2) より，ギャップは

$$\Delta_{\bm{k}} = \sum_i \Delta_i \phi_{\bm{k}}^{(i)} \tag{9.10}$$

の形に書ける．v_i が最大になる対称性をもつペア（$i = i_{\max}$）が最大の T_c を与える．そのとき，式 (9.10) より $\Delta_{\bm{k}} \simeq \Delta_{i_{\max}} \phi_{\bm{k}}^{(i_{\max})}$ となり，ギャップの異方性は基本的には $\phi_{\bm{k}}^{(i_{\max})}$ で与えられる.[8]

---

[8] 一般には，$T < T_c$ では v_i が最大でない（場合によっては，$v_i < 0$ の）ペアの成分も混じる場合がある．それを論じるには自由エネルギーの構造を調べる必要がある．GL 理論が有効な温度領域（$T \lesssim T_c$）では，$F_{\rm GL}$ の超伝導ギャップ成分について 4 次の項の中に，$B\Delta_{i_{\max}}^3 \Delta_j$ の形の項が存在すると，$\phi_{\bm{k}}^j$ の成分が混じることになる．係数 B は，

$$B = -\frac{1}{N} \sum_{\bm{k}} [\phi_{\bm{k}}^{i_{\max}}]^3 \phi_{\bm{k}}^j \frac{\rm d}{\rm d(\xi_{\bm{k}}^2)} \left[\frac{\tanh(\xi_{\bm{k}}/2k_{\rm B}T)}{2\xi_{\bm{k}}} \right]$$

ペア相互作用の起源の問題を考えるときにも，Fermi 液体論の考え方がよい指針を与える．電子間のペア相互作用が $V_{\bm{k},\bm{k}'}$ で与えられるとき，Fermi 液体の意味での準粒子間相互作用 $\tilde{V}_{\bm{k},\bm{k}'}$ は

$$\tilde{V}_{\bm{k},\bm{k}'} = z_{\bm{k}} z_{\bm{k}'} V_{\bm{k},\bm{k}'} \tag{9.11}$$

となる（図 9.1 参照）．1 体の電子の生成・消滅演算子 $a_{\bm{k}}^\dagger, a_{\bm{k}}$ と準粒子のそれら $\tilde{a}_{\bm{k}}^\dagger, \tilde{a}_{\bm{k}}$ とは

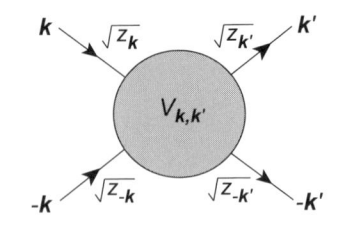

図 9.1 準粒子間のペア相互作用．$V_{\bm{k},\bm{k}'}$ は電子間の相互作用を，$\sqrt{z_{\bm{k}}}$, $\sqrt{z_{\bm{k}'}}$ 等は準粒子のくりこみ因子を表す．

$$a_{\bm{k}}^\dagger \simeq \sqrt{z_{\bm{k}}}\, \tilde{a}_{\bm{k}}^\dagger, \qquad a_{\bm{k}} \simeq \sqrt{z_{\bm{k}}}\, \tilde{a}_{\bm{k}} \tag{9.12}$$

の関係にあるからである．超伝導転移温度 T_c は

$$1 = \sum_{\bm{k}} \frac{|\phi_{\bm{k}}^{(i_{\max})}|^2 v_{i_{\max}}}{2\xi_{\bm{k}}} \tanh \frac{\xi_{\bm{k}}}{2k_{\mathrm{B}} T_c} \tag{9.13}$$

により決まり，大雑把には

$$k_{\mathrm{B}} T_c \sim \varepsilon_{\mathrm{F}}^* e^{-1/(v_{i_{\max}} N_{\mathrm{F}}^*)} \tag{9.14}$$

で与えられる．実現する超伝導状態は最も高い T_c を与えるものが主成分となるので，最も大きな $\lambda_i = v_i N_{\mathrm{F}}^*$ を与える超伝導機構に支配される．式 (9.11) によれば，

$$\lambda_i \simeq z_{\bm{k}} z_{\bm{k}'} v_i N_{\mathrm{F}}^* \approx z v_i N_{\mathrm{F}} \tag{9.15}$$

と書ける．ここで，$N_{\mathrm{F}}^* \simeq N_{\mathrm{F}}/z$ であることを用いた．従って，v_i が通常の値，即ち，$v_i N_{\mathrm{F}} \sim 1$ であれば，小さな「くりこみ因子」$z \approx m_{\mathrm{band}}/m^* \ll 1$ の存在によってペア相互作用は抑えられて実質的には転移温度はゼロとなる．有限の T_c が現れるためには，z の小ささを打ち消すように v_i が増強される必要がある．そのためには，BCS が考えたような電子格子相互作用では不充分であり，質量増強を与えている低エネルギーのモードが v_i の主要な原因と成らねばならないということが想像される．

さて，7-5-2 項で議論したように，重い電子系の準粒子はほとんど f 電子成分からなる．f 電子は局在性がよいために，オンサイトの f 電子間には強い斥力が働く．従って，BCS の場合のような等方的ギャップは期待できない．むしろ，強いオンサ

と表せる（文献 [11] の V.E 節および [26] の 4 節を参照）．

イトの斥力はスピンのゆらぎを引き起こす．このゆらぎを交換することで準粒子の間に有効引力が生じることが可能となるのである（4-3節参照）．実際，^{3}He の超流動において強磁性的なスピンゆらぎが p 波成分の有効引力を生むことは確立している [11, 27, 28, 29]．

オンサイト斥力 I の多体効果を RPA で取り入れると，式 (9.7) のペア相互作用は

$$\tilde{V}_{\bm{k},\bm{k}'}^{\tau\rho,\rho'\tau'} = \frac{I}{4}[1 - I\chi_c(\bm{k}-\bm{k}')]\delta_{\tau\tau'}\delta_{\rho\rho'}$$
$$- \frac{I}{4}[1 + I\chi_s(\bm{k}-\bm{k}')](\bm{\sigma}_{\tau\tau'}\cdot\bm{\sigma}_{\rho\rho'}) \qquad (9.16)$$

の形にまとまる [27]．ここで，$\bm{\sigma}$ は Pauli 行列のベクトル，$\chi_s(\bm{q})$ は RPA で求めたスピン磁化率，$\chi_c(\bm{q})$ は電荷感受率である．式 (9.16) は RPA にもとづいて得られたものであるが，以下の議論は定性的にはより広い適用性をもつ．通常の重い電子系では一般に準粒子の電荷密度のゆらぎは抑えられているので，χ_c からの寄与は無視できる．[9]

スピンゆらぎが反強磁性的であれば，$\chi_s(\bm{q})$ はその傾向を反映した q 依存性をもつ．例として，3 次元立方格子上の単純な反強磁性ゆらぎの場合を考えてみよう．そのとき，最隣接のスピンを反平行にそろえるような相関が支配的になる．従って，$\chi_s(\bm{q})$ は構造因子

$$\gamma_{\bm{q}} \equiv 2\left(\cos(q_x a) + \cos(q_y a) + \cos(q_z a)\right) \qquad (9.17)$$

を用いて（a は格子定数）

$$\chi_s(\bm{q}) = \chi_0 - \chi_1 \gamma_{\bm{q}} \qquad (9.18)$$

と近似できるだろう．ここで，$\chi_0, \chi_1 > 0$．このとき，スピン 1 重項対に対する $\tilde{V}_{\bm{k},\bm{k}'}$ は，式 (9.16) において $(\bm{\sigma}_{\tau\tau'}\cdot\bm{\sigma}_{\rho\rho'}) = -3$ と置いたもので与えられ，

$$\tilde{V}_{\bm{k},\bm{k}'}^s = J_0 - J_1 \gamma_{\bm{k}-\bm{k}'} \qquad (9.19)$$

となる．ここで，$J_0, J_1 > 0$ である．三角関数の加法定理を用いて変形すると，$\gamma_{\bm{k}-\bm{k}'}$ は次のように分解できる．

$$\gamma_{\bm{k}-\bm{k}'} = \phi_{\bm{k}}^{(\gamma)}\phi_{\bm{k}'}^{(\gamma)} + \phi_{\bm{k}}^{(x^2-y^2)}\phi_{\bm{k}'}^{(x^2-y^2)} + \phi_{\bm{k}}^{(z^2)}\phi_{\bm{k}'}^{(z^2)}$$
$$+ (\phi_{\bm{k}}^{(x)}\phi_{\bm{k}'}^{(x)} + \phi_{\bm{k}}^{(y)}\phi_{\bm{k}'}^{(y)} + \phi_{\bm{k}}^{(z)}\phi_{\bm{k}'}^{(z)}) \qquad (9.20)$$

---

[9] 最近，ある種の Ce や Yb を含む重い電子系では Ce や Yb の価数の急激な変化にともなう超伝導転移温度の増大のあることが分かってきた（9-5 節参照）．

ここで，$\phi^{(i)}$ は次のように定義される．

$$\phi_{\bm{k}}^{(\gamma)} = \frac{1}{\sqrt{6}}\gamma_{\bm{k}} \tag{9.21}$$

$$\phi_{\bm{k}}^{(x^2-y^2)} = \cos(k_x a) - \cos(k_y a) \tag{9.22}$$

$$\phi_{\bm{k}}^{(z^2)} = \frac{1}{\sqrt{3}}(\cos(k_x a) + \cos(k_y a) - 2\cos(k_z a)) \tag{9.23}$$

$$\phi_{\bm{k}}^{(x)} = \sqrt{2}\sin(k_x a) \quad \text{etc.} \tag{9.24}$$

$\phi_{\bm{k}}^{(\gamma)}$ は全対称，$\phi_{\bm{k}}^{(x^2-y^2)}$, $\phi_{\bm{k}}^{(z^2)}$ は d$\gamma(e_\text{g})$ 対称，$\phi_{\bm{k}}^{(x)}$, $\phi_{\bm{k}}^{(y)}$, $\phi_{\bm{k}}^{(z)}$ は p 対称をもち，互いに直交する：$(1/N_\text{L})\sum_{\bm{k}}\phi_{\bm{k}}^{*(i)}\phi_{\bm{k}}^{(j)} = \delta_{ij}$.

ところで，Pauli 原理の要請より，スピン1重項対としては $\bm{k} \to -\bm{k}$ に関して偶の $\phi^{(i)}$ だけが可能である．これを考慮すると，式 (9.19) は $\phi_{\bm{k}}^{(\gamma)}$, $\phi_{\bm{k}}^{(x^2-y^2)}$, $\phi_{\bm{k}}^{(z^2)}$ 成分に対して引力を与えることを示す．普通の形をした Fermi 面をもつ系の場合は，式 (9.2) および式 (9.14) から得られる T_c は $\phi^{(x^2-y^2)}$, $\phi^{(z^2)}$ に対して最も高くなる．即ち，dγ 対称成分が支配的なギャップが実現すると期待される [30, 31]．

超伝導を示す重い電子系では一般に反強磁性相関が見られるので，上のような機構が提案された．しかし，このような説明は CeCu$_2$Si$_2$ などのように単位胞に 1 個の f イオンが含まれる系の場合にはよいが，UPt$_3$ などのように 2 個の非等価な f イオンが含まれる場合はそのままでは不充分である [32]．単位胞にある 2 個の「スピン」が反強磁性的な相関をもつとき，それは $\bm{q}$ 空間では $\bm{q} \sim 0$ (Γ 点，または逆格子点近傍) の $\chi_\text{s}(\bm{q})$ も同時に増大することになる (図 9.2 参照)．

そのような場合には，「スピン」3 重項対が有利になる場合がある．実際，$\chi_\text{s}(\bm{q})$ は式 (9.18) において $\gamma_{\bm{q}}$ の前の符号を + に代えたもので近似できる．しかし，スピン 3 重項のとき式 (9.16) において $(\bm{\sigma}_{\tau\tau'}\cdot\bm{\sigma}_{\rho\rho'}) = 1$ となるので，有効ペア相互作用は

$$\tilde{V}_{\bm{k},\bm{k}'}^\text{t} = J_0' - J_1'\gamma_{\bm{k}} \tag{9.25}$$

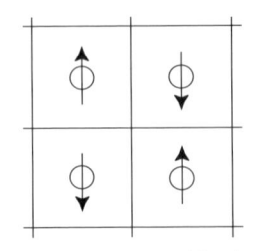

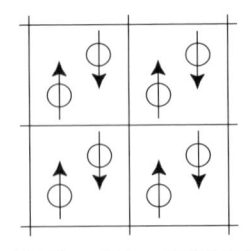

図 9.2 単位胞に f イオンが 1 個 (左図) と 2 個 (右図) の場合の反強磁性的ゆらぎのスナップショット．最隣接の「スピン」は反強磁性的配置にあるが，右図では単位胞は同じ配置を取っている．

となる．ここで，$J'_0, J'_1 > 0$ である．Pauli 原理よりスピン 3 重項対を作る成分としては，$\bm{k} \to -\bm{k}$ に関して奇の $\phi^{(i)}$ だけが可能である．従って，p 波の $\phi_{\bm{k}}^{(x)}, \phi_{\bm{k}}^{(y)}, \phi_{\bm{k}}^{(z)}$ に対して引力を与えることになるのである．

このように引力の起源を決めるのは一筋縄ではいかず難しいが，しかし興味ある問題と言える．実際，議論の基礎となる準粒子の描像自体，f^0-f^1 の電子配置が支配的と考えられる Ce 系の場合と，f^2 あるいは f^3 が問題となる U 系の場合とでは，7-7 節で議論したように，ずいぶん異なっている．実は，上述の議論では Ce 系の場合の準粒子描像を暗黙に仮定していたのである．従って，サイト当たり複数個の f 電子を含む U 系や Pr 系の場合，式 (9.16) に基づく上のような議論では不充分であろう．7-7 節で議論したように，重い電子のノーマル状態が f 電子の個数により異なっているので，超伝導機構の議論もそれに応じた取扱いが必要となる．

9-5　斥力起源超伝導の系譜

この節では斥力に起因する超伝導機構が実現していると考えられる強相関超伝導系を概観する．

9-5-1　スピンゆらぎ

強相関電子系では強い局所的 Coulomb 相互作用によってスピンのゆらぎが発達しているのが普通であり，それが異方的超伝導の起源となることが多い．

A　強磁性的スピンゆらぎ

上述のように ^{3}He の超流動機構として「強磁性スピンゆらぎ機構」が確立された．強磁性と超伝導が共存する UGe_2 [33]，URhGe [34, 35]，UCoGe [36]，UIr [37] でもこの機構が働いている可能性は高い．[10] 強磁性的スピンゆらぎは準粒子の周りのスピンをそろえるように働くので（図 3.6(b) 参照），同じスピン成分をもつ準粒子間に引力的相関が現れるからである（図 4.8(a) 参照）．スピン 3 重項超伝導体 Sr_2RuO_4 においても O サイトでの Coulomb 斥力に起因する短距離強磁性相関（スピンゆらぎ）により $(\sin(k_x a) + i\sin(k_y a))$ 型の Cooper 対が安定化する可能性が指摘されている [38]．ちなみに，強磁性量子臨界点近傍の超伝導が議論されるときにしばしば引用される Fay と Appel の論文 [39] では，量子臨界点において超伝導転移温度 T_c がゼロになる

---

[10] UCoGe については，10-6-4 項で詳しく述べる．

と主張されているが，それは T_c が強磁性スピンゆらぎの特性温度に比例するという粗い近似に基づいており正しくない．強結合理論にもとづく「正しい」結果では，臨界点に向かって T_c の僅かな窪みが見られるものの，ゼロになることはない [40].

B 反強磁性的スピンゆらぎ

Ce を含む重い電子系物質は反強磁性を示すものが多く，加圧により誘起される量子臨界点近傍で超伝導が出現するが，そこでは反強磁性ゆらぎが発達しているので，隣接するサイト上で逆向きのスピンをもつ準粒子間に引力的相関が生じ，それによって Cooper 対が形成されると考えられる [30, 31]．量子臨界的スピンゆらぎを用いた強結合超伝導理論も展開されて，直観的描像を支持する結果が得られている [40, 41]．具体的には，$CeCu_2Si_2$ [3]，$CeCu_2Ge_2$ [42]，$CeRh_2Si_2$ [43]，$CePd_2Si_2$ [44]，$CeIn_3$ [45]，$CeNi_2Ge_2$ [46]，$CeTIn_5$ (T=Co [47], Rh [48], Ir [49])，Ce_2RhIn_8 [50]，$CeNi_3Ge_2$ [51]，$CeNiGe_3$ [52]，$CeCoGe_3$ [53]，$CePd_5Al_2$ [54] などである．同様に，超ウラン元素を含む化合物 $PuCoGa_5$ [55]，$PuRhGa_5$ [56]，$NpPd_5Al_2$ [57] での超伝導も反強磁性的スピンゆらぎが重要な役割を演じると考えられている．[11] また，反強磁性 Mott 絶縁体近傍の準 2 次元有機導体，銅酸化物高温超伝導体でもその重要性について議論されている [41]．

反強磁性スピンゆらぎの変形版と見なせるのが UPd_2Al_3 である．この系では反強磁性状態と超伝導が共存するが，中性子散乱で観測される磁気励起子に媒介されて $\Delta_k \propto \cos(ck_z)$ の形をもつ超伝導ギャップが出現することが示された．それは反強磁性秩序で折りたたまれたゾーン境界に線ノードをもつ超伝導状態であり，強結合理論により，トンネル効果の実験で観測される状態密度の微細構造も説明された [59, 60]．詳しい議論は，10-5 節でなされる．

9-5-2 電荷のゆらぎ

電子格子相互作用は電荷のゆらぎであるが，ここではそれ以外の可能性について概観する．また，電子間の長距離 Coulomb 相互作用のオーバースクリーニング効果を利用する機構についても議論しない [61]．これらは基本的には電子とイオンの Coulomb 引力を利用する超伝導機構と見なせる．

[11) ごく最近 $Pu(Co,Rh)Ga_5$ は 9-6 節で議論する価数ゆらぎにより超伝導が高温で発現するということが，$PuCoIn_5$ の反強磁性ゆらぎによる超伝導との比較から提唱されている [58].

A 臨界価数ゆらぎ（電荷移動のゆらぎ）

このモードの存在は $CeCu_2(Si,Ge)_2$ においてそれを強く示唆する結果が得られている [62, 63, 64, 65, 66]．加圧により反強磁性量子臨界点より遥か (5 GPa 程度) 高圧側に種々の異常が観測されているが，それらの異常な振る舞いは Ce の価数（原子価）が急激に変化する（Ce の f 軌道から周りのイオンの伝導電子バンドへ電子が移動する）と考えると矛盾なく理解できることが示された [67, 68]．この問題は改めて 9-6 節で詳しく論じる．

B 電気4極子のゆらぎ（軌道自由度のゆらぎ）

縮退した軌道の自由度があるとそのゆらぎモードが超伝導の引力を与える可能性がある．Pr を含む重い電子系物質超伝導体 $PrOs_4Sb_{12}$ の結晶場の基底状態は 1 重項である．Pr イオンはほぼ Pr^{3+} ($4f^2$) の状態にあり Kramers 縮退を持たないのでそれが可能である．結晶場励起状態は 3 重項で励起エネルギーは 7 K とほとんど縮退している [69]．この結晶場レベルのもつ擬 4 極子の自由度が大きなエントロピーを与え，それが重い準粒子（強相関状態 $z \ll 1$）の起源と考えられる（理論的にもそのことはモデル計算で示されている [70]）．9-4 節のペア相互作用の起源に関する一般的性質によれば，ペア相互作用もこのほぼ縮退した 4 重項の（いわゆる電気 4 極子）自由度のゆらぎを交換すること以外には考えられない．このような観点からの理論の提案がなされている [71]．

9-5-3　近藤-芳田1重項と結晶場1重項との競合

重い電子系超伝導体 UBe_{13} は，RBe_{13}（R=希土類イオン）の系統的実験から，いわゆる近藤-芳田 1 重項と U の $5f^2$ 電子配置での結晶場 1 重項基底状態とがちょうど競合する臨界点近傍に位置し，それが重い有効質量の起源であることを示唆する [72]．8-4-2 項で議論したように，上記の競合が重い電子（比熱係数 $C/T \propto -\ln T$ の振舞い）の起源となることは正方晶の系に対する理論で分かっているので [73]，9-4 節のペア相互作用の起源に関する一般的性質によれば，超伝導対形成の起源もこの競合から生じる「ゆらぎ」であることを予想させる．実際，このような競合の記述を可能とする f^2 近藤格子モデルの 1 次元版に対する DMRG を用いた研究によれば [74]，競合領域において超伝導相関が支配的になることが示されている．今後の発展が期待される．

9-6 臨界価数ゆらぎによる「高温超伝導」

9-5-2 項で略述した価数ゆらぎ機構の詳細な実験的証拠は，最初 $CeCu_2Ge_2$ について得られ [42]，その後 $CeCu_2Si_2$ についても確認された [64]．これらの物質は重い電子系の典型物質で，常圧を含む低圧力の領域では反強磁性的な磁性を示し，加圧にともなって磁気転移温度が減少しゼロとなる量子臨界点近傍で，d 波的な超伝導が出現するが，さらに加圧すると超伝導転移温度 T_c は大きなピークをつくる（図 9.3 参照）．そこでの T_c は常圧での有効 Fermi 温度 $T_F^* (\sim 10 \text{ K})$ の 1/4 程度の「高温超伝導」ともいうべき高い値を示す．図 9.3 の "Potato" がこの大きな T_c の山を示すが，CeT_2Si_2 (T=Rh,Pd) や $CeIn_3$ などでは "Pea" のように超伝導は磁気量子臨界点の近傍にのみ現れ，その T_c は低い値に留まる．このように重い電子系の圧力誘起超伝導には 2 つのパターンがあり，2 つの圧力領域では異なる超伝導発現機構が働いていることを示唆する．$CeCu_2(Si_{0.9}Ge_{0.1})_2$ では，圧力下で T_c が 2 つの山を形成しており，この 2 つの超伝導発現機構の存在を雄弁に物語っている [66]．

実際，$CeCu_2(Si,Ge)_2$ では図 9.3 の Potato に対応する圧力領域の性質が詳しく調べられ，T_c の増大を含む種々の物理的性質は Ce の原子価が急激に変化することに伴う「臨界価数ゆらぎ」により引き起こされることが分かってきた．図 9.4 に種々の物理量の圧力依存性を示す．図 9.4 の特徴は次のようにまとめられる．

(1) 反強磁性量子臨界点に対応する圧力より 5 GPa ほど高圧側に（P_V と呼ぶ）Ce の価数転移に対応する別の量子臨界点またはクロスオーバーが存在する（これは電気抵抗の低温での温度依存性を $\rho = \rho_0 + AT^2 + \cdots$ と表すときの係数 A が 2 桁程度減少することで分かる．係数 A は比熱係数 $\gamma = C/T$ の 2 乗に比例して

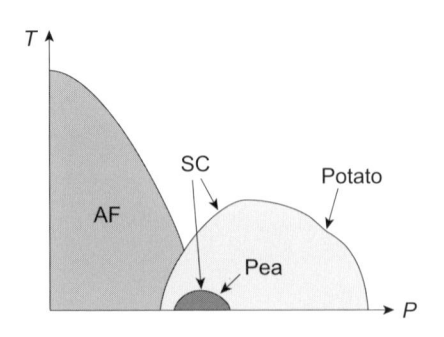

図 **9.3** Ce を含む重い電子系における 2 つのタイプの圧力誘起超伝導相図 [75]．AF：反強磁性，SC：超伝導，Potato および Pea については本文を参照されたい．

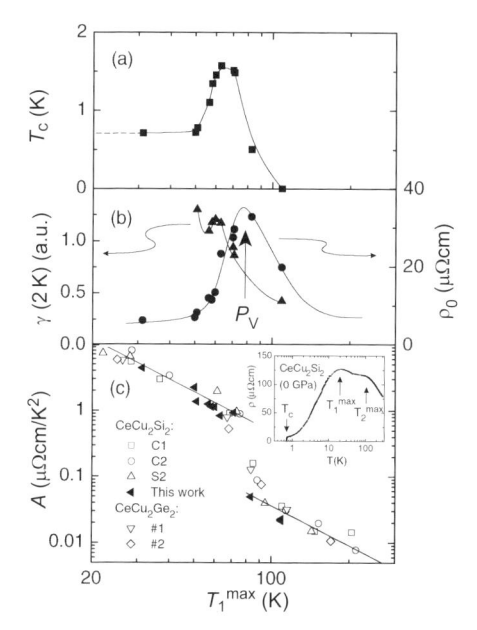

図 9.4 CeCu$_2$Si$_2$ の種々の物理量の圧力下の振舞い [67]. 電気抵抗の低温側のピークに対応する温度 $T_1^{\max}$ は圧力の単調増加関数なのでそれは圧力の変化を表す (P_V もこの意味において図示されている).

いることから, 有効質量が1桁程度減少することを意味する).
(2) $A(T_{1\max})^2$ ($T_{1\max}$ は電気抵抗が極大をとる温度で有効 Fermi 温度に対応し, γ に逆比例する) が $P = P_V$ 近傍で強相関の普遍値から弱相関のそれにクロスオーバーする.
(3) $P = P_V$ 近傍で残留抵抗 ρ_0 が巨大なピークを示し, 電気抵抗の温度依存性は (低温の極限を除けば) 広い範囲 ($1 < T < 10$ K) で T の1次に比例する.
(4) 比熱係数は $P = P_V$ を挟んで急激な減少を示すものの, $P = P_V$ では小さなピークを示す.
(5) 超伝導転移温度は $P = P_V$ より若干低圧側で反強磁性臨界点近傍の 2.5 倍程度の最大値をもち, 高圧側で急激に減少する.

これらの現象は (f 電子と伝導電子間の斥力を考慮するように) 拡張された周期的 Anderson モデルにもとづいて統一的に理解できることが示されている [67, 68, 76]. また, 同じモデルに磁場の効果を考慮した理論計算から, Ce の価数量子臨界点が磁場によって誘起されることが示され [77, 78], CeIrIn$_5$ で観測されるメタ磁性転移とそれに伴う非 Fermi 液体的振舞い [79] が理解できることが分かった. さらに, CeRhIn$_5$

の $P = 2.35$ GPa 付近で de Haas-van Alphen 効果の測定により観測された Fermi 面の不連続的な変化と有効質量 m^* および電気抵抗の温度係数 A の増大は，磁場中でのCe の価数変化とそれに伴う反強磁性が消滅する現象として理解されることが分かった [80]．また，CeIrIn$_5$ で NQR 周波数の変化が観測された [81]．このように，CeTIn$_5$ (T=Ir, Rh, Co) の物質系においても臨界価数転移が重要な役割を演じていることが明らかになってきたのが，最近の特筆すべき発展といえる．磁場と圧力の多元環境下での実験的研究の進展が望まれる．

最近，CeCu$_2$Si$_2$ の圧力下における超伝導状態に関して NQR 測定により微視的な情報が得られた [82]．超伝導転移温度 T_c とノーマル状態での縦緩和率 $1/(T_1T)$（ノーマル Fermi 液体では電気抵抗の温度係数 A に比例する）の圧力依存性は，図 9.4 の T_c と A の振舞いを再現する．図 9.5 は $T < T_c$ での縦緩和率 $1/(T_1T)$ の温度依存性を示す．注目すべきは，T_c のピークに相当する圧力 $P = 4.2$ GPa においても常圧と同様に $1/T_1 \propto T^3$ の依存性を示し，超伝導ギャップは線上で消失することを意味する．即ち，T_c の増大は異方的超伝導の範囲で起こっていることが明瞭に示された．

最近のもう 1 つの発展として，CeCu$_2$Si$_2$ において $P = 1.5$ GPa 付近の圧力を境に超伝導の対称性が変化することを示唆する実験が報告されたことが挙げられる [83]．即ち，超伝導転移における比熱の飛びを正常金属状態の比熱でスケールした $\Delta C/C_N$ の値と上部臨界磁場の傾き $(-dH_{c2}/dT)$ の値が $P = 1.5$ GPa の低圧側と高圧側とで，それぞれ 1.6 倍，1.8 倍だけ異なっている．これらの比は低圧側では B_{1g} ($d_{x^2-y^2}$) 対称の，高圧側では B_{2g} (d_{xy}) 対称の超伝導状態が実現しているとすれば，理解できる

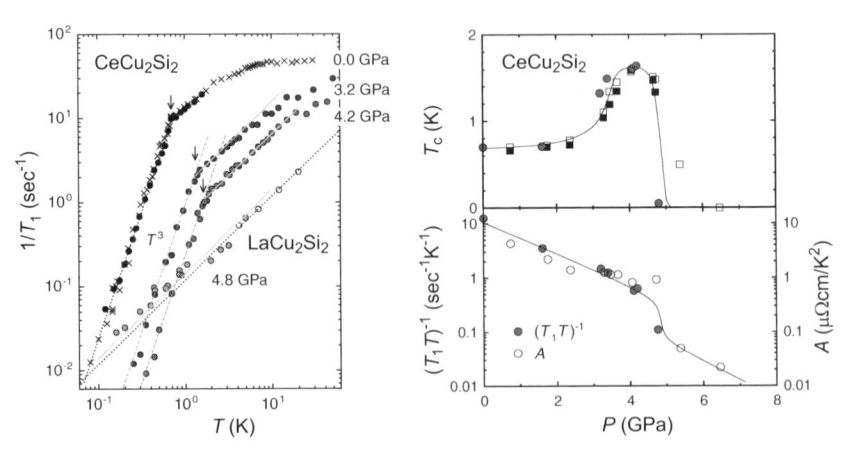

図 **9.5** CeCu$_2$Si$_2$ の圧力下 NQR の測定結果 [82]．$1/(T_1T)$ と電気抵抗の T^2 項の係数 A とはよくスケールする（右図下）．

ことも示された．この結果は，磁気量子臨界点に近い低圧側と T_c のピークを示す高圧側とで超伝導機構が異なることを示唆しており，上記の理論的理解と整合する [67, 76, 68]．

臨界価数ゆらぎによる超伝導転移温度は（同じ系の）反強磁性量子臨界点近傍のそれに比べて倍以上大きいのが特徴である．これは式 (9.15) で与えられるペア形成結合定数 λ を 1 程度に保ったままでペア形成のエネルギースケール ε_F^* が価数の（近藤領域から価数揺動領域への）変化にともなって増大した結果と理解できる．価数ゆらぎは単純な電荷のゆらぎとは異なり電荷移動のゆらぎであり，重い電子系に限られる必要はなく，より広い物理系で実現していても不思議ではない．このような観点から，Varma らが初期に提案したように [84]，銅酸化物高温超伝導体においても何らかの役割を演じている可能性は排除できないように思える．実際，LSCO における転移温度の顕著な異方的 1 軸性圧力依存性（c 軸圧力は転移温度を激減させ，ab 面内圧力は転移温度を倍増させる [85]）は，d-p Coulomb 斥力の増大に伴う電荷移動の役割の重要性を示唆している．

9-7　スピン軌道相互作用と超伝導ギャップの構造

準粒子の描像と関連するもう 1 つの重要な論点は，「ペア相互作用において，「スピン」の保存則がどの程度破れているか？」ということである．式 (9.16) では「スピン」は保存する．しかし，「スピン」軌道相互作用とか「スピン」間双極子相互作用のような「スピン」の保存を破る効果は必ず存在する．問題はこれらの効果が Cooper 対の対称性に影響を与える程に大きいか否かである．この問題は「スピン」3 重項対の場合には重要となるが，「スピン」1 重項の場合は無視できる．もちろん，元々の電子スピンの保存則は，f イオン中心の強いスピン軌道結合（~ 0.5 eV）により，完全に破れているのは明らかだろう．しかし，準粒子の「スピン」は，それらの効果を取り込んで 1 中心状態を組換えた後にその時間反転に関する 2 重性を指定するラベルとして得られるものである．問題は，この「スピン」に関して保存則がどの程度破れるかである．

7-5-1 項および付録 E の議論から分かるように，たとえ f イオン中心のスピン軌道相互作用が強くても（Ce^{3+} イオンの場合，スピン軌道の多重項間の分裂は 3000 K に達する），重い準粒子を形成する f^1 結晶場状態の Kramers 2 重項のラベル（「スピン」）はよい精度で保存する．これは超伝導機構を議論するベースとなる Fermi 準粒

子の有効ハミルトニアンでは「スピン」の保存則を破る「有効スピン軌道相互作用」は弱いことを意味する [86, 87]．7-5-1 項のハミルトニアン (7.34) のように「スピン」が保存していると，「スピン」成分 $m = \pm$ の適当な線形結合を作ることで「スピン」空間内の d ベクトルを自由に（ギャップを壊すことなく）回転することができる．現実には，付録 E で議論する効果以外に，「スピン」の保存則を破る効果が存在する．例えば，「スピン」磁気双極子間の相互作用 V_{dipole} が存在するが，その大きさは

$$V_{\text{dipole}} \sim \frac{\mu_B^2}{a^3} \sim 2.3 \times 10^{-2} \text{ K} \tag{9.26}$$

と評価され（平均電子間距離 $a = 3$ Å とした），転移温度に比べれば充分小さく，超流動 ^{3}He の場合と同様，摂動として扱える [11]．即ち，超伝導ギャップの構造は，まず V_{dipole} の効果を無視して決めて，その後で V_{dipole} の効果は摂動的に取り込めばよい．つまり，まずは $d(\bm{k})$ ベクトルの「スピン」空間での回転と波数 $\bm{k}$ の空間での回転（変換）とは独立に行えると考えて，自由エネルギーを最小にするように $d(\bm{k})$ の構造を決めて，有効「スピン」と軌道の相互作用は，V_{dipole} の効果と同様に摂動的に取り込めばよいと考えられる [86, 87]．

一方，「重い電子系ではスピン軌道相互作用が強いので，$d(\bm{k})$ と $\bm{k}$ は独立に変換できないため，可能な $d(\bm{k})$ の構造は，この制限の下での群論の既約表現として求めるべきである」という議論が 1980 年代前半（重い電子系超伝導研究の初期の段階で）大きな影響力をもっていた．即ち，$d(\bm{k})$ ベクトルは

$$\hat{R} d_\alpha(k_i) = \sum_{\beta=1}^{3} R_{\alpha\beta} d_\beta \left(\sum_{j=1}^{3} R_{ij} k_j \right) \tag{9.27}$$

という変換性をもつものに限られると考えられた [88, 89, 90, 91]．ここで，$\hat{R}$ は結晶群の対称操作を，$R_{\alpha\beta}$ および R_{ij} は変換 $\hat{R}$ の有効「スピン」空間および $\bm{k}$ 空間での変換行列を表す（付録 B-1 節参照）．この制限があると，「スピン」3 重項超伝導状態では，ギャップがゼロになるのは（偶然を除けば）Fermi 面の点上でのみ可能であり，励起の状態密度 $N_s(E)$ は，Axial 型の依存性 $N_s(E) \propto E^2$ を示すことになる．しかし，現実には UPt$_3$ のように，「スピン」3 重項でもギャップが Fermi 面の線上でゼロになることも可能であり（表 9.2 参照），制限 (9.27) に基づいた分類は不充分であることを示している．制限 (9.27) を外すと実験と矛盾しないギャップ構造が群論的に可能であることが示されている [92]．

9-8　異方的超伝導状態における不純物散乱の効果

本節では異方的超伝導状態における非磁性不純物散乱の問題を考える．互いに関係する2つの問題がある．第一に，p波やd波といった異方的超伝導体中の不純物散乱を Born 近似で取り扱うと，熱伝導係数 κ など輸送係数の $T < T_c$ での温度依存性が正常金属状態と同じになるというパラドクスがあった [93]．このパラドクスは，不純物をユニタリティ散乱体とみなし，T 行列近似で取り扱うことで回避できる．第二に，そのときゼロエネルギー励起の状態密度（残留状態密度）は，$N_s(0) \simeq \sqrt{\eta} N_F$ となる．そのため，小さな η（小さな pair-breaking 効果）に対しても観測にかかる $N_s(0)$ が容易に現れるのである [94, 95]．

まず，熱伝導係数 κ を例にとって，パラドクスとは何か考えてみよう．κ は温度 T での比熱 $C(T)$，励起準粒子の平均速度 $v(T)$，平均的な寿命 $\tau(T)$ を用いて

$$\kappa(T) \sim C(T)[v(T)]^2 \tau(T) \tag{9.28}$$

と表せる．不純物によって準粒子が波数 $\bm{k}$ から $\bm{k}'$ の状態に散乱されることで生じる寿命 $\tau(E_{\bm{k}})$ は

$$\frac{1}{\tau(E_{\bm{k}})} = \frac{2\pi}{\hbar} \sum_{\bm{k}'} c|M_{\bm{k}\bm{k}'}|^2 C_{\bm{k}\bm{k}'} \delta(E_{\bm{k}} - E_{\bm{k}'}) \tag{9.29}$$

で与えられる．ここで，c は不純物濃度，$M_{\bm{k}\bm{k}'}$ は散乱振幅，$C_{\bm{k}\bm{k}'}$ はコヒーレンス因子で，

$$C_{\bm{k}\bm{k}'} \equiv \frac{1}{2}\left(1 + \frac{\xi_{\bm{k}}\xi_{\bm{k}'} - \Delta_{\bm{k}}\Delta_{\bm{k}'}}{E_{\bm{k}} E_{\bm{k}'}}\right) \tag{9.30}$$

と定義される．

式 (9.29) の散乱振幅 $M_{\bm{k}\bm{k}'}$ を Born 近似で取り扱うと，それは散乱ポテンシャル $u_{\bm{k}-\bm{k}'}$ に等しいので，Fermi 準位近傍でのエネルギー依存性は無視できる．同様に，粒子・ホール対称性からのずれも無視し，p 波や d 波といった異方的ギャップの対称性に注意すると，式 (9.29) で $\bm{k}'$ に関する和を取った後では，式 (9.30) の第 2 項は消えてゼロになることがわかる．即ち，式 (9.29) は

$$\frac{1}{\tau(E_{\bm{k}})} = \frac{2\pi}{\hbar} \sum_{\bm{k}'} c|M_{\bm{k}\bm{k}'}|^2 \frac{1}{2} \delta(E_{\bm{k}} - E_{\bm{k}'}) \tag{9.31}$$

となる．正常金属状態での準粒子の寿命 τ_N

$$\frac{1}{\tau_\mathrm{N}} = \frac{2\pi}{\hbar} \sum_{\bm{k}'} c|M_{\bm{k}\bm{k}'}|^2 \delta(\xi_{\bm{k}} - \xi_{\bm{k}'}) \tag{9.32}$$

を用いて式 (9.31) を書きなおすと

$$\frac{1}{\tau(E_{\bm{k}})} = \frac{1}{\tau_\mathrm{N}} \frac{N_\mathrm{s}(E_{\bm{k}})}{N_\mathrm{F}} \tag{9.33}$$

となる ($N_\mathrm{s}(E) = \sum_{\bm{k}'} \frac{1}{2}\delta(E - E_{\bm{k}'})$ に注意)．

低温の $\kappa(T)$ に寄与する準粒子の速度は $\Delta_{\bm{k}} = 0$ 近傍のもので決まるので，$v_{\bm{k}} \simeq v_\mathrm{F}$ と評価できる．また，低温での比熱は，$C(T) \sim T N_\mathrm{s}(T)$ である．従って，式 (9.28) より，式 (9.33) を用いて

$$\begin{aligned}\kappa(T) &\sim C(T) v_\mathrm{F}^2 \tau(T) \\ &\simeq T N_\mathrm{s}(T) v_\mathrm{F}^2 \tau_\mathrm{N} \frac{N_\mathrm{F}}{N_\mathrm{s}(T)} \\ &\simeq T N_\mathrm{F} v_\mathrm{F}^2 \tau_\mathrm{N}\end{aligned} \tag{9.34}$$

となる．式 (9.34) の右辺は正常金属状態での熱伝導率 κ_N に他ならない．同様の議論は超音波吸収係数にもあてはまる．これがパラドクスである．というのは，重い電子系超伝導体の輸送係数は明らかに $T < T_\mathrm{c}$ で正常金属状態とは異なる温度依存性を示すからである．

このパラドクスは以下のように解決された．まず，重い電子系に存在する非磁性不純物としては，f サイトが非 f イオンで置き換わったようなものが考えられる．すると，ほとんど f 電子からなる準粒子は，そこで非常に強い散乱を受けるはずである．そのような場合，式 (9.29) の $M_{\bm{k}\bm{k}'}$ を Born 近似で取り扱うのはよくなくて，多重散乱の効果を T 行列近似により無限次まで取り込む必要がある．

$M_{\bm{k}\bm{k}'}$ に対する T 行列近似は図 9.6 のような Feynman ダイアグラムで表せる．破線は散乱ポテンシャル（s 波）u を，太い実線は準粒子の Green 関数 G を表す（局所的な散乱ポテンシャルは s 波散乱を与えるので $M_{\bm{k}\bm{k}'}$ の波数依存性は無視できる）．G の具体的な表式は

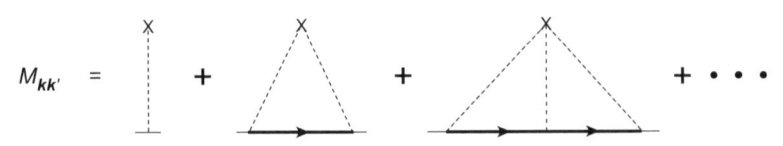

図 9.6 散乱振幅 $M_{\bm{k}\bm{k}'}$ の T 行列近似を与える Feynman ダイアグラム．

9-8 異方的超伝導状態における不純物散乱の効果 295

$$G(\boldsymbol{k}, E) = \frac{\tilde{E} + \xi_{\boldsymbol{k}}}{\tilde{E}^2 - \xi_{\boldsymbol{k}}^2 - |\Delta_{\boldsymbol{k}}|^2} \tag{9.35}$$

である.ここで,$\tilde{E}$ は散乱の影響を受けたエネルギーの意味をもち

$$\tilde{E} = E - \frac{c}{2}[M(E) - M(-E)] \tag{9.36}$$

で与えられる.図 9.6 のように,散乱振幅 M は Green 関数 G を含んでおり,それを通じて大きな E 依存性をもつ.この点が Born 近似と大いに異なる点である.図 9.6 を式で書くと,

$$M(E) = \frac{u}{1 + i\pi u N_{\mathrm{F}} g(\tilde{E})} \tag{9.37}$$

となる.ここで,分母の g は

$$g(\tilde{E}) \equiv \int \frac{d\hat{\boldsymbol{k}}}{4\pi} \frac{\tilde{E}}{\sqrt{\tilde{E}^2 - |\Delta(\hat{\boldsymbol{k}})|^2}} \tag{9.38}$$

と定義される($\Delta_{\boldsymbol{k}}$ を $\Delta(\hat{\boldsymbol{k}})$ と書いた).$M(E)$ の E 依存性は (9.36), (9.37) の両式を満たすようセルフコンシステントに決まる.

このようにして決まる $M(E)$ を用いると,エネルギー E をもつ準粒子の寿命 $\tau(E)$ は式 (9.31) より

$$\frac{1}{\tau(E)} = \frac{2\pi}{\hbar} c |M(E)|^2 N_{\mathrm{s}}(E) \tag{9.39}$$

となる.ここで,状態密度 $N_{\mathrm{s}}(E)$ は,式 (9.35) の G と式 (9.38) の g を用いて

$$N_{\mathrm{s}}(E) = -\frac{1}{\pi} \sum_{\boldsymbol{k}} \mathrm{Im} G(\boldsymbol{k}, E) = N_{\mathrm{F}} \mathrm{Re} g(\tilde{E}) \tag{9.40}$$

と表せる(式 (7.45) 参照).上記のように重い電子系では $uN_{\mathrm{F}} \gg 1$(ユニタリティ極限と呼ぶ)の条件が満足されるので,式 (9.37) は $M(E) = -i/[\pi N_{\mathrm{F}} g(\tilde{E})]$ となる.

Polar 型ギャップ,$\Delta(\hat{\boldsymbol{k}}) = \Delta \hat{k}_z$,の場合には(式 (4.171) および式 (4.179) 参照),この $M(E)$ と式 (9.36) より $\tilde{E}$ を決める方程式

$$\tilde{E} = E + i\eta \frac{\tilde{E}}{(\tilde{E}/\Delta)^2 \sin^{-1}(\Delta/\tilde{E})} \tag{9.41}$$

を得る.ここで,表 9.2 のパラメータ $\eta \equiv 1/(2\tau_{\mathrm{N}}\Delta(0))$ が現れる.$\eta \ll 1$ のとき,式 (9.41) の解の振舞いは $E_{\mathrm{c}} \equiv \sqrt{\eta}\Delta(0)$ を境に性格を変える.$E > E_{\mathrm{c}}$ では,式 (9.41) の第 2 項は無視できるのに対し,$E < E_{\mathrm{c}}$ では第 2 項が主要項となる.式 (9.41) の

数値解を用いて得られる $\tau(E), N_\mathrm{s}(E)$ の定性的振舞いは図 9.7 のようになる．即ち，$E > E_\mathrm{c}$ では，$N_\mathrm{s}(E)$ はクリーンな系のもので与えられ，$\tau(E) \simeq \tau_\mathrm{N}$ である．従って，$T > E_\mathrm{c}/k_\mathrm{B}$ において式 (9.33) の関係は成立せず，輸送係数は超伝導状態での状態密度を反映した温度依存性をもつ．一方，$E \ll E_\mathrm{c}$ では，

$$\frac{N_\mathrm{s}(0)}{N_\mathrm{F}} = \frac{\tau_\mathrm{N}}{\tau(0)} \simeq \sqrt{\eta \ln \frac{2}{\eta}} \tag{9.42}$$

の関係が成り立つ．従って，$T < E_\mathrm{c}/k_\mathrm{B} = \sqrt{\eta}\Delta(T=0)/k_\mathrm{B}$ において，式 (9.28) より

$$\kappa(T) \simeq \kappa_\mathrm{N}(T)\left(\eta \ln \frac{2}{\eta}\right) \tag{9.43}$$

となって，正常金属状態の温度依存性が回復することがわかる．しかし，その大きさは正常金属状態に比べて小さい．式 (9.34) の議論より，$\kappa_\mathrm{N}(T) \sim T N_\mathrm{F} v_\mathrm{F}^2 \tau_\mathrm{N}$ であり，$\eta = 1/(2\tau_\mathrm{N}\Delta(0))$ であるから，式 (9.43) より

$$\kappa(T) \sim T N_\mathrm{F} v_\mathrm{F}^2 \frac{1}{2\Delta(0)} \ln[4\tau_\mathrm{N}\Delta(0)] \tag{9.44}$$

となり，対数的な依存性を別にすれば不純物の濃度に依らない．[12]

同様の議論は Axial 型のギャップに対しても行うことができる．式 (9.41) の代わりに

$$\tilde{E} = E + i\eta \frac{\Delta^2}{\tilde{E}\ln[(\Delta+\tilde{E})/\sqrt{\tilde{E}^2-\Delta^2}]} \tag{9.45}$$

が現れ，式 (9.42) の代わりに（$\eta \ll 1$ のときは簡単で）

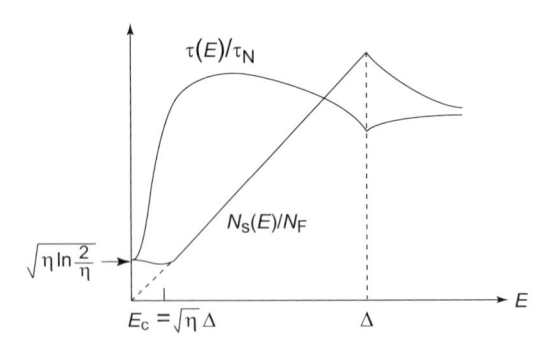

図 9.7 ユニタリティ散乱の場合の $N_\mathrm{s}(E)/N_\mathrm{F}$, $\tau(E)/\tau_\mathrm{N}$ の概念図（Polar 型ギャップ）．

---

[12] この事実はユニバーサル熱伝導率として認識されたが [96]，$\tilde{E}$ のセルフコンシステント方程式 (9.41) から生じる対数依存性は見落とされているようである．

となり,式 (9.46)
$$\frac{N_{\mathrm{s}}(0)}{N_{\mathrm{F}}} = \frac{\tau(0)}{\tau_{\mathrm{N}}} \simeq \sqrt{\frac{\eta}{2}} \tag{9.46}$$

となり,式 (9.43) の代わりに

$$\kappa(T) \simeq \kappa_{\mathrm{N}}(T)\frac{\eta}{2} \tag{9.47}$$

が得られる.この場合には,式 (9.44) の対数依存性はなく $\kappa(T)$ は不純物濃度に全く依存しない.

表 9.2 の理論結果はこのようにして得られたものである.数値計算にもとづいたより定量的な温度依存性については文献 [94, 95] を参照されたい.ポテンシャル散乱の強度 uN_{F} を変化させたときの結果は,文献 [97] に詳しい.

さて,式 (9.42) をみると,小さな η に対しても有意の残留状態密度が現れることがわかる.これを Born 散乱の場合の,$N_{\mathrm{s}}^{\mathrm{Born}}(0) = N_{\mathrm{F}}/(\eta\sinh\frac{1}{\eta})$ [98] と比べるとその差は歴然としている.例えば,$\eta = 10^{-2}$ (10^{-1}) のとき,式 (9.42) では $N_{\mathrm{s}}(0)/N_{\mathrm{F}} = 2.3 \times 10^{-1}$ (5.5×10^{-1}) であるが,$N_{\mathrm{s}}^{\mathrm{Born}}(0)/N_{\mathrm{F}} \simeq 10^{-42}$ (10^{-3}) である.

パラメータ η は転移温度 T_{c} の減少と

$$\ln\left(\frac{T_{\mathrm{c}}}{T_{\mathrm{c}0}}\right) = \psi\left(\frac{1}{2}\right) - \psi\left(\frac{1}{2} + \frac{\eta\Delta(0)}{2\pi k_{\mathrm{B}} T_{\mathrm{c}}}\right) \tag{9.48}$$

の関係にある.ここで,$\psi(z)$ はディガンマ関数である.式 (9.48) は Abrikosov-Gor'kov (AG) 公式と呼ばれている [99].[13] これから得られる T_{c} の η 依存性を用いて,上述の数値計算より得られる $N_{\mathrm{s}}(0)$ の η 依存性を消去すると,T_{c} と $N_{\mathrm{s}}(0)$ の関係が求まる [100].それを図 9.8 に示す.その特徴は T_{c} の減少に比べて $N_{\mathrm{s}}(0)$ の増大が著しいことである.重い電子系に関するデータは少ないが,UPd$_2$Al$_3$ およびオーバードープ領域の銅酸化物高温超伝導でこの関係はよく成立することが知られている [101].

【補足 1】この節では不純物ポテンシャルが短距離である場合について議論した.というのは,ほとんどの重い電子系超伝導体では不純物ポテンシャルは局所的であると考えてよいからである.しかし,9-6 節で議論した臨界価数ゆらぎが重要な場合は不純物ポテンシャルが(前方散乱に対し)8-5 節の価数感受率 χ_{V} に比例して増大し [102],長距離力のそれに近づく.不純物ポテンシャルが長距離になると,逆説的ではあるが,転移温度の減少は式 (9.48) の AG 公式では与えられず,p 波や d 波の超伝導状態も不純物散乱に対してより鈍感になることが最近分かった [103].このことが,図 9.4 および 9.5

---

[13] AG 公式は元々磁性不純物散乱による s 波(等方的)超伝導転移温度の減少に適用されるものであり,パラメータ η を磁気散乱による緩和時間 τ_{s} を用いて $\eta \equiv 1/(2\tau_{\mathrm{s}}\Delta(0))$ と定義すると,式 (9.48) の右辺において,$\eta\Delta(0)/(2\pi k_{\mathrm{B}} T_{\mathrm{c}}) \to \eta\Delta(0)/\pi k_{\mathrm{B}} T_{\mathrm{c}}$ と置き換えた関係となることに注意されたい.

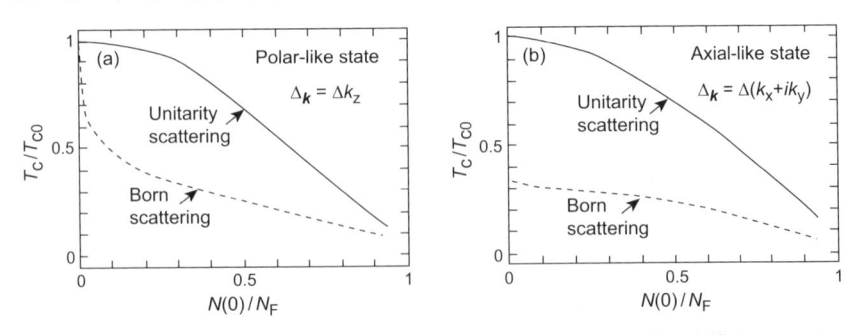

図 9.8 (a) Polar 型, (b) Axial 型の場合の T_c/T_{c0} と $N_s(0)/N_F$ の関係. 実線はユニタリティ散乱, 破線は Born 散乱を表す [100].

に示されるように, 臨界価数ゆらぎが発達している領域で d 波超伝導転移温度のピークと残留抵抗のピークが両立することを保証している.

参考文献

[1] 例えば, P. G. de Gennes: *Superconductivity of Metals and Alloys*, chap. 4 (Benjamin, 1966) 参照.
[2] 例えば, 恒藤敏彦:『超伝導・超流動』(岩波講座 現代の物理学 17), 4 章(岩波書店, 1993).
[3] F. Steglich et al.: Phys. Rev. Lett. **43** (1979) 1892.
[4] 大貫惇睦, 上田和夫, 小松原武美 編: 重い電子系(日本物理学会論文選集 IV, 1994).
[5] 国際会議録:Sendai (1984): J. Magn. Magn. Mater. **47&48** (1985); Grenoble (1986): J. Magn. Magn. Mater. **63&64** (1987).
[6] Y. He et al.: Nature **357** (1992) 227.
[7] 例えば, 三宅和正:応用物理 **65** (1996) 344 参照.
[8] G. R. Brandt & B. L. Stewart: Phys. Rev. B **29** (1984) 3908; T. Ohno et al.: Physica B **186-188** (1993) 1034.
[9] Y. Kishimoto et al.: J. Phys. Soc. Jpn. **61** (1992) 696.
[10] 黒木和彦ほか:『超伝導ハンドブック』(福山秀敏・秋光純編) 2.1 節(朝倉書店, 2010).
[11] A. J. Leggett: Rev. Mod. Phys. **47** (1975) 331.
[12] そのようなシナリオが成り立たない場合の議論もある. 例えば, 福山秀敏:応用物理 **61** (1992) 472.
[13] 小形正男:『超伝導ハンドブック』(福山秀敏・秋光純編) 3.3 節(朝倉書店, 2010).
[14] E. Bauer et al.: J. Phys. Soc. Jpn. **76** (2007) 051009.
[15] N. Kimura et al.: Phys. Rev. Lett. **95** (2005) 247004.

[16] S. Fujimoto: J. Phys. Soc. Jpn. **76** (2007) 051008.
[17] K. Miyake: J. Magn. Magn. Mater. **63&64** (1987) 411; 三宅和正：大阪大学低温センターだより No. 82 (1993) 15.
[18] R. A. Fisher *et al.*: Phys. Rev. Lett. **62** (1989) 1411.
[19] Y. Machida *et al.*: Phys. Rev. Lett. **108** (2012) 157002. arXiv:1107.3082.
[20] K. Asayama, Y. Kitaoka & Y. Kohori: J. Magn. Magn. Mater. **76&77** (1988) 449.
[21] H. Ikeda & K. Miyake: J. Phys. Soc. Jpn. **66** (1997) 3714.
[22] S. Yotsuhashi, K. Miyake & H. Kusunose: Physica B **312-313** (2002) 100.
[23] K. Ueda *et al.*: J. Phys. Soc. Jpn. **56** (1987) 867.
[24] M. Kyogaku *et al.*: J. Phys. Soc. Jpn. **62** (1993) 4016.
[25] H. Tou *et al.*: Phys. Rev. Lett. **77** (1996)1374; **80** (1998) 3129.
[26] K. Miyake *et al.*: Prog. Theor. Phys. **72** (1984) 1063.
[27] S. Nakajima: Prog. Theor. Phys. **50** (1973) 1101.
[28] P. W. Anderson & W. F. Brinkman: Phys. Rev. Lett. **30** (1973) 1108.
[29] Y. Kuroda: Prog. Theor. Phys. **51** (1974) 1269.
[30] K. Miyake, S. Schmitt-Rink & C. M. Varma: Phys. Rev. B **34** (1986) 6554.
[31] D. J. Scalapino, E. Loh, Jr. & J. E. Hirsch: Phys. Rev. B **34** (1986) 8190.
[32] 大貫惇睦ほか：固体物理 **9** (1996).
[33] S. S. Saxena *et al.*: Nature **406** (2000) 587.
[34] D. Aoki *et al.*: Nature **413** (2001) 613.
[35] A. Miyake, D. Aoki & J. Flouquet: J. Phys. Soc. Jpn. **78** (2009) 063703.
[36] N. T. Huy *et al.*: Phys. Rev. Lett. **99** (2007) 067006.
[37] T. Akazawa *et al.*: J. Phys.: Condens. Matter **16** (2004) L29.
[38] K. Hoshihara & K. Miyake: J. Phys. Soc. Jpn. **74** (2005) 2679; Y. Yoshioka & K. Miyake: J. Phys. Soc. Jpn. **78** (2009) 074701.
[39] D. Fay & J. Appel: Phys. Rev. B **22** (1980) 3173.
[40] P. Monthoux & G. G. Lonzarich: Phys. Rev. B **63** (2001) 054529.
[41] T. Moriya & K. Ueda: Adv. Phys. **49** (2000) 555.
[42] D. Jaccard, K. Behnia & J. Sierro: Phys. Lett. A **163** (1992) 475.
[43] R. Movshovich *et al.*: Phys. Rev. B **53** (1996) 8241.
[44] F. M. Grosche *et al.*: Physica B **224** (1996) 50.
[45] N. D. Mathur *et al.*: Nature **394** (1998) 39.
[46] F. Steglich *et al.*: Z. Phys. B, **103** (1997) 235.
[47] C. Petrovic *et al.*: Europhys. Lett. **53** (2001) 354.
[48] H. Heeger *et al.*: Phys. Rev. Lett. **84** (2000) 4986.
[49] C. Petrovic *et al.*: J. Phys.: Condens. Matter **13** (2001) L337.
[50] M. Nicklas *et al.*: Phys. Rev. B **67** (2003) 020506.
[51] M. Nakashima *et al.*: Physica B **378-380** (2006) 402.
[52] H. Kotegawa *et al.*: Physica B **378-380** (2006) 419.

[53] R. Settai et al.: J. Magn. Magn. Mater. **310** (2007) 844.
[54] F. Honda et al.: J. Phys. Soc. Jpn. **77** (2008) 043701.
[55] J. L. Sarrao et al.: Nature **420** (2002) 297.
[56] F. Wastin et al.: J. Phys.: Condens. Matter **15** (2003) S2279.
[57] D. Aoki et al.: J. Phys. Soc. Jpn. **76** (2007) 063701.
[58] E. D. Bauer et al.: J. Phys.: Condens. Matter **24** (2012) 052206.
[59] N. K. Sato et al.: Nature **410** (2001) 340.
[60] K. Miyake & N. K. Sato: Phys. Rev. B **63** (2001) 052508.
[61] Y. Takada: J. Phys. Soc. Jpn. **45** (1978) 786; J. Phys. Soc. Jpn. **61** (1992) 238; Phys. Rev. B **47** (1993) 5202.
[62] B. Bellarbi et al.: Phys. Rev. B **30** (1984) 1182.
[63] F. Thomas et al.: J. Phys.: Condens. Matter **8** (1996) L51.
[64] A. T. Holmes, D. Jaccard & K. Miyake: Phys. Rev. B **69** (2004) 024508.
[65] D. Jaccard et al.: Physica B **259-261** (1999) 1.
[66] H. Q. Yuan et al.: Science **302** (2003) 2104; Phys. Rev. Lett. **96** (2006) 047008.
[67] K. Miyake: J. Phys.: Condens. Matter **19** (2007) 125201.
[68] S. Watanabe, M. Imada & K. Miyake: J. Phys. Soc. Jpn. **75** (2006) 043710.
[69] Y. Aoki et al.: J. Phys. Soc. Jpn. **76** (2007) 051006.
[70] K. Hattori & K. Miyake: J. Phys. Soc. Jpn. **74** (2005) 2193.
[71] M. Koga, M. Matsumoto & H. Shiba: J. Phys. Soc. Jpn. **75** (2007) 014709; およびその中の論文参照.
[72] J. S. Kim et al.: Phys. Rev. B **41** (1990) 11073.
[73] S. Yotsuhashi, K. Miyake & H. Kusunose: J. Phys. Soc. Jpn. **71** (2002) 389.
[74] S. Watanabe et al.: J. Phys. Soc. Jpn. **69** (1999) 159.
[75] A. T. Holmes, D. Jaccard, & K. Miyake: J. Phys. Soc. Jpn. **76** (2007) 051002.
[76] Y. Onishi & K. Miyake: J. Phys. Soc. Jpn. **69** (2000) 3955.
[77] S. Watanabe et al.: Phys. Rev. Lett. **100** (2008) 236401.
[78] S. Watanabe et al.: J. Phys. Soc. Jpn. **78** (2009) 104706.
[79] C. Capan et al.: Phys. Rev. B **80** (2009) 094518; ただし, 彼らは論文 [77, 78] の結果を誤解しており, 解釈は正しくない.
[80] S. Watanabe & K. Miyake: J. Phys. Soc. Jpn. **79** (2010) 033707.
[81] M. Yashima et al.: Phys. Rev. Lett. **109** (2012) 117001.
[82] K. Fujiwara et al.: J. Phys. Soc. Jpn. **77** (2008) 123711.
[83] E. Lengyel et al.: Phys. Rev. B **80** (2009) 140513.
[84] C. M. Varma, S. Schmitt-Rink & E. Abrahams: Solid State Commun. **62** (1987) 681.
[85] F. Nakamura et al.: Phys. Rev. B **61** (2000) 107.
[86] K. Miyake : in *Theory of Heavy Fermions and Valence Fluctuations*, edited by T. Kasuya & T. Saso, Springer Series in Solid State Sciences **62**, §4 (Springer, 1985) 256.

[87] H. Kusunose: J. Phys. Soc. Jpn. **74** (2005) 2157.
[88] P. W. Anderson: Phys. Rev. B **30** (1984) 4000.
[89] G. E. Volovik & L. P. Gor'kov: JETP Lett. **39** (1984) 674; Sov.-Phys. JETP **61** (1985) 843.
[90] K. Ueda & T. M. Rice: Phys. Rev. B **31** (1985) 7114.
[91] E. I. Blount: Phys. Rev. B **32** (1985) 2935.
[92] M. Ozaki & K. Machida: Phys. Rev. B **39** (1989) 4145.
[93] L. Coffey, T. M. Rice & K. Ueda: J. Phys. C **18** (1985) L813.
[94] S. Schmitt-Rink, K. Miyake & C. M. Varma: Phys. Rev. Lett. **57** (1986) 2575.
[95] P. Hirschfeld, D. Vollhardt & P. Wölfle: Solid State Commun. **59** (1986) 111.
[96] M. J. Graf *et al.*: Phys. Rev. B **53** (1996) 15147.
[97] P. J. Hirschfeld, P. Wölfle & D. Einzel: Phys. Rev. B **37** (1988) 83.
[98] M. Sigrist & K. Ueda: Rev. Mod. Phys. **63** (1991) 239.
[99] A. A. Abrikosov & L. P. Gor'kov: Sov.-Phys. JETP **12** (1961) 1243.
[100] S. Schmitt-Rink, K. Miyake & C. M. Varma: 未発表.
[101] Y. Kitaoka, K. Ishida & K. Asayama: J. Phys. Soc. Jpn. **63** (1994) 2052.
[102] K. Miyake & H. Maebashi: J. Phys. Soc. Jpn. **71** (2002) 1007.
[103] A. Okada & K. Miyake: J. Phys. Soc. Jpn. **80** (2011) 084708; **80** (2011) 108002.

第10章

磁性と超伝導の相関

前章で見たように，重い電子系の中には，磁気秩序と超伝導の共存を示す物質が数多く存在する．最近では，磁石でありながら超伝導を示す物質さえ発見されている．本章では，磁性物理学や重い電子系物理の本質である遍歴・局在2重性の議論から始め，磁性が超伝導に果たす役割を論じる．

10-1 磁気励起から見た遍歴性と局在性

磁性と超伝導の相関を議論する前に，本節では，遍歴性と局在性に関する従来の考え方について説明する．

遍歴的な電子は空間全体に拡がった Bloch 状態にあり，その状態は波数やバンド指標で指定される（3-1 節参照）．例えば，遍歴電子の代表格である平面波は，波数ベクトル k が確定した状態であり，不確定性原理（$\Delta x \sim \hbar/\Delta k$）より，空間的には拡がった状態である．一方，局在的な電子の状態を記述するには，それが位置する座標を指定すればよく，実空間での描像が便利である．このように，遍歴電子とは波数空間で局在した電子であり，局在電子とは実空間で局在した電子である．

遍歴・局在を動的性質（ダイナミックス）の観点から考えよう．電子が結晶中を遍歴すれば，着目した格子サイトに滞在する電子の数は時間とともにゆらぐ．これに対し，局在電子系では，格子サイトの電子数は常に整数で，スピンの向きだけを変えている．

これら2つのタイプの電子状態は対極にあるが，いずれも強磁性秩序状態に転移することができる．では，局在性あるいは遍歴性の違いは何処に現れるであろうか？まずはじめに，実空間での直感的な描像を描いてみよう．図 10.1 に示すように，局在電子と遍歴電子の大きな違いは，スピンの大きさである．局在電子の場合であれば（図 10.1(a)），各原子サイトに存在する電子の数は時間・空間的に一定であり，その結果，各サイトのスピンは，有限温度においても，その大きさを一定に保ったま

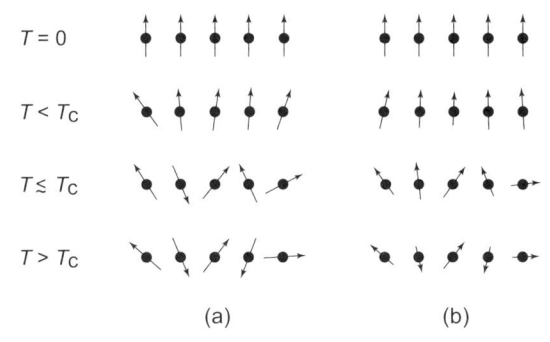

	(a)	(b)
$T = 0$	↑↑↑↑↑	↑↑↑↑↑
$T < T_{\mathrm{C}}$	spins mostly up	↑↑↑↑↑
$T \lesssim T_{\mathrm{C}}$	random directions	mixed directions/sizes
$T > T_{\mathrm{C}}$	random	random/varying sizes

図 10.1 強磁性体の局所スピンの配列．(a) 局在電子の場合．どの温度でもスピン（磁気モーメント）の大きさは一定であり，向きだけを変える．(b) 遍歴電子の場合．スピンの向きだけでなく大きさも，温度および場所（サイト）の関数として変化する．

ま向きだけを変える．これに対し，遍歴電子においては（図 10.1(b)），スピンの向きだけでなく大きさもサイトによって異なる．

【補足 1】 局在電子と遍歴電子の相違は，静的性質，例えば絶対零度における強磁性自発磁化にも現れる．局在電子の場合，結晶場励起状態が十分離れていれば，自発磁化は結晶場基底状態の波動関数で決まり，交換相互作用の大小には依らない．また，磁化の大きさは，磁場を印加しても（ドメインの効果を無視すれば）変化しない．これに対し，遍歴電子の場合は，交換相互作用の大きさに依っては，(弱強磁性のように) いくらでも小さな自発磁化となりうる．[1] また，磁場をかけることによりバンドの分裂幅が増大し，（完全分極していない限り）磁化の大きさは磁場と共に増大する．

次に，スピン波（spin wave）あるいはマグノン（magnon）と呼ばれる集団励起を考えよう（図 10.2(a)）．基底状態（$T = 0$）ではスピンは全て上を向いているが，温度が上昇するとマグノンが励起される．これは丁度，有限温度の結晶中で格子振動の波（フォノン）が励起されるのと似ている．マグノンの励起エネルギーは，その波長（波数）の関数として，図 10.2(b) に実線で示すような分散曲線（dispersion relation）を描く．[2]

図 10.2(a) を描く際，局在スピンを念頭に置いたが，スピン波は決して局在スピン系に固有のものではなく，遍歴電子系においても存在する．これを理解するため，

---

[1] Curie-Weiss 則から求めた有効 Bohr 磁子数 p_{eff} と自発磁化の大きさ M_{s} の比 $p_{\mathrm{eff}}/M_{\mathrm{s}}$ が大きい場合に遍歴的であるといわれる．このことは，UCoGe に対しては正しいが（図 3.22 参照），$4f$ 電子系に対しては正しくない．何故なら，第 2 章で論じたように，局在している場合でも，結晶場効果により低温の飽和磁化が p_{eff} に比べ小さくなり得るからである．

[2] E-k 曲線の k 依存性が，磁化や比熱などの温度依存性を決める．強磁性では，低エネルギー領域で，$E \propto k^2$ であり，その結果，自発磁化が $M \propto (1 - T^{3/2})$ のように減少し，比熱は $C_V \propto T^{3/2}$ のように増大する．詳しい計算については，例えば，文献 [1] を参照されたい．

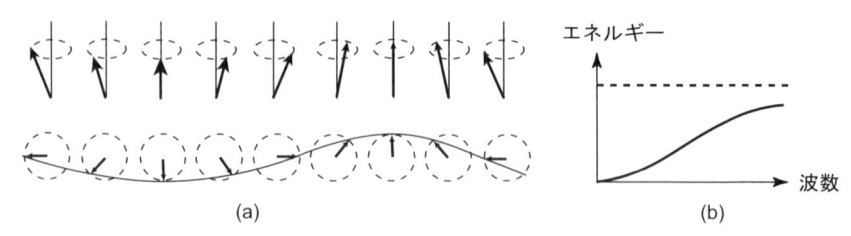

図 10.2 局在モーメント系のスピン波励起．(a) 各スピンは，隣合うスピンと一定の位相関係を保ちながら，ある軸方向の周りに歳差運動をする．(b) スピン波の励起エネルギー（実線）は，原点 $k=0$ からゾーン境界まで存在する．破線は結晶場励起を表す．

図 10.3(a) に着目しよう．各格子サイトに上向きスピン（$S=1/2$）を持った電子が存在している．l サイトの電子は，（遍歴性を持つため）そこから抜け出て隣のサイトに飛び移ることができる．このとき，スピンが反転することも可能で，図にはこのスピン反転励起が描かれている．電子は，(3-3-2 項のエキシトンと同じように）それが抜けた後に生じたホール（白丸）の近傍に束縛され，このホールと一緒に結晶中を動く．図には，時間の経過とともに，電子・ホール対が，$l \to m \to n$ と伝わっていく様子が示されている．このスピン反転励起の伝播がスピン波励起である．[3] このとき，各サイトの電子数は 1 である．

このように，マグノンの励起は，局在電子系でも遍歴電子系でも可能である．違いは，それが観測される波数領域の広さである．局在電子系であれば，図 10.2(b) に示したように，Brillouin ゾーン全域に亘って観測される．これに対し，遍歴電子系

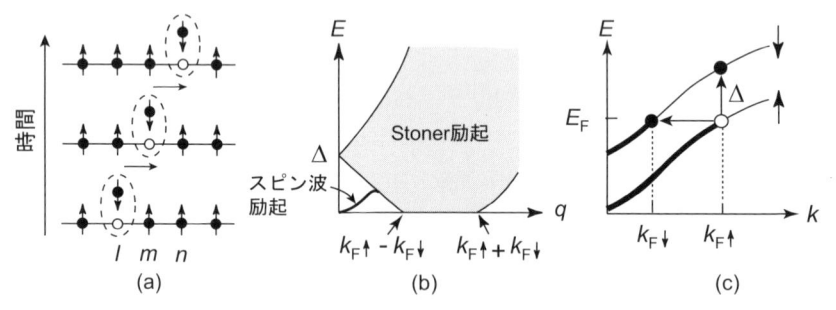

図 10.3 (a) 遍歴電子系におけるスピン波励起の実空間描像．電子・ホール対が一緒に結晶中を伝播する．(b) スピン励起．原点から右上がりに伸びていく短い線がスピン波分散である．陰影部の広い領域では，Stoner 励起が生じる．(c) 交換分裂したバンド．マジョリティ・バンド（半径 $k_{F\uparrow}$）は，マイノリティ・バンド（半径 $k_{F\downarrow}$）より大きな Fermi 面を持つ．

---

[3] マグノンに対するこの描像は，5-5 節の磁気励起子の描像と同じである．

におけるマグノンは，図 10.3(b) に示すように，ゾーン中心の近傍でのみ観測され，（後述の）Stoner 領域と呼ばれる波数領域（図の陰影部）では観測されない．

遍歴電子系に特有の励起は，Stoner 励起と呼ばれるもので，全電子のスピンを 1 だけ減少させる励起である．図 10.3(c) に着目する．↑スピンのマジョリティ・スピン・バンド（多数派のバンドであり，大きな Fermi 面（半径は $k_{F\uparrow}$）を持つ）から↓スピンのマイノリティ・スピン・バンド（小さな Fermi 面を持ち，その半径は $k_{F\downarrow}$）への電子励起として，「垂直遷移」と「水平遷移」を考える．前者においては，波数の変化（$q = |\bm{k}_\uparrow - \bm{k}_\downarrow|$）はゼロであり，励起エネルギーは，（図から分かるように）交換分裂の大きさ Δ である．一方，後者の場合は，励起エネルギーはゼロであり，波数の変化 q は Fermi 半径の差 $k_{F\uparrow} - k_{F\downarrow}$ である．これら 2 つの遷移の他に，無数の励起（連続スペクトル）が可能であり，これを Stoner 励起と呼ぶ．図 10.3(b) の陰影を施した領域がこれに対応する．[4] 実空間における Stoner 励起は，図 10.3(a) において，電子とホールの独立な運動に対応する．このとき，電子数は時間・空間的にゆらいでいる．

以上のように，遍歴磁性とは，文字通り結晶中を遍歴する（動き回る）電子によって引き起こされる磁性である．ここで，次のことに注意したい．「バンドを形成している系は遍歴磁性を示す」と考えることは正しくはない．Heusler 合金 Cu_2MnAl を考えよう．バンド計算によれば（図 10.4 参照），Mn 原子の $3d$ 電子に由来するバンドが存在し，完全分極状態に近い磁気モーメントが観測される [2]．このバンドの存在は，遍歴磁性を意味しない．実際，スピン波は Brillouin ゾーンの全領域で観測され，

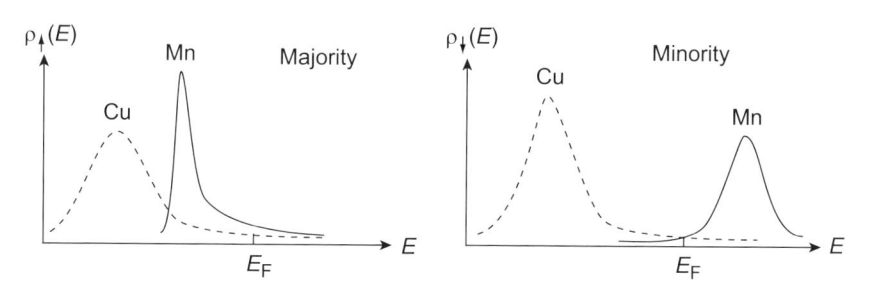

図 10.4 Heusler 合金 Cu_2MnAl のバンド計算による状態密度の概略図 [2]．Mn 成分と Cu 成分のそれぞれに対し，マジョリティ・バンドとマイノリティ・バンドが示されている．

---

[4] ここで考えているのは，上向きおよび下向きスピンに対応する 2 つの Fermi 面が存在する部分分極の場合である．これに対し，片方のスピンだけからなる完全分極の場合には，図 10.3(c) において，マジョリティ・スピン・バンドだけが Fermi 準位を横切る．このときは，(スピンを反転する) 励起エネルギーはゼロとはならず，Stoner ギャップが存在する (3-5 節参照)．

その分散や磁気的性質は局在モデル（Heisenberg モデル）でよく記述される [3, 4].
この例からも分かるように，「バンドを形成する」あるいは「分散を持つ」ことは，
「遍歴磁性を示す」ことと等価ではない．実験結果を解釈する際には，このことに注
意する必要がある．

10-2 磁気モーメントの超伝導に対する影響

多くの超伝導体にとって磁性不純物は大敵である．しかし，中には，磁性不純物
の作る内部磁場が外から印加した磁場の効果を弱めることもある．本節では，(希薄)
近藤効果を含め，磁気モーメントが超伝導に及ぼす影響を考える．

10-2-1 不純物近藤効果と超伝導の競合

スピン 1 重項超伝導体に対する希土類元素不純物の効果を考えよう．不純物である $4f$ 電子は，磁性を持たない場合でも，その強い Coulomb 斥力によって電子対の結合を弱める (pair weakening)．その結果 T_c は，図 10.5(a) の BCS と記された曲線のように，不純物濃度 n の増加とともに減少する．

不純物が磁性を持つ場合，例えば Gd の場合であれば，強磁性的な cf 相互作用 J_{cf} の交換磁場は，Cooper 対を形成している 2 電子に対し逆向きの力を及ぼす．その結果，Cooper 対の寿命 τ は有限になる．この寿命に対応するエネルギー幅 $\hbar/\tau$ が Cooper 対の束縛エネルギーよりも大きくなると，対は破壊される (pair breaking)．

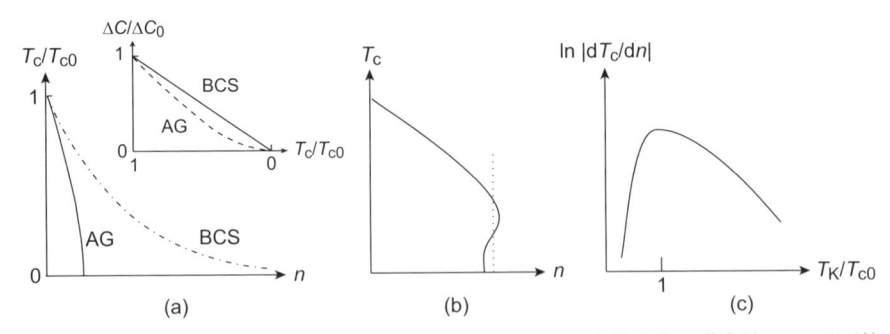

図 10.5 超伝導転移温度に対する不純物効果 [5]．(a) T_c の不純物濃度 n 依存性．T_{c0} は不純物を含まない場合の T_c である．BCS 理論は指数関数的減少を示し，非磁性不純物効果を説明する．AG 理論は磁性不純物効果を説明する．挿入図の ΔC は比熱の飛びの大きさを表し，ΔC_0 は不純物のない時の比熱の飛びの大きさを表す．(b) T_c の不純物濃度 n 依存性．(c) $\ln|dT_c/dn|$ は不純物の単位濃度当たりの T_c の減少を示す．$T_K = T_{c0}$ のときに対破壊が最大となる．

これを記述する Abrikosov-Gor'kov（AG）理論によれば，[5] 濃度 n の磁性不純物が存在するときの T_c は，次式で与えられる（式 (9.48) 参照）．

$$\ln\left(\frac{T_c}{T_{c0}}\right) = \psi\left(\frac{1}{2}\right) - \psi\left(\frac{1}{2} + \frac{\alpha T_{c0}}{4\gamma\alpha_{cr}T_c}\right) \tag{10.1}$$

ここで，ψ はディガンマ関数，T_{c0} は磁性不純物を含まない場合の T_c，γ は Euler の定数，α は電子対を壊す効果を表すパラメータ（pair breaking parameter）で，次式のように定義されている．

$$\alpha \equiv \frac{1}{\tau} = \frac{1}{\hbar}n\rho(E_F)J_{cf}^2(g-1)^2 J(J+1) \tag{10.2}$$

ここで，$\rho(E_F)$ は 1 スピン当たりの Fermi 面での状態密度を表す．$\alpha_{cr} = \pi k_B T_{c0}/2\hbar\gamma$ は α の臨界値である．図 10.5(a) に AG と記した曲線で示したように [5]，T_c は上凸のカーブを描きながら，n の増大とともに急激に減少する．この振舞いは，(LaGd)Al$_2$ などで見出されている．[6]

T_c における比熱の飛びの大きさ ΔC も，図 10.5(a) の挿入図のように，BCS と AG とで異なった n 依存性を示す．ここで ΔC_0 は，不純物が存在しない場合の比熱の飛びである．

近藤効果を示す磁性不純物の場合は，T_K と T_{c0} の大小関係によって異なった振舞いを示す．例えば Th U などの系では，$T_K \gg T_{c0}$ が成り立っていると考えられ（従って T_{c0} 近傍の温度領域は磁気モーメントと伝導電子との結合が強い「強結合領域」に対応），超伝導の観測される温度域ですでに磁気モーメントは消失しているから，図 10.5(a) の BCS のような非磁性的な振舞いが観測される．$T_K \sim T_{c0}$ の場合には，図 10.5(a) の AG 理論で記述されるような振舞いが見られる．さらに T_K が小さくなり，$T_K \ll T_{c0}$ の場合には（T_{c0} 近傍の温度領域は弱結合領域に対応），基底状態はスピンが生き残った磁性状態であり，[7] 図 10.5(b) の実線のような T_c 対 n の関係が（例えば (LaCe)Al$_2$ などにおいて）観測される．点線で示した（Ce の）濃度の試料で実験を行うと，リエントラント的振舞い（温度降下とともに常伝導 → 超伝導 → 常伝導と変化）が観測される [7]．

対破壊の強さと T_K の関係が図 10.5(c) に示されている [8]．縦軸の $\ln|dT_c/dn|$ は，不純物の単位濃度当たりの T_c の減少を示し，1 個の不純物の対破壊の大きさを測る

---

[5] AG 理論では，局在スピンは古典的なベクトルとみなされ，交換相互作用の量子化軸（z 軸）成分のみが考慮に入れられる．また，伝導電子の散乱は 1 次の Born 近似で計算される．

[6] (LaGd)Al$_2$ は，LaAl$_2$ 中の La イオンが微量の Gd イオンによって置換されていることを示す．Gd イオンは近藤効果を示さない．

[7] このとき，近藤-芳田 1 重項は励起状態となる [6]．

目安となる．図からわかるように，$T_K = T_{c0}$ のときに対破壊が最大となっている．

10-2-2　常磁性磁気モーメントによる磁場誘起超伝導

式 (4.139) において $M = \chi H$ と置くと，次式が得られる．

$$H_{c2}(T) = H_{c2}^{\text{orb}}(T) - a(T)H^2 \tag{10.3}$$

ここで，$a(T) = m\gamma_s\chi(T)^2/e\hbar$ である．これから分かるように，上部臨界磁場は，伝導電子の持つ磁化（スピン磁化率）によって減少する（4-5-3 項参照）．これは，次のように理解される．即ち，結晶内の磁性イオンが作り出す内部磁場は，スピンの向きを揃える効果を持つため，スピン 1 重項状態にある Cooper 対を破壊する．この結果，上部臨界磁場は押し下げられる．

これに対し，内部磁場 H_m と外部磁場が打ち消し合うことによって超伝導が誘起される場合がある．これを Jaccarino-Peter（補償）効果と呼ぶ．その理由を考えるため，上部臨界磁場を次のように表そう．

$$H_{c2}(T) = H_{c2}^{\text{orb}}(T) - a(T)(H + H_m)^2 \tag{10.4}$$

H_m の符号は cf 相互作用の符号で決まり，強磁性的であれば正となり，反強磁性的であれば負となる．$H_m > 0$ の場合は，内部磁場は外部磁場と協力的に H_{c2} を小さくする．しかし $H_m < 0$ の場合には，内部磁場はむしろ，第 2 項の対破壊効果を減じる役目を果たす（図 10.6(a) の挿入図参照）．このような現象は，実際，$\text{Eu}_x\text{Sn}_{1.2(1-x)}\text{Mo}_{6.35}\text{S}_8$ などに見出され（図 10.6(a) 参照），磁性イオン濃度 x を増加させると，H_{c2} は徐々

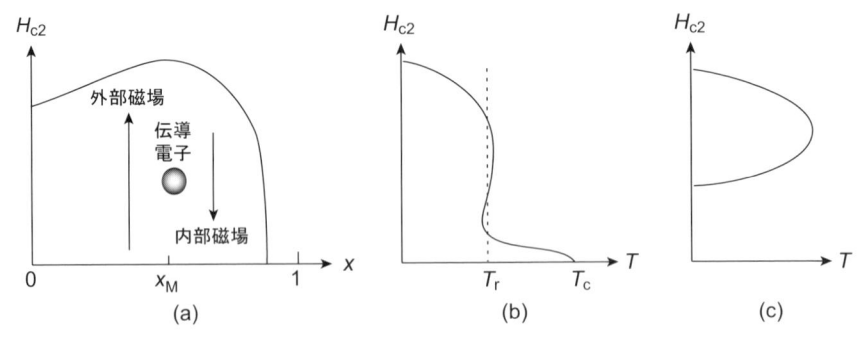

図 10.6　上部臨界磁場に対する磁気効果．(a) 上部臨界磁場の磁性イオン濃度依存性．$\text{Eu}_x\text{Sn}_{1.2(1-x)}\text{Mo}_{6.35}\text{S}_8$ の実験結果を模式的に表している．(b) Jaccarino-Peter 効果を示す系で期待される上部臨界磁場の温度依存性．(c) ある種の有機化合物で見出されている上部臨界磁場の温度依存性．

に増大し,ある濃度 x_M で最大値をとる.これは,式 (10.4) の第 2 項が濃度 x_M で最小になると考えればよく,$H_\mathrm{m}(<0)$ が外部磁場の効果を相殺することを意味する.

Jaccarino-Peter 効果を示す系では,図 10.6(b) のような H_{c2} の温度依存性が期待されることもある.温度 T_r において外部磁場を印加すると,(常磁性イオンが向きを揃えることにより生じる) 内部磁場を伝導電子が感じるために,超伝導は一旦壊れる.しかし,外部磁場をもっと大きくしていくと,内部磁場による相殺効果のため,伝導電子スピンの感じる磁場は小さくなる.その結果,超伝導が磁場で誘起される.これがリエントラント超伝導あるいは磁場誘起超伝導の生じる理由である.最近では,図 10.6(c) のような H_{c2} 曲線を示す有機化合物も見出されている [9].

10-3 反強磁性秩序と超伝導の共存・競合

10-3-1 古典的磁性超伝導体

磁気秩序と超伝導の共存・競合は,Chevrel (シェブレル) 化合物と呼ばれる希土類を含む物質群で見出され,1970 年代から 1980 年代にかけて,多くの研究が為された.その結果,磁性は $4f$ 電子スピンが担い,超伝導電流は s,p,d 電子によって担われていることが明らかとなった.このタイプの超伝導体を古典的磁性超伝導体と呼ぶことにしよう.本項では,局在スピンが超伝導に及ぼす影響を考える.

RMo_6S_8 や RRh_4B_4 (R は希土類イオン) の型の化合物の中には,磁気秩序と超伝導の共存を示すものがある [10].前項までの議論と対応付けると,次のように考えることができる.近藤効果により低温で磁性が消失することは (原理的には) 可能であるが,磁気秩序の存在は希土類元素が磁気モーメントを持っていることを示す.また,磁気イオンの作る内部磁場が Jaccarino-Peter 効果によって相殺されている可能性も低い.何故なら,外部磁場がゼロの状況で超伝導が生じているからである.このように,これらの系では,大きな内部磁場の下で超伝導が存在している.

磁性イオンが反強磁性秩序状態に整列した状況を考える (図 10.7(a)).反強磁性秩序の周期 a は,格子の周期と同程度の数 Å である.これに対し,Cooper 対の大きさの目安であるコヒーレンス長 ξ は,大雑把に見積もれば (物質によって異なるが) 100 Å を越える.従って,Cooper 対から見た場合,反強磁性秩序の作る内部磁場は,(コヒーレンス長の長さスケールで見て) 概ねキャンセルされている.これが,反強磁性と超伝導の共存を許す要因の 1 つである.

反強磁性秩序が超伝導に及ぼす効果は,反強磁性秩序形成による Fermi 面上ある

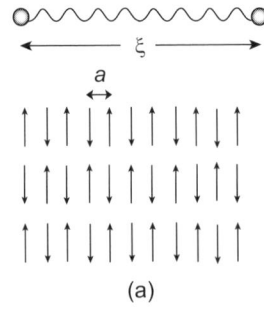

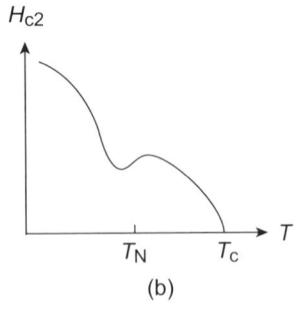

図 10.7 反強磁性と超伝導. (a) Cooper 対の大きさの目安となるコヒーレンス長 ξ と反強磁性秩序の目安となる長さ（格子定数）a. (b) ある種の超伝導体の上部臨界磁場 H_{c2} の温度依存性. T_c および T_N は, 各々超伝導転移温度および Néel 温度を示す.

いはその近傍におけるギャップの生成（図 3.24 および図 5.8 参照）を通して現れる. 即ち, 反強磁性ギャップの形成によって, 超伝導を形成するのに必要な伝導電子の数が減り, 超伝導は弱められる. このアイディアは, RMo_6S_8 (R=Gd, Tb, Dy) で見られる上部臨界磁場の Néel 温度 T_N 近傍での現象を説明する（図 10.7(b) 参照）.

10-3-2　$CeRhIn_5$ と URu_2Si_2

$CeRhIn_5$ の反強磁性秩序（Néel 温度 $T_N \simeq 3.8$ K のらせん磁性）においては, モーメントの向きは変調を受けているが, 大きさの変調はない [11].[8] T_N 直上の大きな γ 係数の起源も, 重い電子によるものか, 局在スピンの短距離秩序によるものか, 判別するのは難しい. このように, $CeRhIn_5$ の 4f 電子が（常圧で）遍歴しているか否かははっきりしない. ここでは, 反強磁性ギャップと超伝導ギャップの競合が生じている例として, $CeRhIn_5$ を取り上げる.

図 10.8(a) の温度対圧力相図に示すように [12],[9] 圧力を増大させると, T_N は徐々に増大し, 約 0.8 GPa でブロードなピークを形成したあと, 減少に転じる. 1.8 GPa を越える高圧域では反強磁性は観測されなくなる [13]. 一方, T_c は単調に増大し, $P_c \sim 2.2$ GPa より高圧域では超伝導状態のみが発現し, 2.5 GPa 付近で最大値をとる. P_c 以下の圧力下では, 反強磁性は超伝導と共存する.[10]

一方, 超伝導と磁気秩序（あるいは CDW）の競合により "Fermi 面の食い合い"

---

[8] 磁気モーメントの大きさは Ce 当たり $0.75\mu_B$ であり, 近藤効果によるモーメントの遮蔽はないように見える. らせん磁性については, 2-4-4 項を参照されたい.

[9] ここに示した文献 [12] の相図では, 常圧を含む低圧域でも超伝導（$T_c \sim 90$ mK）が存在する. この超伝導がバルクかフィラメンタリーかについては意見が分かれる.

[10] この圧力領域の超伝導に対し,（反強磁性マグノンを交換することによる）奇周波数 p 波 1 重項超伝導 (4-3 節の補足 7 参照）の可能性が指摘されている [14].

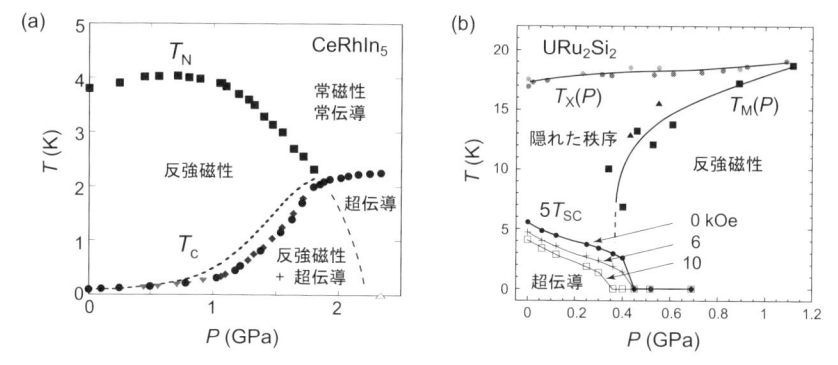

図 **10.8** (a) CeRhIn$_5$ の温度対圧力相図 [12] と (b) URu$_2$Si$_2$ の温度対圧力相図 [15, 16]. 超伝導転移温度 T_{SC} は 5 倍に拡大されている.

が生じるとき，次の関係の成り立つことが指摘されている [17, 18].

$$T_c^n T_N^{1-n} = T_{c0} \tag{10.5}$$

ここで，$n = \gamma_0/\gamma_n$ は T_N の十分低温および直上における電子比熱係数の比，T_{c0} は磁気秩序（あるいは CDW）が消失するときの超伝導転移温度である．式 (10.5) から期待される T_c が（図 10.8(a) の）点線によって示されている．実験との比較的よい一致は，CeRhIn$_5$ においてもこの関係が成り立っていることを示唆する [12]．即ち，（常圧を含む）低圧域では状態密度の多くの部分が T_N 以下で消失し，超伝導の利用できる状態密度（Fermi 面）は僅かしか残っていない．これが T_c を抑えている原因と考えられる．圧力を増大させると，反強磁性秩序形成によるギャップが小さくなり，T_c が増大する．

CeRhIn$_5$ においては，超伝導は競合しながらも反強磁性秩序と共存した．これに対し，反強磁性とは共存しない物質の例として，URu$_2$Si$_2$ を取り上げる（図 10.8(b)）．常圧下で温度を下げると，$T_x \simeq 17$ K 付近で大きな比熱異常を伴う相転移が観測される．4 極子や 8 極子などの高次の多極子の秩序のほか，遍歴的な秩序が提案されるなど，未だその秩序パラメータは同定されていない（これが「隠れた秩序」と呼ばれる所以である）．高圧下における中性子回折実験や NMR 実験によって，圧力下で大きな磁気モーメントをもった反強磁性状態の出現することが明らかにされた [19, 20]．この（隠れた秩序相と高圧下反強磁性相との）相転移は，体積の飛びを伴う 1 次相転移である [21]．この 1 次の相線 $T_M(P)$ は，（液相・気相転移のように）臨界点で終端するのではなく，2 次相転移線 $T_x(P)$ と 2 重臨界点で交わるように見える [21, 22]．これは，秩序変数が隠れた秩序相と圧力誘起反強磁性相とで異なること

を意味し，隠れた秩序相で見られた極微小反強磁性モーメントと，高圧下反強磁性相の磁気モーメントとの間には直接の関係がないことを示す．

2 K 以下に温度を下げると，超伝導相が現れる．高圧下電気抵抗測定により，1 GPa を超える圧力まで電気抵抗ゼロの状態が観測され，超伝導は反強磁性相でも存在すると思われていた．しかし，交流磁化率測定によって，超伝導が圧力誘起反強磁性相に入ると同時に 1 次転移的に消失することが見出された（図 10.8(b) 参照）[15, 16]．この矛盾は現在では解消され，「超伝導は隠れた秩序とは共存するが反強磁性秩序とは共存しない」ことが広く受け入れられている．

隠れた秩序に興味が集中しているためか，URu_2Si_2 の超伝導の理解はあまり進んでいない [23]．種々の実験から超伝導ギャップに線ノードの存在が指摘されている．また，図 4.25(a) に示した上部臨界磁場の大きな異方性（$H_{c2}^a/H_{c2}^c \sim 4$）は，Pauli 限界磁場だけでは説明が困難である．超伝導状態やその発現機構の解明は，今後の研究に俟たれる．

10-3-3　UNi_2Al_3 と UPt_3

本項では，スピン 3 重項（奇パリティ）超伝導の可能性が高い 2 つの物質の磁気励起を見てみよう．UNi_2Al_3 は UPd_2Al_3 と同じ結晶構造を持ち，遍歴的反強磁性秩序 SDW を示す（3-6-2 項を参照）．中性子非弾性散乱実験（付録 C-2 節参照）の結果，図 10.9(a) に示すように，Bragg 点 $Q_0 = (0.39, 0, 0.5)$ の周囲に準弾性的散乱が観測された [24]．[11)] 散乱強度は，散乱ベクトルが Q_0 から離れる（式 (10.6) の q が大きくなる）につれ急速に減少する．このことから，磁気励起が Bragg 点の近傍に集中していることが分かる．

この秩序相内で生じている低エネルギー励起は，現象としては UPd_2Al_3 の T_N 近傍あるいは常磁性状態で観測された励起（over damped bosons）（2-6-3 項を参照）と類似している．実際，励起スペクトルは，式 (2.128) と同じように，次の Lorentz 型関数でよくフィットされる．

$$\chi''(Q_0 + q, \Delta E) = \frac{1}{\pi}\chi(Q_0 + q)\frac{\Gamma \Delta E}{\Gamma^2 + \Delta E^2} \tag{10.6}$$

静的磁化率 $\chi(Q_0 + q)$ および（スピンゆらぎの）ダンピング因子 Γ は，T_N 以下で温度の降下とともに減少するが，超伝導転移温度 T_c の上下で顕著な違いは見られない．

NMR/NQR 実験によれば [25]，c 軸方向の磁気励起は T_N 近傍で臨界発散を示すの

[11)] 後述する UPd_2Al_3 で見られる進行波的励起（propagating collective mode）は，UNi_2Al_3 では（現在まで）観測されていない．

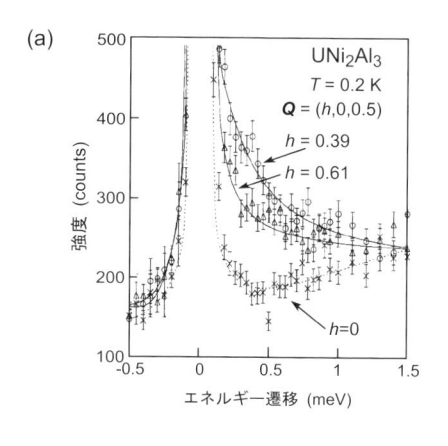

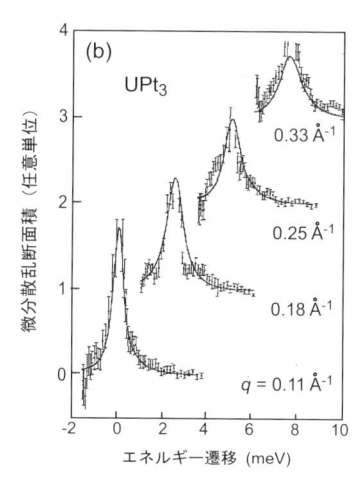

図 10.9 (a) UNi$_2$Al$_3$ の中性子非弾性散乱スペクトル [24]. $T = 0.2$ K における Bragg 点近傍の励起スペクトルが示されている. (b) UPt$_3$ の中性子非弾性散乱スペクトル [26]. スペクトルごとに原点が（縦横両方向に）シフトされている.

に対し，ab 面内の励起は異常を示さない．この異方性は，超伝導転移温度の直上でも観測されている．

UPt$_3$ は（100 mK 程度の温度までは）磁気長距離秩序を示さないが，スピン 3 重項超伝導体に対する興味から多くの研究が行われてきた．図 10.9(b) は，正常状態における非弾性中性子散乱スペクトルである [26]．図中の実線は式 (10.6) によるフィットであり，ダンピング Γ は波数 q に比例している．

$$\Gamma(q) = \gamma \chi^{-1} q \tag{10.7}$$

この波数依存性は，d 電子系の「強磁性に近い金属」（nearly ferromagnetism）と呼ばれる常磁性体でも見出されているが，定量的には比例係数 γ の大きさ（準粒子の磁気モーメントの大きさに関係）が数倍小さいなど異なる点もある．

本項で見た UNi$_2$Al$_3$ および UPt$_3$ の磁気励起は，両者で質的に異なる．前者における磁気ゆらぎは反強磁性的であるのに対し，後者のそれは強磁性的である．[12] これらが超伝導と関わりがあるか否かは，現時点で不明である．今後の研究に期待が持たれる．

---

[12] 後者の paramagnon に対し，前者の磁気励起は antiparamagnon と呼ばれることがある．

10-4 遍歴・局在 2 重性モデル

10-4-1 f^1 電子配置

7-5 節で見たように，Ce を含む重い電子系の特徴は f 電子の 1 体のスペクトルが 3 ピークの構造をもつことである (図 7.8 参照). Fermi 準位近傍の狭く鋭いピークは Fermi 準粒子で記述される遍歴的自由度に対応し，Fermi 準位の下に位置するブロードな山は Kramers 2 重項のどちらか片方の f 電子で占拠された状態を表し，磁性を記述する局在的自由度に対応する． f 電子が 2 重に占拠された状態は Fermi 準位の上に位置するブロードな山に対応する．遍歴的自由度の重みはくりこみ因子 $a_f \ll 1$ の程度であり磁性にはほとんど寄与しない．例えば磁場を加えたときには局在部分が分極することで磁化が現れることは具体的な理論的計算によって分かっている [27, 28]. この物理的描像をモデル化したのが「遍歴・局在 2 重性モデル」である [29].

理論の詳細は文献に譲り，物理的な意味について議論する．磁気秩序変数 $S_{\bm q}$ の振舞いを決める平均場理論の表式は

$$\left[\frac{1}{\chi_0(0)} - J(\bm q) - 2\lambda^2 \Pi(\bm q; S)\right] S_{\bm q} = h_{\bm q} \tag{10.8}$$

と表せる [29]. ここで，$\chi_0(\omega)$ は局所的な動的磁化率であり，近藤効果や結晶場効果によって f 電子の「磁気自由度」が 1 重項になっている効果を表す．[13] $J(\bm q)$ は磁化の局在成分の間に働く交換相互作用の Fourier 成分で一般に格子構造と整合しており，その大きさは有効 Fermi エネルギー $k_{\rm B} T_{\rm F}^*$ の程度になる．[14] λ は磁化の局在成分と遍歴成分の間の交換相互作用を表し，その大きさは $V^2 N_{\rm F} \sim k_{\rm B} T_{\rm F}^*/a_f \gg k_{\rm B} T_{\rm F}^*$ (V は混成を表す) であり大きな効果をもつ．即ち，磁化の遍歴成分の値自体は $a_f \sim m_{\rm band}/m^* \ll 1$ で小さな寄与しかしないが，大きな交換相互作用 λ を通じて局在成分の磁化に大きな影響をもっている．[15] $\Pi(\bm q; S)$ が遍歴成分の磁化率であり，具体的には，

$$\Pi(\bm q; S) = -\frac{1}{N} \sum_{\bm k} T \sum_n \left[\frac{1}{(a_f)^2}\left(i\varepsilon_n - \tilde{\varepsilon}_f - \frac{a_f V^2}{i\varepsilon_n - \xi_{\bm k}}\right)\right.$$
$$\left. \times \left(i\varepsilon_n - \tilde{\varepsilon}_f - \frac{a_f V^2}{i\varepsilon_n - \xi_{\bm k+\bm q}}\right) - \lambda^2 |S_{\bm q}|^2\right]^{-1} \tag{10.9}$$

---

[13] 静的な秩序を決める平均場方程式には $\omega = 0$ の静的磁化率が現れている．
[14] 例えば，2 不純物近藤効果の問題を数値くりこみ群で扱った結果によれば，1 不純物問題の $T_{\rm K}$ のオーダーになることが示されている [30].
[15] 1 不純物 Anderson モデルの場合には，Ward 恒等式を用いた多体問題の厳密な議論により，$\lambda = \pi^2 V^2 N_{\rm F}$ であることが示されている [29].

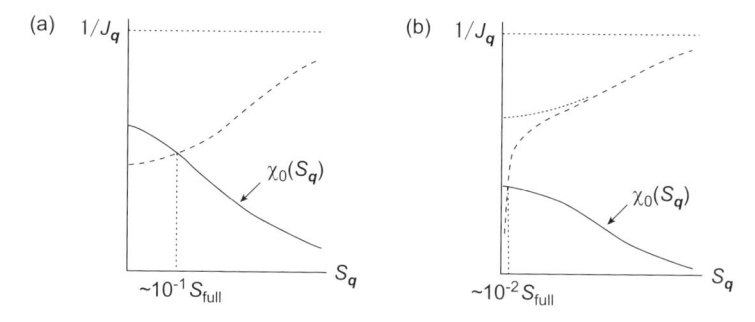

図 10.10 秩序磁化の大きさを決める関係. (a) Fermi 面にネスティングがない場合, (b) Fermi 面にネスティングがある場合.

で与えられる. この式に含まれる因子 $(a_f)^2$ のために $\lambda^2\Pi$ の大きさはやはり有効 Fermi エネルギー $k_B T_F^*$ の程度になる. h_q は外場を表している.

$h_q = 0$ と置いた方程式 (10.8) が転移温度 ($S_q = 0$ として得られる) や秩序磁化 S_q を決める. この方程式の構造は基本的に (10-4-3 項の) 式 (10.24), (10.26) と同じ構造をしている. 即ち, 重い電子系の磁性は基本的に「誘起モーメント磁性」である. 違いは準粒子の分極 Π の効果が交換相互作用に加わっている点であり, それが「遍歴・局在 2 重性モデル」の特徴である.

交換相互作用に局在と遍歴の 2 つの成分が存在することにより, 秩序磁化の大きさには大きく分けて 2 つの場合が可能である. 準粒子の Fermi 面にネスティングがなくて分極関数 $\Pi(q; S_q, T)$ の温度依存性, 秩序磁化依存性が弱い場合 (図 10.10(a)) には, $J(q)$ の大きさにもよるが, 秩序磁化の大きさ S_q は, フルモーメントからは抑えられてはいるものの, 極端に小さな値は (よほどの偶然を除けば) 現れない. 一方, Fermi 面のネスティングによる分極関数 $\Pi(q; S_q, T)$ の ($T \to 0$, $S_q \to 0$ における) 発散によって初めて磁性が出現する場合 (図 10.10(b)) には, 秩序磁化の大きさ S_q は小さな値をとることが (パラメータの微調整をすることなく) 可能となる. この辺りの事情を図 10.10 に示した. 実際, このような 2 つの場合が圧力の印加により移り変わることが, $CeRu_2Si_2$ および $Ce(Ru_{0.85}Rh_{0.15})_2Si_2$ の場合に観測されている [31].

10-4-2　f^n $(n \geq 2)$ 電子配置

遍歴・局在 2 重性モデルは元々は Ce のような f^1 電子配置をベースとする重い電子系の磁性を議論するために提案されたものであるが, f^2 電子配置をベースにする URu_2Si_2 や UPt_3 などの系の磁性を議論できるように拡張できる [32]. これらの

系では遍歴する準粒子と磁性を担う局在的磁気自由度はいずれも同じ f 軌道の電子である．しかし，準粒子と磁気自由度が異なる軌道に属する f 電子からなる場合も可能である．そのよい例が，10-5 節で議論する f^3 電子配置をもつ重い電子系物質 UPd$_2$Al$_3$ である [33]．この場合には，3 つの f 電子の内 1 つは伝導電子との混成が強く準粒子を形成するが，他の 2 つの f 電子はその混成が弱いためにほとんど局在的に振る舞い f^2 の結晶場の影響を受けて磁性の形成・ゆらぎに関与する．そのように都合よく軌道ごとに f 電子が振舞いを違えることができることは自明ではないが，実際そのようなことが可能であることは，数値くりこみ群を用いて示されている．実際，不純物 2 軌道 Anderson モデルの f^2 配置の系で，f 軌道と伝導電子の混成に差があるとき（その差が極端に大きくなくても），2 軌道間の Hund 結合の効果によって，混成の小さい軌道の近藤温度は観測不可能なほどに低く抑えられる [34]．以下では，その概略について紹介する．

6-6 節の議論と同様に 2 軌道不純物 Anderson モデルは，$\langle n_{f1} \rangle \simeq \langle n_{f2} \rangle \simeq 1$ の場合には 2 軌道近藤モデルに帰着する．即ち，解くべきハミルトニアンは

$$\mathcal{H} = \sum_{\bm{k},\mu,\tau} \varepsilon_{\bm{k}\mu} c^\dagger_{\bm{k}\mu\tau} c_{\bm{k}\mu\tau} - \sum_{\bm{k},\bm{k}'} \sum_{\mu,\tau,\tau'} J_\mu c^\dagger_{\bm{k}\mu\tau} \bm{\sigma}_{\tau\tau'} c_{\bm{k}'\mu\tau'} \cdot \bm{S}_\mu - J_\mathrm{H} \bm{S}_1 \cdot \bm{S}_2 \tag{10.10}$$

となる．ここで，$\mu = 1, 2$ は軌道を指定するラベルを，τ および τ' は有効スピンの 2 成分を，$\varepsilon_{\bm{k}\mu}$ は μ 軌道の対称性をもつ伝導電子のエネルギーを，$\bm{S}_\mu$ は μ 軌道からくる局在有効スピンを表す．軌道ごとに働く近藤タイプの交換相互作用 J_μ とともに局在有効スピン間の Hund 結合 J_H を考慮する．

図 10.11 に磁性不純物の有効 Curie 定数（$T\chi_{\mathrm{imp}}(T)$）の温度依存性を示す．Hund 結合がないとき（$J_\mathrm{H} = 0$）は，図中の黒四角のデータ点が示すように，交換相互作用の

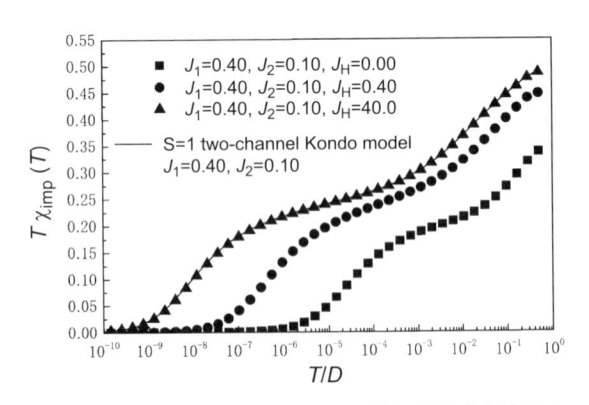

図 **10.11** 不純物有効 Curie 定数の温度依存性 [34]．

大きさ ($J_1 = 0.40D$, $J_2 = 0.10D$) に応じた近藤温度 ($T_{K1} \sim 10^{-1}D$, $T_{K2} \sim 10^{-4}D$) の辺りで夫々の軌道のスピンが消失する (D は伝導電子のバンド幅の 1/2 で, $k_B = 1$ とする). しかし, $J_H \sim J_1$ 程度の弱い Hund 結合が加わると, 図 10.11 中の黒丸のデータ点が示すように, 大きな J_1 をもつ軌道 1 のスピンが消える温度は (ほぼ $T_{K1} \sim 10^{-1}D$ で与えられ) ほとんど変化しないのに対し, 小さな J_2 をもつ軌道 2 のスピンは $10^{-6}D$ から $10^{-7}D$ の極端に小さな温度まで消えずに残ることになる. 即ち, $T_{K2} \lesssim 10^{-6}D$ となる. つまり, 軌道 1 の局在スピンは比較的大きな $T_{K1} \sim 10^{-1}D$ より低温の領域で伝導電子と局所 Fermi 液体状態を作るのに対し, 軌道 2 の局在スピンは観測可能な温度領域では消失することなく生き残っているのである.[16]

この現象は, 軌道 1 の (局在スピンと伝導電子で作られた) 局所的 Fermi 準粒子と軌道 2 の局在スピンは Hund 結合を通じて強磁性的に相互作用するために, 軌道 2 の局在スピンが軌道 2 の伝導電子とスピン 1 重項を作ることを阻害する効果として理解できる. 実際, 式 (6.91) のようなスケーリング方程式を書くと,

$$\frac{dJ_2}{dE_c} = \frac{\rho}{E_c}J_2^2 + \frac{\rho^2}{E_c}J_2(J_2^2 + J_H^2) \tag{10.11}$$

となり, J_H の項が J_2 の (負の) 増大を抑えていることが分かる. もちろん, J_H は強磁性的であるため最終的にはゼロに近づくが, J_2 が強結合領域に入るエネルギースケールを強く押し下げる働きをするのである.

10-4-3 誘起モーメント磁性

Fermi 液体状態にある金属中の電子は Fermi 縮退しておりそのままでは磁性をもっていない. 即ち, 電子のスピン (磁気モーメント) は全体として消失している. このような系が磁性秩序をもつためには電子間にある閾値以上の大きさの交換相互作用を必要とする. この点は絶縁体における局在スピン系の磁性発現と大いに異なる点である. 実際, 隣り合う局在スピン間に有限の交換相互作用 (J) が働いていると, (それがどんなに小さくても) 必ずある有限の転移温度 ($T_c \propto |J|$) をもつ (2-4 節参照). 実は, 局在電子系の磁性であっても, Pr^{3+} イオンを含む化合物では, Pr^{3+} イオン (電子状態は $4f^2$ で $J = 4$) の結晶場基底状態はたいていの場合 1 重項で磁気モーメントをもたないので, Fermi 液体の磁性発現と同様の機構を必要とする. このタイプの磁性は U や Pr を含む重い電子系の磁性発現機構で重要となる. また, Ce^{3+} イオンを含む重い電子系においても, ほとんど局在した f 電子が局所的に磁気的な

---

[16] $T_{K2} \lesssim 10^{-6}D$ ということは, くりこみ因子 (質量増強因子の逆数) $z \sim 10^{-6}$ を意味する. 最近, d 電子系で議論される軌道選択的 Mott 転移の本質はこの機構と同じと考えられる [35].

1 重項状態にあるので，類似の状況が生じている．これらの磁性をまとめて（交換相互作用で誘起された磁気モーメントの間で生じる磁性という意味で）「誘起モーメント磁性」と呼ぶ．

誘起モーメント磁性の本質を理解するために，モデルハミルトニアン

$$\mathcal{H} = \sum_{<i,j>}^{N} K_{ij} \bm{S}_i \cdot \bm{S}_j \tag{10.12}$$

をもつ系の磁性秩序の発生条件を考える．ここで，$\bm{S}_i$ はサイト i での擬スピン（実際には，軌道とスピンの合成角運動量など）を表す．その局所基底状態 $|0\rangle$ は 1 重項（結晶場 1 重項，近藤-芳田 1 重項など）であるが，一般には局所励起状態 $|1\rangle$ との間に S^z の行列要素をもつ．即ち，

$$\langle 0|S^z|0\rangle = \langle 1|S^z|1\rangle = 0 \tag{10.13}$$

$$\langle 0|S^z|1\rangle = \langle 1|S^z|0\rangle \equiv c \neq 0 \tag{10.14}$$

である．例えば，立方対称 (O_h) の $\mathrm{Pr_3Tl}$ の $\mathrm{Pr^{3+}}$ イオンの場合 [36]，$|0\rangle$ としては，Γ_1-1 重項の $\sqrt{5/24}(|4\rangle+|-4\rangle)+\sqrt{7/12}|0\rangle$ が，$|1\rangle$ としては，Γ_4-3 重項の 1 つ $\sqrt{1/2}(|4\rangle-|-4\rangle)$ がそれに対応する（なお，Γ_4-3 重項の内の他の 2 つは，$\sqrt{7/8}|\pm 1\rangle + \sqrt{1/8}|\mp 3\rangle$ で与えられるが，基底状態 $|0\rangle$ との間の S_z 行列要素はゼロである）．式 (10.12) のハミルトニアンに対して平均場近似を行うと，有効ハミルトニアン

$$\mathcal{H}_\mathrm{eff} = -\sum_{i=1}^{N} h_i S_i^z \equiv \sum_{i=1}^{N} \mathcal{H}_i^\mathrm{loc} \tag{10.15}$$

を得る．ここで，平均場 h_i は

$$h_i = -\sum_j K_{ij} \langle S_j^z \rangle_\mathrm{eff} \tag{10.16}$$

で与えられる．$\langle \cdots \rangle_\mathrm{eff}$ は有効ハミルトニアン (10.15) での熱平均を意味するので，式 (10.16) は h_i に対するセルフコンシステント方程式である．

さて，式 (10.15) 中の $\mathcal{H}_i^\mathrm{loc}$ はサイトごとに独立であり，

$$\mathcal{H}^\mathrm{loc} = \Delta |1\rangle\langle 1| - ch\big(|0\rangle\langle 1| + |1\rangle\langle 0|\big) \tag{10.17}$$

と表すことができる．ここで，Δ は局所基底-励起状態間のエネルギー差を表す．式 (10.17) を行列表示すると，

となる．これは簡単に対角化できて，固有値は

$$\mathcal{H}^{\mathrm{loc}} = \begin{array}{c} \\ \langle 0| \\ \langle 1| \end{array} \begin{pmatrix} |0\rangle & |1\rangle \\ 0 & -ch \\ -ch & \Delta \end{pmatrix} \tag{10.18}$$

となる．これは簡単に対角化できて，固有値は

$$E_\pm = \frac{1}{2}\left[\Delta \pm \sqrt{\Delta^2 + 4(ch)^2}\right] \tag{10.19}$$

で，これらに対応する固有関数は

$$\Psi_+ = \frac{|E_-||0\rangle - ch|1\rangle}{\sqrt{E_-^2 + (ch)^2}} \tag{10.20}$$

$$\Psi_- = \frac{ch|0\rangle + |E_-||1\rangle}{\sqrt{E_-^2 + (ch)^2}} \tag{10.21}$$

である．これらの関係を用いて $\langle S^z \rangle_{\mathrm{eff}}$ を求め，式 (10.16) に代入すると，平均場を決めるセルフコンシステント方程式

$$h_i = -\sum_j K_{ij} \frac{2c^2|E_{j-}|}{E_{j-}^2 + (ch)^2} h_j \frac{e^{-\beta E_{j-}} - e^{-\beta E_{j+}}}{e^{-\beta E_{j-}} + e^{-\beta E_{j+}}} \tag{10.22}$$

を得る．以下では強磁性状態 ($h_i = h$) を仮定して議論を進める．転移温度 T_{C} は，式 (10.22) において，$h_i = h \to 0$ とした

$$1 = -\sum_j K_{ij} \overline{\chi}(T_{\mathrm{C}}), \qquad \overline{\chi}(T) \equiv \frac{2c^2}{\Delta} \frac{1 - e^{-\beta \Delta}}{1 + e^{-\beta \Delta}} \tag{10.23}$$

により決まる．これが解をもつためには，

$$\overline{\chi}(T_{\mathrm{C}}) = \frac{-1}{\sum_{ij} K_{ij}} < \overline{\chi}(0) = \frac{2c^2}{\Delta} \tag{10.24}$$

の条件を満たす必要がある．即ち，図 10.12(a) に概略を示すように，交換相互作用は閾値 $|\sum_{ij} K_{ij}|_{\mathrm{th}} = 1/\overline{\chi}(0)$ より大きい必要があるのである．一方，$T = 0$ での平均場 h は式 (10.22) で $T = 0$ と置いた

$$1 = -\sum_j K_{ij} \tilde{\chi}(h), \qquad \tilde{\chi}(h) \equiv \frac{2c^2|E_-|}{E_-^2 + (ch)^2} \tag{10.25}$$

により決まる．これが解をもつためには，式 (10.24) と同様に

$$\tilde{\chi}(h) = \frac{-1}{\sum_{ij} K_{ij}} < \tilde{\chi}(0) = \frac{2c^2}{\Delta} \tag{10.26}$$

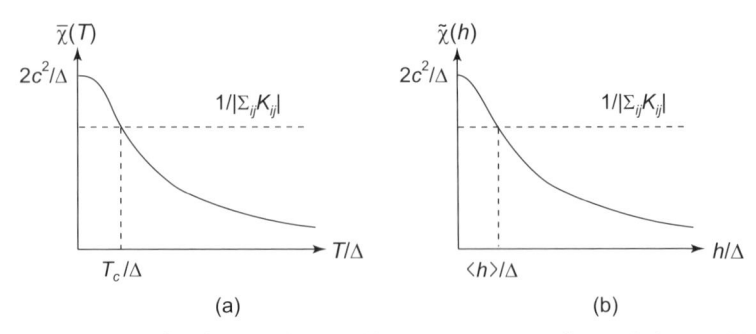

図 10.12 (a) 転移温度 T_C を決める関係, (b) $T=0$ での平均場 h を決める関係.

の条件を満足する必要がある (図 10.12(b) 参照). $T=0$ での磁化 S^z は

$$\langle S^z \rangle = \frac{2c^2|E_-|}{E_-^2 + (ch)^2} h \tag{10.27}$$

で与えられる.

式 (10.25)～(10.27) で決まる磁化 $\boldsymbol{S} = \langle S_z \rangle \hat{\boldsymbol{z}}$ の周りに磁化がゆらぐ集団励起（スピン波）は，通常の局在スピン波と同様に議論できる．しかし，誘起モーメント磁性の場合にはモードの数と分散が異なる．上記の立方晶で強磁性の場合，1つの縦モード（励起にギャップが存在）と2つの横モード（分散は $\omega_q \propto q$）が存在する．詳しくは文献 [37] を参照されたい.[17] 縦モードの存在と，横モードの分散が局在磁性の場合の $\omega_q \propto q^2$ と異なることが，誘起モーメント強磁性の特徴である．

式 (10.23), (10.25) に現れる局所的な磁化率 $\bar{\chi}(T), \tilde{\chi}(h)$ は，スピン1重項を形成している原因に応じて異なる関数形で与えられる．上述の議論では結晶場1重項の場合を考えたが，近藤-芳田1重項や Fermi 液体（金属）の場合はそれらの系の特徴をもつ $\bar{\chi}(T), \tilde{\chi}(h)$ で置き換えればよい．また，交換相互作用 K_{ij} の内容もそれに応じて変わってくる．以上の議論は，磁気秩序が反強磁性の場合でも同様に展開できる．

10-5　UPd_2Al_3 における遍歴・局在2重性と超伝導

10-5-1　種々の実験から見た遍歴性と局在性

UPd_2Al_3 の磁化率の温度依存性を UNi_2Al_3 と併せて図 10.13(a) に示す [38]. UPd_2Al_3

---

[17] ただし，結晶場状態の表示は通常のものと異なるので注意が必要である．

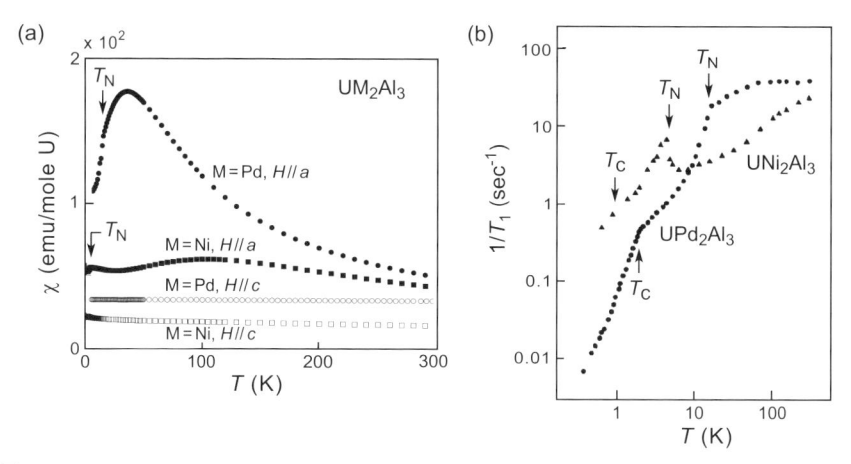

図 **10.13** (a) UPd$_2$Al$_3$ および UNi$_2$Al$_3$ の磁化率の温度依存性 [38]. (b) UPd$_2$Al$_3$ および UNi$_2$Al$_3$ のスピン格子緩和時間の逆数 $1/T_1$ の温度依存性 [40].

の磁化率は大きな異方性を持ち（六方晶の c 面が容易面），その異方性は温度とともに変化する．これは，遍歴描像より局在描像に立脚した方が理解しやすく，実際（軌道角運動量を持つ $5f$ 電子の）結晶場効果として説明可能である [39].[18] また，逆磁化率を温度の関数としてプロットすると，高温で Curie-Weiss 則的な温度依存性が観測され，その傾きから求まる有効 Bohr 磁子数 p_eff は $3.5\mu_\mathrm{B}/\mathrm{U}$ の程度である．この有効 Bohr 磁子数の大きさは，$5f^2$ あるいは $5f^3$ のいずれの電子配置とも整合し区別がつかないが，c 軸方向の磁化率がほとんど温度変化しないことは，偶数配置 $5f^2$ であることを示す.[19]

図 10.13(b) には，スピン格子緩和時間の逆数 $1/T_1$ が温度の関数としてプロットされている [40]．UPd$_2$Al$_3$ において，$T_0 \sim 60$ K 以上の高温では T_1 は一定であり，局在スピンの存在が示唆される．これに対し，T_0 以下では，「$T_1T = $ 一定」のいわゆる Korringa 的な振舞いが観測され，$5f$ 電子は遍歴的になっていると考えられる．これより，T_0 は重い電子のバンドが形成される温度の目安（式 (3.30) の T_F^* に相当）を与えることが分かる.[20]

---

[18] 第 2 章で説明した手法により UPd$_2$Al$_3$ の磁化率の温度依存性を解析すると，常磁性領域における結晶場基底状態は，1 重項状態であると考えられる．1 重項は磁気モーメントを持たないが，その場合も磁気秩序は可能である（10-5-3 項参照）．
[19] UNi$_2$Al$_3$ も定性的には同じ異方性を示すが，その大きさは UPd$_2$Al$_3$ に比べて小さい．この小さな異方性は，UNi$_2$Al$_3$ の遍歴性の現れと解釈される．
[20] UNi$_2$Al$_3$ においては，室温まで「$T_1 = $ 一定」とはならない．従って，T_0 は室温以上の高温であると考えられ，$5f$ 電子は室温以下の全温度域で遍歴的である．

鉄族金属の 3d 電子が遍歴的であることは，dHvA 効果の実験結果が（3d 電子が遍歴的であると仮定した）バンド計算の結果と一致したことによって確かめられた．同じ手法が重い電子系に対しても適用可能である．第 7 章で見たように，5f 電子が遍歴しているかどうかは，Fermi 面の体積を調べればよい（式 (7.5) 参照）．しかし，桁違いに大きな有効質量を持つバンドを dHvA 効果実験から全て明らかにするのは容易ではない（3-4 節参照）．現実的な手段として，次に示すように，5f 電子が遍歴していると仮定したバンド計算との比較が用いられる．

UPd$_2$Al$_3$ に対する dHvA 効果の実験結果を図 10.14(a) に示す [41]．Fermi 面の極値断面積の角度依存性は，(5f 電子が遍歴する場合の) バンド計算によって再現される [42, 43]．[21) また，大きな有効質量（図上に記された数字）は，静止質量の 50 倍程度に重い．これは，サイクロトロン有効質量がエンハンスされていることの直接的な証拠である．これらから，UPd$_2$Al$_3$ は遍歴的な 5f 電子成分を持っていると考えられる．[22)

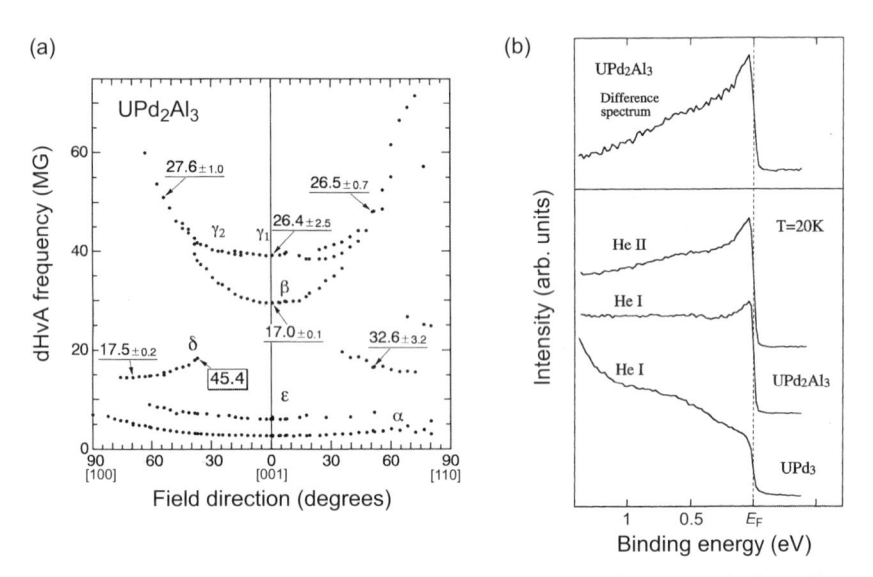

図 10.14 (a) UPd$_2$Al$_3$ の dHvA 効果実験から得られた周波数（Fermi 面の極値断面積に対応）の角度依存性 [41]．数値は有効サイクロトロン質量を表す．(b) UPd$_2$Al$_3$ の高分解能光電子分光スペクトル [45]．最も上のスペクトルは，HeI 励起と HeII 励起の差分スペクトルである．

---

21) 反強磁性秩序状態を取り入れたバンド計算は難しく，その詳細は文献によって異なっている．
22) UNi$_2$Al$_3$ に対しても，dHvA 効果は観測されているものの [44]，全てのバンドを観測するには至っていない．現状では，dHvA 効果実験から遍歴性・局在性を議論するのは難しい．

図 10.14(b) は，UPd$_2$Al$_3$ の（角度積分）光電子分光スペクトルである [45]．光源として用いた HeI と HeII に対するスペクトルとそれらの差分が示されている．この差分スペクトル（5f 電子の状態密度に対応）は，Fermi 準位上に強度を持っていること，即ち（5f 電子が）遍歴的であることを示す．これは，Fermi 準位近傍に小さなスペクトル強度しか持たない UPd$_3$（局在 5f 電子系の典型例）とは対照的である．

光電子分光実験技術の発展には目を見張るものがある．UPd$_2$Al$_3$ に対する高分解能角度分解光電子分光実験の結果，上記で得られた T_0 を境にして，Fermi 準位近傍のバンド構造が温度変化していることが見出された [46]．遍歴・局在の温度依存性の起源について理解を深める上で重要な実験である．[23)]

10-5-2 磁気励起子の観測

前項の結果を見ると，5f 電子は特性温度 T_0 以上の高温域では局在的で，低温域では遍歴的である．超伝導を示す低温域で如何なるスピン励起が存在するかは，超伝導の発現機構を考える上で重要である．

中性子非弾性散乱実験（付録 C-2 節参照）によって得られた UPd$_2$Al$_3$ の磁気励起を図 10.15(a) に示す．縦軸は試料から散乱されて出てきた中性子線の強度を表し，横軸は中性子の散乱前後のエネルギー差を表す．[24)] 例えば，中性子ビームが，物質中で何らかの励起，例えばフォノンやマグノンを励起したとすると，その励起エネルギーの分だけエネルギーが小さくなったビームが散乱されて出てくる．図 10.15(a) において，$\omega_{mag} \simeq 1.6$ meV 付近に見られるブロードなピークは，マグノン類似の集団励起（磁気励起子，magnetic exciton）によるものである．[25)] 散乱ベクトル Q が反強磁性のゾーン中心 $Q_0 = (0, 0, 1/2)$ から離れるに従い，ピークのエネルギー ω_{mag} は徐々に高エネルギー側にシフトする．この分散関係をもっと広い波数領域でプロットしたものが図 10.15(b) である [48]．ゾーン中心の Γ 点からゾーン境界の A 点まで励起が観測されている．10-1 節の議論を思い出すと，UPd$_2$Al$_3$ の 5f 電子は局在的な磁気励起を持つことが分かる．

通常のスピン波では，縮退した基底状態が交換相互作用により分裂し，その励起状態の励起エネルギーが波として伝わる．この場合，図 10.15(c) に 1 点鎖線で示し

[23)] UNi$_2$Al$_3$ に対しても光電子分光実験が為され，図 10.14(b) と同様の角度積分スペクトルが得られている [47]．また，角度分解実験においても，T_0 が室温以上という NMR 実験と矛盾のない結果が得られている [46]．
[24)] エネルギー差が正（グラフの右側）は中性子がエネルギーを失うこと（energy loss）を意味し，(ここにはプロットされていない）負の側は逆にエネルギーを獲得すること（energy gain）を意味する．
[25)] 磁気励起子は，Frenkel タイプの励起子であり，結晶場基底状態と励起状態を利用して格子を伝播する波である（図 5.9 参照）．また，磁気励起子もマグノンと同様（低温で）Bose 粒子である．

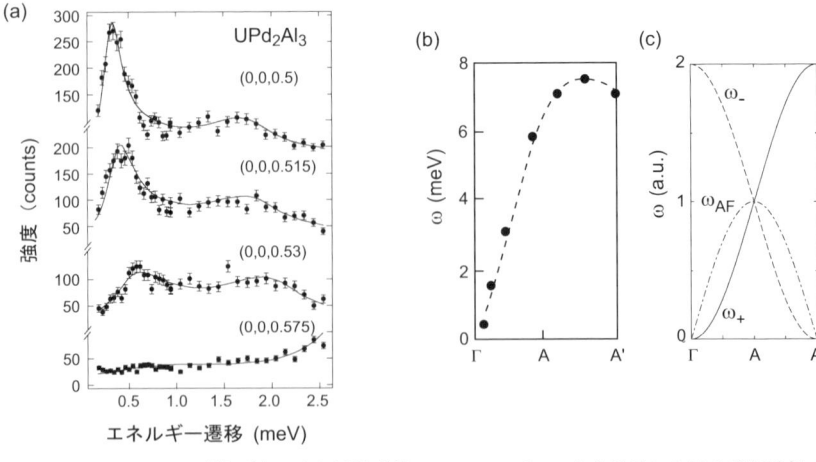

図 10.15 UPd$_2$Al$_3$ の磁気励起. (a) 反強磁性 Brillouin ゾーン中心付近における磁気励起スペクトル [33]. ゾーン中心（$Q_0 = (0,0,0.5)$）の 1.6 meV 付近のブロードなピークが磁気励起子に対応する. 実線は，デュアリティモデルによる計算結果（式 (10.36)）を示す. (b) Brillouin ゾーン境界を含む領域までの磁気励起 [48]. (c) 磁気励起に対する計算結果 [49].

たような（ゾーン境界で折り返された）分散 ω_{AF} となる [37, 49]. これに対し，磁気励起子の場合は，$\omega_{\pm}$ のような分散となる. 実験結果と整合するのは，ω_{AF} ではなく ω_+ である. これより，UPd$_2$Al$_3$ における集団磁気励起は磁気励起子であることが分かる.

10-5-3 遍歴・局在 2 重性モデル

2-4-4, 2-6-3, 4-8-1 項や前項までの結果を整理すると次のようになる. (1) 特性温度 T_0 より高温では，$5f$ 電子の局在的性質が主役となる. 特に，異方的磁化率の温度依存性を説明するためには，$5f^2$ 電子配置でなければならない. (2) T_0 より低温になると，遍歴的成分が顔を出す. (3) 超伝導が出現する低温域では，遍歴的成分と，局在的性質を持つ磁気励起（磁気励起子）が存在する. 即ち，反強磁性と超伝導の双方の長距離秩序が U 原子に由来する $5f$ 電子によって担われている（2-6-3 項および 4-8-1 項参照）. これらの実験結果をもとに，次に示す遍歴・局在 2 重性（デュアリティ）モデルを考える.

UPd$_2$Al$_3$ に対するバンド計算によれば，$5f$ 電子の数は約 3 個である [42]. これを次のように局在的成分と遍歴的成分の 2 成分に分ける.

$$5f^3 \rightarrow 5f^2 + 5f^1 \tag{10.28}$$

上記 (1) より，$5f^2$ が局在的成分に対応する．$5f^1$ が遍歴成分であるとの仮定の成否は，バンド計算でチェック可能である．Zwicknagl らによれば，デュアリティモデルを用いたバンド計算は，[26) 実験結果（Fermi 面のトポロジーだけでなくエンハンスされた有効質量の大きさも含む）をよく説明する [49]．これは，デュアリティモデルの基本的仮定 (10.28) を保証するものである．

次のハミルトニアンを考えよう [50]．

$$\mathcal{H} = \sum_{\bm{k},\sigma} \varepsilon_{\bm{k}\sigma} c^\dagger_{\bm{k}\sigma} c_{\bm{k}\sigma} + \Delta \sum_i |e\rangle\langle e|_i - 2\sum_{<i,j>} J_{ff} \bm{J}_i \cdot \bm{J}_j - 2J_{cf}(g-1)\sum_i \bm{s}_i \cdot \bm{J}_i \quad (10.29)$$

第 1 項は伝導電子（遍歴的 $5f$ 電子成分を含む）の運動エネルギー，第 2 項は結晶場励起，第 3 項は局在 f スピン間の（超）交換相互作用，最後の項は局在スピンと伝導電子の間の交換相互作用である．有効交換相互作用は次のように書かれる．

$$J(\bm{q}) = J_{ff}(\bm{q}) + J_{cf}^2(g-1)^2 \chi(\bm{q}) \quad (10.30)$$

ここで，$\chi(\bm{q})$ は伝導電子の磁化率である．

実空間での様相を概念的に示せば，図 10.16 のようになる．結晶全体に拡がった Bloch 状態（波の状態）と，各サイトに局在した（f^2 配置に由来する）結晶場状態が存在する．f 電子間の相互作用は，磁気励起子（基底状態 $|g\rangle$ から励起状態 $|e\rangle$ への励起エネルギーの伝搬）を導く．

反強磁性秩序に対応する波数ベクトルは $\bm{Q}_0 = (0,0,1/2)$ である．これは，式 (10.30)

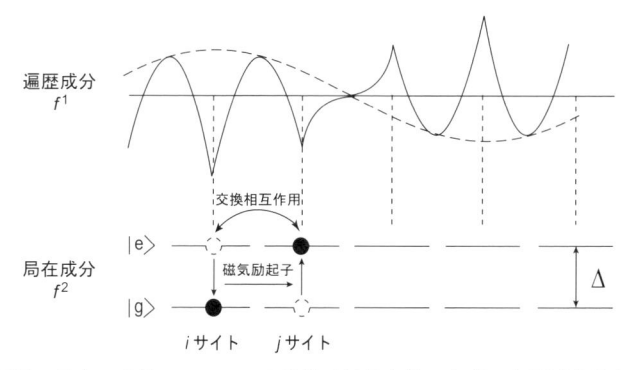

図 10.16 遍歴・局在 2 重性のモデル．上半分は結晶全体に広がった遍歴成分を表し，下半分は局在した結晶場準位を表す．

---

26) $5f$ 電子を j-j 結合で扱い，$|j=\pm 5/2\rangle$ と $|j=\pm 1/2\rangle$ を局在的な 2 電子に割り当て，混成の強い $|j=\pm 3/2\rangle$ を遍歴的な成分に割り当てた．

が最大となる q の値に対応する（2-4-3 項および 5-4-2 項を参照）．しかし，結晶場基底状態は 1 重項であるため，（誘起磁気モーメントによる）磁気秩序を起こすためには，次の条件が必要である（10-4-3 項参照）．

$$\frac{2c^2 J(\boldsymbol{Q}_0)}{\Delta} > 1 \tag{10.31}$$

ここで，c は次式で与えられる（基底状態と励起状態を結ぶ）行列要素である．

$$c = \langle \mathrm{e}|J_x|\mathrm{g}\rangle = -i\langle \mathrm{e}|J_y|\mathrm{g}\rangle \tag{10.32}$$

RPA 近似による動的磁化率は次の形に書かれる（式 (5.95) 参照）．

$$\chi(\boldsymbol{q},\omega) = \frac{\chi_0(\omega)}{1 - J(\boldsymbol{q})\chi_0(\omega)} = \frac{\chi_0(\omega)}{1 - J_{ff}(\boldsymbol{q})\chi_0(\omega) - J_{cf}^2(g-1)^2\chi_0(\omega)\chi(\boldsymbol{q},\omega)} \tag{10.33}$$

これは，式 (10.8) に対応する．シングルイオンの局所磁化率 $\chi_0(\omega)$（式 (5.96)）を次のように近似する．

$$\chi_0(\omega) = \frac{c}{\Delta - \hbar\omega} \tag{10.34}$$

また，伝導電子の磁化率を次の形に書き表す．

$$\chi(\boldsymbol{q},\omega) = \frac{1}{i\hbar\omega - \Gamma(\boldsymbol{q})} \tag{10.35}$$

$\Gamma(\boldsymbol{q})$ は（スピンゆらぎの）ダンピング（寿命の逆数）を表し，$\boldsymbol{q}=\boldsymbol{Q}_0$ では定数 Γ となる．磁気励起子の分散 $\omega_\mathrm{exc}(\boldsymbol{q})$ は，式 (10.33) の極（pole）によって決まる．

中性子散乱強度は次式で与えられる（付録 C-2 節参照）．

$$S(\boldsymbol{q},\omega) \propto (1 + n(\omega))\,\mathrm{Im}\,\chi(\boldsymbol{q},\omega) \tag{10.36}$$

ここで，$n(\omega) = (\exp(\hbar\omega/k_\mathrm{B}T) - 1)^{-1}$ は Bose 因子である．デュアリティモデルは，図 10.15(a) の実線で示したように，実験をよく再現する（また，次項で説明するように，スペクトルの温度変化もよく再現する）．これより，$\boldsymbol{q}=\boldsymbol{Q}_0$ で $\hbar\omega_\mathrm{exc}(\boldsymbol{q}) \sim 1$ meV が得られる．

このモデルの意味を理解するため，図 10.17 に示したシミュレーションの結果を見てみよう [33]．1.4 meV 付近に鋭いピーク（「弱結合」と書かれた破線）が見られる．これは，式 (10.33) において J_{cf} が小さい場合の磁気励起子の励起に対応する．伝導電子との結合 J_{cf} が大きくなると，一点鎖線（「強結合常伝導」と書かれた曲線）で示すように，(1.4 meV 付近の) ピークはブロードになり（位置も高エネルギー側にシフトする），$\omega \simeq 0$ 近傍に準弾性散乱的なピークが出現する．低エネルギー励起は，

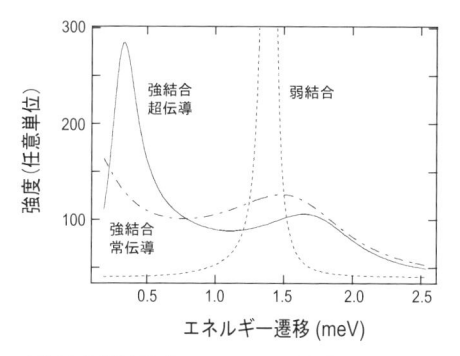

図 10.17　UPd$_2$Al$_3$ の中性子非弾性散乱スペクトルに対するシミュレーション [33]．準粒子励起と磁気励起子の結合が弱い場合，局在スピンによる磁気励起だけが観測にかかる．準粒子励起と磁気励起子の結合がある程度強くなると，準粒子励起が現れる．また，準粒子励起に"手で"超伝導ギャップを導入することにより，スペクトルは非弾性散乱となる．

次項で示すように，準粒子の励起に対応する．このように，図 10.15(a) のスペクトルは，局在成分だけでなく，遍歴成分の励起も一緒に捉えている．

10-5-4　新しい超伝導発現機構

本項では，磁気励起子が超伝導引力を媒介していることを示そう．図 10.18(a) は UPd$_2$Al$_3$ の反強磁性ゾーン中心 $Q_0 \equiv (0, 0, \frac{1}{2})\frac{2\pi}{c}$ における非弾性中性子散乱スペクトルの温度変化である．磁気励起子の励起エネルギー（〜1.6 meV）は，温度を変化させても（測定温度範囲内で）変わらない．これに対し，1 meV 以下の低エネルギー領域の励起は大きく温度変化する：温度が超伝導転移温度より高い場合（$T > T_c \simeq 1.8$ K）においては，低エネルギー励起は準弾性的である（$\omega \sim 0$ にピークを持つ）．温度が超伝導転移温度より低くなると，低エネルギー励起は非弾性散乱（ピークが有限のエネルギーに現れる）となり，そのピークエネルギーは温度の下降とともに増大する．この温度依存性は，低エネルギー側の励起が準粒子による励起とすれば，よく理解される．即ち，T_c を境として準弾性散乱から非弾性散乱への移行は，超伝導ギャップの形成によるものと考えられる．通常，このような（実空間で拡がった）準粒子励起が中性子散乱実験で観測されることはない．この実験でそれが見えたのは，図 10.17 のシミュレーションで示したように，準粒子励起 $\chi(\boldsymbol{q}, \omega)$ が磁気励起子 $\chi_0(\omega)$ と強く結合しているためである．

超伝導ギャップ Δ_{SC} の効果を"手で"取り込むためには，式 (10.35) において，diffusive pole の位置 $-i\Gamma$ を $-i\Gamma + \Delta_{\mathrm{SC}}$ にシフトさせればよい．実際にこれを行うと，（図 10.17 のシミュレーションにおいて実線で示したように）非弾性的となり，実験を

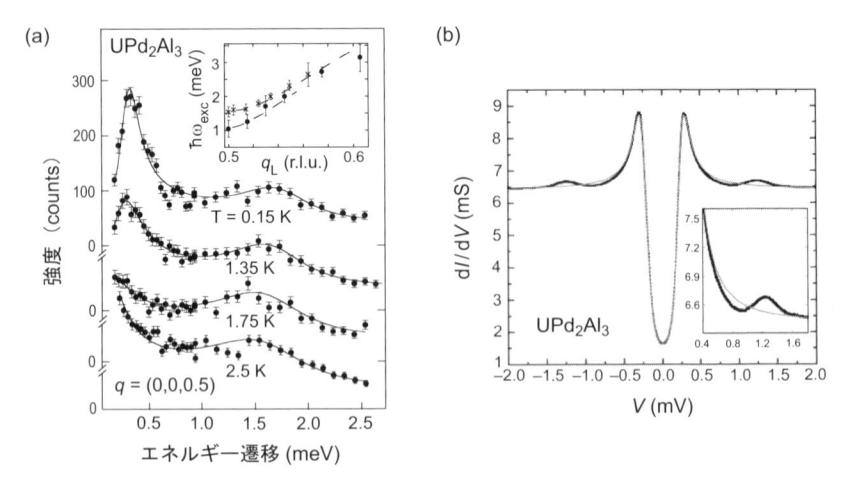

図 10.18 (a) UPd_2Al_3 における非弾性散乱スペクトル [33]．波数は反強磁性秩序のゾーン中心に固定されている．超伝導転移温度 $T_c \sim 1.8$ K を境にして，低エネルギー部分の様相が大きく変わる．T_c より低温では非弾性散乱的であり，それより高温では準弾性散乱的である．(b) トンネルスペクトル [51]．1 mV 付近に，強結合効果による構造が見られる（挿入図参照）．

よく再現する．超伝導ギャップの大きさは，$2\Delta_{SC} \sim 0.9$ meV $\sim 6k_B T_c$ と大きく，強結合効果を表している．この値は，NMR から得られた値とほぼ一致する [40]．面白いことに，このギャップエネルギーは，磁気励起子の励起エネルギー $\hbar\omega_{exc}(Q_0) \sim 1$ meV と同程度である（前項および図 10.18(a) の挿入図を参照）．この共鳴的な性質が磁気励起子と準粒子の強結合効果を導いているようにも見える．

これだけでは，磁気励起子が超伝導引力を媒介する Bose 粒子だという証明にはならない．この証明のためには，フォノン媒介超伝導に対して MacMillan 達が行ったと同じように，トンネル効果実験が有効である．Jordan らのブレークスルー的実験によれば [51]，超伝導引力を媒介する Bose 粒子による構造が 1～1.5 meV 付近に現れる（図 10.18(b) 参照）．このエネルギーは，上で見た磁気励起エネルギーに極めて近い．これより，Cooper 対を糊付する（"glue"する）Bose 粒子は磁気励起子であると結論付けられる．このように，直接的な実験的証拠によって超伝導メカニズムが明らかになったのは，フォノン以外ではこれが初めてである [52]．

10-5-5 超伝導ギャップ関数の対称性

磁気励起子の媒介によって生じる引力（遅延ポテンシャル）は，次のように書かれる [49]．

$$V_{\text{ex}}(\boldsymbol{q},\omega) = \frac{V_0 \omega_0}{(\omega - \omega_{\text{exc}}(\boldsymbol{q}))^2 + \omega_0^2} f(\boldsymbol{k}) f(\boldsymbol{k}-\boldsymbol{q}) \tag{10.37}$$

ここで，$\omega_{\text{exc}}(\boldsymbol{q})$ は磁気励起子のエネルギー分散であり，ω_0 はその幅を表す．V_0 は，電子と Bose 粒子 (磁気励起子) の結合強度である．$f(\boldsymbol{k})$ は形状因子 (form factor) であり，超伝導ギャップと次の関係がある．[27]

$$\Delta_{\text{SC}}(\boldsymbol{k}) = \Delta_{\text{SC}} f(\boldsymbol{k}) \tag{10.38}$$

Δ_{SC} は $\Delta_{\text{SC}}(\boldsymbol{k})$ の振幅 (大きさ) である．引力は，Bose 粒子のエネルギーが $\omega = \omega_{\text{exc}}(\boldsymbol{q})$，波数が $\boldsymbol{q} = \boldsymbol{Q}_0$ のとき，最大となる．

超伝導ギャップ Δ_{SC} の異方性，即ち $f(\boldsymbol{k})$ の $\boldsymbol{k}$ 依存性は，種々の実験から推測されてきた．例えば，NMR やトンネル効果実験からは，次のような超伝導ギャップ関数が提唱されていた．

$$\Delta_{\text{SC}}(\boldsymbol{k}) = \Delta_{\text{SC}} \cos(k_z c) \tag{10.39}$$

このギャップ関数は，c 軸に垂直方向に線ノードを持つことを示し，比熱の温度依存性とも矛盾しない．また，角度分解熱伝導度実験からも確かめられている [53]．一方，前項の中性子散乱実験からは，$\Delta(\boldsymbol{k}+\boldsymbol{Q}_0) = -\Delta(\boldsymbol{k})$ が指摘されていた (下記補足参照) [54]．式 (10.39) は，この条件も満たす．以上から，超伝導ギャップ関数は，反強磁性のゾーン境界 $k_z = \pm \pi/2c$ で線ノードを持つと考えてよい．

超伝導ギャップが反強磁性ゾーン境界に存在しないことは，反強磁性秩序と超伝導の共存を可能にする要因の 1 つであろう．何故なら，反強磁性秩序に伴うゾーン境界近傍でのギャップ形成は [55]，超伝導の発現を妨げないからである．

【補足 2】上記の非弾性中性子散乱実験は，中性子が超伝導準粒子を励起することによりエネルギーを失う過程に対応する．このとき，中性子散乱強度に比例する動的磁化率 $\chi(\boldsymbol{q},\omega)$ は，次のコヒーレンス因子を含む [54]．

$$\sum_{\boldsymbol{k}} \left\{ 1 - \frac{\xi(\boldsymbol{k}+\boldsymbol{Q}_0)\xi(\boldsymbol{k}) + \cos(\Phi(\boldsymbol{Q}_0))|\Delta(\boldsymbol{k}+\boldsymbol{Q}_0)||\Delta(\boldsymbol{k})|}{E(\boldsymbol{k}+\boldsymbol{Q}_0)E(\boldsymbol{k})} \right\} \tag{10.40}$$

ここで，Φ は $\Delta(\boldsymbol{k})$ と $\Delta(\boldsymbol{k}+\boldsymbol{Q}_0)$ の位相差である．$\xi(\boldsymbol{k}) \sim \xi(\boldsymbol{k}+\boldsymbol{Q}_0) \sim 0$ に対し，式 (10.40) の { } の中は，$1 - \cos(\Phi(\boldsymbol{Q}_0))$ となる．一方，図 10.18 に見られるように，超伝導状態で大きな散乱強度が観測されていることから，コヒーレンス因子も大きな値を持つと期待される．以上をまとめると，$\cos\Phi \simeq -1$ 即ち $\Phi = \pi$ が得られる．これは，$\Delta(\boldsymbol{k}+\boldsymbol{Q}_0) = -\Delta(\boldsymbol{k})$ を意味する．

---

[27] $f(\boldsymbol{k})$ はギャップの波数依存性を表す．例えば，s 波超伝導であればギャップは等方的であり，$f(\boldsymbol{k}) = 1$ である．このとき，引力も等方的である．

10-6 強磁性秩序と超伝導の共存と競合

反強磁性秩序の場合であれば，超伝導コヒーレンス長 ξ にわたって平均された内部磁場はキャンセルし，ほとんどゼロとなる（図 10.7 参照）．しかし，強磁性の場合にはこのような打ち消しは生じない．従って，反強磁性超伝導体とは異なった物理が強磁性超伝導体において期待される．一方，一口に強磁性超伝導体といっても，物質によって性格は大きく異なる．以下にこれらの物質を具体的に見ていこう．

10-6-1 古典的強磁性超伝導体

一様な自発磁化 M が存在するとき，$4\pi M$ が電子の軌道運動に対する外部磁場の役割を果たす [56]．強磁性が超伝導と共存するためには，次の条件が満たされなければならない．

$$H_{c1}^0 < 4\pi M < H_{c2}^0 \tag{10.41}$$

ここで，H_{c1}^0 および H_{c2}^0 は，磁化のない時の下部および上部臨界磁場である．この条件を満たすことが容易でないことは，強磁性超伝導体が殆ど存在しないことから推察される．数少ない例である $ErRh_4B_4$ および $HoMo_6S_8$ においても，強磁性と超伝導の共存する温度領域は，Curie 温度の直下に限られている（図 10.19(a) 参照）．そこでは，自発磁化が十分には成長していないため，強磁性内部磁場は小さい．

強磁性が超伝導状態では安定でないことを，次の 2 つの機構（cf 相互作用と電磁相互作用）に分けて考える．初めに cf 相互作用について考える．式 (5.87) に示し

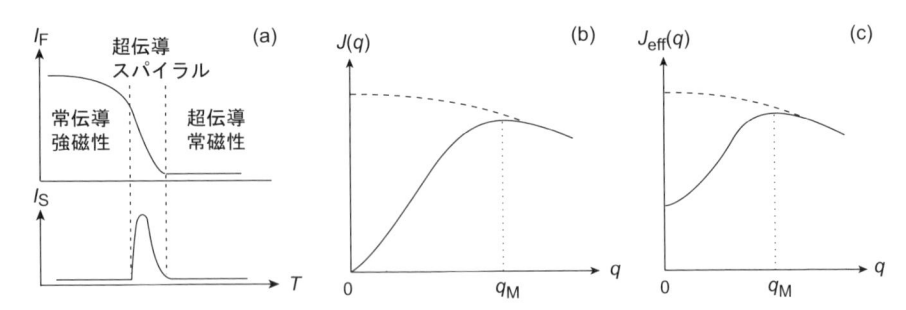

図 10.19 強磁性と超伝導．(a) $ErRh_4B_4$ における強磁性 Bragg ピーク強度（I_F）および衛星反射（サテライト）強度（I_S）の温度依存性．中間相にスピンスパイラルに対応する反射が現れる．(b) 超伝導状態における RKKY 相互作用の波数依存性．(c) 電磁相互作用による交換相互作用の波数依存性．(b)(c) いずれの場合も，有限の波数 q_M で最大となる．

たように，RKKY 相互作用を支配する交換相互作用定数 $J(\boldsymbol{q})$ は，伝導電子の波数依存性磁化率 $\chi(\boldsymbol{q})$ に比例し，常伝導状態における磁化率は，q の小さいところで，$\chi(q) = 2N(0)(1 - q^2/12k_{\rm F}^2)$ のように q^2 に比例して減少する（図 10.19(b) の破線）．一方，スピン 1 重項の超伝導状態では，$\chi_{\rm s}(q)$ は $q = 0$ でゼロとなるため，実線で示すように，ある有限の波数（$q_{\rm M} \simeq (3\pi k_{\rm F}^2/\xi)^{1/3}$）で最大となる．これは，磁気モーメントの空間的変調が生じることを意味する．

次に，電磁相互作用について考えよう [10]．磁性イオンは周囲に超伝導電流を誘起し，この電流は磁場 $\boldsymbol{h}(\boldsymbol{r})$ を作る．このとき，場所 $\boldsymbol{r}'$ に存在する磁性イオン（磁化 $\boldsymbol{m}(\boldsymbol{r}')$）が作る分子場 $\boldsymbol{h}_m(\boldsymbol{r})$ は次のように書かれる．

$$\boldsymbol{h}_m(\boldsymbol{r}) = \int J(\boldsymbol{r} - \boldsymbol{r}')\boldsymbol{m}(\boldsymbol{r}')d\boldsymbol{r}' + \boldsymbol{h}(\boldsymbol{r}) \tag{10.42}$$

磁場 $\boldsymbol{h}(\boldsymbol{r})$，超伝導電流 $\boldsymbol{j}(\boldsymbol{r})$ および磁化 $\boldsymbol{m}(\boldsymbol{r})$ は次の関係を満たす．

$$\nabla \times \boldsymbol{h}(\boldsymbol{r}) = \frac{4\pi}{c}\boldsymbol{j}(\boldsymbol{r}), \quad \boldsymbol{b}(\boldsymbol{r}) \equiv \boldsymbol{h}(\boldsymbol{r}) + 4\pi\boldsymbol{m}(\boldsymbol{r}) = \nabla \times \boldsymbol{A}(\boldsymbol{r}) \tag{10.43}$$

ここで，$\boldsymbol{A}(\boldsymbol{r})$ はベクトルポテンシャルで，次式で与えられる（式 (4.119) 参照）．

$$\boldsymbol{j}(\boldsymbol{r}) = -\frac{c}{4\pi\lambda^2}\int c(\boldsymbol{r} - \boldsymbol{r}')\boldsymbol{A}(\boldsymbol{r}')d\boldsymbol{r}' \tag{10.44}$$

それぞれの Fourier 成分の間に次の関係が成り立つ [10]．

$$\boldsymbol{h}_m(\boldsymbol{q}) = \left(J(\boldsymbol{q}) - \frac{4\pi c(\boldsymbol{q})}{\lambda^2 q^2 + c(\boldsymbol{q})}\right)\boldsymbol{m}(\boldsymbol{q}) \tag{10.45}$$

これより，超伝導状態における有効交換相互作用は

$$J_{\rm eff}(\boldsymbol{q}) = J(\boldsymbol{q}) - \frac{4\pi c(\boldsymbol{q})}{\lambda^2 q^2 + c(\boldsymbol{q})} \tag{10.46}$$

となる．これを図示したものが図 10.19(c) である．cf 相互作用の場合と同じように，超伝導状態における電磁相互作用係数は，波数 q の小さい領域では超伝導電流によって遮蔽され，有限の波数 $q_{\rm M}$ のところで最大となる．従って，強磁性の代わりに，波数 $q_{\rm M}$ のスパイラル構造が出現する．

ErRh$_4$B$_4$ や HoMo$_6$S$_8$ で見られる中間相（高温の超伝導・常磁性相と，低温の常伝導・強磁性相の間に出現する超伝導相）において，磁気構造は純粋な強磁性ではなく，スピン変調されている（図 10.19(a) 参照）．上記理論は，超伝導状態では強磁性は現れず，代わりに変調構造が現れることを説明する．

強磁性体は多くのドメインに分割される．その境界である磁壁内の磁気構造は，スパイラル構造に似ている．従って，磁壁の中だけが超伝導になっていることも可能

である．このような「超伝導磁壁」は見つかっていないが，実験的に超伝導がバルクか否かを明らかにする意味で，この可能性を考えることは重要であろう．

10-6-2　強磁性中で発現する超伝導

自発磁化が大きいということは，バンドの交換分裂が大きいことを意味する．このときのバンドの分裂を図 10.20(a) に示す（E_F におけるギャップは超伝導の発現を示す）．Fermi 準位 E_F は上向きスピン↑バンドをよぎるが，下向きスピン↓バンドはよぎらない．これは，完全強磁性状態に対応し，↑スピン電子のみが Fermi 面を形成する．このとき実現する超伝導は，↑スピン電子から作られるスピン 3 重項超伝導である．次に，磁化が比較的小さい場合を考えると，両スピンバンドが E_F をよぎることになる．このとき可能な超伝導として，図 10.20(b) に示すように，片方のバンド（図 10.20(b) では↑スピンバンド）にのみギャップが開く超伝導と，両バンドにギャップが開く超伝導（図 10.20(c)）が可能である．[28]

それぞれのバンドの超伝導ギャップの大きさが異なる場合を考える．簡単のため，（図 10.20(b) のように）片一方でのギャップはゼロとする．このとき，式 (4.179) あるいは式 (9.4) より，$d_z = 0$ および $d_x + id_y = 0$ が得られ，$\bm{d} = (1, -i, 0)d_x$ となる．これは $\bm{d} \times \bm{d}^* \neq 0$ の関係を満たし，従って，今考えている超伝導が非ユニタリー（nonunitary）超伝導であることを示す（9-2 節を参照）．一方，図 10.20(c) のように，両スピンバンドで同じ大きさのギャップが開く場合は，$\bm{d} \parallel \bm{d}^*$ となり，ユニタリー超伝導となる．

スピン 1 重項の Cooper 対の形成も可能である．但し，Fermi 面の大きさが（強磁

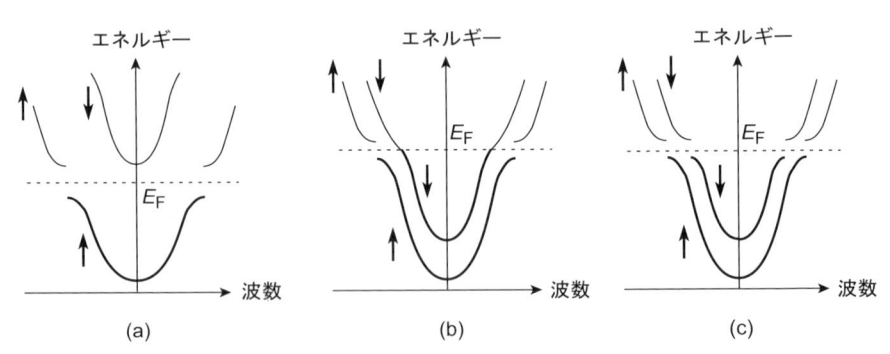

図 10.20　強磁性体中で期待されるスピン 3 重項超伝導．超伝導は E_F におけるギャップによって示されている．(a)(b) は非ユニタリー超伝導，(c) はユニタリー超伝導を示す．

---

[28] 図 10.20(c) において，両バンドの超伝導ギャップの大きさは異なってもよい．

性のため) ↑スピン電子と↓スピン電子とで異なるから，実現する超伝導は FFLO 状態である (4-5-3 項参照).

このように，原理的にはスピン 3 重項も 1 重項も可能である．しかし，大きな内部磁場の存在を考えると，前者が実現している可能性が高い．

10-6-3　UGe_2

Saxena らによる UGe_2 の高圧下における超伝導の発見は，「遍歴電子系における強磁性と超伝導」という大きな研究の潮流を作った [57]．UGe_2 の温度対圧力相図を図 10.21 に示す．常圧で $T_{FM} \simeq 53$ K である Curie 温度は，圧力の印加とともに単調に減少し，圧力 $P_c \simeq 1.5 - 1.6$ GPa 付近でゼロとなる．常磁性と強磁性の境界は，3 重臨界点を境に，低圧側の 2 次転移と，高圧側の 1 次転移に分けられる [58]．強磁性相は単一ではなく，臨界点を挟んで，クロスオーバー線 (破線) および 1 次転移相線 (2 重実線) が存在する．1 次転移相線は，もう 1 つの臨界圧力 $P_X \sim 1.1$ GPa で消失する．[29]

超伝導は 2 つの臨界圧力 P_X と P_c の間で発現する．[30] 3-5-3 項で見たように，内部磁場は常圧で 120 T に及び，P_X 直下でも 30 T を超える．P_X 直下の低圧相 (おそらくは完全分極状態) における超伝導が本質的なものであれば，その超伝導は非ユニタリー超伝導 (図 10.20(a)) である可能性が高い．

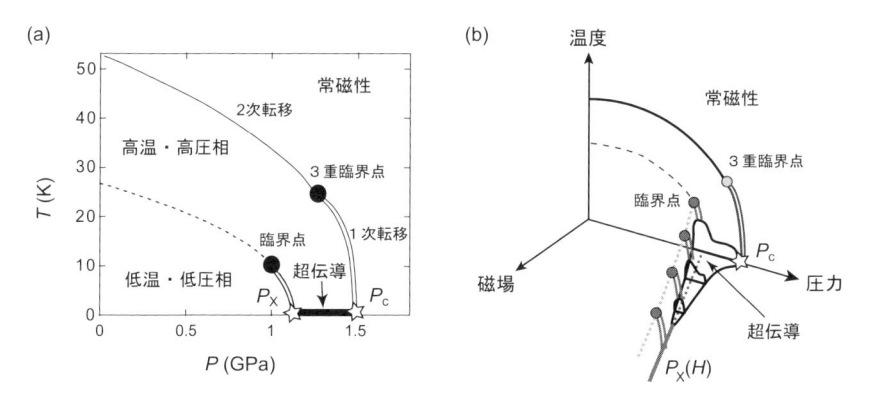

図 10.21　(a) UGe_2 の圧力対温度相図 [58]．2 重線は 1 次転移，1 重線は 2 次転移，破線はクロスオーバーを示す．(b) UGe_2 の圧力・磁場・温度の 3 元相図．

---

[29] 破線で示される境界もクロスオーバーではなく相線であるとする理論モデルもあるが [59]，相転移を支持する実験は (現在まで) 報告されていない．
[30] P_X 以下の圧力域でも超伝導が観測されるが，これが本質的か圧力等の不均一性によるものかについては意見が分かれる．この点を明らかにすることは，超伝導状態を解明する上で重要であろう．

超伝導の起源について考えよう．臨界圧力 P_c 近傍の強磁性ゆらぎが超伝導発現を誘起しているとすれば，P_c より高圧側の常磁性相にも超伝導が現れそうに思われる．強磁性相内でのみ超伝導が発現することは，この可能性を否定する．重要なことは，超伝導転移温度が P_X 近傍で最大となり，P_X を表す点が磁場とともに移動するとき，超伝導の領域も一緒に移動することである（図 10.21(b) 参照）[60]．これに付随して，圧力一定の下で磁場を増大させると，超伝導転移温度はリエントラント的な振舞いを見せる [61]．このような特徴から考えると，P_X 近傍のゆらぎが（スピン 3 重項）超伝導発現に重要な役割を果たしていることが期待される [59]．

10-6-4　UCoGe における強磁性ゆらぎ媒介超伝導

UCoGe は，3-5-4 項に示したように，弱い遍歴電子強磁性体であり，$T_{FM} \sim 2.5$ K，$T_{SC} \sim 0.5$ K である [62]．図 10.22(a) に等温磁化過程を示す [63]．自発磁化 M_s は超伝導状態に入っても変化しない．これより，強磁性と超伝導が共存していることが分かる．NMR/NQR 実験の結果と併せると [64]，マクロ・ミクロいずれのプローブで見ても，これら 2 つの秩序状態は共存している．

強磁性と超伝導は実空間においてどのように共存しているのであろうか？内部磁場と自発磁化の向きが同じであるとき，外部磁場をかけなくても渦糸（ボルテックス）が出現する可能性がある．この状態は，渦糸の作る磁場が磁化を誘起し，この磁化が渦糸を安定化するという自己無撞着に作られた状態であり，自己誘起渦糸

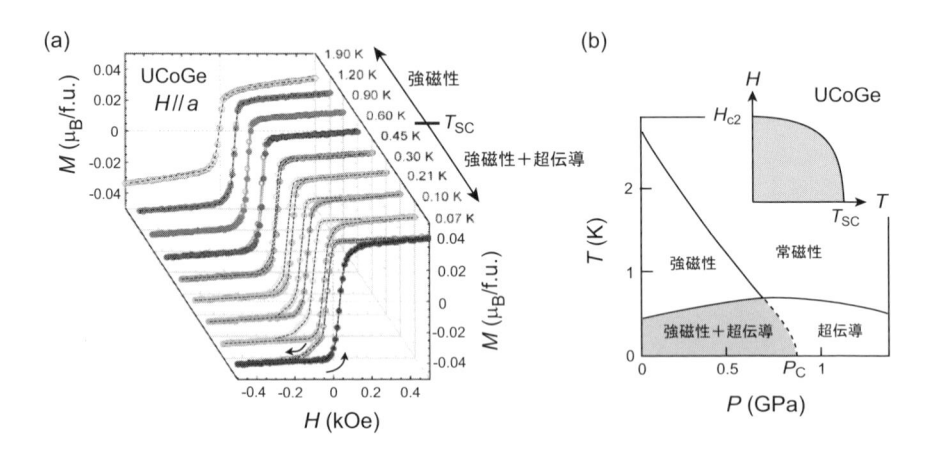

図 **10.22**　(a) UCoGe の磁化 [63]．(b) 圧力対温度相図 [65]．挿入図は磁場対温度相図（概念図）．

(self-induced vortex) あるいは自発渦糸 (spontaneous vortex) と呼ばれる. 直流磁化や交流磁化率の実験により, UCoGe において外部磁束を完全に排除する Meissner 領域が存在しないことが指摘された [63]. これは, 下部臨界磁場 H_{c1} が存在しないことを意味し, 自己誘起渦糸状態の発現の可能性を示す. 今後の直接的な証明が待たれる.

超伝導発現機構を考える上で, 圧力相図 (図 10.22(b)) が重要である [65]. Curie 温度は圧力の増大とともに単調に減少するのに対し, 超伝導転移温度は圧力の増大とともに増加し, 1 GPa 程度の圧力でブロードなピークを形成した後, 減少に転ずる. 重要なポイントは, 強磁性の消失する圧力近傍で超伝導転移温度が最大となることである. この相図は, Ising 的な強磁性ゆらぎが超伝導を誘起している場合に期待される理論モデルと合致する [66]. スピンゆらぎが Ising 的異方性を持つことは, 次に述べる NMR 実験によって明らかにされた.

核スピン格子緩和時間は次のように書き表される.

$$\left(\frac{1}{T_1 T}\right)_\alpha \propto \sum_{\boldsymbol{q}} \left(|A^\beta|^2 \frac{\operatorname{Im}\chi_\beta(\boldsymbol{q},\omega_0)}{\omega_0} + |A^\gamma|^2 \frac{\operatorname{Im}\chi_\gamma(\boldsymbol{q},\omega_0)}{\omega_0}\right) \tag{10.47}$$

ここで, α は磁場方向, β および γ はそれに垂直な方向である. また, A は微細結合定数, ω_0 は NMR 周波数である. この式は,「$H \parallel \alpha$ 軸に対する $1/T_1$ は, それに垂直な β および γ 方向のゆらぎを観測する」ことを意味する.

式 (10.47) を図 10.23(a) の実験結果と見比べよう. 磁場が a および b 軸方向の $1/T_1$

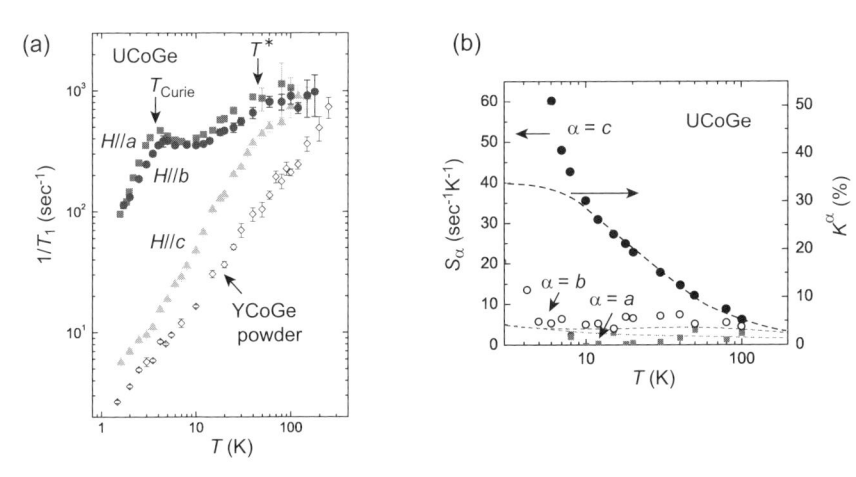

図 10.23 UCoGe に対する NMR の実験結果 [67]. (a) 各磁場方向の $1/T_1$ の温度依存性. (b) S_α ($\alpha = a, b, c$) の温度依存性. S の定義については本文を参照. 破線は Knight シフトを表す.

が c 軸に比べ大きい．これは，a と b の両者に垂直な c 軸方向のゆらぎが大きいことを意味する．実際，$S_\alpha = |A^\alpha|^2 \frac{\mathrm{Im}\,\chi_\alpha(\boldsymbol{q},\omega_0)}{\omega_0}$ （$\alpha = a,b,c$）と定義し，各軸方向のゆらぎを求めると，図 10.23(b) のように，$S_c \gg S_a, S_b$ であることが分かる．一方，磁化率あるいはそれに比例する Knight シフト（図 10.23(b) の破線）を見ると，c 軸方向が磁化容易軸であることが分かる．これら 2 つの結果を結びつけると，磁化容易 c 軸方向の Ising 的な縦ゆらぎが磁性を支配していることが分かる．

磁気ゆらぎは，超伝導を誘起することもあれば，対破壊に寄与することもある．スピン 1 重項状態に対しては，縦ゆらぎ $\chi_\parallel$（自由度は 1）も横ゆらぎ $\chi_\perp$（自由度は 2）も対形成に寄与できる．これに対し，スピン 3 重項状態に対しては，$\chi_\parallel$ のみが対形成に寄与する．一方，対破壊は $\chi_\perp$ によって引き起こされる．UCoGe の場合には Ising 異方性が強いので，スピンゆらぎはスピン 3 重項対の形成に有利である [66]．（b 軸方向における $H_{c2}(T)$ のリエントラント的様相は [69]，スピン 3 重項超伝導を強く示唆する．）

スピンゆらぎによる超伝導発現が UCoGe の中で現実に起こっていることは，次のようにして分かる．図 10.24 に S_c を H^c の関数としてプロットする．ここで，H^c は，挿入図に示したように，c 軸方向の印加磁場成分である．[31] 図には，上部臨界磁場 H_{c2} の磁場方向依存性（即ち H^c 依存性）が併せてプロットしてある．S_c と H_{c2} がともに c 軸方向で大きな値を持つことが見て取れる．これは，磁気ゆらぎが大きい c 軸方向の超伝導（H_{c2}）が強いことを意味する．これより，UCoGe の超伝導がスピンの縦ゆらぎによって媒介されていることが分かる．

UCoGe は「強磁性スピンゆらぎ媒介超伝導」が実証された最初の例である．相図

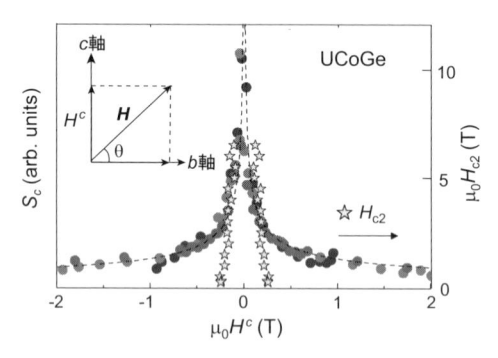

図 10.24 UCoGe の c 軸方向のゆらぎ S_c と上部臨界磁場 H_{c2} の角度依存性 [68]．挿入図は（磁場の c 軸方向成分）H^c の説明図．

---

[31] H^c と上部臨界磁場 H_{c2} とを混同しないように注意されたい．

10.22(b) の P_c 上下の 2 つの超伝導状態の相違を明らかにすることは，今後に残された興味ある問題である．

10-7　超伝導転移温度

図 10.25 は，守谷らによって指摘された「スピンゆらぎを特徴付ける温度 T_0 と超伝導転移温度 T_{SC} の間の相関」（文献 [70]）を元に作られた図である．文献 [70] では，重い電子系に対する T_0（図中の丸印）は，次式から求められている．

$$T_0 \text{ (K)} = 12500/\gamma \text{ (mJ/K}^2\text{mole)} \tag{10.48}$$

図 10.25 には，UPd_2Al_3 に対する準弾性中性子散乱実験（2-6-3 節）から得られた T_0（■印）もプロットされているが [71, 72]，比熱から評価された T_0 と（対数プロットの範囲内で）大きな違いはない．UPt_3 においても，中性子散乱実験のデータ（図 10.9(b) 参照）を用いて評価した T_0（■印）は，比熱から求めた T_0 と同程度の値となる [72]．この図は，UPd_2Al_3 や UPt_3 も含め，スピンゆらぎ媒介超伝導体とされる物質の T_{SC} は T_0 によって決まることを示唆する．

これに対し，強磁性超伝導体 UCoGe の T_0（3-5-4 項）は，直線には乗らない．UGe_2 の（P_X 近傍の T_{SC} 直上における）γ 値（〜 100 mJ/K²mole [73]）から求めた T_0 も直線から大きくはずれる．また，強磁性超伝導体 URhGe に対しても，T_{SC} 直上の γ 値

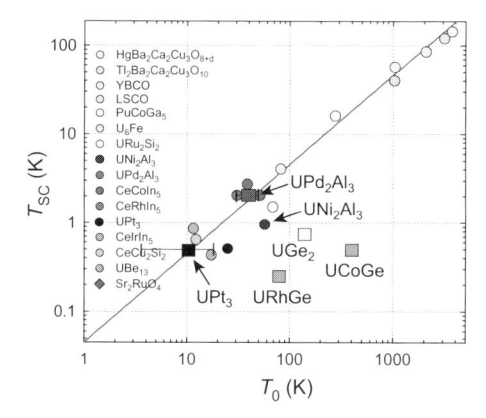

図 10.25　超伝導転移温度 T_{SC} とスピンゆらぎを特徴付ける特性温度 T_0 との相関（[70] 参照）．□ 印のデータについては，本文を参照されたい．

(~ 160 mJ/K^{2}mole [74])から T_0 を求めると，上記同様，直線から大きくはずれる．このように，強磁性超伝導体に対しては，直線関係 $T_0 \propto T_c$ は成り立たない．URhGe と UPd$_2$Al$_3$ を比較すると，γ 値は両者とも同程度の大きさを示すが，$T_{\rm SC}$ は URhGe の方が UPd$_2$Al$_3$ より 1 桁小さい．これらは，超伝導が強磁性体の中で大きく抑制されていることを物語っている．また，強磁性超伝導体は，ある場所に集まっているようにも見える．このことは，強磁性超伝導に共通する性質を示している可能性もある．今後の研究課題である．

参考文献

[1] 小口武彦：『磁性体の統計理論』(裳華房, 1974).
[2] S. Ishida et al.: J. Phys. Soc. Jpn. **45** (1978) 1239.
[3] K. Tajima et al.: J. Phys. Soc. Jpn. **43** (1977) 483.
[4] 石川義和：日本物理学会誌 **36** (1981) 646.
[5] 石川征靖：『超伝導』日本物理学会 (丸善, 1979).
[6] 斯波弘行, 酒井治：固体物理 **28** No. 12 (1993), およびその中の引用文献.
[7] M. Jarrell: Phys. Rev. B **41** (1990) 4815.
[8] M. Jarrell: Phys. Rev. Lett. B **61** (1988) 2612.
[9] S. Uji et al.: Nature **410** (2001) 908; L. Balicas et al.: Phys. Rev. Lett. **87** (2001) 067002.
[10] 立木昌：『磁性理論の進歩』芳田奎教授還暦を記念して (裳華房, 1983).
[11] W. Bao et al.: Phys. Rev. B **62** (2000) R14621; Phys. Rev. B **67** (2003) 099903(E).
[12] G. F. Chen et al.: Phys. Rev. Lett. **97** (2006) 017005.
[13] H. Hegger et al.: Phys. Rev. Lett. **84** (2000) 4986.
[14] Y. Fuseya, H. Kohno & K. Miyake: J. Phys. Soc. Jpn. **72** (2003) 2914.
[15] S. Uemura et al.: J. Phys. Soc. Jpn. **74** (2005) 2667.
[16] N. K. Sato et al.: Physica B **378-380** (2006) 576.
[17] G. Bilbro & W. L. McMillan: Phys. Rev. B **14** (1976) 1887.
[18] R. C. Laceo et al.: Phys. Rev. Lett. **48** (1982) 1212.
[19] H. Amitsuka et al.: Phys. Rev. Lett. **83** (1999) 5114.
[20] K. Matsuda et al.: Phys. Rev. Lett. **87** (2001) 087203.
[21] G. Motoyama et al.: Phys. Rev. Lett. **90** (2003) 166402.
[22] G. Motoyama et al.: J. Phys. Soc. Jpn. **77** (2008) 123710.
[23] J. Flouquet: Prog. Low Temp. Phys. **15** (2005) 139.
[24] N. Aso et al.: Phys. Rev. B **61** (2000) R11867.
[25] K. Ishida et al.: Phys. Rev. Lett. **89** (2002) 037002.

[26] N. R. Bernhoeft & G. G. Lonzarich: J. Phys.: Condens. Metter **7** (1995) 7325.
[27] Y. Ōno: J. Phys. Soc. Jpn. **65** (1996) 19.
[28] K. Tsutsui *et al.*: Physica B **230-232** (1997) 421.
[29] Y. Kuramoto & K. Miyake: J. Phys. Soc. Jpn. **59** (1990) 2831; Prog. Theor. Phys. Suppl. No.108 (1992) 199.
[30] B. Jones & C. M. Varma: Phys. Rev. Lett. **58** (1987) 843; B. Jones, C. M. Varma & J. W. Wilkins: Phys. Rev. Lett. **61** (1988) 125.
[31] S. Kawarazaki *et al.*: J. Phys. Soc. Jpn. **69** Suppl. A (2000) 53.
[32] Y. Okuno & K. Miyake: J. Phys. Soc. Jpn. **67** (1998) 2469.
[33] N. K. Sato *et al.*: Nature **410** (2001) 340.
[34] S. Yotsuhashi, H. Kusunose & K. Miyake: J. Phys. Soc. Jpn. **70** (2001) 186.
[35] A. Koga *et al.*: Phys. Rev. Lett. **92** (2004) 216402.
[36] K. Andres *et al.*: Phys. Rev. B **6** (1972) 2716.
[37] B. Grover: Phys. Rev. **140** (1965) A1944.
[38] N. Sato *et al.*: Physica B **230-232** (1997) 367.
[39] A. Grauel *et al.*: Phys. Rev. B **46** (1992) 5818.
[40] M. Kyogaku *et al.*: Physica B **186-188** (1993) 285.
[41] Y. Inada *et al.*: Physica B **119&200** (1994) 119: Y. Inada *et al.*: Physica B **206&207** (1995) 33; 稲田佳彦, 博士論文（東北大学, 1994）.
[42] N. M. Sandratskii *et al.*: Phys. Rev. B **50** (1994) 15834: K. Konpfle *et al.*: J. Phys.: Condens. Matter **8** (1996) 901.
[43] Y. Inada *et al.*: J. Phys. Soc. Jpn. **68** (1999) 3643.
[44] T. Terashima *et al.*: Physica B **378-380** (2006) 991.
[45] T. Takahashi *et al.*: J. Phys. Soc. Jpn. **65** (1996) 156.
[46] S. Fujimori *et al.*: Nature Phys. **3** (2007) 618.
[47] S.-H. Yang *et al.*: J. Phys. Soc. Jpn. **65** (1996) 2685.
[48] T. E. Mason & G. Aeppli: Matematisk-fysiske Meddelelser **45** (1997) 231.
[49] P. Thalmeier & G. Zwicknagl: in *Handbook of the Physics and Chemistry of Rare Earths* **34**, chap. 219 (Elsevier, 2005).
[50] P. Thalmeier: Eur. Phys. J. B **27** (2002) 29.
[51] M. Jourdan, M. Huth & H. Adrian: Nature **398** (1999) 47.
[52] P. Coleman: Nature **410** (2001) 320.
[53] T. Watanabe *et al.*: Phys. Rev. B **70** (2004) 184502.
[54] N. Bernhoeft: Eur. Phys. J. B **13** (2000) 685.
[55] J. Aarts *et al.*: Europhys. Lett. **26** (1994) 203.
[56] V. L. Ginzburg: Soviet Phys. JETP **5** (1957) 153.
[57] S. S. Saxena *et al.*: Nature **406** (2000) 587.
[58] N. Kabeya *et al.*: J. Phys.: Conference Series **200** (2010) 032028.
[59] S. Watanabe & K. Miyake: J. Phys. Soc. Jpn. **71** (2002) 2489.

[60] H. Nakane *et al.*: J. Phys. Soc. Jpn. **74** (2005) 855.
[61] I. Sheikin *et al.*: Phys. Rev B **64** (2001) 220503(R).
[62] N. T. Huy *et al.*: Phys. Rev. Lett. **99** (2007) 067006.
[63] K. Deguchi *et al.*: J. Phys. Soc. Jpn. **79** (2010) 083708.
[64] T. Ohta *et al.*: J. Phys. Soc. Jpn. **79** (2010) 023707.
[65] 坂聖光ほか，日本物理学会（2008 年 9 月）; E. Hassinger *et al.*: J. Phys. Soc. Jpn. **77** (2008) 073707; E. Slooten *et al.*: Phys. Rev. Lett. **103** (2009) 097003.
[66] 強磁性 QCP 近傍のゆらぎと超伝導の相関に関する理論として，例えば，Z. Wang *et al.*: Phys. Rev. Lett. **87** (2001) 257001.
[67] Y. Ihara *et al.*: Phys. Rev. Lett. **105** (2010) 206403.
[68] T. Hattori *et al.*: Phys. Rev. Lett. **108** (2012) 066403.
[69] D. Aoki *et al.*: J. Phys. Soc. Jpn. **78** (2009) 113709.
[70] 守谷亨：『磁性物理学』（朝倉書店，2006）．
[71] N. Sato *et al.*: J. Phys. Soc. Jpn. **66** (1997) 2981.
[72] N. Sato: Physica B **259-261** (1999) 634.
[73] N. Tateiwa *et al.*: Physica C **388-389** (2003) 527.
[74] D. Aoki *et al.*: Nature **413** (2001) 613.

付録 A

生成・消滅演算子

本付録では,生成・消滅演算子に馴染みのない初学者のために,それらの性質や使い方を簡単にまとめる.証明などについては,参考書を参照されたい [1].

A-1 Fermi 粒子と Bose 粒子

Fermi 粒子の特徴は,Pauli の排他律である:水素原子の軌道角運動量や自由電子の波数などを用いて量子数 l を定義するとき,量子状態 $|n_l\rangle$ に存在する粒子数 n_l は 0 か 1 である.これを式で表せば,

$$\hat{n}_l |n_l\rangle = c_l^\dagger c_l |n_l\rangle = n_l |n_l\rangle, \quad n_l = 0, 1 \tag{A.1}$$

ここで,$c_l^\dagger$ および c_l は,各々状態 l にある Fermi 粒子を 1 個生成および消滅させる演算子であり,$\hat{n}_l = c_l^\dagger c_l$ は数演算子である.生成・消滅演算子は,次の反交換関係を満たす.

$$[c_l, c_{l'}^\dagger]_+ = c_l c_{l'}^\dagger + c_{l'}^\dagger c_l = \delta_{ll'} \tag{A.2}$$

$$[c_l, c_{l'}]_+ = c_l c_{l'} + c_{l'} c_l = 0, \quad [c_l^\dagger, c_{l'}^\dagger]_+ = c_l^\dagger c_{l'}^\dagger + c_{l'}^\dagger c_l^\dagger = 0 \tag{A.3}$$

自由 Fermi 気体を考えると,全エネルギーは次のように表される.

$$\mathcal{H}_0 = \sum_l \varepsilon_l \hat{n}_l = \sum_l \varepsilon_l c_l^\dagger c_l \tag{A.4}$$

ここで,ε_l は量子状態 l のエネルギーである.また,粒子が 1 個も存在しない真空状態を $|0\rangle$ と表すとき,完全規格化直交関数系は次のように書かれる.

$$|\phi\rangle = \prod_l (c_l^\dagger)^{n_l} |0\rangle \tag{A.5}$$

Bose 粒子は，Fermi 粒子と異なり，同一の量子状態に何個でも入ることができる．

$$\hat{n}_l |n_l\rangle = b_l^\dagger b_l |n_l\rangle = n_l |n_l\rangle, \quad n_l = 0, 1, 2, 3, \cdots, \infty \tag{A.6}$$

ここで，$b_l^\dagger$ および b_l は，各々生成および消滅演算子であり，次の交換関係を満たす．

$$[b_l, b_{l'}^\dagger]_- = b_l b_{l'}^\dagger - b_{l'}^\dagger b_l = \delta_{ll'} \tag{A.7}$$

$$[b_l, b_{l'}]_- = b_l b_{l'} - b_{l'} b_l = 0, \quad [b_l^\dagger, b_{l'}^\dagger]_- = b_l^\dagger b_{l'}^\dagger - b_{l'}^\dagger b_l^\dagger = 0 \tag{A.8}$$

また，n_l 個の Bose 粒子が入った量子状態 $|n_l\rangle$ は，次のように表される．

$$|n_l\rangle = \frac{1}{\sqrt{n_l!}} (b_l^\dagger)^{n_l} |0\rangle \tag{A.9}$$

ここで，$|0\rangle$ は粒子が 1 個も存在しない真空状態を表す．

自由 Bose 気体の全エネルギーは，次のように表される．

$$\mathcal{H}_0 = \sum_l \varepsilon_l \hat{n}_l = \sum_l \varepsilon_l b_l^\dagger b_l \tag{A.10}$$

ここで，ε_l は量子状態 l のエネルギーである．このハミルトニアンの固有ベクトル（完全規格化直交関数系）は，次のようになる．

$$|\phi\rangle = \prod_l \frac{1}{\sqrt{n_l!}} (b_l^\dagger)^{n_l} |0\rangle \tag{A.11}$$

次に，図 A.1 に表される散乱（湯川型相互作用と呼ばれる）を考える．直線は Fermi 粒子，波線は Bose 粒子を表す．左図のプロセスにおいては，波数ベクトル q の Fermi 粒子が，波数ベクトル k の Bose 粒子を 1 個放出して，波数ベクトル $q' = q - k$ の Fermi 粒子に変わっている．これを表す相互作用ハミルトニアンは次のようである．

$$\mathcal{H}' = g \sum_{q,k} c_{q-k}^\dagger c_q b_k^\dagger + g^* \sum_{q,k} c_q^\dagger c_{q-k} b_k \tag{A.12}$$

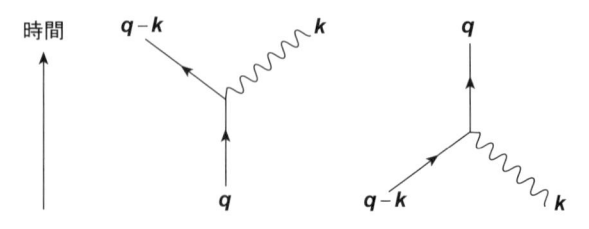

図 **A.1** Fermi 粒子（直線）と Bose 粒子（波線）の相互作用．左図では Bose 粒子が生成され，右図では消滅する．Bose 粒子がフォノンであるとき，これは電子格子相互作用となる．

全体をエルミートにするために，右辺第 1 項のエルミート共役[1]である第 2 項を加えた．第 2 項では，Bose 粒子と Fermi 粒子が 1 個ずつ消え，Fermi 粒子が 1 個発生している．これは，第 1 項の逆の過程を表す．

図 A.1 のプロセスは，例えば，4-3 節の電子格子相互作用（Fröhlich 相互作用）に対応する．即ち，波数ベクトル q の電子は，フォノンを 1 個放出するとともに，波数ベクトルの異なる Bloch 状態に散乱される．

A-2　Cooper 対の生成と消滅

Cooper 対の生成と消滅を議論するため [2]，次の 2 次元表現を考える．

$$|1\rangle_{\bm{k}} = \begin{pmatrix} 1 \\ 0 \end{pmatrix}_{\bm{k}}, \quad |0\rangle_{\bm{k}} = \begin{pmatrix} 0 \\ 1 \end{pmatrix}_{\bm{k}} \tag{A.13}$$

ここで，$|1\rangle_{\bm{k}}$ は $\pm \bm{k}$ の Cooper 対が占有されている状態，$|0\rangle_{\bm{k}}$ は $\pm \bm{k}$ の Cooper 対が空である状態を表す．一方，磁性を議論する際，式 (A.13) の右辺の 2 次元表現を用いて，電子スピンが上向きおよび下向きの状態を表現した．これらより，「Cooper 対が占有されている状態」を「スピンが上向きの状態」に対応付け，「Cooper 対が空である状態」を「スピンが下向きの状態」に対応付ける．このとき，Cooper 対の生成と消滅は，スピンの向きの反転と同じように，次の演算子を用いて表される．

$$\sigma_{\bm{k}}^{+} = \frac{1}{2}(\sigma_{\bm{k}}^{x} + i\sigma_{\bm{k}}^{y}) = \begin{pmatrix} 0 & 1 \\ 0 & 0 \end{pmatrix}, \quad \sigma_{\bm{k}}^{-} = \frac{1}{2}(\sigma_{\bm{k}}^{x} - i\sigma_{\bm{k}}^{y}) = \begin{pmatrix} 0 & 0 \\ 1 & 0 \end{pmatrix} \tag{A.14}$$

ここで，$\sigma_{\bm{k}}^{x}$ および $\sigma_{\bm{k}}^{y}$ は次の Pauli 行列である．

$$\sigma_{\bm{k}}^{x} = \begin{pmatrix} 0 & 1 \\ 1 & 0 \end{pmatrix}_{\bm{k}}, \quad \sigma_{\bm{k}}^{y} = \begin{pmatrix} 0 & -i \\ i & 0 \end{pmatrix}_{\bm{k}} \tag{A.15}$$

$\sigma_{\bm{k}}^{+}$ および $\sigma_{\bm{k}}^{-}$ が Cooper 対の生成および消滅の役割を果たすことは，次の関係によって確かめられる．

$$\sigma_{\bm{k}}^{+}|1\rangle_{\bm{k}} = 0, \ \sigma_{\bm{k}}^{+}|0\rangle_{\bm{k}} = |1\rangle_{\bm{k}}, \ \sigma_{\bm{k}}^{-}|1\rangle_{\bm{k}} = |0\rangle_{\bm{k}}, \ \sigma_{\bm{k}}^{-}|0\rangle_{\bm{k}} = 0 \tag{A.16}$$

超伝導における Cooper 対の散乱過程は，ある対状態 $(\bm{k}, -\bm{k})$ の消滅（$\sigma_{\bm{k}}^{-}$）と別の

---

[1] エルミート共役は式の上で h.c.（hermite conjugate の略）と書かれる．例として，式 (7.25) を参照されたい．

状態 $(\boldsymbol{k}', -\boldsymbol{k}')$ の生成（$\sigma_{\boldsymbol{k}'}^+$）として記述される．この散乱によって，$V_{\boldsymbol{k},\boldsymbol{k}'}$ だけのエネルギーが減少する．対同士の散乱 $(\boldsymbol{k}, -\boldsymbol{k}) \leftrightarrow (\boldsymbol{k}', -\boldsymbol{k}')$ による全エネルギーの減少は，全ての散乱過程を足し合わせることによって得られる．

$$\mathcal{H}_V = -\sum_{\boldsymbol{k},\boldsymbol{k}'} V_{\boldsymbol{k},\boldsymbol{k}'} \sigma_{\boldsymbol{k}}^+ \sigma_{\boldsymbol{k}'}^- = -\frac{1}{4} \sum_{\boldsymbol{k},\boldsymbol{k}'} V_{\boldsymbol{k},\boldsymbol{k}'} \left(\sigma_{\boldsymbol{k}}^x \sigma_{\boldsymbol{k}'}^x + \sigma_{\boldsymbol{k}}^y \sigma_{\boldsymbol{k}'}^y \right) \tag{A.17}$$

一方，運動エネルギーは次のように書かれる．

$$\mathcal{H}_0 = \sum_{\boldsymbol{k}} \xi_{\boldsymbol{k}} c_{\boldsymbol{k}}^\dagger c_{\boldsymbol{k}} = \frac{1}{2} \sum_{\boldsymbol{k}} \xi_{\boldsymbol{k}} \left(c_{\boldsymbol{k}}^\dagger c_{\boldsymbol{k}} + c_{-\boldsymbol{k}}^\dagger c_{-\boldsymbol{k}} \right) = \frac{1}{2} \sum_{\boldsymbol{k}} \xi_{\boldsymbol{k}} \left(\hat{n}_{\boldsymbol{k}} + \hat{n}_{-\boldsymbol{k}} - 1 \right) \tag{A.18}$$

ここで，$\hat{n}_{\boldsymbol{k}} = c_{\boldsymbol{k}}^\dagger c_{\boldsymbol{k}}$ である．また，右辺第 2 式から第 3 式に移るとき，$\sum_{\boldsymbol{k}} \xi_{\boldsymbol{k}} = 0$（状態は Fermi 準位について対称）と仮定した．このとき，次の関係が満たされる．

$$(\hat{n}_{\boldsymbol{k}} + \hat{n}_{-\boldsymbol{k}} - 1) |1\rangle_{\boldsymbol{k}} = |1\rangle_{\boldsymbol{k}}, \quad (\hat{n}_{\boldsymbol{k}} + \hat{n}_{-\boldsymbol{k}} - 1) |0\rangle_{\boldsymbol{k}} = -|0\rangle_{\boldsymbol{k}} \tag{A.19}$$

従って，この演算子は，Pauli 行列 $\sigma_{\boldsymbol{k}}^z$ によって表現される．

$$(\hat{n}_{\boldsymbol{k}} + \hat{n}_{-\boldsymbol{k}} - 1) = \begin{pmatrix} 1 & 0 \\ 0 & -1 \end{pmatrix}_{\boldsymbol{k}} = \sigma_{\boldsymbol{k}}^z \tag{A.20}$$

以上まとめると，超伝導のハミルトニアンは，式 (4.63) の形に書かれる．

$$\mathcal{H} = \frac{1}{2} \sum_{\boldsymbol{k}} \xi_{\boldsymbol{k}} \sigma_{\boldsymbol{k}}^z - \frac{1}{4} \sum_{\boldsymbol{k},\boldsymbol{k}'} V_{\boldsymbol{k},\boldsymbol{k}'} \left(\sigma_{\boldsymbol{k}}^x \sigma_{\boldsymbol{k}'}^x + \sigma_{\boldsymbol{k}}^y \sigma_{\boldsymbol{k}'}^y \right) \tag{A.21}$$

A-3　計算例

1-2-2 項の式 (1.32) の計算を行う．まず次の関係が成り立つことに注意する．

$$s_i^+ \equiv s_i^x + i s_i^y = c_{i\uparrow}^\dagger c_{i\downarrow}, \ s_i^- \equiv s_i^x - i s_i^y = c_{i\downarrow}^\dagger c_{i\uparrow}, \ 2s_i^z = c_{i\uparrow}^\dagger c_{i\uparrow} - c_{i\downarrow}^\dagger c_{i\downarrow} \tag{A.22}$$

ここで，$i = 1, 2$ であり，例えば，$c_{i\uparrow}^\dagger$ は i サイトに上向きスピンの電子を作る演算子，$c_{i\downarrow}$ は i サイトの下向きスピンの電子を消す演算子である．s_i^+ はスピンを ↓ から ↑ に変える演算子であり，$c_{i\uparrow}^\dagger c_{i\downarrow}$ に等しい．第 2 式も同様である．また，磁化は ↑ の電子の数と ↓ の電子の数の差であるから，第 3 式も理解されるであろう．これらの式を使って次のように変形する．

$$\boldsymbol{s}_1 \cdot \boldsymbol{s}_2 = \frac{1}{2}(s_1^+ s_2^- + s_1^- s_2^+) + s_1^z s_2^z = \frac{1}{2} \sum_{\sigma,\sigma'} c_{1\sigma}^\dagger c_{1\sigma'} c_{2\sigma'}^\dagger c_{2\sigma} - \frac{1}{4} \tag{A.23}$$

ここで，$\sigma, \sigma' =\uparrow, \downarrow$ である．これを式 (1.30) に代入することにより，式 (1.32) を得る．

$$\mathcal{H} = -J \sum_{\sigma,\sigma'} c^\dagger_{1\sigma'} c_{1\sigma'} c^\dagger_{2\sigma'} c_{2\sigma} \tag{A.24}$$

$\sigma' \neq \sigma$ の項では，電子スピンの向きが入れ替わっている．

次の例として，2-3-2 項に現れる式 (2.51) の導出を以下に与える．

$$\begin{aligned}
\sum_{\sigma,\sigma'} c^\dagger_{a\sigma'} c_{b\sigma'} c^\dagger_{b\sigma} c_{a\sigma} \Psi_{a\uparrow b\downarrow} &= \sum_{\sigma,\sigma'} c^\dagger_{a\sigma'} c_{b\sigma'} c^\dagger_{b\sigma} c_{a\sigma} (c^\dagger_{a\uparrow} c^\dagger_{b\downarrow} |0\rangle) \\
&= \sum_{\sigma'} c^\dagger_{a\sigma'} c_{b\sigma'} [c^\dagger_{b\uparrow} c_{a\uparrow} c^\dagger_{a\uparrow} c^\dagger_{b\downarrow} + c^\dagger_{b\downarrow} c_{a\downarrow} c^\dagger_{a\uparrow} c^\dagger_{b\downarrow}]|0\rangle \\
&= \sum_{\sigma'} c^\dagger_{a\sigma'} c_{b\sigma'} [c^\dagger_{b\uparrow} c_{a\uparrow} c^\dagger_{a\uparrow} c^\dagger_{b\downarrow} + c^\dagger_{b\downarrow} c^\dagger_{a\uparrow} c^\dagger_{b\downarrow} c_{a\downarrow}]|0\rangle \\
&= \sum_{\sigma'} c^\dagger_{a\sigma'} c_{b\sigma'} c^\dagger_{b\uparrow} c_{a\uparrow} c^\dagger_{a\uparrow} c^\dagger_{b\downarrow} |0\rangle \quad (c_{a\downarrow}|0\rangle = 0 \text{ より}) \\
&= [c^\dagger_{a\uparrow} c_{b\uparrow} c^\dagger_{b\uparrow} c_{a\uparrow} c^\dagger_{a\uparrow} c^\dagger_{b\downarrow} + c^\dagger_{a\downarrow} c_{b\downarrow} c^\dagger_{b\uparrow} c_{a\uparrow} c^\dagger_{a\uparrow} c^\dagger_{b\downarrow}]|0\rangle \\
&= c^\dagger_{a\uparrow}(1 - c^\dagger_{b\uparrow} c_{b\uparrow})(1 - c^\dagger_{a\uparrow} c_{a\uparrow}) c^\dagger_{b\downarrow} |0\rangle \\
&\quad + c^\dagger_{a\downarrow} c_{b\downarrow} c^\dagger_{b\uparrow}(1 - c^\dagger_{a\uparrow} c_{a\uparrow}) c^\dagger_{b\downarrow} |0\rangle \\
&= c^\dagger_{a\uparrow}(1 - c^\dagger_{b\uparrow} c_{b\uparrow} - c^\dagger_{a\uparrow} c_{a\uparrow} + c^\dagger_{b\uparrow} c_{b\uparrow} c^\dagger_{a\uparrow} c_{a\uparrow}) c^\dagger_{b\downarrow} |0\rangle \\
&\quad + c^\dagger_{a\downarrow} c_{b\downarrow} c^\dagger_{b\uparrow}(c^\dagger_{b\downarrow} - c^\dagger_{b\downarrow} c^\dagger_{a\uparrow} c_{a\uparrow})|0\rangle \\
&= c^\dagger_{a\uparrow} c^\dagger_{b\downarrow} |0\rangle \quad (c^\dagger_{b\uparrow} c_{b\uparrow} c^\dagger_{b\downarrow} |0\rangle = 0, \ c_{a\uparrow} c^\dagger_{b\downarrow} |0\rangle = 0 \text{ などより}) \\
&\quad + c^\dagger_{a\downarrow} c_{b\downarrow} c^\dagger_{b\uparrow} c^\dagger_{b\downarrow} |0\rangle \quad (c_{a\uparrow}|0\rangle = 0 \text{ より}) \\
&= c^\dagger_{a\uparrow} c^\dagger_{b\downarrow} |0\rangle - c^\dagger_{a\downarrow} c^\dagger_{b\uparrow} c_{b\downarrow} c^\dagger_{b\downarrow} |0\rangle \\
&= c^\dagger_{a\uparrow} c^\dagger_{b\downarrow} |0\rangle - c^\dagger_{a\downarrow} c^\dagger_{b\uparrow}(1 - c^\dagger_{b\downarrow} c_{b\downarrow})|0\rangle \\
&= c^\dagger_{a\uparrow} c^\dagger_{b\downarrow} |0\rangle - c^\dagger_{a\downarrow} c^\dagger_{b\uparrow} |0\rangle \quad (c_{b\downarrow}|0\rangle = 0 \text{ より}) \\
&= \Psi_{a\uparrow b\downarrow} - \Psi_{a\downarrow b\uparrow} \tag{A.25}
\end{aligned}$$

参考文献

[1] 例えば，高橋康：『多量子問題から場の量子論へ』(講談社，1997)；武田暁：『場の理論』(裳華房，1991)；J. M. ザイマン，樺沢宇紀 訳：『現代量子論の基礎』(丸善プラネット，2008) など．

[2] H. イバッハ，H. リュート，石井力・木村忠正 訳：『固体物理学』(丸善出版，2012)．

付録 B

結晶場と群論

　結晶場効果によりエネルギー準位がどのように分裂するかを考えることは，重い電子系のみならず，物質一般の磁性を考える上で重要である．ここでは，全体像を見渡す上で有用である群論について説明し，結晶場効果の計算を行う上で便利な Stevens の等価演算子法についても説明する [1].

B-1　結晶場と群論

B-1-1　対称操作と表現

　群の定義から始めよう．次の 4 つの条件を満たす要素の集合を群と定義する．(1) 2 つの要素の積は，この集合の要素である．(2) 結合法則 $(AB)C = A(BC)$ が成り立つ．(3) $AE = EA = A$ を満たす恒等操作 E が存在する．(4) $AA^{-1} = A^{-1}A = E$ を満たす逆操作 A^{-1} が存在する．結晶構造を不変に保つ操作 ($\bm{r}' = \bm{R}\bm{r} + \bm{t}$) の集合は群の好例である．ここで，$\bm{R}$ は回転，$\bm{t}$ は並進操作であり，$\bm{r}$ および $\bm{r}'$ はこれらの操作を行う前および後の位置ベクトルである．このような群を空間群と呼ぶ．特に $\bm{t} = 0$ の場合は，ある 1 点が固定されるため，点群と呼ばれる．

> 【補足 1】以下に見るように，2 つの対称操作 A と B を続けて行うとき，積 AB の形に表す．このとき，一般には操作の順番によって結果が変わる．即ち，AB と BA は等しくない．従って，積をつくるときその順番が重要である．もし AB と BA が全ての要素に対して成り立つならば，積は可換であるといい，群は Abel 群と呼ばれる．また，積の代わりに和 $a + b$ を定義し，恒等操作を 0（ゼロ），a に対する逆操作を $-a$ とすると，群は加法群となる．整数の集合は加法群である．

　点群の例として，正方対称群（D_4 群と呼ばれる）を考えよう．図 B.1 に示すように，(底面が正方形の) 直方体の頂点に同等のイオン（丸印）が配置している．結晶を不変に保つ対称操作は次の 8 個である．(1) 恒等操作 E：「何もしない」操作.

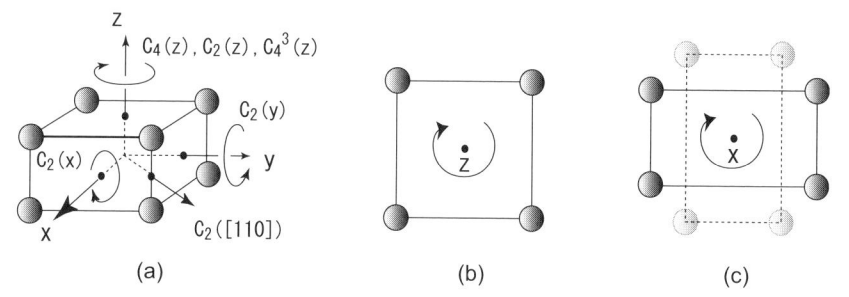

図 B.1 (a) 正方対称群の対称操作. (b) z 軸の周りの $2\pi/4$ の回転を表す対称操作 $C_4(z)$. (c) x 軸の周りの $\pi/2$ の回転によっては元に戻らない. 従って, $C_4(x)$ は対称操作ではない. しかし, これを 2 回続けて行うこと (即ち π の回転) により元に戻るので $C_2(x)$ は対称操作である.

(2) z 軸の周りの角度 $2\pi/2(=\pi)$ の回転:[1] z 軸の z と回転角 $2\pi/2$ の分母の 2 を用いて, この操作を $C_2(z)$ と表す. (3) z 軸の周りの $2\pi/4$ の回転: $C_4(z)$. (4) z 軸の周りの $(2\pi/4)\times 3(=3\pi/2)$ の回転: $C_4^3(z)$. (5) xy 面内の [110] 軸の周りの角度 $2\pi/2(=\pi)$ の回転: $C_2([110])$. (6) xy 面内の $[1\bar{1}0]$ 軸の周りの角度 $2\pi/2(=\pi)$ の回転: $C_2([1\bar{1}0])$. (7) x 軸の周りの角度 $2\pi/2(=\pi)$ の回転: $C_2(x)$. (8) y 軸の周りの角度 $2\pi/2(=\pi)$ の回転: $C_2(y)$. これらの積を作ると, 上で定義した規則に従うことが分かる. 例えば, 次のようである.

$$C_4(z)C_2(z) = C_4^3(z), \quad (C_4(z)C_2(z))C_4(z) = C_4(z)(C_2(z)C_4(z)),$$
$$C_4(z)C_4^3(z) = E, \quad C_2(z)C_2(z) = E, \quad C_4(z)C_4^3(z) = E, \cdots \tag{B.1}$$

これより, これら 8 個の対称操作の集合が群をなすことが確かめられる.

次に, 群 G をつくる対称操作 R に対し, "関数に作用する演算子" $\hat{P}(R)$ を次式で定義する.

$$\hat{P}(R)\,\varphi(\boldsymbol{r}) \equiv \varphi'(\boldsymbol{r}) = \varphi(\boldsymbol{r}' = R^{-1}\,\boldsymbol{r}) \tag{B.2}$$

これは, 関数 $\varphi(\boldsymbol{r})$ に $\hat{P}(R)$ を作用させると, $\varphi'(\boldsymbol{r})$ に変換されることを意味する. 変換の結果が $\varphi(\boldsymbol{r}' = R^{-1}\,\boldsymbol{r})$ に等しいことは,「関数にある対称操作 $\hat{P}(R)$ (例えば z 軸の周りの角度 $\pi/2$ の回転) を作用させることは, 座標軸に対し逆の操作 (z 軸に対し角度 $-\pi/2$ の回転) を施すことと等価である」ことを考えれば理解されるであろ

---

[1] 結晶に対しある軸の周りに角度 $2\pi/n$ の回転を施したとき元と区別がつかないとしよう. このとき, この軸を n 回軸と呼ぶ. 例えば, $2\pi/3$ の回転によって元と重なるのであれば, その軸は 3 回軸である. この他に, 2 回軸, 4 回軸および 6 回軸が可能である. 結晶では 5 回対称は許されないため, 5 回軸は存在しない.

う．他の要素に対しても同様の操作を行うことにより，$\varphi(\boldsymbol{r})$ から次々と新しい関数を作ることができる．例として，p 波動関数を考える．

$$\begin{cases} p_x(\boldsymbol{r}) = xf(r) \\ p_y(\boldsymbol{r}) = yf(r) \\ p_z(\boldsymbol{r}) = zf(r) \end{cases} \tag{B.3}$$

ここで，$f(r)$ は距離 r のみの関数である．座標の回転によって距離 r は不変であるから，対称操作 $C_2(z)$ による変換によって次を得る．

$$\begin{cases} C_2(z)p_x(\boldsymbol{r}) = p_x{}'(\boldsymbol{r}) = p_x(\boldsymbol{r}' = C_2(z)^{-1}\boldsymbol{r}) = -xf(r) = -p_x(\boldsymbol{r}) \\ C_2(z)p_y(\boldsymbol{r}) = p_y{}'(\boldsymbol{r}) = p_y(\boldsymbol{r}' = C_2(z)^{-1}\boldsymbol{r}) = -yf(r) = -p_y(\boldsymbol{r}) \\ C_2(z)p_z(\boldsymbol{r}) = p_z{}'(\boldsymbol{r}) = p_z(\boldsymbol{r}' = C_2(z)^{-1}\boldsymbol{r}) = zf(r) = p_z(\boldsymbol{r}) \end{cases} \tag{B.4}$$

ここで，変換 $\boldsymbol{r}' = C_2(z)^{-1}\boldsymbol{r}$ による新旧の座標の関係

$$\begin{cases} x' = -x \\ y' = -y \\ z' = z \end{cases} \tag{B.5}$$

を用いた．[2] 式 (B.4) の変換は，次のような行列の形式に書くこともできる．

$$\begin{pmatrix} p_x{}'(\boldsymbol{r}) \\ p_y{}'(\boldsymbol{r}) \\ p_z{}'(\boldsymbol{r}) \end{pmatrix} = \begin{pmatrix} -1 & 0 & 0 \\ 0 & -1 & 0 \\ 0 & 0 & 1 \end{pmatrix} \begin{pmatrix} p_x(\boldsymbol{r}) \\ p_y(\boldsymbol{r}) \\ p_z(\boldsymbol{r}) \end{pmatrix} \tag{B.7}$$

右辺の 3×3 の変換行列 D を対称操作 $C_2(z)$ に対応させ，次のように表す．

$$D(C_2(z)) = \begin{pmatrix} -1 & 0 & 0 \\ 0 & -1 & 0 \\ 0 & 0 & 1 \end{pmatrix} \tag{B.8}$$

他の操作に対しても，p_x, p_y, p_z の 3 つの関数を基底にして 3×3 の行列を作ることができる（表 B.1 参照）．このとき，これら行列の集合もまた群をなすことが示され

---

[2] z 軸の周りの角度 φ の座標軸の回転による座標の変換式は次のようである．

$$\begin{pmatrix} x' \\ y' \\ z' \end{pmatrix} = \begin{pmatrix} \cos\varphi & -\sin\varphi & 0 \\ \sin\varphi & \cos\varphi & 0 \\ 0 & 0 & 1 \end{pmatrix} \begin{pmatrix} x \\ y \\ z \end{pmatrix} \tag{B.6}$$

ここで，z 軸の正方向から見た x, y 軸の時計方向の回転を正の φ にとってある．$\varphi = -\pi$ と置くことにより，式 (B.5) の関係式が得られる．

表 B.1 D_4 群の表現の例．基底関数として3つの関数 p_x, p_y, p_z が用いられているため，3×3 の行列となっている．行列の中に引かれている線の意味については本文を参照されたい．

	E	$C_2(z)$	$C_4(z)$	$C_4^3(z)$
$\Gamma_0 =$ $\Gamma_5 \oplus \Gamma_2$	$\begin{pmatrix} 1 & 0 & 0 \\ 0 & 1 & 0 \\ \hline 0 & 0 & 1 \end{pmatrix}$	$\begin{pmatrix} -1 & 0 & 0 \\ 0 & -1 & 0 \\ \hline 0 & 0 & 1 \end{pmatrix}$	$\begin{pmatrix} 0 & -1 & 0 \\ 1 & 0 & 0 \\ \hline 0 & 0 & 1 \end{pmatrix}$	$\begin{pmatrix} 0 & 1 & 0 \\ -1 & 0 & 0 \\ \hline 0 & 0 & 1 \end{pmatrix}$
	$C_2(\langle 110 \rangle)$	$C_2(\langle 1\bar{1}0 \rangle)$	$C_2(x)$	$C_2(y)$
$\Gamma_0 =$ $\Gamma_5 \oplus \Gamma_2$	$\begin{pmatrix} 0 & 1 & 0 \\ 1 & 0 & 0 \\ \hline 0 & 0 & -1 \end{pmatrix}$	$\begin{pmatrix} 0 & -1 & 0 \\ -1 & 0 & 0 \\ \hline 0 & 0 & -1 \end{pmatrix}$	$\begin{pmatrix} 1 & 0 & 0 \\ 0 & -1 & 0 \\ \hline 0 & 0 & -1 \end{pmatrix}$	$\begin{pmatrix} -1 & 0 & 0 \\ 0 & 1 & 0 \\ \hline 0 & 0 & -1 \end{pmatrix}$

る．例えば，$C_2(z)C_2(z) = E$ に対応して，次のような等式が成り立つ．

$$D(C_2(z))D(C_2(z)) = \begin{pmatrix} -1 & 0 & 0 \\ 0 & -1 & 0 \\ 0 & 0 & 1 \end{pmatrix} \begin{pmatrix} -1 & 0 & 0 \\ 0 & -1 & 0 \\ 0 & 0 & 1 \end{pmatrix} = \begin{pmatrix} 1 & 0 & 0 \\ 0 & 1 & 0 \\ 0 & 0 & 1 \end{pmatrix} = D(E) \quad \text{(B.9)}$$

2番目の等式に現れる行列が恒等変換に対応する行列であることは明らかであろう．このような群を成す行列を表現（representation）という．なお，上で得た D_4 群の 3×3 の表現を，ここでは Γ_0 と記す．

以上をまとめると次のようになる．結晶の対称性を保つ要素の集合は群をなす．このとき，対称操作を(表現)行列で表すことができる．行列で表すことは一見抽象的で分かりにくいように思われるが，一般化するのに便利であり，また計算を機械的に行うことができるという利点を持つ．ただし，この表現行列は一義的には決まらない．例えば，上では基底関数として3つの p 波動関数をとったが，s や d 波動関数でもよく，その場合，表現行列は各々 1×1, 5×5 の行列となる．

ここで，表 B.1 の表現 Γ_0（3×3 の行列）に対し縦横2本の線を引くと，行列が2つの部分に "分解" できることに気付く．例えば $R = C_4(z)$ に関しては，3×3 の行列は左上の 2×2 の行列と右下の 1×1 の行列に対角化（非対角成分がゼロ）される．

$$D(C_4(z)) = \begin{pmatrix} 0 & -1 & 0 \\ 1 & 0 & 0 \\ \hline 0 & 0 & 1 \end{pmatrix} \rightarrow \begin{pmatrix} 0 & -1 \\ 1 & 0 \end{pmatrix} \oplus \begin{pmatrix} 1 \end{pmatrix} \quad \text{(B.10)}$$

"分解" された2つの行列を矢印の右に書き，それらが分解されたものであることを $\oplus$ の記号を用いて表した．

この 2×2 の行列も,同じ群を作る.例えば,$C_4(z)C_2(z) = C_4^3(z)$ に対応して,次のようになる.

$$\begin{pmatrix} 0 & -1 \\ 1 & 0 \end{pmatrix} \begin{pmatrix} -1 & 0 \\ 0 & -1 \end{pmatrix} = \begin{pmatrix} 0 & 1 \\ -1 & 0 \end{pmatrix} \tag{B.11}$$

同じことは,1×1 の行列に対しても当てはまる.

このように,表現行列をより小さな表現に分解することを簡約と呼ぶ.上述の 2×2 の行列を Γ_5,1×1 の行列を Γ_2 と名付けると,上で見た簡約は次のように表される.

$$\Gamma_0 = \Gamma_5 \oplus \Gamma_2 \tag{B.12}$$

このとき,Γ_0 を可約表現(もっと小さな表現に簡約が可能な表現),Γ_5 および Γ_2 を既約表現(これ以上簡約され得ない表現)とよぶ.[3] また,表現 Γ_0 は既約表現 Γ_5 と Γ_2 の直和であるといわれる.

B-1-2 部分群とエネルギー準位の分裂

ハミルトニアンは対称操作 $\hat{P}(R)$ によって不変であると仮定し,Schrödinger 方程式 $\mathcal{H}\varphi = \varepsilon\varphi$ に $\hat{P}(R)$ を作用させると,次式が得られる.

$$\mathcal{H}(\hat{P}(R)\varphi) = \varepsilon(\hat{P}(R)\varphi) \tag{B.13}$$

これにより,変換された関数 $\hat{P}(R)\varphi$ は,元の関数 φ と同じ固有値 ε を持つ固有関数であることが分かる.即ち,対称操作によって次々と得られる関数は,皆同じエネルギーを持つ.

回転群を「任意の軸の周りの任意の角度 α の回転操作 R_α の集合」と定義する.[4] 等方的な拡がりをもつ s 軌道に対し R_α を施しても,それが異方的な p 軌道に変わることはない.同様に,p 軌道関数は変換 R_α に対しそれらの間で変換されるのみであり,決して s 軌道関数や d 軌道関数に変わることはない.例えば,回転群の要素である $C_4(z)$(z 軸の周りの角度 $2\pi/4$ の回転)を波動関数 p_x に作用させると p_y が得られ,$C_4(y)$ を作用させると p_z が得られる.以上のことを式で表すと,次のよう

---

[3] 既約表現の記法にはいくつかの流儀がある.Γ_1 や Γ_5 のような記法は Bethe あるいは Koster 表記と呼ばれる.一方,A_1(1 次元表現),E(2 次元)あるいは T_2(3 次元)などは Mulliken あるいは分子的表記と呼ばれる.f 電子系分野では前者がよく使われる.

[4] 3 次元空間の回転操作を表す表現行列は,行列式の値が 1 となる特殊直交行列である.これより,この群は $SO(3)$ と記される.また,これに反転操作を加えた集合を考えると,行列式の値が -1 となる表現行列を含むようになり,直交群 $O(3)$ と呼ばれるものになる.結晶を不変に保つ点群が有限個の対称操作から成り立っているのとは対照的に,回転群の対称操作の数は連続無限個である.

になる．

$$\hat{P}(R_\alpha)Y_l^{m'}(\theta,\varphi) = \sum_m D^{(l)}_{mm'}(R_\alpha)Y_l^m(\theta,\varphi) \tag{B.14}$$

ここで，球面調和関数 $Y_l^m(\theta,\varphi)$ は回転群の既約表現 $D^{(l)}$ の基底関数であり，$D^{(l)}$ は表現行列の要素 $D^{(l)}_{mm'}$ から構成される行列である [1]．これを式 (B.13) に対応させると，$\hat{P}(R)s$ は s 自身であり，s は自分自身とのみ同じエネルギーを持つ．同様に，$\hat{P}(R)p_x$ は，p_x, p_y, p_z あるいはそれらの線形結合になり，p_x, p_y, p_z は互いに同じエネルギーを持つ．即ち，s および p 軌道関数は，それぞれ 1, 3 重（行列の次元数 l に対応）に縮退している．[5]

正方対称群（D_4 群）を考えよう．D_4 群に属する 8 個の要素は回転群の要素でもあるので，D_4 群は回転群の部分群である．基底関数の変換は次のように表される．

$$\hat{P}(R)\varphi_{m'} = \sum_m D_{mm'}(R)\varphi_m \tag{B.15}$$

例えば，既約表現 Γ_5 を考えれば，$D_{mm'}(R)$ は 2×2 の行列要素であり，φ_m は p_x と p_y である．従って，エネルギーは 2 重に縮退している．また，既約表現 Γ_2 を考えれば，φ_m は p_z であり，エネルギーは 1 重である．Γ_0 が Γ_5 と Γ_2 に分解（簡約）されたことは，次のようにも表現される：$p_x(\boldsymbol{r})$ と $p_y(\boldsymbol{r})$ は正方対称群の対称操作により互いに混ざり合うのに対し，$p_z(\boldsymbol{r})$ とは（正方対称群の）如何なる対称操作をもってしても混ざらない．

ここまでを整理すれば，次のように表現される．球対称場の下では，（偶然縮退を考えなければ）s 軌道関数と p 軌道関数は異なる対称性を持ち，異なるエネルギー固有値を持つ．これと同じように，正方対称場の下では，p_x, p_y と p_z は異なる対称性を持ち，異なるエネルギー固有値を持つ．

次に，球対称場と正方対称場の関係を考えよう．x 軸の周りの $2\pi/4$ の回転 $C_4(x)$ に着目する（図 B.1(c) 参照）．これは回転群 $SO(3)$ の対称操作ではあるが，正方対称群 D_4 には含まれない．回転 $C_4(x)$ に対する行列は，p 波動関数を基底にとるとき，次のように書かれる．

$$D(C_4(x)) = \begin{pmatrix} 1 & 0 & 0 \\ 0 & 0 & -1 \\ 0 & 1 & 0 \end{pmatrix} \in SO(3),\ \notin D_4 \tag{B.16}$$

---

[5] これはまさに，角運動量（空間対称性）による波動関数の分類の基礎付けである．対称性から考えると，水素原子の s と p は同じエネルギーを持つ必要はない．それらが同じエネルギーを持つのは，ポテンシャルが $1/r$ 依存性を持つためであり，対称性から要求されるものではない．このような縮退は，偶然縮退と呼ばれる．

行列の形から分かるように，$C_4(x)$ により p_y と p_z は互いに混ざる．球対称場を表す回転群には，このような p_x, p_y, p_z を混ぜ合わせる対称操作が含まれていたのに対し，正方対称群には含まれない．これは，p_x, p_y, p_z は球対称場の下では縮退していたが正方対称場の下では縮退が解けることを意味する．この状況を図 B.2(a) に示す．

さらに，結晶が歪んで（結晶の対称性が下がって）斜方対称場（D_2 群）の環境下に置かれたとしよう．対称操作は $E, C_2(z), C_2(x)$ および $C_2(y)$ の 4 個であり，正方対称群の部分群を成す．それぞれの対称操作に対し，p_x, p_y, p_z を基底として表現行列を作ると，次が得られる．

$$\begin{pmatrix} 1 & 0 & 0 \\ 0 & 1 & 0 \\ 0 & 0 & 1 \end{pmatrix} \begin{pmatrix} -1 & 0 & 0 \\ 0 & -1 & 0 \\ 0 & 0 & 1 \end{pmatrix} \begin{pmatrix} 1 & 0 & 0 \\ 0 & -1 & 0 \\ 0 & 0 & -1 \end{pmatrix} \begin{pmatrix} -1 & 0 & 0 \\ 0 & 1 & 0 \\ 0 & 0 & -1 \end{pmatrix} \tag{B.17}$$

基底が変換によって互いに混ざらないことを反映し，3 つの 1×1 の行列に簡約される．これは，$p_x(\bm{r})$ と $p_y(\bm{r})$ とを結び付けていた（D_4 群の）対称操作 $C_4(z), C_4^3(z), C_2([110]), C_2([1\bar{1}0])$ が D_2 群には含まれていないことに起因し，正方対称場で 2 重に縮退していた準位の縮退が斜方対称場の下で 2 つの 1 重縮退に分解することを意味する（図 B.2(a) 参照）．これを式 (B.12) と同じように書けば次のようになる．

$$\Gamma_5 = \Gamma_3 \oplus \Gamma_4 \tag{B.18}$$

後述の Ce イオンなどの希土類イオンに対しても全く同様である（図 B.2(b) 参照）．

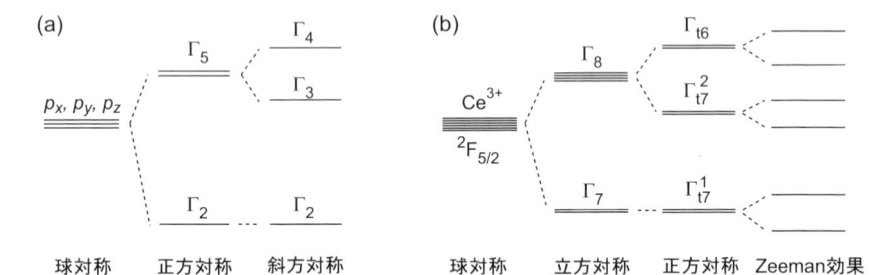

図 **B.2** エネルギー準位の分裂．(a) p 軌道の分裂．(b) Ce^{3+} イオンの $4f$ 状態の分裂．立方対称場と正方対称場の状態を区別するため，後者に対しては Γ_{t7} のように添え字 t を付した．また，2 つの Γ_{t7} を区別するため，右上に添え字 1, 2 を付した．

B-1-3 指標を用いた結晶場分裂の計算

表現行列のトレース(対角和)として定義される指標を用いると,エネルギー準位の分裂を容易に求めることができる.[6] この指標は,一々自分で計算する必要はなく,群論の教科書に「指標の表 (character table)」として与えられている.例として,D_4 群の character table を表 B.2 に示す.各対称要素の上のハット記号などの意味については,下記補足を参照されたい.

> 【補足 2】 X を群の要素として,$X^{-1}PX = Q$ の関係を満たす同種の操作(P と Q)を全て集めたものを類 (class) と呼び,表 B.2 の $\hat{C}_4$ のように対称操作の上にハットを付けて表す.例えば,z 軸の周りの $\pi/2$ の回転を表す $C_4(z)$ と $3\pi/2$ の回転を表す $C_4^3(z)$ は,$C_2^{-1}(x)C_4(z)C_2(x) = C_4(z)^3$ の関係で結ばれていることから,同じ類に属する.$C_4(z)$ と同じ類に属するのは $C_4^3(z)$ だけであり,これらをまとめて $2\hat{C}_4$ と書く(係数 2 は要素が 2 つあることを意味する).この例からも分かるように,類は(点群の場合)回転軸が群の対称操作で移り変わるような同等な対称軸の同じ大きさの回転操作の集合である.
>
> 重要な性質として(証明は略),同じ類に属する対称操作の指標は同じである.また,類の数と既約表現の数は等しい(表 B.2 では 5 個).

「回転群の表現の指標」を計算しよう.このとき,「軸方向が異なっても,回転角が同じであれば,その回転は同じ類に属する」(証明略)ので,z 軸の周りの回転を考えれば充分である.球面調和関数に対し,z 軸の周りの角度 φ の回転を作用させる.

表 B.2 D_4 群に対する指標の表: C_2 は z 軸の周りの π の回転,C_4 は z 軸の周りの $\pi/2$ の回転,C_2' は [110] 軸の周りの π の回転,C_2'' は x 軸の周りの π の回転を表す.左欄の既約表現の名前には,Bethe および Mulliken(括弧)による記法が示されている.中央の欄には,回転群の表現 $D^{(l=1)}$ に対する指標 $\chi^{(1)}$ が与えられている.また,基底関数の例を右の欄に示した.

Bethe	(Mulliken)	$\hat{E}$	$\hat{C}_2$	$2\hat{C}_4$	$2\hat{C}_2'$	$2\hat{C}_2''$	基底関数の例
Γ_1	(A_1)	1	1	1	1	1	x^2+y^2, z^2
Γ_2	(A_2)	1	1	1	-1	-1	p_z
Γ_3	(B_1)	1	1	-1	-1	1	
Γ_4	(B_2)	1	1	-1	1	-1	
Γ_5	(E)	2	-2	0	0	0	$(p_x, p_y), (d_{x^2-y^2}, d_{xy})$
球対称場中の p 軌道		3	-1	1	-1	-1	

---

[6] ある表現に対し,適当な座標変換(同値変換)をすることにより,別の表現を作ることができる.このため,表現はユニークには定まらない.しかし,指標は同値変換によって不変である.従って,トレースを計算するには,計算のしやすい表現を求め,それから指標を計算すればよい.

$Y_l{}^m(\theta,\varphi)$ の角度 φ 部分は $e^{im\varphi}$ であるから, α の回転に対して波動関数は $e^{im(\varphi+\alpha)}$ に変わる. 従って, 変換行列の要素は $e^{im\alpha}$ である ($l \geq m \geq -l$). 具体的に変換行列 $D^{(l)}$ を書き下せば次のようである.

$$D^{(l)} = \begin{pmatrix} e^{-il\alpha} & 0 & \ldots & 0 \\ 0 & e^{-i(l-1)\alpha} & \ldots & 0 \\ \ldots & \ldots & \ldots & \ldots \\ \ldots & \ldots & \ldots & e^{+il\alpha} \end{pmatrix}$$

指標は, 対角要素を加え合わせればよいから, 次のように計算される.

$$\chi^{(l)}(R_\alpha) = \sum_{m=-l}^{l} e^{im\alpha} = \frac{\sin(l+\frac{1}{2})\alpha}{\sin\frac{\alpha}{2}} \quad (\alpha \neq 0) \tag{B.19}$$

p 電子であれば(スピン軌道相互作用を無視), 上式に $l=1$ を代入すればよい. このようにして計算された結果が, 表 B.2 の「球対称場中の p 軌道」の欄に与えられた数値の列である. 例えば, $\hat{C}_2$ であれば $\alpha = \pi$ を代入することにより, $\chi^{(1)} = -1$ が得られる.

さて, 自由イオン(球対称場)の状態で縮退していた p 軌道準位の分裂を, 次の公式(証明略)を用いて計算しよう.

$$c_\lambda = \frac{1}{h} \sum_R \chi^{(l)}(R) \chi^{(\lambda)}(R)^* \tag{B.20}$$

ここで, c_λ は既約表現 λ (例えば表 B.2 の Γ_1) が現れる回数, h は要素の総数, $\chi^{(l)}(R)$ は簡約したい表現の指標(例えば表 B.2 の「球対称場中の p 軌道」の指標), $\chi^{(\lambda)}(R)$ は既約表現 λ の指標(表 B.2 の中央の欄の数字)である. 公式 (B.20) に表 B.2 の数値を代入することにより次を得る. $c_{\Gamma_1} = \frac{1}{8}(3\times 1 + (-1)\times 1 + 1\times 1\times 2 + (-1)\times 1\times 2 + (-1)\times 1\times 2) = 0$. 同様にして, $c_{\Gamma_2} = 1, c_{\Gamma_3} = 0, c_{\Gamma_4} = 0, c_{\Gamma_5} = 1$ を得る. これをまとめると次のようになる.

$$D^{(1)} = \Gamma_2\,(1\,\text{重}) \oplus \Gamma_5\,(2\,\text{重}) \tag{B.21}$$

これは, 式 (B.12) と同じである. また, 前項で求めた(右辺のそれぞれの)基底関数が表 B.2 の「基底関数の例」と一致することも確かめられる.

正方対称から斜方対称の場に変わった場合の分裂も同様に求めることができる. 演習問題として残しておこう.

表 B.3 O 群の指標の表。C_3 は [111] 軸（およびそれと等価な3つの方向）の周りの $2\pi/3$ の回転と $2\pi/3 \times 2$ の回転，C_2 は x 軸（およびそれと等価な2つの方向）の周りの $2\pi/2$ の回転，C_4 は x 軸（およびそれと等価な2つの方向）の周りの $2\pi/4$ の回転および $6\pi/4$ の回転，C_2' は [110] 軸（およびそれと等価な5つの方向）の周りの $2\pi/2$ の回転を表す．最後の行には，式 (B.22) から計算される回転群の表現 $D^{(l=4)}$ に対する指標 $\chi^{(4)}$ が与えられている．

Bethe	(Mulliken)	$\hat{E}$	$8\hat{C}_3$	$3\hat{C}_2$	$6\hat{C}_4$	$6\hat{C}_2'$
Γ_1	(A_1)	1	1	1	1	1
Γ_2	(A_2)	1	1	1	-1	-1
Γ_3	(E)	2	-1	2	0	0
Γ_4	(T_1)	3	0	-1	1	-1
Γ_5	(T_2)	3	0	-1	-1	1
自由 Pr^{3+} イオン		9	0	1	1	1

希土類元素においては，J がよい量子数となっている．この場合には，指標を与える式 (B.19) において l を J で置き換えた次式を用いる．

$$\chi^{(J)}(R_\alpha) = \frac{\sin(J+\frac{1}{2})\alpha}{\sin\frac{\alpha}{2}} \quad (\alpha \neq 0) \tag{B.22}$$

この式を Pr^{3+} イオンまたは U^{4+} イオン（いずれも f^2 で基底 J 多重項は $J=4$）に対し適用すると，表 B.3（の最後の行）のような指標が得られる．即ち，各々の立方対称結晶場の対称操作に対応する回転角 α の値を上式に代入することにより，回転群の既約表現 $D^{(J=4)}$ の指標が計算される．これらの指標と，表 B.3 に与えられた O 群の指標を，式 (B.20) に代入することにより，$c_{\Gamma_1}=1, c_{\Gamma_2}=0, c_{\Gamma_3}=1, c_{\Gamma_4}=1, c_{\Gamma_5}=1$ を得る．これは，次のようにまとめられる．

$$D^{(4)} = \Gamma_1\,(1\,\text{重}) \oplus \Gamma_3\,(2\,\text{重}) \oplus \Gamma_4\,(3\,\text{重}) \oplus \Gamma_5\,(3\,\text{重}) \tag{B.23}$$

ここで注目したいのは，1重項の存在である．これは，次項で説明する Ce^{3+} イオン（Kramers イオンと呼ばれる）には見られない特徴である．また，Kramers イオンの2重項と区別するため，上式に現れる2重項 Γ_3 は非 Kramers 2重項と呼ばれる．

B-1-4　2重群

式 (B.22) を立方対称場中の Ce^{3+} イオン（$f^1, J=5/2$）に適用すると，奇妙なことが起こる．即ち，J が半整数であるから，

$$\chi^{(J)}(R_{\alpha+2\pi}) = \frac{\sin\left((J+\frac{1}{2})(\alpha+2\pi)\right)}{\sin(\frac{\alpha}{2}+\pi)} = \frac{\sin\left((J+\frac{1}{2})\alpha\right)}{-\sin\frac{\alpha}{2}} = -\chi^{(J)}(R_\alpha) \quad (\alpha \neq 0) \tag{B.24}$$

表 B.4　O の 2 重群 O' 群の指標表. 操作 Q については本文を参照されたい.

	$\hat{E}$	$\hat{Q}$	$4\hat{C}_3$ $4\hat{C}_3^2 Q$	$4\hat{C}_3^2$ $4\hat{C}_3 Q$	$3\hat{C}_2$ $3\hat{C}_2 Q$	$3\hat{C}_4$ $3\hat{C}_4^3 Q$	$3\hat{C}_4^3$ $3\hat{C}_4 Q$	$6\hat{C}_2'$ $6\hat{C}_2' Q$
Γ_1	1	1	1	1	1	1	1	1
Γ_2	1	1	1	1	1	-1	-1	-1
Γ_3	2	2	-1	-1	2	0	0	0
Γ_4	3	3	0	0	-1	1	1	-1
Γ_5	3	3	0	0	-1	-1	-1	1
Γ_6	2	-2	1	-1	0	$\sqrt{2}$	$-\sqrt{2}$	0
Γ_7	2	-2	1	-1	0	$-\sqrt{2}$	$\sqrt{2}$	0
Γ_8	4	-4	-1	1	0	0	0	0
Ce^{3+}	6	-6	0	0	0	$-\sqrt{2}$	$\sqrt{2}$	0

となり，体系を 2π だけ回転させても状態は元に戻らない．この性質は，「半整数の角運動量をもつ系の状態は，その系の属する点群の 2 価表現に対応する」と表現される．この問題を回避するため，2 重群と呼ばれる架空の群（ダッシュをつけて表す）を考える．このような群は，もとの点群の対称操作のほかに，2π の回転（Q と記す）と元の点群の対称操作との合成操作からなる．従って，対称操作の数は，元の点群の 2 倍になる．このようにして作られた 2 重群では，表現は 1 価になる．

O 群に対する 2 重群 O' が表 B.4 に与えられている．表 B.3 に比べ，対称操作の数が 2 倍になっている．

形式的に新しく導入された操作 Q は，それを 2 回使うことにより E に一致する要素として導入されている．即ち，$Q^2 = E$ である．また，Q は他の全ての操作と可換である，即ち $RQR^{-1} = Q$ であるから，それ自身で類を作っている．また，n 回軸の周りの回転 C_n に対し $C_n{}^n = Q$, $C_n{}^{2n} = E$ であるから，例えば，$C_2' = C_2'^{-1} Q$ あるいは $C_2'^{-1} = C_2' Q$ を得る．ここで C_2' は n 回対称軸に垂直である．このような操作を繰り返すことにより，次式を導くことができる．

$$C_2 C_n{}^m C_2{}^{-1} = C_2 C_n{}^m C_2 Q = C_n{}^{n-m} Q \tag{B.25}$$

これより，$C_n{}^m$ と $C_n{}^{n-m} Q$ が類を作っていることが分かる．元々の O 群では，$C_n{}^m$ と $C_n{}^{n-m}$ が類を作っていたことに注意されたい．つまり，例えば，類 $\hat{C}_3$ を形成していた C_3 と $C_3{}^2$ とが 2 つの異なる類に分離したことになる．このようにしてみていくと，全部で 8 個の類が存在することが分かる．従って，既約表現の数も 8 となる．

このように，半整数の J に対しても，2 重群を定義することにより，式 (B.22) を

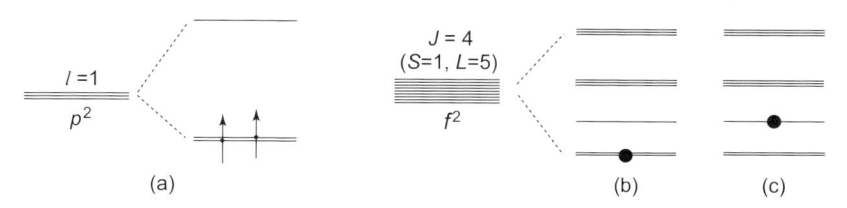

図 **B.3** (a) p^2 電子配置の正方対称場下におけるエネルギー準位の分裂．(b) (c) f^2 電子配置の立方対称場下におけるエネルギー準位の分裂．黒丸は 2 個の電子から成る基底状態 (b) および励起状態 (c) を表す．

用いることができるようになる．例として，Ce^{3+} イオンに対する結晶場分裂を考える．表 B.4 の最下段に与えられた $J=5/2$ に対する指標 $\chi^{(5/2)}$ を用いて簡約すると，

$$D^{(5/2)} = \Gamma_7 \,(2\,\text{重}) \oplus \Gamma_8 \,(4\,\text{重}) \tag{B.26}$$

を得る．これにより，Ce イオンの $4f$ 電子は，立方対称場中で，2 重縮退の Γ_7 と 4 重縮退の Γ_8 に分裂することが分かる（図 B.2(b) 参照）．

最後に，p, d 電子と f 電子の相違について説明する．2-1 節で p 電子を例として取り上げた強い結晶場の場合（結晶場が電子間相互作用より大きい場合）を考える．自由イオン（球対称場）で 3 重に縮退した p "軌道" は正方対称場下で 2 重と 1 重に縮退が解けるので（図 B.3(a)），p^2 電子配置に対しては，バンドの考え方と同じように，各軌道準位に，スピンが（Hund 則に従って）平行になるように，下から順に電子を詰めていけばよい．これに対し，f^2 電子配置の場合は全く異なった考え方をする．$(2J+1=)\,9$ 重に縮退した J 多重項が立方対称場中で分離した準位は，1 電子軌道の準位ではなく，2 個の電子の固有状態を表す．即ち，図 B.3(b) および (c) の黒丸は，1 個の電子を表しているのではなく，2 電子系の最低エネルギー状態および励起状態を表しているのである．

B-2 Stevens の等価演算子法

B-2-1 結晶場ハミルトニアン

結晶場ポテンシャル V_{cry} を作る点電荷の位置を $\boldsymbol{R}_i$ と書き，その電荷を全て同じ q と仮定する（図 2.1(a) 参照）．希土類イオンが結晶格子の原点にあるとし，その中の f 電子の位置を $\boldsymbol{r}$ と置く．以下では，立方晶の 6 配位（図 2.1(a) において $a=b=c$

の電荷配置を仮定する ($a, b, c \ll R_i$ と考えてよい). このとき, 結晶場ハミルトニアンは次のように書かれる.

$$\mathcal{H}_{\text{cry}} = -|e|V_{\text{cry}}(\boldsymbol{r}) = \sum_i^6 \frac{-q|e|}{|\boldsymbol{R}_i - \boldsymbol{r}|} \tag{B.27}$$

Legendre 多項式を用いて次のように展開する.

$$\frac{1}{|\boldsymbol{R}_i - \boldsymbol{r}|} = \frac{1}{a}\sum_{l=0}^{\infty}\left(\frac{r}{a}\right)^l P_l(\cos\omega_i) \tag{B.28}$$

ここで, ω_i は $\boldsymbol{R}_i$ と $\boldsymbol{r}$ のなす角である. 球面調和関数の加法定理を用いて, Legendre 多項式を書き換える.[7]

$$P_l(\cos\omega_i) = \frac{4\pi}{2l+1}\sum_{m=-l}^{l} Y_{l,m}(\theta_i, \phi_i) Y_{l,m}^*(\theta_i, \phi_i) \tag{B.29}$$

式 (B.29) を式 (B.28) に代入し, さらに式 (B.27) に代入すると次が得られる.

$$V_{\text{cry}}(\boldsymbol{r}) = \sum_{i=1}^{6}\sum_{l=0}^{\infty}\sum_{m=-l}^{l}\frac{q}{R_i}\left(\frac{r}{a}\right)^l \frac{4\pi(-1)^m}{2l+1} Y_{l,m}(\theta_i, \phi_i) Y_{l,-m}(\theta, \phi) \tag{B.30}$$

ここで, $Y_{l,m}^*(\theta, \phi) = (-1)^m Y_{l,-m}(\theta, \phi)$ を用いた. (θ_i, ϕ_i) $(i = 1, 2, \cdots 6)$ は, $(\frac{\pi}{2}, 0)$, $(\frac{\pi}{2}, \frac{\pi}{2})$, $(0, \phi_3)$, $(\frac{\pi}{2}, \pi)$, $(\frac{\pi}{2}, \frac{3\pi}{2})$, (π, ϕ_6) である. これを上式に代入して (6 次まで) 計算すると次が得られる.

$$\begin{aligned} V_{\text{cry}}(\boldsymbol{r}) &= \frac{7\sqrt{\pi}q}{3a^5}r^4\left(Y_{4,0}(\theta, \phi) + \sqrt{\frac{5}{14}}[Y_{4,4}(\theta, \phi) + Y_{4,-4}(\theta, \phi)]\right) \\ &+ \frac{3\sqrt{13\pi}q}{26a^7}r^6\left(Y_{6,0}(\theta, \phi) - \sqrt{\frac{7}{2}}[Y_{6,4}(\theta, \phi) + Y_{6,-4}(\theta, \phi)]\right) \end{aligned} \tag{B.31}$$

ここで, エネルギーを一様にシフトさせる $Y_{0,0}$ の項は省略した. 式 (B.31) は, $(Y_{4,0}(\theta, \phi)$ 等を直交座標で表すことから確かめられるように) 式 (2.5) に対応する.

次に, 縞球調和関数 (tesseral harmonics function) を次式によって定義する.

$$Z_{l0} = Y_{l,0} \tag{B.32}$$

$$Z_{lm} = \frac{1}{\sqrt{2}}[Y_{l,-m} + (-1)^m Y_{l,m}] \quad (m > 0) \tag{B.33}$$

---

[7] 2-1 節などにおいて球面調和関数を Y_l^m と記したが, 本節および次節では Z_{lm} との対応から, $Y_{l,m}$ と表記する.

これを用いると，結晶場ハミルトニアンは次のように書かれる．

$$\mathcal{H}_{\mathrm{cry}} = D_4 r^4 \left(Z_{40} + \sqrt{\frac{5}{7}} Z_{44} \right) + D_6 r^6 \left(Z_{60} - \sqrt{7} Z_{64} \right) \tag{B.34}$$

ここで，$D_4 = -\frac{7\sqrt{\pi}q|e|}{3a^5}$ および $D_6 = -\frac{3\sqrt{13\pi}q|e|}{26a^7}$ である．8 配位や 4 配位でも（立方対称であれば）式 (B.34) と同じ形のハミルトニアンが得られるが，定数 D_4 および D_6 は配位によって異なる．

f 電子状態 $|\varphi\rangle$ に対する結晶場エネルギーの期待値 $\langle \varphi | \mathcal{H}_{\mathrm{cry}} | \varphi \rangle$ を計算するには，次の行列要素を計算する必要がある，

$$\int \varphi^*(r,\theta,\phi) r^n Y_{k,m}(\theta,\phi) \varphi(r,\theta,\phi) r^2 \sin\theta dr d\theta d\phi \tag{B.35}$$

この積分を動径部分と角度部分に分けると，前者は次の形に書き表される．

$$\langle r^n \rangle = \int [f(r)]^2 r^{n+2} dr \tag{B.36}$$

ここで，$f(r)$ は $\varphi(r,\theta,\phi)$ の動径部分である．これを用いて，ハミルトニアン (B.34) を次のように書く．

$$\mathcal{H}_{\mathrm{cry}} = D_4 \langle r^4 \rangle \left(Z_{40} + \sqrt{\frac{5}{7}} Z_{44} \right) + D_6 \langle r^6 \rangle \left(Z_{60} - \sqrt{7} Z_{64} \right) \tag{B.37}$$

$f(r)$ を正確に計算することは難しいので，積分 $\langle r^n \rangle$ はパラメータとして扱う．

次に，球面調和関数の角度部分に関する積分を考える．

$$\int Y^*_{l_1,m_1}(\theta,\phi) Y_{l,m}(\theta,\phi) Y_{l_2,m_2}(\theta,\phi) \sin\theta d\theta d\phi \tag{B.38}$$

一般に，この行列要素がゼロでないのは，次の条件が満たされる場合である．

$$m = m_1 - m_2, \quad l + l_1 + l_2 = 偶数, \quad |l_1 - l_2| \leq l \leq l_1 + l_2 \tag{B.39}$$

式 (B.39) の第 3 式より，f 電子の場合，$l=6$ まで計算すれば十分である．この理由により，式 (B.37) は 6 次の項で打ち切られている．ここで，Wigner-Eckart の定理を用いると（本項補足 3 参照），角度部分の積分 (B.38) は角運動量の演算子（O_n^m と書く）の計算に置き換えられる．例えば，

$$\begin{aligned}
\langle JJ_z | Z_{40} | JJ'_z \rangle = \langle JJ_z | Y_{4,0}(\theta,\phi) | JJ'_z \rangle &= \frac{3}{16\sqrt{\pi}} \langle JJ_z | 35\cos^4\theta - 30\cos^2\theta + 3 | JJ'_z \rangle \\
&= \frac{3}{16\sqrt{\pi}} \beta_J \langle JJ_z | O_4^0 | JJ'_z \rangle
\end{aligned} \tag{B.40}$$

ここで，$|JJ_z\rangle$ は $4f$ 電子の波動関数，β_J は比例係数であり（補足 3 参照），O_4^0 は（後述の）式 (B.47) で定義されている．同様に次の式が得られる．

$$\langle JJ_z|Z_{20}|JJ_z'\rangle = \frac{\sqrt{5}}{4\sqrt{\pi}}\alpha_J\langle JJ_z|O_2^0|JJ_z'\rangle \tag{B.41}$$

$$\langle JJ_z|Z_{44}|JJ_z'\rangle = \frac{3\sqrt{35}}{16\sqrt{\pi}}\beta_J\langle JJ_z|O_4^4|JJ_z'\rangle \tag{B.42}$$

$$\langle JJ_z|Z_{60}|JJ_z'\rangle = \frac{\sqrt{13}}{32\sqrt{\pi}}\gamma_J\langle JJ_z|O_6^0|JJ_z'\rangle \tag{B.43}$$

$$\langle JJ_z|Z_{64}|JJ_z'\rangle = \frac{21\sqrt{13}}{32\sqrt{7\pi}}\gamma_J\langle JJ_z|O_6^4|JJ_z'\rangle \tag{B.44}$$

比例係数 α_J などについては，補足 3 を参照されたい．以上より，（立方対称場に対する）式 (B.37) は次のようにまとめられる．

$$\begin{aligned}
\mathcal{H}_{\mathrm{cry}} &= D_4\langle r^4\rangle\left(Z_{40}+\sqrt{\frac{5}{7}}Z_{44}\right) + D_6\langle r^6\rangle\left(Z_{60}-\sqrt{7}Z_{64}\right) \\
&= \frac{3}{16\sqrt{\pi}}D_4\beta_J\langle r^4\rangle\left(O_4^0+5O_4^4\right) + D_6\gamma_J\langle r^6\rangle\frac{\sqrt{13}}{32\sqrt{\pi}}\left(O_6^0-21O_6^4\right) \\
&= B_4^0(O_4^0+5O_4^4) + B_6^0(O_6^0-21O_6^4)
\end{aligned} \tag{B.45}$$

6 配位に対しては，$B_4^0 = -\frac{7}{16}\frac{q|e|}{a^5}\beta_J\langle r^4\rangle$, $B_6^0 = -\frac{3}{64}\frac{q|e|}{a^7}\gamma_J\langle r^6\rangle$ となるが，配位が変われ
ばこれらも変わる．また，O_4^4 などは以下のように定義されている．

$$O_2^0 = 3J_z^2 - J(J+1) \tag{B.46}$$

$$O_4^0 = [35J_z^4 - 30J(J+1)J_z^2 + 25J_z^2 - 6J(J+1) + 3J^2(J+1)^2] \tag{B.47}$$

$$O_4^4 = \frac{1}{2}[J_+^4 + J_-^4] \tag{B.48}$$

$$\begin{aligned}
O_6^0 &= 231J_z^6 - 315J(J+1)J_z^4 + 735J_z^4 + 105J^2(J+1)^2J_z^2 - 525J(J+1)J_z^2 \\
&\quad + 294J_z^2 - 5J^3(J+1)^3 + 40J^2(J+1)^2 - 60J(J+1)
\end{aligned} \tag{B.49}$$

$$\begin{aligned}
O_6^4 &= \frac{1}{4}[(11J_z^2 - J(J+1) - 38)(J_+^4 + J_-^4) \\
&\quad + (J_+^4 + J_-^4)(11J_z^2 - J(J+1) - 38)]
\end{aligned} \tag{B.50}$$

$$O_6^6 = \frac{1}{2}[J_+^6 + J_-^6] \tag{B.51}$$

O_n^m は Stevens 演算子と呼ばれ，係数 β_J などと共に，Hutchings の論文に与えられている [2]．O_4^0 の下付きの添え字 4 は 4 次の項からなることを示し，右肩の添え字 0 は J_z を変えない演算子，即ち J_z または数演算子のみから成ることを意味する．同様に，O_4^4 は，J_z を 4 だけ変える J_+ または J_- の 4 次の項からなる．

正方晶，六方晶の場合を含め，結晶場ハミルトニアンは，次のように書かれる．[8)]

$$\mathcal{H}_{\mathrm{cry}} = B_4^0(O_4^0 + 5O_4^4) + B_6^0(O_6^0 - 21O_6^4) \quad (立方晶) \tag{B.52}$$

$$\mathcal{H}_{\mathrm{cry}} = B_2^0 O_2^0 + B_4^0 O_4^0 + B_4^4 O_4^4 + B_6^0 O_6^0 + B_6^4 O_6^4 \,(正方晶) \tag{B.53}$$

$$\mathcal{H}_{\mathrm{cry}} = B_2^0 O_2^0 + B_4^0 O_4^0 + B_6^0 O_6^0 + B_6^6 O_6^6 \quad (六方晶) \tag{B.54}$$

以上のように，角運動量演算子 O_n^m を用いて結晶場ハミルトニアンを計算する手法を Stevens の等価演算子法と呼ぶ．

【補足 3】運動量は 1 階のテンソル（ベクトル）演算子であり，4 極子は 2 階のテンソル演算子である．Wigner-Eckart の定理は，これらのテンソル演算子の多電子状態 $|JJ_z\rangle$ による行列要素を，テンソル演算子の情報を含む部分（還元行列要素）と，テンソル演算子に無関係の対称性のみに依存する部分（CG 係数）とに分解できることを示すものであり，次のように書き表される [1]．

$$\langle J'J_z'|T_m^{(l)}|JJ_z\rangle = C(JkJ';J_z m J_z')\langle J'||T^{(l)}||J\rangle \tag{B.55}$$

ここで，$T^{(l)}$ は階数 l のテンソル演算子であり，$T_m^{(l)}$ はその m 成分 $(m = l, l-1, \cdots, -l)$ である．$C(JkJ'; J_z m J_z')$ は Clebsch-Gordan 係数（CG 係数），$\langle J'||T^{(l)}||J\rangle$ は還元行列要素（簡約された行列要素）と呼ばれる定数で（その表記法が示すように）m，J_z，J_z' には依存しない．例えば，1 階のテンソル演算子に対して書き下すと次のようになる．

$$\langle JJ_z'|T_m^{(1)}|JJ_z\rangle = C(J1J;J_z m J_z')\langle J||T^{(1)}||J\rangle \tag{B.56}$$

但し，$J = J'$ とした．同様に，角運動量の m 成分に対して次式が得られる．

$$\langle JJ_z'|J_m|JJ_z\rangle = C(J1J;J_z m J_z')\langle J||J^{(1)}||J\rangle \tag{B.57}$$

式 (B.56) と式 (B.57) とを比べると，次式の成り立つことが分かる．

$$\langle JJ_z'|T_m^{(1)}|JJ_z\rangle = c\langle JJ_z'|J_m|JJ_z\rangle \tag{B.58}$$

ここで，$c \equiv \langle J||T^{(1)}||J\rangle/\langle J||J^{(1)}||J\rangle$ は m，J_z，J_z' に依存しない定数である．式 (B.58) より，任意の 1 階のテンソル演算子の行列要素は，角運動量演算子の行列要素に比例することが分かる．同じことは 2 階のテンソル演算子についても成り立つ．例えば，4 極子演算子 $Q_{zz} \equiv 3z^2 - r^2$ に対し，

$$\langle JJ_z'|3z^2 - r^2|JJ_z\rangle = d\langle JJ_z'|3J_z^2 - (J_x^2 + J_y^2 + J_z^2)|JJ_z\rangle \tag{B.59}$$

となる．ここで，d は J_z，J_z' および 4 極子の成分に依存しない定数であり，式 (B.41) に現れる α_J に対応する．

[8)] 上に与えた立方対称の $\mathcal{H}_{\mathrm{cry}}$ は z 軸を 4 回対称軸にとった場合である．z 軸を 2 回対称軸方向にとった場合には $\mathcal{H}_{\mathrm{cry}}$ に O_4^2 などが現われ，3 回対称軸をとった場合には O_4^3 などが現れる．また，近年盛んに研究がなされているスクッテルダイトにおいては，立方対称ではあるが 4 回対称軸を持たない結晶場が現れる．この場合は，6 次の項が上述のものとは異なる（文献 [3] 参照）．

B-2-2 結晶場計算の例

具体的な例として，立方対称結晶場中の Ce イオンに対し，Stevens の等価演算子の方法を用いて結晶場準位および固有関数を求めてみよう．まず初めに，Ce^{3+} イオンは，J 多重項 $^2F_{5/2}$ によって記述されることを思い出そう．このとき，$\mathcal{H}_{\mathrm{cry}}$ に 6 次の項は必要ない（式 (B.39) 参照）．J_z の固有関数 $|J_z\rangle$ を基底にとり $\mathcal{H}_{\mathrm{cry}}$ の行列要素を求めると，次が得られる．

$$\langle \mathcal{H}_{\mathrm{cry}} \rangle = \begin{array}{c} \\ \langle 5/2| \\ \langle 3/2| \\ \langle 1/2| \\ \langle -1/2| \\ \langle -3/2| \\ \langle -5/2| \end{array} \begin{pmatrix} |5/2\rangle & |3/2\rangle & |1/2\rangle & |-1/2\rangle & |-3/2\rangle & |-5/2\rangle \\ 60B_4^0 & 0 & 0 & 0 & 60\sqrt{5}B_4^0 & 0 \\ 0 & -180B_4^0 & 0 & 0 & 0 & 60\sqrt{5}B_4^0 \\ 0 & 0 & 120B_4^0 & 0 & 0 & 0 \\ 0 & 0 & 0 & 120B_4^0 & 0 & 0 \\ 60\sqrt{5}B_4^0 & 0 & 0 & 0 & -180B_4^0 & 0 \\ 0 & 60\sqrt{5}B_4^0 & 0 & 0 & 0 & 60B_4^0 \end{pmatrix} \quad (\mathrm{B.60})$$

これは，$\langle \frac{5}{2}|O_4^0|\frac{5}{2}\rangle = 60$，$\langle \frac{5}{2}|O_4^4|\frac{5}{2}\rangle = 0$ などから簡単に計算される．対角化することにより次を得る．

$$\begin{pmatrix} -240B_4^0 & 0 & 0 & 0 & 0 & 0 \\ 0 & -240B_4^0 & 0 & 0 & 0 & 0 \\ \hline 0 & 0 & 120B_4^0 & 0 & 0 & 0 \\ 0 & 0 & 0 & 120B_4^0 & 0 & 0 \\ 0 & 0 & 0 & 0 & 120B_4^0 & 0 \\ 0 & 0 & 0 & 0 & 0 & 120B_4^0 \end{pmatrix} \quad (\mathrm{B.61})$$

これより，6 重縮退（$= 2J + 1$）の J 多重項は，立方対称結晶場により 2 重（Γ_7 状態）と 4 重（Γ_8 状態）に分裂することが分かる．このようなエネルギー分裂は，CeB_6 で実現している．Γ_7 および Γ_8 の固有関数を以下に再掲する．

$$\begin{cases} |\Gamma_7 +\rangle = \sqrt{\dfrac{1}{6}} \left|\dfrac{5}{2}\right\rangle - \sqrt{\dfrac{5}{6}} \left|-\dfrac{3}{2}\right\rangle \\ |\Gamma_7 -\rangle = \sqrt{\dfrac{1}{6}} \left|-\dfrac{5}{2}\right\rangle - \sqrt{\dfrac{5}{6}} \left|\dfrac{3}{2}\right\rangle \end{cases} \text{および} \begin{cases} |\Gamma_8 +2\rangle = \sqrt{\dfrac{5}{6}} \left|\dfrac{5}{2}\right\rangle + \sqrt{\dfrac{1}{6}} \left|-\dfrac{3}{2}\right\rangle \\ |\Gamma_8 -2\rangle = \sqrt{\dfrac{5}{6}} \left|-\dfrac{5}{2}\right\rangle + \sqrt{\dfrac{1}{6}} \left|\dfrac{3}{2}\right\rangle \\ |\Gamma_8 +1\rangle = \left|\dfrac{1}{2}\right\rangle \\ |\Gamma_8 -1\rangle = \left|-\dfrac{1}{2}\right\rangle \end{cases}$$

$$(\mathrm{B.62})$$

これらのいずれが基底状態になるかについては，群論からは決まらない．

他のイオンに対しても同様である．例えば，Pr^{3+} イオン ($J=4$) の 9 重に縮退した状態は，立方対称結晶場（6 次まで必要）下において，1 重項 (Γ_1)，2 重項 (Γ_3)，3 重項 (Γ_4)，3 重項 (Γ_5) に分裂する．この中で特に Γ_3-2 重項の波動関数のみを次に示す．

$$\begin{cases} |\Gamma_3^\alpha\rangle = \sqrt{\frac{7}{24}}\,|4\rangle + \sqrt{\frac{5}{12}}\,|0\rangle + \sqrt{\frac{7}{24}}\,|-4\rangle \\ |\Gamma_3^\beta\rangle = \frac{1}{\sqrt{2}}\,|2\rangle + \frac{1}{\sqrt{2}}\,|-2\rangle \end{cases} \tag{B.63}$$

波動関数の形から直ぐに分かるように，J_z の期待値はゼロである．これは，これら 2 つが時間反転対称の関係にないことから期待されることである（付録 B-3 節参照）．Γ_3 基底状態が実現している物質として，$PrAg_2In$ や $PrMg_3$ などが知られている．

URu_2Si_2 におけるウラン原子の価数を U^{4+} ($5f^2$) と仮定すると，その J 多重項は（Pr^{3+} イオンと同じ）9 重縮退である．これが正方対称結晶場で分裂するとき，Γ_5-2 重項が生じる．その波動関数は，J_z の固有状態として次のように表される．

$$|\Gamma_5^\pm\rangle = \alpha|\pm 3\rangle + \beta|\mp 1\rangle \tag{B.64}$$

磁気モーメントの期待値は，$\pm(3\alpha^2 - \beta^2)$ で与えられる．

B-3　時間反転と Kramers 2 重項

$|\Gamma_7+\rangle$ と $|\Gamma_7-\rangle$ は Kramers 2 重項であり，次式で示される大きさの磁気モーメントを持つ．また，$|\Gamma_8+1\rangle$ と $|\Gamma_8-1\rangle$，$|\Gamma_8+2\rangle$ と $|\Gamma_8-2\rangle$ も磁気モーメントを持つ．

$$\langle J_z \rangle = \begin{array}{c} \\ \langle \Gamma_7+| \\ \langle \Gamma_7-| \end{array}\!\!\begin{array}{c} |\Gamma_7+\rangle\ |\Gamma_7-\rangle \\ \begin{pmatrix} -5/6 & 0 \\ 0 & 5/6 \end{pmatrix} \end{array}, \quad \begin{array}{c} \\ \langle \Gamma_8+2| \\ \langle \Gamma_8-2| \\ \langle \Gamma_8+1| \\ \langle \Gamma_8-2| \end{array}\!\!\begin{array}{c} |\Gamma_8+2\rangle\ |\Gamma_8-2\rangle\ |\Gamma_8+1\rangle\ |\Gamma_8-1\rangle \\ \begin{pmatrix} 11/6 & 0 & 0 & 0 \\ 0 & -11/6 & 0 & 0 \\ 0 & 0 & 1/2 & 0 \\ 0 & 0 & 0 & -1/2 \end{pmatrix} \end{array} \tag{B.65}$$

波動関数の持つ性質をもっと詳しく調べるため，時間反転演算子 $K = -i\sigma_y K_0$ を導入する．ここで σ_y は Pauli 行列，K_0 は複素共役に変換する演算子である．例えば，スピン演算子 s_z は，次のように，$-s_z$ に変換される．

$$K s_z K^{-1} = (-i\sigma_y K_0)\frac{\hbar}{2}\sigma_z(i\sigma_y K_0) = -\frac{\hbar}{2}\sigma_z = -s_z \tag{B.66}$$

他の成分についても同様の計算を行うことにより，次を得る．

$$KsK^{-1} = -s \tag{B.67}$$

これはまさに，時間反転によりスピンの向きが変わることを意味している．同様に，運動量 p および角運動量 l に対して K 作用させると，運動の向きが変わる．

$$\begin{aligned}
KpK^{-1} &= (-i\sigma_y K_0)(-i\hbar\nabla)K^{-1} = (i\hbar\nabla)(-i\sigma_y K_0)K^{-1} = -p \\
KlK^{-1} &= (-i\sigma_y K_0)(-i\hbar r \times \nabla)K^{-1} = (i\hbar r \times \nabla)(-i\sigma_y K_0)K^{-1} = -l
\end{aligned} \tag{B.68}$$

次に，s_z の固有関数 α および β に K を作用させてみよう．

$$\begin{aligned}
K\alpha &= -i\sigma_y K_0 \alpha = \beta \\
K\beta &= -i\sigma_y K_0 \beta = -\alpha
\end{aligned} \tag{B.69}$$

上向き（下向き）スピンの状態が下向き（上向き）スピンの状態に反転したことが分かる．一方，$|J, J_z\rangle$ は Clebsch-Gordan 係数を用いて次のように書かれる．

$$|J, J_z\rangle = \sum_{L_z, S_z} \langle L\ S\ L_z\ S_z | L\ S\ J\ J_z\rangle |L\ L_z\rangle |S\ S_z\rangle \tag{B.70}$$

Ce^{3+} イオン（$L = 3, S = 1/2$）にこれを適用すると，次のようになる．

$$\begin{aligned}
\left|J = \tfrac{5}{2}, J_z = \tfrac{5}{2}\right\rangle &= \sqrt{\tfrac{6}{7}}\left|L_z = 3\right\rangle\left|S_z = -\tfrac{1}{2}\right\rangle - \tfrac{1}{\sqrt{7}}\left|L_z = 2\right\rangle\left|S_z = \tfrac{1}{2}\right\rangle \\
\left|J = \tfrac{5}{2}, J_z = \tfrac{3}{2}\right\rangle &= \sqrt{\tfrac{5}{7}}\left|L_z = 2\right\rangle\left|S_z = -\tfrac{1}{2}\right\rangle - \sqrt{\tfrac{2}{7}}\left|L_z = 1\right\rangle\left|S_z = \tfrac{1}{2}\right\rangle \\
\left|J = \tfrac{5}{2}, J_z = \tfrac{1}{2}\right\rangle &= \tfrac{2}{\sqrt{7}}\left|L_z = 1\right\rangle\left|S_z = -\tfrac{1}{2}\right\rangle - \sqrt{\tfrac{3}{7}}\left|L_z = 0\right\rangle\left|S_z = \tfrac{1}{2}\right\rangle
\end{aligned} \tag{B.71}$$

式 (B.69) と式 (B.71) より次式を得る．

$$\begin{aligned}
|\Gamma_7+\rangle &= \varphi_1\ \alpha + \varphi_2\ \beta \\
|\Gamma_7-\rangle &= \varphi_2^*\ \alpha - \varphi_1^*\ \beta
\end{aligned} \tag{B.72}$$

ここで，以下を用いた．

$$\varphi_1 \equiv -\frac{1}{\sqrt{42}}\left|L_z = 2\right\rangle + \frac{5}{\sqrt{42}}\left|L_z = -2\right\rangle \tag{B.73}$$

$$\varphi_2 \equiv \frac{1}{\sqrt{7}}\left|L_z = 3\right\rangle - \sqrt{\frac{10}{42}}\left|L_z = -1\right\rangle \tag{B.74}$$

$$Y_{l,m}(\theta, \phi)^* = (-1)^m\ Y_{l,-m}(\theta, \phi) \tag{B.75}$$

これより，

$$\begin{aligned} K\,|\Gamma_7+\rangle &= \varphi_1^*\,\beta - \varphi_2^*\,\alpha = -|\Gamma_7-\rangle \\ K\,|\Gamma_7-\rangle &= \varphi_2\,\beta + \varphi_1\,\alpha = |\Gamma_7+\rangle \end{aligned} \tag{B.76}$$

を得る．このような関係にある関数 $|\Gamma_7+\rangle$ と $|\Gamma_7-\rangle$ を Kramers 共役と呼ぶ．

もう一度 K を作用させることにより次を得る．

$$\begin{aligned} K^2\,|\Gamma_7+\rangle &= -\varphi_1\,\alpha - \varphi_2\,\beta = -|\Gamma_7+\rangle \\ K^2\,|\Gamma_7-\rangle &= -\varphi_2^*\,\alpha + \varphi_1^*\,\beta = -|\Gamma_7-\rangle \end{aligned} \tag{B.77}$$

一方，時間反転しても（磁場がない場合には）エネルギーは不変であるから，$|\Gamma_7+\rangle$ と $K\,|\Gamma_7+\rangle$ は同じエネルギーに属する固有関数である．もしこれらが独立でなければ，c を定数として

$$K|\Gamma_7+\rangle = c|\Gamma_7+\rangle \tag{B.78}$$

と書けるはずである．これに左から K を作用させると，

$$K^2|\Gamma_7+\rangle = c^* K|\Gamma_7+\rangle = |c|^2|\Gamma_7+\rangle \tag{B.79}$$

となる．常に $|c|^2 \geq 0$ であるから，式 (B.77) と矛盾が生じる．これは，上の仮定が正しくなかったことによる．従って，$K|\Gamma_7+\rangle$ と $|\Gamma_7+\rangle$ は独立でなければならない．これは，Kramers 共役の関係にある 2 つの状態がエネルギー的に縮退していることを意味する．

電子数が複数の場合に拡張すると，

$$\begin{cases} K^2\Phi = \Phi & \text{電子の数が偶数のとき} \\ K^2\Phi = -\Phi & \text{電子の数が奇数のとき} \end{cases}$$

が得られる [1]．電子数が奇数個のときに Kramers 2 重項が生じる．縮退を解くためには，時間反転対称性を破る操作，即ち，磁場の印加が必要である（図 B.2(b) 参照）．

参考文献

[1] 群論およびその物理への応用の参考書として，例えば，G. Burns: *Introduction to Group Theory with Applications* (Academic Press, 1977)；犬井鉄郎，田辺行人，小野寺嘉孝：『応用群論』（裳華房，1980）；上村洸，菅野暁，田辺行人：『配位子場理論とその応用』（裳

華房,1979).角運動量に関する参考書として,例えば,M. E. ローズ,山内恭彦・森田正人 共訳:『角運動量の基礎理論』(みすず書房,1971).

[2] M. T. Hutchings: *Solid Sate Physics*, Vol. **16** (Academic Press, 1964).
[3] K. Takegahara *et al.*: J. Phys. Soc. Jpn. **70** (2001) 1190.

付録 C

動的磁化率と中性子散乱

本付録では,時間に依存する磁化率と,それを実験的に決める上で有用な中性子散乱実験について簡単に説明する.

C-1　一般化磁化率

場所 r' および時刻 t' に印加された磁場 $H(r',t')$ と,それによって場所 r および時刻 t に誘起される磁化 $M(r,t)$ との間には,次の関係が成り立つ.

$$M(r,t) = \iint dr' dt' \chi(r-r', t-t') H(r',t') \tag{C.1}$$

ここで,$r - r'$ および $t - t'$ のように,磁化率 χ が場所および時間の差の関数となるのは,結晶が並進対称性を持ち,定常的であると仮定したためである.また,因果律(結果は原因の後に生じる)を仮定すれば,$t < t'$ に対し $\chi(r-r', t-t') = 0$ となる.次の磁化率に対する Fourier 展開を

$$\chi(r-r', t-t') = \frac{1}{2\pi V} \sum_{q} \int d\omega \chi(q,\omega) e^{iq\cdot(r-r')} e^{-i\omega(t-t')} \tag{C.2}$$

式 (C.1) に代入することにより,次式を得る.

$$\begin{aligned} M(r,t) &= \frac{1}{2\pi V} \iiint dr' dt' d\omega \sum_{q} \chi(q,\omega) e^{iq\cdot(r-r')} e^{-i\omega(t-t')} H(r',t') \\ &= \frac{1}{2\pi V} \int d\omega \sum_{q} \chi(q,\omega) H(q,\omega) e^{iq\cdot r} e^{-i\omega t} \end{aligned} \tag{C.3}$$

一方,磁化に対する Fourier 展開は次のように表される.

$$M(r,t) = \frac{1}{2\pi V} \int d\omega \sum_{q} M(q,\omega) e^{i(q\cdot r - \omega t)} \tag{C.4}$$

式 (C.3) と (C.4) を比べることにより，次の簡単な関係を得る．

$$\boldsymbol{M}(\boldsymbol{q},\omega) = \chi(\boldsymbol{q},\omega)\boldsymbol{H}(\boldsymbol{q},\omega) \tag{C.5}$$

磁化率 $\chi(\boldsymbol{q},\omega)$ は，一般化された動的磁化率（generalized dynamical susceptibility）と呼ばれ，一般にテンソルである．それを顕わに書き表すと次のようになる．

$$M_\nu(\boldsymbol{q},\omega) = \sum_\mu \chi_{\nu\mu}(\boldsymbol{q},\omega) H_\mu(\boldsymbol{q},\omega) \tag{C.6}$$

ここで，ν および μ は，x, y あるいは z である．また，$\chi(\boldsymbol{q},\omega)$ は一般に複素数である．

$$\chi(\boldsymbol{q},\omega) = \chi'(\boldsymbol{q},\omega) + i\chi''(\boldsymbol{q},\omega) \tag{C.7}$$

これは，LCR 交流電気回路における電流と電圧のように，磁化と磁場の位相がずれる（磁化の応答が磁場に対し遅れる）ことを表す．式 (C.7) の右辺第 2 項の虚数成分はエネルギーの散逸を表し，直流（$\omega = 0$）に対しては $\chi''(\boldsymbol{q},\omega = 0) = 0$ である．これは，直流磁化（静的磁化）がエネルギーの散逸を伴わないことに対応する．

線形応答理論によれば，（磁場 $\boldsymbol{H}$ のような）外力を加えたときに熱となってエネルギーが消費される仕方は，熱平衡状態における熱ゆらぎと関係づけられる [1]．この「揺動散逸定理」を磁気的系に適用すると，次の式が得られる．[1)]

$$\mathrm{Im}\,\chi(\boldsymbol{q},\omega) = \pi \frac{1 - \exp^{-\beta\hbar\omega}}{\hbar}\,\mathcal{S}(\boldsymbol{q},\omega) \tag{C.8}$$

$\mathcal{S}(\boldsymbol{q},\omega)$ は動的構造因子と呼ばれ，次のように定義される．

$$\mathcal{S}^{\alpha\beta}(\boldsymbol{q},\omega) = \frac{1}{2\pi}\sum_{\boldsymbol{r}}\int_{-\infty}^{\infty} dt\, e^{i(\boldsymbol{q}\cdot\boldsymbol{r} - \omega t)}\langle m^\alpha(0,0) m^\beta(\boldsymbol{r},t)\rangle \tag{C.9}$$

ここで，m^α は磁気モーメント $\boldsymbol{m}$ の $\alpha(=x,y,z)$ 成分である．右辺の $\langle\cdots\rangle$ は，原点 $\boldsymbol{r} = 0$ にある m^α の $t = 0$ における値と，点 $\boldsymbol{r}$ にある m^β の t における値との相関を表し，2-6 節で説明した相関関数 $G(\boldsymbol{r},\boldsymbol{r}')$ を動的な場合にまで拡張したものである．

$\chi(\boldsymbol{q},\omega)$ あるいは $\mathcal{S}(\boldsymbol{q},\omega)$ は，核磁気共鳴実験 [2] や中性子散乱実験（次節参照）から求まる．例えば，核磁気共鳴実験における核スピン格子緩和時間 T_1 は，$\mathrm{Im}\,\chi(\boldsymbol{q},\omega)$ と次のように関係づけられる．

$$\frac{1}{T_1} \propto k_\mathrm{B}T \sum_{\boldsymbol{q}} A_{\boldsymbol{q}} A_{-\boldsymbol{q}} \frac{\mathrm{Im}\chi_\perp(\boldsymbol{q},\omega_0)}{\omega_0} \tag{C.10}$$

[1)] 虚数成分に対し，式 (C.7) のように右肩に double prime を付けて表す方法と，式 (C.8) のように Im を付けて表す方法とがある．本節のこれ以降では後者の記法を採用する．

ここで，ω_0 は共鳴周波数，A は超微細結合定数と呼ばれ，プローブとなる原子核スピンと周囲の電子スピン（あるいは軌道角運動量）との相互作用を特徴付ける．量子化軸を z 軸にとったとき，$\chi_\perp$ は次で与えられる．

$$\chi_\perp = \frac{1}{2}\left(\chi^{xx} + \chi^{yy}\right) \tag{C.11}$$

【補足 1】 内部磁場がなければ，核はある（核スピン I の）固有状態 $|I_z\rangle$ に留まる．ゆらぎが存在すると，超微細相互作用を通し，$|I_z\rangle$ は $|I_z \pm 1\rangle$ の状態へ遷移する．核スピン系を飽和させ，$|I_z = -I\rangle$ から $|I_z = +I\rangle$ までの状態の占有率が全て等しい状況を作ったとき，核は周囲の系とエネルギーのやり取りを行うことによって最終的に平衡状態に達する．この熱平衡状態に達するまでに要する時間が核スピン格子緩和時間である．

C-2　中性子散乱実験

C-2-1　実験配置

3 軸分光器を用いた中性子散乱実験の概略を図 C.1 に示す．原子炉から出てきた中性子線束は，コリメータにより平行ビームとなり，モノクロメータに入射する．ここで，中性子は Bragg 散乱の原理により単色化される（エネルギー E_i が決まる）．入射エネルギー（E_i）および運動量 k_i を持った中性子は，コリメータを経て試料に照射される．試料で散乱されたビームは，コリメータを通り，アナライザに入射する．このアナライザでは，散乱された中性子のエネルギー（E_f）および運動量（k_f）が決められる．最後に検出器に入り，中性子の数が計測される．3 軸という名前は，モノクロメータ，試料，およびアナライザがそれぞれの軸の周りに回転するためである．アナライザを通さずに散乱中性子を全て計測する測定（2 軸分光法）は，弾性散乱実験（実験室における X 線回折法に対応）に用いられる．

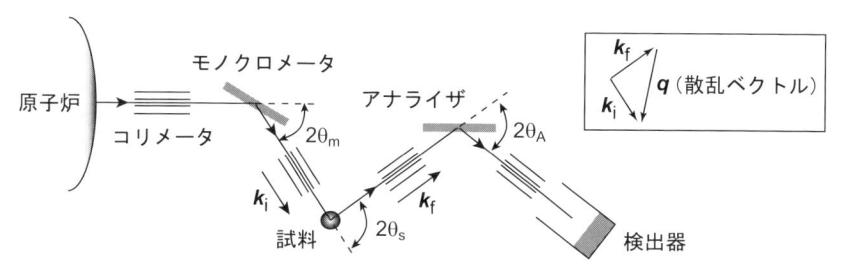

図 C.1　3 軸分光器を用いた中性子散乱実験．θ_m, θ_s, θ_A は，モノクロメータ，試料，アナライザのそれぞれの軸の周りの回転角を表す．

入射中性子および散乱中性子のエネルギーおよび運動量の差を次のように置く.

$$\hbar\omega = E_i - E_f = \frac{\hbar^2}{2m}(k_i^2 - k_f^2), \qquad \boldsymbol{q} = \boldsymbol{k}_i - \boldsymbol{k}_f \tag{C.12}$$

添え字の i, f は income (initial) および final の意味であり, $\boldsymbol{q}$ は散乱ベクトルである. 試料に入射した中性子がマグノンを励起したり, 結晶場励起をした場合は, 中性子のエネルギーは減少し, $\hbar\omega > 0$ となる. 逆に, 励起されているマグノンや結晶場からエネルギーを受け取る場合は, $\hbar\omega < 0$ となる.

式の導出は専門書に譲り [3], 結果のみを記すと, (入射中性子のスピンの向きを揃えないときの) 磁気中性子散乱実験の部分微分散乱断面積は,

$$\frac{d^2\sigma}{d\Omega d\omega} \propto \frac{k_f}{k_i}|f(\boldsymbol{q})|^2 \sum_{\alpha,\beta}(\delta_{\alpha\beta} - e_q^\alpha e_q^\beta)\frac{1}{1-\exp(-\beta\hbar\omega)}\mathrm{Im}\,\chi^{\alpha\beta}(\boldsymbol{q},\omega)$$

$$\propto \frac{k_f}{k_i}|f(\boldsymbol{q})|^2 \sum_{\alpha,\beta}(\delta_{\alpha\beta} - e_q^\alpha e_q^\beta)\mathcal{S}^{\alpha\beta}(\boldsymbol{q},\omega) \tag{C.13}$$

となる. ここで, $f(\boldsymbol{q})$ は磁性電子の空間分布の Fourier 成分であり, 形状因子と呼ばれる. また, e_q は散乱ベクトル方向の単位ベクトルであり, e_q^α はその α 成分である. $\mathcal{S}(\boldsymbol{q},\omega)$ は次の「詳細釣り合い (detailed balance)」と呼ばれる関係を満たす.

$$\mathcal{S}(-\boldsymbol{q},-\omega) = e^{-\beta\hbar\omega}\mathcal{S}(\boldsymbol{q},\omega) \tag{C.14}$$

エネルギー損失と増大側のスペクトルは, この式に従った強度分布を示す. また, 動的構造因子は,「$\int \mathcal{S}(\boldsymbol{q},\omega)d\omega$ は温度に依存しない」という保存則を満たす.

C-2-2 Bragg 散乱

散乱体の状態 (例えば局在電子スピン) が時間変化しない場合を考える. 式 (C.9) において, スピン相関を表す因子を積分の外に出すと, デルタ関数 $\delta(\omega)$ ($\propto \int e^{-i\omega t}dt$) が出てくる. これは弾性散乱であることを意味する. 即ち, 散乱体である局在スピンの間の磁気相関が無限に長い時間持続するとき, 散乱は純粋に弾性散乱となる. 散乱断面積をエネルギーについて積分することにより, 次式が得られる.

$$\frac{d\sigma}{d\Omega} = \int \frac{d^2\sigma}{d\Omega d\omega}d\omega \propto \sum_{\alpha,\boldsymbol{q}}(1-(e_q^\alpha)^2)|F(\boldsymbol{q})^\alpha|^2 \delta(\boldsymbol{q}-\boldsymbol{Q}) \tag{C.15}$$

これは, 磁気 Bragg 散乱が $\boldsymbol{q} = \boldsymbol{Q}$ で生じることを意味する. ここで, $\boldsymbol{Q}$ は磁気構造の逆格子ベクトルであり, (結晶構造を特徴付ける) 逆格子ベクトル $\boldsymbol{G}$ を用いて, $\boldsymbol{Q} = \boldsymbol{G} \pm \boldsymbol{Q}_0$ と書かれる. この $\boldsymbol{Q}_0$ は, 磁気構造の周期などを特徴付けるもので, (磁気構造の) 伝搬ベクトルあるいは波数ベクトルと呼ばれる. 例えば, 強磁性では

$Q_0 = 0$ であり,回折点は結晶格子の逆格子ベクトルと同じところに現れる.

磁気構造因子 $F(q)$ は,次式で与えられる.

$$F(q)^\alpha = \sum_n f_n(q)\langle m_n^\alpha \rangle e^{iq\cdot r_n} \tag{C.16}$$

ここで,n は単位胞内の磁性原子の番号を表し,r_n はその位置ベクトルである.散乱ベクトル q が磁気モーメント $\langle m_n^\alpha \rangle$ の方向と平行なとき,$e_q^\alpha = 1$ となり,磁気散乱は生じない.

強磁性や反強磁性秩序の場合に観測される散乱プロファイルの概略を図 C.2 に示す(簡単のため Bravais 格子を考える).強磁性の場合は,磁気構造の対称性は結晶構造の対称性と同じであるから,上で説明したように,核散乱と同じ場所にピークが生じる(図 C.2(a)).強磁性磁気モーメントの大きさを $\langle m \rangle$ と置くと,散乱強度は $|F(Q)|^2 = f(Q)^2 \langle m \rangle^2$ に比例する.

隣合うスピン間が互いに逆向き(大きさ $\langle m \rangle$ は同じ)の反強磁性体(格子定数 a の立方晶)を考えよう.このとき,周期はいずれの方向に対しても $2a$ になり,単位胞の中に 8 個の磁性原子が入る.この磁気構造を特徴付ける波数ベクトルは $Q_0 = (1/2, 1/2, 1/2)$ であり,(新しい単位胞中の)原子座標は $(0,0,0)$, $(1/2,0,0)$, $(0,1/2,0)$, $(0,0,1/2)$, $(1/2,1/2,0)$, $(1/2,0,1/2)$, $(0,1/2,1/2)$, $(1/2,1/2,1/2)$ である.磁性原子が全て同じ形状因子を持つと仮定すると,構造因子は次のようになる.

$$F = f(q)\langle m \rangle \left[1 - e^{i\pi h} - e^{i\pi k} - e^{i\pi l} + e^{i\pi(h+k)} + e^{i\pi(k+l)} + e^{i\pi(l+h)} - e^{i\pi(h+k+l)} \right] \tag{C.17}$$

ここで,(h, k, l) は Miller 指数である.h, k, l が全て奇数の場合は $F = 8f(q)\langle m \rangle$ となるが,その他の場合は $F = 0$ となる.この場合には,図 C.2(b) に示すような散乱

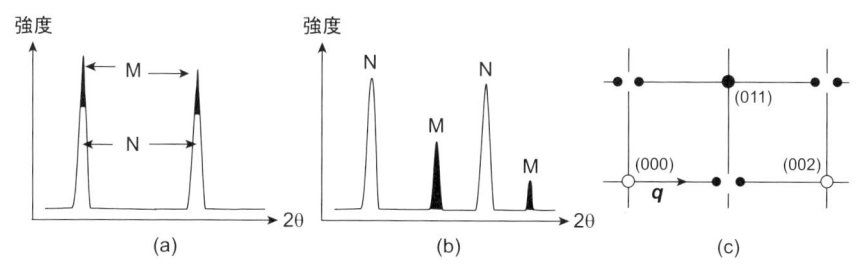

図 **C.2** 中性子散乱実験における散乱強度と散乱角 2θ の関係.(a) 強磁性の場合.核散乱(N)と磁気散乱(M)は同じ散乱角に生じる.(b) 反強磁性の場合.磁気構造を反映した散乱角に,ピークが生じる.(c) 金属 Cr で観測される SDW に対応する逆格子空間.白い丸が核反射であり,黒丸が磁気反射である.変調の周期が長周期であればあるほど,サテライト(小さな黒丸)間の距離は小さくなる.

プロファイル（概念図）が得られる.[2)]

SDW のような変調構造の場合には，波数ベクトル Q_0 が次のように変更される．

$$Q_0 \to Q_0 + \delta \tag{C.18}$$

ここで，δ は変調ベクトル（modulation vector）であり，その大きさは通常小さく，無理数であってもよい．Q_0 は（上で見たように）基本となる磁気秩序（強磁性 $Q_0 = 0$ や反強磁性 $Q_0 = (1/2, 1/2, 1/2)$ など）を表す．変調構造は"サテライトピーク"の出現によって特徴づけられ，その逆格子空間における位置は次のように表される．

$$Q_{\mathrm{mod}} = G \pm (Q_0 + \delta) \tag{C.19}$$

【補足 2】散乱プロファイルと逆格子空間の関係を理解することが重要である．X 線回折と同じように，中性子散乱実験においても，散乱ベクトル q（図 C.1 参照）が逆格子ベクトルに等しい場合に Bragg 反射が生じる．例えば，図 C.2(c) において，q の大きさを増大させていこう．サテライト位置（小さな黒丸）を通過するときピークが 2 つ続けて現れ（図 C.2(a) および (b) の"M"のピークと同じ起源），逆格子点（白丸）に達すると大きな核反射（図 C.2(a) および (b) の"N"のピークに対応）が現れる．

希土類やアクチノイド化合物には，多重 k 構造（multiple-k structure）と呼ばれる複雑な構造が現れる．これを見るため，図 C.3(a) に示した 2 次元正方格子（格子定数は a）上の磁気構造を考えよう [4]．この磁気構造を特徴付けるためには，$\kappa_1 = (1/2, 0)$

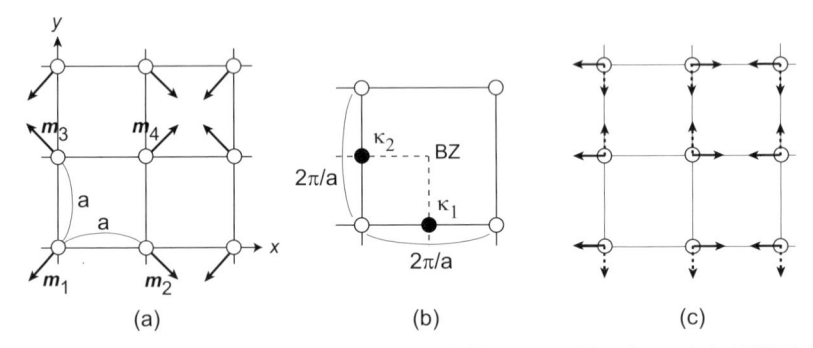

図 **C.3** (a) 結晶学的な単位胞の 2 倍周期を持つ磁気構造．(b) 逆格子空間．白丸は逆格子点を表し，黒丸は磁気散乱の生じる逆格子点（κ_1 と κ_2）を表す．破線は Brillouin ゾーン（BZ）を表す．(c) (a) の磁気構造を 2 つに分解したもの．片一方は κ_1 に対応し，実線の矢印で表されている．もう一方は κ_2 に対応し，破線の矢印で表されている．

[2)] 単位胞に 2 個の磁性原子が含まれる場合は（例えば図 9.2 を参照），$Q = G$ のところに反強磁性磁気反射が現れる．即ち，結晶と反強磁性秩序の両方が同じ周期を持つ．

(x方向に2倍周期) と $\kappa_2=(0,1/2)$ (y方向に2倍周期) の2つの秩序ベクトルが必要である (図C.3(b)). これは, 図C.3(a)の磁気構造を, 図C.3(c)のように2つに分ける (片一方は実線の矢印で示された磁気モーメントの配列で κ_1 に対応, もう一方は破線で示された矢印の磁気モーメントの配列で κ_2 に対応) ことによって理解されるであろう. 実格子上の磁気モーメントを m_1, m_2, m_3, m_4 と置くとき, それらのFourier成分は次のようになる.

$$m(Q=0)=0, \quad m(Q=\kappa_1)=\frac{1}{4}(m_1-m_2+m_3-m_4)$$
$$m(Q=\kappa_2)=\frac{1}{4}(m_1+m_2-m_3-m_4), \quad m_4(Q=\kappa_1+\kappa_2)=0 \quad (C.20)$$

中性子散乱強度は $|m(Q)|^2$ に比例するから, 図C.3(b) に黒丸で示した逆格子点にのみピークが現れる. このように, 互いに平行でない2つの逆格子点にピークが現れる構造を $2k$ 構造という.[3] これを3次元に拡張すれば, さらに高次の構造 (例えば $3k$-structure) が出てくることは, 容易に推測されるであろう.

C-2-3 常磁性散乱

局在モーメント J からなる常磁性状態を考える. 局在モーメント間に全く相関がない場合の磁気相関関数は, J の成分を用いて, 次のように書かれる.

$$\langle J^\alpha(0,0)J^\beta(r,t)\rangle = \langle J^\alpha(0,0)^2\rangle\delta_{\alpha,\beta} = \frac{1}{3}J(J+1)\delta_{\alpha,\beta} \quad (C.21)$$

$\sum_{\alpha,\beta}(\delta_{\alpha,\beta}-e_q^\alpha e_q^\beta)=2$ を用いることにより, 次の常磁性散乱断面積を得る.

$$\frac{d\sigma}{d\Omega} \propto |f(q)|^2 J(J+1) \quad (C.22)$$

磁場を z 方向に印加したとすると, ゼロでない平均磁化 $\bar{J}_z$ が生じる. このとき, 式(C.22)において $J(J+1)$ の代わりに $\bar{J}_z^2$ と置いた常磁性散乱が核Bragg散乱に重なって現れる. 例として, UPd$_2$Al$_3$ の実験結果を図C.4に示す. 図C.4(a)には, $T=36$ K および $H=5$ T の磁場下において測定された散乱強度が $\sin\theta/\lambda$ (λは波長) の関数としてプロットされている. 常磁性散乱は, 形状因子 $f(q)$ (即ち磁性電子の空間分布) と同じ q 依存性を持つ. 実験結果は, Uイオンの形状因子の理論値 (実線) とよく一致する. 得られた結果をFourier変換することにより, (六方晶の c 面上に射影された) 磁化密度が求まる (図C.4(b) 参照). Uサイトにのみスピン密度 (より正確に表現すれば, 軌道角運動量も加えた磁化密度) が存在し, Pdサイト

---

[3] 回転群の操作により移されるベクトルの集合を"star"と呼ぶ. κ_1 と κ_2 は同じstarに属する.

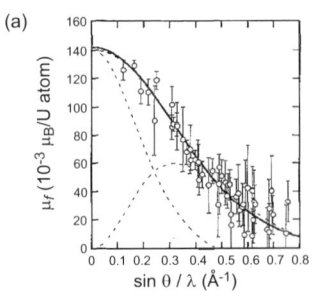

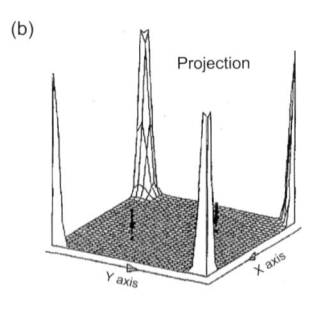

図 **C.4** UPd$_2$Al$_3$ のスピン（磁化）密度分布 [5]. (a) 常磁性状態における回折強度の散乱角依存性. (b) (a) の結果から Fourier 変換によって求められた磁化密度分布.

には存在しないことが分かる.

C-2-4 臨界散乱

Bravais 格子からなる強磁性体を考え，動的構造因子を次のように書く.

$$\mathcal{S}^{\alpha\alpha}(\boldsymbol{q},\omega) \propto \int_{-\infty}^{\infty} \langle J^\alpha(\boldsymbol{q},0) J^\alpha(\boldsymbol{q},t)\rangle e^{-i\omega t} dt \tag{C.23}$$

ここで，式 (C.9) に対し，次の関係を用いた.

$$J^\alpha(\boldsymbol{q},t) = \sum_{\boldsymbol{r}} e^{i\boldsymbol{q}\cdot\boldsymbol{r}} J^\alpha(\boldsymbol{r},t) = \sum_l e^{i\boldsymbol{q}\cdot\boldsymbol{R}_l} J^\alpha(\boldsymbol{R}_l,t) \tag{C.24}$$

磁化のゆらぎを次のように定義する.

$$\begin{aligned}\Delta J^\alpha(\boldsymbol{q},t) &= \sum_l e^{i\boldsymbol{q}\cdot\boldsymbol{R}_l} \left(J^\alpha(\boldsymbol{R}_l,t) - \langle J^\alpha(\boldsymbol{R}_l,t)\rangle\right) \\ &= J^\alpha(\boldsymbol{q},t) - N\langle J^\alpha\rangle\end{aligned} \tag{C.25}$$

ここで，$\langle J^\alpha \rangle$ は（強磁性）自発磁化であり，格子点の数を N と置いた. これを用いると，式 (C.23) は次のように書かれる.

$$\mathcal{S}^{\alpha\alpha}(\boldsymbol{q},\omega) \propto N^2 \langle J^\alpha\rangle^2 \delta(\omega) + \int_{-\infty}^{\infty} \langle \Delta J^\alpha(\boldsymbol{q},0) \Delta J^\alpha(\boldsymbol{q},t)\rangle e^{-i\omega t} dt \tag{C.26}$$

右辺の第 1 項は Bragg 散乱であり，第 2 項は臨界散乱である. Bragg ピーク近傍の散乱を考え，運動量変化は小さいと考える $(\boldsymbol{q}\to 0)$. このとき，臨界散乱の動的構造因子は，静的近似 $(t\to 0)$ の下で次のように与えられる.

$$\mathcal{S}^{\alpha\alpha}(\boldsymbol{q},\omega) \propto \int_{-\infty}^{\infty} \langle \Delta J^\alpha(0,0)^2\rangle e^{-i\omega t} dt \tag{C.27}$$

これより，散乱断面積は次のようになる．

$$\frac{d\sigma}{d\Omega} \propto \sum_\alpha (1-(e_q^\alpha)^2)\langle \Delta J^\alpha(0,0)^2 \rangle \propto \sum_\alpha (1-(e_q^\alpha)^2) k_B T \chi_{st}^\alpha \quad (C.28)$$

ここで，第2式から3式に移る際，静的な揺動散逸定理（χ_{st}^α は静的磁化率）を用いた．χ_{st}^α は，$T \to T_C$ に対し発散する．

反強磁性体（波数ベクトル Q_0）の場合も，臨界散乱に対応する動的構造因子は，Néel 温度 T_N において発散的な異常を示す．$\mathcal{S}(q,\omega)$ （$q = Q - Q_0$）を次のように書き表わそう．

$$\mathcal{S}(q,\omega) \propto \chi(q) F(q,\omega) \quad (C.29)$$

ここで，$\chi(q)$ は静的磁化率で，式 (C.28) の χ_{st}^α と同じものであり，$F(q,\omega)$ はスペクトル関数（spectral weight function）である．スピンの空間的相関が距離 r とともに指数関数的に減少するとき，その Fourier 変換である $\chi(q)$ は，次の Lorentz 型関数となる（2-6-2 項参照）．

$$\chi(q) \sim \frac{\chi_0}{q^2 + \kappa^2} \quad (C.30)$$

ここで，κ は相関距離 ξ の逆数，χ_0 は相互作用がない場合の磁化率である．また，時間的相関も $\exp(-\Gamma t)$ のように指数関数的（拡散的）であれば，その Fourier 変換によって求まるスペクトル関数も Lorentz 型となる．

$$F(q,\omega) \sim \frac{\hbar\omega \Gamma(q)}{(\hbar\omega)^2 + \Gamma(q)^2} \quad (C.31)$$

ここで，$\Gamma(q)$ はスピン相関の減衰率を表し，拡散的な場合は波数の2乗に比例する：$\Gamma(q) \sim \Lambda q^2$（$\Lambda$ は拡散定数）[6]．これらの情報は，準弾性散乱実験から得られる．

C-2-5 結晶場励起

もっとも直接的に結晶場分裂を求めることができるのは中性子非弾性散乱実験であり（図 C.5 (a) 参照），散乱断面積は次式で与えられる．

$$\frac{d^2\sigma}{d\Omega d\omega} \propto \frac{k_f}{k_i} \sum_{\nu_i,\nu_j} f(q)^2 n_i |\langle \Gamma_j, \nu_j | J_\perp | \Gamma_i, \nu_i \rangle|^2 \delta(\omega_j - \omega_i - \omega) \quad (C.32)$$

各々の結晶場準位 i（既約表現 Γ_i が縮退するときその基底を ν_i で区別する）はエネルギー ω_i をもち，その熱的占有確率は n_i で与えられる．$J_\perp$ は，散乱ベクトル q に

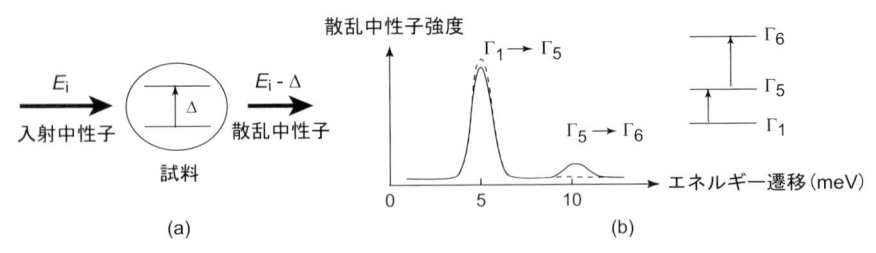

図 C.5 結晶場中性子散乱実験. (a) エネルギー E_i をもつ入射中性子は, 物質中で結晶場励起を引き起こすことにより, その励起エネルギー Δ だけ散乱エネルギーが減少する. 中性子のエネルギーの減少を測定することにより, 結晶場励起エネルギーを知ることができる. (b) $PrPd_2Al_3$ に対する例. 高温 (実線) では 2 つの励起が見えていたのに対し, 低温 (破線) では低エネルギー側の励起しか観測されない. これは, 高エネルギー側の励起が, 励起状態 → 励起状態への遷移を見ていることを意味する. 初期状態が基底状態のときのみ, 低温でも励起が観測される.

垂直な J の成分である. 立方晶の場合で多結晶を用いた場合には

$$|\langle \Gamma_i | J_z | \Gamma_j \rangle|^2 = |\langle \Gamma_i | J_x | \Gamma_j \rangle|^2 = |\langle \Gamma_i | J_y | \Gamma_j \rangle|^2 \tag{C.33}$$

であるから

$$|\langle \Gamma_i | J_\perp | \Gamma_j \rangle|^2 = 2|\langle \Gamma_i | J_z | \Gamma_j \rangle|^2 \tag{C.34}$$

を得る. 磁気形状因子 $f(\boldsymbol{q})$ のために, 散乱ベクトル $\boldsymbol{q}$ の増大とともに, 散乱強度は減少する.

具体的な例として, 六方晶化合物 $PrPd_2Al_3$ を考えよう. 図 2.8(b) に示したように, 結晶場効果により準位は Γ_1, Γ_3, Γ_4, Γ_5, $\Gamma_6^{(1)}$, $\Gamma_6^{(2)}$ の 6 つに分かれる. 準位の順番は結晶場の対称性だけでは決まらず, 結晶場パラメータ B_m^n に依存する. 中性子散乱実験の結果, 基底状態は Γ_1, 励起状態はエネルギーの低い順に, Γ_5, $\Gamma_6^{(1)}$, Γ_3, Γ_4, $\Gamma_6^{(2)}$ であることが判明した. これは, 図 C.5 (b) に示された実験結果を, 次のように解析することによって得られた. まず絶対零度を考えると, 基底状態のみが占有されているので, そこからの励起のみを考えればよい. 単純に考えると, ピークは 5 つの励起状態に対応し 5 本になりそうであるが, 実際は 1 本しか現れない (図 C.5 (b) の破線). これは, 上の行列要素を実際に計算すると分かるように, $\Gamma_1 \to \Gamma_5$ 以外の行列要素がゼロとなるためである.[4] ピーク位置より, この励起エネルギーは $\Delta \sim 5.5$ meV と決定される.

---

[4] 六方対称結晶場中における固有状態は, $|\Gamma_1\rangle = |0\rangle$ や $|\Gamma_5\rangle = |\pm 1\rangle$ のように書かれる. 従って, これら 2 つの状態間には行列要素が存在する. 一方, 他の状態は, $|J_z|$ が 2 より大きい成分のみを含むから, (基底状態である) $|\Gamma_1\rangle$ との行列要素はゼロとなる.

次に，励起状態が占拠されるくらいまで温度を上げて測定すると，さらにもう 1 本，11 meV 付近にピーク構造が現れる（図 C.5 (b) 実線）．これは，第 1 励起状態から第 2 励起状態への遷移である．さらに温度を高くすると，全ての準位が励起されるため，多くのピークが出現するようになる．また，中性子がエネルギーを失う散乱だけでなく，エネルギーを試料から受け取るプロセスも生じる．このため，負のエネルギー側にもピークが出現する．

参考文献

[1] 例えば，永宮健夫：『磁性の理論』（吉岡書店，1987）．
[2] 磁気緩和の解説として，例えば，永田一清：数理科学 **321** (1990) 5；溝口正：数理科学 **321** (1990) 12.
[3] 中性子散乱実験の一般的教科書としては，W. Marshall & S. W. Lovesey: *Theory of Thermal Neutron Scattering* (Oxford Univ. Press, 1971) や T. Chatterji ed.：*Neutron Scattering from Magnetic Materials* (Elsevier, 2006) などが挙げられる．
f 電子系に関するものとしては，以下のものが挙げられる．
J. Rossat-Mignod, G. H. Lander & P. Burlet: *Handbook on the Physics and Chemistry of the Actinides*, edited by A. J. Freeman & G. H. Lander (Elsevier, 1984) 415;
W. J. L. Buyers & T. M. Holden: *Handbook on the Physics and Chemistry of the Actinides*, edited by A. J. Freeman & G. H. Lander (Elsevier, 1985) 239;
E. Holland-Moritz & G. H. Lander: *Handbook on the Physics and Chemistry of Rare Earths* **19** - Lanthanides/Actinides: Physics - II, edited by K. A. Gschneider, Jr., L. Eyring, G. H. Lander & G. R. Choppin (Elsevier, 1994) 1;
G. Aeppli & C. Broholm: *Handbook on the Physics and Chemistry of Rare Earths* **19** - Lanthanides/Actinides: Physics - II, edited by K. A. Gschneider, Jr., L. Eyring, G. H. Lander & G. R. Choppin (Elsevier, 1994) 123;
P. Fulde & M. Loewenhaupt: *Spin Waves and Magnetic Excitations* **1**, edited by A. S. Borovik-Romanov & S. K. Sinha (Elsevier, 1988) 367.
[4] P. Erdös & J. M. Robinson: *The Physics of Actinide Compounds* (Plenum Press, 1983).
[5] L. Paolasini *et al.*: J. Phys.: Condens. Matter **5** (1993) 8905.
[6] H. G. Stanley: Introduction to Phase Transitions and Critical Phenomena (Oxford Univ. Press, 1971) および W. ゲプハルト，U. クライ，好村滋洋 訳：『相転移と臨界現象』（吉岡書店，1992）などを参照されたい．

付録 D

Green 関数と準粒子

ここでは，本書の第 7 章で必要となる理論的な道具立てについて論じる．

D-1　松原 Green 関数と遅延 Green 関数

相互作用する系の熱力学的性質や輸送現象を理解するには励起状態の性質を調べる必要がある．そのためには Green 関数の言葉で記述するのが便利なので文献でもよく用いられる [1]．実験家にとってもその基本的な知識は不可欠といえる．

まず，松原 Green 関数を導入する（Fermi 粒子の場合に限ることにする）．

$$G_\sigma(\boldsymbol{k},\tau) \equiv -\langle T_\tau c_{\boldsymbol{k}\sigma}(\tau)\bar{c}_{\boldsymbol{k}\sigma}(0)\rangle$$
$$= \begin{cases} -\langle c_{\boldsymbol{k}\sigma}(\tau)\bar{c}_{\boldsymbol{k}\sigma}(0)\rangle & (\tau > 0) \\ +\langle \bar{c}_{\boldsymbol{k}\sigma}(0)c_{\boldsymbol{k}\sigma}(\tau)\rangle & (\tau < 0) \end{cases} \quad (\text{D.1})$$

ここで，$|\tau| < \beta \equiv 1/(k_{\rm B}T)$ であり，$\langle\cdots\rangle$ はグランドカノニカル平均を表す．即ち，

$$\langle\cdots\rangle = \frac{{\rm Sp}[\cdots e^{-\beta(\mathcal{H}-\mu N)}]}{{\rm Sp}[e^{-\beta(\mathcal{H}-\mu N)}]} \quad (\text{D.2})$$

$c_{\boldsymbol{k}\sigma}(\tau)$ と $\bar{c}_{\boldsymbol{k}\sigma}(\tau)$ は，波数 $\boldsymbol{k}$，スピン σ をもつ粒子の生成および消滅演算子を用いて，それぞれ

$$c_{\boldsymbol{k}\sigma}(\tau) \equiv e^{\tau(\mathcal{H}-\mu N)}c_{\boldsymbol{k}\sigma}e^{-\tau(\mathcal{H}-\mu N)} \quad (\text{D.3})$$

$$\bar{c}_{\boldsymbol{k}\sigma}(\tau) \equiv e^{\tau(\mathcal{H}-\mu N)}c_{\boldsymbol{k}\sigma}^\dagger e^{-\tau(\mathcal{H}-\mu N)} \quad (\text{D.4})$$

と定義される．式 (D.1) の T_τ は T 積と呼ばれ，演算子を順番に入れ換えることにより τ の大きい順に並べ換える（その際入れ換えの数だけ (-1) を掛ける）操作を表す．

Sp の記号のなかでは演算子はサイクリックに動かせることを用いると，$-\beta < \tau < 0$

に対して

$$G_\sigma(\boldsymbol{k},\tau) = -G_\sigma(\boldsymbol{k},\tau+\beta) \tag{D.5}$$

の関係が成り立つ．従って，「虚時間 τ」に関する Fourier 変換

$$G_\sigma(\boldsymbol{k},\tau) = T\sum_n e^{-i\omega_n\tau} G_\sigma(\boldsymbol{k},i\omega_n) \tag{D.6}$$

を行うと，振動数 $\omega_n = (2n+1)\pi T$ $(n=0,\pm 1, \pm 2, \cdots)$ に対応する Fourier 成分のみが現れる．後で便利なように，Fourier 成分は $i\omega_n$ の関数として表されている．逆変換は，

$$G_\sigma(\boldsymbol{k},i\omega_n) = \int_0^\beta d\tau e^{i\omega_n\tau} G_\sigma(\boldsymbol{k},\tau) = -\int_0^\beta d\tau e^{i\omega_n\tau} \langle c_{\boldsymbol{k}\sigma}(\tau)\bar{c}_{\boldsymbol{k}\sigma}(0)\rangle \tag{D.7}$$

となる．

自由 Fermi 気体では系のハミルトニアンは，

$$\mathcal{H}_0 = \sum_{\boldsymbol{k}\sigma} \varepsilon_{\boldsymbol{k}} c_{\boldsymbol{k}\sigma}^\dagger c_{\boldsymbol{k}\sigma} \tag{D.8}$$

であるから，その Green 関数 $G^{(0)}$ は $c_{\boldsymbol{k}\sigma}(\tau) = e^{-\tau(\varepsilon_{\boldsymbol{k}}-\mu)}c_{\boldsymbol{k}\sigma}$ の関係を式 (D.7) に代入して簡単な計算により

$$G_\sigma^{(0)}(\boldsymbol{k},i\omega_n) = \frac{1}{i\omega_n - \xi_{\boldsymbol{k}}} \tag{D.9}$$

となる．$\xi_{\boldsymbol{k}} \equiv (\varepsilon_{\boldsymbol{k}} - \mu)$ は化学ポテンシャル μ から測った粒子のエネルギーである．式 (D.9) の関係は，「$G_\sigma^{(0)}(\boldsymbol{k},i\omega_n)$ を振動数の関数として解析接続 ($i\omega_n \to \omega$) した関数 $G_\sigma^{(0)}(\boldsymbol{k},\omega)$ の極 $\omega = \xi_{\boldsymbol{k}}$ は化学ポテンシャルから測った粒子のエネルギーを与える」ことを意味する．$\omega = \pm i\infty$ が収積点であるから，解析接続の仕方には 2 通りあり，$\omega = i\infty$ から上半面を通って解析接続したものを遅延（Retarded）Green 関数 $G^{(0)\mathrm{R}}(\boldsymbol{k},\omega)$ と呼び，$\omega = -i\infty$ から下半面を通って解析接続したものを先進（Advanced）Green 関数 $G^{(0)\mathrm{A}}(\boldsymbol{k},\omega)$ と呼ぶ．ω の実軸近傍では，それぞれ

$$G_\sigma^{(0)\mathrm{R}}(\boldsymbol{k},\omega+i\delta) = \frac{1}{\omega - \xi_{\boldsymbol{k}} + i\delta} \tag{D.10}$$

$$G_\sigma^{(0)\mathrm{A}}(\boldsymbol{k},\omega-i\delta) = \frac{1}{\omega - \xi_{\boldsymbol{k}} - i\delta} \tag{D.11}$$

と与えられる．δ は正の微小量である．従って，

$$[G_\sigma^{(0)\mathrm{R}}(\boldsymbol{k},\omega+i\delta)]^* = G_\sigma^{(0)\mathrm{A}}(\boldsymbol{k},\omega-i\delta) \tag{D.12}$$

の関係がある．以下でみるように，この段落で述べた Green 関数の性質は相互作用のある系についても発展的に受け継がれる．

D-2　Green 関数のスペクトル表示

相互作用がある系の Green 関数の具体的表式を求めることは一般に難しい．しかし，個々の系の詳細とは無関係にいくつかの有益な関係が成り立つ．相互作用がある系の固有状態 $|n\rangle$ を

$$\mathcal{H}|n\rangle = E_n|n\rangle, \quad N|n\rangle = N_n|n\rangle \tag{D.13}$$

とすると，完全系の関係 $\sum_n |n\rangle\langle n| = 1$ を用いて 式 (D.1) の $\langle c_{\bm{k}\sigma}(\tau)\bar{c}_{\bm{k}\sigma}(0)\rangle$ を具体的に書き下すことにより，松原 Green 関数の Fourier 成分は

$$G_\sigma(\bm{k}, i\omega_\ell) = \Xi^{-1} \sum_{n,m} e^{-\beta(E_n - \mu N_n)} \frac{|\langle m|c_{\bm{k}\sigma}^\dagger|n\rangle|^2}{i\omega_\ell - \xi_{nm}} (e^{-\beta \xi_{nm}} + 1) \tag{D.14}$$

と表せる．ここで，$\Xi \equiv \sum_n e^{-\beta(E_n - \mu N_n)}$,

$$\xi_{nm} \equiv E_n - E_m - \mu(N_n - N_m) \tag{D.15}$$

である．D-1 節の $G^{(0)}$ と同様に解析接続すると，遅延 Green 関数は実軸の近傍 ($i\omega_\ell \to \omega + i\delta$) で

$$G_\sigma^{\mathrm{R}}(\bm{k}, \omega + i\delta) = \Xi^{-1} \sum_{n,m} e^{-\beta(E_n - \mu N_n)} \frac{|\langle m|c_{\bm{k}\sigma}^\dagger|n\rangle|^2}{\omega - \xi_{nm} + i\delta} (e^{-\beta \xi_{nm}} + 1) \tag{D.16}$$

となる．任意の実数 x, a について成り立つ公式

$$\frac{1}{x - a + i\delta} = \frac{\mathrm{P}}{x - a} - i\pi \delta(x - a) \tag{D.17}$$

を用いると（P は主値を取ることを意味する），Kramers-Krönig の関係

$$\mathrm{Re} G_\sigma^{\mathrm{R}}(\bm{k}, \omega + i\delta) = \frac{\mathrm{P}}{\pi} \int_{-\infty}^{+\infty} dx \frac{\mathrm{Im} G_\sigma^{\mathrm{R}}(\bm{k}, x + i\delta)}{x - \omega} \tag{D.18}$$

が成立していることが分かる．即ち，遅延 Green 関数 $G^{\mathrm{R}}(\bm{k}, \omega)$ は複素平面 ω の上半面で解析的である．

$T = 0$ における $G_\sigma^R(\bm{k}, \omega + i\delta)$ は

$$G_\sigma^R(\bm{k}, \omega + i\delta) = \sum_m \frac{|\langle m|c_{\bm{k}\sigma}^\dagger|0\rangle|^2}{\omega - \xi_{m0} + i\delta} + \sum_n \frac{|\langle n|c_{\bm{k}\sigma}|0\rangle|^2}{\omega + \xi_{n0} + i\delta} \tag{D.19}$$

と書ける．状態 $|0\rangle$ は粒子数 N の基底状態を表す．式 (D.19) より G^R は $\omega = \xi_{m0}$ と $\omega = -\xi_{n0}$ に極をもつ．普通は波数ベクトル（結晶運動量）の保存則が成り立つので，系の固有状態は波数 $\bm{k}$ で指定される．状態 $|m\rangle$ は基底状態に波数 $\bm{k}$ をもつ粒子を 1 個つけ加えた状態であるから波数 $\bm{k}$ をもつ状態である．同様に，状態 $|n\rangle$ は基底状態から波数 $\bm{k}$ をもつ粒子を 1 個取り去った状態であるから波数 $-\bm{k}$ をもつ状態である．そのエネルギーは，それぞれ式 (D.15) を用いて

$$\xi_{m0} = E_m(N+1) - [E_0(N) + \mu] \tag{D.20}$$
$$\xi_{n0} = E_n(N-1) - [E_0(N) - \mu] \tag{D.21}$$

と表せる．これらはいずれも正の量で，それぞれ $(N+1)$ 粒子系および $(N-1)$ 粒子系での励起エネルギーを意味する．即ち，式 (D.19) はその ω に関する極が系の励起エネルギーを与えるという意味で，自由粒子系に対する式 (D.9) の一般化となっている．

式 (D.17) の関係を用いて 式 (D.19) の虚部をとると

$$\begin{aligned}\mathrm{Im}G_\sigma^R(\bm{k}, \omega + i\delta) &= -\pi \sum_m |\langle m|c_{\bm{k}\sigma}^\dagger|0\rangle|^2 \delta(\omega - \xi_{m0}) \\ &\quad -\pi \sum_n |\langle n|c_{\bm{k}\sigma}|0\rangle|^2 \delta(\omega + \xi_{n0})\end{aligned} \tag{D.22}$$

となるが，これは波数・スピン分解した 1 粒子スペクトル密度が

$$\rho_\sigma(\bm{k}, \omega) \equiv -\frac{1}{\pi} \mathrm{Im} G_\sigma^R(\bm{k}, \omega + i\delta) \tag{D.23}$$

で与えられることを示す．式 (D.22) の第 2 項は $T = 0$ K における角度分解光電子分光スペクトル強度に，第 1 項は逆光電子分光スペクトル強度にそれぞれ比例していることが式の意味から理解されよう．また，式 (D.22) と交換関係 $[c_{\bm{k}\sigma}, c_{\bm{k}\sigma}^\dagger]_+ = 1$ より，スペクトル密度はつぎの和則を満たすことがわかる．

$$\begin{aligned}\int_{-\infty}^{+\infty} d\omega \rho_\sigma(\bm{k}, \omega) &= \sum_m |\langle m|c_{\bm{k}\sigma}^\dagger|0\rangle|^2 + \sum_n |\langle n|c_{\bm{k}\sigma}|0\rangle|^2 \\ &= \sum_n \left(\langle 0|c_{\bm{k}\sigma}|n\rangle\langle n|c_{\bm{k}\sigma}^\dagger|0\rangle + \langle 0|c_{\bm{k}\sigma}^\dagger|n\rangle\langle n|c_{\bm{k}\sigma}|0\rangle\right) \\ &= \langle 0|\left(c_{\bm{k}\sigma}c_{\bm{k}\sigma}^\dagger + c_{\bm{k}\sigma}^\dagger c_{\bm{k}\sigma}\right)|0\rangle = 1\end{aligned} \tag{D.24}$$

有限温度のスペクトル密度は式 (D.16) の G^R を用いて同様に定義され，式 (D.24) の関係も成り立つ．

式 (D.16), (D.22) を組み合わせると

$$G_\sigma^R(\bm{k}, \omega + i\delta) = \frac{(-1)}{\pi} \int_{-\infty}^{+\infty} dx \frac{\mathrm{Im} G_\sigma^R(\bm{k}, x + i\delta)}{\omega - x + i\delta} \tag{D.25}$$

の形の関係が成り立つ．ところで，G^R は ω の上半面で解析的だから 式 (D.25) の関係は $\mathrm{Im}\,\omega > 0$ のすべての領域で正しい形を与える．$\mathrm{Im}\,\omega < 0$ の領域の表式を得るには式 (D.25) の x の積分路を変形することにより解析接続する必要がある．

仮に，1 粒子スペクトル密度が

$$\rho_\sigma(\bm{k}, x) = \frac{a}{\pi} \frac{c}{(x-b)^2 + c^2} \tag{D.26}$$

のように Lorentz 型であれば，式 (D.25) より ω の全複素平面で

$$G_\sigma^R(\bm{k}, \omega) = \frac{a}{\omega - b + i|c|} \tag{D.27}$$

となることが容易に示される．式 (D.26) は励起エネルギーが b のまわりに幅 $|c|$ をもって分布しており，不確定性の関係より $\hbar/|c|$ の寿命をもつことを意味する．即ち，G^R の極の実部は励起状態のエネルギーを，虚部はその崩壊率を表している．

従って，1 粒子スペクトル密度が式 (D.26) のような形を部分的にもっており，かつ $|b| \gg |c|$ であれば，一定の波数 $\bm{k}$ に対して一定のエネルギーをもつ状態が近似的な定常状態として存在することになる．そのような状態は粒子のように見なせるので「準粒子」とよぶ．7-3 節では 3 次元の Fermi 多粒子系でそのような準粒子の存在が可能であることを議論する．

参考文献

[1] A. A. Abrikosov, L. P. Gor'kov & I. E. Dzyaloshinskii: *Method of Quantum Field Theroy in Statistical Physics*, 2nd ed. (Pergamon, 1965).

付録 E

準粒子の「スピン」保存則の破れ

7-5-1 項では f^1 結晶場の励起状態を無視できる場合には，重い Fermi 準粒子は f^1 結晶場の基底状態とそれが混成する伝導電子からなる周期的 Anderson モデル (7.34) で記述できることを示した．そこでは，準粒子の「スピン」は基底結晶場状態の Kramers 2 重項の自由度で与えられる．そして，ハミルトニアン (7.34) は「スピン」を保存する．ここでは，励起結晶場状態を考慮するとき，この「スピン保存則」がどれくらいの精度で成立するのか議論する．また，7-7 節で議論した f^2 電子配置の重い準粒子の場合に議論を拡張する．

まず，結晶場励起状態として立方対称の $|\Gamma_8 \pm 2\rangle$（$|\Gamma_8^{\pm}\rangle$ と略記）

$$|\Gamma_8^{\pm}\rangle = \sqrt{\frac{5}{6}}\left|\frac{5}{2}, \pm\frac{5}{2}\right\rangle + \frac{1}{\sqrt{6}}\left|\frac{5}{2}, \mp\frac{3}{2}\right\rangle \tag{E.1}$$

を採用する（$|\Gamma_8 \pm 1\rangle$ を用いても同様の議論ができる）．$\Gamma_8^{\pm}$ 対称の f 電子と伝導電子 $|\bm{k}\sigma\rangle$ の混成行列要素は，式 (7.21) と同様に

$$\begin{cases} V_{\bm{k}8+\uparrow} = v_8(k)\left[-\sqrt{\frac{5}{42}}(Y_3^{+2}(\hat{\bm{k}}) + Y_3^{-2}(\hat{\bm{k}}))\right]^* \equiv V_{\bm{k}3} \\ V_{\bm{k}8-\uparrow} = v_8(k)\left[-\sqrt{\frac{5}{7}}Y_3^{-3}(\hat{\bm{k}}) - \frac{1}{\sqrt{21}}Y_3^{+1}(\hat{\bm{k}})\right]^* = V_{\bm{k}4}^* \\ V_{\bm{k}8+\downarrow} = v_8(k)\left[\sqrt{\frac{5}{7}}Y_3^{+3}(\hat{\bm{k}}) + \frac{1}{\sqrt{21}}Y_3^{-1}(\hat{\bm{k}})\right]^* \equiv -V_{\bm{k}4} \\ V_{\bm{k}8-\downarrow} = v_8(k)\left[-\sqrt{\frac{5}{42}}(Y_3^{+2}(\hat{\bm{k}}) + Y_3^{-2}(\hat{\bm{k}}))\right]^* = V_{\bm{k}3}^* \end{cases} \tag{E.2}$$

となる．式 (7.30) に対応して，伝導電子のうち $\Gamma_8^{\pm}$ 対称性をもつ部分を生成する演算子は，

$$c_{\bm{k}8+}^{\dagger} \equiv \frac{V_{\bm{k}3}c_{\bm{k}\uparrow}^{\dagger} - V_{\bm{k}4}c_{\bm{k}\downarrow}^{\dagger}}{\sqrt{|V_{\bm{k}3}|^2 + |V_{\bm{k}4}|^2}}, \quad c_{\bm{k}8-}^{\dagger} \equiv \frac{V_{\bm{k}4}^* c_{\bm{k}\uparrow}^{\dagger} + V_{\bm{k}3}^* c_{\bm{k}\downarrow}^{\dagger}}{\sqrt{|V_{\bm{k}3}|^2 + |V_{\bm{k}4}|^2}} \tag{E.3}$$

と表すことができて，式 (7.33) に対応して $\Gamma_8^{\pm}$ 対称性をもつ f 電子と伝導電子の混成効果を表すハミルトニアンは

$$\mathcal{H}_0 = \sum_{\bm{k}, m=8\pm}\left[\xi_{\bm{k}} c_{\bm{k}m}^{\dagger}c_{\bm{k}m} + (E_f + \Delta)f_{\bm{k}m}^{\dagger}f_{\bm{k}m} + V_{8\bm{k}}(c_{\bm{k}m}^{\dagger}f_{\bm{k}m} + \text{h.c.})\right] \tag{E.4}$$

と表すことができる．ここで，Δ は Γ_8 結晶場状態の励起エネルギーを表し，$V_{8k} \equiv \sqrt{|V_{k3}|^2 + |V_{k4}|^2}$ と定義される．

式 (E.4) と式 (7.33) はともに「スピン」のラベルを保存する形に書けているので，一見すると「スピン」の保存則は成り立つように見える．しかし，式 (7.30) と式 (E.3) から分かるように，生成・消滅演算子 $c^\dagger_{k7\pm}, c^\dagger_{k8\pm}$ および $c_{k7\pm}, c_{k8\pm}$ は $c_{k\uparrow}, c_{k\downarrow}$ を通じて関係しているので，「スピン」のラベルは一般には保存しない．同じ結晶場状態の間では「スピン」を反転する混成は起きないが，Γ_7 と Γ_8 の間では「スピン」を反転する混成が可能である．実際，f^1 状態 $\bm{k}, \Gamma_7^+$ と f^1 状態 $\bm{k}, \Gamma_7^-$ の混成要素は $(V^*_{k1} V^*_{k2} - V^*_{k2} V^*_{k1})/V_k^2 = 0$ となり混成は生じないが，f^1 状態 $\bm{k}, \Gamma_7^+$ と f^1 状態 $\bm{k}, \Gamma_8^-$ の間には混成要素 $(V^*_{k1} V^*_{k4} - V^*_{k2} V^*_{k3})/V_k V_{8k} \sim \mathcal{O}(1)$ があるので，混成することができるのである．これ以外に，「スピン」を反転しない混成が Γ_7 と Γ_8 の間で可能であり，その混成要素は，$(V^*_{k1} V_{k3} + V^*_{k2} V_{k4})/V_k V_{8k} \sim \mathcal{O}(1)$ で与えられる．

7-5-1 および 7-5-2 項で議論したように，重い準粒子は f^1 結晶場基底状態（$\Gamma_7^\pm$）から形成されており，式 (7.44) から分かるように，伝導電子の成分は $\sqrt{a_f}|V_{\bm{k}}|/\xi_{\bm{k}_\mathrm{F}} \ll 1$ で与えられる小さなものにとどまる．f^1 状態 $\bm{k}, \Gamma_7^+$ の準粒子がスピンを反転するためには，まず $\bm{k}, \Gamma_7^+$ の伝導電子と混成し，その中に含まれる伝導電子の平面波状態 $\bm{k}\uparrow$ または $\bm{k}\downarrow$ の成分を通じて f^1 結晶場状態 Γ_8^- と混成し，さらに再び $\bm{k}\uparrow$ または $\bm{k}\downarrow$ の伝導電子との混成を通じて，f^1 結晶場状態 $\bm{k}, \Gamma_7^-$ の準粒子に混成するという過程を経る必要がある（f^1 結晶場状態 Γ_8^- を経ないと準粒子の $\bm{k}, \Gamma_7^-$ 状態へ混成することはできないことに注意）．従って，準粒子の状態 $\bm{k}, \Gamma_7^+$ と状態 $\bm{k}, \Gamma_7^-$ の重なり $S(\bm{k}; \Gamma_7^+, \Gamma_7^-)$ は

$$\begin{aligned} S(\bm{k}; \Gamma_7^+, \Gamma_7^-) &\sim \frac{\sqrt{a_f}|V_{\bm{k}}|}{\xi_{\bm{k}_\mathrm{F}}} \times \frac{V_{8\bm{k}}}{\xi_{\bm{k}_\mathrm{F}}} \times \frac{V^*_{\bm{k}1} V^*_{\bm{k}4} - V^*_{\bm{k}2} V^*_{\bm{k}3}}{V_{\bm{k}} V_{8\bm{k}}} \times \frac{V_{8\bm{k}}}{\xi_{\bm{k}_\mathrm{F}}} \times \frac{\sqrt{a_f}|V_{\bm{k}}|}{\xi_{\bm{k}_\mathrm{F}}} \\ &\sim a_f \frac{V_{\bm{k}}^2}{D^2} \left(\frac{V_{8\bm{k}}}{D}\right)^2 \simeq \frac{k_\mathrm{B} T_\mathrm{K}}{D} \left(\frac{V_{8\bm{k}}}{D}\right)^2 \end{aligned} \tag{E.5}$$

と評価できる．ここで，$\xi_{\bm{k}_\mathrm{F}}$ を伝導電子のバンド幅の半分 D で近似した．典型的なパラメータ $T_\mathrm{K} \sim 20$ K, $D/k_\mathrm{B} \sim 10^4$ K（これに対応して，近藤温度に対する近似式 $k_\mathrm{B} T_\mathrm{K} \sim D \exp(-D^2/V_{\bm{k}}^2)$ によれば，$|V_{\bm{k}}/D| \sim 1/2.5$ と評価できる）に対する式 (E.5) は $S(\bm{k}; \Gamma_7^+, \Gamma_7^-) \sim 3 \times 10^{-4}$ となり，「スピン」を反転する過程は実質的に無視できる．即ち，f^1 基底結晶場からなる Fermi 準粒子の「スピン」は実質的に保存則を満たす．

f^2 電子配置にもとづく重い電子系では，7-7 節で議論したように，f^2 状態を形成する 2 つの f^1 結晶場状態のエネルギー準位は（強相関効果によって）基本的に縮退する．そして，準粒子は 2 つの f^1 結晶場状態から形成されている．そのため，例え

ば，準粒子の状態 $\bm{k}, \Gamma_7^+$ と状態 $\bm{k}, \Gamma_8^-$ は伝導電子の $\bm{k}, \Gamma_7^+$ 状態と $\bm{k}, \Gamma_8^-$ 状態との重なりを通じて混成することができるので，その重なり $S(\bm{k}; \Gamma_7^+, \Gamma_8^-)$ は

$$S(\bm{k}; \Gamma_7^+, \Gamma_8^-) \sim \sqrt{a_f}\frac{|V_{\bm{k}}|}{\xi_{\bm{k}_\mathrm{F}}} \times \sqrt{a_f}\frac{|V_{\bm{k}8}|}{\xi_{\bm{k}_\mathrm{F}}} \sim a_f \ll 1 \tag{E.6}$$

と評価できる．ここで，f^2 電子配置の重い電子状態では，7-7 節で示したように，$V_{\bm{k}} \sim V_{\bm{k}8} \sim \xi_{\bm{k}_\mathrm{F}}$ であることを用いた．重なり $S(\bm{k}; \Gamma_7^+, \Gamma_8^-)$ は f^1 配置の場合に比べて $(D/V)^4$ だけ大きいが，それでも，重い電子系の場合は $a_f \sim 10^{-2}$ 程度の小さな値にとどまる．即ち，かなりよい精度で準粒子の「スピン」の保存が成り立っている．ペア相互作用の微視的機構に遡って考えると（即ち，7-7 節で議論したスレーブボソンのゆらぎに媒介される過程を考慮すると），準粒子間の相互作用に関して「スピン」保存則を破る過程は少なくとも $a_f^2 \sim 10^{-4}$ のオーダーになることを示すことができる．つまり，実質的に準粒子の「スピン」は保存すると考えてよい．

索引

A
Anderson の直交定理　188
Anderson ハミルトニアン　159
Arrott プロット　92
Axial 型　277, 280

B
BCS コヒーレンス長　132
Born 近似　193, 293
Bose-Einstein 凝縮　135
Bose 粒子　342
Bragg-Williams モデル　45
Bragg 散乱　370

C
cf 混成　157
cf 相互作用　159
Chevrel 化合物　309
Cooper の問題　106
Cooper 不安定性　108
Coulomb 交換相互作用　39, 158
Coulomb 積分　10
Curie-Weiss 則　48, 50, 258, 260
Curie 温度　46, 48
Curie 則　21

D
de Gennes 因子　173
de Haas-van Alphen (dHvA) 効果　83, 322
Doniach 相図　252
Drude-Lorentz の公式　192, 241

F
Falicov-Kimball モデル　268
Fermi 液体　74, 86, 226
Fermi 縮退温度　70
Fermi 体積　223
Fermi 面の不安定性　222
Fermi 粒子　341
Friedel 振動　171
Friedel の総和則　188

G
Ginzburg-Landau の自由エネルギー　45
Ginzburg の判定条件　262
GL コヒーレンス長　132
GL 方程式　131
Green 関数　378
Gutzwiller の射影演算子　235

H
Heisenberg ハミルトニアン　13
Hubbard モデル　39, 256
Hund 結合　266, 316

I
Ising 異方性　335
Ising モデル　43

J
Jaccarino-Peter 効果　308
j-j 結合　18, 243
J 多重項　13

K
Korringa 則　206, 321
Kramers 2 重項　29, 212

L
Landau-Luttinger の定理　228
Landau 準位　84
Landé の g 因子　18
London 方程式　103
LS 結合　16
LS 多重項　7

M
Meissner 効果　101

O
Ornstein-Zernike 型相関関数　59

P
Pauli 限界磁場　133
Pauli 常磁性　71, 169
Pauli の排他原理　9
Polar 型　277, 280
Poorman's scaling の方法　199

Q
QCP　97

R

RKKY 相互作用　172, 331
RPA 近似　49, 259
Russel-Saunders 結合　16

S

SCR 理論（モード結合理論）　92, 253, 256, 262
SDW　93, 312
Stevens の等価演算子法　361
Stoner 条件　89, 257
Stoner 増強因子　166
Stoner モデル　89
Stoner 励起　305

T

T 行列　192

V

Van Vleck 項　281
Van Vleck 常磁性　21

W

Wigner-Eckart の定理　359
Wilson 比　72

X

XY 強磁性体　137

あ行

位相シフト　187, 243
一般化磁化率　169, 170, 257
異方的ギャップ　147
異方的超伝導　141, 276
インコヒーレント成分　263, 281
渦糸（ボルテックス）　129
運動学的交換相互作用　41, 159
エキシトン　81
エントロピーバランス　124, 126
重い電子状態　76

か行

回転群　350
核スピン格子緩和時間　368
重なり積分　37
重なり電荷密度　10
価数感受率　267
価数転移　251, 267
価数揺動状態　78
仮数束縛状態　157, 164
門脇-Woods の関係　240
下部臨界磁場　129
可約表現　350
完全反磁性　105
完全分極強磁性　89, 90
γ-α 転移　267
簡約　350
奇周波数超伝導　121

擬スピン　43, 212
軌道自由度のゆらぎ　287
軌道縮退　207
軌道（上部）臨界磁場　131
希薄近藤系　218
奇パリティ　141
奇パリティ超伝導　312
既約テンソル（演算子）　30
既約表現　350
ギャップ方程式　113, 123, 276
強結合　326
強結合固定点　210
強結合超伝導体　114
強結合領域　180
強結合理論　275
強磁性　44, 50, 88
強磁性に近い金属　313
強磁性モデル　114
強磁性ゆらぎ　285, 335
凝縮エネルギー　105, 117
共鳴　190
局在描像　321
局所 Fermi 液体　191
局所非 Fermi 液体　204
空間群　346
偶パリティ　141, 151
くりこみ　226
くりこみ因子　87, 227, 234, 282
くりこみ群　198, 203
群　346
形状因子　329, 370
ゲージ対称性　137
ゲージ変換　103
結晶場 1 重項　265
結晶場エネルギー　357, 358, 376
結晶場効果　24, 321, 352
交換磁場　47
交換積分　11
交換相互作用　12, 331
光電子分光　77, 323, 381
高濃度近藤系　218
固定点　203
コヒーレンス因子　293, 329
コヒーレンス長　110, 113
コヒーレント状態　135
近藤温度　179
近藤共鳴　190
近藤効果　179
近藤格子　218
近藤絶縁体　80
近藤の雲　185
近藤-芳田 1 重項　180, 265

さ行

サイクロトロン有効質量　322
残留状態密度　151, 293, 297
時間反転対称性　278
磁気構造　370
磁気構造因子　371
磁気双極子相互作用　292

索　引　389

磁気双極子モーメント　2
磁気ゆらぎ　257, 283, 286, 335, 336
4 極子近藤モデル　211
磁気量子臨界点　251, 252, 285, 288
磁気励起　304, 323
磁気励起子　176, 286, 323, 327
自己エネルギー　86
自己誘起渦糸　335
質量増強因子　245
磁場侵入長　105, 279
自発的対称性の破れ　53, 147
磁場誘起超伝導　309
指標　353
弱結合　326
弱結合領域　180
弱磁性金属　263
周期的 Anderson モデル　229, 235, 243
準弾性散乱　326
準粒子　74, 226, 227, 233
準粒子自由度　263
準粒子成分　281
常磁性限界磁場　133, 152
常磁性効果　127, 134
常磁性散乱　373
スケーリング方程式　201
スパイラル構造　331
スピン 1 重項　12, 151
スピン 3 重項　12
スピン 3 重項超伝導　285, 312
スピン軌道相互作用　6, 291
スピン磁化率　259, 280, 283
スピン自由度　263
スピンの保存　291, 383
スピン波　303
スピン密度波　52, 93
スペクトル密度　382
スレーブボソン　244
整合秩序　51
生成・消滅演算子　5, 341
先進 Green 関数　379
線ノード　146
相関距離　58, 375
束縛エネルギー　109, 185

た 行

第 1 種超伝導体　129
対角長距離秩序　139
第 2 Born 近似　193
第 2 種超伝導体　129
多重 k 構造　372
多チャンネル近藤効果　203, 209
断熱接続　205, 213, 226
遅延 Green 関数　227, 379
秩序変数　46
中間原子価　78
中性子散乱　369
長距離秩序　138, 217
超交換相互作用　41
超伝導ギャップ　275, 327
直和　350

対生成・対消滅　4
対破壊　279, 293, 307
電荷移動効果　287
電荷感受率　283
電荷密度波　94
電気 4 極子　29, 211
電気 4 極子ゆらぎ　287
電気双極子　29
点群　346
電子相関　76
電磁相互作用　331
電子比熱係数　71
電子・ホール対　95
テンソル演算子　361
点電荷モデル　24, 357
点ノード　146
等価演算子法　27
動的構造因子　368
動的磁化率　253, 259, 314, 368
動的臨界指数　253, 260
飛び移り積分　68
ドメイン壁　55
トンネル効果　157

な 行

内部磁場　47
流れ図　201
2 軌道周期的 Anderson モデル　243
2 軌道不純物 Anderson モデル　316
2 重群　356
2 重交換相互作用　42
2 チャンネル近藤効果　209
ネスティング　175, 315
熱的 de Bloglie 波長　73
熱ゆらぎ　206
熱力学的臨界磁場　105

は 行

配位子　24
配向効果　20
波動関数の剛性　103
波動関数の反対称化　9
パラマグノン　74, 119
反強磁性ギャップ　310
反強磁性秩序　51
反強磁性マグノン　220
反交換関係　341
反磁性電流　102
反転対称中心　279
バンド質量　73
非 Fermi 液体　98, 210, 214, 250
非 Kramers 2 重項　211, 213
非磁性不純物散乱　293
非整合構造　95
非対角長距離秩序　139
非ユニタリー超伝導　278, 332
表現　349
フォノン媒介相互作用　119
不純物 Anderson モデル　266

部分群　351
部分分極強磁性　89
プロパゲータ　138
分極関数　315
分極効果　21
分散曲線　303
分子軌道　66
分子場近似　47
ペア相互作用　281
平均場近似　47, 256
ベキ乗則　146
変調構造　331, 372
遍歴・局在2重性　234, 252, 314, 315, 324
遍歴描像　321
ポテンシャル交換相互作用　39

ま 行

マグノン　303
マクロ波動関数　137
松原 Green 関数　227, 378
モード結合理論 (SCR 理論)　92, 253, 256, 262

や 行

誘起モーメント磁性　178, 315, 318
有効サイクロトロン質量　85
有効質量モデル　132
有効スピン軌道相互作用　292
ユニタリー状態　278
ユニタリー超伝導　332
ユニタリティ極限　189, 295
ユニタリティ散乱　241, 293
揺動散逸定理　36, 368
横音波吸収係数　279
芳田関数　128
弱い遍歴強磁性　92

ら 行

らせん磁性　51, 174
乱雑位相近似　49
ランタノイド収縮　156
リエントラント超伝導　309
量子相転移　250
量子ゆらぎ　206, 262
量子臨界　97, 98, 250, 268
臨界価数ゆらぎ　270, 287, 288
臨界散乱　374
臨界指数　56
臨界点　267
臨界濃度　217
類　353
励起エネルギー　275, 277

《著者紹介》

佐藤憲昭（さとうのりあき）

- 1955 年生
- 1984 年　東北大学大学院理学研究科博士課程修了
　　　　　東北大学助手などを経て
- 現　在　名古屋大学大学院理学研究科教授，理学博士

三宅和正（みやけかずまさ）

- 1949 年生
- 1976 年　名古屋大学大学院理学研究科博士課程単位取得退学
　　　　　名古屋大学助教授，大阪大学教授，
　　　　　豊田理化学研究所フェローなどを経て
- 現　在　大阪大学名誉教授・同大学大学院理学研究科招へい教授，理学博士

磁性と超伝導の物理

2013 年 3 月 31 日　初版第 1 刷発行
2020 年 4 月 20 日　初版第 3 刷発行

定価はカバーに表示しています

著　者　佐　藤　憲　昭
　　　　三　宅　和　正
発行者　金　山　弥　平

発行所　一般財団法人　名古屋大学出版会
〒 464-0814　名古屋市千種区不老町 1 名古屋大学構内
電話 (052)781-5027／FAX(052)781-0697

ⒸNoriaki Sato & Kazumasa Miyake, 2013　Printed in Japan
印刷・製本　㈱太洋社
乱丁・落丁はお取替えいたします。
ISBN978-4-8158-0726-9

JCOPY ＜出版者著作権管理機構　委託出版物＞
本書の全部または一部を無断で複製（コピーを含む）することは、著作権法上での例外を除き、禁じられています。本書からの複製を希望される場合は、そのつど事前に出版者著作権管理機構（Tel:03-5244-5088, FAX:03-5244-5089, e-mail:info@jcopy.or.jp）の許諾を受けて下さい。

佐藤憲昭著
物性論ノート　　　　　　　　　　A5・208 頁　本体 2700 円

福井康雄監修
宇宙史を物理学で読み解く　　　　A5・262 頁　本体 3500 円
―素粒子から物質・生命まで―

杉山　直監修
物理学ミニマ　　　　　　　　　　A5・276 頁　本体 2700 円

篠原久典/齋藤弥八著
フラーレンとナノチューブの科学　A5・374 頁　本体 4800 円

大沢文夫著
大沢流 手づくり統計力学　　　　A5・164 頁　本体 2400 円

大島隆義著
自然は方程式で語る 力学読本　　A5・560 頁　本体 3800 円

大島隆義著
電磁気学読本［上・下］　　　　　A5・254/230 頁　本体各 3200 円
―「力」と「場」の物語―

H・カーオ著　岡本拓司監訳
20 世紀物理学史［上・下］　　　菊・308/338 頁　本体各 3600 円
―理論・実験・社会―

川邊岩夫著
希土類の化学　　　　　　　　　　B5・448 頁　本体 9800 円
―量子論・熱力学・地球科学―

高木秀夫著
量子論に基づく無機化学［増補改訂版］　A5・346 頁　本体 4500 円
―群論からのアプローチ―

西澤邦秀/柴田理尋編
放射線と安全につきあう　　　　　B5・248 頁　本体 2700 円
―利用の基礎と実際―